U0799491

普通高等教育"十二五"规划教材

金属精密塑性加工工艺与设备

主　编　王新云
副主编　陈柏金　胡会娥　胡盛德
　　　　金俊松　罗云华　吴有生

北　京
冶金工业出版社
2012

内 容 提 要

本书共分 14 章，较为系统地介绍了金属塑性加工过程的基本原理、工艺及设备，包含了锻造工艺、冲压工艺、轧制工艺以及塑性加工设备等内容。同时还给出了一些实例，以便于理解。另外，还介绍了学科领域的部分新技术与发展方向。各章节后面均附有习题与思考题，以便学习和掌握知识点。

本书可作为高等院校塑性成形与模具、材料成形及控制工程及模具设计与制造专业的本科生教材，也可作为相关专业的研究生教材，或供从事塑性成形与设备生产与研究开发工作的工程技术人员参考阅读。

图书在版编目（CIP）数据

金属精密塑性加工工艺与设备/王新云主编. —北京：冶金工业出版社，2012.3

普通高等教育“十二五”规划教材

ISBN 978-7-5024-5852-2

Ⅰ.①金… Ⅱ.①王… Ⅲ.①金属压力加工—塑性变形—高等学校—教材 Ⅳ.①TG301

中国版本图书馆 CIP 数据核字（2012）第 023271 号

出 版 人　曹胜利
地　　址　北京北河沿大街嵩祝院北巷 39 号，邮编 100009
电　　话　（010）64027926　电子信箱　yjcbs@cnmip.com.cn
责任编辑　尚海霞　美术编辑　李　新　版式设计　孙跃红
责任校对　王贺兰　责任印制　牛晓波
ISBN 978-7-5024-5852-2
北京虎彩文化传播有限公司印刷；冶金工业出版社发行；各地新华书店经销
2012 年 3 月第 1 版，2012 年 3 月第 1 次印刷
787mm×1092mm　1/16；22.5 印张；542 千字；345 页
46.00 元

冶金工业出版社投稿电话：（010）64027932　投稿信箱：tougao@cnmip.com.cn
冶金工业出版社发行部　电话：（010）64044283　传真：（010）64027893
冶金书店　地址：北京东四西大街 46 号（100010）　电话：（010）65289081（兼传真）

前　　言

金属塑性加工工艺与设备是先进制造技术的一个重要领域，目前国家开展的数控重大专项以及大飞机制造等专项中，都将其作为一个极为重要的研究课题，该技术广泛应用在航空航天、汽车、铁路机车、船舶、核电，以及家电等制造领域。制造业是一个国家发展的原动力，随着我国经济建设与国防建设的蓬勃发展，对金属塑性加工工艺与设备这一先进制造技术的需求越来越多。

由于科技的快速发展、大机械平台的建设与机械学科的融合，以及学生宽口径培养与知识面拓展的需求等，迫切需要一本全面介绍塑性加工工艺（包括金属材料的初次加工，如轧制工艺，以及二次加工，如锻造工艺与冲压工艺）及其成形设备的教科书，以便于全面学习及掌握金属塑性加工知识。

本书是在充分吸取各专业领域原有教材的精华，总结作者教学实践经验，并尽可能补充本领域部分学科前沿知识与发展趋势的基础上完成的。

本书共分14章，包括锻造成形、冲压成形、轧制成形，以及相应的成形设备。锻造成形部分首先概述模锻工艺的作用、分类及模锻生产流程，并着重讲述开式模锻工艺及锻模设计，其次讲述闭式模锻工艺分析及模具设计要点、精密模锻工艺及模具设计特点；冲压成形部分介绍冲压基本理论及材料成形性，冲裁工艺、弯曲及拉深工艺分析与模具设计；轧制成形部分介绍轧制基本知识、轧制成形工艺；最后一部分介绍了锻造冲压所使用的液压机、曲柄压力机及螺旋压力机等设备，以及轧制设备如连续铸轧机、板带轧制机、冷弯型钢机以及钢管生产机组等。本书可供相关专业本科生学习使用，也可供机械制造行业专业技术人员参考。

全书由王新云教授担任主编，编写分工为：第1章～第4章，由华中科技大学王新云、金俊松和海军工程大学胡会娥编写；第 5 章 ~ 第 7 章，由华中科技大学罗云华、王新云编写；第 8 章 ~ 第 10 章，由武汉科技大学胡盛德、海军工程大学胡会娥编写；第 11 章 ~ 第 14 章，由华中科技大学陈柏金、中冶南方工程技术公司吴有生和武汉科技大学胡盛德编写。

由于编者水平有限，书中难免存在一些不妥之处，敬请读者批评指正。

编 者

2011 年 12 月于华中科技大学

目　　录

1 概　　述

【本章概要】

主要介绍了塑性加工的定义、分类与特点，以及金属的塑性指标和影响金属塑性的因素，最后讲述了金属在塑性变形时的流动趋势以及在塑性变形时可能产生的缺陷。

【关键词】

塑性加工、塑性图、流动趋势、塑性加工缺陷

【教学目的】

了解塑性加工的含义以及塑性加工时金属变形能力的影响因素。

【本章重点】

塑性图与塑性指标的关系，影响塑性变形能力的因素，金属的流动趋势以及锻件冷却过程中的应力变化。

1.1 塑性加工的分类与特点

塑性加工是指在一定外部条件的作用下，利用材料的塑性变形，获得所需要形状和力学性能的加工方法，包括初次塑性加工或一次塑性加工（如轧制），以及二次塑性加工（如锻造、冲压等）。外部条件通常包括作用力、变形温度以及变形速度等。

塑性加工从变形特征来看，可以分为压缩、拉伸、剪切、弯曲以及这些变形的组合；从工艺角度来看，可以分为轧制、拉拔、挤压、锻造、回转成形、拉深、冲裁、弯曲以及精整（压印）等，如图 1-1 所示。通常由初次塑性加工获得板材与棒材等，这些板材和棒材等提供给二次塑性加工，以生产所需的各种零部件，图 1-2 以汽车为例给出了两者之间的关系。

在国民经济建设中，塑性加工技术起到极为重要的作用，现代工业产品的生产都以塑性加工为支撑。例如，铁路运输所需的钢轨、建筑所需的钢筋、家电及机车内部结构件、汽车覆盖件与小型五金件，以及航空航天器与舰船关键部件等，都需要轧制、锻造或冲压等工艺来生产。

金属塑性加工与切削加工等加工工艺相比，具有一些显著的优点：

（1）力学性能好。金属经过塑性变形强化之后，力学性能得到明显提高，而且内部变形流线保持完整，零件使用寿命大大增加。

（2）尺寸精度高。金属塑性成形正朝着净形制造的方向发展，目前许多结构件的工作面在经过塑性成形后都已达到直接使用要求，或仅需少量磨削后就可使用。

（3）材料利用率高。金属通过塑性流动和体积转移而获得所需的形状，不需或仅需少

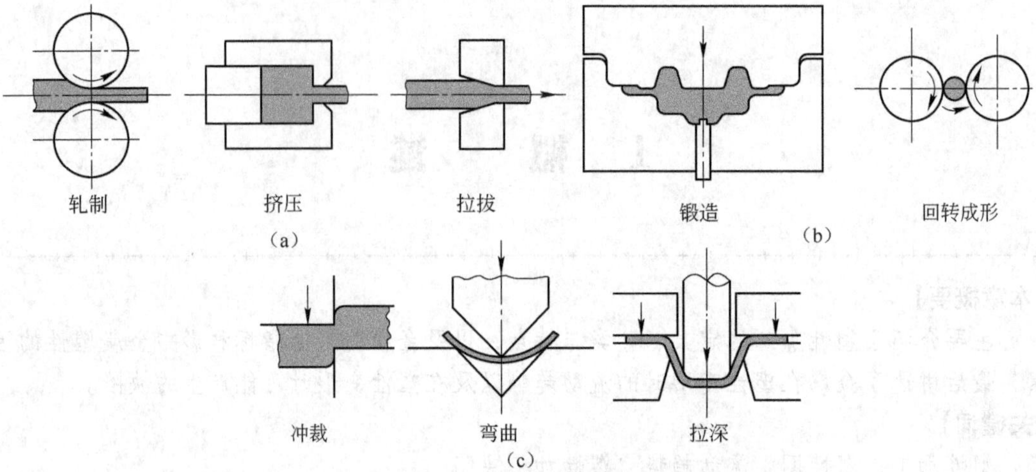

图 1-1　塑性加工的分类

(a) 初次塑性变形；(b) 二次塑性加工；(c) 二次塑性成形（板材成形）

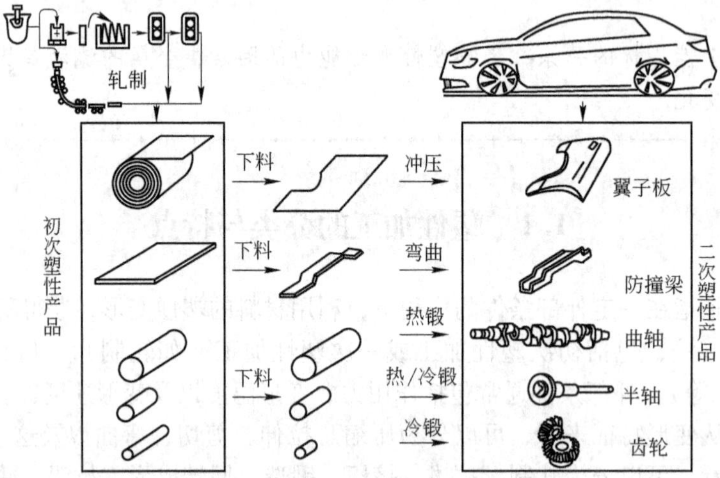

图 1-2　两类塑性加工之间的关系

量切削加工即可获得所需零件，极大减少了材料消耗。

（4）生产效率高。塑性成形采用工模具，配合步进梁或机械手以及自动化压力机，易于实现生产的全自动化，具有很高的生产效率。如快锻机每分钟可以生产百件以上的锻件，高速冲床每分钟可生产千件以上的产品。

1.2　金属的塑性

1.2.1　金属的塑性指标与塑性图

金属在外力作用下，能稳定地改变自己的形状或尺寸，且各质点间的联系不被破坏的能力称为塑性。塑性不仅取决于金属的内部结构，也取决于外部的变形条件。由于影响塑性的因素较多，难以仅用一个指标来反映材料的塑性高低。因此，可以用某一特定条件下金属的塑性变形数据来表征，比如伸长率、压缩率、断面收缩率，以及冲击韧性值等。

为准确反映塑性成形过程，应使实验时的变形方式与实际塑性成形时的一致。如实际塑性成形为锻造方式，则测量材料塑性指标时应采用镦粗实验；如实际塑性成形为冲压方式，则应采用单向拉伸或胀形实验。圆柱形镦粗试样的高径比一般取1.5，单向拉伸试样根据材料厚度按照国家标准选取。

对锻造而言，如果材料的压缩率（相对高度缩减率）大于50%，通常认为具有良好的塑性，可以锻造成任意形状；当压缩率低于20%时，则认为塑性很差，难以锻造；压缩率在两者之间的材料，塑性性能处于中等，需要在一定温度下锻造成形。

由于很多零件的形状往往很复杂，或者零件尺寸较大，或者材料本身塑性不高，要在一定温度下进行塑性变形。因此，需要测试材料在不同温度下的塑性指标。以温度为横坐标，塑性指标为纵坐标绘制成曲线图，即称为塑性图。从塑性图上可以知道材料在哪个温度下具有更好的成形性能，塑性成形就可以在该温度下进行。图1-3所示为高速钢的塑性图，可见在1100℃左右时高速钢的塑性最好，且变形抗力也较小，可以选为变形温度。

1.2.2 影响金属塑性的因素

影响金属塑性变形能力的因素不仅包括材料自身内部的组织状态和化学成分，还包括材料在变形时所受的应力状态、变形温度以及变形速度等。

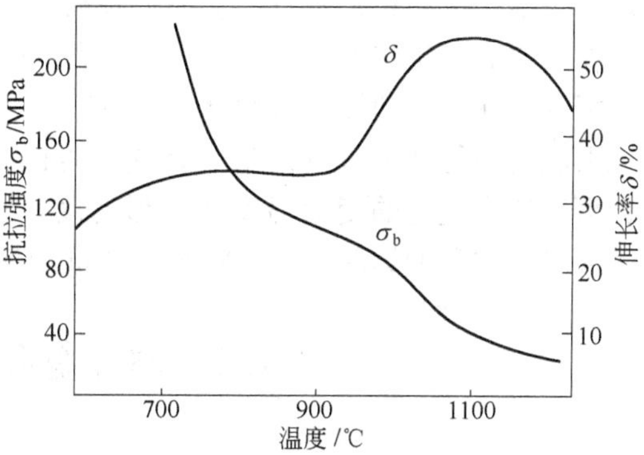

图1-3 高速钢的塑性图

1.2.2.1 组织状态

对于特定的一种材料，其组织状态主要与所经历的热加工过程相关，如塑性变形工艺参数、热处理工艺参数等。组织状态包括金属基体的晶格类型、单相与多相、第二相性质等。其中，基体晶格以面心立方的塑性较好，体心立方次之，而密排六方金属的塑性最差（如镁合金在常温下难以产生足够的塑性变形来制造零件）。当元素以单相固溶体形式存在于金属材料内时塑性较高，而以过剩相存在时通常塑性较低。至于第二相，如果本身塑性较好（如MnS），则对基体材料的塑性影响也较小；如第二相位于晶界处且熔点较低，则基体材料塑性降低（如低熔点的FeS共晶体使钢在锻造时易于发生热脆），但位于晶内则对塑性变形能力影响较小；另外，当第二相颗粒较小且呈弥散分布状态时，对基体金属的塑性影响更小。

1.2.2.2 化学成分

合金除了基体材料外，都含有一种以上的其他化学元素，如碳、锰、镍、铬、硫、磷、硅、钒、钛、铌等。化学成分一般通过形成不同的组织状态来影响材料的塑性。例如，钢中最为普通的碳元素，一般而言随着碳含量的增加，钢的塑性降低，当碳的质量分数超过2.2%时就很难用于锻造成形；锰元素的加入减少了FeS的生成，可以改善钢的塑性；硫与磷会导致钢材的脆性，应尽量去除；钒、钛、铌等元素可以形成细小弥散的沉淀物，提高钢材的综合力学性能。

1.2.2.3 应力状态

材料处于三向压应力状态时能表现出更高的塑性，而处于三向拉应力状态时则塑性最差。在金属塑性变形过程中，如以拉应力为主会加速晶界的破坏，而压应力则会阻止或减少晶界的破坏从而提高塑性。而且压应力状态也能抑制材料内部已存在的微裂纹等缺陷，延缓材料出现宏观破坏。因此，在实际生产中，可以通过改善材料的受力状态来提高其塑性变形能力。

1.2.2.4 变形温度

一般随变形温度的升高，金属的塑性会呈增加趋势。因为在高温下原子振动加剧，有利于再结晶与回复的进行，也有利于更多滑移系的开启。而且随温度升高，晶界强度比晶间强度下降更快，减小了晶界对晶内变形的限制，使晶间变形容易进行，因而金属表现出更好的塑性。

1.2.2.5 变形速度

在塑性变形过程中，如果速度较快则回复与再结晶不能充分进行，不能消除变形过程产生的微裂纹等缺陷，从而降低了材料的塑性。另一方面，变形速度增大会引起更大的热效应，使塑性变形能转化为热能，从而提高塑性。从第二相析出的角度来看，如果塑性变形速度较高，第二相来不及析出，则有利于材料塑性的提高。因此，变形速度对塑性的影响存在一定的不确定性，主要取决于哪方面的影响更显著。

根据上述影响塑性因素的分析，可以采取一些措施来提高金属在变形时的塑性，从而实现形状更为复杂零件的成形。首先，可以通过热处理提高材料的组织成分均匀性；其次，可以选取优化的变形温度和变形速度，既保证再结晶充分又不产生过热或过烧；最后，还可以改善变形时的受力状态，尽量增加压应力，避免出现拉应力。

1.3 塑性变形时金属的流动

1.3.1 金属流动趋势

在金属塑性变形时了解质点的流动方向或趋势，将有利于成形工艺方案及模具的设计。例如，在闭式模锻时可以确认金属最后充满的地方，从而可以设置相应的流动控制腔。但是要准确定量地确定金属质点的流动非常困难，目前应用较多的是古布金提出的最小阻力定律，通过它可以在一定程度上判定金属的运动方向。

1947 年，苏联的古布金提出：如果物体在变形过程中质点有向各个方向移动的可能性时，各质点将向阻力最小的方向移动；如果存在摩擦条件时，物体内各质点将朝向距边界最短的方向移动（后来他也曾指出，最短法线方向不一定在任何时候都是最小阻力方向），如图 1-4 所示。1954 年，苏联的塔尔诺夫斯基提出：在不同摩擦条件下，金属的流动有 3 种方式，如图 1-5 所示。现有的研究表明，金属质点的流动方向不仅与摩擦条件有关，而且与试件变形区的宽厚比有很大关系。例如弯曲变形时，窄板与宽板在变形区的形状就有明显的区别。

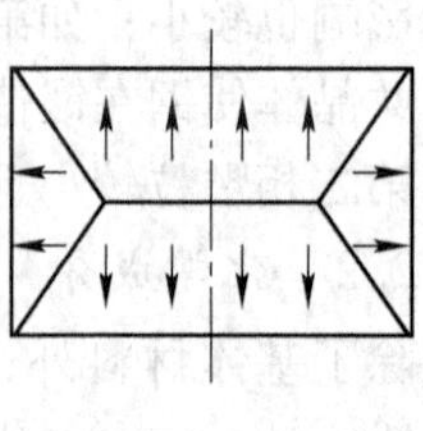

图 1-4 古布金给出的金属流动方向

在实际变形工序中，确定金属质点流动方向时可以按以下步骤进行分析：

（1）根据变形条件和受力状况对试样进行应力应变分区；

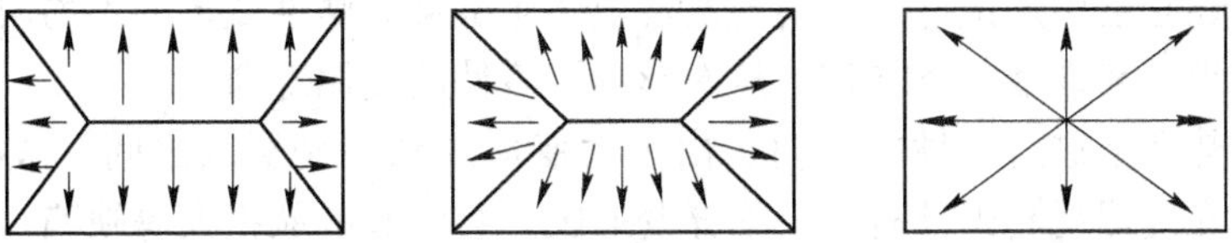

图 1-5 塔尔诺夫斯基给出的金属流动方向

(2) 作出应力应变状态图并定出最大主应力;

(3) 根据受力状态定出最大主应力的增大方向和金属流动方向。

以矩形坯料在平砧间镦粗为例加以说明，假设接触面上沿各个方向的摩擦系数相同，如图 1-6 所示。首先考察对称点 A，显然 A 点流动方向与 $+x$ 方向一致。再以质点 B 为分析对象，考虑到该点相邻部分金属的影响，其应力状态和应力顺序如图 1-6(c) 所示。x 方向是最大主应力方向，在边界上 $\sigma_1=0$，在 $x=0$ 处，σ_1 为负的最大值，因此应力增大的方向为 $+x$ 方向，也是阻力最小的方向。由于 B 点在 z 方向受到 σ_2 的作用，且 σ_2 沿 z 方向有一定梯度变化，因此使得 B 点流动方向与 $+x$ 方向有一定偏差，偏差大小与 B 点实际位置以及 z 方向的变形量有关。至于位于角的等分线上的 C 点，由于在等分线上 $\sigma_1=\sigma_2$，所以该点流动方向近似沿着该等分线。但要注意，质点 C 点在下一个瞬时应变增量时会离开等分线。采用同样分析，可以得出 D 点的流动方向。根据以上分析，可以得到方柱形坯料在镦粗时内部各质点的大致流动方向，与实际测量基本符合，如图 1-6(d) 所示。

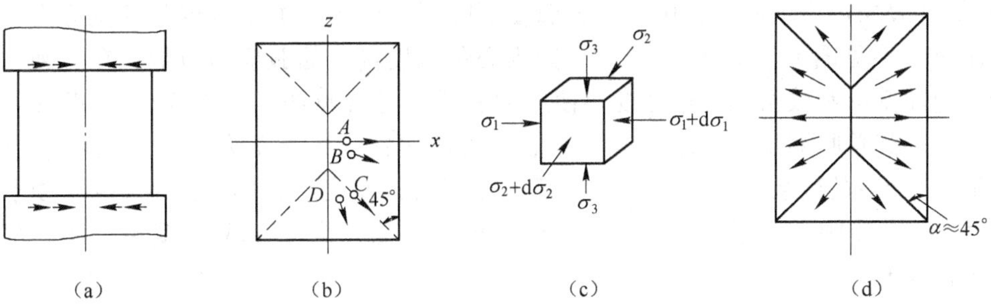

图 1-6 矩形坯料镦粗时金属的流动方向

(a) 自由镦粗；(b) 坯料；(c) 质点 B 的应力状态；(d) 质点流动方向

1.3.2 流动的不均匀性

塑性加工时，由于材料内部各质点的受力状态不尽相同，而且材料本身的成分与组织也不均匀，使得材料各部位的变形并不均匀。如果是在模具内成形，由于模具型腔的结构复杂，也约束了材料的均匀流动。

通常金属材料被认为是连续协调体，因此，虽然材料内部各处存在着变形量的不一致，但相互之间由于协调性而相互牵制，从而保证金属宏观上的整体性。由于相互牵制，在材料内部会产生相互平衡的内力，即附加应力。变形大的部分受到附加压应力，变形小的部分受到附加拉应力。由于附加应力是成对出现的，彼此平衡，因此在变形完成后仍会保留在材料内部形成残余应力。尽管变形金属由于协调性而保持宏观整体性，但如果变形不均匀过大，还是会引起试件外形的翘曲甚至产生破裂。塑性变形的不均匀性往往还直接引起试件内部组织和性能的不均匀，从而影响了零件的使用寿命。

另外，在热态下进行塑性加工时，由于大变形区到小变形区之间一般存在连续过渡区，因此往往在变形材料内部有一个临界变形区，会引起晶粒粗大等缺陷。

因此，在塑性加工时要尽量采取措施减少变形的不均匀程度，如减小摩擦影响，改善润滑状态，对于热成形还要减小试件与模具间的温差，同时注意试件的保温，从而提高试件的最终成形质量。当然，从另一个角度来看，也可以充分利用变形的不均匀性，实现某些特殊零件对内部不同区域组织性能和力学性能的差异化要求。

1.3.3 残余应力

本质上看，残余应力是指试件经过塑性加工，在外力去除后，由于各部分变形不均匀而导致的内部应力。残余应力大小不超过该材料的屈服强度，是一种弹性内应力。残余应力的存在使得试件外形及尺寸精度下降，也会引起有些零件的抗腐蚀性能下降，或者抗疲劳寿命降低，严重时会导致试件不能使用。因此，需要对塑性加工过程中产生的残余应力有充分的了解，并尽量加以消除。

如果同一材料的各部分具有不同的初始预应变，那么即使在随后的塑性加工中使该材料发生整体均匀变形，也会由于各部分弹性回复的不同（初始预应变较大的部分弹性回复也较大）而引起残余应力。

变形试件内部温度梯度也会引起残余应力。例如，在热锻件冷却过程中（见图1-7），锻件表层温度下降快，中心部分温度下降慢。由于冷缩使表层受到拉应力，心部受到压应力（见图1-7（b））。此时，因为心部温度高，屈服应力较低，在受到压应力后产生塑性变形和致密化，塑性变形使应力有所下降（见图1-7（c））。当锻件心部完全冷却后，其总收缩量由冷缩、塑性变形与致密化构成，大于表层金属的收缩量（只有冷缩）。最后的残余应力状态时，心部受拉应力，而表层金属受到压应力，如图1-7（d）所示。以钢质锻件为例，在900℃时只要内外温差高于30℃，就足以使心部开始发生塑性变形。

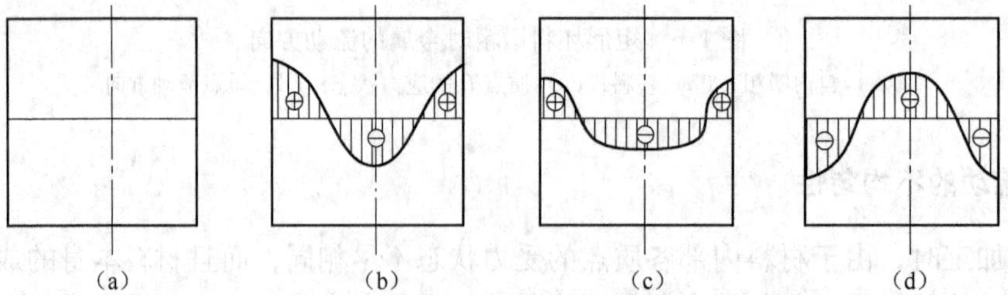

图1-7 锻件冷却过程中的应力变化

（a）原始热锻件；（b）初始冷却状态；（c）中间冷却状态；（d）完全冷却状态

此外，在冷却过程中，由于相变的不同时进行，以及第二相粒子的不均匀析出，也将会引起内部应力，在冷却结束后形成残余应力。

残余应力一般采用热处理方法及机械处理方法来消除。热处理方法主要是采用去应力退火工艺，但对于零件不允许退火时，则采用机械处理法。机械处理法是使零件表面产生一些微量变形（1.5% ~3%），以抵消内部的残余应力或使残余应力得到释放或松弛。

1.4 塑性变形时的缺陷

塑性加工时，由于变形而引起的缺陷很多，由于缺陷的产生往往导致整个试件作废，不仅浪费了材料与能源，也极大影响了整个工程的进度。因此，应在塑性加工过程中尽量避免缺陷的出现。本节仅简要介绍最常见的3种缺陷。

1.4.1 裂纹

裂纹是塑性加工过程中常见的缺陷，如镦粗时侧面的纵向裂纹、拉拔时心部的V形裂纹、挤压时外表面的横向裂纹，以及楔横轧时中部的纵向裂纹等。裂纹的产生与受力状态和金属组织结构有关。为消除裂纹的产生，应使金属尽量处于压应力状态下变形。对于低塑性的材料，可以提高变形温度以激活更多滑移系，并充分进行再结晶。塑性加工时的变形速度也不能太高。对于冷态下的变形，还可以采用中间退火的方式消除前一道工序产生的部分缺陷。对于板料冲压而言，如果压边力过大也会在凹模入口处或者凸模肩部产生裂纹与破坏。

1.4.2 失稳

塑性变形时，压缩失稳主要表现为坯料的屈曲和起皱，拉伸失稳主要表现为非均匀伸长变形（如单向拉伸时的局部径缩）甚至拉断。如果在塑性变形过程中产生失稳，就会导致成形失败，试件不能成形。

比如在镦粗时，如果高径比超过3，则很容易发生屈曲现象，因此应选择合理的镦锻工艺步骤。而在板料拉深成形过程中，如果法兰部位压边力不够，则沿周向的压应力会导致法兰部位失稳起皱。为消除法兰的失稳起皱，应增大压边力到一个合适的值。在冲压锥形或球面形零件时，还会产生一种内侧壁的失稳起皱现象。此时可以通过对起皱部位施加一个支撑力（如采用柔性凸模成形或充液拉深成形）来避免起皱，也可以通过增大径向拉应力以使贴模部分产生径向伸长与周向压缩（厚度不变）的变形方式来防止失稳起皱。

1.4.3 折叠

在锻造过程中，如果工艺与模具结构设计不合理，往往会在锻件内部产生折叠。折叠可能是两股或多股流动金属对流汇合而成，也可能是变形金属弯曲并进一步折叠而成，还有可能是一部分金属压入另一部分金属内部而形成。例如，挤压时棒料的尾部往往会形成内陷的凹坑。在模锻具有较薄腹板的高筋板类零件时，也会在筋的底部产生类似的折叠。某些环形件或工字形截面锻件成形时，如果坯料尺寸选择过小或者模具圆角过小，也容易产生折叠。在平砧上拔长时，模具形状与单次压下量设计不合理时，容易在后一道压下时形成折叠。因此，在塑性加工时应设计合理的毛坯尺寸与模具形状，以及改善润滑条件，以避免折叠的产生。

习题与思考题

1-1 试述塑性加工的特点。

1-2 试述何为塑性及影响塑性的因素。

1-3 简述确定金属流动方向的方法。

1-4 试述为什么会产生残余应力及消除残余应力的方法。

1-5 试述金属变形过程的缺陷有哪些。

2　下料与加热

【本章概要】

下料与加热是塑性加工前的重要步骤，本章主要介绍了下料的常见方式与各自的特点，以及锻造加热的目、锻造温度范围的确定方法、锻造加热可能产生的缺陷及预防措施等。

【关键词】

下料、加热、锻造温度范围、加热缺陷

【教学目的】

掌握锻造前下料与加热的原因，了解下料的常见方法以及合理选择锻造温度范围对塑性加工的影响。

【本章重点】

普通剪切下料的质量问题，精密剪切下料时实现精密下料的原理，锯切下料的原理，以及锻造温度范围的确定方法。

2.1　下　　料

21 世纪初，随着制造业的发展，特别是汽车制造业的迅猛发展，精密模锻、精密挤压成形等近净成形工艺得到越来越广泛的应用。这些工艺对坯料的体积控制、几何形状以及表面质量都提出了更高的要求，而先进的下料方式则是获得高质量坯料的必要手段。在锻造中，常见的下料方式有剪切下料、车床下料和锯切下料。

2.1.1　剪切下料

与锯切下料、车削下料相比，剪切下料具有效率高、材料损耗小、模具简单的特点，但是下料精度最低。因此，适合在对坯料精度要求不高的情况下使用。

2.1.1.1　剪切下料的过程与剪切力的计算

剪切下料过程如图 2-1 所示，在动刀片的作用下，坯料产生弯曲和拉伸变形，当剪切面上的剪应力超过材料的抗剪强度时发生断裂。

剪切下料分剪床剪切下料和冲床剪切下料。剪床用剪切模如图 2-2 所示。棒料 2 送进剪床后，由压板 3 压紧，下料长度 L_0 由定位螺杆 5 定位，在上刀片 4 和下刀片 1 的作用下将坯料 6 剪断。

冲床上所用一般剪切模如图 2-3 所示。刀片间隙由上刀架 4 与上刀片 3 之间加垫片调整。支架 8 在工作台 9 上用螺栓调整和固定。

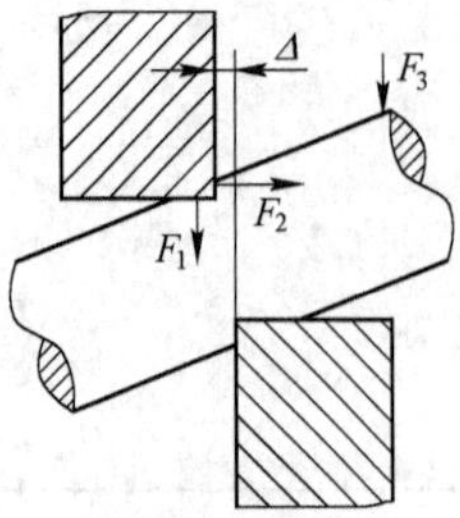

图 2-1　剪切下料过程

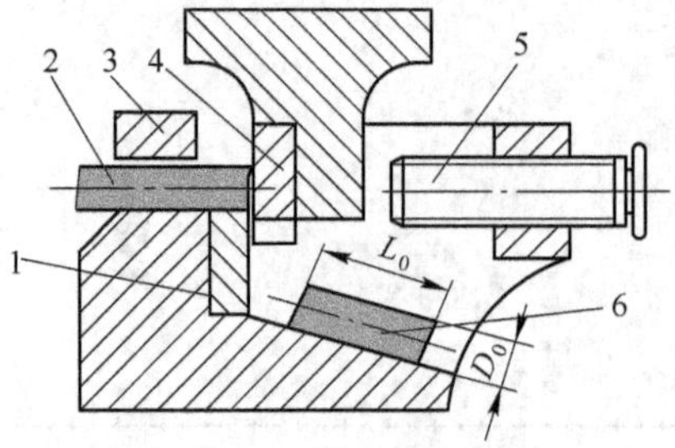

图 2-2　剪床剪切模

1—下刀片；2—棒料；3—压板；
4—上刀片；5—定位螺杆；6—坯料

图 2-4 所示为冲床上所用的全封闭式剪切模。工作时，由上压头 5 推动滑块 4 带动活动剪刀 3 向下运动，将棒料剪断。固定剪刀 1 与活动剪刀 3 之间的间隙为 0.2～0.3mm。固定剪刀 1 与棒料 14 之间的间隙为 0.2mm。剪口与棒料之间的间隙应在保证送料畅通的前提下尽量取小值。滑块向下运动时，依靠斜块 11、滑轮 10 将推料弹簧 7 压缩，带滑块运动至下死点，通过打料销 6 将已剪切好的毛坯弹出，滑块依靠弹簧 12 复位，开始下一次送料。

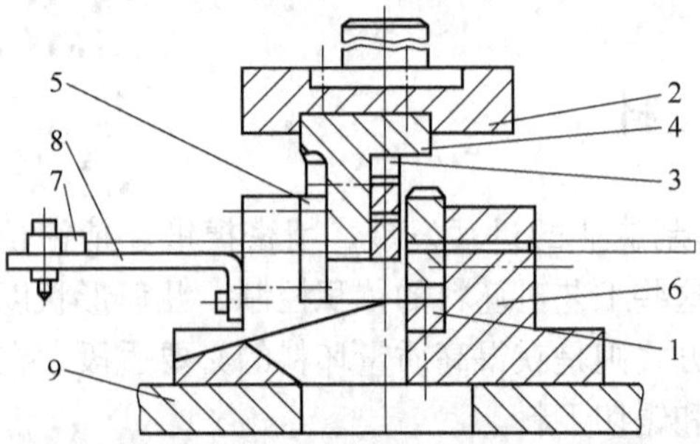

图 2-3　冲床剪切模

1—支撑板；2—上模板；3—上刀片；
4—上刀架；5—下刀片；6—下模座；
7—挡料板；8—支架；9—工作台

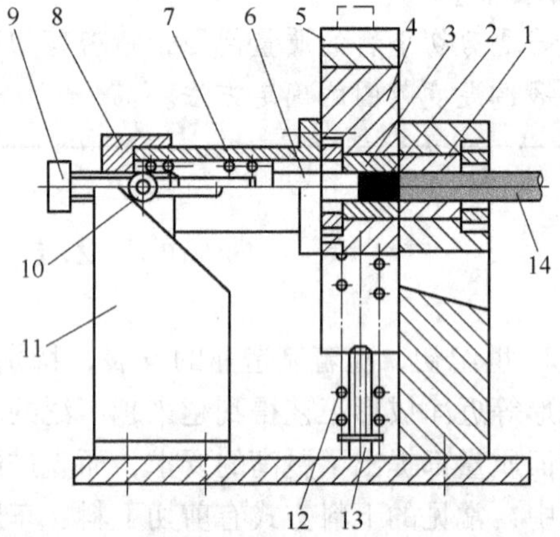

图 2-4　全封闭式剪切模

1—固定剪刀；2—毛坯；3—活动剪刀；4—滑块；5—上压头；
6—打料销；7，12—弹簧；8—推弹阀；9—定位螺钉；
10—滑轮；11—斜块；13—螺钉；14—棒料

剪切下料时所需的剪切力 F 可计算如下：

$$F = KA\tau_b \tag{2-1}$$

式中　A——剪切断面面积，mm^2；

K——考虑刃口磨钝和间隙 Δ 变化的系数，一般取 $K = 1.0 \sim 1.2$；

τ_b——材料抗剪强度，一般取 $\tau_b = (0.7 \sim 0.8)\sigma_b$，MPa。

2.1.1.2　剪切下料质量问题

剪切下料中端面的质量与剪切模具刃口的锋利程度、刃口间隙 Δ 大小、支撑情况以及剪切速度等因素有关，刃口磨钝，容易引起剪切断面不平整；刃口间隙过大，坯料容易弯曲，造成断面与轴线不垂直；刃口间隙过小，刀刃容易损坏；若支撑力不够，易引起断口偏斜；剪切速度快，可获得平整断口，剪切速度慢时则情况相反。

在普通剪切中，剪切模一般由平刃或圆弧形刃口的动模和定模组成。剪切过程中，被剪棒料不仅承受动剪刀的剪切力，同时也会在其作用下产生向下的弯曲（见图2-5），使得动、定剪刀与坯料在剪切面附近区域形成局部接触，毛坯除受沿剪切面的切向剪应力外，在动剪刀侧，还受轴向的拉应力。局部的接触使坯料除沿剪切面流动外，同时也会沿轴向流动，使剪切毛坯截面塌陷，形成如图2-6所示的形状。

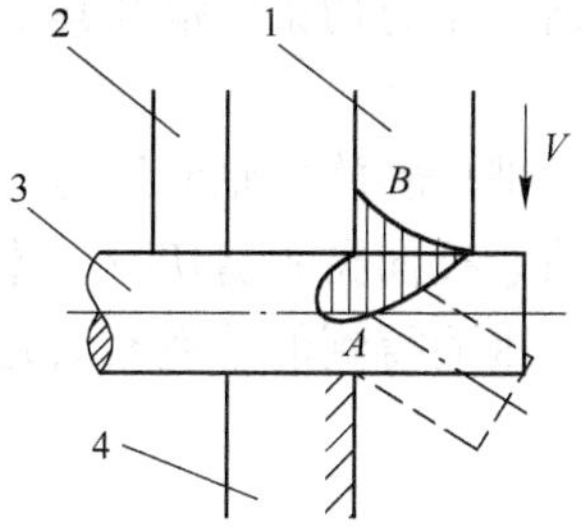

图2-5　棒料剪切过程

1—动剪刀；2—压料块；3—被剪棒料；4—定剪刀

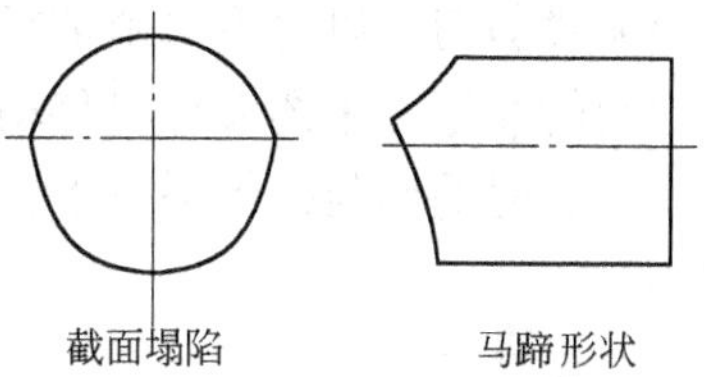

图2-6　毛坯剪切截面塌陷

2.1.1.3　精密剪切下料

由于普通剪切下料存在如上的一些质量问题，已不能满足精密模锻以及精密挤压的要求。近年来出现了许多精密剪切下料方法，按照剪切机理可分为约束剪切、高速剪切、自动称重剪切、加热剪切和渐进剪切。

A　约束剪切

约束法剪切时在剪切区均匀加压，使剪切变形区形成三向压应力状态，使其塑性剪切分离，从而抑制剪切缺陷产生。约束剪切包括轴向加压剪切（见图2-7）和径向夹紧剪切（见图2-8）。

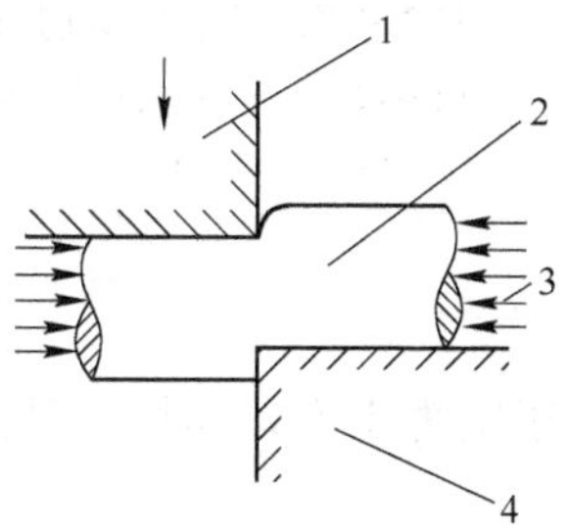

图2-7　轴向加压剪切

1—动剪刀；2—棒料；
3—轴向压力；4—静剪刀

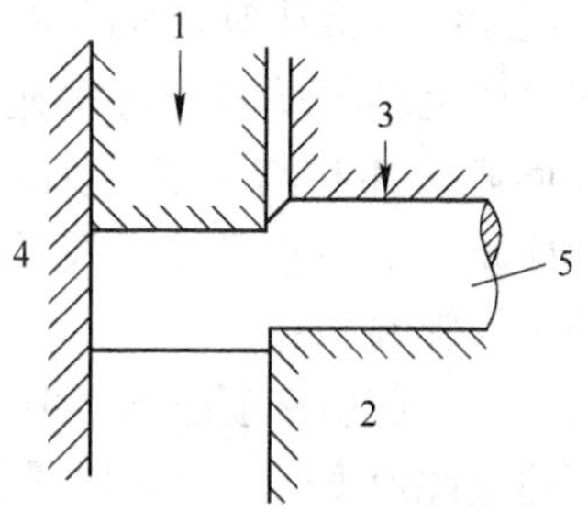

图2-8　径向夹紧剪切

1—动剪刀；2—静剪刀；3—加紧块；
4—挡板；5—棒料

轴向加压剪切，即在坯料端面施加轴向力，使剪切区处于三向压应力状态，达到塑性剪切的目的，以提高断面的剪切质量。

轴向加压剪切的毛坯质量与施加轴向压力、剪刀轴向间隙以及剪切速度有关。轴向压力小达不到塑性剪切的目的；轴向压力太大会影响剪切质量和模具寿命。剪切时所需的轴向压力取决于被剪材料的力学性能。轴向加压剪切时，剪刀与棒料之间的磨损剧烈。模具表面黏结、剪刀不平行以及润滑剂过多等因素，有可能会增大剪刀的轴向间隙，从而达不到轴向加压的剪切效果。剪刀的轴向间隙对毛坯的质量影响很大，增大剪刀的间隙会使毛坯产生毛刺。因此，剪刀间的轴向间隙应尽可能小。提高轴向加压的剪切速度可以提高剪切质量。当剪切速度在 0.1m/s 时，剪切效果较好。

轴向加压剪切时，剪刀和被剪材料间磨损剧烈，容易产生刀片咬合和黏结现象，因此，实际生产中模具寿命不长。目前，轴向加压剪切仅适合于剪切铝、铜及其合金等有色金属以及直径在 10mm 以下的软钢。

径向夹紧剪切是以对棒料施加径向的夹紧力代替从外部杆料施加轴向压力，借助压板和杆料之间的摩擦力来约束杆料移动的压紧式约束剪切法。径向夹紧剪切时，棒料处于夹紧状态，剪切时毛坯与棒料平行下移，剪切面变形很小，因而得到的毛坯断面光滑平整且倾角很小。

B 高速剪切

高速剪切是利用高的剪切速度能大幅度提高剪切断面质量的现象进行剪切。高速剪切可以得到光滑的剪切面，塌角小，切口歪斜度小。

高速剪切有两种形式：一种是开式剪切，适宜于长径比大于 4 的长坯料；另一种是闭式剪切，适用于剪切短坯料。在精锻中，毛坯长径比通常小于 2.5 ~ 3，所以一般采用闭式剪切。

闭式高速剪切原理如图 2-9 所示。下料长度通过调节挡料块 1 确定，动剪刀 2 和静剪刀 3 之间间隙可调。进料时棒料从右侧送入静剪刀 3 和动剪刀 2 的模孔内，通过挡料块限位。模具上有夹紧装置，通过气动压杆夹紧定位，以防止棒料的轴向移动。模具上有一个 6mm 的小孔，当动剪刀移动到小孔时，通过压缩空气将动剪刀内的坯料吹出去。

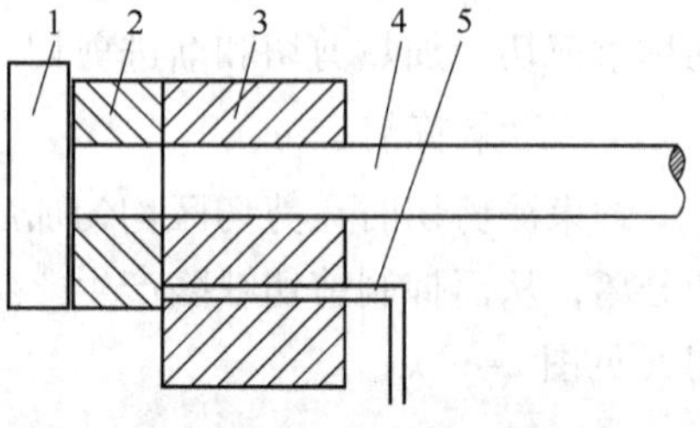

图 2-9 闭式高速剪切原理
1—挡料块；2—动剪刀；3—静剪刀；4—棒料；5—气孔

高速剪切毛坯的质量受剪切速度、动静剪刀之间的轴向间隙、棒料与动静剪刀之间的径向间隙、材料力学性能、毛坯长径比、模具结构和剪刀锋利程度等因素的影响。

一般而言，剪切速度越高，剪切质量越好。在剪切速度为 4.5m/s 时，剪切质量明显提高，当超过此速度时，剪切质量提高不再明显。

动剪刀和静剪刀之间轴向间隙过大和过小均会增大毛坯断面的倾角，降低毛坯的剪切精度。应根据被剪材料的力学性能和直径选择合理的间隙。

动静剪刀之间的径向间隙过大会使棒料发生歪斜，剪切后毛坯塌陷和断面倾角明显增大，剪切质量急剧下降，因此应尽可能取小值；但是间隙过小，由于模具制造误差以及动剪刀回位误差，会导致棒料送进和坯料取出困难。

材料性能对剪切质量影响也很大，一般较硬的棒料比软棒料剪切效果好。如优质碳素钢高速剪切效果比铝、铜等软材料剪切效果好。

坯料长径比对剪切质量有很大的影响，当长径比大于1时，高速剪切时由于惯性效应，可以防止剪切部分的弯曲，剪切效果较好。当长径比小于1时，剪切质量迅速恶化。

必须保证模具具有较高的刚度才能得到较好的剪切效果。模具刃口变钝会导致剪切断面椭圆度和断面不平整，同时会产生毛刺，增大剪切力。

目前，高速剪切的设备主要有两种，一种是直线式（气锤式），另一种是旋转式。

虽然高速剪切能明显改善毛坯剪切质量，在工艺和经济上具有许多优点，在生产中得到了广泛应用，但仍然有一些问题，一是设备打击能量传递效率不高，二是会产生大量的剪切噪声和振动。

C　自动称重剪切

钢厂生产的热轧棒料，径向尺寸偏差较大，单纯采用固定长度下料会引起坯料体积公差较大，自动称重剪切可以解决这一问题。

自动称重剪切原理如图2-10所示。棒料2由限位块1置于导辊3上。测重装置4测出棒料的质量后，自动计算所需下料长度，此后系统根据计算的长度自动调节限位块的位置。这样，当棒料从右侧送进，接触限位块后就开始自动下料。若被称重棒料的截面积变化很小，则所需剪切的毛坯长度为：

$$l = Lq/Q \tag{2-2}$$

式中　l——剪切毛坯长度，mm；

L——棒料长度，mm；

q——要求剪切毛坯的质量，kg；

Q——原棒料的质量，kg。

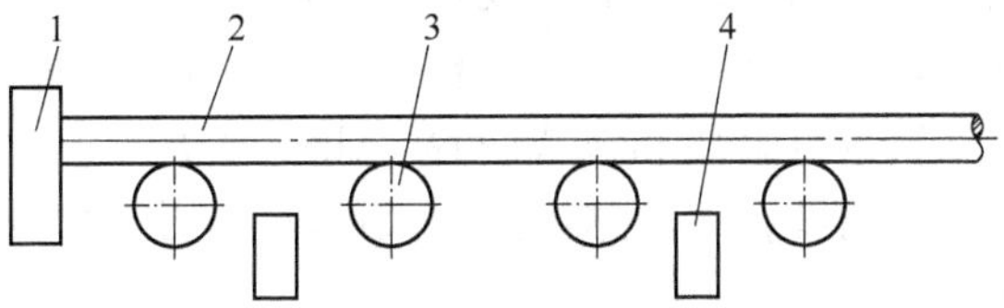

图2-10　自动称重剪切原理

1—限位块；2—棒料；3—导辊；4—测重装置

目前，自动称重剪切主要有两种：一种是自动秤称重剪切，该自动剪切装置在剪切 $l/a=0.7\sim3$（l 为毛坯长度，a 为断面边长）的毛坯时，质量误差约为 $\pm(1\%\sim2.7\%)$，在毛坯质量误差要求小于此值时，不能满足要求；另一种是计算机控制的自动称重剪切，在棒料两端都需要切除的情况下，用计算机控制称重剪切毛坯质量误差约为 $\pm0.6\%$，可以满足较高精度的下料要求。

D　加热剪切

按照剪切的温度，加热剪切分为两种：一种是将金属加热到蓝脆区然后进行剪切，剪切断面较为光洁，椭圆度小，垂直度好；另一种是将棒料加热到锻造温度后再进行剪切，这种剪切方法在生产过程中或者调试阶段需要随时进行坯料长度调节时非常方便，而采用其他事先下料的方法很难实现，如在快锻中就是用这种下料方法。

E 渐进剪切

渐进剪切是通过动剪刀和静剪刀的偏心回转，使剪切力沿旋转方向依次地作用在棒料上的剪切方法。由于受到的剪切应力和变形比较均匀，因此，能保证剪切面的剪切质量，可达到精密下料的目的。

2.1.2 车床下料

车床下料方便，是一种经常使用的下料方法，具有端面质量好、尺寸精度高的特点。但其效率低，切口比锯床下料还大，材料浪费严重，因此，车床下料主要用于对端面质量及尺寸精度要求高的毛坯下料以及单件或小批量的小直径圆钢下料。另外，大直径毛坯即使是单件，也不宜采用车床下料，除了因为其效率低、切削面积大、浪费材料外，而且其刀损厉害，容易崩刃。

2.1.3 锯床下料

锻造车间所用的大量的毛坯多数是用各种锯床下料的。常见的锯床有圆锯床、弓锯床和带锯床。

圆锯床工作原理是圆锯片做旋转的切削运动，同时随锯刀箱做进给运动（见图2-11）。圆锯床按锯片进给方向又分为卧式（水平进给）、立式（垂直进给）和摆式（绕一支点摆动进给）3种。此外，还有各种专用圆锯床，如用于切割大型铸件浇冒口的摇头锯床；用于钢轨锯切和钻孔的锯钻联合机床。

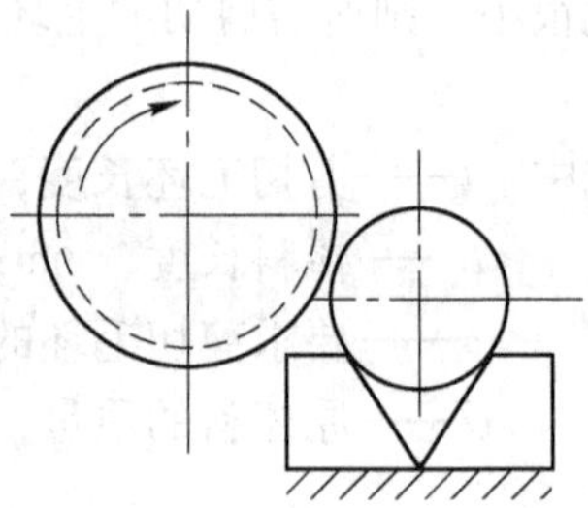

图2-11 圆锯床工作原理

弓锯床工作原理是装有锯条的锯弓做往复运动，以锯架绕一支点摆动的方式进给，机床结构简单，体积小，但效率较低。弓锯床锯条的运动轨迹有直线和弧线两种。弧线运动时，锯弓绕一支点摆动一小角度，每个锯齿的切入量较大，排屑容易，效率较高。新式弓锯床大多采用这种方式。

带锯床工作原理是环形锯带张紧在两个锯轮上，并由锯轮驱动锯带进行切割。带锯床主要有立式和卧式两种。立式带锯床的锯架垂直设置，切割时工件移动，用以切割板料和成形零件的曲线轮廓，还可把锯带换成锉链或砂带，进行修锉或打磨。卧式带锯床的锯架水平或倾斜布置，沿垂直方向或绕一支点摆动的方向进给，锯带一般扭转40°，以保持锯齿与工件垂直。卧式又分为剪刀式、双立柱式、单立柱式带锯床；根据使用情况分为手动型（经济型手动送料、手动切割物料）、自动型；根据使用控制器的自动化程序可分为手动型（半自动手动送料）、全自动型（自动送料、自动切割）；根据切割角度要求分为角度锯床（能锯切角度45°）、无角度即90°垂直切割。其中，自动卧式带锯床是近十年来发展起来的一种精密下料方法。

2.1.4 砂轮片切割法

砂轮片切割法是采用切割机带动高速旋转的砂轮片同毛坯发生剧烈摩擦并产生高热使金属变软甚至局部熔化，在磨削作用下把金属切断。这种下料方法适用于切割小截面棒料、管料以及异形截面材料。其优点是设备简单，操作方便，下料长度准确，切割端面平整，切割材料不受材料硬度限制，可以切割高温合金、钛合金等。主要缺点是砂轮片消耗量大，容易崩碎，切割噪声大。

2.1.5 其他下料方法

2.1.5.1 气割法

当其他下料方法受到设备功率或下料断面尺寸限制时，可以采用气割下料。它是利用气割器或普通焊枪，把局部加热至熔化温度，逐步使之熔断。

对于碳的质量分数低于0.7%的碳素钢，可直接进行气割；碳的质量分数为1.0%～1.2%的碳素钢或低合金结构钢，均需预热至700～850℃后才可以气割；高合金钢及有色金属不宜采用气割下料。

气割所使用的设备简单，便于野外作业，可切割各种截面材料。尤其适用于厚板材料进行线切割。其主要缺点是切割面不平整，精度差，端口金属损耗大，生产效率低等。

2.1.5.2 冷折下料

冷折下料原理如图2-12所示。它是将要折断的材料切出剖口，然后进行折断。其优点是生产效率高，没有材料损耗，断面质量较剪床高，但主要适用于高碳钢、高合金钢，如轴承钢。

2.1.5.3 摩擦锯切割

摩擦锯装置很简单，由电动机带动摩擦盘，转速提高到2000～2500r/min，以保证圆周速度达到125m/s以上，这样在切割点上会产生很高的摩擦热，达到使金属熔化的程度，从而将毛坯切断。

由于工作过程中，摩擦盘发出的噪声非常刺耳，所以在锻造中没得到广泛应用。

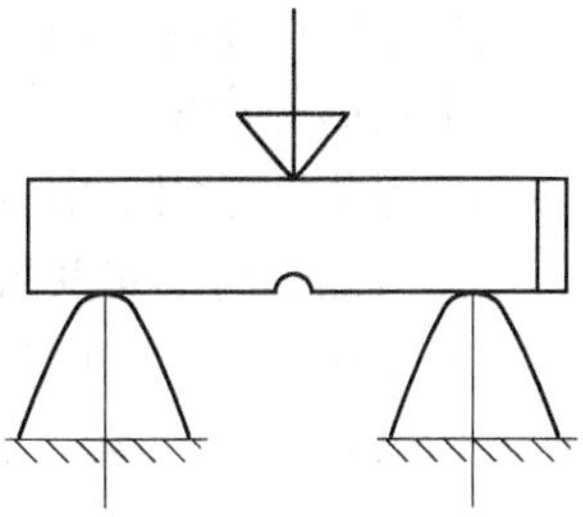

图2-12　冷折下料原理

2.1.5.4 电机械锯切割

电机械锯切割的工作原理与摩擦锯切割的性质相同，不同之处是通过变压器使毛坯与锯片接上电源，使锯切割时在接触点上产生电弧，将毛坯局部熔化，从而达到切割下料的目的。

电机械锯切割的生产效率较高，能量消耗比摩擦锯小，锯切割端面质量比较高，不亚于一般锯床的锯切割效果。其锯切割的噪声比摩擦锯切割要小得多。

2.2 加　热

2.2.1 加热的目的与方法

锻造中加热的目的是提高金属塑性，降低变形抗力，使金属易于流动成形。加热是锻造中一个极为重要的环节。

2.2.1.1 燃料（焰火）加热

燃料加热是利用固体（煤、焦炭等）、液体（重油、柴油等）或气体（煤气、天然气等），在加热炉内燃烧产生高温炉气，通过炉气对流、炉围辐射和炉底热传导等方式对毛坯进行加热。在炉温低于650℃时，金属主要依靠对流传热；在温度为650～1000℃或更高时，金属传热以辐射方式为主。在普通高温锻造炉中，辐射传热量可达到总传热量的90%以上。

燃料加热炉具有通用性强、投资少、建造容易，燃料可以因地制宜，较容易解决的优点，所以广泛采用。中小型锻件生产多采用油、天然气或煤气作为燃料，以室式炉、连续炉或转底炉等来加热钢料。对大型毛坯或钢锭，则常采用油、煤气和天然气作为燃料的转底炉。但是，燃料加热劳动条件差，炉内气氛、炉温及加热质量较难控制，容易造成污染。

2.2.1.2 电加热

电加热是将电能转换为热能而对金属坯料进行加热。电加热具有速度快、炉温控制准确，加热质量好、工件氧化少、劳动条件好、易于实现自动化等优点。但设备投资较大，加热成本高。随着我国发电量的持续增长以及环保要求，电加热方式的应用快速增长。按照电能转换为热能的方式不同，电加热分为感应加热和电阻加热。

A 感应加热

感应加热是电加热的主要方式，它是在感应器内通入交变电流产生的变磁场作用下，置于交变磁场中的金属毛坯内部产生交变涡流，金属电阻引起的涡流发热和磁滞损失发热，使毛坯得到加热，如图2-13所示。感应加热时的集肤效应使金属表层的电流密度大、中心电流密度小。电流密度大的表层厚度，即电流透入深度 δ（cm）为：

$$\delta = 5030\sqrt{\frac{\rho}{\mu f}} \qquad (2\text{-}3)$$

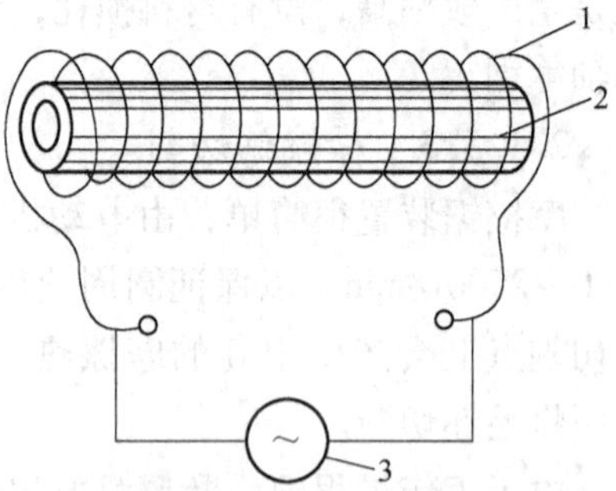

图2-13 感应电加热原理
1—感应器；2—坯料；3—电源

式中 f——电流频率，Hz；

μ——相对磁导率，各类钢在760℃（居里点）以上时，$\mu=1$；

ρ——电阻率，Ω·cm。

由于集肤效应，感应加热时热量主要产生在毛坯表层，并向毛坯心部传导。为了提高大直径毛坯加热速度，应选用较低的电流频率，以增大电流的渗透深度。而小直径毛坯因截面尺寸较小，可用较高的电流频率，以提高加热效率。

按照电流频率范围，感应加热被分为工频（$f=50$Hz）加热、中频（$f=50\sim10000$Hz）加热和高频（$f=10^5\sim10^6$Hz）加热。生产中多采用中频加热。

感应加热速度非常快，烧损率一般小于0.5%，因此不用保护气氛就可以实现少无氧化加热。另外，加热规范稳定，便于实现机械自动化操作，特别适合在生产大批量的流水线上使用。缺点是：设备一次性投资较大，耗电量大，一种规格的感应加热器能加热的毛坯尺寸有限。

B 电阻加热

根据产生电阻热发热体不同，电阻加热有电阻炉加热、接触电加热和盐浴炉加热。

(1) 电阻炉加热，即利用电流通过炉内电热体时产生的热量来加热金属。在电阻炉内，辐射加热是加热金属的主要方式，其次是炉底与金属接触的热传导，自然对流传热可忽略不计。但在空气循环电炉中，对流传热是加热金属的主要方式。

(2) 接触电加热，即将被加热坯料直接接入电路，当电流通过坯料时，因坯料电阻产生电阻热使坯料得到加热。图2-14所示为接触电加热气门电镦锻件原理。因坯料电阻值很小，要产生大量的电阻热，必须通入很大的电流。因此，在接触电加热中采用低电压大电流，变压器的副端空载电压一般为2~15V。

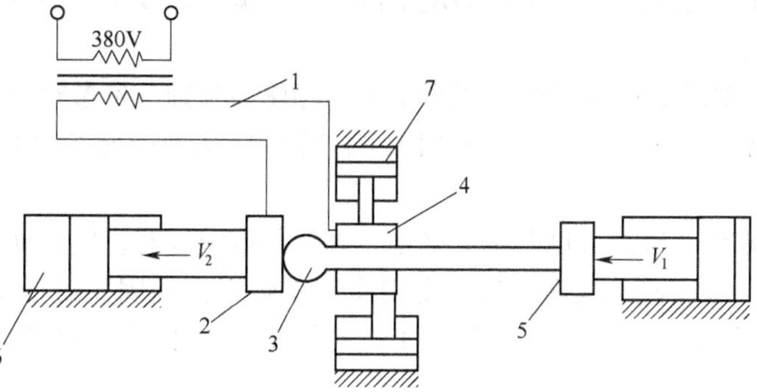

图2-14 接触电加热气门电镦锻件原理

1—变压器次级；2—砧子；3—气门工件坯料；4—夹紧电极；5—顶镦缸；6—砧子缸；7—夹持缸

(3) 盐浴炉加热。盐浴炉分为内热式和外热式两种。盐浴炉加热，即在电极之间通以低压交流电，利用盐液导电产生大量的电阻热，将盐液加热至要求的温度，通过高温盐液的对流和热传导，将埋在加热介质中的金属加热。盐浴炉加热速度比电阻炉快，加热温度均匀，坯料与空气隔开，减少和防止了氧化脱碳现象。但盐液表面辐射热损失很大，辅助材料消耗大，劳动条件也差。

C 少无氧化加热

精密模锻时，毛坯必须采用少无氧化加热，它可减小钢材的氧化和脱碳，有利于提高模具寿命。少无氧化加热的方法有很多种，各有其优缺点，应根据钢种、加热质量要求以及能源供应情况、锻件批量等条件进行选择。常见的少无氧化加热方法有：

(1) 感应加热。感应加热时，坯料烧损量约为0.5%。为了达到无氧化加热的要求，可在感应加热炉内通入保护气体。保护气体有惰性气体，如氮、氩、氦等；还原性气体，如CO和H_2的混合气体。

(2) 保护涂层。将特制的涂层涂料涂在坯料表面，加热中涂料融化，形成一层致密不透气的涂料薄膜，使坯料表面与周围的氧化性气体机械地隔离，从而防止氧化。在锻造过程中，涂层也能防止坯料在出炉后产生氧化，又是模具的良好润滑剂。目前，广泛使用的涂料主要成分是玻璃或搪瓷粉。

(3) 敞焰少氧化加热。它是利用气体或液体燃料在炉内进行不完全燃烧，直接产生保护气体，同时这种气体又是加热坯料的热源。和感应加热相比，它的加热成本较低，炉子具有一定的通用性，被加热的毛坯形状和尺寸不受限制，适用于批量生产和中小型车间中。

2.2.2 金属材料锻造温度范围的确定

锻造温度范围是指坯料开始锻造时的温度（始锻温度）和结束锻造时的温度（终锻温度）之间的温度区间。

锻造温度范围确定的基本原则是：金属在锻造时具有良好的塑性和较低的变形抗力；保证锻件质量；锻出优质锻件；锻造温度范围尽可能宽广，以减少加热次数，提高生产效率，减少损耗。

锻造温度范围确定的基本方法：以合金平衡相图为基础，参考塑性图、抗力图和再结晶图，对塑性、品质和变形抗力三个方面综合分析，从而确定合适的始锻温度和终锻温度。

以碳钢为例来说明锻造温度范围的确定。确定始锻温度时，应保证坯料在加热过程中不产生过烧和过热。据此，碳钢始锻温度则应比铁碳平衡图固相线低 150 ~ 250℃。碳钢的始锻温度应随碳含量的增加而降低。合金钢的始锻温度通常随着碳含量的增加降低更多。

此外，始锻温度的确定还应考虑到坯料组织、锻造方式和变形工艺过程等因素。

如以钢锭为坯料时，由于铸态组织比较稳定，产生过热的倾向比较小，因此钢锭的始锻温度可以比同钢种钢坯和钢材高 20 ~50℃。对于大型锻件的锻造，最后一火次的始锻温度应根据剩余的锻比确定，以避免锻后晶粒粗大，这对不能用热处理细化晶粒的钢种尤为重要。

在确定终锻温度时，既要保证金属锻前具有足够的塑性，又要保证锻件具有良好的组织性能。所以终锻温度不能过高，否则锻件晶粒粗大，锻后冷却出现非正常组织。相反则会导致锻造后期加工硬化，可能引起开裂，使锻件处于临界变形状态，形成粗大晶粒。因此，终锻温度常略高于其再结晶温度。

按照以上原则，碳钢的终锻温度约在铁碳平衡图 A_1 线以上 25 ~75℃。中碳钢的终锻温度位于奥氏体单相区，组织均匀，塑性良好，完全满足终锻要求。低碳钢的终锻温度虽处于奥氏体和铁素体的双相区，但因两项塑性均较好，不会给锻造带来困难。高碳钢的终锻温度处于奥氏体和渗碳体的双相区，在此温度区间锻造，可借助塑性变形，将析出的渗碳体破碎为呈弥散状，而在高于 A_{cm} 线的温度下终锻将会使锻后沿晶界析出网状渗碳体。

还应指出的是，终锻温度与钢种、锻造工序和后续工艺等也有关。对于冷却时不产生相变的钢种，因为热处理不能细化晶粒，只能依靠锻造控制晶粒度，为了使得锻件获得较细晶粒，这类钢的终锻温度一般偏低。当锻后立即进行余热处理时，终锻温度应满足余热处理要求。如低碳钢锻件锻后进行余热处理，其终锻温度则稍高于 A_3 线。锻造精整工序的终端温度比常规值低 50 ~80℃。

由于不同钢种所含合金成分不同，因此，各类钢的锻造温度范围相差很大，一般碳钢的锻造温度范围比较宽，而合金钢的锻造温度范围比较窄，尤其是高合金钢锻造温度范围只有 200 ~300℃。因此，在锻造生产中，高合金钢锻造比较困难，对锻造工艺过程要求严格。

2.2.3 钢加热时的缺陷及防治措施

坯料在锻前加热过程中，由于加热工艺过程制定不合理和加热操作不当引起的缺陷大体有3种：坯料外层组织化学状态引起的缺陷（如氧化、脱碳），内部组织变化引起的缺陷（如过热、过烧）和由于温度分布不均引起的内应力（如温度应力、组织应力）过大所引起的坯料裂纹和开裂等。

2.2.3.1 氧化与脱碳

A 氧化

金属在高温加热时，表层中的离子和炉内氧化性气体（如 O_2、CO_2、H_2O 和 SO_2）发生化学反应，使表面生成氧化物，这种现象称为氧化，即烧损。

钢坯料在高温加热时，表层中的铁离子（Fe^+）和炉内的氧化性气体（如 O_2、CO_2、H_2O 和 SO_2）发生化学反应，使表面氧化生成以 FeO 和 Fe_3O_4 为主体及少量 Fe_2O_3 的组成物，即氧化皮，这就是钢的氧化。

氧化实质是一种扩散过程。主要受被加热金属化学成分和加热环境，包括炉气成分、加热温度、加热时间等因素的影响。

金属氧化烧损危害很大，在一般情况下，钢坯每加热一次便有1.5%～3.0%的金属被烧损掉。同时氧化皮还会加快模具磨损，降低表面质量。残留氧化皮的锻件，在机加工时道具刃口易于磨损。在加热过程中常采用以下措施减少或消除金属氧化：

（1）快速加热。在保证锻件质量的前提下，尽量采用快速加热，缩短加热时间，尤其是缩短高温下的停留时间。

（2）控制加热炉气的性质。在燃料完全燃烧的条件下，尽量减少空气过剩量，以免炉内剩余氧气过多。应使炉内有过量的还原性气体，并注意减少燃料中的水分。

（3）炉内应保持不大的正压力，以防止吸入炉外空气。

（4）介质保护加热。将坯料表面与氧化性炉气隔离，防止坯料在加热时产生氧化。所用的介质有气态保护介质，如纯惰性气体、石油液化气、氮气等。

B 脱碳

坯料在加热时，其表层的碳（C）和炉气中的氧化性气体（如 O_2、CO_2、H_2O 等）以及某些还原性气体（如 H_2）发生化学反应，造成坯料表层碳含量减少，这一表层常称为脱碳层，这种缺陷即为脱碳。

脱碳过程实质也是一个扩散过程，即炉气中的 O_2 和 H_2O 等与钢中的 C 相互扩散。脱碳层只有在脱碳速度超过氧化速度时才能形成，或者说，在氧化作用相对较弱的情况下，可形成较深的脱碳层。

影响钢加热时脱碳的因素包括：坯料的化学成分、炉气成分、加热温度和加热时间。用于防止钢件氧化的措施一般也能够防止脱碳。

2.2.3.2 过热和过烧

A 过热

当钢的加热超过某一温度时，或在高温下停留时间过长，会引起奥氏体晶粒迅速长大，这种现象称为过热。晶粒开始急剧长大的温度称为过热温度。

过热对金属锻造过程影响不大。某些过热较严重的钢材，只要没有过烧，在足够大的变形程度下，晶粒粗大组织一般都可以消除。如果变形程度小，终锻温度高，则锻后冷却时出现非正常组织。例如，过热的亚共析钢冷却时析出的渗碳体形成稳定的网状组织；工模具钢（或高合金钢）过热之后往往呈现一次碳化物网状化等。这些都导致强度增大和冲击韧性降低。

坯料过热所造成的锻件不良组织，虽然可以通过二次锻造或热处理消除，但这却增加了生产周期和费用。为了减少钢的过热，必须严格遵守钢的加热规范，严格控制加热温度和时间，避免断面尺寸相差很大的坯料同炉加热。此外，控制加热炉炉气的氧化性气体也很重要。因为坯料在强烈氧化性炉气中加热时，表层剧烈氧化放出热量，会使其表面温度超过炉温而引起过热。

B 过烧

当坯料加热超过过热温度，并且在此温度下停留时间过长，不但引起奥氏体晶粒迅速长大，而且还有氧化性气体渗入晶界，这种缺陷称为过烧。产生过烧的温度称为过烧温度。

坯料过烧时，氧化性气体进入到晶界，会使晶间物质 Fe、C、S 发生氧化，形成易熔共晶氧化物。甚至会使晶界产生局部融化，使晶粒间结合完全破坏。因此，对过烧的坯料进行锻造时，在表面会产生网状裂纹，一般称为龟裂。严重的则使坯料破裂成碎块，其断口无金属光泽。过烧是加热的致命缺陷，最后使坯料报废。如果坯料只是局部过烧，可将过烧的部分切除掉。

为减少和防止过烧，应严格遵守加热规范，特别是要控制加热温度以及在高温时的停留时间。

2.2.3.3 裂纹

如果坯料在加热过程的某一温度下，内应力超过它的抗拉强度，那么就要产生裂纹。通常内应力有温度应力、组织应力和残余应力。

A 温度应力

坯料在加热时，其表面和心部之间存在温度差，会引起不均匀膨胀，使表面受到压应力，中心部位受到拉应力。这种由于温度不均匀而产生的内应力称为温度应力。温度应力的大小与钢的性质和断面温度有关。一般只有钢料出现温度梯度并处于弹性状态时，才会产生较大的温度应力并引起裂纹。钢的温度低于 500 ~ 550℃ 时处于弹性状态，因此处于这个温度范围以下时，必须考虑温度应力的影响。当温度超过 500 ~ 550℃ 时，钢的塑性比较好，变形抗力较低，通过局部塑性变形可以使温度应力消除或减少。

温度应力一般处于三向应力状态，加热圆柱坯料中心部位受到的轴向温度应力较径向应力都大，而且都是拉应力，因此钢加热时，心部产生裂纹的倾向较大。

B 组织应力

加热具有相变的坯料时，表层首先发生相变，珠光体转变成奥氏体，比容较小，在表层形成拉应力，心部为压应力。当温度继续升高时，心部也发生相变，这时心部为拉应力，表层形成压应力。这种由于相变前后组织的比容发生变化而引起的内应力称为组织应力。由于相变时坯料已处于高温，塑性好，所以尽管产生组织应力，也会很快被松弛消失。因此，加热过程中组织应力无危害性。

C 残余应力

钢锭在凝固和冷却过程中，由于外层和中心冷却次序不同，各部分间的相互牵制将产生残余应力。外层冷却快，应力为压应力；中心冷却慢，应力为拉应力。当残余应力超过材料抗拉强度时，金属材料将产生裂纹。

综上所述，坯料在加热过程中，由于内应力引起的裂纹主要是温度应力造成的。一般来讲，裂纹发生在加热低温阶段，且裂纹发生在心部。因此在 500 ~ 550℃ 以下加热时，应避免加热速度过快，降低装炉温度。

习题与思考题

2-1 简述剪切下料的基本方法。

2-2 试述什么是锻造温度范围及锻造温度范围确定的原则。

2-3 简述钢材加热时的缺陷有哪些。

2-4 试述如何避免与防止钢材在加热时的缺陷。

3　开式模锻工艺及模具设计

【本章概要】

开式模锻时，变形金属的流动不完全受模膛约束，多余金属会沿垂直于作用力方向流动，形成飞边。本章主要介绍模锻件的分类、表示模锻件复杂程度的参数、模锻件的工艺方案选择与设计流程，包括锻件图设计、终锻模膛设计、预锻模膛设计、制坯工步与制坯模膛设计以及总体锻模结构设计等。

【关键词】

开式模锻、锻件分类、复杂程度参数、锻件图、模膛设计

【教学目的】

了解开式模锻时金属的流动规律、锻件图的设计方法及内容，掌握不同成形设备条件下典型开式模锻模具结构设计特点。

【本章重点】

开式模锻时模锻件的分类，开式模锻时锻件图的设计，模膛设计以及根据成形设备设计相应的锻模总体结构。

3.1　模锻件的分类及表示锻件复杂程度的参数

3.1.1　模锻件的分类

由于形状相似的锻件在实际生产中往往采用相同或相似的模锻工艺及锻模结构，因此，应将各种形状的模锻件分类，以便快速进行工艺制定和模具设计。通常按照锻件的外形和模锻时毛坯的轴线方向，把模锻件分为圆饼类（短轴线类）和长轴线类，锻件的分类见表3-1。

表3-1　锻件的分类

类别	组　别	锻　件　图　例
圆饼类锻件	简单形状（第一组）	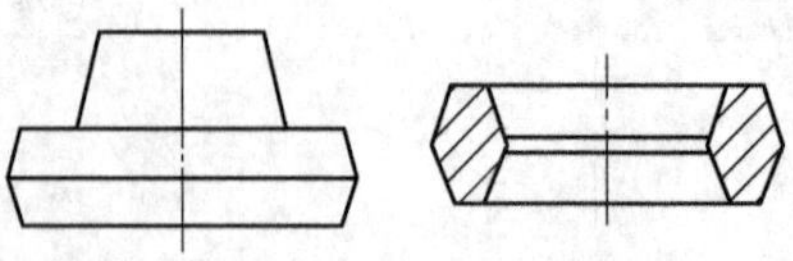

续表 3-1

类别	组 别	锻 件 图 例
圆饼类锻件	较复杂形状（第二组）	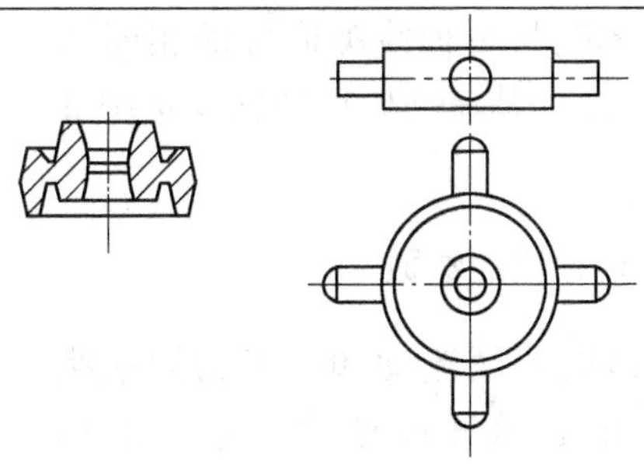
	复杂形状（第三组）	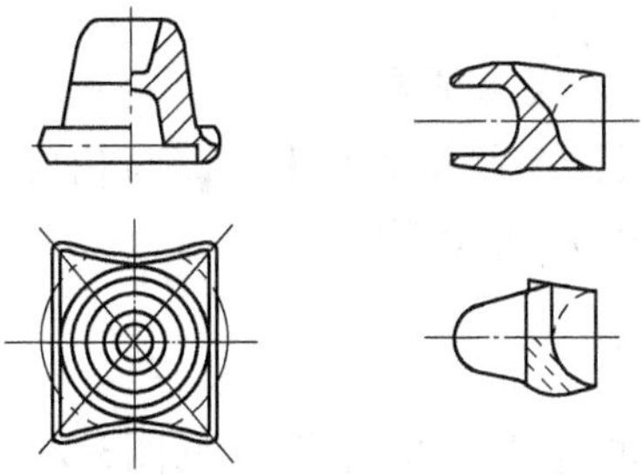
长轴线类锻件	直长轴类（第一组）	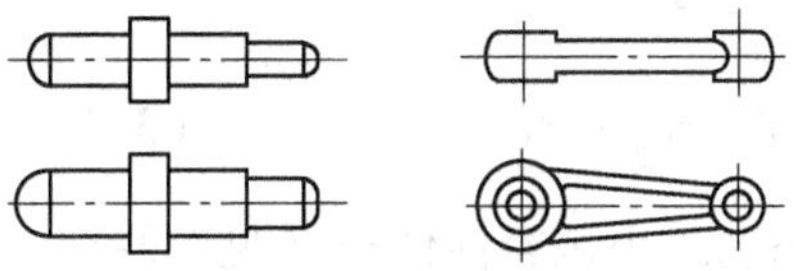
	弯曲轴类（第二组）	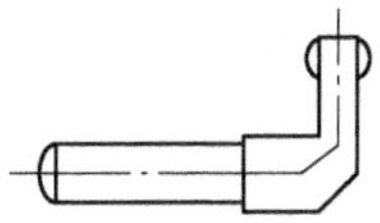
	枝芽类（第三组）	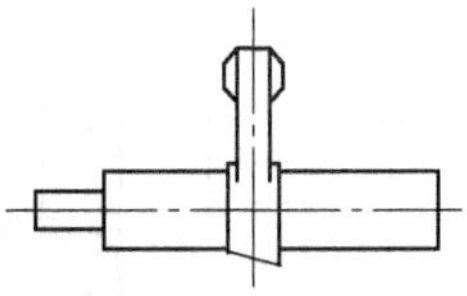
	叉类（第四组）	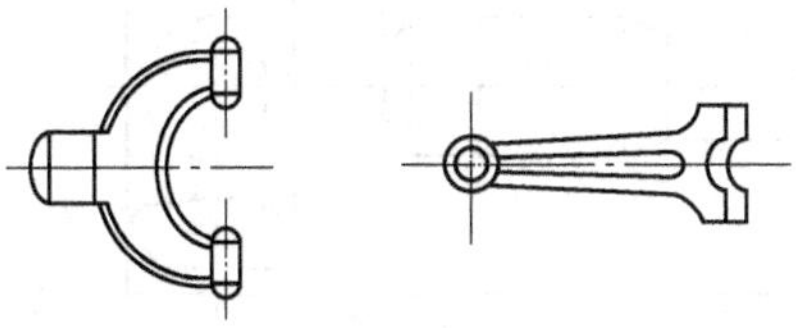

第一类为圆饼类锻件。锻件主轴尺寸较短，在分模面上锻件投影图呈圆形或近似圆形的方形。模锻时坯料的轴线方向与打击方向相同，可以近似认为，金属只在它所在的径向平面（称为流动平面）内沿高度和径向同时流动。其流动模型如图 3-1 中 I 所示。终锻前常采用镦粗或拍扁制坯，以保证锻件成形质量。

第二类为长轴线类锻件。锻件的轴线较长，长度与宽度或高度的尺寸比例较大。按锻件外形、主轴线、分模特征，长轴线类锻件可分成直长轴类、弯曲轴类、枝芽类及叉类等四组锻件。这类锻件在模锻时，坯料的轴线与打击方向垂直。由于金属沿轴线方向的流动阻力大，金属基本上只在垂直于轴线的平面（流动平面）内沿高度和宽度方向流动（在锻件两端半圆形部分的金属流动情况与短轴线类锻件的相同），沿轴线方向的流动很小，其流动模型如图 3-1 中Ⅱ所示。

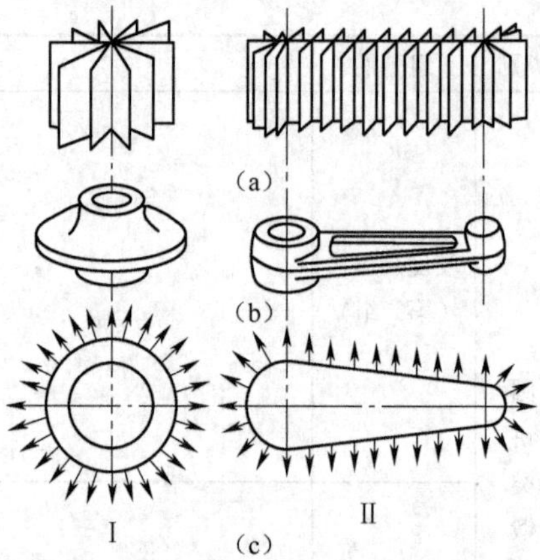

图 3-1 开式模锻时的金属流动模型

（a）流动平面；（b）锻件；（c）流动方向

Ⅰ—短轴线类锻件；Ⅱ—长轴线类锻件

3.1.2 表示锻件复杂程度的参数

锻件形状对模锻时金属流动和变形力影响很大，因此，必须找出表示锻件形状复杂程度的参数。

3.1.2.1 锻件形状复杂系数的一般表达式

锻件形状复杂系数 C_G 是锻件体积 $V_{锻}$ 与相应的锻件外轮廓包容体积 $V_{外}$ 的比值，即：

$$C_G = \frac{V_{锻}}{V_{外}} \quad (3\text{-}1)$$

圆形锻件的外轮廓包容体的体积（见图3-2）为：

$$V_{外} = \frac{\pi}{4}D^2H \quad (3\text{-}2)$$

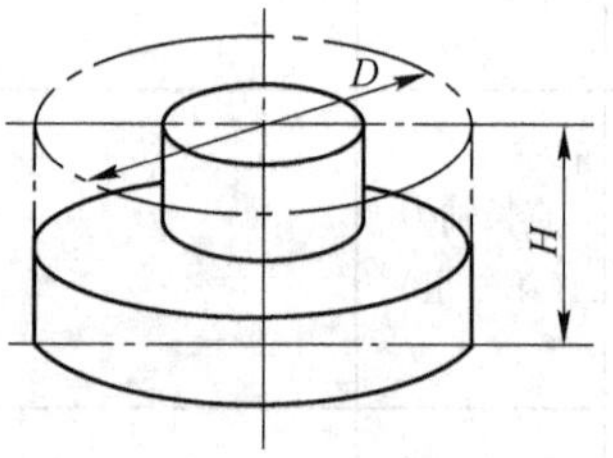

图 3-2 圆柱体锻件及其外接圆柱

非圆锻件的外轮廓最小包容体体积（见图3-3）为：

$$V_{外} = lbh \quad (3\text{-}3)$$

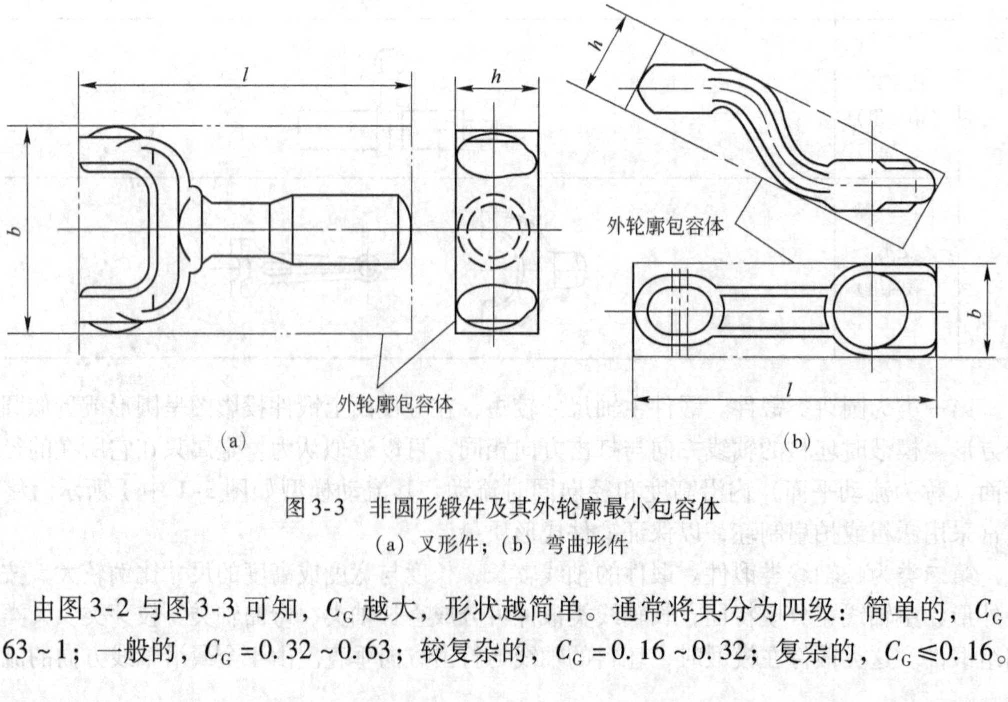

图 3-3 非圆形锻件及其外轮廓最小包容体

（a）叉形件；（b）弯曲形件

由图 3-2 与图 3-3 可知，C_G 越大，形状越简单。通常将其分为四级：简单的，$C_G = 0.63 \sim 1$；一般的，$C_G = 0.32 \sim 0.63$；较复杂的，$C_G = 0.16 \sim 0.32$；复杂的，$C_G \leqslant 0.16$。

3.1.2.2 回转体锻件的形状复杂系数

Г. П. 捷捷林等人在研究飞边槽尺寸设计时，提出了回转体锻件的形状复杂系数 C_r。C_r 越小，锻件的形状越简单。其表达式为：

$$C_r = \alpha\beta \tag{3-4}$$

式中 α，β——锻件纵、横截面形状复杂系数。

纵截面形状复杂系数可由下式计算得到：

$$\alpha = \frac{C_{锻}}{C_{外}} = \frac{L^2/A}{L_c^2/A_c} \tag{3-5}$$

式中 $C_{锻}$——回转体锻件轴向断面周长 L 的平方与其轴向断面积 A 之比；

$C_{外}$——锻件外接圆柱体轴向断面周长的平方与外接圆柱体的轴向断面积 A_c 之比；

L——纵截面的周长，mm；

A——纵截面的面积，mm^2；

L_c——外接圆柱体的纵截面周长，mm；

A_c——外接圆柱体的纵截面面积，mm^2。

横截面形状系数可计算如下：

$$\beta = \frac{2R_g}{R_c} \tag{3-6}$$

式中 R_g——对称轴至半个截面的质心间的径向距离，mm；

R_c——锻件外接圆柱体的半径，mm。

由式（3-5）可以看出，在锻件外接圆柱体的高度和直径不变的条件下，空腔越多、越窄和越深，则锻件的周长越长、纵截面积越小，相应的 L_c^2/A_c 值越大。这个比值没有完全考虑空腔在锻件上的位置，根据实验结果，中心空腔比外围空腔更易充满。式（3-6）中的 β 值考虑了空腔在锻件上的分布。对于圆柱形锻件（见图 3-4（a）），$2R_g/R_c = 1$；对于带有法兰的锻件（见图 3-4（c）），其 β 值比无法兰的类似锻件（见图 3-4（b））要小。这是因为法兰凸缘在某种程度上起到了飞边的作用，有利于锻件充满，因而其复杂程度要小一些。

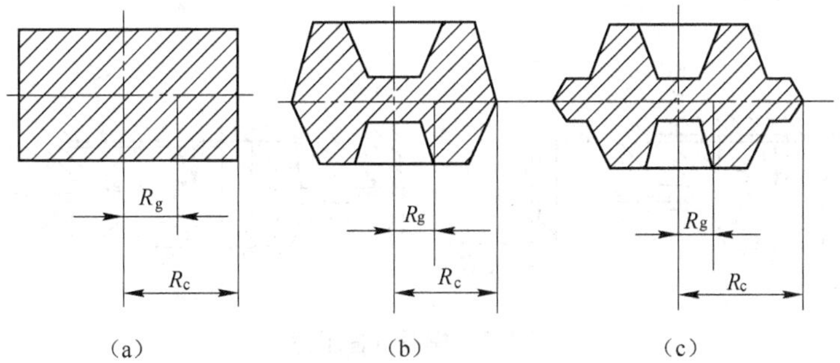

图 3-4 空腔在锻件上的位置

（a）$2R_g/R_c = 1$；（b）$2R_g/R_c = 1.29$；（c）$2R_g/R_c = 0.88$

不难想象，在其他条件相同的情况下，锻件形状复杂系数的大小可反映锻件在模锻成形时金属充满模膛的难易程度和所需变形力的大小等主要工艺性能。

3.2 模锻工艺设计

3.2.1 开式模锻的变形特点

开式模锻时，变形金属的流动不完全受到模膛侧壁的限制，随着上、下模的闭合，一方面金属充填模膛；另一方面多余金属被挤出模膛，形成飞边。随着作用力的增大，飞边减薄，温度降低，金属由飞边向外流动受阻，最终迫使金属充满整个型腔。这个过程大致可分为 4 个阶段，如图 3-5 所示：

（1）镦粗变形(见图 3-5(a))。自坯料上端面同上模膛表面接触开始，坯料高度减小 ΔH_1，径向尺寸增大，直至金属与模壁接触为止。所需变形力不大。

（2）形成飞边(见图 3-5(b))。第一阶段结束后，由于金属流动受到模壁阻碍，有助于流向模膛高度方向，同时开始流入飞边槽。当压下量达到 ΔH_2 时，出现少许飞边。此时所需变形力增大较为明显。

（3）充满模膛(见图 3-5(c))。由于飞边的横向阻力，在变形金属内部形成更为强烈的三向压应力状态。金属被挤入飞边槽的同时，模膛内各处被充满。在这一阶段中，随着飞边厚度变薄，宽度增大，温度下降，变形抗力明显上升，从而造成了更大的横向阻力，使金属流向飞边槽更加困难，促使整个模膛完全充满。

（4）打靠合模(见图 3-5(d))。在第三阶段结束时，变形金属已充满模膛，只是高度方向尺寸大于锻件高度尺寸。在此阶段中，上、下模打靠合模，模膛中多余金属被挤入飞边槽，得到合格锻件。由于毛坯温度低，飞边的横向阻力大，为把多余金属挤入飞边槽，所需锻击力最大。模锻根据最大锻击力来选择模锻设备的吨位。通常，相应的压下量 $\Delta H_4 \leqslant 2$mm。

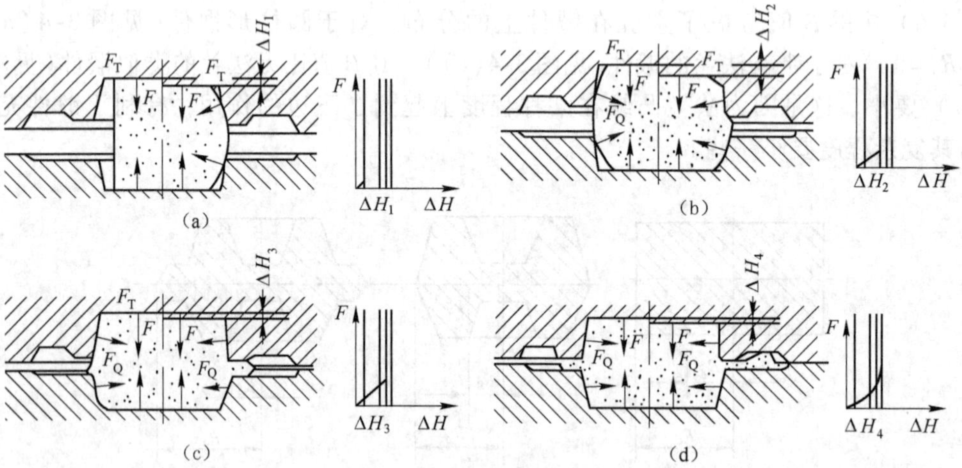

图 3-5　模锻过程示意

(a) 镦粗变形；(b) 形成飞边；(c) 充满模膛；(d) 打靠合模

3.2.2 模锻工艺设计内容

模锻工艺过程是指坯料经一系列加工工序制成模锻件的整个生产过程，主要包括备料工序、加热工序、锻造工序、锻后工序，以及检验工序等。模锻工艺的一般流程如图 3-6 所示。

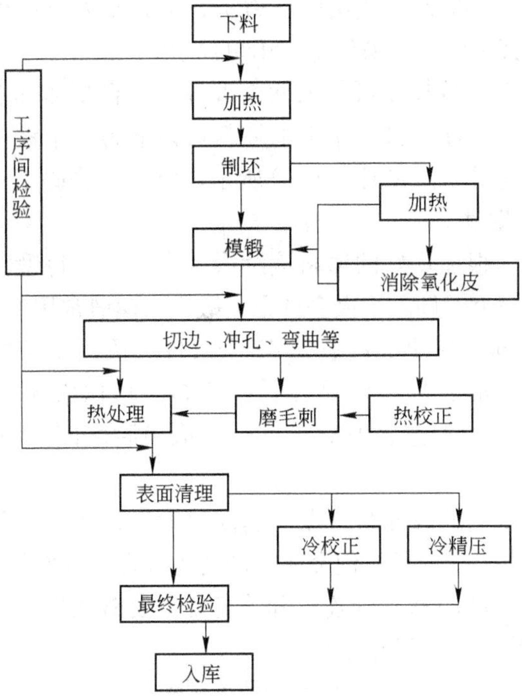

图 3-6　模锻工艺的一般流程

模锻工艺设计包括：

(1) 根据产品零件的形状、尺寸、技术要求和生产批量，结合具体生产条件，合理选择模锻工艺方案；

(2) 设计锻件图；

(3) 确定所需的工序，并选择所用设备；

(4) 确定模锻工艺流程并填写模锻工艺卡片。

3.2.3　模锻工艺方案选择

选择合理的模锻工艺方案是锻造工艺设计的关键，应从具体生产条件出发，并综合考虑技术和经济两方面的问题。基本原则是保证锻件生产的技术可能性和经济合理性。工艺上要满足对锻件质量和数量的要求，经济上要达到生产成本低和使用寿命长的目的。

3.2.3.1　模锻工艺的选择

同一锻件在不同设备上生产时，可以采用不同的制造工艺。从经济性分析的角度来看，其效果也不尽相同。当批量较大时，可以采用模锻锤或热模锻压力机生产；如批量较小，则可以在螺旋压力机或自由锻锤上胎模锻等。无论选择何种方案，必须考虑工厂现有的具体条件和设备状况。

3.2.3.2　模锻方法的选择

模锻方法是指在某种设备上锻件生产可以采用的不同方法，如单件模锻、调头模锻、一火多件、一模多件，以及合锻等。合理选择模锻方法可以提高生产效率，简化模锻工步和降低材料消耗。

（1）单件模锻。对于模锻锤、热模锻压力机、螺旋压力机上模锻的锻件，通常一个坯料只锻一个锻件，尤其是较大的锻件都采用单件模锻。

（2）调头模锻。毛坯下料长度可供锻两个锻件，坯料整体加热，在第一个锻件锻完之后，调转180°，用钳子夹住锻件，余下的坯料可以锻另一个锻件。采用这种方法可以省去夹钳头，提高材料利用率，如图3-7(a)所示。此种方法适用于长度小于350mm、质量为2～3kg左右的中小锻件。

（3）一火多件。用一根加热好的棒料连续锻几个锻件，每锻完一个锻件即从棒料上分离下来，再继续锻另一个锻件。一火多件是平锻机上模锻常用的锻造方法。

（4）一模多件。在同一模块上模锻2～3个锻件。适用于长度小于80mm且质量在0.5kg以下的小型锻件，如图3-7(b)所示。一模多件可以大大提高生产率，也能使金属分布更均匀，简化了模锻工艺，但对于几个终锻模膛之间的位置精度应有更严格的要求。

（5）合锻。将两个不同的锻件组合在一起同时锻出，然后再分离成为两个单独的锻件。根据锻件的形状特点，合锻可以使金属流动更为合理，锻件易于成形并节约金属，同时也提高了生产率。图3-7(c)所示为连杆和连杆盖的合锻实例，在整体锻造完成之后进行分离，即可得到连杆和连杆盖两个锻件。

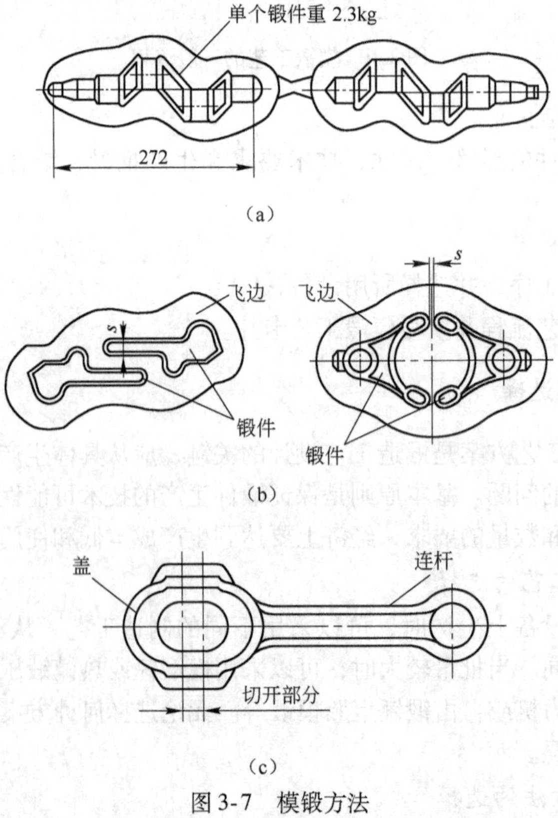

图3-7 模锻方法

(a) 调头锻造；(b) 一模多件锻造；(c) 合锻锻造

3.3 锻件图设计

锻件图根据零件图设计，分为冷、热两种锻件图。冷锻件图用于最终锻件检验；热锻件图是根据冷锻件图并考虑热膨胀量而设计的，主要用于锻模设计和制造，又称为制模用锻件图。冷锻件图常称为锻件图，其设计内容如下。

3.3.1 确定分模位置

确定分模位置最基本的原则是使锻件形状尽量与零件形状相同，使锻件容易从模膛中取出，并应力争以镦粗的方式成形。其具体原则是：

（1）保证锻件容易脱模。一般应以最大投影面作为分模面（见图 3-8(a)）。

（2）易于发现上下模腔的相对错移（见图 3-8(b)）。

（3）尽可能选用直线分模，使锻模加工简单（见图 3-8(c)）。但对头部尺寸较大且上下不对称的锻件，则宜用折线分模，以利充满成形（见图 3-8(d)）。

（4）对圆饼类锻件，当 $H \leqslant D$ 时，宜取径向分模，而不取轴向分模（见图 3-8(e)）。

（5）应保证锻件有合理的金属流线分布（见图 3-8(f)）。

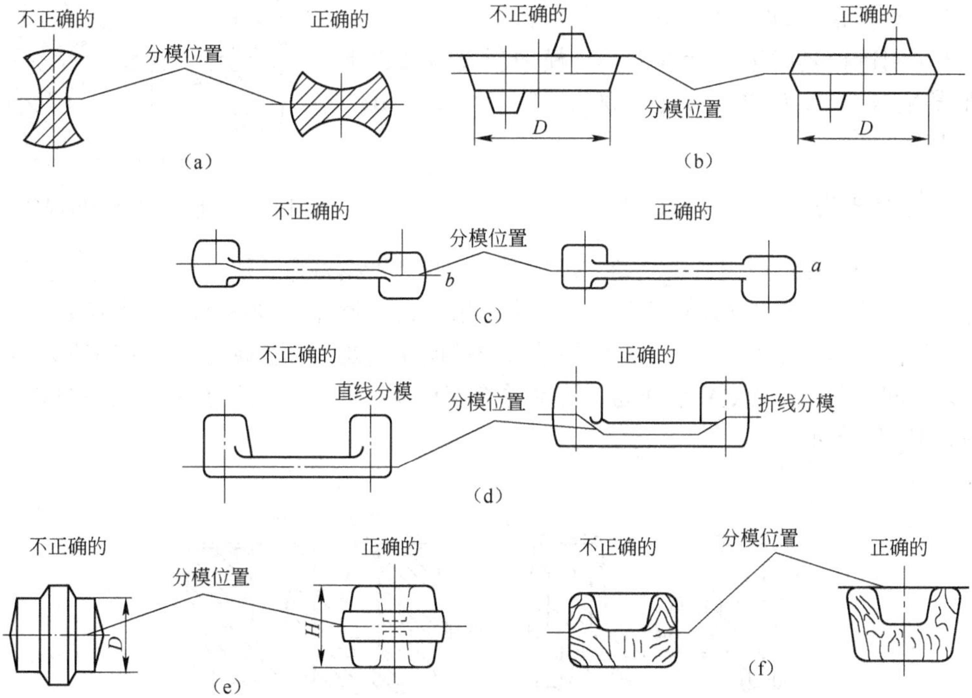

图 3-8　分模位置的选取示意图

(a) 最大投影面分模；(b) 易错移面分模；(c) 直线分模；
(d) 折线分模；(e) 径向分模；(f) 流线分模

3.3.2 确定机械加工余量和锻件公差

普通模锻件均经机械加工成为零件。因为在模锻过程中，毛坯在高温下总是会产生氧化和脱碳，引起金属体积损失；毛坯体积变化及终锻温度波动，导致室温时终锻件体积产生偏差；由于锻件出模的需要，模膛壁往往设计有斜度，锻件侧壁需添加额外的敷料；模膛磨损和上下模难免产生错移现象，需要机加工消除；锻件形状复杂，常需作适当简化，保证模锻成形，也会导致金属体积增加。总之，锻件上凡是需要机械加工的部位，都应加上加工余量。

锻件尺寸不仅要加上机械加工余量，还要规定适当的尺寸公差，以保证最终能获得符合要求的零件。确定锻件机械加工余量和公差的方法较多，可归纳为按锻件形状和按设备吨位两种方法。可以参考国家已经颁布的《钢质模锻件公差及机械加工余量》标准（GB/T 12362—2003）。

3.3.3 模锻斜度

在锻件上与分模面垂直的平面或曲面所附加的或固有的斜度称为模锻斜度。其作用是使锻件能顺利地从模膛中取出。但加上模锻斜度后，增加了金属损耗和机械加工工时，因此应尽量取最小的斜度。

锻件在冷却收缩过程中，趋向于离开模壁的部分为外模锻斜度 α。反之，将模膛中凸起部分夹得更紧的部分为内模锻斜度 β，如图 3-9 所示。

为了制造模具时采用标准刀具，模锻斜度应按以下数值选用：0°15′、0°30′、1°、1°30′、3°、5°、7°、10°、12°、15°。

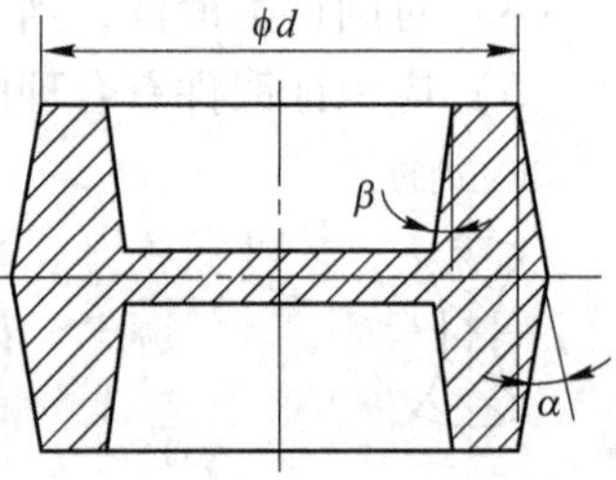

图 3-9 锻件的内外模锻斜度

3.3.4 圆角半径

为了使金属在模膛内易于流动，提高锻件质量和锻模寿命，锻件所有相交面上都应添加适当的圆角，如图 3-10(a)所示。生产中把锻件的凸圆角半径称为外圆半径 r，凹圆角半径称为内圆角半径 R。凸圆角的作用是避免锻模在热处理时和模锻过程中因应力集中导致开裂。凹圆角的作用是使金属易于流动并充填模膛，防止产生折叠或型腔过早被压塌，如图 3-10(b)所示。

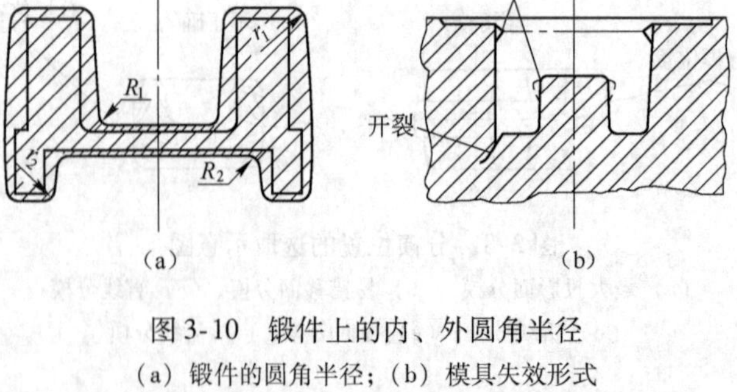

图 3-10 锻件上的内、外圆角半径

(a) 锻件的圆角半径；(b) 模具失效形式

若外圆角半径过小，则金属填充困难，易于引起锻模崩裂。因此，外圆角应尽量取偏大值，但也应留一定的机加工余量。若内圆角偏小，模锻时金属流动形成的纤维易于被切断，或是产生折叠，使锻件报废；反之，将增加机加工的余量，或是导致金属过早流失，造成局部充不满现象，如图 3-11 所示。

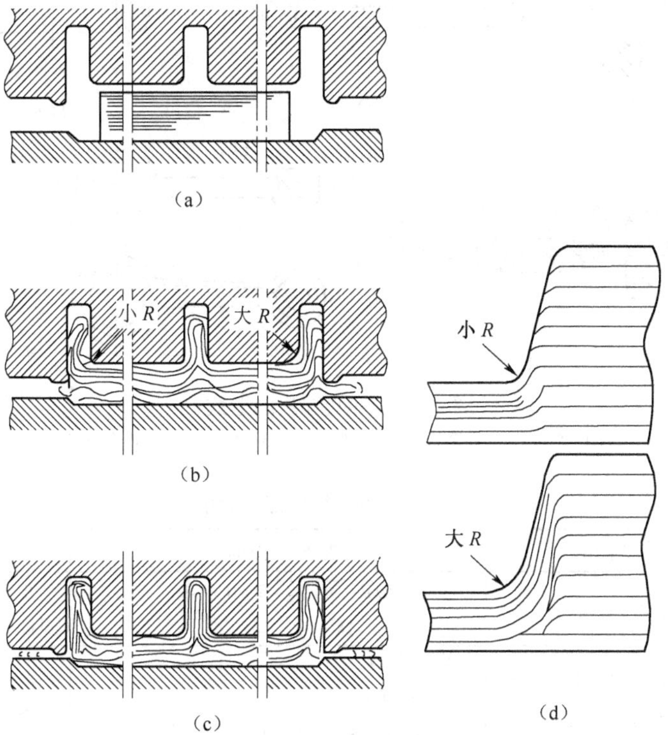

图 3-11　圆角半径对纤维流动的影响

(a) 初始状态；(b) 开始形成飞边状态；(c) 终了状态；(d) 质点流动方向

圆角半径的大小与锻件形状及尺寸有关。为保证锻件外圆角处有必要的加工余量，可按下式确定外圆角半径 r；

$$r = 余量 + a$$

式中　a——零件上相应处的圆角半径或倒角，mm。

内圆角半径 R 应比外圆角半径 r 大，一般可取：

$$R = (2 \sim 3) r$$

为了选用标准刀具，内圆角半径应按标准值选用：1mm、1.5mm、2mm、3mm、4mm、5mm、6mm、8mm、10mm、12mm、15mm、20mm、25mm、30mm 等。

3.3.5　冲孔连皮

锻件内孔直径大于 25mm 时，要考虑冲孔，但不能直接锻出透孔，必须在孔内保留一层连皮，然后在切边压力机上冲除。连皮厚度 δ 应适当，若 δ 过薄，则要求锻击力较大且锻件易发生锻不足，从而导致模膛凸出部分加速磨损或打塌；若 δ 过厚，虽然有助于克服上述现象，但是冲切连皮困难，使锻件形状走样，且浪费金属。常用的冲孔连皮形式及尺寸见图 3-12 和表 3-2。

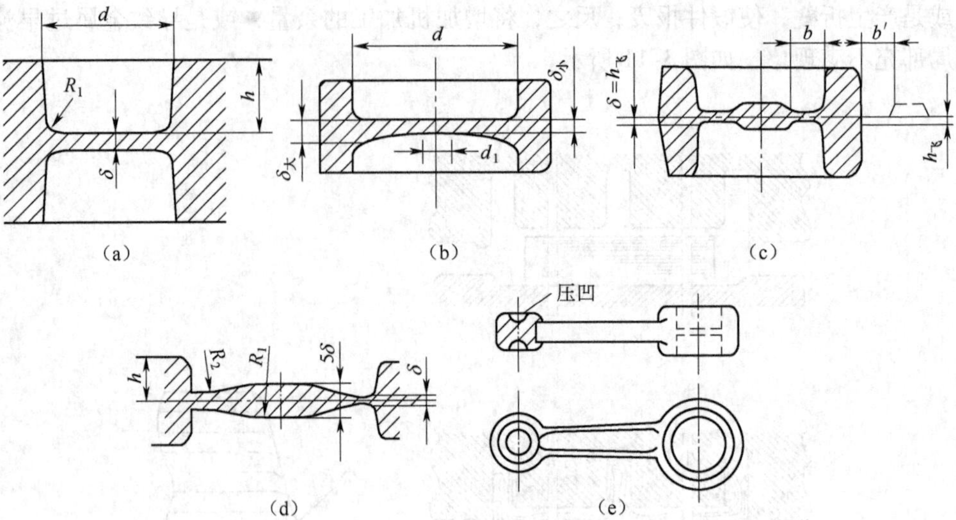

图 3-12 冲孔连皮的形式

(a) 平底；(b) 斜底；(c) 带仓；(d) 拱底；(e) 锻件压凹

表 3-2 冲孔连皮及其尺寸

连皮形式	使用范围	连皮尺寸/mm	符号说明
平底连皮	最为常用	$\delta=0.45\sqrt{d-0.25h-5}+0.6\sqrt{h}$ $R_1=R+0.1h+2$	R 为内圆角半径，其余见图 3-12（a）
斜底连皮	常用于预锻模膛（$d>2.5h$ 或 $d>60$mm）	$\delta_{大}=1.35$ $\delta_{小}=0.65$ $d_1=(0.25\sim0.3)\ d$	δ 为平底连皮的计算值，其余见图 3-12（b）
带仓连皮	用于预锻时采用斜底连皮的终锻模膛	厚度 δ 和宽度 b 分别与飞边桥部高度 $h_{飞}$ 和桥部宽度 b 相同	见图 3-12（c）
拱底连皮	用于内孔很大、高度很小的锻件（$d>15h$）	$\delta=0.4\sqrt{d}$ R_1 由作图决定 $R_2=5h$	见图 3-12（d）
压凹	内孔小于 25mm 的锻件		见图 3-12（e）

3.3.6 技术条件

锻件图（冷锻件图）是在零件图的基础上，加上上述机加工余量等后绘制的图。锻件外形用粗实线表示，零件外形用双点划线表示，以便了解各处的机加工余量是否满足要求。带连皮的锻件不需绘出连皮的形状和尺寸，因为检验用的锻件图上连皮已经切除。

凡在锻件图上无法表示的有关锻件质量和检验要求的内容，均列于技术条件的说明中。一般的技术包括：未注明的模锻斜度和圆角半径；允许的错移量和残余飞边宽度；允许的表面缺陷深度；锻后热处理方法及硬度要求；表面清理方法；需要取样进行金相组织和力学性能试验时，应注明取样位置；其他特殊要求，如直线度、平面度等。模锻件技术条件可参照《钢质模锻件公差及机械加工余量》（GB/T 12362—2003）和《钢质模锻件通用技术条件》（GB/T 12361—2003）的有关规定制定。

例如图 3-13 所示的齿轮和立柱的锻件图，齿轮锻件图为示意性质，所以未详细注明尺寸公差；立柱锻件图是生产用图，除注明尺寸外，其技术条件为：

（1）模锻斜度7°。

（2）未注明圆角 $R2$。

（3）允许错移0.5mm。

（4）热处理：正火。

（5）锻件材料：30CrMnSiA。

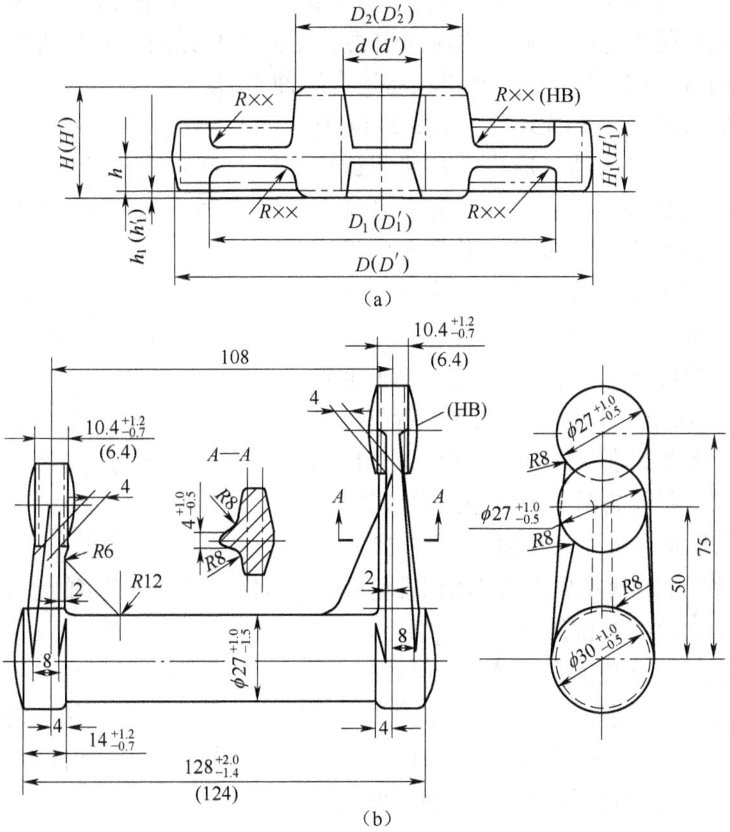

图3-13　锻件图

（a）齿轮；（b）立柱

3.4　终锻模膛设计

终锻模膛是用来完成锻件最终成形的，它是由按热锻件图加工制造模膛和飞边槽所组成。为便于操作，有时还设有钳口。

3.4.1　热锻件图

热锻件图是依据冷锻件图设计的，热锻件图上的尺寸应比冷锻件图上的相应尺寸有所放大，理论上加放收缩率后的尺寸 L 可计算如下：

$$L = l(1 + \delta) \tag{3-7}$$

式中 l——冷锻件尺寸，mm；

δ——终锻温度下金属的收缩率，%，钢为1.2%～1.5%，不锈钢为1.5%～1.8%，铝合金、铜合金为1%，镁合金、钛合金为0.8%。

为便于终锻模膛的加工和准备样板，热锻件图高度方向的尺寸应以分模面为基准标注。

3.4.2 飞边槽

开式模锻的终锻模膛周边需有飞边槽，其形式及尺寸大小是否合适，对锻件成形影响很大。飞边槽主要用于造成足够大的横向阻力，促使模膛充满，并容纳坯料上的多余金属，起补偿与调节作用。此外，对锤类设备还有缓冲作用。

飞边槽主要由桥部和仓部组成，如图3-14所示，其基本结构形式有3种：形式Ⅰ是使用最广泛的一种，其优点是桥部设在上模，这样可减少模具受热，使之不易磨损和压塌；形式Ⅱ用于高度方向不对称的锻件，将桥部和仓部设在下模，这是因为在锤上和摩擦压力机上模锻时，为了利用速度较快的上模块与金属坯料之间的相对速度和惯性，以利于充填成形，所以常把锻件形状复杂的部分置于上模，这样在随后的切边工序中，把出模的锻件翻转180°进行切边时，可以稳定放置锻件，且切边模的冲头形状也可以大为简化；形式Ⅲ上下均设有仓部，适用于形状复杂和坯料体积难免偏大的锻件，以容纳更多的金属。

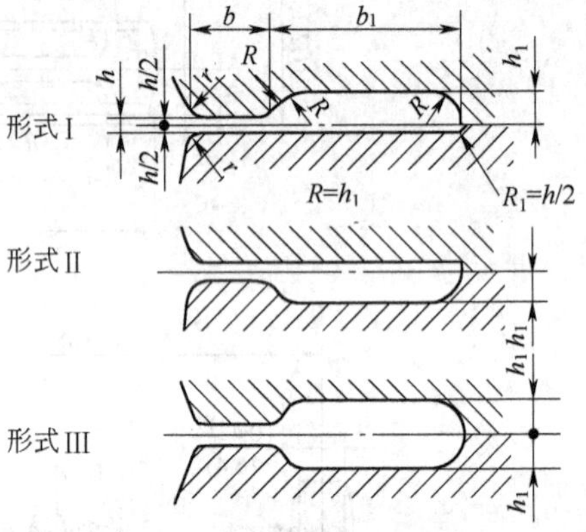

图3-14 飞边槽的基本结构形式

飞边槽的主要尺寸是桥部高度 h、宽度 b 以及入口圆角 r。当 h 减小、b 增大时，水平方向流动阻力增大，有利于充填模腔。但如果 b 增大过多，将会导致锻造不足，并加速锻模磨损。若 h 太大、b 过小时，容易造成金属外流阻力过小，不利于模腔的充满，并产生厚大的飞边。另外，入口处圆角 r 太小时，容易产生压塌内陷，使锻件卡住，影响出模；反之，r 太大时，会影响到飞边的切除和切面质量。

3.4.3 钳口设计

终锻模膛和预锻模膛前的特制凹腔称为钳口，是夹钳的操作空间，用于从型腔中夹持锻件。另外，还可以通过钳口将铅液或金属盐浇入模膛，以复制模膛的形状，用于检验模膛合格与否。其形状及尺寸可参见《锻造手册》或其他资料。

3.5 预锻模膛设计

3.5.1 预锻模膛的作用及不良影响

3.5.1.1 预锻模膛的作用

预锻模膛的作用是：

（1）使制坯后的中间坯料在终锻前进一步变形，使其更加接近终锻形状，以保证终锻时获得成形饱满，无折叠、裂纹或其他缺陷的优质锻件。

（2）减少终锻模膛的磨损，提高模具的使用寿命（通常能提高30%左右）。

3.5.1.2 预锻模膛的不良影响

当然，预锻模膛增大锻模平面尺寸，降低生产率，在锤和螺旋压力机上模锻导致了偏心打击，降低了锻件尺寸精度，锤杆（螺杆）受力恶化，所以预锻模膛既有利也有弊。

可见，应根据具体情况决定是否采用预锻模膛。当由于锻件形状复杂（连杆、拨叉、叶片等）而成形困难，且生产批量较大时，或虽然锻件形状不复杂，但生产批量大时，也应采用预锻模膛。又如，当锻件带有高肋、枝芽、深孔以及宽腹板等难以成形的部位时，为改善金属在终锻模膛中的流动，通常也增设预锻模膛。

3.5.2 预锻模膛的设计

预锻模膛是以终锻模膛或热锻件图为基础进行设计的，锤锻模上预锻模膛的周边一般不设置飞边槽。预锻模膛设计时应注意以下内容。

3.5.2.1 模膛的宽与高

预锻模膛应尽可能做到预锻后的毛坯在终锻时以镦粗成形为主，因此，预锻模膛的高度应比终锻模膛的大2～5mm，宽度应小1～2mm。另外，预锻模膛不设飞边槽，所以预锻模膛的横截面面积应比终锻模膛大约1%～3%。两者形状的差别如图3-15所示。

3.5.2.2 模锻斜度

为便于制模，预锻模膛的斜度一般应与终锻模膛的相同。至于预锻模膛中依靠压入成形的部位，习惯上以增大模锻斜度来解决成形困难问题。实践表明，按图3-16设计更为合理，即取 $h' = (0.8 \sim 0.9)h$，若肋的高度比 h/a 较大，取小的系数，反之则取大的系数，取 $a' = a$。不难看出，在宽度和模锻斜度均相等的条件下，则有 $c' < c$。为了使终锻时肋部顺利成形，并考虑使预锻件肋部的横截面面积小于终锻的相应面积，则应适当加大底部的圆角半径 R'。

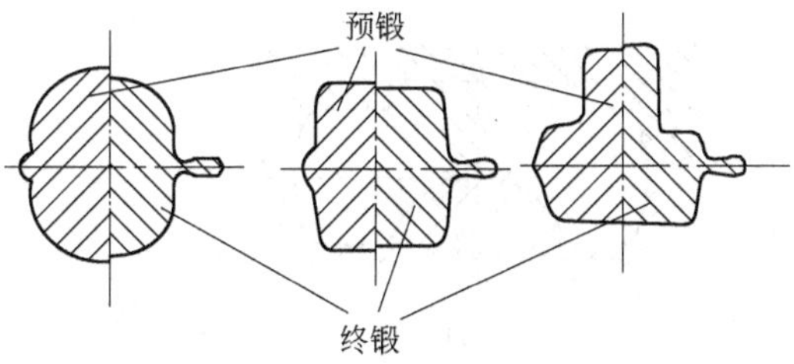

图3-15 预锻形状与终锻形状的差别

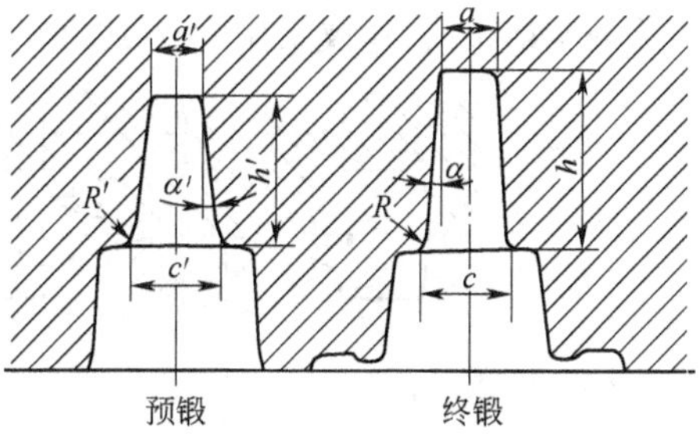

图3-16 预锻与终锻的尺寸关系

3.5.2.3 圆角半径

预锻模膛内的圆角半径应比终锻模膛的大，其目的是减少金属流动阻力，促进肋部预锻成形，同时可防止产生折叠。其凸圆角半径 R' 可按下式计算：

$$R' = R + c \tag{3-8}$$

式中 R——终锻模膛相应部位上的圆角半径，mm；

c——系数。

终锻模膛深 $H<10$mm 时，$c=2$；$H=20\sim25$mm 时，$c=3$；$H=25\sim50$mm 时，$c=4$；$H>50$mm 时，$c=5$。

若锻件的截面尺寸突然变化，为使坯料变形逐渐过渡，避免产生折叠，拐角处的圆角应适当增大，如图 3-17 所示。

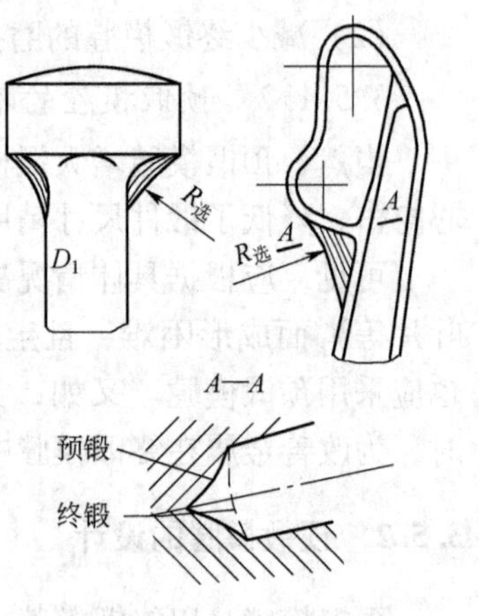

图 3-17　预锻模膛水平面上拐角处的圆角形式

3.5.2.4　阻尼沟槽

对于有枝芽的锻件，为了便于金属流入枝芽处，预锻模膛的枝芽形状可以简化，与枝芽连接处的圆角半径适当增大，必要时可在分模面上设阻尼沟，加大预锻时金属流向飞边槽的横向阻力，如图 3-18 所示。

3.5.2.5　劈料台

具有叉形部分的锻件，当锻件叉间距离不大时，必须在预锻时使用劈料台。预锻时依靠劈料台把金属劈开挤向两侧，流入叉部模膛内。一般情况下用图 3-19(a) 所示的形式，当叉部较窄时，可使用图 3-19(b) 所示的形式。有关尺寸按下式确定：

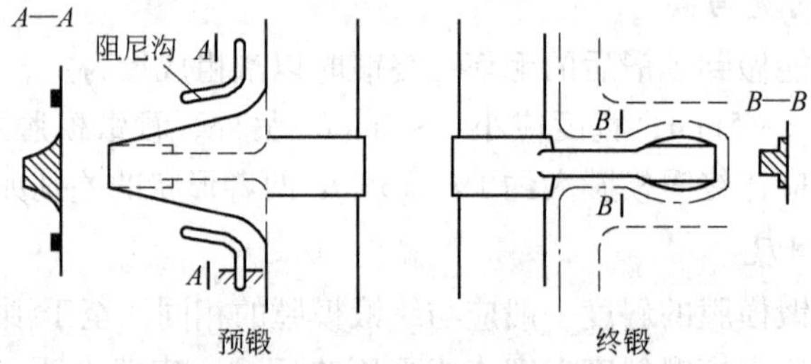

图 3-18　带枝芽预锻模膛的阻尼沟示意图

当 $\alpha>45°$时，建议采用图 3-19（b）所示的形式。

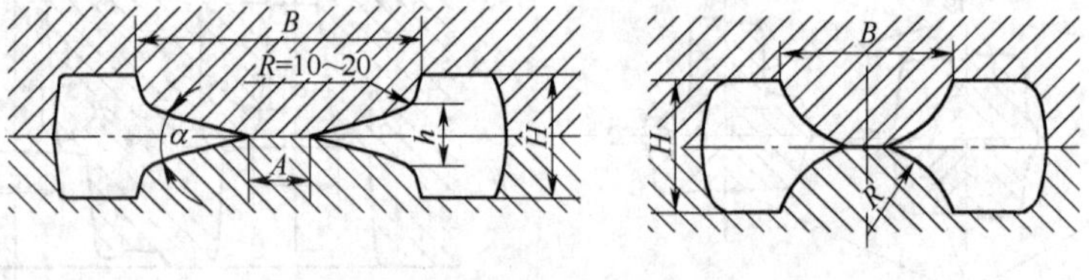

图 3-19　劈料台

（a）适用于一般情况；（b）适用于叉形部位较窄或 $\alpha>45°$ 的情况

$$A=0.25B,\ 8<A<30 \tag{3-9}$$

$$h=(0.4\sim0.7)H$$

$$\alpha=45°$$

3.5.2.6　工字形断面的锻件设计

带工字形断面的锻件，根据肋的相对高度，可以采用如图 3-20 所示的不同方法来设计预锻模膛。

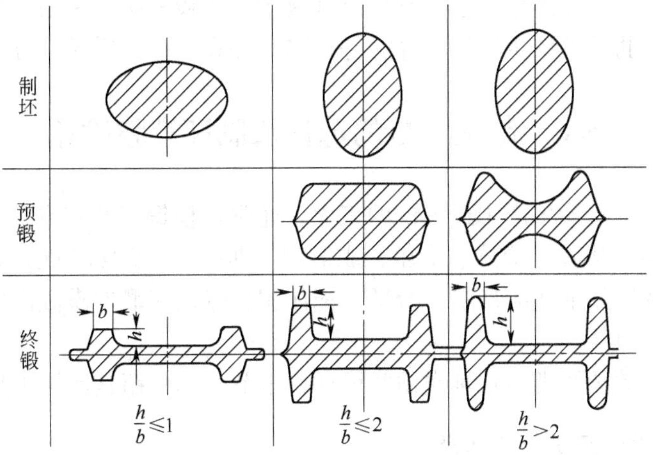

图 3-20 工字形断面的不同预锻方法

当 $h \leqslant b$ 时，形状较为简单，可以直接终锻成形。

当 $b<h<2b$ 时，预锻模膛宽度 $B'=B-(2\sim6)$。高度 h' 根据预锻模膛的横截面面积等于终锻模膛横截面面积与飞边横截面面积之和来确定，如图 3-21（a）所示。

当 $h \geqslant 2b$ 时，取 $B'=B-(1\sim3)$。h' 的确定方法是：假设预锻模膛为梯形断面，求出 H'，按经验取 $x=(H-H')/4$ 求解后，用圆弧线作出预锻模膛的形状，从而得到 h' 值。作图时，根据腹板部分减少的面积 A_2 与肋部增高的面积 A_1 相等，如图 3-21（b）所示。

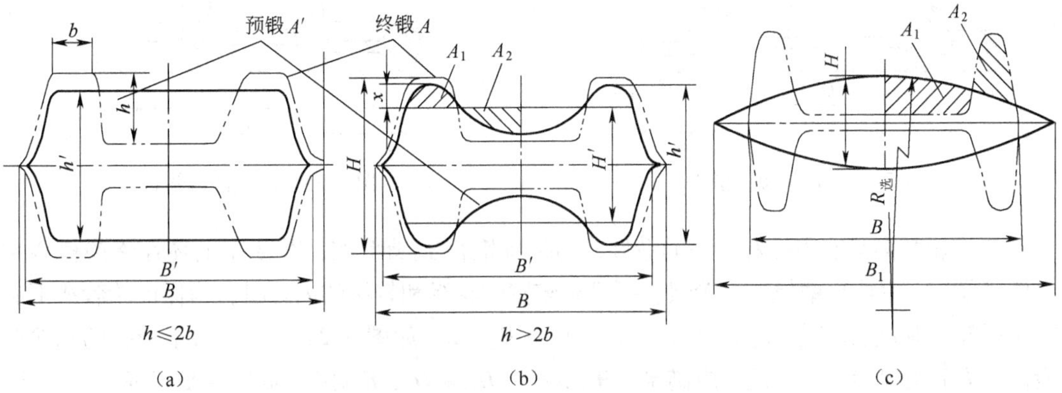

图 3-21 工字形断面预锻模膛的设计

（a）梯形截面预锻模膛；（b）弧形截面预锻模膛；（c）舌形截面预锻模膛

计算 h'（或 H'）时，按预锻模膛断面面积 A' 与终锻模膛断面面积 A 及飞边断面面积 $A_{飞}$ 相等的条件，即：

$$A'=A+2A_{飞}-A_{欠压} \tag{3-10}$$

式中 $A_{欠压}$——预锻模膛未打靠的断面积，mm^2，$A_{欠压}=B'h_{欠压}$，对于锤上模锻，通常 $h_{欠压}=1\sim5mm$。

图 3-21(c)所示为舌形截面预锻模膛的设计方法。首先根据终锻模膛宽度 B 确定预锻

模膛的宽度 B_1，即 $B_1 = B + (10 \sim 20)$；然后作圆弧，使面积 $A_1 = (1.0 \sim 1.1)A$。令 $B_1 > B$ 的目的是，使终锻时首先产生飞边，然后充满模膛。实践表明，采用这种方法设计的预锻模膛，可以避免高肋锻件产生涡流和穿肋等缺陷，提高了锻件质量，方便了模膛制造。

3.6　制坯工步的选择及制坯模膛设计

模锻工序是整个模锻生产中最关键的工序，通常由模锻工步（包括预锻和终锻）、制坯工步（包括镦粗、拔长、滚挤、卡压、成形和弯曲等），以及切断工步三类组成。制坯工步的作用是改变原始毛坯的形状，合理分配体积，以适应锻件横截面形状的需要，以便金属能更好地充满模膛。

根据前面所分的圆饼类与长轴类两类锻件，本节分别介绍其制坯工步。

3.6.1　圆饼类锻件制坯工步的选择

圆饼类锻件一般采用镦粗制坯，形状较复杂的用成形镦粗制坯。目的是避免终锻时产生折叠，兼有除去氧化皮并提高锻件表面质量和锻模寿命的作用。

（1）轮毂较矮的锻件，为了防止轮毂和轮缘间过渡区产生折叠，镦粗后毛坯直径应满足 $D_1 > D_{镦} > D_2$，如图 3-22 所示。

（2）轮毂较高的锻件，为保证轮毂成形和防止折叠产生，镦粗后毛坯直径应满足 $(D_1 + D_2)/2 > D_{镦} > D_2$，如图 3-23 所示。

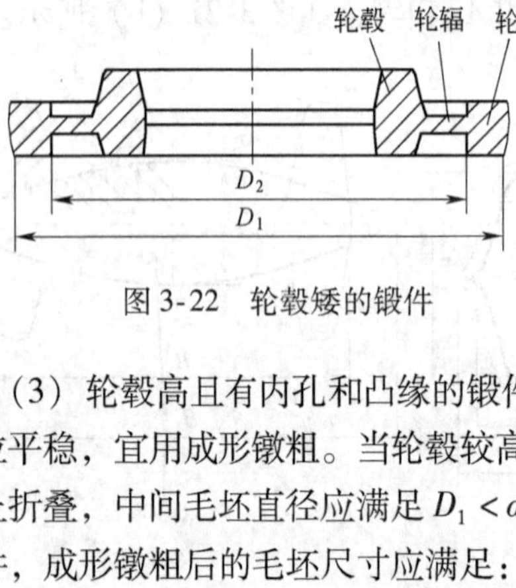

图 3-22　轮毂矮的锻件

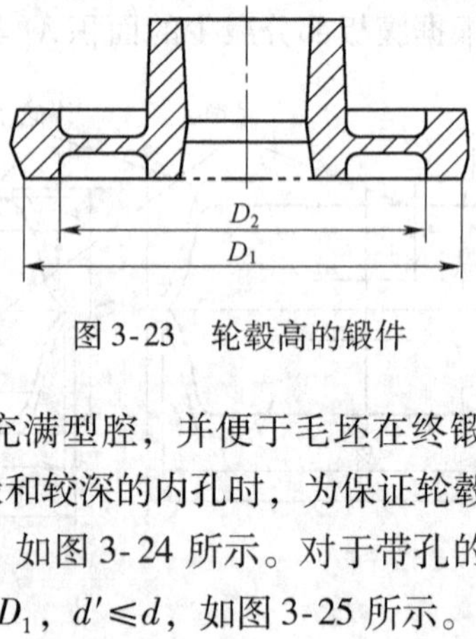

图 3-23　轮毂高的锻件

（3）轮毂高且有内孔和凸缘的锻件，为保证锻件充满型腔，并便于毛坯在终锻模膛中定位平稳，宜用成形镦粗。当轮毂较高且有较宽的轮缘和较深的内孔时，为保证轮毂成形且防止折叠，中间毛坯直径应满足 $D_1 < d < (D_1 + D_2)/2$，如图 3-24 所示。对于带孔的高轮毂锻件，成形镦粗后的毛坯尺寸应满足：$H'_1 > H_1$，$D'_1 \leqslant D_1$，$d' \leqslant d$，如图 3-25 所示。

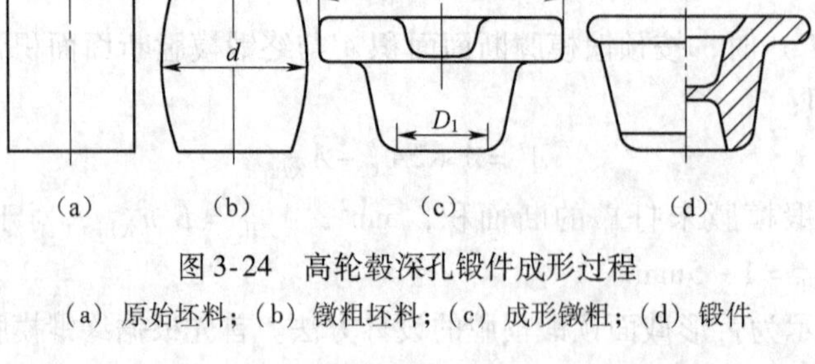

图 3-24　高轮毂深孔锻件成形过程

（a）原始坯料；（b）镦粗坯料；（c）成形镦粗；（d）锻件

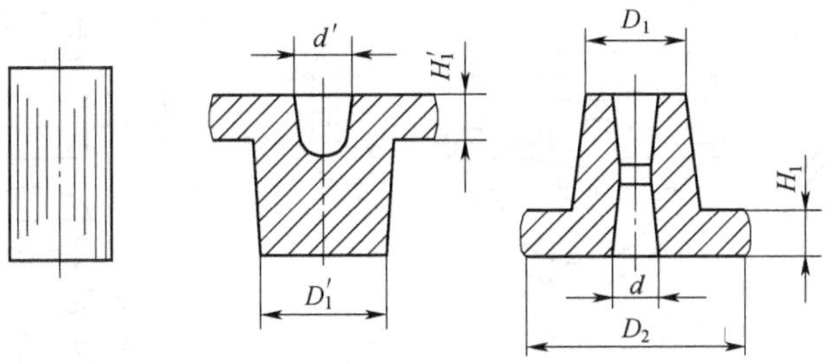

（a）　　（b）　　（c）

图 3-25　带孔的高轮毂锻件成形过程

（a）毛坯；（b）成形镦粗；（c）锻件

3.6.2　长轴类锻件制坯工步的选择

3.6.2.1　制坯工步的选择

由于形状的需要，长轴类锻件模锻工序由拔长、滚挤、弯曲、卡压、成形等制坯工步和预锻及终锻工步所组成。

（1）直长轴线锻件是较简单的一种锻件，一般采用拔长、滚挤、卡压、成形等制坯工步，如图 3-26 所示。制坯后得到的中间毛坯，其长度应与终锻模膛的长度相等，沿锻件轴线的每一横截面积等于相应处锻件截面积与飞边截面积之和。

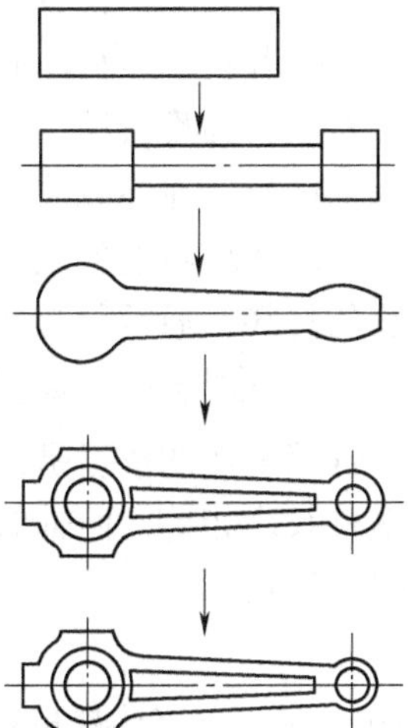

图 3-26　直长轴线锻件变形工步

（2）弯曲轴线锻件除采用上述制坯工步外，还需增加一道弯曲工步(见图 3-27)，使所得中间毛坯外形接近终锻（或预锻）模膛分模面上的形状。

（3）带枝芽的长轴锻件所需制坯工步与前面的大致相同，但需增加一道成形工步(见图 3-28)或非对称滚挤工步，保证预锻时枝芽模膛得以充满。

（4）叉形件除采用直长轴线锻件的制坯工步外，一般还需预锻劈叉工步，以达到叉形部分成形的目的，如图 3-29 所示。

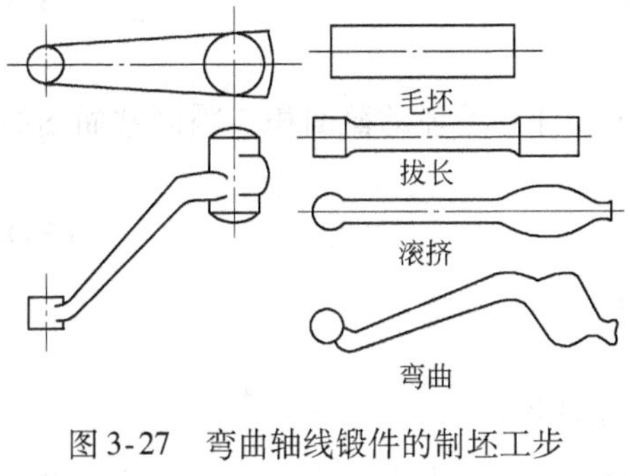

图 3-27　弯曲轴线锻件的制坯工步

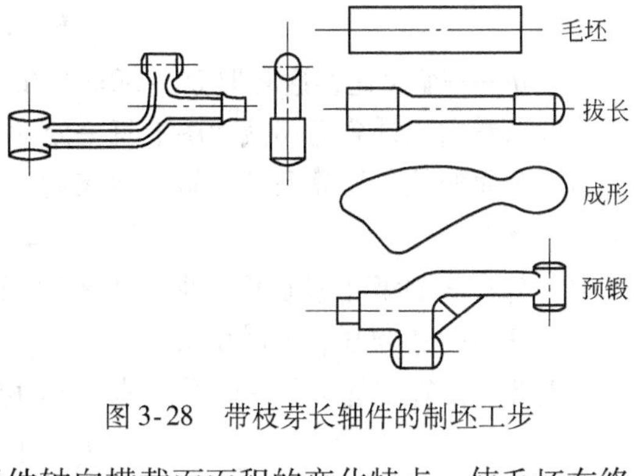

图 3-28　带枝芽长轴件的制坯工步

不难看出，长轴类锻件制坯工步是根据锻件轴向横截面面积的变化特点，使毛坯在终锻前金属分布与锻件的要求相一致来确定的。按金属流动效率，制坯工步的优先次序是：

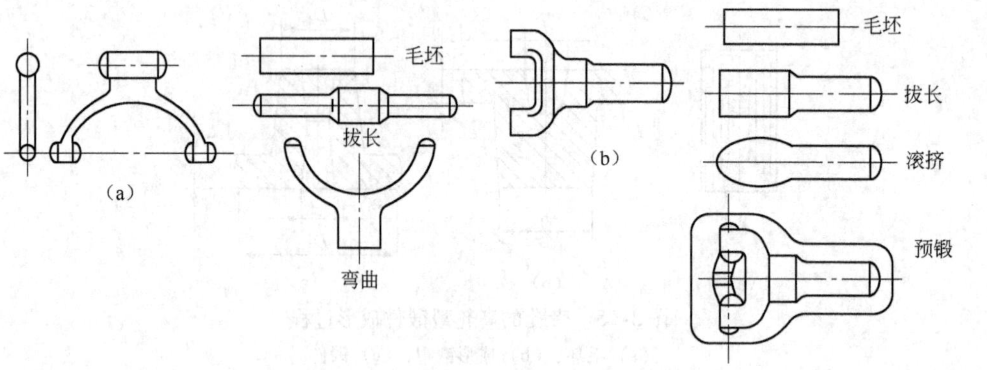

图 3-29　叉形件的制坯工步

(a) 大跨距短轴叉形件；(b) 小跨距长轴叉形件

拔长、滚挤、卡压。对于弯曲的、带枝芽的或叉形的锻件，还需弯曲或成形工步。

3.6.2.2　计算毛坯

对于长轴类锻件，由于沿轴线各截面处的面积不同，成形时各处所需的金属体积也不一样。因此，在终锻前应将坯料沿轴线预先分配好，以保证模膛能充满，且各处飞边均匀。即应使坯料上各截面的面积等于锻件上相应截面面积加上飞边的面积，按照这一要求计算的坯料，通常称为计算毛坯。

A　计算毛坯的依据和作法

计算毛坯的依据是，假定长轴类锻件在模锻时为平面应变状态，因而计算毛坯的长度与锻件长度相等，而轴向各横截面积 $A_{计}$ 与锻件各相应处横截面积 $A_{锻}$ 和飞边横截面积之和相等。即：

$$A_{计} = A_{锻} + 2\eta A_{飞} \tag{3-11}$$

式中　$A_{飞}$——飞边槽的横截面积，mm^2；

η——充满系数，形状简单的锻件取 0.3 ~ 0.5，形状复杂的锻件取 0.5 ~ 0.8。

一般根据冷锻件图作计算毛坯图，首先从锻件图上选取若干个具有代表性的截面，计算出 $A_{计}$，然后在坐标纸上绘制计算毛坯截面图。其作法如下：用缩尺比 M 除 $A_{计}$，得到用直线段 $h_{计}$ 来表示截面积变化特征的图形，如图 3-30 所示。

$$h_{计} = A_{计}/M \tag{3-12}$$

式中　M——缩尺比，通常取 20 ~ 50mm^2/mm。

可以看出，计算毛坯截面图上每一处的高度代表计算毛坯的截面积，因而截面图曲线下的整个面积就是计算毛坯（锻件与飞边）的体积。

$$V_{计} = MA_{计} \tag{3-13}$$

式中　$A_{计}$——计算毛坯截面图曲线下的面积，mm^2；

M——缩尺比，mm^2/mm。

因此，计算毛坯上任一部分的直径 $d_{计}$ 可由下式计算：

$$d_{计} = 1.13\sqrt{A_{计}} \tag{3-14}$$

计算了各个具有代表性的直径 $d_{计}$ 后，同样地用坐标纸绘制出计算毛坯的直径图，如图 3-30 所示。从图 3-30 中可以看到，完整地计算毛坯图包括锻件图、截面图和直径图。

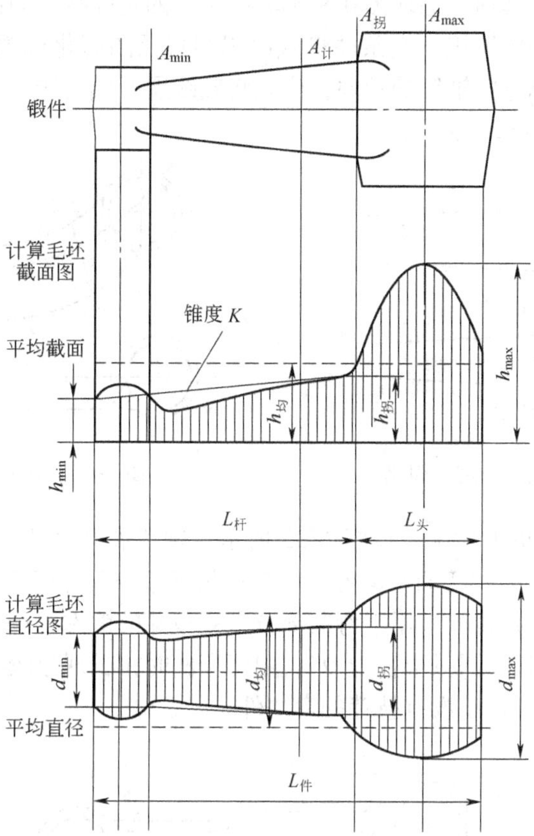

图 3-30 计算毛坯图

截面图和直径图是均匀圆滑地连接而成的。

B 平均截面积和平均直径的计算

平均截面积和平均直径的计算方法为:

$$A_{均}=\frac{V_{计}}{L_{计}}$$

$$h_{均}=\frac{A_{均}}{M} \tag{3-15}$$

$$d_{均}=1.13\sqrt{A_{均}}$$

式中 $A_{均}$——平均截面积，mm^2；

$h_{均}$——平均截面图纵坐标，mm；

$d_{均}$——平均直径，mm。

C 确定计算毛坯的头部和杆部

用虚线绘出平均截面图和平均直径图，如图 3-30 所示。对于截面图，凡大于虚线的部分称为头部；小于虚线的部分称为杆部。对应于直径图上，当 $d_{计}>d_{均}$时，称为头部；当 $d_{计}<d_{均}$时，称为杆部。

D 计算毛坯的长度

实际生产中遇到的锻件形状很多，设计时应根据其形状特点进行简化。例如，当头部带有内孔时，如连杆，其计算毛坯图在头部具有突变的轮廓线，为使制坯模膛制造简单且有利于终锻成形，应按照体积不变条件将截面积和直径图简化成圆滑的形状，如图 3-31 所示。而对于具有简单弯曲轴线的锻件，应先将轴线展开成直线，然后再作计算毛坯的截面图和直径图，如图 3-32 所示。

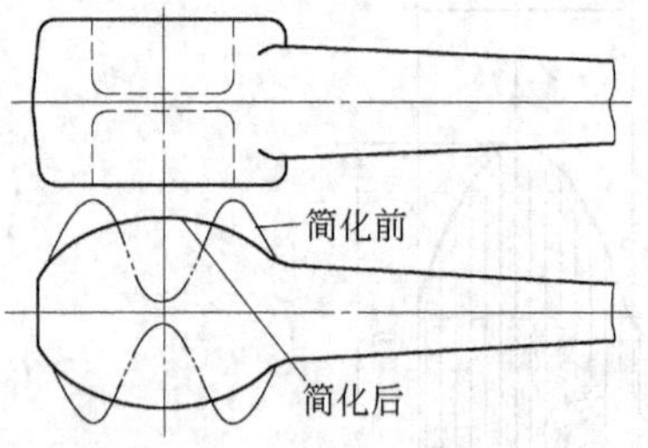

图 3-31　轮廓突变时进行简化

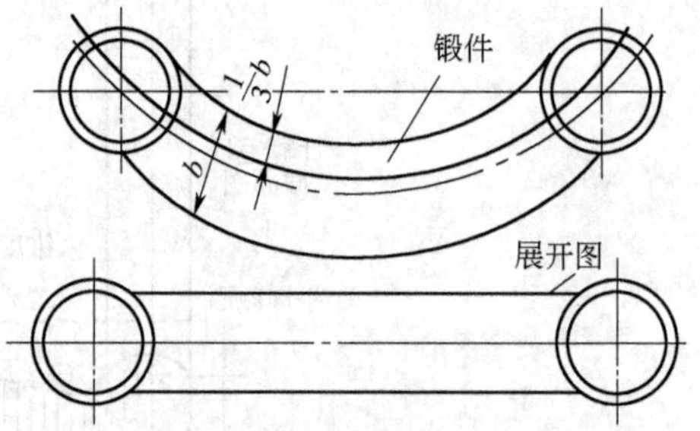

图 3-32　简单弯曲轴线的锻件

对于锻件为 90°弯曲的情况，如图 3-33 所示，轴线展开时两端的 L_1 和 L_3 长度不变。而 90°弯曲部分 L_2 则要根据弯曲时锻件是否有拉长现象分 3 种情况展开：

（1）$L_2 = A12345B$ 折线长，用于弯曲部分带有枝芽的锻件，1～5 点是断面上的重心。

（2）$L_2 = AB$ 弧线长，圆弧半径为 OA，用于弯曲时拉长现象较为明显的情况。

（3）$L_2 = AB$ 弦长，用于没有枝芽的弯曲件。

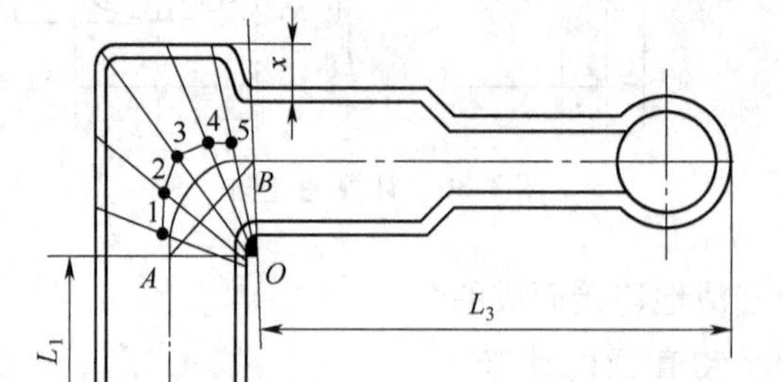

图 3-33　弯曲锻件的轴线长度计算

3.6.2.3　繁重系数

繁重系数代表了制坯时需要转移的金属量的多少和转移的难度。制坯工步的选择取决于如下几项繁重系数：

（1）金属流向头部的繁重系数 α；

（2）金属沿轴向流动的繁重系数 β；

（3）杆部斜率 K；

（4）锻件质量 G。

$$a=\frac{d_{max}}{d_{均}};\ \beta=\frac{L_{计}}{d_{均}};\ K=\frac{d_{拐}-d_{min}}{L_{杆}} \tag{3-16}$$

式中 d_{max}——计算毛坯的最大直径，mm；

d_{min}——计算毛坯的最小直径，mm；

$d_{拐}$——杆部与头部交接处的直径，mm：

$$d_{拐}=1.13\sqrt{h_{拐}M}$$

a 值越大，表明流到头部的金属体积越多；β 值越大，则轴向流动的距离越长；K 值越大，表明杆部锥度大，小头或杆部的金属越过剩；G 越大，表明锻件质量大，制坯更难。图 3-34 所示的是根据锤上模锻生产经验总结而绘制的图表，其他模锻设备也可以参考使用。可按计算得到的繁重系数从图表中查找出制坯工步的初步方案。然后，根据生产实际情况对方案进行必要的修改。

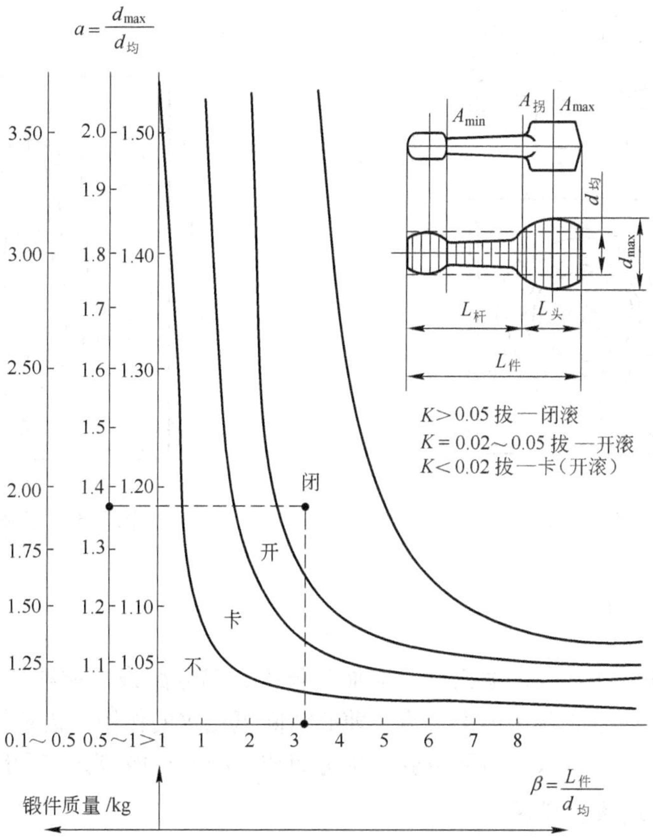

图 3-34 长轴类锻件制坯工步选用图表

图 3-34 中文字的含义为：不——不需制坯工步，可直接模锻成形；卡——需卡压制坯；开——需开式滚挤制坯；闭——需闭式滚挤制坯；拔——需拔长制坯；拔—闭滚——当 $K>0.05$ 时，宜用拔长加闭式滚挤制坯；拔—开滚——当 $K=0.02\sim0.05$ 时，宜用拔

长加开式滚挤制坯；拔—卡——当 $K<0.02$ 时，可用拔长加卡压制坯。

上述长轴类锻件的各制坯工步，完全适合于锤上模锻选用。对螺旋压力机上模锻，这些制坯工序原则上均可选用，但对于拔长和滚挤工步，通常在空气锤上用型砧制坯或用辊锻机、楔横轧机等专用设备制坯，然后在螺旋压力机上模锻成形。

3.6.3　镦粗台和压扁台的设计

镦粗台适用于圆饼类或者盘类锻件，如图 3-35 所示；压扁台适用于其平面图形近似矩形的锻件，如图 3-36 所示。这类平台的作用是使坯料高度减小，水平尺寸增大，以便在终锻变形前将终锻模膛覆盖，从而防止产生折叠。此外，镦粗过程还兼有去氧化皮的作用。

镦粗台和压扁台通常设置在模块边角上，所占面积稍大于毛坯镦粗后所占水平面尺寸，为减少锻模平面尺寸，可占用部分飞边仓部。

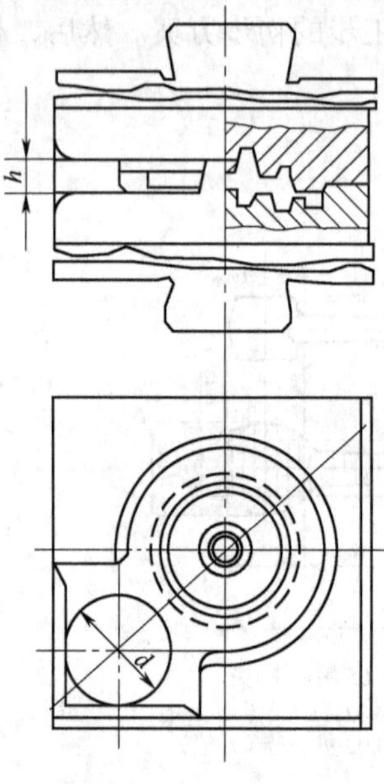

图 3-35　镦粗台

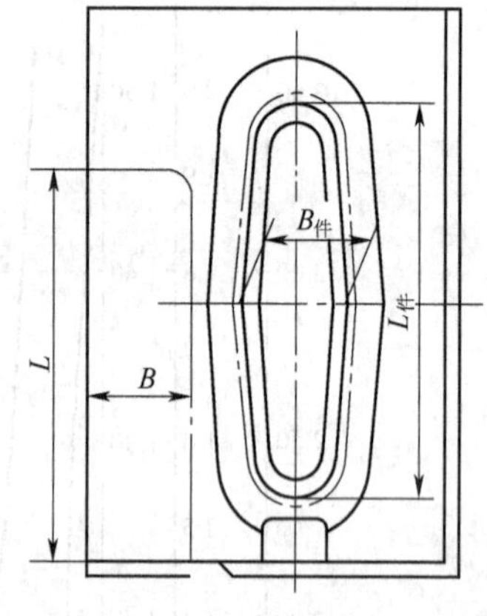

图 3-36　压扁台

3.6.4　拔长模膛设计

拔长模膛用来减小坯料的截面积，增加其长度，起分配锻件材料的作用。一般来说，拔长是长轴类锻件变形工步中的第一道，兼有清除氧化皮的作用。拔长模膛设置在模块的旁边位置上，由钳口、拔长平台和空腔三部分组成。拔长模膛有开式和闭式两种。

3.6.4.1　开式拔长模膛

开式拔长模膛拔长平台截面呈矩形，一侧边缘开通，如图 3-37 所示。这种形式结构简单、制造方便，但拔长效率低。

3.6.4.2　闭式拔长模膛

闭式拔长模膛拔长平台截面呈椭圆形，边缘封闭，如图 3-38 所示。这种形式的拔长效率较高，而且毛坯表面光滑。对于 $L_{拔}/a>15$ 的细长锻件，要求拔长效率高，均用闭式拔长。图 3-38 中，$L_{拔}$为拔长部分的长度；a 为拔长部分的厚度。

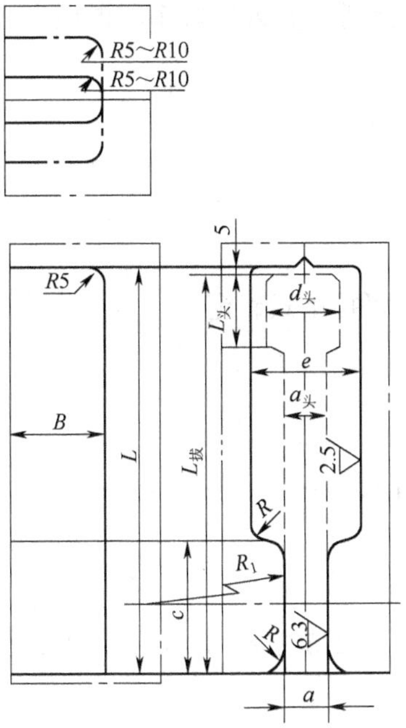

图 3-37　开式拔长模膛

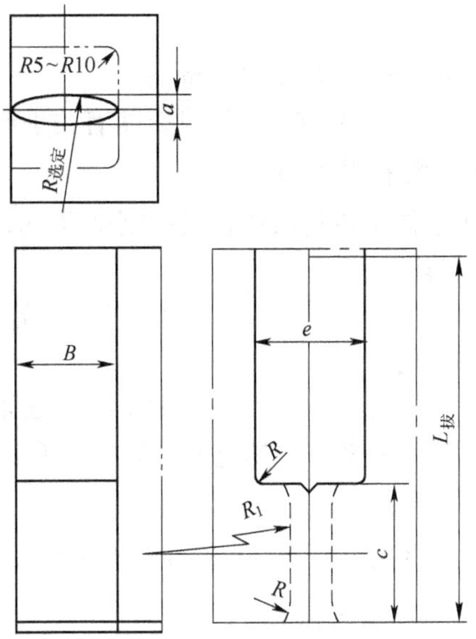

图 3-38　闭式拔长模膛

3.6.4.3　拔长模膛在模块上的布置

拔长模膛在模块上布置的方式有直排和斜排两种形式。直排时拔长模膛中心与燕尾中心线平行，优点是可以控制拔长尺寸和避免坯料弯曲，应用较广；斜排时拔长模膛中心线与燕尾中心线呈一定夹角，一般安排在模面的前左侧，有利于增加锻模的承击面，但是拔长后的坯料长度不易控制，适用于较长的锻件或者模膛数量较多、布置较紧的锻模。

3.6.4.4　拔长模膛的计算

A　拔长坎的高度 a

如果锻件杆部断面积变化不大，仅需拔长制坯工步时，高度 a 按计算毛坯上杆部最小直径 d_{min} 确定：

$$a = k_1 d_{min} \tag{3-17}$$

式中　k_1——系数，与计算毛坯长度有关，其值可查阅有关手册或资料。

如果锻件杆部断面变化较大，不仅需要拔长而且还要滚挤制坯时，拔长坎高 a 按计算毛坯杆部的平均断面确定：

$$a = k_2 \sqrt{\frac{V_{杆}}{L_{杆}}} \tag{3-18}$$

式中　$V_{杆}$——计算毛坯杆部体积，mm^3；

$L_{杆}$——计算毛坯杆部长度，mm；

k_2——系数，与计算毛坯长度有关，其值可查阅有关手册或资料。

B 拔长坎长度 c

如坎长 c 太短将影响毛坯表面质量，不光滑；太长则降低拔长效率。根据生产经验，可按下式确定：

$$c = k_3 d_{坯} \tag{3-19}$$

式中 $d_{坯}$——坯料直径，mm；

k_3——系数，其值可查阅有关手册或资料。

C 模膛宽度 B

为了便于拔长操作，模膛宽度 B(mm)宜稍大些，可按下式确定。

直排时：

$$B = k_4 d_{坯} + (10 \sim 20) \tag{3-20}$$

斜排时：

$$B = (k_4 - 0.4\tan\alpha) d_{坯} + (10 \sim 20) \tag{3-21}$$

式中 k_4——系数，其值可查阅有关手册或资料。

D 其余尺寸

其余尺寸如图 3-37 和图 3-38 所示，$R = 0.25c$；$R_1 = 2.5c$；$e = 1.2d_{小头}$，当无小头时，$e = 2a$；$L = L_{拔} + 5$。

3.6.5 滚挤模膛设计

滚挤模膛用于减小坯料局部断面积，以增大另一部分断面积，使毛坯沿轴向的体积分配尽可能符合计算毛坯的要求，也兼有去氧化皮和滚光的作用。

3.6.5.1 滚挤模膛的结构形式

滚挤模膛有开式、闭式和非对称 3 种结构形式。开式滚挤模膛虽然结构简单，制造方便，但聚集效率低，目前已不常使用。下面着重讲述后两种结构。

A 闭式滚挤模膛

闭式滚挤模膛断面呈椭圆形，整个侧面封闭，如图 3-39 所示。由于模膛侧壁的阻力作用，金属沿轴向流动较强烈，聚集效果良好，因此适用于断面变化较大的锻件。图 3-40 所示为开式和闭式滚挤模膛中金属的受力情况，可见闭式滚挤具有更高的聚集效率。

B 非对称滚挤模膛

非对称滚挤模膛兼有滚挤与成形的功能，适用于非对称的长轴类锻件，选用时要考虑到锻件的非对称程度。图 3-41 所示为适用于 $h_1/h_2 < 1.5$ 的非对称滚挤模膛。

滚挤过程中的金属流动特点如图 3-42 所示，杆部多余金属流入缺料的头部。为了使头部获得良好的聚集效果，操作时应反复转动 90°。

滚挤模膛由钳口、模膛本体和毛刺槽组成。滚挤模膛也是以计算毛坯为依据进行设计的，主要是确定模膛高度 h、宽度 B 及其他有关尺寸。

3.6.5.2 滚挤模膛的设计

A 模膛的高度

其设计原则是保证滚压后毛坯各部分的横断面积等于计算毛坯相应部分的面积。模膛

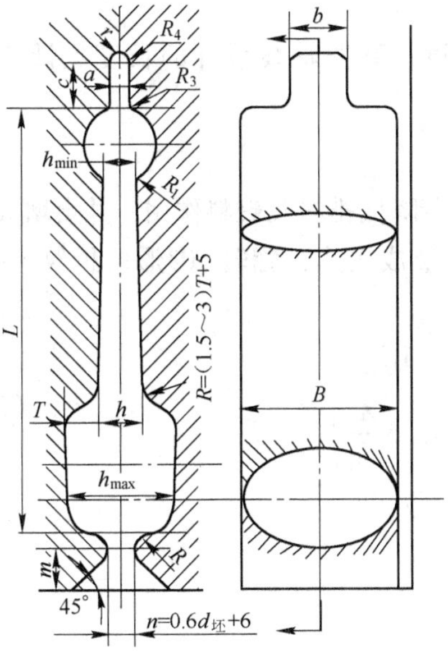

图 3-39　闭式滚挤模膛

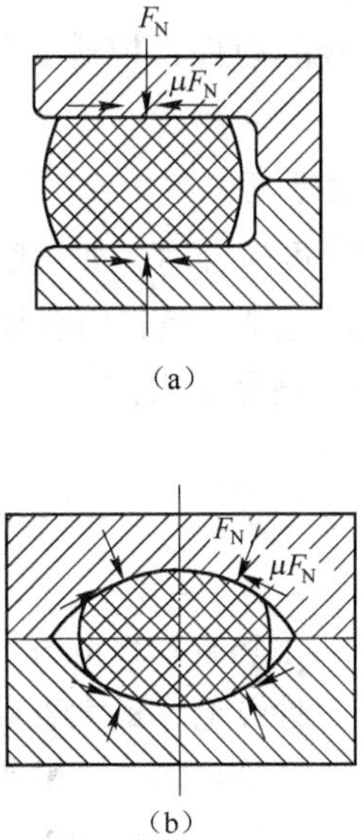

图 3-40　滚挤时受力分析

（a）开式滚挤；（b）闭式滚挤

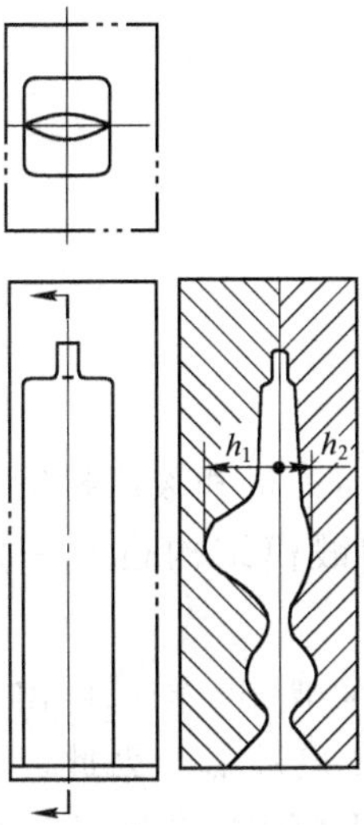

图 3-41　非对称滚挤模膛

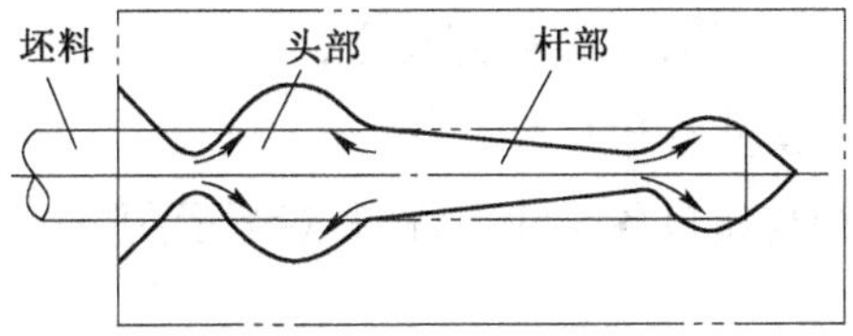

图 3-42　滚挤时金属流动情况

的高度按杆部和头部分别考虑。模膛的杆部是指对应于$A_{计} < A_{坯}$的部分，$A_{计}$为计算毛坯的横截面积，$A_{坯}$为毛坯的横截面积。模膛杆部的作用是排料，设计时应考虑到：闭式滚挤出来的毛坯断面为一椭圆形，其长短轴之比为1.6～2.0。模膛的头部是指对应于$A_{计} > A_{坯}$的部分，其作用是聚料。为了便于杆部的金属流入头部，其模膛高度应适当放大。

综上所述，模膛的高度 h 可按下式确定：

$$h = K\sqrt{A_{计}} \tag{3-22}$$

式中　K——系数，查阅有关手册或资料。

当杆部较长时，为了有助于杆部金属流入头部，一般在杆部设计2°～5°的斜度，向头部倾斜。在头部和杆部交界处，应用适当的圆弧连接起来，以利于金属流动。转角处圆角半径 R 由相邻部分的台阶高度 T（见图 3-39）确定：

$$R = (1.5 \sim 3)T + 5 \tag{3-23}$$

B 模膛长度

直长轴线的锻件，模膛长度等于热锻件图长度；弯曲轴线锻件的长度见计算毛坯部分。

C 模膛宽度

模膛的宽度应合适，如宽度过大，闭式模膛便会降低排料及聚料作用，并会增大模块面积；如宽度过窄，滚挤时金属会流到模膛之外，形成飞边，翻转90°形成折纹。因此，模膛宽度 B 应满足下式：

$$(1.4\sim1.6)d_{坯} > B > \begin{cases} 1.1d_{max} \\ 1.25\dfrac{A_{杆均}}{h_{min}} \end{cases} \tag{3-24}$$

式中 $d_{坯}$——毛坯直径，mm；

d_{max}——计算毛坯最大直径，mm；

h_{min}——计算毛坯杆部最小宽度，mm；

$A_{杆均}$——计算毛坯杆部平均断面积，mm^2。

$$A_{杆均} = \sqrt{\frac{V_{杆}}{L_{杆}}}$$

式中 $V_{杆}$——计算毛坯杆部体积，mm^3；

$L_{杆}$——计算毛坯杆部长度，mm。

D 飞边槽与钳口尺寸

飞边槽与钳口各尺寸可查阅《锻压手册》或相关资料。

3.7 锻模结构设计

目前，主要的锻造设备包括模锻锤、热模锻压力机、螺旋压力机和液压机等。不同的模锻设备，其结构与工作特性各不相同，因此，相应的锻模结构也有一定的差别。

模锻锤具有工艺灵活、适应性广的优点，可以生产各类复杂锻件。锤锻模由于主要以冲击载荷为主，因此振动较大，且导向较差，锻模的寿命也较低。因此，模锻锤主要采用整体式结构，上下模块分别通过楔铁和键块与锤头和下模座配合燕尾来固定。还要考虑采用锁扣等装置来平衡错移力，并且模块的尺寸与承击面要足够大，以满足打击强度的要求。

热模锻压力机是自动化与高效率生产模锻件的设备，一般而言，能在模锻锤上成形的锻件也能在热模锻压力机上锻造。但热模锻压力机结构复杂，价格较贵，一次性投资大。由于热模锻压力机具有滑块行程固定且模锻变形速度较低的特点，因此通常采用通用式模架以及镶块式模具结构，以便于磨损后或生产不同零件时更换模芯。由于锻件高度由压力机行程来保证，不靠上下分模面的闭合，因此，滑块在下止点时上下分模面之间要有一点间隙，以防止热模锻压力机发生闷车，并调节模具闭合高度，抵消压力机的一部分弹性变形，保证锻件高度方向的尺寸精度。目前，国内外许多先进的模锻厂都已将热模锻压力机用于取代模锻锤，实现了较高水平的机械化与自动化。

螺旋压力机的结构特点介于模锻锤与热模锻压力机之间，其锻模结构也介于两者之间，设计的原则与方法也基本相同。螺旋压力机由于行程不固定，可以消除机身变形对工件精度的影响，可通过多次打击获得所需要的变形。螺旋压力机在锻压生产中应用非常广泛，由于变形速度低于锤锻，特别适合于中小批量的低塑性合金钢和有色金属模锻件的生产。

液压机具有行程不固定的特点，但是滑块速度在以上压力机中最慢，一般可认为是静载荷，因而模具可以更为小型与精密化，即使是铸钢也可以用作模具材料。其模具结构与热模锻压力机类似，以通用模架与镶块式结构模具为主。由于压制速度低，金属流动均匀，因此，特别适合铝、镁等应变速率敏感材料的锻造，但对于高筋薄壁类锻件，用液压机锻造容易导致金属不易充满的缺点。

3.7.1 锻模的模膛布置

3.7.1.1 锻模中心和模膛中心

锻模中心是模锻设备的压力（或打击）中心，通常位于锤杆或螺杆中心，或者是压力机滑块或工作台面的中心，对于模锻锤而言，位于燕尾中心线与键槽中心线的交点。

模膛中心是模膛承受金属变形抗力时合力的中心，原则上应该与模锻的压力中心重合。对于变形阻力均匀的模膛，模膛中心可以认为是模膛（包括飞边桥部）在分模面上投影面积的形心，如图 3-43 所示。对于形状不太复杂且厚度方向尺寸变化不大的锻件，在实践中常采用吊线法求模膛中心；而对于形状较为复杂且厚度方向的尺寸和形状变化较大的锻件，模膛中心应偏向变形抗力较大的一侧，其移动距离由经验确定，但通常不超过 35mm。

3.7.1.2 模锻模膛的布置

在设计多模膛的锻模时，模锻模膛的布置排列关系到锻件质量、生产率与工人操作的难易等问题。模膛的排列以模膛的数量和锻件允许的错移量为依据。基本原则是使模膛中心和锻模中心重合，以尽量减少偏心打击。当锻模上只有单一模膛时，终锻模膛中心应与锻模中心重合。当设有预锻模膛时，偏心打击将不可避免，这时应把预锻模膛和终锻模膛分设在锻模中心的两旁，并同时在键槽中心线上，使 $a/b \leqslant 1/2$ 或 $a \leqslant 1/3L$，如图 3-44 所示。对于有些液压机上排布 3 个以上的多工位模膛锻造，也应设计分配好各模膛的变形程

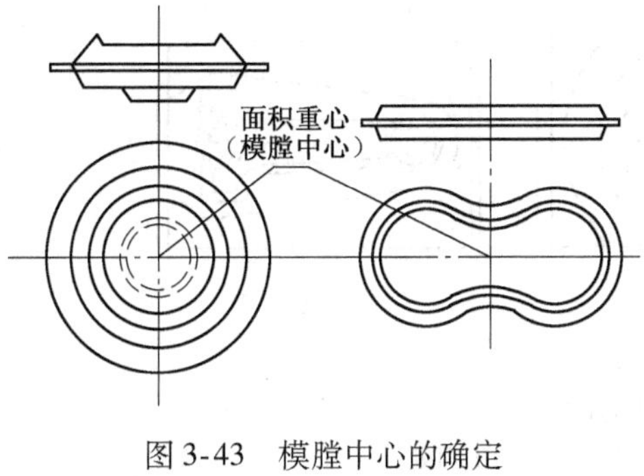

图 3-43　模膛中心的确定

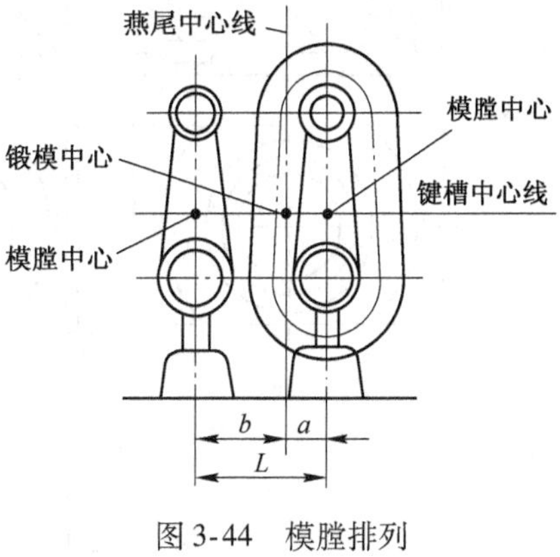

图 3-44　模膛排列

度与成形力，尽量保证一次压下时的平衡。

3.7.1.3 制坯模膛的布置

第一道制坯工步应当安排在吹风管的对面，以避免氧化皮落在终锻模膛里。生产上一般将加热炉、模锻锤、切边压力机按由左到右的顺序排列，压缩空气喷嘴往往固定在机架右侧上，因此，第一道工步应放在锻模左侧上进行。其他制坯模膛则应符合模锻操作顺序安排，一般只允许依次改变方向，以便减少毛坯往返移动的次数和节约操作时间。弯曲模膛的位置要便于弯曲后可直接地把坯料送到终锻模膛中，如图 3-45 所示。

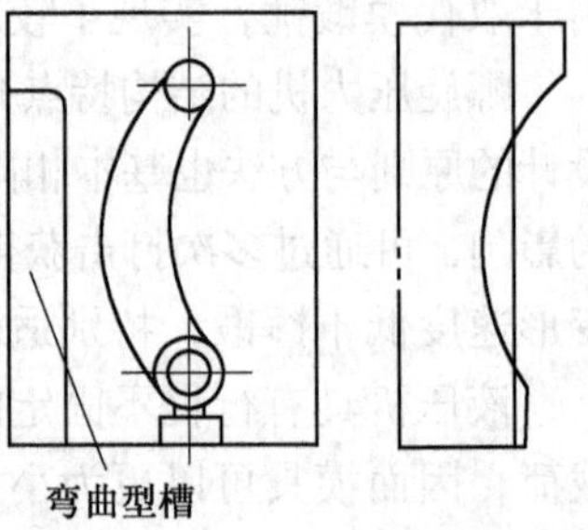

图 3-45 弯曲模膛的布置

3.7.2 模具的导向

对于模锻锤而言，通常采用锁扣设计、锻件斜放，或者锻件成对排列的方式来平衡错移力，以避免在模锻过程中产生水平分力和锻模错移。对于摩擦压力机或者热模锻压力机等而言，通常采用导向装置，如导锁、导销、导柱、导套和凸凹模自身导向等方式。导柱、导套分别与上、下模座紧密配合。导柱和导套之间要保证 0.25 ~ 0.5mm 的间隙，并设有润滑装置。导套上端有封盖，下部有油封圈，以防氧化皮入内及润滑油漏出。具体型号规格可以查阅相关手册。

3.7.3 推料装置

镶块式结构的锻模中一般都设置有推出器，用来推出模膛中的锻件。推出器的配置应视锻件的形状和尺寸而定。图 3-46 所示为在 3 种不同形状的锻件上推出器的位置。图 3-46(a)所示为在一般情况下推出器应顶在飞边上；图 3-46(b)所示为推出器顶在具有较大孔径的冲孔连皮上；图 3-46(c)所示为连杆锻件，推出器分别顶在小头及大头叉部上。如果顶出器只能顶在锻件的本体之上，则应尽可能顶在加工面上，以便于后续工序去除压痕变形。

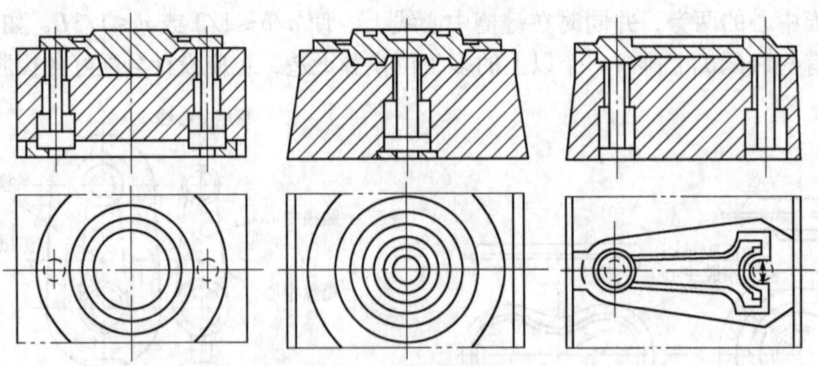

(a) (b) (c)

图 3-46 推出器的设置

(a) 飞边处；(b) 冲孔连皮处；(c) 加工面处

推出器直径不能太细，否则易弯曲变形，直径一般为 10 ~ 30mm。镶块上应有足够长度的导向部分，与推杆之间留有 0.1 ~ 0.3mm 的间隙，粗糙度 R_a 不高于 3.2μm。

杠杆式推杆有各种结构形式，图 3-47 所示为单推杆结构简图。由推杆 6 将推出力通过杠杆 3 及托板 2 传给三个推出器 1。

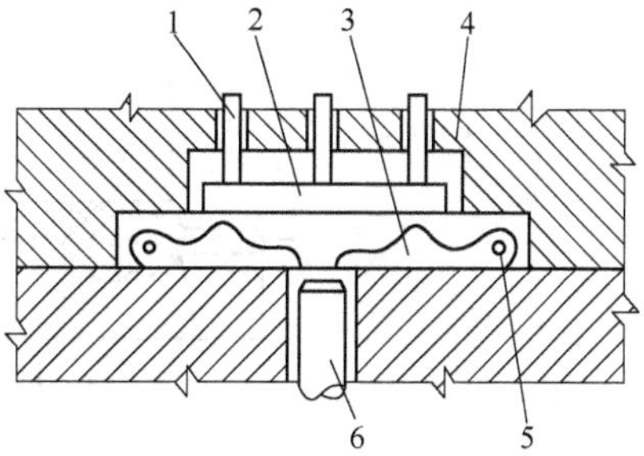

图 3-47 三模膛下顶料装置
1—推出器；2—托板；3—杠杆；4—下模；5—绕轴；6—推杆

3.7.4 模具闭合高度

模具在闭合状态，上模座的上底面与下模座的下底面之间的距离为闭合高度，应等于热模锻压力机的最小闭合高度加上工作台调节量的一半。当滑块在最高点时，上、下镶块之间的开口高度应大于毛坯放入模膛以及从模膛取出锻件所需的操作空间，同时，导柱不应与模座脱开；而当上、下模闭合时，导柱也不应该伸出模座。各零件在高度方向的尺寸关系如图 3-48 所示，即：

$$H = 2(h_1 + h_2 + h_3) + h_n \tag{3-25}$$

式中 H——模具的闭合高度，mm；

h_1——上、下模座厚度，mm；

h_2——上、下垫板厚度，mm；

h_3——上、下镶块高度，mm；

h_n——上、下模之间的间隙，mm。

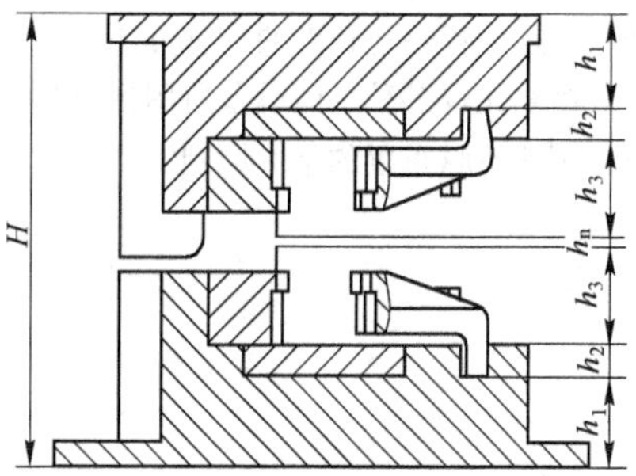

图 3-48 模具闭合高度的组成

模座厚度 h_1 应在容纳推出装置的情况下保证足够的强度和刚度。它和垫板的尺寸都没有统一的标准，但应保证模具的闭合高度满足下式要求：

$$H = A + 0.5a \tag{3-26}$$

式中 A——锻压机最小闭合高度，mm；

a——工作台最大调节量，mm。

此外，要考虑到滑块在最上位置时，上、下镶块之间的开口高度应大于毛坯放入模膛以及从模膛中顺利取出锻件（或中间毛坯）所需的操作空间高度，但导柱不应脱出导套，上、下模闭合时，导柱不应伸出模座。

3.7.5 切边与冲孔模

普通模锻件均带有飞边，某些带孔的锻件还有连皮。因此，在模锻后，需在切边压力机上用切边模和冲孔模切掉飞边和连皮。

如图 3-49 所示，切边模和冲孔模主要由凸模（冲头）和凹模组成。切边时，锻件放在凹模上，在凸模的推压下，锻件的飞边被凹模刃口剪切而与锻件分离。冲孔时，情况则相反，冲孔凹模只起支撑作用，而冲孔凸模起剪切作用。当一个锻件同时要切边和冲孔时，可以采用切边冲孔复合模。

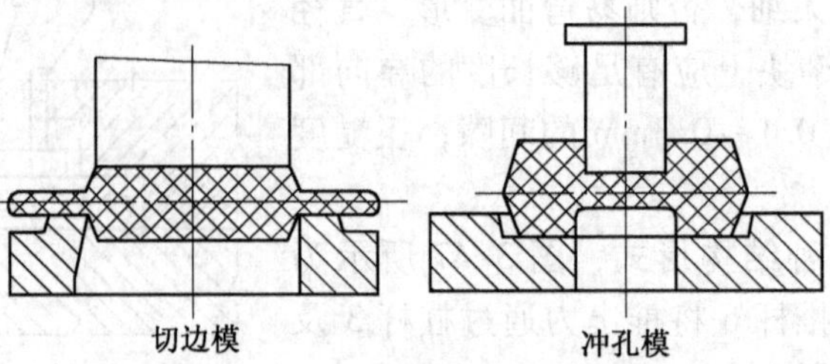

图 3-49 切边模和冲孔模简图

切边凹模周边形状要按照锻件分模面周围的形状来制造。热切边时还要按锻件尺寸加收缩率 1.2% 左右。

习题与思考题

3-1 试分析短轴线类与长轴线类锻件模锻时金属的流动规律。

3-2 简述确定分模面位置的基本原则。

3-3 试分析开式模锻时飞边槽的作用。

3-4 试述预锻模膛的作用、选用及设计方法。

3-5 简述计算毛坯的依据、作法和作用，并解释四项繁重系数的含义。

3-6 试述计算毛坯长度的几种方法。

3-7 简要比较三种模锻设备所用模具的结构设计特点。

3-8 试述模膛布置的基本原则。

4 闭式模锻工艺及模具设计

【本章概要】

闭式模锻时，变形金属的流动受封闭模膛的约束，成形精度与质量较高。本章主要介绍了闭式模锻的特点、闭式模锻过程金属的流动过程、闭式模锻的模具设计以及影响模锻精度的主要因素，最后给出了两个闭式模锻的实例。

【关键词】

闭式模锻、模膛工作压力、分流降压腔、模锻精度

【教学目的】

了解闭式模锻时金属的流动规律，掌握闭式模锻时分流降压腔的设计原则，了解影响模锻件精度的影响因素，对闭式模锻工艺及模具设计有基本认识。

【本章重点】

闭式模锻的变形过程，模膛工作压力的影响因素，分流降压腔的设计原则，毛坯体积波动的影响因素，模膛磨损及温度波动对锻件精度的影响规律等。

4.1 闭式模锻的特点及变形过程

4.1.1 闭式模锻的特点

闭式模锻，也称为无飞边模锻，锻造时金属在封闭的模膛中成形。与开式模锻的区别是不形成横向飞边，仅沿纵向形成很薄的纵向飞边或毛刺。闭式模锻得到的锻件尺寸精度高、表面质量好，大大提高了金属的材料利用率。采用可分凹模的闭式模锻突破了开式模锻的局限性，将凹模设计成可分形式（由两块或多块组成），能锻造出形状复杂和相对尺寸变化大的锻件。锻造时凹模在外力作用下紧密闭合，完成锻造后凹模分开便于取件。

闭式模锻有如下特点：

（1）金属材料利用率高。可分凹模模锻不产生飞边，模锻斜度仅 1°～3°，甚至无斜度，可以锻出垂直于锻击方向的凹坑。这些优点能使金属材料利用率从 25%～70% 提高到 50%～85%。

（2）劳动生产率提高。采用可分凹模模锻，可减少甚至取消模锻制坯工序，可使模锻工步数由 2～4 个减少到 1～2 个，此外还可省去切边工步和一些辅助工序，生产率平均可提高 25%～50%。

（3）锻件质量好。闭式模锻能使金属纤维沿零件轮廓分布，变形金属处于三向压应力状态，有利于提高金属材料的塑性，因此，产品力学性能较一般开式模锻件可提高

25%以上。此外，由于无飞边，不会因切边而形成纤维外露，这对应力腐蚀敏感的材料和零件抗腐蚀气氛是有利的。

（4）模具寿命高。对于一些小型锻件，因模锻时模具吸热与散热基本平衡，模具寿命高于或至少相当于开式锻模的寿命。可分凹模模锻结构钢锻件时，模具寿命为3000～15000件；模锻黄铜锻件时，其寿命可达10万件以上。但对于一些中型和大型锻件，闭式模锻时模具升温快，磨损也快，因此模具寿命一般低于开式锻模的寿命。随着适合于热挤压模具钢的出现，闭式锻模的寿命正在迅速提高。

4.1.2 闭式模锻的变形过程

闭式模锻按变形金属充满模膛的方式可分为镦粗式和挤压式两类，两者在变形的最后阶段都形成微小的纵向薄飞边。

4.1.2.1 镦粗式闭式模锻的变形过程

镦粗式闭式模锻也称为闭式镦粗，其变形过程可以分为3个阶段（见图4-1）：开式镦粗阶段、充满角隙阶段和挤出端部飞边阶段。

（1）开式镦粗阶段(见图4-1(a))。开式镦粗即为自由镦粗，从坯料与冲头或上模膛表面接触开始到坯料金属与模膛（最宽处）的侧壁接触为止。与开式镦粗一样，闭式镦粗也分整体闭式镦粗和局部闭式镦粗两类。整体闭式镦粗是以坯料外径定位，而局部闭式镦粗是以坯料的不变形部分定位。

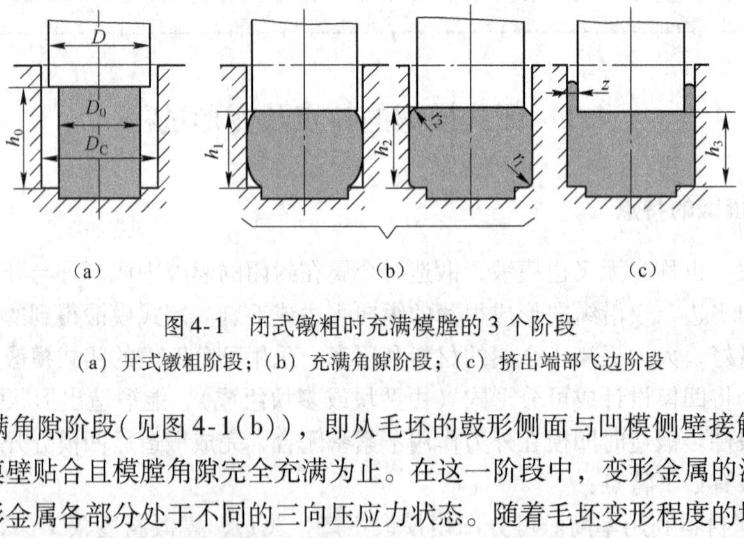

图4-1 闭式镦粗时充满模膛的3个阶段
（a）开式镦粗阶段；（b）充满角隙阶段；（c）挤出端部飞边阶段

（2）充满角隙阶段(见图4-1(b))，即从毛坯的鼓形侧面与凹模侧壁接触开始，到整个侧表面与模壁贴合且模膛角隙完全充满为止。在这一阶段中，变形金属的流动受到模壁的阻碍，变形金属各部分处于不同的三向压应力状态。随着毛坯变形程度的增加，模壁承受的侧向压力逐渐增大，直到模膛完全充满为止。

（3）挤出端部飞边阶段(见图4-1(c))，即充满模膛后的多余金属在继续增大的压力作用下被挤入凸、凹模之间的间隙中，形成环形纵向飞边。对于形状特别复杂的闭式模锻件，某些角部在变形的第二阶段结束时不能完全充满，而需要继续加大压力，在凸、凹模间形成端部环形纵向飞边，才能把金属挤入未充满的角隙，得到合格的锻件。其次，当坯料尺寸偏差较大时，多余金属也只有挤进凸、凹模间的间隙才能达到锻件所要求的尺寸。因此，闭式模锻的第三阶段往往是不可避免且不可缺少的。

4.1.2.2　镦粗压入式模锻变形过程

以环形件为例，其镦粗压入式闭式模锻过程可以分为 3 个阶段，如图 4-2 所示。

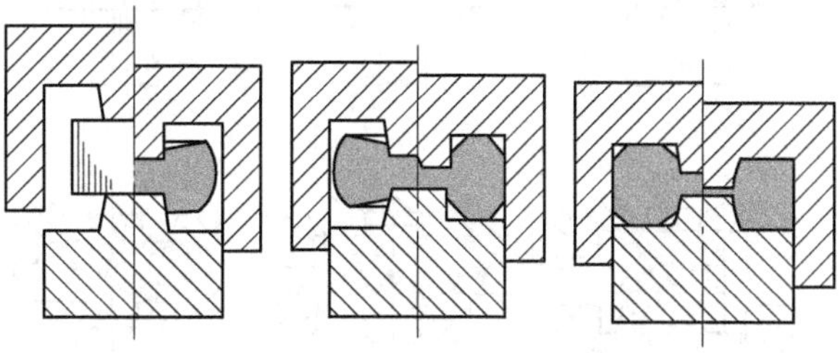

图 4-2　镦粗压入式闭式模锻过程

(a) 第一阶段；(b) 第二阶段；(c) 第三阶段

第一阶段：如图 4-2(a)所示，坯料冲孔和镦粗与开式模锻无甚差别仅结束时间略长，因为无飞边，坯料体积比开式模锻的小得多，其鼓形与模壁接触较迟。

第二阶段：如图 4-2(b)所示，金属流动特性与开式的不同，模壁限制了径向流动，只能向模膛上下底部充填。当金属与底部接触时，第二阶段结束。

第三阶段：如图 4-2(c)所示，模膛内各圆角半径处被充满，直到出现纵向飞边为止。

4.2　闭式模锻模具设计

闭式模锻模具的设计方法、步骤和内容与开式锻模有许多相同或相似之处。应根据锻件图、工艺参数、金属流动分析、变形力和功的计算、设备参数和模具受力等情况，确定模具工作零件的结构、材料、硬度并核算其强度；从模膛中迅速取出锻件的方法；确定多余金属分流降压腔的位置、形状和尺寸；模具整体结构设计和零件设计。

4.2.1　模膛工作压力的影响因素

模锻时的工作压力通常包括材料的理想变形抗力、摩擦阻力和多余功阻力三部分。理想变形抗力 p_i 可用下式表示：

$$p_i = y_m \ln\left(\frac{R}{1-R}\right) \tag{4-1}$$

式中　y_m——锻件材料的名义流动应力，MPa；

R——变形强度，即相对面积缩减率。

由图 4-3 所示的曲线可以看出，工作压力 p_m 随面积缩减率的增加而增加，当 $R=1$ 时，p_m 增至无限大。R 由图 4-4 确定，挤压时 R 值为常数。开式模锻时，由于工件自由表面的

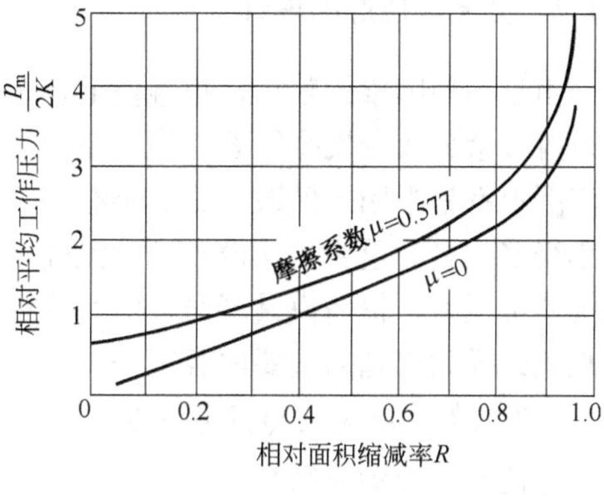

图 4-3　相对面积缩减率 R 对挤压力 p_m 的影响

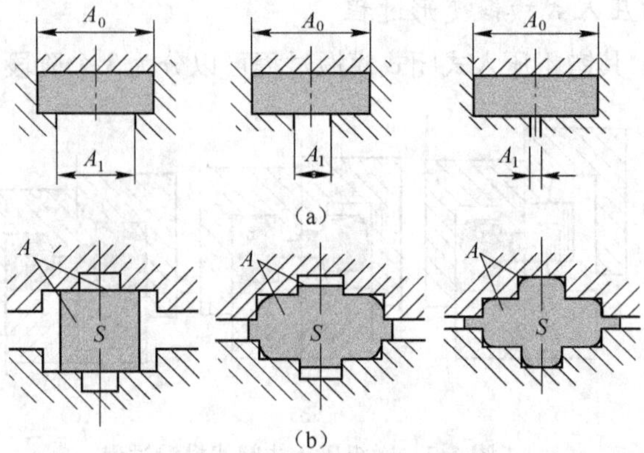

图 4-4 相对面积缩减率 R 的概念

(a) 挤压(相对面积缩减率:$R=(A_0-A_1)/A_0$,A_0 为试样截面积;A_1 为产品截面积);

(b) 模锻(相对面积缩减率:$R=(A-S)/A$,S 为自由表面积;$(A-S)$ 为与模具接触的面积;A 为总的表面积)

减小,R 值增大,因此,如果能控制 R 值的增加就可减小工作压力。

在闭式模锻行程末了,其 $R=1$,当工作压力无限增加时,变形金属也不可能完全充满模膛。如果在与锻件非重要部位对应的模膛设置一溢流口,当模膛完全充满时,就可避免工作压力的急剧增高。

摩擦阻力 F_f 可用下式表示:

$$F_f = C\mu \frac{W}{t} \tag{4-2}$$

式中 C——比例常数;

μ——接触面上的摩擦系数;

W/t——工具宽与变形金属厚度之比。

由式(4-2)可以看出,除减小摩擦系数外,减小工具宽度与变形金属厚度之比是很重要的。因为接触宽度中间部分通常成为变形金属的分界点,而工作压力朝分界点方向增加,减小宽度尺寸对减小摩擦力是很有效的。

无用功阻力在变形金属中存在死区或金属流向变化很大时增加,即发生不均匀变形。一般来说,减小摩擦或使模具运动和金属自然流动方向一致以形成均匀变形,就能减小阻力。

4.2.2 分流降压腔的设计

由于各种因素的影响,很难使毛坯体积与闭式模膛的容积刚好相等,因此需要在模具上设置多余金属分流降压腔,当模膛充满后多余金属被挤入分流腔。带有分流腔的闭式模锻实际上就是半闭式模锻。虽然仍有一定的飞边金属损耗,但比开式模锻时飞边金属损耗要小得多。更为重要的是设置了分流腔之后,既可降低对下料精度的苛刻要求,又可降低模膛内部压力,提高模具寿命,使闭式模锻的适用范围大为扩展。因此,分流降压腔的设置是闭式模锻工艺的重要内容之一。

4.2.2.1 分流腔的设置原则

分流腔的设置原则是:

(1) 分流腔的位置应选择在模膛最后充满的部位。

（2）多余金属分流时，在模膛内所产生的压力比模膛刚充满时所产生的压力没有增加或增加很小，以免增加总的模锻力和加快模膛的磨损。

4.2.2.2 分流腔的结构形式及设计计算

分流腔有不同的结构形式，如侧向缝隙式、纵向缝隙式、中心孔式和容框式等，可根据锻件的结构性能和所采用的工艺方案等来选择。如果是轴对称锻件，当为盘类锻件时，一般采用环形侧向缝隙式分流腔，且设置在锻件高度的中部；当为直齿圆柱齿轮精密模锻时，则应采用中心孔或分流轴的方式分流；而直锥齿轮锻造时，往往在大端背面采用容框式。

A 孔式分流腔

孔分流腔适用于带有中心孔的圆盘类锻件的闭式模锻。这种分流结构简单，其位置设在终锻模冲孔凸台的中心部位(见图4-5(b))。当锻件的孔径 $d\geqslant 50$mm 时，分流孔分设在上模和下模，图4-5(c)所示即为这种情况；当锻件的孔径 $d=40\sim 50$mm 时，分流孔完全设在下模。

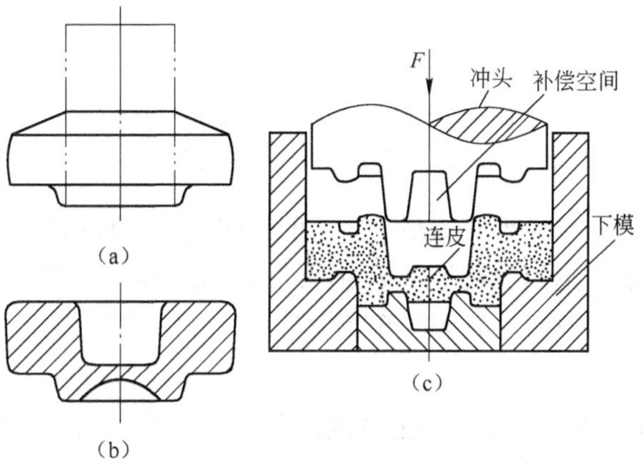

图4-5 带连皮的闭式精密模锻

(a) 镦粗；(b) 冲孔；(c) 终锻

可以看出，孔式分流腔的结构与开式模锻中带仓连皮的内飞边槽相似。因此，设计时，分流腔桥部的宽度、高度和过渡处圆角半径均可按带仓连皮桥部对应的尺寸选择，而对应于仓部的分流空间则按如下原则确定：

$$V_d \geqslant V_b - V_f \tag{4-3}$$

式中 V_d——分流腔空间容积，为仓部与桥部空间容积之和，mm^3；

V_b——毛坯体积，按毛坯长度和截面尺寸的上偏差计算，mm^3；

V_f——锻件体积，按各公称尺寸的下偏差计算，mm^3。

B 轴向分流减压孔

在毛坯上预留分流孔或形成减压轴向减压孔。图4-6所示为直齿圆柱齿轮利用分流原理闭式精密模锻成形的过程。图4-6(a)所示为分流孔原理，即在毛坯中心钻出一直径为 D_0 的孔，当毛坯在凸模施加压力 F 的作用下，分流面以外的金属向外流动充满凹模齿廓，分流面以内的金属向内流动，通过减压孔的收缩而实现分流。图4-6(b)所示则是在凸、凹模的中心孔中形成小圆柱而实现分流。

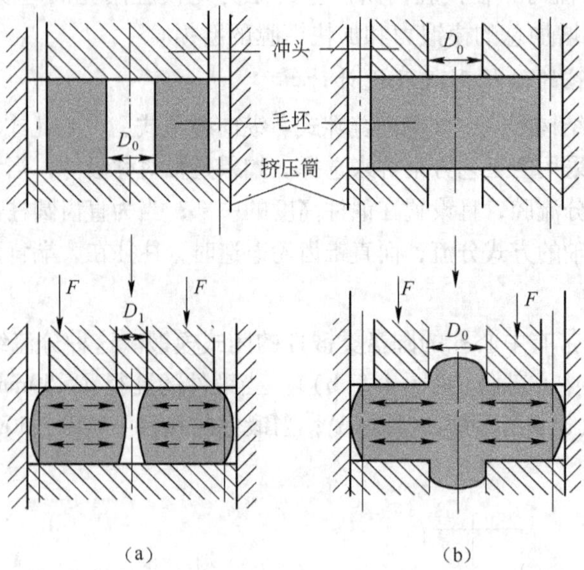

图 4-6　利用分流原理的锻造过程
（a）减压孔流动原理；（b）减压轴流动原理

由图 4-6 可以看出，首先由于抑制了完全的封闭状态，减小了金属流动填充凹模齿廓型腔的工作压力。其次，运用分流抑制了断面缩减率和图 4-7 中所示摩擦力的上升。实验表明，分流原理的运用对改善外轮廓的充填性具有良好的效果。

C　端部轴向分流孔

对于带枝芽类的锻件，可在枝芽模膛的端部开一轴向分流孔。图 4-8 所示为十字轴和 T 形接头闭式侧向挤压成形工艺。当模膛充满之后，毛坯上多余金属从 4 个（T 形接头只需 2 个）端部的分流孔中挤出，形成小的圆柱形枝芽，模锻结束后，将小枝芽去掉。

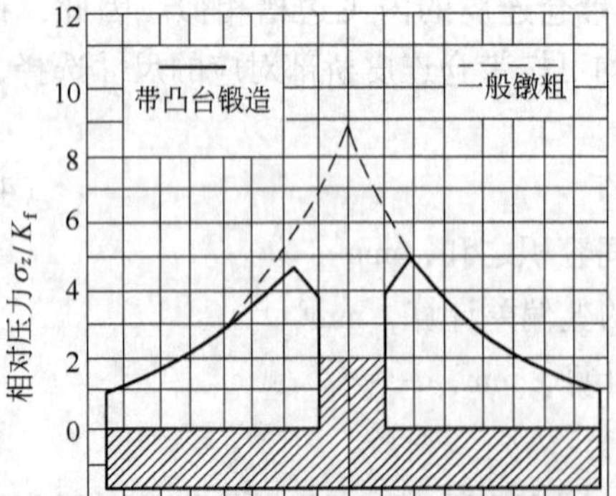

图 4-7　带凸台锻造和一般镦粗时的应力分布比较

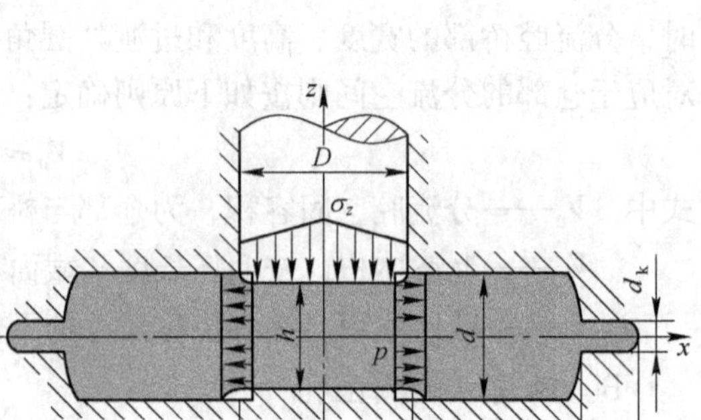

图 4-8　端部轴向分流孔

实验研究表明，合适的分流孔尺寸（即满足第二条原则）取决于枝芽模膛的结构特征，通常取：

$$\frac{d_k}{d}=0.35\sim0.4 \tag{4-4}$$

式中 d_k——分流孔直径，mm；

d——锻件枝芽部分或枝芽模膛直径，mm。

4.3 模锻精度的影响因素

精密模锻工艺是在普通模锻的基础上发展起来的，其主要特点是：

（1）尺寸精度较高，即精密模锻件的尺寸公差比普通模锻件的尺寸公差小，一般仅为普通模锻件公差的一半，甚至更小；

（2）机械加工余量少，甚至为零；

（3）表面质量好，即精密锻件的表面粗糙度较低，表面凹坑等缺陷和切边后留下的残余飞边宽度限制更严等。

对于一些关键零件，将其形状复杂难于切削加工的部分进行精密模锻成形，而其余部分仍采用切削加工。如齿轮的齿形、叶片的叶身等直接精锻成形或仅留抛光余量，而花键槽、叶根等仍采用切削加工。这种精锻与切削加工相结合的方法应用越来越广泛。精密模锻工艺的发展趋势是由近形（near net shape of productions）向净形（net shape of productions）发展。

采用精密模锻工艺时，由于所取公差与余量都远小于普通模锻，因此要充分考虑毛坯下料体积的波动、多次使用后模膛的磨损、模具表面粗糙度、模具及锻件温度的偏差，以及弹性回复等对精度的影响，以保证锻造获得的锻件具有更高的形状与尺寸精度。

4.3.1 毛坯体积的波动

在开式模锻中，因为模腔周围设有飞边槽，多余金属全部挤入飞边槽，毛坯体积波动并不影响锻件的尺寸。而在闭式精密模锻中，毛坯体积的波动直接引起锻件尺寸的变化。当不产生飞边或飞边体积不大时，毛坯体积偏差增大，将使锻件尺寸偏差增大。

对于图4-9所示的轴对称锻件，假设模膛水平尺寸不变，那么，毛坯体积的波动仅引起锻件高度尺寸 H_1 变化。由体积不变条件有：

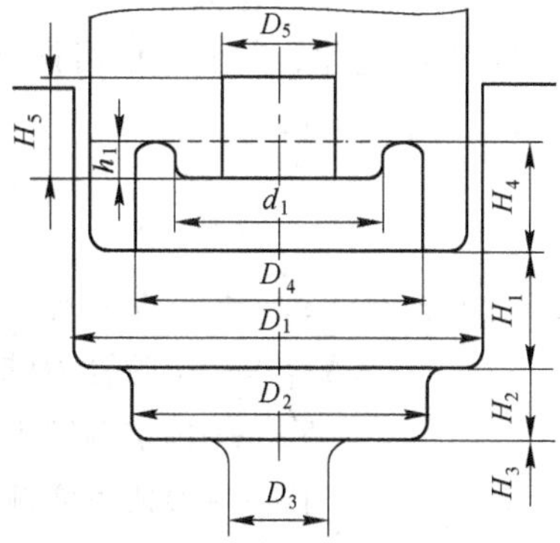

图4-9 闭式模锻轴对称锻件的模膛

$$\Delta H_1=\frac{\Delta V}{V}H_1 \tag{4-5}$$

式中 V，ΔV——分别为毛坯体积及其允许的偏差，若不形成飞边，即等于锻件体积及其允许的偏差，mm^3。

4.3.2 模膛的尺寸精度和磨损

模膛的尺寸精度和在模锻过程中的磨损对锻件尺寸精度有直接影响，在同一模膛的不同位置，由于变形金属的流动情况和所受到的压力不同，其磨损程度也不相同。关于模膛的磨损等因素，可在锻件公差中考虑，通过模膛制造公差来体现。

对于开式精密模锻，在大量生产中可采用如下模具磨损公差：模具的外长度、外宽度和外径尺寸的磨损公差是用相应尺寸乘以材料系数（碳钢与低合金钢一般为0.004左右，不锈钢为0.006左右，钛合金为0.009，铝合金与镁合金约为0.006）而得，然后将这个公差加在锻件的正偏差上。模具的内长度、内宽度和内径尺寸的磨损公差按同样方法计算，但这个公差加在对应尺寸的负偏差上。模具内、外尺寸上单面公差均为计算总值的一半。但要注意，模具磨损公差不能应用于中心线到中心线间的距离尺寸，即不能用于定位尺寸上。

4.3.3 模具表面粗糙度

模膛的尺寸精度和表面粗糙度是根据锻件图对锻模所要求的精度和表面粗糙度等级来确定的。一般来说，对于中小型锻模和形状不太复杂的模膛，按三级和四级精度制造；对于大型锻模和形状复杂的模膛，按四级和五级精度制造。如果锻件精度高，则相应地提高模膛制造精度。

应根据加工的可能性，考虑模具表面的粗糙度。对有利于金属流动和减小摩擦来说，希望粗糙度低些。通常模膛中重要部位的粗糙度 R_a 应为1.6μm以上，一般部位的粗糙度 R_a 为3.2~1.6μm。

4.3.4 模具温度和锻件温度的偏差

热模锻时即使采取良好的冷却措施，模具温度一般也在300℃以上。而冷锻成形时，由于金属变形发热也会导致模具升温，常常会达到100~200℃。模具温度的波动会引起模膛容积的变化，其变化值可按下式计算：

$$\frac{\Delta V_1}{V_0} = \varepsilon_1 + \varepsilon_2 + \varepsilon_3 \tag{4-6}$$

$$\Delta V_1 = V_t - V_0$$

式中 $\varepsilon_1 + \varepsilon_2 + \varepsilon_3$——三个互相垂直方向上模膛尺寸相对变化量；

ΔV_1——模膛容积的变化值，mm^3；

V_0——预定温度下的模膛容积，mm^3；

V_t——锻造时实测温度下的模膛容积，mm^3。

如果模具温度分布均匀，当模具实测温度与预定温度相差 Δt 时，则：

$$\frac{\Delta V_1}{V_0} = 3\varepsilon = 3\alpha\Delta t \tag{4-7}$$

式中 α——材料的线膨胀系数，可以查相关手册得到，K^{-1}。

模具温度以及锻件温度的偏差会导致最终锻件产品的尺寸波动。如果终锻时锻件的温度偏高，将会引起最终锻件尺寸的偏小；而终锻时模具温度偏高，则会引起最终锻件尺寸偏高。因此，要根据模具及锻件温度偏差的实际情况，在模具尺寸设计时加以考虑。

4.3.5 模具和锻件的弹性回复

在精密模锻时，由于锻件往往在1500～2500MPa的高压力下变形，模具和锻件都产生弹性变形，从而影响了最终锻件的尺寸精度。模膛由于锻件给予的反作用力而膨胀，尺寸增大；锻件则在模膛及凸模的作用下伴随着塑性变形而产生压缩的弹性变形。当成形结束后，锻件发生弹性回复而膨胀，尺寸趋于增大。模具与锻件弹性回复的综合作用是使锻件尺寸发生较大偏差。因此，在精密模锻的模具设计时，必须考虑模具与锻件的弹性变形。

4.3.6 实例

4.3.6.1 圆柱齿轮坯整体凹模闭式模锻模具

图4-10(a)所示为在螺旋压力机上使用的整体凹模闭式锻模，整体凹模为组合结构。图4-10(b)所示为在该模具上进行小无飞边模锻所生产的圆柱齿轮坯。

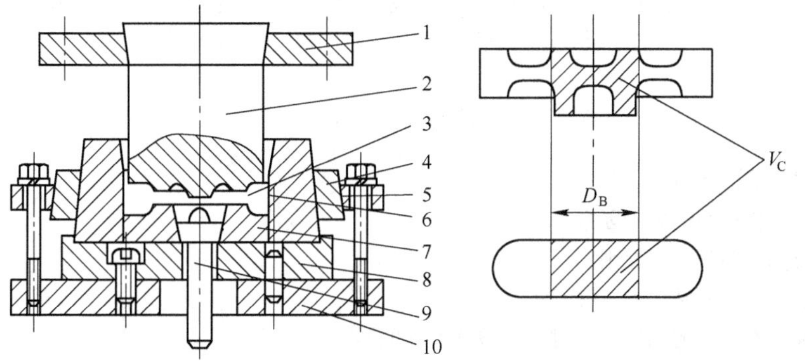

(a) (b)

图4-10 齿轮坯无飞边模锻

(a) 模具结构；(b) 齿轮坯

1—上模压板；2—上模；3—锻件；4—压套；5—压紧圈；6—模套；7—下模；8—下模座；9—推杆；10—垫板

4.3.6.2 铝合金壳体精锻模具

铝合金压盖(见图4-11)是轿车安全气囊气体发生器的关键零件，图4-12所示为在液压机上采用精密模锻工艺生产的模具结构示意图，通过设置分流控制腔，除了降低模膛负荷、提高模具使用寿命外，该模具由通用模架配合凸、凹模工作部分及顶出组成。只需更换凸、凹模工作部分就可模锻壳体或其他类似多层筒形件。

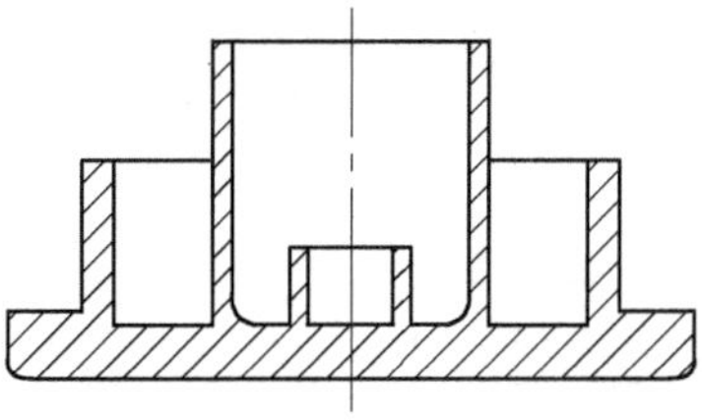

图4-11 压盖锻件

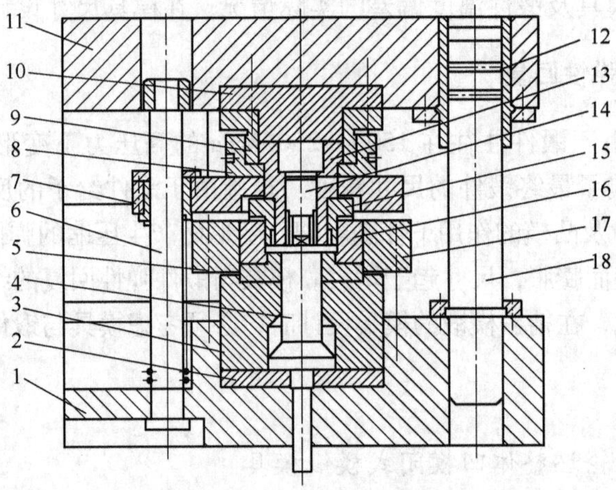

图 4-12 精锻模具结构示意图

1—下模板；2—顶出器垫板；3—凹模座；4—顶出器；5，16—凹模；6—卸料拉杆；
7—卸料板；8—凸模固定螺钉；9—凸模固定圈；10—凸模垫板；11—上模板；
12—导套；13 ~15—凸模；17—凹模压圈；18—导柱

习题与思考题

4-1 试述闭式模锻的特点。

4-2 试述模膛工作压力的影响因素。

4-3 试述分流降压腔的设置原则。

4-4 简述影响锻件尺寸精度的主要因素。

4-5 试比较模具与锻件的温度偏差对最终锻件尺寸的影响。

4-6 试比较模具与锻件的弹性回复对最终锻件尺寸的影响。

5　板料冲压成形性能

【本章概要】

本章主要介绍了冲压的一些基本概念，包括冲压的定义、特点与应用，冲压工序的分类，以及研究冲压成形性能的一些基本试验方法，评价板料成形性能的指标，最后介绍了冲压成形时的变形趋向性和变形时的应力应变分析方法。

【关键词】

冲压、成形性能、性能指标、成形极限图、变形趋向性、应力应变分析

【教学目的】

了解冲压的含义，掌握板料冲压成形性能的指标与试验方法，能在冲压工艺设计时考虑到变形趋向性。

【本章重点】

拉伸实验及各指标的含义，胀形成形试验测试方法，板材的性能指标，板材成形极限图的建立方法，冲压变形的趋向性以及应力应变分析方法等。

5.1　冲压基本概念

5.1.1　冲压的特点与应用

冲压是以板材为原始坯料，利用模具和冲床使其产生所需的变形，得到具有薄壁中空结构零件的一种金属加工方法。冲压具有如下的特点：

（1）生产效率高。高速冲床每分钟行程次数可达几百次（如电机定转子的生产，冲床行程次数为 300 次/min），而切削加工即使是高效率的自动化数控车床，一天的产量通常也不过上千件。因此，冲压特别适合于大批量生产。

（2）加工成本低。如完成一次落料大约只要 1s，能源消耗小，采用的原材料是钢厂大规模生产的板料，容易得到且成本低。由于冲压是大批量生产，平均到每个零件上的成本低。

（3）材料利用率高。因为是少无切屑加工，且还可以采用优化排样，所以材料利用率高。冲压的材料利用率有时可达 90% 以上，一些冲完的边角余料、结构废料甚至也可以再排样冲出一些小零件，如垫圈之类。

（4）产品尺寸精度稳定。因为利用模具成形，而模具制造精度高、使用寿命长，因此冲压件的尺寸相对稳定，制件互换性好，这点对像汽车、家电等大工业生产是非常有利的。

（5）容易实现机械化与自动化。冲压的基本工作就是安装模具、放料、冲压、取件、

再放料等的一个循环过程，易于实现机械化与自动化。

当然，冲压也存在不足之处，主要是有些工序振动与噪声较大。另外，大型覆盖件的成形需要制作复杂的模具，投入成本较高。

由于板料零件质量轻、强度高和刚性好，可以根据用途采用不同材料加工成各种形状尺寸的零件，以满足产品需要，因此在汽车、拖拉机、消费电子、电机、电器、仪表、仪器和各种民用轻工产品中都大量使用冲压零件。

统计数据表明，在汽车制造业中，有60% ~70% 的零件是采用冲压工艺制成的，冲压加工生产中所占的劳动量为整个汽车工业劳动量的25% ~30%；在机电及仪器、仪表生产中，有60% ~70% 的零件是采用冲压工艺完成的；在消费电子产品生产中，冲压件的数量约占零件总数的85% 以上；在飞机、导弹、宇航器的生产中，冲压件占的比例也相当大；占世界钢产量60% ~70% 以上的板材、管材及型材，其中大部分是通过冲压制造成成品的。因此，冲压加工在国民制造业中占据举足轻重的地位。

5.1.2 冲压工序的分类

首先，冲压工艺种类很多，按工艺性质分，可分为分离工序和成形工序两大类，如图5-1 所示。分离工序是将冲压件或毛坯沿一定的轮廓相互分离，其特点是变形部分材料的应力达到抗拉强度以后，材料会发生断裂而分离。成形工序是在材料不产生破坏的前提下使毛坯发生塑性变形，形成所需的形状及尺寸的制件，其特点是变形部分材料的应力达到屈服强度，但未达到抗拉强度，材料产生塑性变形。

- 冲压
  - 分离工艺
    - 冲孔
    - 落料
    - 切边、切口等
  - 成形工艺
    - 弯曲
    - 拉深
    - 翻边
    - 胀形
    - 压印
    - ⋮
    - （热）内高压成形
    - 拼焊板成形
    - 高强度板热冲压
    - 板冲锻成形

图 5-1 冲压工艺分类

冲压成形绝大部分都是以冷态下的冲压为主，而且希望板坯料厚度不减薄或少减薄，以获得均匀厚度分布为目的。但是最近几年，由于对汽车等的乘用安全性的重视，以及对减重减排和节能的要求越来越高，也开始出现了新的成形类别。比如，在热态下冲压超高强度钢板及随后的模内淬火技术；采用不同性能材料或具有不同厚度的同种材料焊接组合后，进行冲压成形的拼焊板成形技术，它以实现减重和优化零件结构及其使用性能为目的；采用内高压技术成形异形管，以满足航空航天型号对高性能复杂管件的要求；又如采用板冲锻技术，研制生产具有大表面积且不同部位厚度差别较大的整体厚板零件，如轿车离合器壳体等。

最具代表性的冲压加工有冲裁（冲孔与落料等）、弯曲、拉深、胀形等。

5.2 冲压成形性能

5.2.1 板料冲压性能的试验方法

板料的冲压成形性能就是板料对冲压成形工艺的适应能力。材料在成形过程中可能出现两种失稳现象，一种称为拉伸失稳，表现为板料在拉应力作用下局部出现颈缩或破裂；另外一种称为压缩失稳，表现为材料在压应力作用下出现皱纹。板料发生失稳之前可以达到的最大变形程度称为成形极限。极限拉深系数、极限胀形系数和极限翻边系数均反映了对应工艺可达到的最大变形程度，即成形极限，它们常被用作工艺设计参数。

5.2.1.1 拉伸试验

板料的单向拉伸试验是确定力学性能的简单而常用的方法。它所提供的力学性能指标可用来定性地估计板料的冲压性能。试验所用试样的形状与尺寸根据国标 GB/T 228—2002 制作，如图5-2所示。

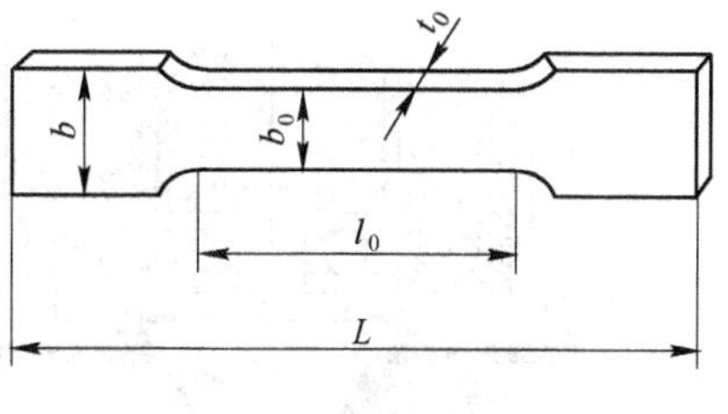

图 5-2 板料单向拉伸试样

通过板料的单向拉伸实验，可以得到板料的一些常用力学性能指标（见图5-3），主要包括：材料的真应力—应变关系、屈服强度 σ_s、抗拉强度 σ_b、总伸长率 δ、断面收缩率 ψ、均匀伸长率 $\delta_{均}$、屈强比 σ_s/σ_b、弹性模具 E、硬化指数 n 以及厚向异性系数 γ（或称塑性应变比）等。

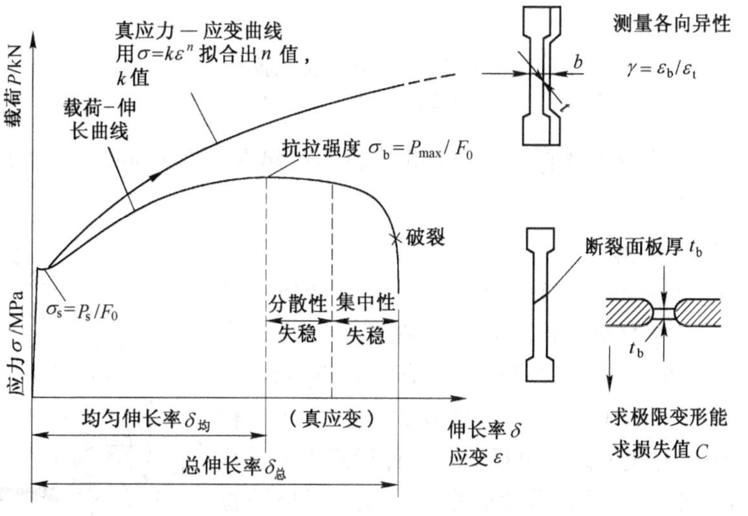

图 5-3 拉伸试验获得的部分力学性能指标

5.2.1.2 胀形成形试验

测定或评价板料胀形成形性能时，广泛采用杯突试验（Erichsen 试验），图 5-4所示为 GB/T 4156—2007 中“薄板和薄带埃里克森杯突试验方法”的示意图，以及一些常用材料的杯突试验标准值。试验时，试样放在凹模与压边圈之间压死（压边力取 10kN），凸模向下运动，试样在凹模内胀形出球形凸包，直至凸包破裂时停止试验，并将此时的凸包高度记为杯突值 IE，作为胀形成形指标。IE 值越大，胀形成形性能越好。

5.2.1.3 拉深成形性能试验

测定或评价板料拉深成形性能时，常采用圆柱形平底凸模冲杯试验（即 Swift 试验）

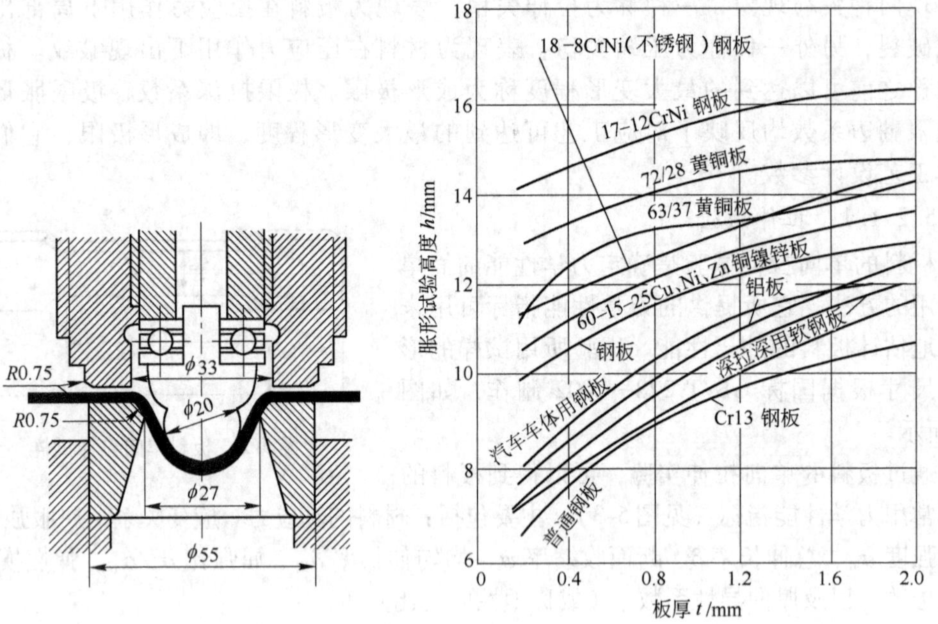

(a) (b)

图 5-4 金属杯突试验

(a) 试验装置; (b) 标准杯突值

或拉深潜力试验（即 TZP 试验）。Swift 试验和 TZP 试验原理不同，但均可反映拉深成形性能。

A 冲杯试验

图 5-5 所示为 GB/T 5125—2008 中“有色金属冲杯试验方法”的示意图。试验时，试样放在凹模与压边圈之间压紧，启动凸模运动将试样拉深成形，即冲杯成形，试验过程中，采用逐级增大试样直径 D 的方法，测量杯体底部不被拉破时的最大试样直径 D_{max}，并用式 5-1 计算极限拉深比 LDR 作为拉深成形性能指标。显然，极限拉深比 LDR 越大，拉深成形性能越好。

$$LDR = D_{max}/d_p \tag{5-1}$$

式中 D_{max}——不破裂时的最大试样直径，mm；

d_p——凸模直径（试验中不变化，一般为 50mm），mm。

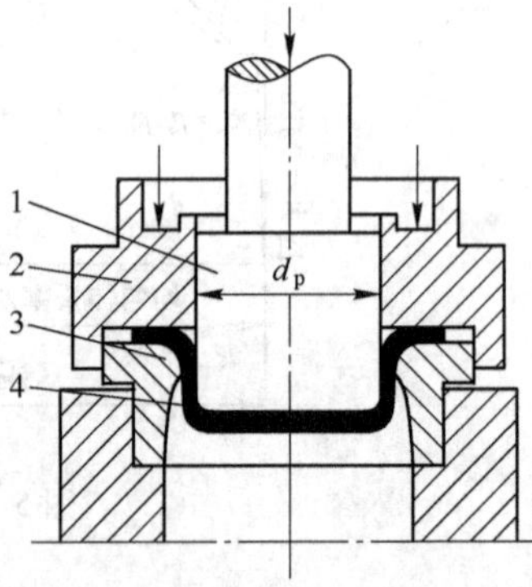

图 5-5 冲杯试验

1—凸模；2—压边圈；3—凹模；4—试样

B TZP 试验

图 5-6 所示为 JB 4409.2—88 中“薄钢板 TZP 试验方法”的示意图。试验时，试样放在凹模与内、外压边圈之间，先用外压边圈把试样压紧，并启动凸模运动拉深试样，测出最大拉深力 F_{max}，然后用内压边圈把试样压死，通过凸模继续加载，测量试样底部圆角部分附近破裂时的极限载荷 F，试样结束后按式(5-2)计算拉深潜力 T，并作为拉深成形性能指标。T 值越大，拉深成形性能越好。

$$T = \frac{F - F_{max}}{F} \times 100\% \tag{5-2}$$

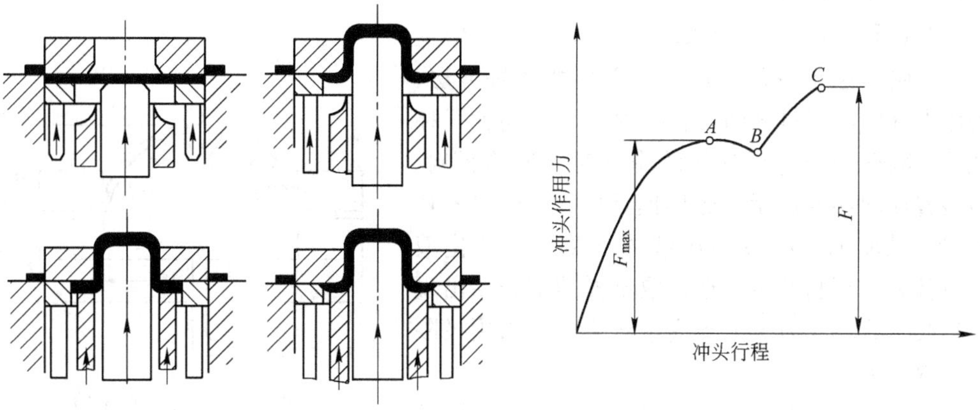

（a）　　（b）

图 5-6　薄钢板 TZP 试验

（a）试验过程；（b）拉深性能 T 值的确定方法

5.2.1.4　福井锥杯试验

汽车覆盖件等形状复杂的零件成形时，成形方式经常表现为“拉深 + 胀形”复合形式，在这种成形方式下，板料抵抗破裂的能力称为“拉深胀形”复合成形试验。薄钢板的这种成形性能可用福井锥杯试验测定。图 5-7 所示为 JB 4409. 6—88 中“薄钢板锥杯试验方法”的示意图。

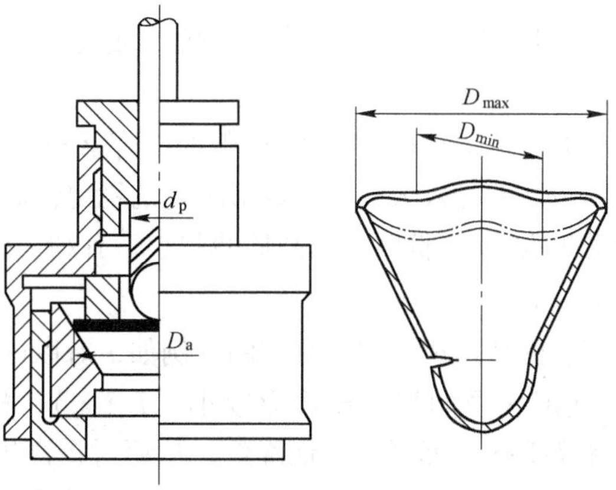

（a）　　（b）

图 5-7　福井锥杯试验

（a）试验装置；（b）试验试样

试验时，试样平放在锥形凹模孔内，通过钢球把试样冲成杯形，至杯底或其附近部分发生破裂时停止试验，测量杯口的最大直径 D_{cmax} 和最小直径 D_{cmin}，并用式(5-3)计算锥杯试验值 CCV，将其作为“拉深—胀形”复合成形性能指标。

$$CCV = \frac{1}{2}(D_{cmax} + D_{cmin}) \tag{5-3}$$

CCV 值越小，“拉深—胀形”成形性能越好。

5.2.1.5 液压胀形试验

液压胀形法是一种评价纯胀形性能的好方法，因为压力液体与板料之间不存在摩擦力，消除了杯突试验时刚性凸模与板料间的摩擦对成形的影响。试验装置如图 5-8 所示，胀形模具尺寸可以参考杯突试验。试验时，随着高压液体（如油、乳化液等）的注入，板料开始变形，取试样顶部开始出现细小裂纹时的高度为极限顶高。试验参数采用极限胀形系数表示，即：

$$K = (h_{max}/a)^2 \tag{5-4}$$

式中 h_{max}——开始产生裂纹时的高度，mm；

a——凹模口半径，mm。

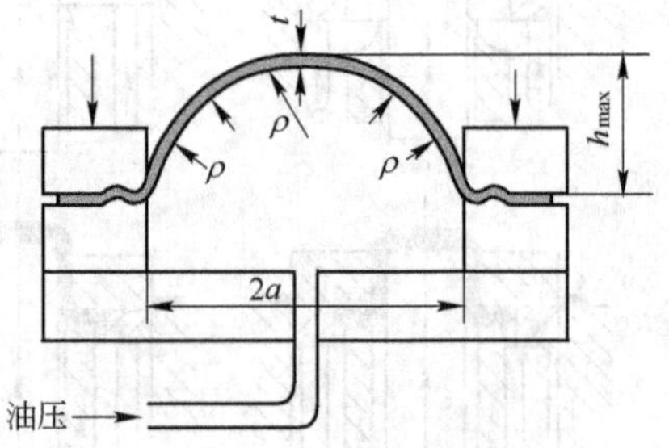

图 5-8 液压胀形试验

5.2.2 板料的性能指标与成形性能的关系

板料力学性能指标与板料冲压性能有密切联系。一般而言，板料的强度指标越高（σ_θ、σ_s），产生相同变形量所需的力就越大；塑性指标越高，成形时所能承受的极限变形量就越大；刚度指标越高，成形时抵抗失稳起皱的能力就越大。现将其中较重要的几项分述如下。

5.2.2.1 强度 σ_θ、σ_s

强度 σ_θ、σ_s 是决定材料变形抗力的基本指标。抗拉强度和屈服强度越高，则变形抗力越高，因而冲压时材料所承受的应力也越高。

对伸长为主的变形，如胀形、拉弯等，当 σ_s 低时，那么成形所必需的拉力也小，这时其与毛坯破坏时的拉断力之差却较大，所以成形工艺的稳定性高，不易产生破裂废品。

此外，弯曲件所用的板料的 σ_s 低时，卸载后回弹小，有利于提高弯曲件的准确度。

5.2.2.2 屈强比 σ_s/σ_b

小的屈强比几乎对所有的冲压成形都是有利的。例如，对以压缩为主的变形，如在拉深时，材料的 σ_s 小，则变形区中的切向压边力较小（$1.1\sigma_s$），材料起皱的趋势小，同时，防止起皱的压边力和摩擦损失都要相应地降低，从而对提高极限变形程度有利。如：65Mn 的 $\sigma_s/\sigma_b = 0.63$，其极限拉延系数 m 为 0.68～0.70；而低碳钢的 $\sigma_s/\sigma_b = 0.57$，其极限拉延系数 m 为 0.48～0.50。

5.2.2.3 均匀伸长率 $\delta_{均}$

$\delta_{均}$是在拉伸试验中试样开始产生颈缩时的伸长率，称为均匀伸长率。而总伸长率 δ（或简称伸长率）是在拉伸试验中试样破坏时的伸长率。

$\delta_{均}$表示板料产生均匀的或稳定的塑性变形的能力。一般冲压成形都是在板料的均匀变形范围内进行的，所以 $\delta_{均}$直接影响板料在以伸长为主的变形的冲压性能，如翻边系数、胀形系数、扩口系数、最小弯曲半径等，它们均用 $\delta_{均}$ 间接地表示其极限变形程度。

5.2.2.4 硬化指数

板料的硬化规律服从指数曲线 $\overline{\sigma}=k\overline{\varepsilon}^n$，式中，$n$ 为板料的应变硬化指数；k 为硬化系数；$\overline{\varepsilon}$ 为等效应变。

n 值的大小表示了在塑性变形中材料硬化的程度。n 值大的材料，在同样的变形程度下，真实应力的增加要大。一般来讲，n 值大不仅能提高板料的局部应变能力，即增大失稳极限应变，而且能使应变分布趋于均匀化，提高板料成形时的总体成形极限。因此，通常认为板料的 n 值越大，抗破裂性越强，尤其对胀形成形性能最有利。

5.2.2.5 塑性应变比（厚向异性指数 γ）

由于结晶和轧制原因，板料的塑性会因方向不同有差异，这种现象称为板料的塑性各向异性。塑性应变比是单向拉伸试样的宽度应变 ε_b 和厚度应变 ε_t 的比值，即 $\gamma=\varepsilon_b/\varepsilon_t$。如 $\gamma=1$，则称为厚向同性材料，否则为厚向异性材料。在单向拉伸实验时，一般取伸长率为15%左右的试样进行测量，以得到塑性应变比 γ。由于厚度变化不易测量，可以改为测量长度，再根据体积不变原理来计算。

γ 值和 n 值一样，与板料的冲压成形性能关系十分密切，它们常被视为两个特定的成形性能指标。γ 值对拉深成形性能影响很大，当 $\gamma>1$ 时，板料宽度方向比板厚方向容易变形，γ 值越大，表示板料越不容易在厚度方向发展变形，即越不易变薄或增厚，这样，减少了传力区“危险断面”的拉破，所以有利于板料的拉深成形性能。

由于冲压所用板材来自于轧制，板材沿轧制方向与垂直轧制方向的性能不同，所以板料的厚向异性指数一般采用平均值来表示，即：

$$\overline{\gamma}=(\gamma_{0°}+\gamma_{90°}+2\gamma_{45°})/4 \tag{5-5}$$

式中 $\gamma_{0°}$，$\gamma_{90°}$，$\gamma_{45°}$——分别为拉伸试样取向与轧制方向呈0°、90°与45°时的测量值。

图5-9所示为在制取单向拉伸试样时板材取样方位示意图。

5.2.2.6 凸耳参数（板平面各向异性指数 $\Delta\gamma$）

前面已经提到，板料平面内多个方向也呈塑性各向异性，这种现象称为板料的塑性平面各向异性，其程度可用差值 $\Delta\gamma$ 表示：

$$\Delta\gamma=(\gamma_{0°}+\gamma_{90°}-2\gamma_{45°})/2 \tag{5-6}$$

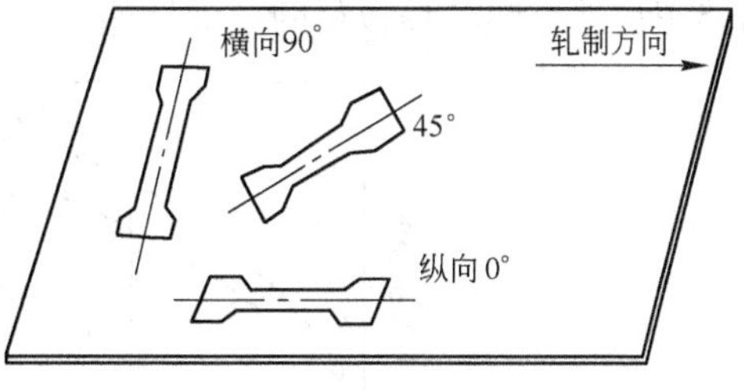

图5-9 板材取样方位示意图

$\Delta\gamma$ 数值越大，板内各向异性越严重，结果使拉深件的边沿不齐，成形凸耳，影响零件的质量和材料利用率。因此，$\Delta\gamma$ 数值越小的材料（若等于0，即板平面内各向同性），拉深性能越好。凸耳出现的方位与 $\Delta\gamma$ 的关系如图5-10所示。当材料处于板平面内各向同性时，不产生凸耳；当凸耳参数大于零时，凸耳发生在0°与90°方位；当凸耳参数小于零时，则在45°方位产生凸耳。

另外，在弯曲时，弯曲极限 r_{min}/t 与板料纤维方向（一般是 γ_0 方向）有关。当弯曲线垂直于板料轧制方向时（即纤维方向），弯曲成形性能好，不容易弯裂。

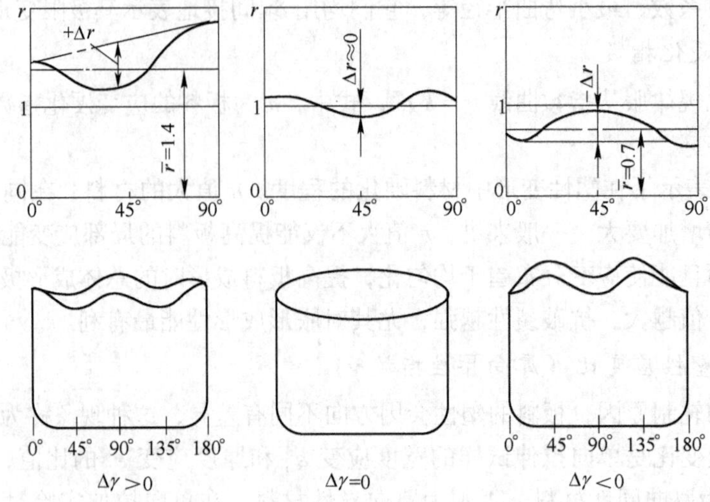

图 5-10 凸耳出现的方位与 $\Delta\gamma$ 的关系

5.2.2.7 x 值

x 值为双向等拉与单向拉伸所得的抗拉强度之比。日本的吉田清太建议用 x 值作为评定板料成形性的指标。一些试验表明，除了碳钢外，大部分材料如铝及铝合金、不锈钢以及钛等的拉深性能与 x 值的相关性比与各向异性指数 γ 的相关性更高。

假定双向等拉时的抗拉强度为 $\sigma_b|_{\alpha=1}$，单向拉伸的抗拉强度为 $\sigma_b|_{\alpha=0}$，平面应变状态下的抗拉强度为 $\sigma_b|_{\alpha=0.5}$。其中，α 为应力比，在板料分析时常定义 $\alpha=\sigma_y/\sigma_x$，当 x、y 方向分别与主应力方向重合时，α 是两个主应力的比值。因此，x 可以表示为：

$$x=\sigma_b|_{\alpha=1}/\sigma_b|_{\alpha=0} \tag{5-7}$$

双向等拉时的抗拉强度为 $\sigma_b|_{\alpha=1}$，可以采用液压胀形的方式求出，而单向拉伸的抗拉强度为 $\sigma_b|_{\alpha=0}$，可以采用单向拉伸试样进行拉伸实验得到，因此，x 值即可以得到，如图 5-11 所示。x 值与拉深深度的关系如图 5-11 右下角插入的小图所示，由图 5-11 可知，x 值能很好地反映各种板材的拉深性能。

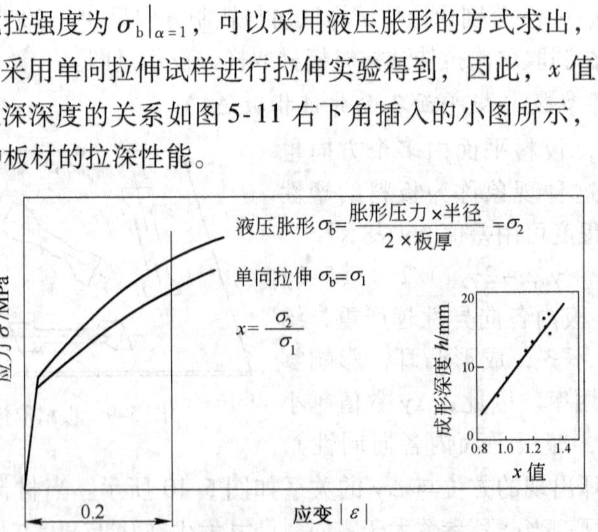

图 5-11 x 值的求法及其与成形深度的关系

还可以采用平面应变下的抗拉强度来代替双向等拉的抗拉强度。平面应变下的抗拉强度可以采用带圆弧切口试样进行拉伸实验得到，此时得到的是 x'，即：

$$x' = \sigma_b \big|_{\alpha=0.5} / \sigma_b \big|_{\alpha=0} \tag{5-8}$$

x（x'）值是与材料力学性能相关的参数，双向等拉应力状态与圆筒形拉深件在凸模肩部圆角处的应力状态相似，平面应变对应的应力状态与圆筒形件侧壁部分的应力状态相似。因此，x'大的材料在拉深时板料侧壁具有更高的承载能力。当应力从单向拉伸转为双向拉伸时，表现出更强的成形性能，材料的拉深极限也更高。

5.2.2.8　应变速率敏感性指数 m

m 值原为超塑性成形材料的一个重要性能参数。经研究表明，即使在非超塑性状态下，甚至很小的 m 值也将影响胀形成形极限。m 值增大使成形极限线水平提高。一般认为，m 值对提高伸长类变形的成形极限的贡献主要在拉伸失稳以后，使过缩颈伸长率得到提高。

5.2.3　板料成形极限图

成形极限图 FLD（Forming Limit Diagrams）是板料在不同应变路径下的局部失稳极限应变 e_1、e_2（工程应变）或 ε_1、ε_2（真实应变）构成的条带形区域或曲线。它全面反映了板料在单向、双向应力作用下的局部成形极限。

按照 GB/T 24171—2009 中的试验方法可以建立材料的成形极限图。具体方法是：首先在板料试样表面复制直径为 d_0（1 ~ 3mm）的网格圆图案，采用球形凸模或液压油进行胀形，使板料在双向应力作用下变形，一旦出现破裂纹，立即停止试验；然后测量试样破裂部位及附近网格的长、短轴尺寸 d_1 和 d_2（此时圆网格变成了椭圆形网格），并按下列公式计算破裂极限应变。真实应变为：

$$\left.\begin{aligned} \varepsilon_1 &= \ln \frac{d_1}{d_0} = \ln(1 + e_1) \\ \varepsilon_2 &= \ln \frac{d_2}{d_0} = \ln(1 + e_2) \end{aligned}\right\} \tag{5-9}$$

将测量计算后所获得的不同应变路径下（可通过改变试验宽度尺寸实现）极限应变值标绘在主应力的平面坐标上，并根据分布特征连成条带形区域，便完成了成形极限图（见图 5-12）。

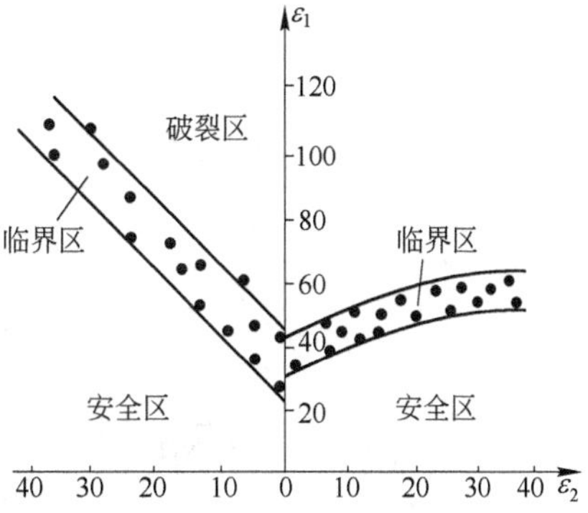

图 5-12　板料成形极限图

根据成形极限图，可以确定材料的变形极限，选择合适的材料，从而制定正确的冲压工艺规范。

5.2.4　冲压变形的趋向性

在冲压过程中，在模具的作用下，由于工艺条件的不同，板坯料可能会发生不同形式的变形，即在同一副模具中冲压得到的最终板料零件形状或尺寸可能完全不一样，这就是冲压变形的趋向性。以拉深圆筒件为例，如果压边力适中，则板料法兰区域的金属变形所需力较小，变形主要发生在该部位，在正常拉深成形完成后，得到一个壁厚与原始板料厚度基本相同的圆筒。如果压边力较大，板料的法兰部位被完全限制，则板料处于凹模口以内的部分变形所需力较小，是发生变形的部位，产生的变形是以金属厚度减薄为特征的胀形成形，得到的是一个壁厚较原始板料厚度更薄的圆筒。又如，如果凹模入口的圆角设计得过小，也会导致法兰部位金属流入凹模困难，使之成为难变形区。因此，当板料的各部位存在两种以上的变形方式时，所需变形力较小的变形方式一定会首先发生。

在冲压生产中，对板坯料变形趋向性的控制是保证获得所需高质量冲压件的基本条件。实际用来控制变形趋向性的措施包括：变形板坯料各部分的相对尺寸；模具工作部分的几何形状和尺寸；板料与模具之间的接触摩擦状态；通过局部加热或局部冷却来改变区域的变形抗力，从而改变该区域的变形难易程度，达到控制其是否参与变形的目的。

以板料各部分相对尺寸变化为例，进一步说明变形的趋向性。图 5-13 所示为带圆孔板坯料（材料为低碳钢，厚度为 1mm，内径 40mm 不变，改变外径）的冲压成形过程。凸模直径 d 把板坯料分成两个部分，即与直径 d 接触的内环部分以及直径 d 以外的外环部分。两部分的分界处存在有凸模作用力 P 引起的内力。

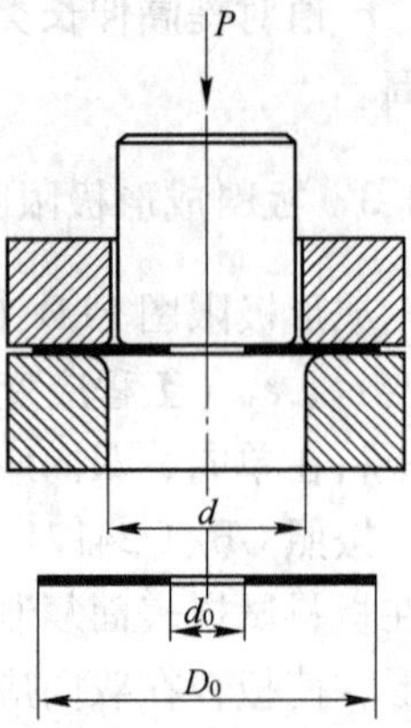

图 5-13 带圆孔板坯料的冲压成形

当板坯料外径为 120mm 时的变形方式如图 5-14 所示。产生翻边变形所需力与行程的关系曲线为图 5-14 中的 A 曲线，产生拉深变形所需的力与行程关系曲线为图 5-14 中的 B 曲线。显然，由于板坯料内环形部分产生翻边变形所需的力小于板坯料外环形部分产生拉深变形所需的力，所以根据变形趋向性规律可以知道，产生的变形一定是毛坯内环形部分的翻边变形。

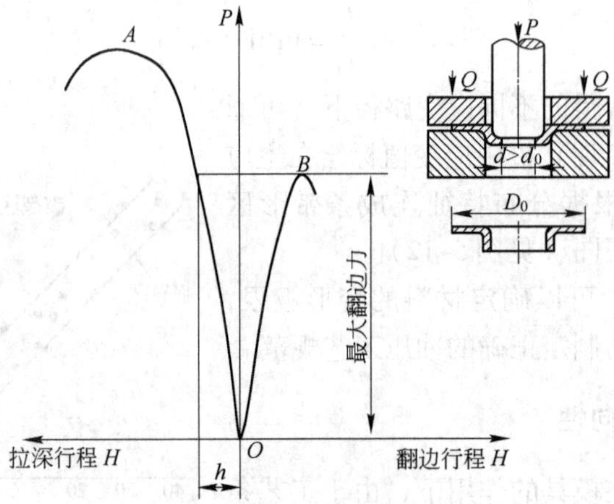

图 5-14 翻边变形趋向性条件

如果把板坯料的外径尺寸由 120mm 减小到 96mm 以下，则变形如图 5-15 所示。板料外环形部分产生拉深变形所需力与行程的关系曲线如图 5-15 中的 A 曲线所示，而内环部分产生翻边所需力与行程曲线为图 5-15 中的 B 曲线。根据冲压变形趋向性规律判断，在这种情况下产生的变形一定是外环形部分的拉深变形。

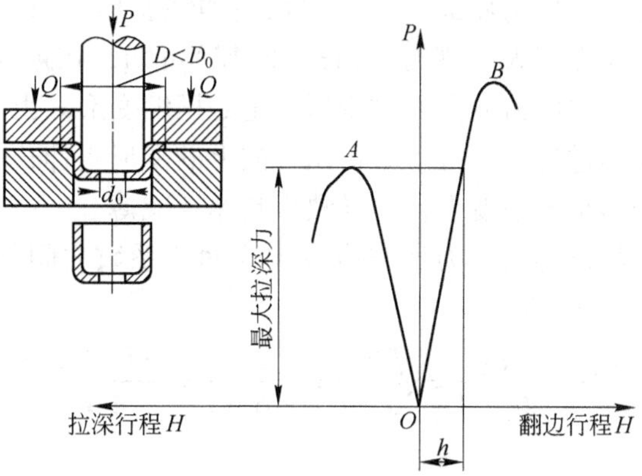

图 5-15 拉深变形趋向性条件

5.2.5 应力、应变分析

在薄板冲压成形时，沿着厚度方向的应力相比其他两个方向应力而言，通常要小一个数量级甚至更多，因此，常认为薄板冲压时是处于平面应力与三向应变状态。另外，在实际分析时，也常常假定冲压过程是一个比例加载或简单加载过程。

取板料上一个小单元块进行分析，如图 5-16 所示。引入两个系数，分别是应力比 α 与应变比 β。应力比是次大主应力与最大主应力的比值，应变比是次大主应变与最大主应变的比值，表达式为：

$$\alpha = \sigma_2/\sigma_1 \tag{5-10}$$

$$\beta = \varepsilon_2/\varepsilon_1 \tag{5-11}$$

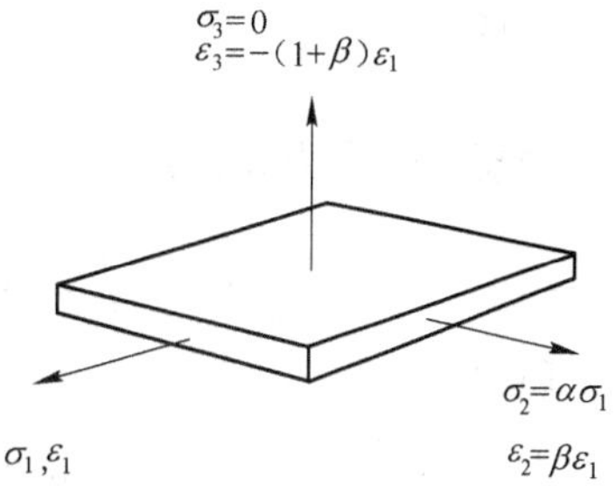

图 5-16 板料单元的主应力与主应变示意图

因此，板料单元的三个主应力分别为：σ_1，$\sigma_2 = \alpha\sigma_1$，$\sigma_3 = 0$。

结合体积不变原理，三个主应变分别为，ε_1，$\varepsilon_2 = \beta\varepsilon_1$，$\varepsilon_3 = -(1+\beta)\varepsilon_1$。

如果是单向拉伸，则应力状态为 $\sigma_1 > 0$，$\sigma_2 = \sigma_3 = 0$，此时 $\alpha = 0$；应变状态为 $\varepsilon_1 > 0$，$\varepsilon_2 = \varepsilon_3 < 0$，此时$\beta = -1/2$。

如果胀形试样的顶点处于双向等拉状态，则应力有 $\sigma_1 = \sigma_2 > 0$，$\sigma_3 = 0$，此时 $\alpha = 1$；应变有 $\varepsilon_1 = \varepsilon_2 > 0$，$\varepsilon_3 < 0$，此时 $\beta = 1$。

由于假定是简单加载，板料变形时的主应力与主应变关系符合全量变形理论。全量理论主要用来对某些冲压过程中板料的变形和应力的性质作出大致的分析和判断。根据全量理论，主应力与主应变满足关系式：

$$\frac{\varepsilon_1}{\sigma_1 - \sigma_m} = \frac{\varepsilon_2}{\sigma_2 - \sigma_m} = \frac{\varepsilon_3}{\sigma_3 - \sigma_m} = \lambda \tag{5-12}$$

式中 σ_m——平均应力，MPa；

λ——常数。

例如，当三个主应力相等时，根据式(5-12)可知三个主应变也相等且等于零，即板料受三向等拉或三向等压的应力状态，不产生任何塑性变形（仅存在弹性压缩或膨胀）。又如，当三个方向的主应力都大于零时，由式(5-12)可知，在最大拉应力方向上的变形一定是伸长变形，而最小拉应力方向上的变形一定是压缩变形。由此可以进一步分析两向受拉应力作用的胀形变形过程，在拉应力作用方向上的变形是伸长变形，而在没有主应力作用的厚度方向上的变形是压缩变形，它导致板料厚度减薄。

根据全量理论，还可以得出应力比与应变比这两个系数之间的关系。将式(5-10)与式(5-11)代入式(5-12)，得到：

$$\frac{\varepsilon_1}{2-\alpha}=\frac{\varepsilon_2}{2\alpha-1}=\frac{\beta\varepsilon_1}{2\alpha-1}=\frac{\varepsilon_3}{-\alpha-1}=\frac{-(1+\beta)\varepsilon_1}{-\alpha-1} \tag{5-13}$$

由此得到：

$$\alpha=\frac{2\beta+1}{2+\beta} \tag{5-14}$$

这个关系在分析实际冲压时的应力应变状态方面非常有用。例如，板料冲压过程中，假定某一时刻某个质点处的流动应力为450MPa，主应变的增量分别是0.012和0.007。那么，就可很容易地求出该质点处的主应力状态。

首先，$d\varepsilon_2=\beta d\varepsilon_1$，可以求出：

$$\beta=0.007/0.012=0.583$$

由此

$$\alpha=(2\beta+1)/(2+\beta)=0.839$$

根据等效应力表达式：

$$\sigma_i=\sqrt{\frac{1}{2}[(\sigma_1-\sigma_2)^2+(\sigma_2-\sigma_3)^2+(\sigma_3-\sigma_1)^2]} \tag{5-15}$$

所以

$$\sigma_i=\sqrt{1-\alpha+\alpha^2}\sigma_1\Rightarrow\sigma_1=323\text{MPa}$$
$$\sigma_2=\alpha\sigma_1=271\text{MPa}$$

习题与思考题

5-1 简述冲压加工的特点。

5-2 试述冲压工序的分类情况。

5-3 简述屈强比 σ_s/σ_b、材料均匀伸长率对冲压成形性的影响。

5-4 简述各向异性指数对冲压成形性的影响。

5-5 什么是成形极限图，它在选材方面有何指导意义？

5-6 测定或评价板料冲压成形性能时，常采用的模拟试验方法有哪些？

6 冲压成形工序

【本章概要】

本章主要介绍一些主要的冲压成形工序，包括冲裁、弯曲、拉深成形等的工艺方法及原理。具体包括冲裁间隙对冲裁工艺的影响，冲裁模主要零部件结构设计方法；最小相对弯曲圆角半径及弯曲回弹对弯曲成形质量的影响，减少弯曲回弹并提高弯曲件质量的方法，弯曲模的设计方法；圆筒形拉深的工艺计算，以及拉深模的典型结构及设计方法等

【关键词】

冲裁间隙、冲裁模压力中心、最小相对弯曲圆角半径、弯曲回弹、起皱、拉深系数

【教学目的】

掌握冲裁工艺的原理及冲裁模的典型结构设计方法；掌握板料弯曲工艺原理及弯曲模设计方法；掌握板料拉深工艺原理、拉深系数及拉深次数确定，以及拉深模的典型结构及设计方法。

【本章重点】

冲裁间隙大小对冲裁切断面质量的影响，冲裁模刃口尺寸计算方法，冲裁模压力中心计算；宽板弯曲应力与应变分析，毛坯展开尺寸的计算，减少弯曲回弹的措施；圆筒形拉深工艺计算，拉深模典型结构。

6.1 冲 裁

冲裁是利用模具使板料产生分离的冲压工序，包括落料、冲孔、切边、剖切、切口、精密冲裁等。用冲裁方法制造的工件可以直接作为零件使用或可以作为弯曲、拉深、成形等其他工序的毛坯。

6.1.1 冲裁原理

6.1.1.1 变形过程

冲裁过程大致可分为 3 个阶段，如图 6-1 所示。

（1）弹性变形阶段。凸模接触板料后继续加压，板料在凸、凹模作用下产生微小的弹性变形。此过程很短，以材料内的应力达到弹性极限时为止。在该阶段，凸模下的材料略呈弯曲状，凹模上的板料向上翘起。如果在此阶段内凸模上行，材料将恢复平直。

（2）塑性变形阶段。凸模继续压入板料，于是在凸模、凹模的锐利刃口处产生应力集中，当板料内的应力状态满足塑性条件时，发生剪切变形，于是被拉长的板料纤维一层一层地被剪断。

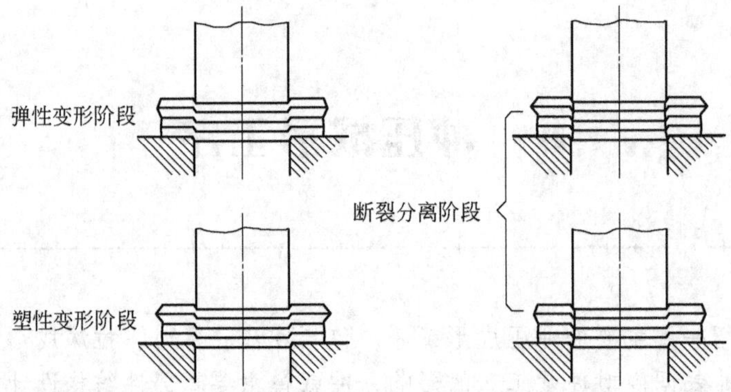

图 6-1 冲裁过程

(3) 断裂分离阶段。由于拉应力作用，刃口附近的材料先出现裂纹，裂纹一般先在凹模的侧面出现，然后沿着这个裂纹生成一些微裂纹，裂纹生长方向是凸模与凹模刃两对尖方向（即最大剪应变速度方向），随后凸模侧面也出现裂纹，当上下两裂纹汇合时，材料完全破裂而分离。

6.1.1.2 应力应变分析

图 6-2 所示为冲裁时变形区受力状态平衡图，变形区为上下刃口连线的纺锤形区域。图中，F_1，F_2 分别为凸、凹模对板料的垂直作用力；F_3，F_4 分别为凸、凹模对板料的侧压力；μF_1，μF_2 分别为凸、凹模端面作用于板料的摩擦力；μF_3，μF_4 分别为凸、凹模侧面作用于板料的摩擦力。

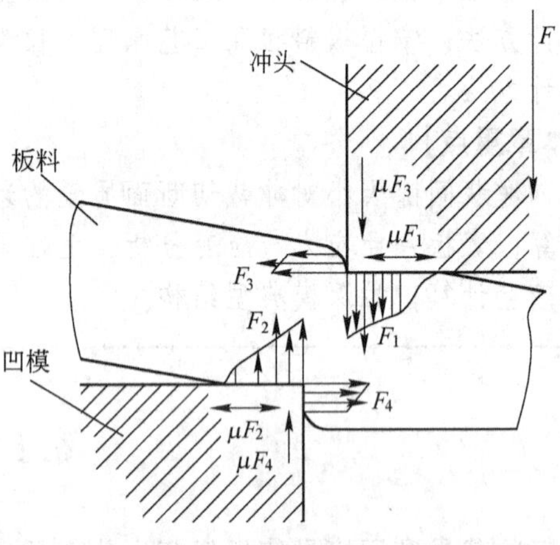

图 6-2 冲裁受力状态

其中，摩擦力 μF_1 和 μF_2 随凸、凹模间隙值大小的不同其方向发生改变。当间隙值偏小时，剪切变形所需应力增大，在凸模下表面刃口附近极小区域的材料有堆积的趋势而远离刃口流向凸模中心，因此，凸模施加于该处材料的摩擦力 μF_1 的方向是远离刃口朝向凸模以外。当间隙值偏大时，该区域的金属会受到很大拉伸与弯曲应力，有产生伸长变形的趋势，因此，摩擦力 μF_1 是指向凸模中心方向。同样也可以得到摩擦力 μF_2 的方向。

由于冲裁时存在弯曲，因此凸模、凹模与板料仅在刃口附近的狭小区域保持接触，所以这部分最易磨损，通常为保证模具寿命，这部分应加硬强化。模具端面的静水压应力比侧面高，即端面受到更强烈的压缩，凸模端面的静水压应力又比凹模端面处的高。变形区金属颗粒不断破碎和细化，使材料不断硬化，从而导致冲裁力上升。

6.1.1.3 剪切断面质量分析

由于冲裁变形的特点，冲出的工作断面明显地分为 4 个特征区，如图 6-3 所示。

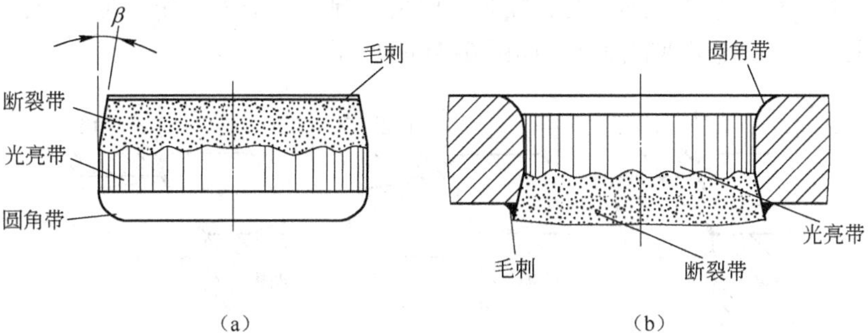

图 6-3 冲裁件剪切断面特征
(a) 落料件；(b) 冲孔件

(1) 圆角带（塌角）。冲裁过程中，刃口附近的材料产生弯曲和伸长变形，于是便产生了圆角带。软材料比硬材料的圆角大（软材料延性好）。圆角带在某些情况下是有害的，一般要尽量减小它。

(2) 光亮带。材料塑性变形时，毛坯一部分相对另一部分移动，模具侧压力将毛坯压平而形成的光亮垂直的断面称为光亮带。一般光亮带的宽度占板料厚度的 1/2 ~ 1/3。光亮带光洁度高、垂直性好、尺寸稳定，是冲裁件切断面上质量最好的部分。冲裁的目标之一就是尽量扩大光亮带。另外，光亮带的尺寸就是冲裁件的尺寸，因此，在模具刃口基准尺寸设计时要注意这一点。

(3) 断裂带。由刃口处的微裂纹在拉应力作用下不断扩展而形成的撕裂面称为断裂带。断裂带表面粗糙，并带有 3° ~ 6°的斜度。

(4) 毛刺。冲裁毛刺是在刃口附近的侧面上材料出现微裂纹时形成的，当凸模继续下行时，裂纹加长直至材料断裂，便使已形成的毛刺拉长并残留在冲裁件上，它是一种冲裁缺陷。

总之，圆角带、光亮带、断裂带分布与材料性能、模具间隙、模具结构、压力机精度等因素有关，其中，模具间隙是最主要的影响因素。提高冲裁件质量，重要的是清楚模具间隙的影响规律，并寻求获得合理间隙的确定方法。

6.1.2 冲裁间隙

冲裁间隙指凸、凹模刃口间缝隙的距离。对于冲圆形轮廓，冲裁的双面间隙 $z = d_{凹} - d_{凸}$。冲裁间隙对冲裁件质量、冲裁力、模具寿命影响很大，是冲裁工艺与模具设计中的一个极其重要的问题。

6.1.2.1 间隙对冲裁件的影响

A 间隙对冲裁件切断面质量的影响

当间隙合适时，上下裂纹互相重合，剪断面虽有一定斜度，但比较平直、光洁，毛刺小，所需冲裁力小，如图 6-4(b) 所示。

当间隙过小时，在上下裂纹中间将产生二次剪切，断面中部留下撕裂面，两头均为光亮带，端面有挤长的毛刺，此毛刺易除去，断面垂直，如图 6-4(a) 所示。

当间隙过大时，材料受到很大的拉伸和伸长，圆角带增大，光亮带减少，断裂面斜度增大，毛刺也大（此毛刺难除去），如图6-4(c)所示。

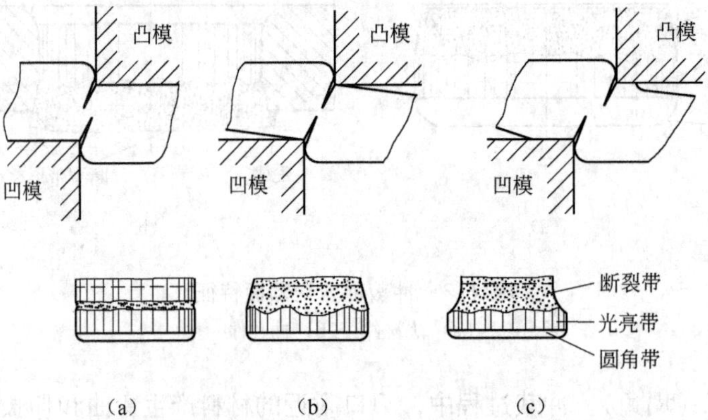

图6-4 间隙对冲裁件切断面质量的影响

（a）间隙过小；（b）间隙适中；（c）间隙过大

B 间隙对冲裁尺寸精度的影响

当冲裁件脱离模具时，材料在冲裁中所受的挤压变形以及纤维伸长、穹弯都要产生弹性回复，导致冲裁件实际尺寸与凸模或凹模刃口尺寸不一致。另外，冲裁件尺寸还受到模具本身制造偏差及刃口磨损的影响。因此，冲裁件实际尺寸和图纸基本尺寸不一致，存在偏差，此偏差值可能是正的，也可能是负的，主要受模具间隙、材料性质、工件形状与尺寸等因素影响。间隙对冲裁件尺寸精度的影响如图6-5所示。

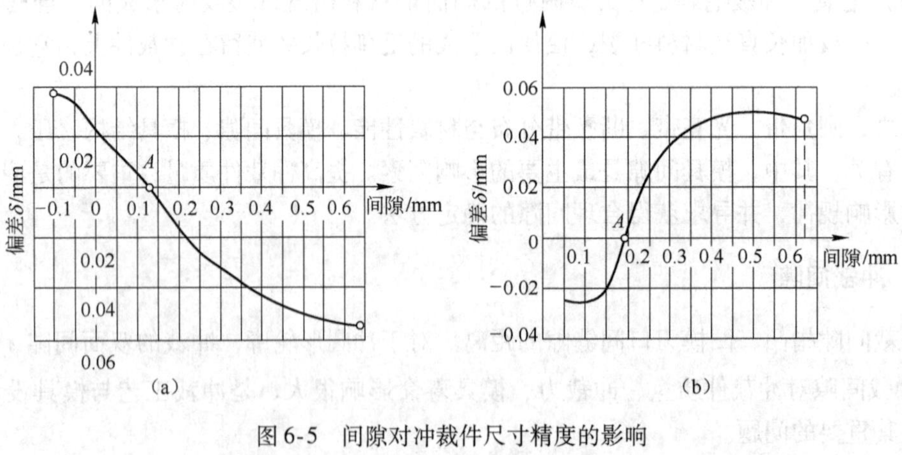

图6-5 间隙对冲裁件尺寸精度的影响

（a）间隙与落料件尺寸偏差的关系（$D=60$mm，材料：钢；厚度 $t=2.2$mm）；

（b）间隙与冲孔件尺寸偏差的关系（$D=30$mm，材料：钢；厚度 $t=2.2$mm）

当间隙较大时，孔的实际尺寸大于凸模尺寸，因而卸料容易；当间隙小时，孔的实际尺寸小于凸模尺寸，因而废料会卡在凸模上，卸料困难，如图6-5(b)所示。

当间隙大时，落料件的实际尺寸小于凹模尺寸，因而落料件（或冲孔废料）易上跳；而间隙小时，落料件的实际尺寸大于凹模尺寸，因而落料件会卡在凹模中，需一片一片推下来，有时会因此而胀裂凹模或折断小冲头，如图6-5(a)所示。

为了保证冲裁件尺寸在公差值以内，通常模具制造精度要比工件尺寸精度高2～3个精度等级。

6.1.2.2　间隙对冲裁力的影响

当间隙小时，由于有二次剪切，冲裁力增大，但增大不是很多。随着间隙增大，材料所受的拉应力增大，材料容易断裂分离，因而冲裁力减小（见图6-6）。

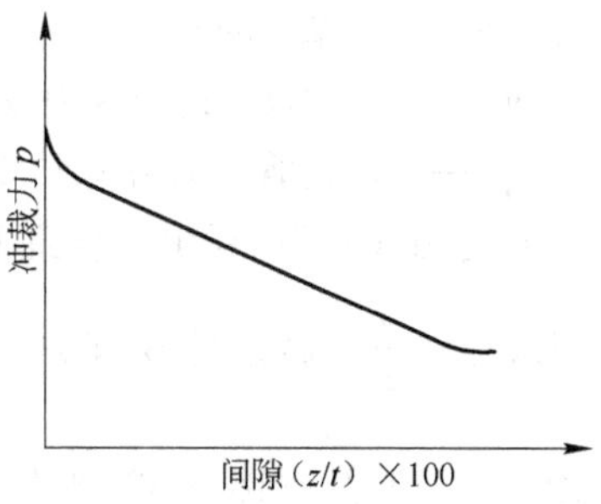

图6-6　间隙对冲裁力的影响

6.1.2.3　间隙对模具寿命的影响

冲裁模具的寿命通常以保证获得合格产品时的冲裁次数来表示。冲裁过程中模具的失效形式一般是磨损、变形、崩刃和凹模刃口胀裂。冲裁间隙大小主要对模具磨损及凹模胀裂产生影响。

冲裁模磨损的主要形式是附着磨损，根据Holm法则，磨损量 $S = K\dfrac{pl}{3\sigma_s}$，接触压力 p 越大，相对滑动距离 l 越长，模具材料越软，磨损量越大。当间隙小时，接触压力增大，光亮带增大，摩擦距离增长，摩擦发热严重，所以小间隙将使磨损增加。实践证明，采用小间隙会使磨损增加，凸模、凹模工作刃口部分磨损加剧，会出现刃口变钝、崩刃等损坏。而刃口一变钝，会使冲裁力增加，断面质量下降，毛刺增加，因而使模具寿命下降，即两次刃磨之间的时间间隔缩短。此外，间隙小时，落料件会堵塞在凹模洞口，导致胀裂力增加，会引起凹模开裂等。

为了提高模具寿命，一般要采用较大间隙。间隙增大时，可以使冲裁力减小，卸料力减小，但是，间隙一旦增大，又会导致光亮带减少，塌角增大，断面倾斜，毛刺增大，甚至大到难以去除。毛刺作为冲压件的一个重要缺陷，在通讯行业，有毛刺的零件会产生尖端放电，影响通信信号质量；在家电行业，毛刺易划伤手，有些毛刺甚至可能割伤导线而漏电，造成触电事故。因此，在通讯、仪表、家电行业，冲压件毛刺要严格控制，一般此行业所用冲裁间隙比其他行业小。

既要使毛刺较小，断面质量好，冲压件尺寸精度高，又要使模具寿命长，模具间隙太大不行，太小也不行，因此存在一个合理间隙值。

6.1.2.4　合理间隙的确定

一般来说，合理间隙可以使冲裁件断面质量、尺寸精度、所需冲裁力、模具寿命等达到最佳匹配效果，在设计和制造模具时要求有一合理的间隙值。

确定合理间隙值有两种方法：理论确定法和经验确定法。

A　理论确定法

理论确定法是以分离面上、下裂纹重合于凸、凹模刃口的连线上时的模具间隙值作为合理间隙值（见图6-7）。

单面间隙 c 为：

$$c = (t - h_0)\tan\beta = t\left(1 - \frac{h_0}{t}\right)\tan\beta \tag{6-1}$$

$$c = \frac{z}{2} = \frac{d_d - d_p}{2}$$

式中 c——单边间隙，mm；

t——料厚，mm；

h_0——裂纹重合时凸模压入材料中的深度，mm；

β——最大剪应力方向与垂线间夹角，(°)。

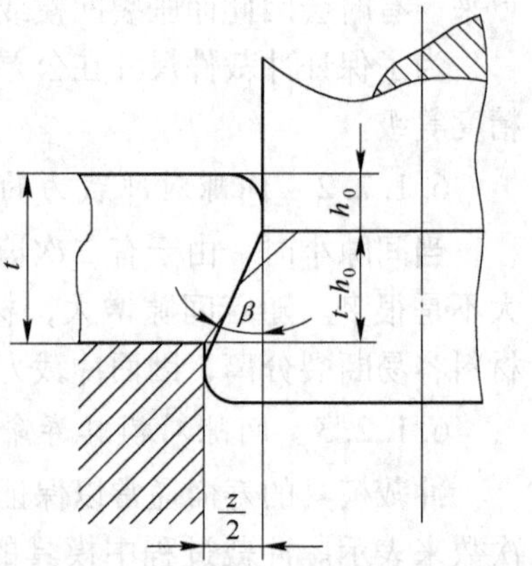

图 6-7 合理间隙值的确定

由式(6-1)可以看出，合理间隙 c 与板料厚度 t、相对切入深度$\frac{h_0}{t}$、破裂角 β 有关，其中，$\frac{h_0}{t}$、β 与材料性能有关，一般 β 变化不大，所以 c 主要取决于$\frac{h_0}{t}$、t。对于硬而脆的材料，$\frac{h_0}{t}$有较小值，所以 c 较大；对于软而韧的材料，$\frac{h_0}{t}$有较大值，所以 c 较小。厚度越大，c 越大。

由于理论计算方法在生产中使用不便，所以目前常用经验公式与图表来确定合理间隙值。

B 经验确定法

经验公式法较为简单，将理论计算公式中所有需要确定的量合并为一个经验变量 m，即 $c = mt$。对于软钢、纯铁，m 取 6% ~9%；对于铜合金、铝合金，m 取 6% ~10%；对于硬钢，m 取 8% ~12%。当材料厚度大于 3mm 时，可将 m 适当放大到 1.5 倍。

图表法一般是根据由试验方法获得的经验值表来选取。

需说明的是，目前各地区各工厂所用的合理间隙数值多不相同，有行业标准，有厂标准。如电讯仪表专业，间隙值取小些。但合理间隙选取还是有一定原则的，如对于断面垂直度与尺寸精度要求高时，选较小的合理间隙，这时冲裁力、模具寿命作为次要因素来考虑。对于尺寸精度要求不高的工件，在满足工件要求的前提下，应以降低冲裁力、提高模具寿命为主，这时应采用较大的合理间隙值。

初始间隙是指模具刚制造完毕投入使用时没有磨损时的间隙（图纸上标明的通常是初始间隙），随着模具使用出现磨损，模具此时间隙比初始间隙大（因凹模越磨尺寸越大，凸模越磨尺寸越小），为保证模具使用一段时间后磨损了仍可冲出合格零件，设计制造模具时，初始间隙应取小值，即最小合理间隙值 z_{min}，其值见表 6-1。

表 6-1 常用金属材料的冲裁模初始双边间隙值 (mm)

材料厚度 t	软 铝		纯铜、黄铜、软铜 w_C = 0.08% ~0.2%		杜拉铝、中等硬钢 w_C = 0.3% ~0.4%		硬 钢 w_C = 0.5% ~0.6%	
	z_{min}	z_{max}	z_{min}	z_{max}	z_{min}	z_{max}	z_{min}	z_{max}
0.2	0.008	0.012	0.010	0.014	0.012	0.016	0.014	0.018
0.3	0.012	0.018	0.015	0.021	0.018	0.024	0.021	0.027
0.4	0.016	0.024	0.020	0.028	0.024	0.032	0.028	0.036

续表 6-1

材料厚度 t	软　铝		纯铜、黄铜、软铜 $w_C=0.08\%\sim0.2\%$		杜拉铝、中等硬钢 $w_C=0.3\%\sim0.4\%$		硬　钢 $w_C=0.5\%\sim0.6\%$	
	z_{min}	z_{max}	z_{min}	z_{max}	z_{min}	z_{max}	z_{min}	z_{max}
0.5	0.020	0.030	0.025	0.035	0.030	0.040	0.035	0.045
0.6	0.024	0.036	0.030	0.042	0.036	0.048	0.042	0.054
0.7	0.028	0.042	0.035	0.049	0.042	0.056	0.049	0.063
0.8	0.032	0.048	0.040	0.056	0.048	0.064	0.056	0.072
0.9	0.036	0.054	0.045	0.063	0.054	0.072	0.063	0.081
1.0	0.040	0.060	0.050	0.070	0.060	0.080	0.070	0.090
1.2	0.050	0.084	0.072	0.096	0.084	0.108	0.096	0.120
1.5	0.075	0.105	0.090	0.120	0.105	0.135	0.120	0.150
1.8	0.090	0.126	0.108	0.144	0.126	0.162	0.144	0.180
2.0	0.100	0.140	0.120	0.160	0.140	0.180	0.160	0.200
2.2	0.132	0.176	0.154	0.198	0.176	0.220	0.198	0.242
2.5	0.150	0.200	0.175	0.225	0.200	0.250	0.225	0.275
2.8	0.168	0.224	0.196	0.252	0.224	0.280	0.252	0.308
3.0	0.180	0.240	0.210	0.270	0.240	0.300	0.270	0.330
3.5	0.245	0.315	0.280	0.350	0.315	0.385	0.350	0.420
4.0	0.280	0.360	0.320	0.400	0.360	0.440	0.400	0.480

6.1.3 冲裁工艺计算

6.1.3.1 凸、凹模刃口尺寸计算

模具刃口尺寸精度直接影响冲裁件尺寸精度，合理间隙也主要靠模具刃口尺寸及制造公差保证，所以凸、凹模刃口尺寸一定要计算准确、制造准确、装配准确。

A　尺寸计算原则

在确定模具刃口尺寸时需要遵循以下几项原则：

（1）由于落料制件尺寸由凹模刃口尺寸决定（如前所述，落料件的光亮带是由凹模刃口剪切获得的），所以设计落料模时，以凹模为基准，按落料件先确定凹模刃口尺寸，然后根据选取的间隙值再确定凸模刃口尺寸（即缩小凸模尺寸）。

冲孔时，孔的光亮带尺寸由凸模刃口的尺寸决定，所以设计冲孔模时，以凸模为基准，按冲孔件先确定凸模刃口尺寸，然后根据选取的间隙值再确定凹模刃口尺寸（即放大凹模尺寸）。

（2）考虑到冲裁过程凸、凹模的磨损，落料时，凹模基本尺寸应取工件尺寸公差范围内的较小尺寸，因为凹模越磨越大。冲孔时，冲孔凸模应取工件尺寸公差范围内的较大尺寸，因为凸模越磨越小。凸、凹模间隙则取最小合理间隙。这样，即使凸、凹模磨损到一定程度，仍可以冲出合格零件。

（3）确定冲模刃口制造公差时，应考虑制件的精度要求。如果对刃口精度要求过高，

会使模具制造困难，成本增加。如果对刃口精度要求过低，生产出来的零件则可能不合格，因此，模具制造精度和制件精度有一定关系，一般模具制造精度比制件尺寸精度高2~3个精度等级。

B 尺寸计算的方法

a 凸、凹模分开加工

凸、凹模分开加工是指凸模与凹模分别按各自的图纸加工到最后尺寸，这种方法适用于圆形或形状简单的工件。凸、凹模图纸要分别标注凸、凹模刃口尺寸和制造公差。凸、凹模可以分开加工，但可以同时制造，只要保证其尺寸公差，装配时就可保证其配合间隙（即模具间隙）。

（1）冲孔。如图6-8所示，设需冲孔孔径尺寸为 $d^{+\Delta}$，以凸模为基准，保证凸模刃口尺寸落在工件公差范围之内，而且要偏向于取工件最大尺寸。即：

$$d_p = (d + x\Delta)^{0}_{-\delta_p} \tag{6-2}$$

$$d_d = (d_p + z_{min})^{+\delta_d}_{0} = (d + x\Delta + z_{min})^{+\delta_d}_{0} \tag{6-3}$$

式中 $x\Delta$——磨损量，mm，$x = 0.5 \sim 1$；

δ_p，δ_d——凸、凹模制造公差，$\delta_d = \dfrac{1}{4}\Delta$，$\delta_p = \left(\dfrac{1}{4} \sim \dfrac{1}{5}\right)\Delta$，凸模制造公差取负差，凹模制造公差取正差，mm。

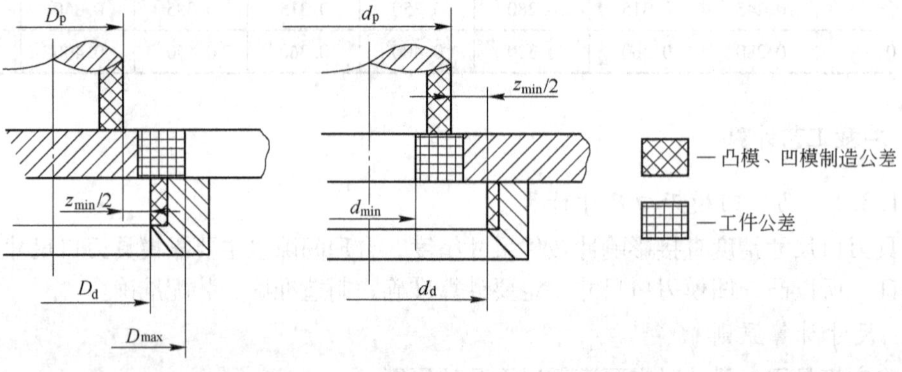

图6-8 冲孔、落料时模具刃口尺寸计算

（2）落料。设所需落料件尺寸为 $D_{-\Delta}$，以凹模为基准，保证凹模刃口尺寸落在工件公差范围内，而且要使之偏向于取工件最小尺寸。即：

$$D_d = (D - x\Delta)^{+\delta_d}_{0} \tag{6-4}$$

$$D_p = (D_d - z_{min})^{0}_{-\delta_p} = (D - x\Delta - z_{min})^{0}_{-\delta_p} \tag{6-5}$$

（3）孔间距。设冲孔件的孔间距尺寸为 $L \pm \Delta$，则：

$$L_d = L \pm \frac{\Delta}{8} \tag{6-6}$$

凸、凹模分开加工时，应有 $\delta_p + \delta_d \leqslant z_{max} - z_{min}$。如果 z_{max} 和 z_{min} 差值较小，δ_d 和 δ_p 必须也较小，才能满足此式，这样就增加了模具制造的难度。

凸、凹模分开加工法的优点是：凸、凹模具有互换性，便于模具成批制造，适用于工件大量生产。缺点是：为了保证合理间隙，需要较高的制模公差等级，模具制造困难，加工成本高。

b　凸模与凹模配合加工

形状复杂或料薄的工件，因为间隙小，加工不易，为保证模具间隙，凸、凹模须配合加工（即配作）。凸、凹模配合加工是指先加工凸模（或凹模），然后根据制造好的凸模（或凹模）的实际尺寸，配作凹模（或凸模），在凹模（或凸模）上配修出最小合理间隙值，这样只需在基准件上标注尺寸与公差，在另一件上注明留配的间隙，因此 δ_d 和 δ_p 不受限制，$\delta_d = \delta_p = \dfrac{\Delta}{4}$。这种方法不仅容易保证凸、凹模间隙很小，而且还可以放大基准件的制造公差，使其制造容易。所以一般工厂都采用配合加工方法。

由于工件形状复杂，各部分尺寸性质也不同，磨损也不一样，所以将冲裁件尺寸分为三类尺寸。第一类尺寸（称为 A 类尺寸），刃口磨损后此尺寸增大；第二类尺寸（称为 B 类尺寸），刃口磨损后此尺寸变小；第三类尺寸（称为 C 类尺寸），刃口磨损后此尺寸不变。

下面以落料件为例，说明这三类尺寸的计算方法。

对于 A 类尺寸（凹模磨损后尺寸增大），应按落料凹模公式计算；对于 B 类尺寸（凹模磨损后尺寸变小），应按落料凸模公式计算。

基准件刃口尺寸为：

$$\left.\begin{aligned} A_j &= (A_{\max} - x\Delta)_{0}^{+\delta} \\ B_j &= (B_{\min} + x\Delta)_{-\delta}^{0} \\ C_j &= (C_{\min} + 0.5\Delta) \pm \delta \end{aligned}\right\} \tag{6-7}$$

式中　A_j，B_j，C_j——基准尺寸，落料时，A_j，B_j，C_j 为凹模刃口尺寸；冲孔时，A_j，B_j，C_j 为凸模刃口尺寸，mm；

Δ——工件公差，mm；

δ——基准件制造偏差，当工件采用单向公差时，$\delta = \dfrac{1}{4}\Delta$；当工件采用正负公差时，$\delta = \dfrac{1}{8}\Delta$。

按上述方法计算出的实际尺寸标注在基准件图纸上，并在技术要求中标注出。凸模（凹模）按凹模（凸模）的实际尺寸制作，保证双面间隙值 $z_{\min} \sim z_{\max}$。

下面以变压器硅钢片的模具尺寸设计为例加以说明。图 6-9 所示为变压器硅钢片按不同尺寸分类来确定落料凸、凹模刃口尺寸及制造公差。

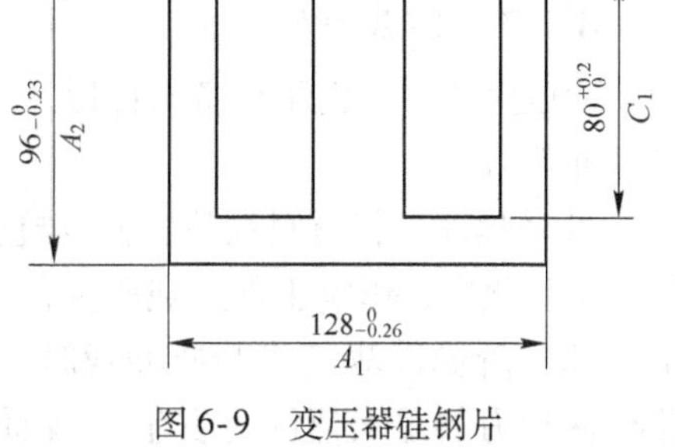

图 6-9　变压器硅钢片

首先，根据零件形状，凹模磨损后其尺寸变化有 3 种情况：

（1）第一类尺寸（A 类尺寸），即 A_1，A_2，

A_3，A_4。因为当工件数值为IT10以上时，$x=1$；当工件数值为IT11～IT13时，$x=0.75$；当工件数值为IT14以下时，$x=0.5$。所以有$x_1=x_2=x_3=0.75$，$x_4=1$。由式(6-7)得：

$$\begin{aligned}A_{1d}&=(128-0.75\times0.26)^{\frac{1}{4}\times0.26}_{0}=127.8^{+0.07}_{0}\\A_{2d}&=(96-0.75\times0.23)^{\frac{1}{4}\times0.23}_{0}=95.83^{+0.06}_{0}\\A_{3d}&=(32-0.75\times0.17)^{\frac{1}{4}\times0.17}_{0}=31.87^{+0.04}_{0}\\A_{4d}&=(16-1\times0.12)^{\frac{1}{4}\times0.12}_{0}=15.88^{+0.03}_{0}\end{aligned}\tag{6-8}$$

（2）第二类尺寸B_1，$x=0.75$：

$$B_{1d}=(32+0.75\times0.17)^{0}_{-\frac{1}{4}\times0.17}=32.13^{0}_{-0.04}\tag{6-9}$$

（3）第三类尺寸C_1：

$$C_{1d}=(80+0.5\times0.2)\pm\frac{1}{8}\times0.2=80.1\pm0.03\tag{6-10}$$

该零件凸模刃口各部分尺寸按上述凹模的相应部分尺寸配制，保证双面间隙值z_{min}～$z_{max}=0.021$～0.031。

对于形状复杂的零件，其凸、凹模现通常用线切割割出，由于机床的加工精度较高（±0.01mm），因此采用线切割制造凸、凹模时，可以在凸、凹模上分别标出尺寸及公差。

6.1.3.2 冲裁力计算

A 冲裁力

为了选择冲压设备和设计模具，必须计算冲裁力。平刃冲模的冲裁力可按下式计算：

$$F=KLt\tau=KA\tau\tag{6-11}$$

可取$K=1.3$，$\tau=0.8\sigma_b$。

$$F\approx Lt\sigma_b=A\sigma_b\tag{6-12}$$

式中 F——冲裁力；

L——冲裁周边轮廓长度，mm；

t——材料厚度，mm；

K——系数；

τ——材料抗剪强度，MPa；

σ_b——材料抗拉强度，MPa；

A——冲裁周边轮廓面的面积，mm^2。

B 降低冲裁力的方法

冲压生产中，由于设备条件以及减少振动、噪声的需要，可以采用以下几种常用方法降低冲裁力：

（1）热冲。将材料加热，使其抗剪强度降低，从而降低了冲裁力，但材料加热后容易产生氧化皮，影响工件外观质量。因此，只适合于厚板或精度要求不高的零件。

（2）阶梯冲裁（多凸模冲裁时）。将凸模制成不同高度、呈阶梯形布置，避免了各凸模冲裁力的最大值同时发生，因而降低了总的冲裁力（见图6-10）。这种模具的缺点是大凸模插入凹模较深，容易磨损，修磨刃口也比较麻烦。

（3）斜刃冲裁。将凸模（或凹模）刃口平面做成与其轴线倾斜一角度 β，如图 6-11 所示，因此冲裁时，整个刃口平面不是全部同时切入，而是逐步地将材料切断，这就相当于减少了切断面积 F，因而也可降低冲裁力。

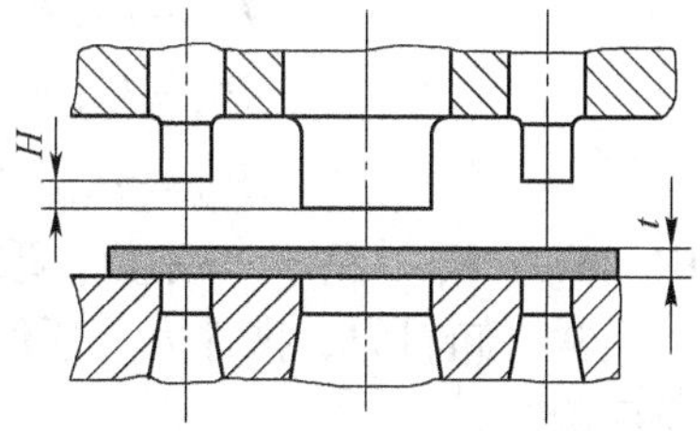

图 6-10 阶梯凸模冲裁

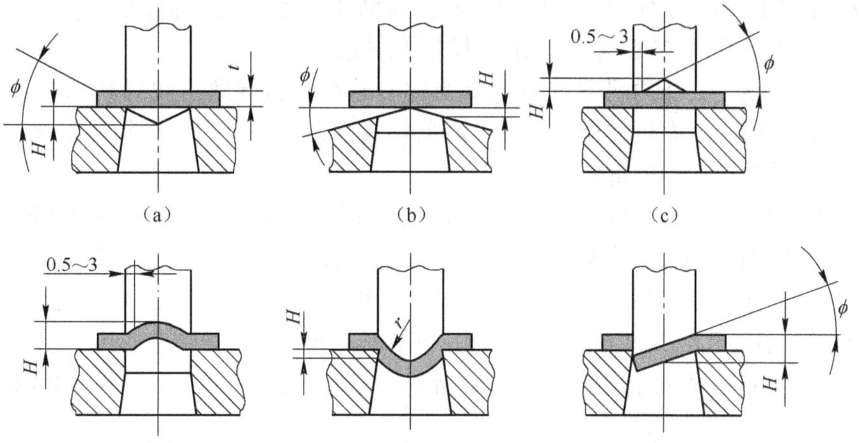

图 6-11 各种形式的斜刃冲裁

斜刃冲裁力 P 可用下式计算：

$$P=\frac{Kt^2\tau}{2\tan\beta} \tag{6-13}$$

式中 P——斜刃冲裁力，N；

t——板料厚度，mm；

τ——材料抗剪强度，MPa；

β——倾斜角，板料厚度 $t<3$mm，$H=2t$ 时，$\beta<5°$；$t=3\sim10$mm，$H=t$ 时，$\beta<8°$；一般情况时，$\beta\leqslant12°$；

K——安全系数，可取 1.0～1.3。

不过，斜刃冲裁由于刃磨困难，制造麻烦，一般不采用，只有在大型厚板冲裁时，为降低冲裁力及噪声才采用，例如剪板机就采用斜刃冲裁。

C 卸料力、推件力与顶件力

冲裁后，落料件或冲孔废料由于材料径向发生弹性变形而扩张，卡在凹模洞口内，同时，剩下的板料则沿径向发生弹性收缩而紧箍在凸模上，为了将紧箍在凸模上的料卸下来，所需的力称为卸料力，将卡在凹模内的料推出或顶出所需的力称为推件力或顶件力，以 $P_{推}$ 与 $P_{顶}$ 表示，如图 6-12 所示。

生产中，常用经验公式计算：

$$\left.\begin{aligned} P_{卸} &= K_{卸} P \\ P_{顶} &= K_{顶} P \\ P_{推} &= nK_{推} P \end{aligned}\right\} \tag{6-14}$$

式中　$K_{卸}$，$K_{顶}$，$K_{推}$——系数，取值为0.03～0.10。

通常，卸料力、推件力、顶件力是否足够，要经试模后确定。

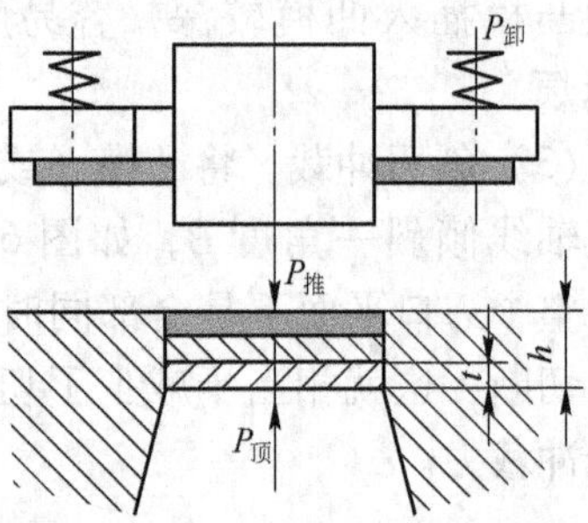

图6-12　卸料力、推件力与顶件力

6.1.3.3　压力中心计算

冲裁力合力的作用点称为冲裁压力中心。如果冲裁压力中心与冲床压力中心（一般位于模柄孔轴线上）不在同一轴线上，压力机滑块就会承受偏心载荷，将导致滑块导轨和模具导向部分的不正常磨损，损伤压力机的运动精度，降低模具寿命，甚至损坏模具。因此，确定冲裁压力中心是冲模设计的一项重要工作。

对于形状简单而对称的工件，冲裁合力作用点在其几何中心，压力中心不用计算。对于形状复杂的工件及多工序的连续冲裁模，应采用求平行力系合力作用点的方法，确定冲裁压力中心。如图6-13所示的冲裁，在轮廓内外任意距离处（一般优先取凹模基准角点）选定坐标轴及原点，先分别算出各型孔轮廓的重心（x_i，y_i），再根据“各分力对某轴的力矩之代数和等于诸力合力对该轴的力矩”，以求出合力作用点P的坐标值（x_0，x_0），即为压力中心的位置，即：

$$x_0 = \frac{\sum_{i=1}^{n} P_i x_i}{\sum_{i=1}^{n} P_i} = \frac{\sum_{i=1}^{n} L_i x_i}{\sum_{i=1}^{n} L_i} = \frac{L_1 x_1 + L_2 x_2 + \cdots + L_5 x_5}{L_1 + L_2 + \cdots + L_5} \tag{6-15}$$

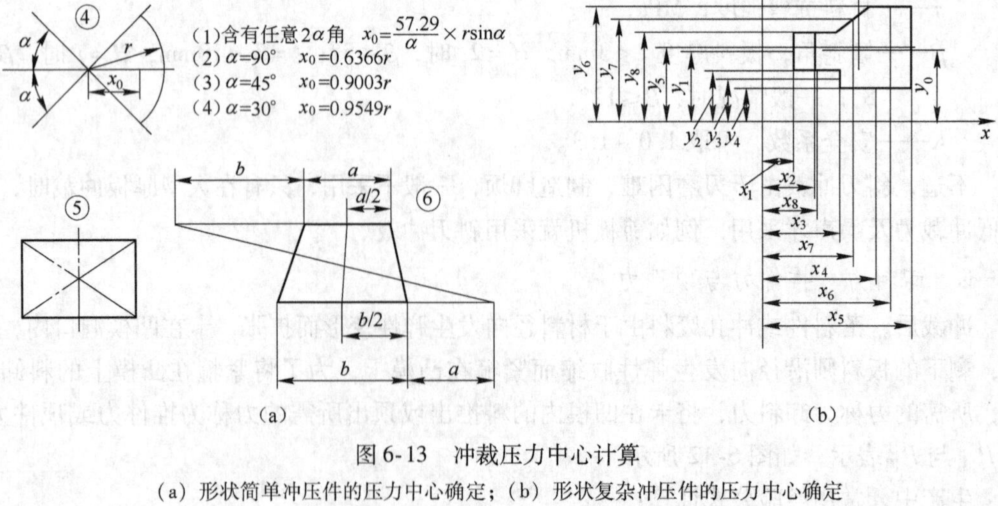

图6-13　冲裁压力中心计算
（a）形状简单冲压件的压力中心确定；（b）形状复杂冲压件的压力中心确定

$$y_0 = \frac{\sum_{i=1}^{n} P_i y_i}{\sum_{i=1}^{n} P_i} = \frac{\sum_{i=1}^{n} L_i y_i}{\sum_{i=1}^{n} L_i} = \frac{L_1 y_1 + L_2 y_2 + \cdots + L_5 y_5}{L_1 + L_2 + \cdots + L_5} \tag{6-16}$$

式中 P_i——各轮廓的冲裁分力，N；

L_i——各轮廓的周长，mm。

6.1.3.4 排样设计

在大量生产时，原始毛坯材料占冲压件成本60%以上，因此，节约材料和减少废料具有很重要的意义。

A 材料的经济利用

排样是指冲裁件在条料或板料上的布置方法。排样合理与否，不仅影响材料的经济利用，而且还会影响模具寿命、生产率、工件精度、操作性等，因此，排样是冲裁工艺与模具设计中一项很重要的工作。

材料利用率是判断排样是否经济的参数。冲裁时，材料利用率 η 可按下式计算：

$$\eta = \frac{M_{成}}{H} \times 100\% = \frac{A_0}{A} \times 100\% \tag{6-17}$$

式中 $M_{成}$——工件质量，kg；

H——一个零件的材料消耗定额，kg；

A_0——工件的实际面积，mm^2；

A——板料面积，包括工件面积和废料面积，mm^2。

从式(6-17)可知，若能减少废料面积，则 η 增加。

废料可分为工艺废料和结构废料（见图6-14）。工艺废料有搭边和料头、料尾，结构废料由工件形状特点决定，一般不能改变，所以只有设计合理的排样方案，减少工艺废料，才能提高材料利用率。

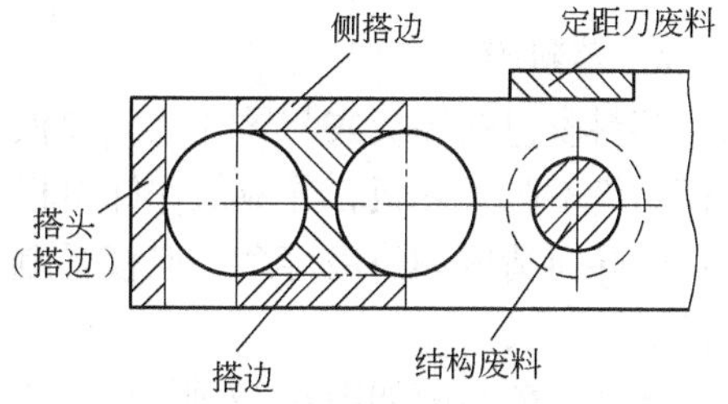

图6-14 工艺废料和结构废料

B 排样方案

排样方案按有无废料分为3种，如图6-15所示。(1)有废料排样，沿工件全部外形冲裁，工件与工件间、工件与条料侧边间都存在工艺搭边；(2)少废料排样，部分外形切断，只局部有搭边与余料；(3)无废料排样，无任何搭边，条料以直线或曲线的切断方式而得到工件。

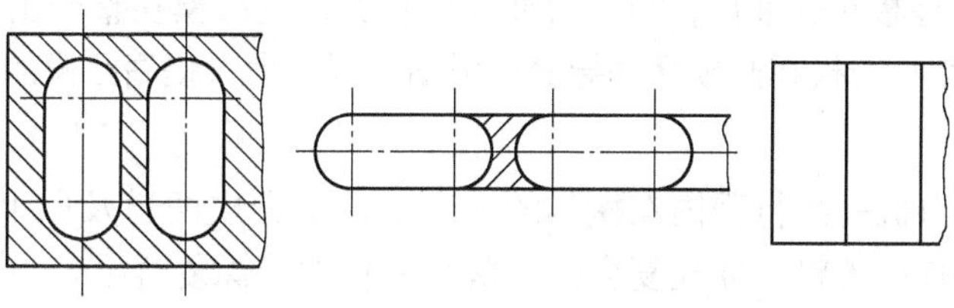

(a) (b) (c)

图6-15 排样方法

(a) 有废料排样；(b) 少废料排样；(c) 无废料排样

根据工件的外形特征，排样类型可分为直排、斜排、对排、混合排、多排等。

C 搭边

排样时，工件与工件之间以及工件与条料侧边之间留下的余料称为搭边。其作用是使工件沿整个周边封闭冲裁时补偿送料的误差，并将其在模具上定位，以保证冲裁出完整工件。它还可保持条料有一定的刚度和强度，便于将条料送进模具内。

搭边值是反映搭边大小的一个数值，其值确定要合理，一般由经验确定。搭边值太大，材料利用率降低，搭边值太小，冲裁中会被拉断，造成送料困难，且使工件产生毛刺，有时还拉入凸模与凹模间隙中，损坏模具刃口。

6.1.4 冲裁模具结构与设计

6.1.4.1 冲模分类

冲模是冲压生产的主要工艺装备，是冲压工艺的主要载体。

冲裁件品种式样繁多，导致冲裁模结构的类型多种多样。为了便于研究和工作，对冲裁模按不同的特征进行分类。按工序性质分为落料模、冲孔模、切边模、弯曲模、拉深模、成形模和翻边模等；按工序组合方式分为单工序简单模、复合模、连续模（或称级进模）；按上下模导向方式分为无导向模、导板模、导柱模；按卸料装置分为固定卸料板和弹性卸料板冲模；按凸、凹模选用材料分为硬质合金模、钢模、聚氨酯橡胶冲模、钢皮冲模等；按模具轮廓尺寸大小又可以分为大型、中型、小型模具等。

6.1.4.2 冲裁模典型结构及特点

A 单工序模（简单模）

a 落料模

落料模包括导板式与导柱式。导板式落料模如图 6-16 所示，其特点是：冲压过程中，凸模始终不脱开导板，导板兼作卸料板，它与凸模配合为 H7/h6，这种模具结构简单，有一定的导向精度和使用寿命，但模具制造稍麻烦，适用于料厚大于 0.5mm 的形状简单的小件。

导柱式落料模如图 6-17 所示，其特点是：上下模采用导柱、导套导向，导向精度高，模具间隙能较好地保证，冲模寿命长，精度高，安装方便，在冲压生产中应用最广，是最典型的结构。

b 冲孔模

冲孔模的结构与落料模相似，设计时，关键是模具结构上要考虑保证凸模有足够强度，防止其折断、磨损，它的典型结构有导板式冲孔模、导柱式冲孔模等。

图 6-18 所示为厚板小孔冲模，与一般冲孔模相比，其凸模在整个工作行程中得到凸模活动导套的保护作用，凸模在凸模活动导套中滑动，因而大大提高凸模的稳定性和强度。

B 复合模

复合模是在压力机一次行程内在模具的一个工位上完成两道及以上冲压工序的模具。复合模的常见形式有：落料－冲孔复合模，落料－首次拉深复合模。

图 6-19 所示为冲裁复合模的结构，其主要结构特点是：有一凸凹模零件 15，它既是落料的凸模，又是冲孔的凹模。

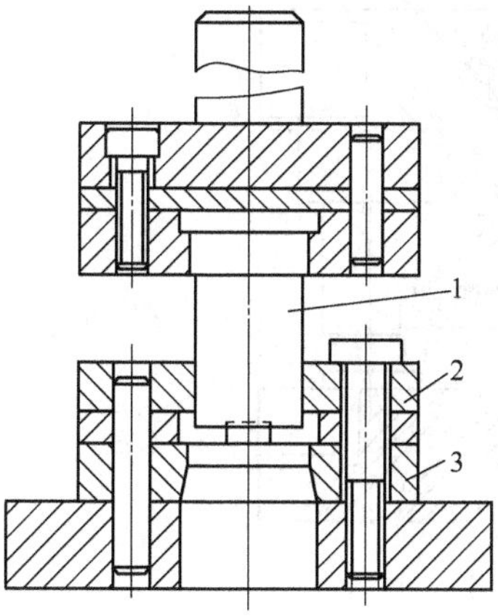

图 6-16　导板式落料模

1—凸模；2—导板；3—凹模

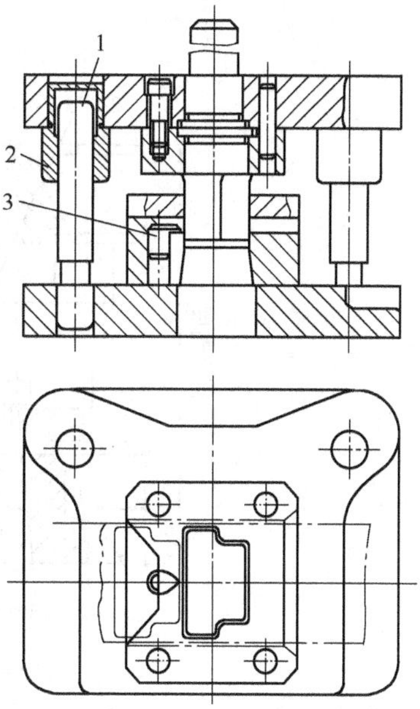

图 6-17　导柱式落料模

1—导柱；2—导套；3—挡料销

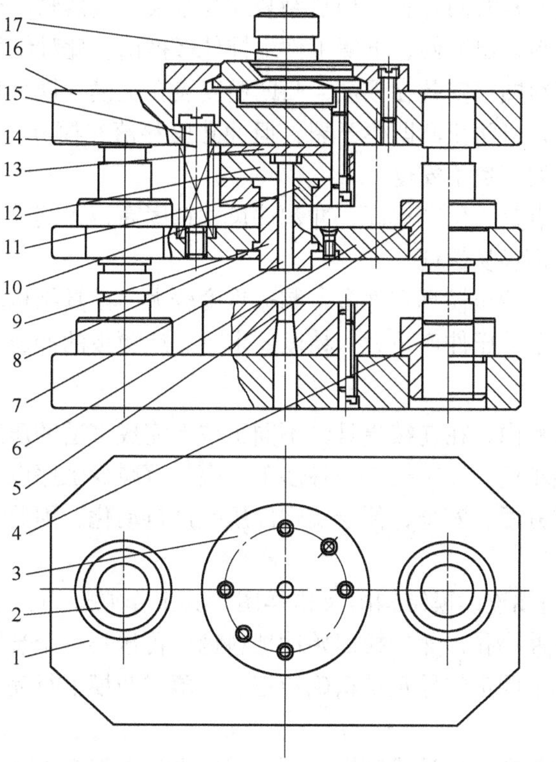

图 6-18　厚板小孔冲模

1—下模座；2—导套；3—凹模；4—导柱；5—小导套；6—弹压卸料板；7—凸模；8—托板；9—凸模活动导套；10—扇形块；11—扇形块固定板；12—凸模固定板；13—垫板；14—弹簧；15—卸料螺钉；16—上模座；17—活动模柄

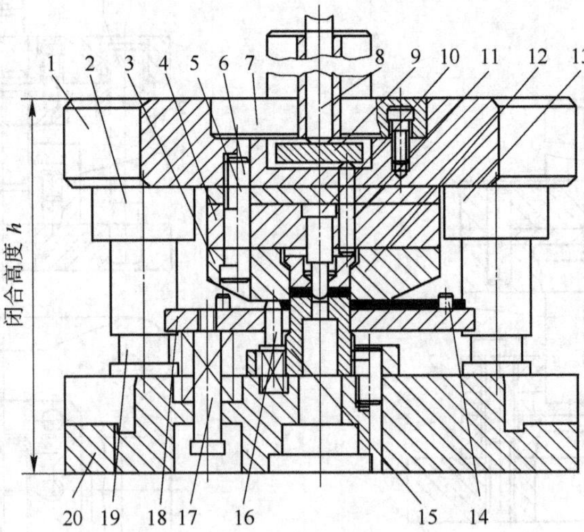

图 6-19 冲裁复合模的结构

1—上模座；2—导套；3—凹模；4—凸模固定板；5—螺栓；6—销钉；7—模柄；8—打杆；9—打板；10—冲头；11—大件板；12—大件块；13—垫板；14—导料销；15—凸凹模；16—挡料销；17—托杆弹簧；18—托板；19—导柱；20—下模座

复合模结构形式通常有两种：一种是倒装式复合模，其落料凹模安装在上模，凸凹模安装在下模，冲孔废料排出方便，下漏工件由推件板推出，此种结构十分合理；另一种是正装式复合模，其落料凹模安装在下模，凸凹模安装在上模，模具特点是冲出的工件较平整，凸凹模内无积料，可防止凸凹模开裂，但冲孔废料落在模具工作面，需要及时清除，操作不如倒装式模方便，也不安全。

复合模的主要优点是：生产率高，冲裁件尺寸精度高，尤其是内外形有较高同心度要求的零件，采用复合模容易保证。

复合模的缺点是：冲压模具零件多，制造难度较大，模具结构较复杂，而且凸凹模强度受限制。一般适合于冲压件产量大，精度要求高，或薄板的冲压。

C 连续模

在压力机一次行程内，在连续模具的不同工位上完成多道冲压工序的模具，称为连续模，或称级进模、跳步模。连续模是一种多工序模，可减少工序以及模具与设备数量，提高生产率，并使操作方便、安全，便于实现冲压生产自动化，因此，在大批量生产中效果尤为显著。

图 6-20 所示为垫圈连续模结构图及排样图。其工作原理为：条料送进，始冲挡料销定位，冲孔凸模下行冲小孔，然后松回始冲挡料销，再送料一个步距，由固定挡料销定位初步定位，落料凸模上固定的导正销精确导正后，落料凸模下行完成落料，制成的垫圈从凹模中漏出。

由于连续模结构复杂，设计难度大，所以需要设计者拥有丰富的工作经验。

连续模设计原则是：

（1）为保证模具强度，将间距小于允许值的轮廓安排在不同工步冲出；

（2）有相对位置精度要求的轮廓尽量安排在同一工步冲出；

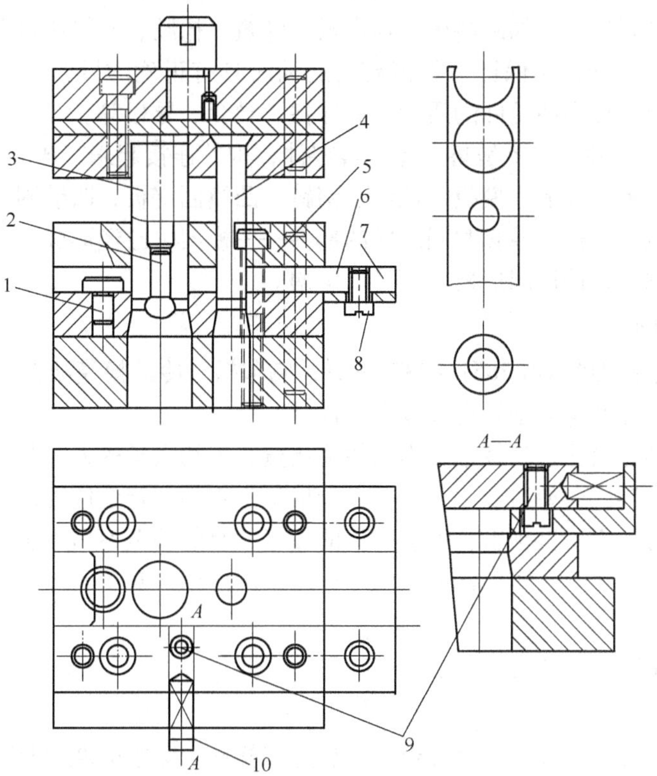

图 6-20　垫圈连续模结构图及排样图

1—固定挡料销；2—导正销；3—凸模；4—冲孔凸模；5—导板；6—导料板；
7—托板；8—螺钉；9—止挡螺钉；10—始冲挡料销

(3) 对于形状复杂的零件，有时通过冲切废料得到工件的轮廓形状；

(4) 为保证凹模，卸料板的强度和凸模安装位置可设置空工位；

(5) 落料安排在最后工位；

(6) 为减少模具尺寸，并使压力中心与模具中心尽量接近，将较大的轮廓安排在前面的工步；

(7) 设计合适的定位装置，以保证送料精度。

连续模由于定位误差、送料误差的影响，冲出的工件精度等级不高，精度不如复合模，所以连续模适合于大批量、工件尺寸不大、料厚为 0.5 ~ 2mm、易于实现自动化的冲压件生产。

6.1.4.3　冲裁零件结构设计

A　冲裁模组成

组成冲裁模的主要零件根据其功用可分为：

(1) 工作零件，直接参与冲压工作，与毛坯直接接触作用，如凸模、凹模、凸凹模。

(2) 定位零件，主要是保证条料在模具中取得正确的位置，方便送料，如挡料销、导料销、导料板、导正销、定位板、侧刃、侧刃挡块等。

(3) 卸料及推料零件，主要作用是保证在冲压工序完成后将制件和废料排出，以保证下次冲压工序顺利进行，如卸料板、顶出板、弹簧、橡胶、卸料螺钉等。

(4) 导向零件，作用是保证上下模相对运动时具有正确的导向，从而保证凸模、凹模间有均匀的间隙，提高冲压件的质量，如导柱、导套、导板等。

(5) 安装固定零件，主要是将上述模具零件、构件连接起来，成为一副完整的模具，便于在压力机上安装，如上下模板、螺钉、销钉、凸模固定板、凹模固定板、模柄等。其中，由上、下模板、导柱、导套共同组成的部件——模架，已经形成国家标准，由模具模坯厂按国家标准制作，设计制造模具时可以定购。

B 冲模标准化

冷冲模的国家标准为 GB 2851 ~ 2875—81，它包括：冷冲模模架及技术条件；冷冲模零件及技术条件；冷冲模典型组合及技术条件。

采用这些标准能简化模具技术，提高模具质量，节约大量的人力与物力，降低模具成本。在采用标准模架或典型组合后，只需设计出工作零件及定位位置，可事先做好一些标准的零件，需要时从库房里领出，加上必要的加工，有的甚至不用加工就可使用。

在设计模具时，对于已实现标准化的零件应正确使用，对于非标准的零件可参考标准件设计。

C 工作零件设计与标准的选用

a 凸模设计

由于实际产品种类繁多，使得冲模形状也呈多样性。国家标准中只有针对圆形凸模与凹模的规定。常见的冲裁凸模结构形式如图 6-21 所示。

图 6-21(a)型主要用于冲制孔径与坯料厚度相当的小孔，护套起到提高凸模承载能力的目的（抗弯能力约可以提高 2 倍）；图 6-21(b)型三阶梯结构主要用于冲制直径为 1 ~ 8mm 的圆孔；图 6-21(c)型标准结构主要用于冲制直径为 1 ~ 15mm 的小型圆孔；而图 6-21(d)型标准结构主要用于冲制直径为 8 ~ 30mm 的中型圆孔；冲裁复杂形状大件时常用图 6-21(e)型结构的凸模并直接固定在模板上。

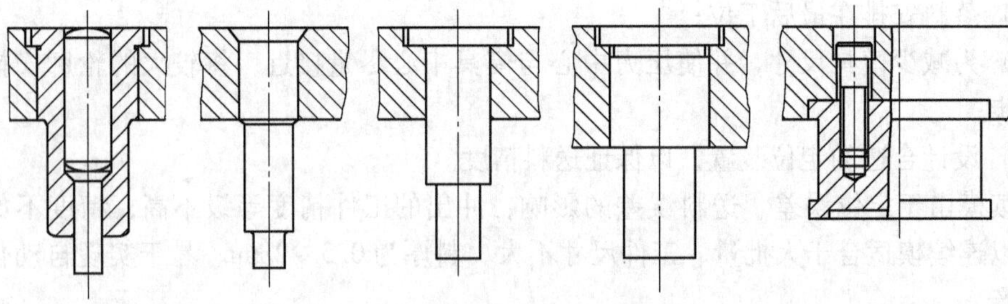

(a) (b) (c) (d) (e)

图 6-21 常见的冲裁凸模结构形式

(a) 护套结构；(b) 三阶梯结构；(c) 两阶梯小型结构；(d) 两阶梯中型结构；(e) 装配式结构

凸模设计时，径向尺寸按冲孔尺寸加以选用即可，而凸模的长度根据模具结构进行确定，如图 6-22 所示，采用刚性卸料板的模具，其凸模长度 L 为：

$$L = h_1 + h_2 + h_3 + h \tag{6-18}$$

式中　h——附加长度，包括凸模进入凹模深度，一般为0.5～1mm，凸模刃磨量4～8mm，安全距离12～20mm。

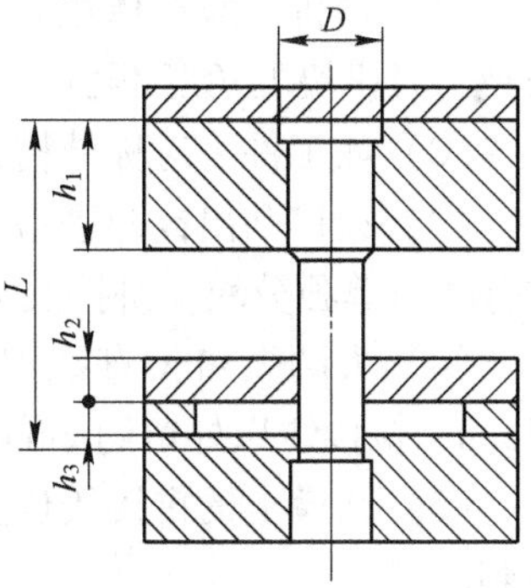

图6-22　凸模长度尺寸设计

b　凹模设计

图6-23所示为几种常见的冲裁凹模刃口结构形式。图6-23(a)和图6-23(b)所示为圆柱形孔的凹模，刃口强度高，修磨后孔口尺寸不变，适用于形状复杂、精度要求高的工件。缺点是孔内积存工件，增加冲裁力，磨损严重，模具总寿命低。图6-23(c)和图6-23(d)所示为锥形孔口凹模，孔内不积料，胀力小，每次修模量小，但刃口强度低，修模后，孔口尺寸增加，用于精度不高、形状简单的薄料。

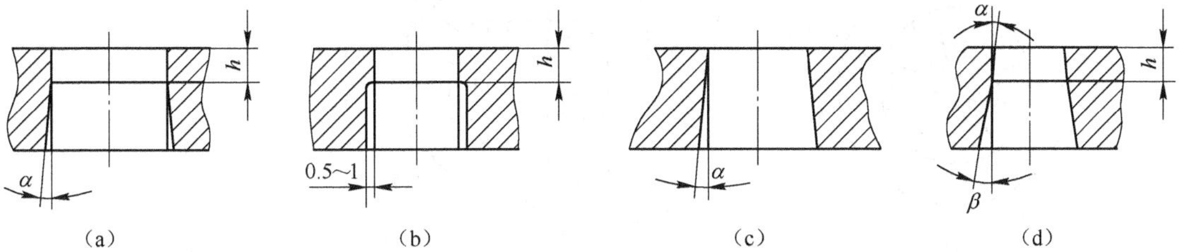

图6-23　凹模刃口结构形式

(a)，(b) 圆柱形孔凹模；(c)，(d) 锥形孔口凹模

如果冲制圆形轮廓，凹模可以采用圆形毛坯制造。对于其他形状的冲裁，如凹模为矩形，则凹模外形尺寸应保证有足够的强度和刚度。目前，凹模外形尺寸已趋标准化，生产中常采用经验公式确定（见图6-24）。

凹模高度 H 与厚度 c 分别为：

$$H = Kb \quad (H > 8\text{mm}) \tag{6-19}$$

$$c = (1.5 \sim 2)\ H \tag{6-20}$$

式中　b——凹模孔的最大宽度尺寸，mm；

K——系数。

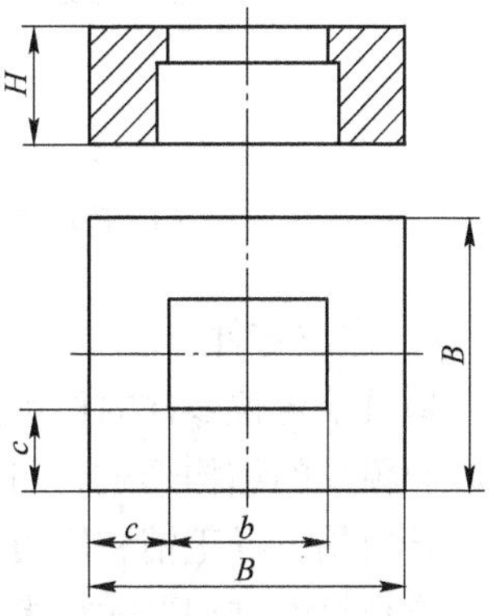

图6-24　凹模外形尺寸确定

c　凸凹模

在复合冲裁中，凸凹模的内外缘均为刃口。内外缘之间的壁厚取决于冲裁件的孔边距，当冲裁件孔边距较小时，必须考虑凸凹模强度。为保证凸凹模强度，其壁厚不应小于允许的最小值。否则凸凹模刃口强度低，容易损坏。

d　镶块模

大中型和形状复杂、局部薄弱的整体凸模和凹模往往给锻造、机械加工或热处理带来很大的困难，或者因局部磨损造成整个凸、凹模报废，为了便于模具加工制造和节省模具钢材，常采用镶拼结构。

镶拼设计的总原则是便于机加工，减少钳工工作量，并减少热处理变形；便于维修更换与调整；要考虑镶块定位和固定，防止其相对移动。具体包括：

（1）镶拼线应选择在刃口的尖角或转角处，以避免热处理或工作时产生应力集中而破裂，且拼块的角度不小于90°，避免出现尖角。

（2）如工件为对称结构，其镶拼线应选择在对称线上。

（3）刃口凸出或凹进易于磨损的部分应单独做成一个拼块，便于加工和更换；圆弧部分尽量单独分块，拼接线应在离切点4~7mm的直线处。

（4）大圆弧和长直线可以分为若干块；拼接线应与刃口垂直，长度一般为12~15mm，拼接线以外留约2mm的空隙，以确保拼接面的紧密贴合，并减少接合面的加工。

（5）凸模上的拼接线位置至少与凹模上的拼接线位置错开3~5mm，以免冲裁件产生毛刺。

镶块固定有热套、锥套、框套、螺钉紧固等，如图6-25所示。

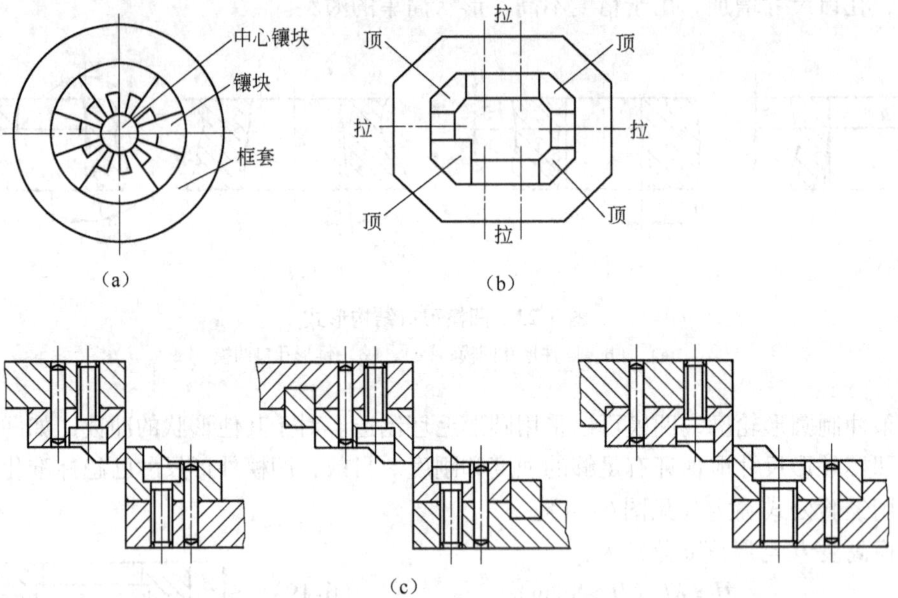

图6-25 镶块凹模固定

（a）镶块热压紧固；（b）镶块螺钉紧固；（c）用螺钉与销钉紧固镶块

e 定位零件

模具上定位零件的作用是使毛坯或半成品在模具上能够正确定位。根据毛坯形状、尺寸以及模具的结构形式，可以选用不同的定位方式。常见的定位零件有：定位钉、定位板、挡料销、导正销和侧刃等。

定位钉的结构形式很多，主要有固定式和弹性定位钉。弹性定位钉可做得较小些，可用于薄壁凹模的毛坯定位。

定位板有两种形式，一种是以毛坯外形定位，一种是以毛坯内孔或内形定位。

挡料销用于在送进方向定距，导料板在侧向导料，常用于条料冲裁模中。

导正销用于连续模的毛坯定位。通过一组导正销与冲出的工艺孔的导向实现毛坯导正，导正精度高。

侧刃是连续模的挡料和定位零件，主要用于要求条料（或带料）精确送进、薄料冲裁以及每次送进步距较小，而又无法采用其他定位方法的冲压工作。

带侧刃的模具，侧刃凸模长度等于送料进距，侧刃冲切一个送料进距后才能送进，因此能保证条料每次的送进步距准确且生产率高，但采用侧刃定位，会增加废料和冲压力，同时给模具制造和维修带来麻烦。

f　卸料装置

卸料装置分为刚性卸料和弹性卸料两种结构。刚性卸料装置是将卸料板通过螺钉和销钉固定在下模上，在卸料板上开出与凸模配合的孔，用卸料板强行将废料从凸模上卸料，卸料力大，可靠，主要用于冲件厚度较大、工件平整度不高、卸料力大的场合。弹性卸料是通过卸料螺钉将卸料板安装在上模或下模上，可上下运动，并用弹簧力提供卸料力。其特点是工件较平整，卸料较平稳，常用于冲件较薄、要求平整的零件。

g　导向零件

上、下模的导向零件有导板及标准的导柱与导套。导柱、导套已实现标准化，模架也按国标系列化，因此模具设计人员参照标准选用即可。

6.1.5　其他冲裁方法

围绕着如何提高冲裁件质量，产生了很多种冲裁方法，主要包括整修、光洁冲裁、精冲、聚氨酯冲裁等方法。

6.1.5.1　整修

整修是将普通冲裁后所得的毛坯放入整修模中进行一次或数次整修加工，去掉粗糙不平的断面与锥度，得到光滑平整的断面。通过整修，冲裁件的尺寸精度可由IT11提高到IT6～IT7，表面粗糙度 R_a 可由12.5～6.3提高到0.8～0.4。整修分外缘整修（修边）和内缘整修(修孔)两种。修孔的目的是校正孔的坐标位置，提高光洁度和尺寸公差等级，在手表、仪表等行业中用途较广。

整修过程相当于切削加工，修边用凹模切毛坯余量，所以整修件以凹模尺寸为准。整修质量与整修次数、整修余量和整修模结构有关。

对于材料厚度 $\delta<3$mm 的简单形状的整修，1次整修即可；对于材料厚度 $\delta>3$mm 且含有尖角的，需要进行多次整修。

整修余量 ΔD 过大、过小均会影响整修质量，一般取值为(0.15～0.3)t（t 为材料厚度，mm)。整修时，先在普通冲裁毛坯上留整修余量 ΔD，再在整修模上对毛坯进行整修。

整修模间隙 z' 很小，约为0.006～0.01mm，模具结构上采用浮动模柄和滚珠导向，生产效率较低。为提高生产率，有时普通冲裁与整修工作在一副模具中完成。

内孔整修工作原理与外缘整修一样，它是利用凸模切除余量。但要注意，修孔时整修凸模应从孔的小端进入。

6.1.5.2　光洁冲裁

A　小间隙圆角凹模冲裁

落料时，凹模刃口带小的圆角，凸模为普通形式（见图6-26）。冲孔时，凸模刃口带圆角，凹模为普通形式。凸、凹模双面间隙 z 小于0.02mm，与料厚无关。图6-26中左图为椭圆角凹模，其中 R_1 为圆角半径。对于冲制25mm的工件，R_1 值为4～10mm。

由于凹模刃口为圆角及采用极小间隙，所以提高了剪切区的静水压应力，减少了拉应力，加上圆角刃口还可减少应力集中，因此，消除或延续了裂纹的产生，从而能形成更多的光亮切断面。

需说明的是：圆角凹模冲裁适合于塑性较好的材料。加工表面粗糙度 R_a 达 1.6 ~ 0.4，尺寸精度达 IT8 ~ IT11，能比较简便地得到平滑的冲裁断面，小间隙圆角冲裁实质上是冲裁—挤光的复合工序，冲力比普通冲裁大 50%。

B 负间隙冲裁

如图 6-27 所示，凸模尺寸大于凹模尺寸，冲裁过程中出现的裂纹方向与普通冲裁相反，形成一个倒锥形毛坯。凸模连续下压时，将倒锥体毛坯压入凹模内，毛坯未完全压入凹模，还有 0.1 ~ 0.2mm 的距离，要待下一个零件冲裁时才能全部压入。负间隙冲裁的工件较光洁，R_a 可达 0.8 ~ 0.4，尺寸精度可达 IT9 ~ IT11。

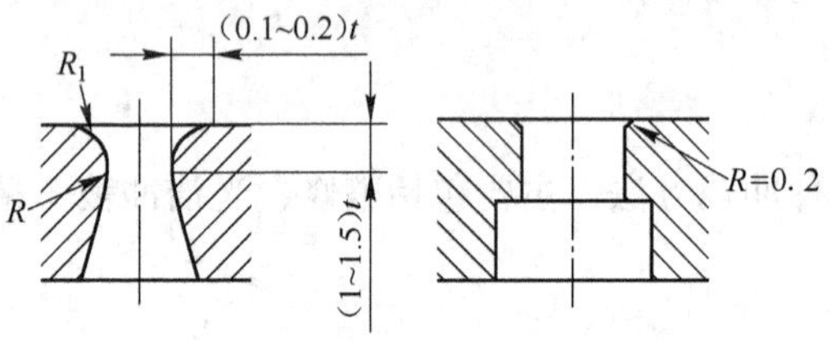

图 6-26 小间隙圆角凹模冲裁

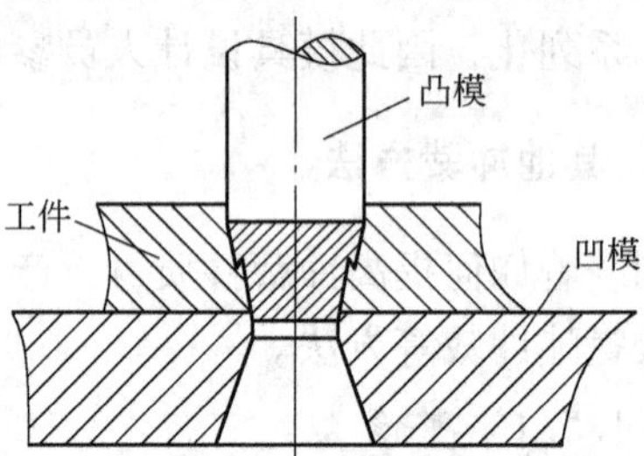

图 6-27 负间隙冲裁

C 精冲

a 精冲原理

精冲（也称精冲法、齿圈压板冲裁）可获得加工表面粗糙度 R_a 为 1.6 ~ 0.2、尺寸精度为 IT6 ~ IT9 的高质量断面，它还可与弯曲、挤压、压印等合在一起进行复合或连续冲压，因而大大提高了生产率和降低了生产成本。精冲在汽车、摩托车等大批量生产中得到广泛应用。精冲原理如图 6-28 所示。

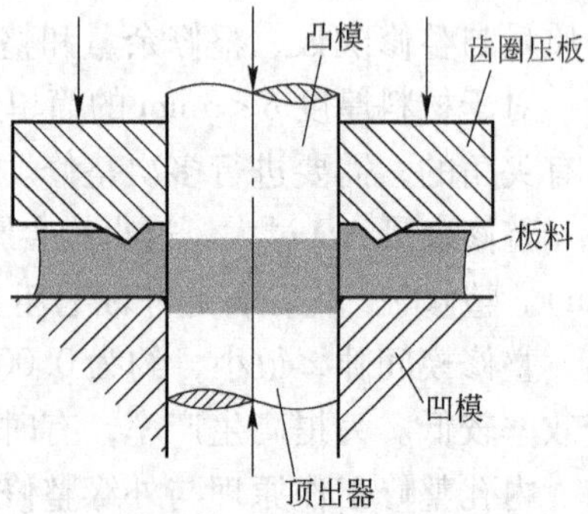

图 6-28 精冲原理

精冲与普通冲裁的不同之处在于：凸、凹模间隙极小，甚至是零间隙（通常为普通冲裁的 1/5 ~ 1/10 左右）；模具刃口带小圆角，落料时凹模刃口圆角半径 R 为 0.1 ~ 0.01mm；采用齿圈强力压料和反向顶出器顶料，使工件在夹紧的状态下完成冲切，因而制件平直度好，无弯曲。

采用了齿圈压板和顶出器，使材料处于受压状态下冲裁，加上采用极小间隙与凹模刃口带圆角，从而使剪切后材料处于三向压应力状态，消除了该区的拉应力，阻止了宏观断裂的产生，因此，材料切断分离时不产生裂纹，冲裁件断面光洁、锥度小、尺寸精度高。

b　精冲工艺计算

（1）精冲力。类似于普通冲裁计算 $P_{冲}=Lt\tau$，由于精冲变形区处于强烈的三向压应力状态，因此，精冲力比普通冲裁力约大50%。

齿圈压力要适当。压力过大，易损坏凸模；压力过小，断面有撕裂。一般根据经验公式 $P_t=(0.2\sim0.4)P_{冲}$确定。

顶出器反压力 $P_e=(0.1\sim0.15)P_{冲}$。

（2）凸、凹模间隙。模具间隙比普通冲裁小，双面间隙 $z=(0.5\%\sim2.5\%)t$。

（3）模具刃口尺寸计算。凹模刃口圆角 $R_d=0.05\sim0.1$mm。精冲模刃口尺寸计算与普通冲裁刃口计算基本相同。

落料：$D_d=\left(D_{min}+\frac{1}{4}\Delta\right)_{0}^{+\frac{\Delta}{4}}$，凸模按凹模配作；

冲孔：$d_p=\left(d_{max}-\frac{1}{4}\Delta\right)_{-\frac{\Delta}{4}}^{0}$，凹模按凸模配作。

（4）齿圈压板设计。齿圈的形状根据加工零件的形状和要求考虑。冲件形状简单时，齿圈的形状与零件外形相同；冲件形状复杂时，可简化其形状使之基本接近冲裁的形状。

c　精冲模结构

精冲模要安装在专用精冲机上，其刚性好，精度高，可满足精冲的3个运动部分要求，普通压机一般只有一个滑块，不能满足精冲工件要求的3种压力。

精冲模结构与普通冲模比也有较大不同，主要表现在：

（1）模架必须刚性好，公差等级高，通常模架采用45号钢调质处理；

（2）模具上下模座必须有精确而稳固的导向装置；

（3）上模运动时，要保证凸模与凹模间隙的均匀性（压机运动精度要高）；

（4）模具工作部分必须选用高耐磨、高淬透性的材料；

（5）适当考虑模具工作部分的排气问题；

（6）严格控制凸模进入凹模的深度。

D　聚氨酯冲裁

聚氨酯冲裁也称橡胶冲裁。聚氨酯是高分子弹性体，强度高、硬度高、弹性好、耐油耐磨，而且可机加工。用作冲裁凸模、凹模的聚氨酯橡胶的硬度在邵氏90以上，比卸料用聚氨酯弹性体硬度还要高，卸料用的聚氨酯橡胶的硬度在邵氏60～70之间。

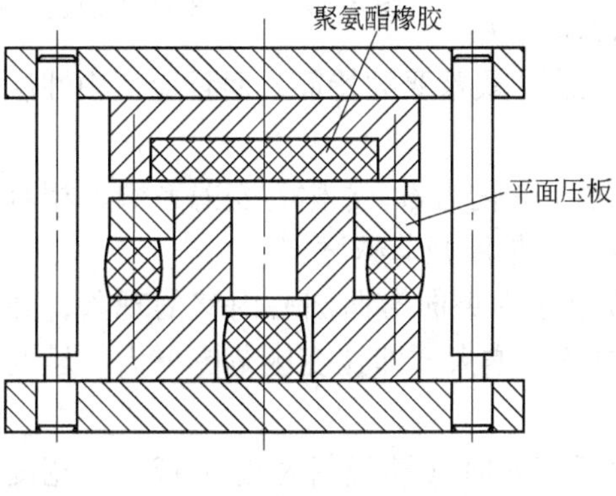

图6-29　聚氨酯冲裁

用聚氨酯橡胶代替钢质冲模中的凸模、凹模或凸凹模，即是聚氨酯冲裁。落料时，用聚氨酯橡胶作凹模，凸模仍用金属材料；冲孔时，用聚氨酯橡胶作凸模，凹模仍用金属材料（见图6-29）。

聚氨酯冲裁特别适用于薄料冲裁（料厚0.5mm以下），在这类冲裁中，钢制冲模冲裁间隙小，制造困难，难以保证模具寿命。采用聚氨酯冲裁模就不存在以上问题，且冲出的零件平整，毛刺也少。

聚氨酯冲裁凸、凹模刃口尺寸的设计与普通冲裁略有不同，落料时外形尺寸由凸模刃口尺寸决定，落料凸模的刃口尺寸为 $D_p=(D_{max}-0.5\Delta)_{-\delta_p}$；冲孔时冲孔孔径由凹模刃口尺寸决定，冲孔凹模的刃口尺寸为 $D_p(D_{max}+0.5\Delta)^{+\delta_d}$。

6.2 弯 曲

弯曲是将板料、棒料、型材等弯成一定形状和角度零件的成形方法，是板料冲压常见加工工序之一。常见的弯曲有V形弯曲、U形弯曲等，这些弯曲可在压力机上用模具弯曲，也可用专用弯曲机（如折弯机、弯管机）弯曲，如压弯、折弯、滚弯、拉弯、绕弯等。

虽然弯曲方法和形式多种多样，但弯曲过程及特点具有共同的规律，本章主要介绍板料在压力机上用模具进行压弯的工艺和模具设计。

6.2.1 弯曲变形特点

图6-30所示为V形件的弯曲过程。由图6-30可知，在弯曲过程中，板料的弯曲半径 r_1、r_2 与支点距离 s_1、s_2 等随着凸模下行逐步减少，弯曲至终了时，板料与凸、凹模完全贴合，材料也由弹性变形状态变为塑性变形状态，使板料产生永久的变形。

弯曲变形有如下特点：

（1）弯曲变形区主要是弯曲件圆角部分，远离圆角的直边则没有变形，变形区小而集中。因此，当凸模上行后，V形件的弯曲半径 r 和弯曲角 α 与模具形状存在差异，尺寸不一致，此种现象称为弯曲回弹，是弯曲的常见现象。

（2）弯曲变形区分内、外两个区，内、外区的应力、应变是不同的。在板料外区（靠凹模一侧），材料纤维受拉变长，是拉变区，而内区（靠凸模一侧）材料受压而缩短，是压变区，从外区的拉伸变形过渡到内区的压缩变形，必然存在一层材料纤维在弯曲变形中既不伸长也不缩短的区域，此层弯曲变形前后长度不变的区域称为应变中性区。应变中性层是弯曲加工不同于其他冲压加工法的最重要的特征，而且应变中性层的位置随着弯曲变形的进行不断地发生变化。

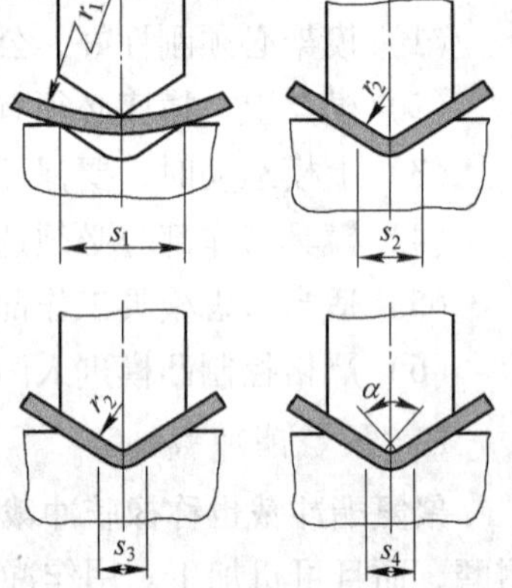

图6-30 V形件的弯曲过程

（3）弯曲变形区的板料厚度变薄。材料厚度由 t 变化为 ξt，ξ 称为变薄系数，相对弯曲圆角半径 r/t 越小，弯曲变形程度越大，ξ 也越小，板厚减薄越厉害。

（4）弯曲变形中，应变中性层位置存在由板厚正中央向弯曲圆心内移的现象，并且随着相对弯曲圆角半径 r/t 的减小，应变中性层内移量增大，即拉变区范围增大，压变区范围缩小。

（5）变形区的横断面变化分两种情况，在宽板弯曲时（即板料宽度 $b>3t$），宽度方向的伸长与压缩受到限制，材料不易流动，因此，横断面形状几乎不发生变化，仍保持为矩形；在窄板弯曲时（板料宽度 $b<3t$），板料横断面由矩形变成扇形，板料在宽度方向可以自由变形，在弯曲变形区内区，板料宽度尺寸有所伸长，而在弯曲变形区外区，板料宽度尺寸减小，如图 6-31 所示。这点也可以通过弯曲橡皮块的实验来理解。

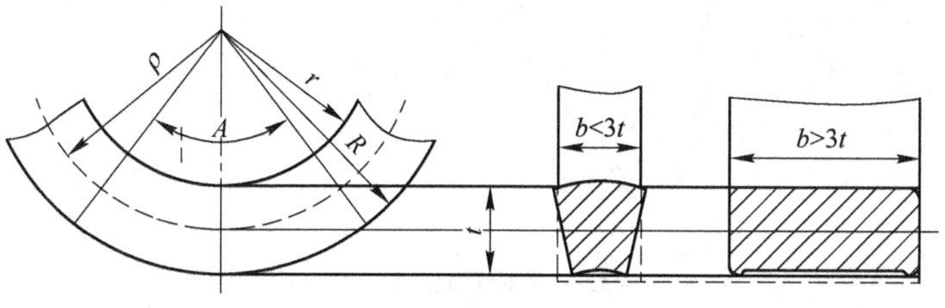

图 6-31 弯曲变形区的横断面的变化
（a）弯曲变形；（b）窄板（$b<3t$）；（c）宽板（$b>3t$）

6.2.2 弯曲时的应力、应变分析

在生产中，大多数板料弯曲属于宽板弯曲，因此本部分主要分析宽板在弯曲时的应力应变情况。

6.2.2.1 应力、应变状态

宽板弯曲的应变状态是平面应变状态。因为在宽板弯曲时，由于尺寸形状约束使得宽板方向的变形阻力极大，材料流动困难，因此板宽尺寸基本不变，即 $\varepsilon_b=0$。而在切向，外区产生拉伸应变，即 $\varepsilon_\theta>0$，内区产生压缩应变，即 $\varepsilon_\theta<0$，切向应变 ε_θ 为绝对值最大的主应变。在径向，根据塑性变形体积不变条件：$\varepsilon_\theta+\varepsilon_r+\varepsilon_b=0$，$\varepsilon_\theta$ 为最大主应变，沿着板料宽度和径向方向，必然产生与 ε_θ 相反的应变。由于 $\varepsilon_b=0$，宽板弯曲的应变状态实际上是平面应变状态。即在板料的外区，切向主应变 ε_θ 为拉应变，所以径向应变 ε_r 为压应变。而在板料的内区，切向主应变 ε_θ 为压应变，所以径向应变 ε_r 为拉应变。

宽板弯曲的应力状态是三向应力状态。沿切向在外区产生拉应力（$\sigma_\theta>0$），而在内区产生压应力（$\sigma_\theta<0$），切向应力为绝对值最大的主应力。沿径向，外区的材料在板厚方向产生压应变 ε_r，因此，外区材料有向曲率中心移动的倾向，越靠近板料外表面的材料，其切向应变 ε_θ 越大，材料向曲率中心移动的倾向也越大，这种不同的移动使纤维之间产生挤压，因此在径向产生压应力 σ_r；同样，内区也产生了压应力 σ_r。沿宽度方向，外区由于金属纤维切向受拉而伸长，因而板宽方向产生收缩，但这种收缩由于宽板形状尺寸的约束而受到限制，可近似认为不发生变形（$\varepsilon_b=0$），便产生拉应力 σ_b；而内区的金属纤维切向缩短而宽向伸长，但这种宽向伸长又受到牵制，这种阻止金属增宽的结果，便产生压应力 σ_b。

6.2.2.2 应力、应变计算

宽板弯曲的应力分析示意图如图 6-32 所示，宽板处于三向应力状态，且 σ_θ 为主应力，即 σ_θ、σ_r、σ_b 均须求出，并计算弯矩 M 的大小。

A 简化近似计算

将变形区的立体应力状态近似地简化为只有切向应力作用的单向应力状态，并且

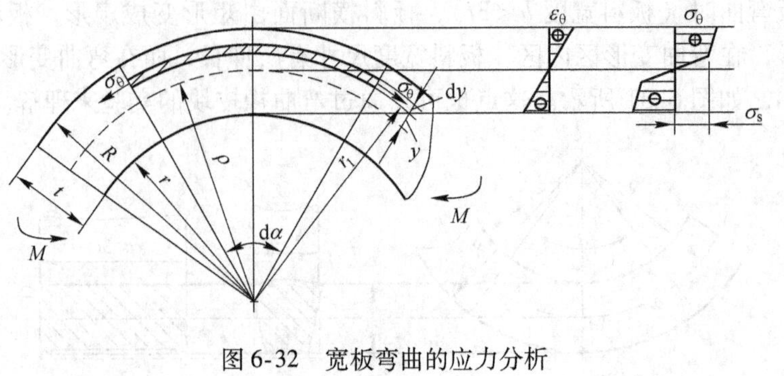

图 6-32 宽板弯曲的应力分析

假定：

（1）弯曲后，变形区横截面仍保持为平面矩形。

（2）弯曲前后 t 和 b 不变，应力中性层仍在板料中间。应力中性层是切向应力由外区拉应力变化为内区压应力而产生突变的那一层金属。

（3）内、外层切向应力和切向应变关系与单向拉伸状态下应力应变关系完全一致。

在变形区取单元体，设应变中性层曲率半径为 ρ，弯曲角为 $\mathrm{d}\alpha$，则距中性层为 y 处的切向应变为：

$$\varepsilon_\theta = \ln\frac{(\rho+y)\ \mathrm{d}\alpha}{\rho\mathrm{d}\alpha} = \ln\left(1+\frac{y}{\rho}\right) \approx \frac{y}{\rho} \tag{6-21}$$

塑性变形时，许多金属的真实应力应变关系可用下列指数方程表示：

$$\sigma_\theta = \pm B\varepsilon_\theta^{\ n} \quad（外区：\varepsilon_\theta>0，\sigma_\theta>0，内区：\varepsilon_\theta<0，\sigma_\theta<0） \tag{6-22}$$

式中 B，n——与材料性质有关的常数，可由实验得出，n 为硬化指数，B 为系数。

所以，内外层切向应力为：

$$\sigma_\theta = \pm B\left(\frac{y}{\rho}\right)^n \tag{6-23}$$

切向应力 σ_θ 形成的弯矩为：

$$M = 2b\int_0^{\frac{t}{2}}\sigma_\theta y\mathrm{d}y = 2b\int_0^{\frac{t}{2}}B\left(\frac{y}{\rho}\right)^n y\mathrm{d}y = \frac{Bbt^2}{2(n+2)}\left(\frac{t}{2\rho}\right)^n \tag{6-24}$$

当 $B=\sigma_s$，$n=0$ 时，可得出无硬化现象的弯矩：

$$M=\frac{1}{4}bt^2\sigma_s$$

B 按宽板弯曲的平面应变状态计算

根据宽板弯曲平面应变状态的特点，不考虑材料的加工硬化，假定弯曲过程中，横截面始终保持平面，且弯曲变形区的等效应力和等效应变之间的变化关系与单向拉伸状态下应力应变关系完全一致。

如图 6-33 所示，在外区取微元体，宽度方向为单位长度。

在弯曲变形任一瞬间，微元体应处于力的平

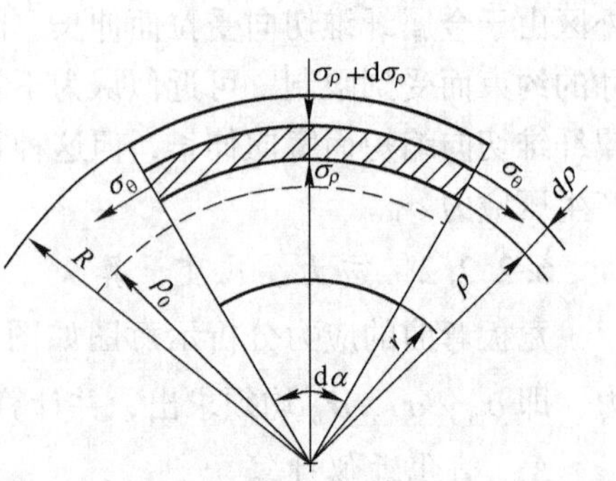

图 6-33 微元体上的受力状态

衡状态，因此，微元体在径向合力必须为0，于是得：

$$\sigma_r r\mathrm{d}\alpha-(\sigma_r+\mathrm{d}\sigma_r)(r+\mathrm{d}r)\mathrm{d}\alpha-2\sigma_\theta\sin\frac{\mathrm{d}\theta}{2}\mathrm{d}r=0 \tag{6-25}$$

由于 $\mathrm{d}\theta$ 很小，$\sin\frac{\mathrm{d}\theta}{2}\approx\frac{\mathrm{d}\theta}{2}$，并略去二阶微量 $\mathrm{d}\theta\mathrm{d}\sigma_r$ 得：

$$\frac{\mathrm{d}\sigma_r}{\mathrm{d}r}+\frac{\sigma_r-\sigma_\theta}{r}=0 \tag{6-26}$$

塑性弯曲时，宽板在平面应变状态下的塑性方程为：

$$\sigma_\theta-\sigma_r=1.155\sigma_s \tag{6-27}$$

另外，在平面应变（$\varepsilon_b=0$）条件下，中间主应力 σ_b 为其余两个主应力的和的一半，即：

$$\sigma_b=\frac{\sigma_\theta+\sigma_r}{2} \tag{6-28}$$

联立方程式(6-26)～式(6-28)求解，并利用边界条件 $r=R'$时，板料外缘 $\sigma_r=0$，可得不考虑加工硬化的宽板弯曲应力计算公式。

在外区的应力分别为：

$$\sigma_r=-1.155\sigma_s\ln\frac{R'}{r} \tag{6-29}$$

$$\sigma_\theta=+1.155\sigma_s\left(1-\ln\frac{R'}{r}\right) \tag{6-30}$$

$$\sigma_b=1.155\frac{\sigma_s}{2}\left(1-2\ln\frac{R'}{r}\right) \tag{6-31}$$

同理，内区三个主应力为：

$$\sigma_\theta=-1.155\sigma_s\left(1+\ln\frac{r}{R}\right) \tag{6-32}$$

$$\sigma_r=-1.155\sigma_s\ln\frac{r}{R} \tag{6-33}$$

$$\sigma_b=-1.155\frac{\sigma_s}{2}\left(1+2\ln\frac{r}{R}\right) \tag{6-34}$$

按应力公式求得板料剖面上三个主应力的分布规律如图6-34所示。

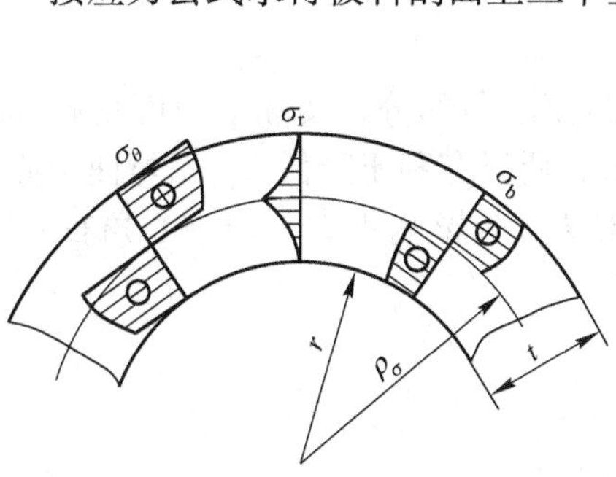

图6-34　宽板弯曲主应力的分布规律

由主应力分布图可以看出，在某一纤维层上 ρ_σ 处，应力不连续，即 σ_θ 和 σ_b 有突变，σ_r 为一高峰，这种应力不连续的纤维层称为应力中性层（其位置用曲率半径 ρ_σ 表示），应力中性层位置可根据内、外区 σ_r 相等求出，此时：

$$\sigma_{r\max}=-0.578\sigma_s\ln\frac{R'}{R}$$

$$\rho_\sigma=\sqrt{RR'}=\sqrt{R(R+\xi t)} \tag{6-35}$$

可见，当 $R/t>5$ 时，弯曲开始时，ρ_σ 的位置与应变中性层位置一致，均在板厚中央，随着弯曲进行，应力中性层内移，但不显著；当 $R/t<5$ 时，应力中性层内移很显著，且其内移量比应变中性层大。

6.2.3 最小弯曲半径

6.2.3.1 最小弯曲半径及其影响因素

如前所述，设板料应变中性层曲率半径为 ρ_0。内弯曲半径为 R，外弯曲半径为 R'，则距中性层为 y 处的纤维其切向应变 $\varepsilon_\theta=\dfrac{y}{\rho_0}$。$\varepsilon_\theta$ 与 y 成正比，在弯曲区内、外层边缘，切向应力 σ_θ 和切向应变 ε_θ 达最大。

$$\varepsilon_{\theta\max}=\pm\frac{\frac{t}{2}}{R+\frac{t}{2}}=\pm\frac{1}{2R/t+1}$$

$$\sigma_{\theta\max}=B\varepsilon_\theta^n=\pm B\left(\frac{1}{2R/t+1}\right)^n \tag{6-36}$$

其中，在外层边缘，$\sigma_{\theta\max}$、$\varepsilon_{\theta\max}$ 为正值；在内层边缘，$\sigma_{\theta\max}$、$\varepsilon_{\theta\max}$ 为负值。

由上述公式可知，$\sigma_{\theta\max}$、$\varepsilon_{\theta\max}$ 与相对弯曲半径 R/t 有关，R/t 越小，即弯曲内圆角半径越小，变形区最外层纤维的拉伸变形越大。当 R/t 达到 R_{min}/t 时，会使弯曲件外表面纤维的拉应变超出材料性能所允许的极限而出现裂纹或折断，所以为保证毛坯外层纤维不发生破坏，工件能够弯成的内表面的最小圆角半径称为最小弯曲圆角半径 R_{min}。R_{min}/t 称为最小相对弯曲圆角半径。R_{min}/t 越小，可以变形的程度就越大，证明板料弯曲性能越好。生产中用 R_{min}/t 表示弯曲时的成形极限。

影响最小弯曲圆角半径 R_{min} 的因素为：

（1）材料的力学性能。材料的塑性越好，其塑性指标伸长率 δ、断面收缩率 ψ 越大，因此可采用的 R_{min} 越小。

（2）板料的方向性（轧制纹）与弯曲线方向关系。弯曲件的弯曲线与板料的纤维方向垂直时，R_{min} 的数值最小。反之，弯曲件的弯曲线与板料的纤维方向平行时，R_{min} 的数值最大。因此，对于塑性较差的材料，弯曲线应垂直于板料的轧制方向。

（3）板料的表面质量与冲切断面质量。毛刺和粗糙面在弯曲时都会产生应力集中现象，致使弯曲件从侧面开始破裂，因此，弯曲件应去毛刺或将有毛刺的一面处于弯曲受压的内缘。

（4）弯曲中心角的大小。弯曲变形区原则上是凸模圆角部分，实际上与圆角相邻的直边也有部分变形，这就分散了变形区的拉伸应变 ε_θ，所以有利于降低 R_{min}。弯曲中心角越小，R_{min}/t 越小。一般弯曲中心角 $\alpha>60°$ 时，其对 R_{min}/t 影响不大；而中心角在 0°～60°时影响较大。

6.2.3.2 最小相对弯曲半径的确定

A 最小相对弯曲半径 R_{min}/t 的近似理论计算

由前面分析可知，在弯曲区内、外层边缘的切应变为：

$$\varepsilon_\theta=\frac{t/2}{\rho_0}=\frac{1}{2\frac{R}{t}+1},\ \rho_0=R+\frac{t}{2}\quad（此为弯曲的最外层）$$

当相对圆角半径 R/t 为最小值 R_{min}/t 时，则有：

$$\frac{R_{min}}{t}=\frac{1}{2}\left(\frac{1}{\varepsilon_{\theta\max}}-1\right) \tag{6-37}$$

式中 $\varepsilon_{\theta\max}$——最外层纤维的切向应变最大值。

若以材料断面收缩率 ψ 计算，则：

$$\psi=\frac{\varepsilon_\theta}{1+\varepsilon_\theta};\ \varepsilon_\theta=\frac{\psi}{1-\psi} \tag{6-38}$$

当弯曲时断面收缩率 ψ 达到最大值 ψ_{max} 时，相对弯曲圆角半径 R/t 可以降至最小值 R_{min}/t，所以：

$$\frac{R_{min}}{t}=\frac{1}{2\psi_{max}}-1 \tag{6-39}$$

注意以上推导未考虑材料变薄的情况，并假定应变中性层在板厚正中，此外，用式(6-37)、式(6-39)计算的 R_{min}/t 与实际试验数据相比误差较大，其原因是实际生产中的最小相对弯曲半径 R_{min}/t 除与材料力学性能（如 δ_{10}，ψ，ε 等）有关外，还与其他因素有关。

B 经验法

由于影响 R_{min}/t 的因素很多，用上述公式计算的 R_{min}/t 与实际值有一定差距，因此，关于 R_{min}/t 可按经验表 6-2 选用。

表 6-2 最小相对弯曲半径 R_{min}/t

材 料	退火或正火态		冷作硬化态	
	弯曲线位置			
	垂直纤维	平行纤维	垂直纤维	平行纤维
铝	0.1	0.35	0.5	1
紫铜	0.1	0.35	1	2
软黄铜	0.1	0.35	0.35	0.8
半硬黄铜	0.1	0.35	0.5	1.2
08 ~ 20 号钢	0.1	0.4	0.4	0.8
25 ~ 40 号钢	0.2	0.6	0.6	1.2
45 ~ 60 号钢	0.5	1	1	1.7

6.2.4 弯曲计算

6.2.4.1 弯曲时应变中性层位置

在板料弯曲时，为了决定弯曲件的毛坯尺寸，必须知道应变中性层的位置。应变中性层就是指变形前后纤维长度不变的那一层。

对于大圆角半径弯曲（如 $R/t>5$ 时），应变中性层位于板厚的中央，应力中性层也在板厚中央。此时，应变中性层的曲率半径 $\rho=R+\frac{t}{2}$。

对于小圆角半径弯曲（如 $R/t<5$ 时），板厚变薄，应变中性层的位置由弯曲开始时的板料中央位置向板料内缘方向不断内移。

应变中性层位置可以根据弯曲变形前后体积不变的条件确定(见图6-35)。

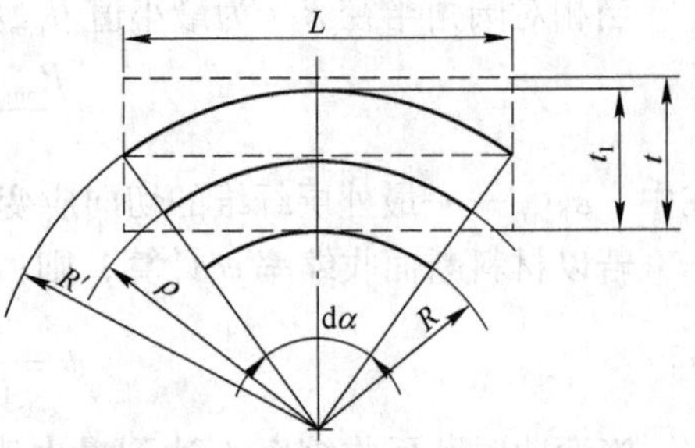

图6-35　确定应变中性层位置

弯曲前：　$V_0 = LBt = \rho\alpha Bt$

弯曲后：　$V = \pi\ (R'^2 - R^2)\ \dfrac{\alpha}{2\pi}B$

因为　$$V_0 = V$$

所以　$$\rho = \frac{R'^2 - R^2}{2t} = \frac{R' + R}{2} \cdot \frac{t_1}{t}$$

将 $R' = R + t$ 代入上式，得：

$$\rho = \left(\frac{R}{t} + \frac{\xi}{2}\right)\xi t$$

$$= \left(R + \frac{1}{2}\xi t\right)\xi, \quad \xi < 1 \tag{6-40}$$

$$\rho < R + \frac{1}{2}\xi t < R + \frac{t}{2}$$

可见，塑性弯曲时应变中性层位置不在板厚中央，而是向内移动了，应变中性层位置的内移是由于弯曲时存在变薄。相对弯曲圆角半径 R/t 越小，弯曲区的变薄现象越严重，应变中性层的内移量越大。

6.2.4.2　弯曲件毛坯长度计算

（1）当 $R>0.5t$ 时，对于弯曲角为90°弯曲，如图6-36所示。根据弯曲前后应变中性层长度不变的原则来确定弯曲件的毛坯展开长度和尺寸。

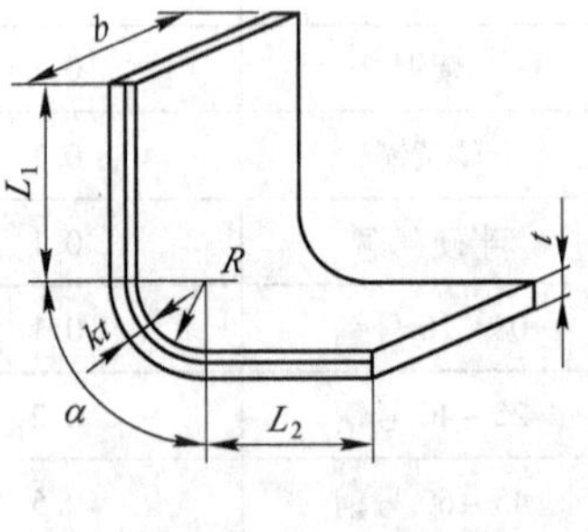

图6-36　弯曲展开毛坯长度计算

毛坯展开长度为：

$$L = L_1 + L_2 + \frac{\pi}{2}(R + kt)$$

$$= L_1 + L_2 + 1.57(R + kt)$$

式中　k——应变中性层系数，一般 $k<0.5$，其值与 R/t 有关，可按表6-3选取；

kt——应变中性层到板的最内缘的距离，mm。

表6-3　应变中性层系数

R/t	0~0.5	0.5~0.8	0.8~2	2~3	3~4	4~5
k	0.16~0.25	0.25~0.30	0.30~0.35	0.35~0.40	0.40~0.45	0.45~0.50

（2）当 $R<0.5t$ 时，毛坯展开长度一般按毛坯与工件体积相等的原则计算。由于小圆角弯曲时，弯曲处材料变薄严重，因此按体积相等计算出的毛坯尺寸还需要加以修正，这类弯曲件毛坯尺寸的计算公式见表6-4。

表 6-4　弯曲件毛坯尺寸的计算公式

序　号	弯曲性质	弯曲形状	公　式
1	弯曲一个角	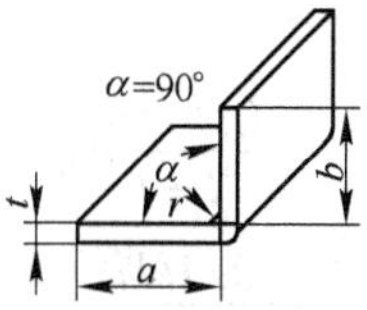	$L=a+b+0.4t$
		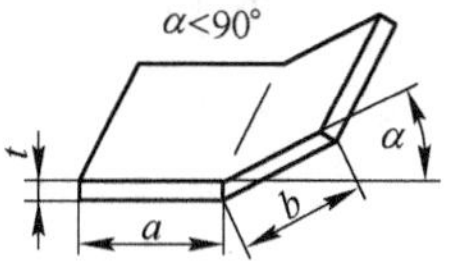	$L=a+b+\frac{\alpha}{90^\circ}\times 0.5t$
		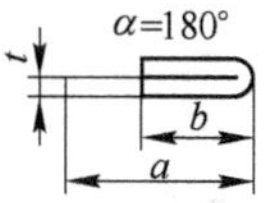	$L=a+b-0.43t$
2	一次弯曲两个角	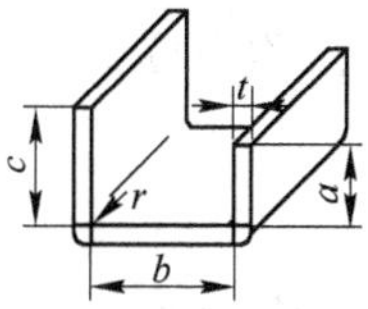	$L=a+b+c+0.6t$
3	一次弯曲三个角	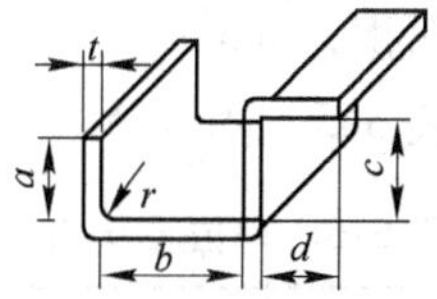	$L=a+b+c+d+0.75t$
4	一次弯曲四个角	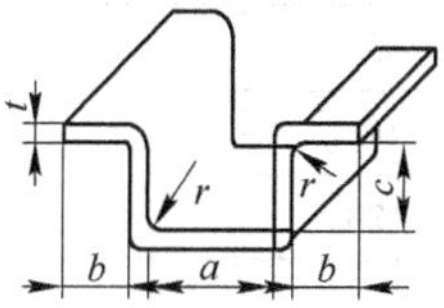	$L=a+2b+2c+t$

表 6-4 中的公式只适用于形状简单、弯角个数少、公差等级不高的弯曲件，对于形状复杂、多角及精度要求高的弯曲件，往往要试压后才能确定合适的毛坯形状与尺寸。

6.2.4.3　弯曲力计算

弯曲力是拟定板料弯曲加工工艺和选择设备的主要依据之一，所以必须进行计算。在弯曲变形各阶段，弯曲力是不同的。如图 6-37 所示，板料开始弯曲时，开始是弹性弯曲，然后是变形区内、外层纤维首先进入塑性状态，并逐渐向板的中心扩展进行自由弯曲，最后是凸、凹模与板料互相接触并冲击零件的校正弯曲。

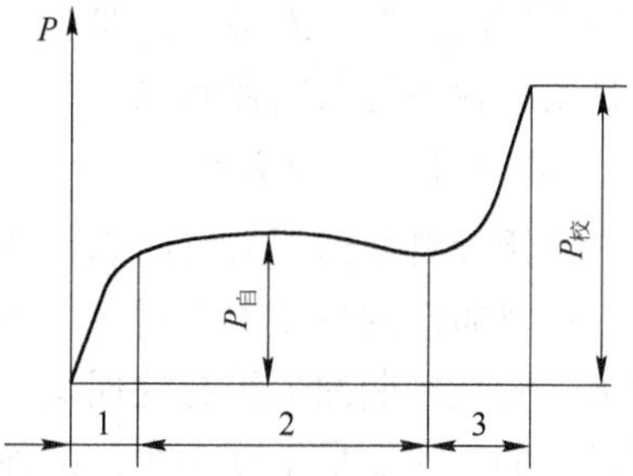

图 6-37　弯曲力

1—弹性弯曲阶段；2—自由弯曲阶段；3—校正弯曲阶段

由于弯曲力大小不仅与毛坯尺寸、材料力学性能、凹模支点间的距离、弯曲半径以及模具间隙等有关，而且与弯曲方式也有很大的关系，因此，要从理论上计算弯曲力是很复杂的，计算的精确度也不高，通常在生产中采用经验公式。

A 自由弯曲力计算

对于V形件：

$$P_{自} = \frac{0.6kbt}{R+t}\sigma_b \tag{6-41}$$

对于U形件：

$$P_{自} = \frac{0.7kbt^2}{R+t}\sigma_b \tag{6-42}$$

式中 $P_{自}$——最大自由弯曲力，N；
σ_b——材料抗拉强度，MPa；
k——安全系数；
b——弯曲件宽度，mm。

B 校正弯曲力

板料经自由弯曲阶段后，开始与凸、凹模表面全面接触，此时，如凸模继续下行，零件受到模具挤压继续弯曲，弯曲力大增，称为校正弯曲。校正弯曲的目的在于减少弯曲回弹，提高弯曲件的质量。

校正弯曲力可按下式计算：

$$P_{校} = Fq \tag{6-43}$$

式中 F——弯曲中校正部分的投影面积，mm^2；
q——单位校正力，其值可按表6-5选用，N。

表6-5 单位校正力 (N)

材料	料厚 $t<3$mm	料厚 $t=3\sim10$mm	材料		料厚 $t<3$mm	料厚 $t=3\sim10$mm
铝	30~40	50~60	20~25号钢		100~120	120~150
黄铜	60~80	80~100	钛合金	BT1	160~180	180~210
10~20号钢	80~100	100~120	钛合金	BT2	160~200	200~260

6.2.5 弯曲回弹

弯曲件一般可用冲压方法得到。作为结构件，它具有一定强度、刚度，且质量轻，因而应用广泛；作为连接件，要求弯曲件精度尽可能高，但实际情况是弯曲件精度并不高，这是由于存在弯曲回弹所致。

6.2.5.1 回弹分析

由于板料常温下的弯曲总是伴随有弹性变形，所以卸载后，总变形中弹性部分立即恢复，使弯曲件的弯曲中心角 α 和弯曲半径变得与模具的尺寸不一致，这种现象称为弯曲回弹。它是弯曲加工特有的现象，由于它影响弯曲件精度，常常在生产中是作为缺陷应加以避免的，即要尽量减小弯曲回弹。

弯曲回弹与普通回弹不同。由于板料在加载过程中产生弯曲变形，其内层和外层的应力与应变相反，导致卸载时内、外层的回弹方向相反，即内层弯曲时材料纤维受压缩缩短，卸载后它要伸长，而外层纤维受拉，卸载后要缩短，两者作用的结果是使弯曲件的回弹角增大。如图 6-38 所示，可以根据图示模型计算弯曲回弹时曲率和弯曲角的变化量。

设卸载前中性层半径为 ρ_0，弯曲角为 α_0，回弹后的中性层半径为 ρ'_0，弯曲角为 α'_0，则曲率变化量为：

$$\Delta K = \frac{1}{\rho_0} - \frac{1}{\rho'_0} \tag{6-44}$$

角度变化量为：

$$\Delta\alpha = \alpha_0 - \alpha'_0 \tag{6-45}$$

弯曲件回弹后的曲率半径 ρ'_0 为：

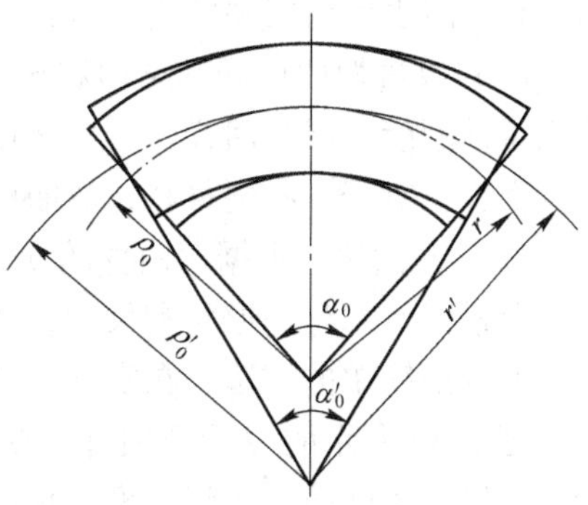

图 6-38　弯曲变形的回弹

$$\rho'_0 = \frac{\rho_0}{1 - 3\dfrac{\sigma_s \rho_0}{Et}} \tag{6-46}$$

进而获得弯曲角回弹量的计算公式为：

$$\Delta\alpha = \rho_0 \alpha_0 \Delta K \tag{6-47}$$

若不考虑材料的加工硬化，则有：

$$\Delta\alpha = \frac{3\sigma_s \rho_0}{Et}\alpha_0 \tag{6-48}$$

上述公式可以计算弯曲变形区在卸载过程中曲率和弯曲角的变化量。但在实际弯曲成形时，影响弯曲件回弹的因素比较多，理论计算结果往往不能直接用来作为修正模具的依据，还需要通过综合性分析，进而掌握回弹的规律。

影响弯曲件回弹值的主要因素有：

(1) 材料的力学性能。从式（6-48）可以看到，弯曲件回弹角与材料屈服强度成正比，与材料弹性模数成反比。材料的屈服强度 σ_s 越高，弹性模数 E 越小，则弯曲的回弹越大。

(2) 相对弯曲半径 R/t。当 R/t 大时（ρ_0/t 越大），弯曲毛坯的塑性变形程度不大，而弹性变形相对比较大，则弯曲件的回弹量增大。当 R/t 小时，弯曲毛坯外层的切向应变 ε_θ 大，此时的塑性变形程度和弹性变形同时增加，但由于弯曲毛坯塑性变形量很大，弹性变形占总变形量的比例相应地很小，所以弯曲件的回弹量也很小。

(3) 弯曲角。弯曲角 α_0 越大，弯曲变形区越长，即 $\rho_0\alpha_0$ 越大，弯曲件回弹的值越大，使弯曲件回弹角 $\Delta\alpha$ 增大。

(4) 弯曲方式。弯曲方式对弯曲件回弹也会产生直接的影响。自由弯曲时，弯曲件的约束小，回弹量大；当采用校正弯曲时，由于塑性变形程度大，弯曲回弹量减小。

(5) 弯曲件形状。弯曲件形状复杂时，弯曲变形状态不一样，回弹方向也不一致，由于材料内部相互牵制，使弹性变形很难恢复，从而减小弯曲件回弹量。如 U 形弯曲件，由于其两边受模具限制，其回弹角小于 V 形弯曲件。

6.2.5.2　减少回弹的措施

由于回弹影响弯曲件的形状与尺寸误差，很难获得合格的工件，因此，要尽量减小弯曲回弹。减少弯曲回弹的措施有：

（1）改进弯曲件局部结构和选用合格材料。例如在弯曲件变形处压制加强筋，用以提高零件刚度，减少回弹。又如选用弹性模量大而屈服强度 σ_s 小的材料进行弯曲，可以减少回弹，对于一些硬材料，弯曲前进行退火处理，也可减少回弹。

（2）补偿法。根据弯曲件的回弹趋势（$\Delta\alpha$ 是增大还是减小）和回弹量大小，修正凸模或凹模工作部分的形状和尺寸，使工件的回弹量得到补偿。一般来说，补偿法是消除弯曲件回弹最简单的方法，在实际生产中得到广泛应用。

图6-39所示的U形弯曲件，根据回弹趋势及回弹量大小，在凸模上作出斜度，并取最小料厚作为间隙。或将凸模、顶板做成弧形面，弯曲后，利用底部产生的向下回弹来补偿两个圆角处的向外回弹。

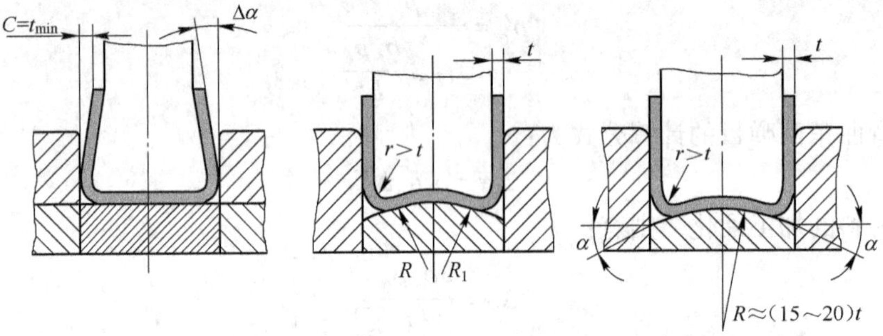

图6-39　补偿法

（a）减小凸模角度；（b），（c）底面设计为弧形面

（3）校正法。板料弯曲时，中性层外侧纤维伸长，内侧纤维压缩，卸载后，外侧纤维要缩短，内侧纤维要伸长，内、外层纤维的回弹趋势都是使板料复直，所以回弹量大。如果在弯曲行程终了时，对板料施加一定的校正压力，由于板料受凸模和凹模校正压缩的作用，不仅使弯曲变形外区的拉应力有所减小，而且在外区中性层附近，还出现和内区同号的压缩应力，当校正力很大时，可能完全改变弯曲件变形区的应力状态，即压应力区向板料的外表面逐步扩展，致使板料的全部或大部分断面均出现压缩应力，于是内、外区回弹的方向取得了一致。即板料经校正以后，内外层纤维都被伸长，卸载后都要缩短。因此，回弹比自由弯曲时大为减小。

在实际生产中，多采用带一定校正成分的弯曲方法，用校正弯曲代替自由弯曲，图6-40所示为利用校正法减小回弹。

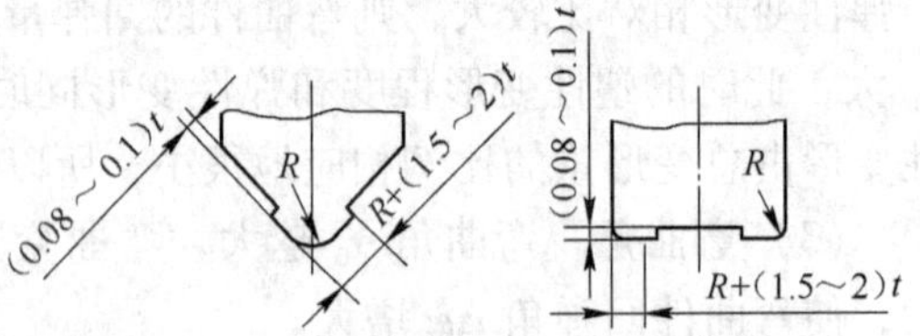

图6-40　利用校正法减小回弹

（4）拉弯法。当弯曲件的相对弯曲半径 R/t 很大时，由于变形区大部分处于弹性变形状态，产生的回弹最大，工件难以得到准确的形状，这时可用拉弯工艺。图6-41所示为用拉弯方法进行弯曲成形。

拉弯可以减小回弹，其机理是：板料在拉力下弯曲，可以改变板料内部的应力状态，使中性层内侧的压应力转化为拉应力状态，此时板料整个剖面上都处于拉应力作用下，而卸载后内、外区回弹变形方向取得了一致，使工件的回弹量大大地减小。

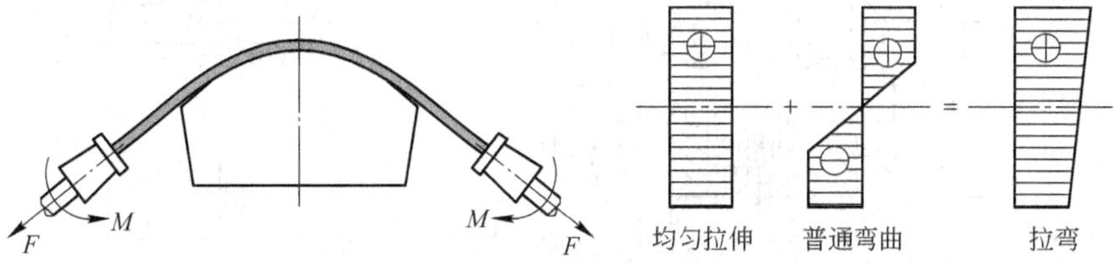

图 6-41　用拉弯方法进行弯曲成形

6.2.6　弯曲模设计

6.2.6.1　典型结构

（1）V 形件弯曲模。最简单的 V 形弯曲模如图 6-42 所示。这种模具为敞开式，通用性强，模具制造方便。但坯料在弯曲时容易产生滑动，影响工件质量。

对于 L 形件，可采用如图 6-43 所示的结构。坯料用定位销定位，弯曲过程中凸模与压料板始终把坯料紧紧压住，不让它滑动。在单角弯曲时，会产生水平推力，使模具偏移。为了防止凸模偏移，要增加止推块，使凸模和凹模之间的间隙保持正常。

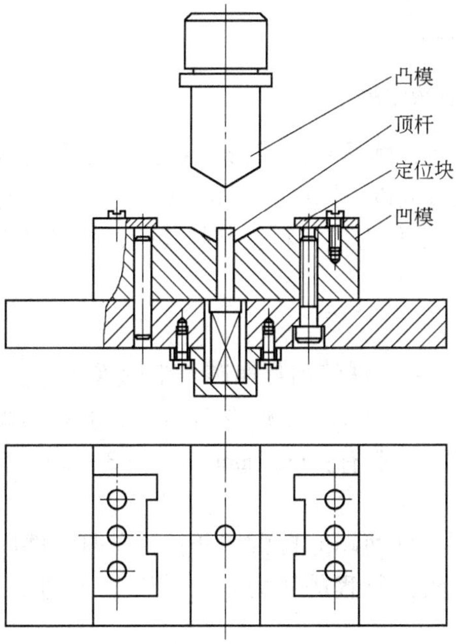

图 6-42　带顶料机构的 V 形件弯曲模

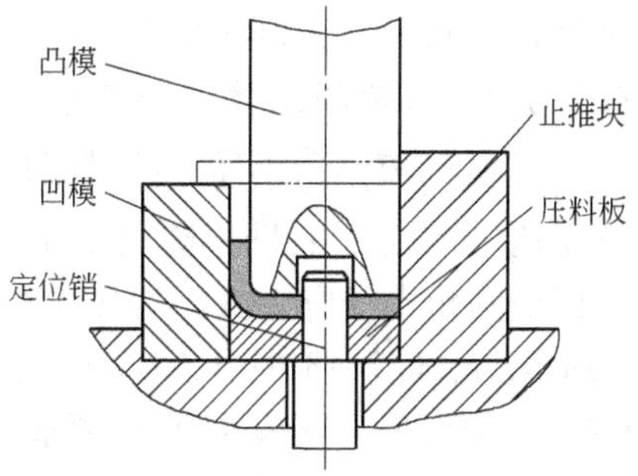

图 6-43　L 形件弯曲模

（2）U 形件弯曲模。U 形件弯曲模结构如图 6-44 所示。毛坯通过中间的 2-ϕ10 孔及外形定位，弯曲凸模下行进行 U 形件弯曲，在行程终了凸模与顶出块处于镦死状态，进行校正弯曲，减少弯曲回弹，随后凸模上行，工件在顶出装置作用下从凹模内推出。

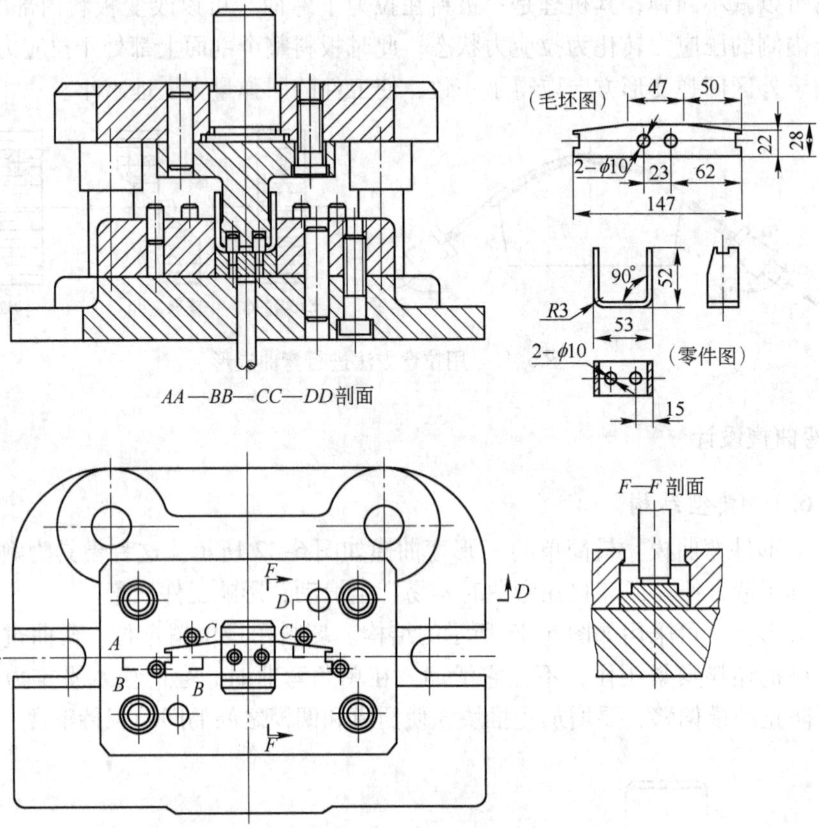

图 6-44 U 形件弯曲模结构

（3）铰链弯曲模。铰链弯曲，一般先预弯头部，然后卷圆成形，卷圆又分立式弯曲与卧式弯曲两种，如图 6-45 所示。铰链卷圆一般遵循以下原则：当 $R/t=0.5\sim2.2$，卷圆质量要求不高时，可在预弯后一次卷圆成形，对于工件短或材料较厚的铰链，最好采用立式弯曲模，以便于制模和弯曲成形。

6.2.6.2 弯曲模工作部分尺寸的确定

（1）凸、凹模圆角半径。凸模圆角半径确定：当工件的内弯曲圆角半径 $R>R_{min}$，取 $r_p=R$；凹模圆角半径：凹模圆角半径 r_d 不宜过小，r_d 过小，工件有擦伤，对于双角弯曲两边的凹模圆角半径应一致，否则工件产生偏移。一般有：$t\leqslant2mm$，$r_d=(3\sim6)t$；$t=(2\sim4)mm$，$r_d=(2\sim3)t$；$t>4mm$，$r_d=2t$。

（2）凹模深度。凹模深度 h_d 要适当，过小则工件两端的自由部分长，弯曲工件回弹大，且不平直；过大则模具钢材消耗多，且要求较大行程的压力机。对于 U 形弯曲件，凹模深度应尽可能使直边部分进入凹模型腔内。

（3）凸凹模间隙。对于 V 形件，凸凹模的间隙靠调节压力机的闭合高度来控制，不需要在设计与制造模具时确定。对于 U 形件，模具间隙小时，容易擦伤工件，损坏凹模；模具间隙大时，工件回弹大，其尺寸和形状不易保证。生产中常按材料力学性能与板厚选取凸凹模间隙 c。钢板，$c=(1.05\sim1.15)t$；有色金属，$c=(1\sim1.1)t$；为减少回弹，模具单面间隙 c 可取$(0.8\sim0.95)t$，但工件有刮伤，或出现挤长的毛刺。

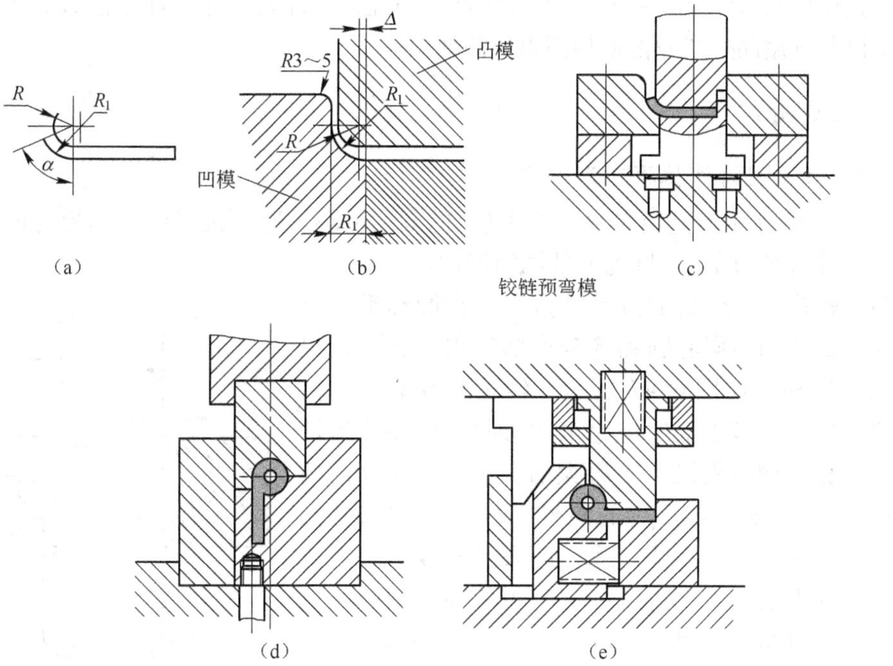

图 6-45　铰链弯曲模

(a) 头部预弯；(b) 预弯模中的尺寸，头部有变薄；(c) 预弯模；(d) 立式卷圆模；(e) 卧式卷圆模

(4) 凸、凹模工作部分尺寸与公差。对于尺寸标注在外形上的弯曲件，弯曲件的尺寸由凹模尺寸决定：

1) 当为单向公差 $A_{-\Delta}$时，凹模尺寸为 $A_d = \left(A - \dfrac{3}{4}\Delta\right)^{+\delta_d}$；

2) 当为双向公差 $A \pm \Delta$ 时，凹模尺寸为 $A_d = \left(A - \dfrac{\Delta}{2}\right)^{+\delta_d}$；

3) 凸模尺寸按凹模配制，保证模具间隙。

对于尺寸标注在内形上的弯曲件，弯曲件的尺寸由凸模尺寸决定：

1) 当为单向公差 $A^{+\Delta}$时，凸模工作部分的尺寸为 $A_p = \left(A + \dfrac{1}{4}\Delta\right)_{-\delta_p}$；

2) 当为双向公差 $A \pm \Delta$ 时，凸模工作部分的尺寸为 $A_p = \left(A - \dfrac{\Delta}{2}\right)_{-\delta_p}$；

3) 凹模尺寸按凸模配制，保证模具间隙。

6.3 拉　深

拉深是利用拉深模具将平板毛坯制成开口空心零件，或以开口空心零件为毛坯通过拉深进一步改变其形状和尺寸的工序，也称拉延、引伸或压延。

拉深是冲压基本工序之一，通过它可以制成圆筒形、锥形、球形、抛物线形、盒形和其他不规则形状的薄壁零件。具有较好塑性的材料都可以用拉深成形，如不锈钢拉深、薄钢板拉深、铝及铝合金板拉深、铜及铜合金板（如黄铜）拉深等。拉深可加工范围非常广泛，直径从几毫米至2～3m的大型零件，因此，拉深在汽车、航空航天、国防、电器和电子以及日用品生产中占据相当重要的地位。

6.3.1　拉深原理

6.3.1.1　圆筒件拉深变形过程

如图6-46所示，直径为D、料厚为t的圆形毛坯，通过拉深模（凸模与凹模均带有圆角）变成直径为d、高度为h的圆筒形件。

为了解拉深时金属的流动状态，可在圆形毛坯上刻画很多的等间距同心圆和等分度的辐射线，组成很多的扇形网格，如图6-47所示。经过拉深后，在筒形件底部的网格基本上保持原来的形状，而在筒形件的筒壁部分，网格则发生了很大的变化，由拉深前的扇形网格F_1变成了拉深后的矩形网格F_2，原来的同心圆变为筒壁上的水平圆筒线，原来等分度的辐射线变成了筒壁上的垂直平行线，等间距的同心圆越靠近筒的上部，其间距越大，即$a_1>a_2>a_3>\cdots>a$，等弧长的周向间距越靠近筒的上部，收缩越多，即$b_1=b_2=b_3=\cdots<b$。

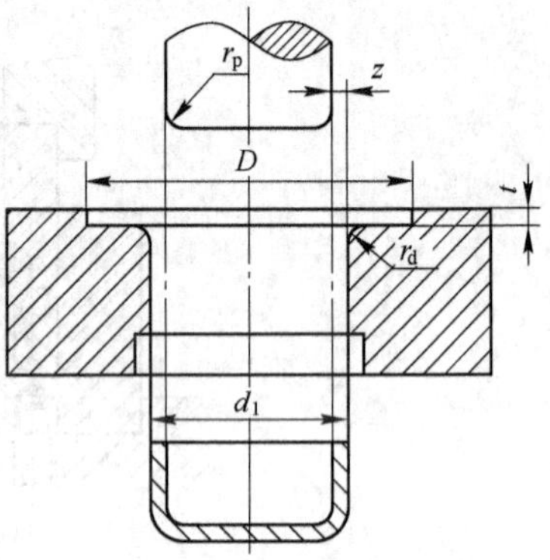

图6-46　圆筒件拉深变形过程

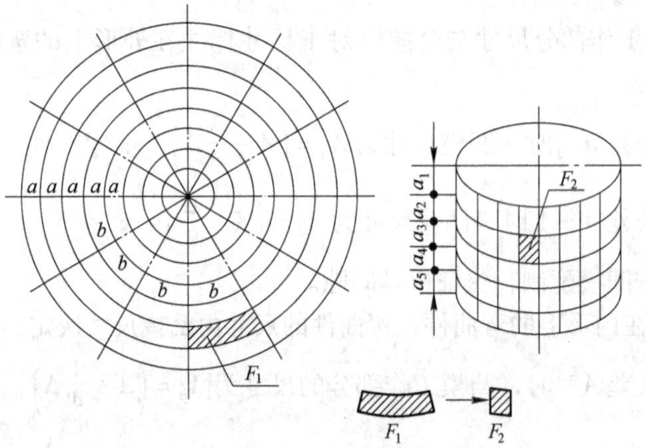

图6-47　拉深时金属的流动状态

在拉深过程中，主要变形区为法兰区（也称为凸缘部分，即直径$D-d$的圆环部分），变形区毛坯受到凸模拉深力的作用，毛坯内在径向产生拉应力σ_1，切向（圆周方向）产生压缩压力σ_3，在主压力σ_1和σ_3的共同作用下，法兰部材料发生塑性变形，并不断被拉入凹模内，边拉深边收缩，由一个直径较大的平板毛坯收缩成一个直径较小的圆筒形件。这类似于一个扇形毛坯被拉着通过一楔形槽，在直径方向被拉长的同时切向被压缩。

6.3.1.2　拉深过程中毛坯内的应力应变状态

按毛坯内各部分应力与应变状态，可将其分为5个区域，如图6-48所示。Ⅰ区是凸缘部分（法兰区），是主要变形区，材料法兰部位的直径收缩，被拉入凹模，变形区的应力特征是径向受拉应力，切向（或圆周方向）受压应力。Ⅱ区是凹模圆角区，也是变形过渡区，厚度会发生一定程度减薄，此区受径向拉应力，切向与厚向受压应力作用。Ⅲ区是筒壁部分，也称传力区，基本不发生变形，其应力特征是受竖直方向的单向拉应力。Ⅳ区位于凸模圆角部分，为变形过渡区，此处径向与切向为拉应力，厚向是压应力，$\sigma_1>0$，$\sigma_3>0$，$\sigma_2<0$，在这个区域筒壁与底部圆角处稍上的地方，冷作硬化程度低，材料减薄量大，又要传递拉深力，且不受凸模圆角处有益的摩擦作用，因此此处成为拉深件强度薄弱的地方，此断面称为“危险断面”，如果拉深变形程度很大，拉深件可能在此处破裂。Ⅴ区在筒底部分，径向受到拉应力，切向为压应力，由于摩擦作用，应力、应变均不大，料厚略有减薄，这一部分是小变形区。

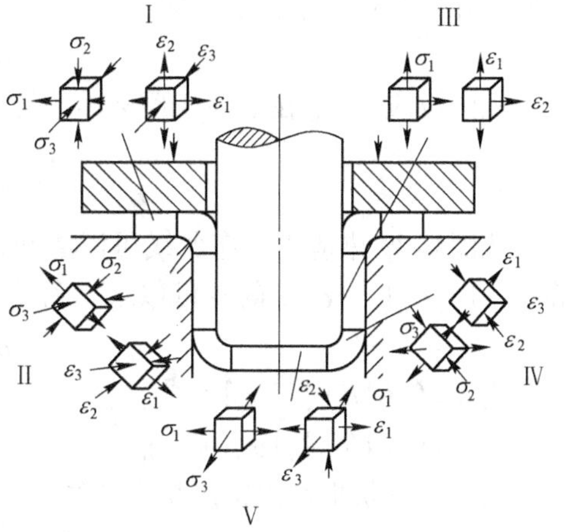

图 6-48 拉深过程中毛坯内的应力应变状态

6.3.2 圆筒形件拉深变形与力学分析

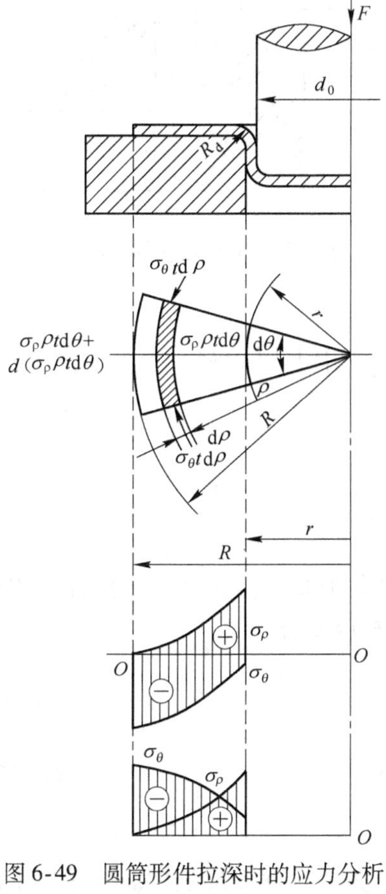

图 6-49 圆筒形件拉深时的应力分析

圆筒形件拉深时，毛坯的法兰变形区切向受压应力，径向受拉应力。当厚度方向的应力忽略不计时，可以利用平衡微分方程和反映材料内部特性的塑性方程求解出凸缘变形区的切向应力和径向应力。

6.3.2.1 无压边圈的拉深

在拉深毛坯边缘取一扇形微分体（见图 6-49），在拉深过程的任意瞬间，微分体处于平衡状态，其径向合力为零，即：

$$(\sigma_\rho+\mathrm{d}\sigma_\rho)(\rho+\mathrm{d}\rho)t\mathrm{d}\theta-\sigma_\rho\rho t\mathrm{d}\theta+2\sigma_\theta t\sin\frac{\mathrm{d}\theta}{2}\mathrm{d}\rho=0 \tag{6-49}$$

简化式(6-49)并略去高阶项，利用最大剪应力塑性条件（$\sigma_\rho+\sigma_\theta=\sigma_s$）和边界条件（$\rho=R$ 时，$\sigma_\rho=0$），得到凸缘变形区径向拉应力和切向应力为：

$$\sigma_\rho=\sigma_s\ln\frac{R}{\rho},\ \sigma_\theta=\sigma_s\left(1-\ln\frac{R}{\rho}\right) \tag{6-50}$$

根据式(6-50)获得凸缘变形区应力分布规律，如图 6-49 所示。从图中的径向拉应力 σ_ρ 与切向压应力 σ_θ 的分布曲线可以看到，在变形区内的大部分区域，切向压应力 σ_θ 的绝对值都大于径向拉应力 σ_ρ，即变形区的主要变形方式是压缩变形。这也说明了圆筒形件拉深是典型的压缩类成形。切向压应力 σ_θ 在毛坯变形区外边缘达到最大值，即：

$$\sigma_{\theta\max}=\sigma_s \tag{6-51}$$

径向拉应力 σ_ρ 在毛坯变形区内边缘处达到最大值：

$$\sigma_{\rho\max}=\sigma_s\ln\frac{R}{r} \tag{6-52}$$

从图 6-49 中应力分布曲线可以看到，当切向压应力 σ_θ 和径向拉应力 σ_ρ 的绝对值相等时，即 $|\sigma_\rho|=|\sigma_\theta|$ 时，可以求“等应力圆”的位置。

$$\rho=0.61R \tag{6-53}$$

当 $\rho<0.61R$ 时，$|\sigma_\rho|>|\sigma_\theta|$。

当 $\rho>0.61R$ 时，$|\sigma_\rho|<|\sigma_\theta|$。

从以上分析也可以得出初步的结论：圆筒形件拉深时，靠近凹模圆角处的毛坯，其主应变为径向受拉应变，板料有变薄现象，而靠近毛坯外边缘部分的最大应变为压缩应变，板料略有增厚。

6.3.2.2 有压边圈的拉深

当使用压边圈进行拉深时，圆筒直壁传力区所受拉应力除了凸缘变形所需的应力 $\sigma_{\rho\max}$ 之外，还包括由压边力 F_Q 在凸缘变形区表面产生的摩擦阻力 σ_m、毛坯通过凹模圆角时产生弯曲和矫直变形的应力 σ_w 和摩擦阻力，如图 6-50 所示。

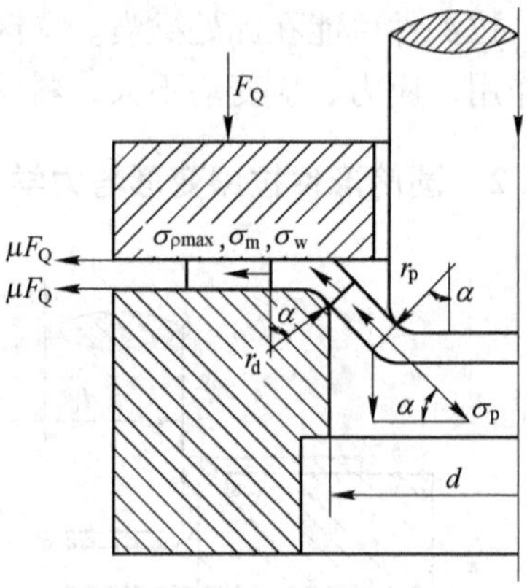

图 6-50 有压边圈的圆筒拉深

当包角 $\alpha=\pi/2$，$\rho=r$ 时，得到圆筒直壁传力区承受的最大总拉应力 $\sigma_{\rho\max}^{\max}$ 为：

$$\sigma_{\rho\max}^{\max}=\sigma_s\left(\ln\frac{R}{r}+\frac{2\mu Q}{\pi dt\sigma_s}+\frac{t}{2r_d+t}\right)(1+1.6\mu) \tag{6-54}$$

拉深力的理论计算公式为：

$$F=\pi dt\sigma_{\rho\max}^{\max}=\pi dt\sigma_s\left(\ln\frac{R}{r}+\frac{2\mu Q}{\pi dt\sigma_s}+\frac{t}{2r_d+t}\right)(1+1.6\mu) \tag{6-55}$$

式中 d——圆筒形件直径，mm；

t——毛坯厚度，mm；

μ——摩擦系数；

r_d——凹模圆角半径，mm。

因此，只要知道压边力 Q 及 σ_s，就可求出拉深力 F。但是，按式（6-55）计算相当繁琐，使用不便，所以生产上常用经验公式计算压边力和拉深力。

最大拉深力为：

$$F_{\max}=\pi dt(k-1)\sigma_b \tag{6-56}$$

压边力为：

$$Q=0.1\left(1-\frac{18k}{k-1}\cdot\frac{t}{D}\right)k^2F_{\max} \tag{6-57}$$

式中 D——毛坯直径，mm；

k——拉深比，$k=D/d$，反映拉深变形程度，k 越大，拉深变形越大。但是由于传

力区最大承载力是 $\pi dt\sigma_b$，一旦拉深力 F_{max} 超出，则工件出现拉破。因此，拉深比 $k<2$，一般地，最大拉深比为 $k_{max}=2.0\sim1.8$，理想情况下，极限拉深比 $k=2.72$。

6.3.3 起皱与破裂

6.3.3.1 起皱

起皱是指拉深过程中毛坯边缘形成的沿切向高低不平的皱纹，是拉深工作中的严重缺陷之一。如果皱纹严重，则材料无法通过凸、凹模间隙而被拉断，或材料不能流入模具间隙进行即时的补充而导致拉破，即使通过了间隙，也因为皱纹不能压平而形成拉延件的外观缺陷。因此，生产中应避免这种起皱，即要采取措施防皱。

A 起皱机理

拉深过程中的主要变形区是法兰部，该区材料在径向受拉 $\sigma_\rho>0$，切向受压 $\sigma_\theta<0$，在毛坯外缘 σ_θ 达到最大值 $1.1\sigma_s$，当切向压应力过大，超过其临界值时，法兰部材料失稳而形成皱纹。实践证明，法兰部材料的失稳可近似地看成是压杆两端受压失稳，它不仅与 σ_θ 有关，而且与法兰相对厚度 $t/(R-r)$ 有关，可以说材料越薄，法兰宽度越大，越容易失稳起皱，σ_θ 越大，也越容易失稳。

拉深中因材料强化，$\sigma_{\theta\,max}$ 不断增大，使失稳的趋势上升，但随着 R_t 的不断减少和 t 的增大，$t/(R-r)$ 上升，因而提高了毛坯的抗失稳能力，这两个因素作用的结果是：当 $R=(0.8\sim0.9)R_0$ 时，成为法兰起皱最严重的瞬间，与出现最大拉延力的瞬间相一致，即发生最大拉延力的瞬间，也是起皱最严重的瞬间。

由于在法兰外缘处 σ_θ 先达到最大 $\sigma_{\theta\,max}$（$1.1\sigma_s$），因此起皱首先从此处开始。

B 防皱方法

a 加压边圈

在生产中是否需要采用压边圈的条件见表 6-6。由表 6-6 可见，当 $(t/D)\times100<1.5$，$m<0.6$ 时，要采用压边圈；当 $(t/D)\times100>2.0$，$m>0.6$ 时，不需要采用压边圈。也即，相对厚度 t/D 越大，即料厚越大，毛坯抗失稳能力越强，越不容易起皱，无需用压边圈。反之，对于料较薄、直径较大的材料，若拉深过程中不加压边圈，则极易起皱。

表 6-6 采用压边圈的条件

拉延方法	第一道拉延		以后各道拉延	
	$(t/D)\times100$	m_1	$(t/d_{n-1})\times100$	m_n
用压边圈	<1.5	<0.6	<1.0	<0.8
可用压边圈	1.5~2.0	0.6	1.5	0.8
不用压边圈	>2.0	>0.6	>1.5	>0.8

因此，为保证拉深的顺利进行，生产出合格形状的零件，须采用防皱措施。生产中通常的防皱措施是加压边圈，把法兰压紧在凹模表面上，如图 6-51 所示。

注意：压边圈一定要压住整个法兰部，即压边圈直径 $\phi D_1>$ 毛坯直径 ϕD，否则出现拉破，毛坯外缘起皱，无法进行压边圈而致拉破，此时既会起皱又会破裂。

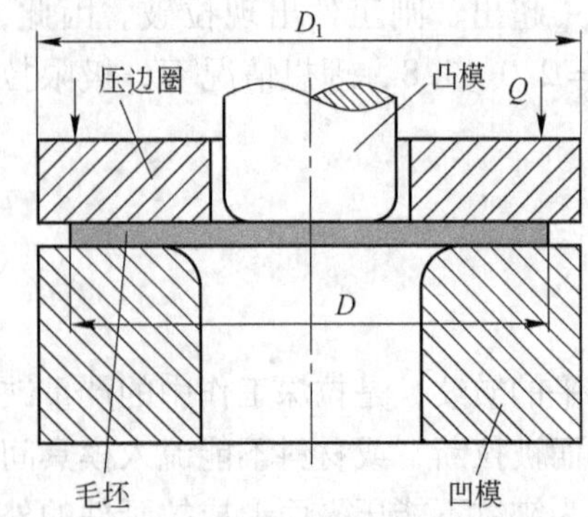

图 6-51 压边圈的防皱

从最大拉深力计算公式知，压边力 Q 太大会增加危险断面的拉深力，导致拉裂或材料严重变薄，压边力 Q 太小则防皱效果不好。

如何让 Q 取值合理，以保证拉深顺利进行呢？理论上 Q 值大小最好应随起皱趋势变化而变化，即其变化规律最好与最大拉深力的变化相一致。从理论公式和实践经验知，当毛坯外径减至 $R = 0.85R_0$ 时，拉深力达到最大，是起皱最严重的时刻，此时压边力 Q 也应最大，此后拉深力减小，压边力相应地也应减小，但实际上压边力很难实现这样的变化。

在生产实际中，压边力的确定是建立在试验基础上的。通过拉深模调试时试模确定，主要按拉深件形状来加以调整，如果毛坯起皱，则适当加大压边力，直至起皱消失为止，如果 Q 上升，出现拉破，则应调低 Q，如用气垫进行压边时，调整压力垫的气压，即可调整压边力。

压边圈的压边力由压边装置提供，目前，生产实际中常采用的压边装置有两类，一类是弹性压边装置，一类是刚性压边装置，如图 6-52 所示。

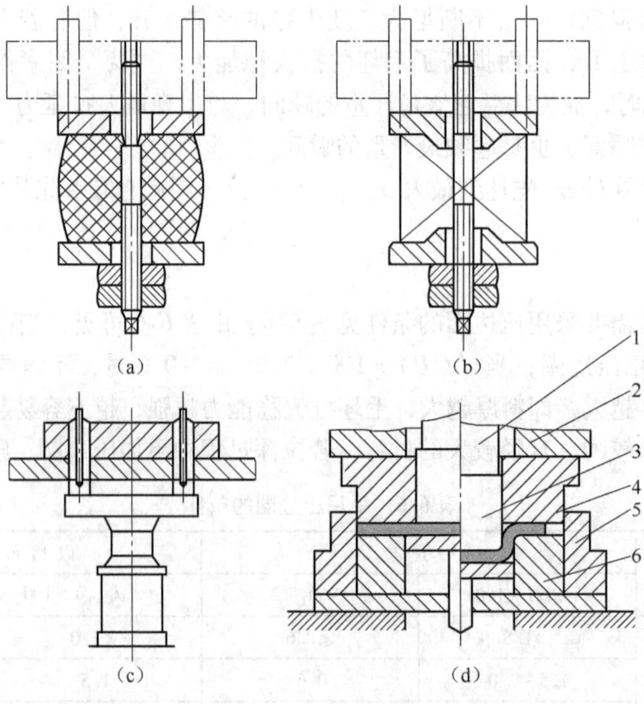

图 6-52 压边装置

(a) 橡胶压边装置；(b) 弹簧压边装置；(c) 气垫式压边装置；(d) 刚性压边装置

1—内滑块；2—外滑块；3—拉深凸模；4—落料凸模兼压边圈；5—落料凹模；6—拉深凹模

弹性压边装置的压边力是由气垫（或液压垫）、弹簧、橡皮或聚氨酯橡胶提供。3 种压边力 Q 与拉深行程关系如图 6-53 所示。从图 6-53 可知，气垫式压边装置在拉深过程中是恒定的，而且气垫压力可方便地调节，同时气垫压边形式较好，可用于深拉深，应用较广，单动压床上的拉深通常用气垫进行压边。弹簧、橡皮或聚氨酯橡胶压边装置，其压边力是随着拉深深度的增加而增加的，这不符合压边力应随拉深过程中拉深力的减小而减小的要求，因此，只能用于浅拉深。

刚性压边装置是在双动压力机上利用外滑块进行压边，内滑块进行拉延，其特点是压边力 Q 恒定，不随行程变化，压边力的大小由外滑块提供。

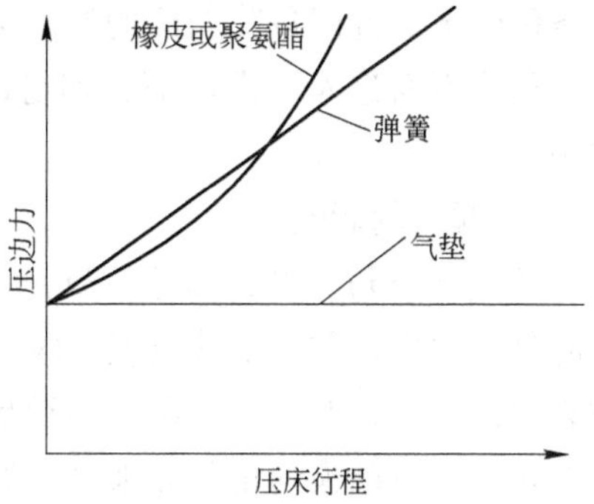

图 6-53　弹性压边力与拉深行程的关系

b　采用反拉深

多道拉深中，也可用反拉深来防止起皱。由前道拉深得到直径为 d 的半成品，套在筒形凹模上进行反拉深，使毛坯内表面变成外表面，由于反拉延时毛坯与凹模的包角为 180°，板料沿凹模流动的摩擦阻力和变形抗力显著增大，从而使径向拉应力增大，根据塑性方程 $\sigma_\theta + \sigma_\rho = \beta\sigma_s$，增大径向拉应力实际上是减少了 σ_θ 的作用，因此可以达到防皱的目的，且防皱效果较好。

c　设置拉深筋

采用拉深筋或拉深槛，也是防皱的有效措施之一。在曲面零件的拉深，如汽车覆盖件拉深中，在模具上常设置拉深筋，防止毛坯起皱。

6.3.3.2　拉破

A　破裂原因

本质上讲，拉破都是最大拉深应力 $\sigma_{\rho\max}^{\max}$ 太大，超过了材料抗拉延强度 σ_b 而破裂。

起皱缺陷总可以通过调整压边力，应用拉深筋或采用正、反拉深等方法予以消除。而拉破则往往难以解决，其影响因素较为复杂。一般来说，破裂部位是凸模圆角处（即“危险断面”处），此处材料变薄也最厉害。如果拉破率大于 3%，则拉深工作无法进行，因为拉破不仅浪费材料，而且浪费工时，遇到这种情况，首先要搞清拉破的原因，然后采取相应的措施加以克服。

从式(6-55)可知，影响拉深力大小的因素有：毛坯材料的性质 σ_s，毛坯尺寸 t、R_0，拉深系数 m，压边力 Q，凹模圆角半径 r_d，以及变形部分的润滑条件 μ 等。

a　压边力的影响

当压边力 Q 上升时，法兰部分材料流入凹模的阻力也增加，$\sigma_{\rho\max}^{\max}$ 上升，一旦这一筒壁径向拉应力超出了材料的抗拉强度 σ_b，则出现拉破，所以 Q 不能太大，如若 Q 下降过多，则法兰边可能起皱，此时坯料不能通过凸、凹模间隙，也会使 $\sigma_{\rho\max}^{\max}$ 迅速上升而拉破，此时工件出现又起皱又拉破（拉破出现在凹模的口部），所以 Q 不能太小。

在用压边圈进行防皱时，要合理地设定压边力，应在防止起皱的前提下尽量减少压边力 Q，一般压边力 $Q = 0.25F$。这可在实际操作中进行调整，但注意压边力大小似乎对法兰外径有些影响，压边力越大时，法兰边越平，法兰外径也大，这点不难理解。

b　凹模圆角半径 r_d 的影响

凹模圆角半径 r_d 对拉深力 F 影响很大，当 $r_d/t<2$ 时，凹模圆角部分的弯曲和反弯曲很强烈，此时会引起弯曲应力 σ_w 升高，进而使拉深力升高，使凹模圆角部分毛坯材料破裂。极端情况 $r_d\to 0$ 时（此时近似为冲裁的情况），此时 $\sigma_w=0.5\sigma_s$，拉深不可能进行。

一般地，增大凹模圆角半径可以降低拉深力，对拉深是有利的，当 $r_d=(8\sim 10)t$ 时，$\sigma_w\approx 0.05\sigma_s$，此时危险断面的拉应力较低，不会出现拉破，但 r_d 过大，毛坯法兰将迅速离开压边圈而进入凹模口部，容易起皱，此种起皱称为内皱，容易引起毛坯在凹模口部拉断。

c　润滑的影响

按式(6-55)，增大摩擦系数 μ，则 F 上升，所以拉深时，有必要合理的使用润滑剂，以降低拉深力，防止工件出现拉破。在圆筒形拉深的情况下，法兰部和凸模圆角处的润滑效果恰恰相反，对法兰来讲，润滑起到好的作用，可使法兰材料流动阻力降低，从而降低了拉延力，对凸模圆角部分来讲，如进行润滑，就会使因摩擦引起的材料拉伸变形所提供的保护作用减弱，反而对成形不利，所以一般要企图增加凸模圆角处的摩擦，减少此处的滑动，增大凸模圆角处的表面粗糙度可能是防止拉裂的一种好方法。此外，增大 r_ρ，使危险断面上移到加工硬化区，对拉深也是有利的。

d　表面粗糙度的影响

表面粗糙度的影响有两方面。凹模端面及圆角、压边圈端面和毛坯表面，一般都具有几个微米（3 ~ 5μm）的表面粗糙度，其凹部积存的润滑油可向凸部供给，使整个表面都能得到润滑。若模具表面粗糙度过小，则材料表面存油性差，凹部反倒不能向凸部供给充足的润滑剂。

e　材料力学性能的影响

材料塑性好，如 δ 较大，对拉深有利。屈强比 σ_s/σ_b 小，对拉深同样有利。

f　拉深系数 m 的影响

拉深系数 $m=\dfrac{d}{D}=\dfrac{1}{k}$，其值为拉深比 k 的倒数，它是反映拉深变形程度的一个重要指标，拉深系数越小，拉深变形程度越大。因此，为保证拉深顺利进行，不出现拉破，一般需 $m>0.5$。

对于式(6-55)，若使 $R=D/2$（D 为毛坯直径），则拉深力达到最大，即：

$$F_{max}=\sigma_s\left(1.1\ln\frac{1}{m}+\frac{2\mu Q}{\pi Dt\sigma_s}+\frac{t}{2r_d+t}\right)(1+1.6\mu) \tag{6-58}$$

当 m 减小时，F_{max} 增大，即随着拉深变形程度增大，拉深力增大。因此，为了防止拉破，有必要降低拉深变形程度，即增大拉深系数。拉深系数的合理分配始终是拉深工艺设计的一个关键问题。

B　防裂措施

防裂措施有：

（1）采用适当的拉深比（拉深系数 m）和压边力。如果 m 过小，变形程度增大，必然出现拉破。

（2）增加凸模表面的粗糙度。凸模表面的粗糙度增加可以减少颈缩处的变薄，增大拉深能力。

（3）选 δ、n 值和 $\overline{R}$ 值较大而 σ_s/σ_b 比值小的材料。

此外，拉深中除了起皱、拉裂缺陷外，还有其他缺陷，如凸耳现象、残余应力、拉伤、零件表皮粗糙等。凸耳是拉深后的圆筒端部出现的高低不平，一般有4个凸耳，有时出现2、6、8个凸耳。产生凸耳的原因是毛坯的各向异性。在各向异性指数 R 较小的方向，板料变厚，筒壁高度较低，在各向异性指数 R 较高的方向，板料增厚不大，筒壁高度增加。一旦出现凸耳，筒形件边缘不齐，需用修边工序去除掉，这增加了工序，因此不希望凸耳产生。由于凸耳现象，导致拉深件高度公差不能要求太高。

残余应力是拉深后的圆筒内部保留的应力，外表面为拉应力，内表面为压应力，靠近圆筒上部残余应力最大。这是由于弯曲、反向弯曲所引起，这种残余应力会使筒壁由于应力腐蚀而开裂。为消除残余应力，一般拉深后制件应进行退火处理。

6.3.4 圆筒形件拉深工艺计算

6.3.4.1 拉深件的毛坯尺寸

由于拉深后零件的平均厚度与毛坯厚度差别不大，厚度变化可以忽略不计，因此，拉深件毛坯尺寸的确定，可按拉深前后毛坯与工件的表面积相等的原则计算。

对于圆筒形件，采用圆形毛坯。按面积相等原则计算毛坯尺寸时，先将拉深件划分为若干便于计算的简单几何体，分别求出其面积后相加，得零件总面积 $\sum A$，则毛坯直径为：

$$D = \sqrt{\frac{4}{\pi}\sum A} \quad (6\text{-}59)$$

对于图6-54示出的圆筒件，毛坯直径为：

$$D = \sqrt{(d-2R)^2 + 2\pi R(d-2R) + 8R^2 + 4d(H-R)} = \sqrt{d^2 + 4dh - 1.72Rd - 0.56R^2} \quad (6\text{-}60)$$

考虑到板料的各向异性和模具间隙不均等因素的影响，拉深后零件的边缘不齐，甚至出现凸耳，需在拉深后进行修边。因此，计算毛坯直径时需要增加修边余量 Δh，修边余量 Δh 一般按1～6mm选取。

对于各种形状复杂的旋转拉深件，毛坯直径的确定常采用作图法和作图解析法。这时，毛坯直径为：

$$D = \sqrt{8\sum lr} \quad (6\text{-}61)$$

式中 l，r——分别为旋转体各组成部分母线长度和其重心至旋转轴的距离，mm。

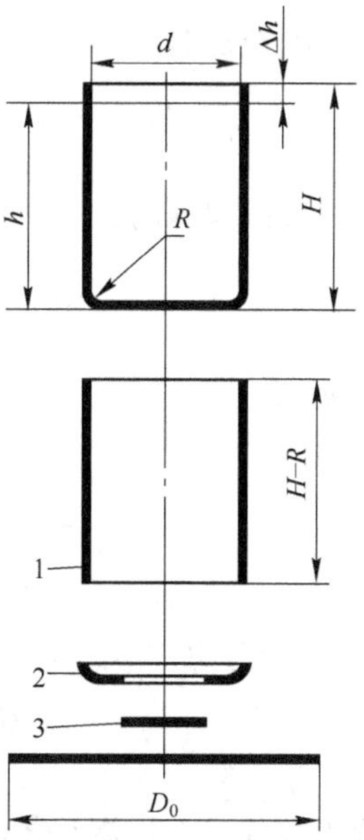

图6-54 圆筒件拉深毛坯尺寸计算
1—圆筒部分；2—圆环部分；3—筒底部分

6.3.4.2 拉深系数和次数的确定

从拉深过程的分析知，拉深件的起皱和拉裂是拉深工作中存在的主要问题，其中拉裂是首要问题。在制订拉深工艺和设计拉深模时，必须首先确定该零件是一次拉成还是多次拉成。

图6-55所示为厚0.35mm的08F钢板的圆筒拉深试验曲线，圆筒件的内径为ϕ50mm。由图可知，毛坯原始直径分别取ϕ78mm、ϕ80mm和ϕ90mm时都可成功拉深出圆筒件。而当毛坯直径$D>\phi100$时，在行程刚超过20mm就产生破裂。

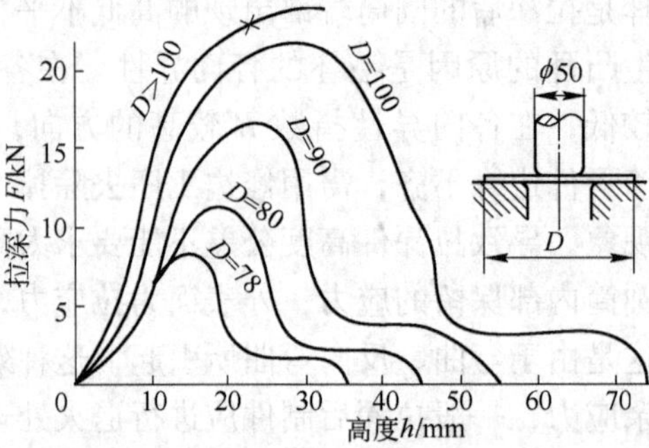

图6-55 厚0.35mm的08F钢板圆筒拉深实验曲线

由式（6-58）可知，D上升，m减小，F_{max}上升，拉深件容易产生破裂，因此，当工件需要的毛坯直径很大时，也就是说圆筒件的高度h较大时，就需要多次拉深，以减少每次拉深的变形抗力。

在需要多次拉深的情况下（见图6-56），每次的拉深系数如下。

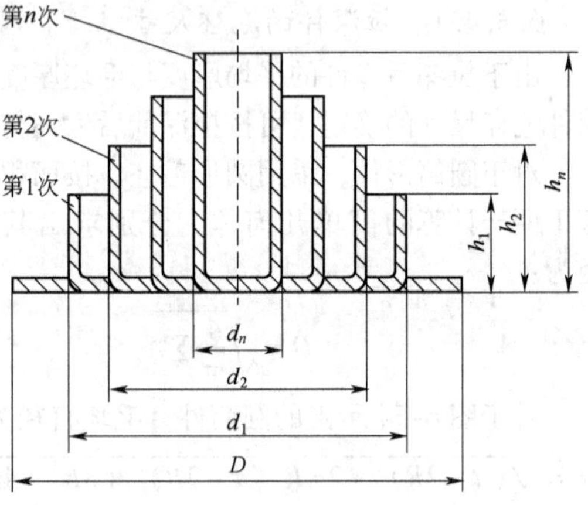

图6-56 拉深工序示意图

第一次拉深时：

$$m_1=\frac{d_1}{D};\ d_1=m_1D \tag{6-62}$$

以后各次拉深时：

$$m_2=\frac{d_2}{d_1};\ d_2=m_2d_1=m_1m_2D$$

$$m_3=\frac{d_3}{d_2};\ d_3=m_3d_2=m_1m_2m_3D \tag{6-63}$$

$$\vdots$$

$$m_n=\frac{d_n}{d_{n-1}};\ d_n=m_nd_{n-1}=m_1m_2m_3\cdots m_nD$$

式中 d_1，d_2，d_3，…，d_{n-1}——各次半径成品直径，mm；

D——毛坯直径，mm；

d_n——零件直径，mm。

因为零件的总拉深系数为：

$$m_{零件}=\frac{d_n}{D} \tag{6-64}$$

所以，零件总拉深系数与单次拉深系数的关系为：

$$m_{零件}=\frac{d_n}{D}=m_1m_2m_3\cdots m_n \tag{6-65}$$

在设计多次拉深工序时，必须遵循的一个原则是：应使每一次拉深系数小于相应的材料的许用极限拉深系数 $m_1m_2m_3\cdots m_n$，极限拉深系数是使拉深件不破裂的最小拉深系数，可以查表6-7。

表6-7　直壁圆筒件带压边圈时的极限拉深系数

拉延系数	毛坯相对厚度 $(t/D)\times100$					
	2.0 ~1.5	1.5 ~ 1.0	1.0 ~ 0.6	0.6 ~ 0.3	0.3 ~ 0.15	0.15 ~ 0.08
m_1	0.48 ~0.50	0.50 ~0.53	0.53 ~0.55	0.55 ~0.58	0.58 ~0.60	0.60 ~0.63
m_2	0.73 ~0.75	0.75 ~0.76	0.76 ~0.78	0.78 ~0.79	0.79 ~0.80	0.80 ~0.82
m_3	0.76 ~0.78	0.78 ~0.79	0.79 ~0.80	0.80 ~0.81	0.81 ~0.82	0.82 ~0.84
m_4	0.78 ~0.80	0.80 ~0.81	0.81 ~0.82	0.82 ~0.83	0.83 ~0.85	0.85 ~0.86
m_5	0.80 ~0.82	0.82 ~0.84	0.84 ~0.85	0.85 ~0.86	0.86 ~0.87	0.87 ~0.88

通过式(6-65)，若以每次的极限拉深系数代替相应的拉深系数，就可以推算出该零件所需要的拉深次数。

在制定多次拉深工艺时，为了减少拉深次数（即减少模具套数与占用的设备人员数），通常首次拉深采用较小的拉深系数，尽量接近材料的首次极限拉深系数，因为这时的材料塑性最好，应最大限度地利用材料的塑性潜能，此后，由于材料的加工硬化，塑性下降，变形抗力上升，后续拉深系数应越来越大，但它们均应大于其极限拉深系数。

6.3.4.3　拉深力和拉深功计算

A　拉深力

带压边圈的圆筒形件拉深，第一道拉深的拉深力可按式(6-55)计算，但由于拉深力 F 的理论计算式较复杂，使用不便，所以在生产中常用下列经验公式计算。

圆筒件的第一次拉深力：

$$P_1=\pi d_1 t\sigma_b k_1 \tag{6-66}$$

第二次及以后各次拉深力：

$$P_n=\pi d_n t\sigma_b k_n \tag{6-67}$$

式中　k_1，k_2，…，k_n——系数，其值分别查表6-8。

表6-8　修正系数 k_1、λ_1、k_i、λ_i

拉深系数 m_1	0.55	0.57	0.60	0.62	0.65	0.77	0.70	0.72	0.75	0.75	0.80			
系数 k_1	1.00	0.93	0.86	0.79	0.72	0.66	0.60	0.55	0.50	0.45	0.40			
系数 λ_1	0.80		0.77		0.74		0.70		0.67		0.64			
拉深系数 m_i							0.70	0.72	0.75	0.77	0.80	0.85	0.90	0.95
系数 k_i							1.00	0.95	0.90	0.85	0.80	0.70	0.60	0.50
系数 λ_i							0.80		0.80		0.75		0.70	

B　拉深功

对于一般的浅拉深，只需压力机的公称压力 F 不低于最大拉深力即可，对于深拉深，不仅要核算压力，而且要核算功率。拉深行程很大时，特别是落料拉深复合时，不能简单地将落料力与拉深力叠加去选择压力机，而应注意压力机的压力曲线。否则，很可能由于过早地出现最大冲压力而使压力机超载而损坏。

单次行程所需的拉深功 A(N · m)计算如下。

第一次拉深：
$$A_1 = \frac{\lambda_1 F_{1\max} h_1}{1000} \tag{6-68}$$

以后各次拉深：
$$A_i = \frac{\lambda_i F_{i\max} h_i}{1000} \tag{6-69}$$

式中 λ_1，λ_i——系数。

此外，拉深深度大时，由于电机的长时间工作，有可能使电机的功率超载而烧损，因此，通常还应对电机的功率进行核算。

拉深所需压力机的电机功率 N(kW)为：

$$N = \frac{A\zeta n}{60 \times 75 \times \eta_1 \eta_2 \times 13.6} \tag{6-70}$$

式中 ζ——不均匀系数，其值为 1.2 ~ 1.4；

n——压力机每分钟的行程次数，次/min；

η_1——压力机效率；

η_2——电机效率。

若所选压力机的电机功率小于计算值，则应另选功率较大的压力机。

6.3.5 其他形状零件的拉深

6.3.5.1 带法兰圆筒件的拉深

带法兰的圆筒件拉深时，毛坯法兰部分不是全部进入凹模口部转变为工件的侧壁，而是只拉深到毛坯外径等于零件法兰外径为止，因此，可以认为带法兰圆筒件的拉深只是无法兰拉深过程的中间阶段，而不是其拉深过程之终结，前面所述如应力应变状态分析、拉深力分析等对带法兰圆筒拉深同样适用。

生产中将法兰圆筒件分为两种类型：窄法兰件和宽法兰件。

A 窄法兰件

当$\frac{D_F}{d} \leqslant 1.4(1.1 \sim 1.4)$ 时，即是窄法兰件，这类零件因法兰边很少，可当作圆筒件拉深，只要倒数第二道才拉深出法兰边或锥形法兰边，再经整形、修边即可得到 d_F（见图 6-57）。

B 宽法兰边零件

这类零件的$\frac{d_F}{d} > 1.4$，相应的拉深系数为，

$$m_F = \frac{d}{D} = \frac{1}{\sqrt{\left(\frac{d_F}{d}\right)^2 + 4\frac{h}{d} - 3.44\frac{r}{d}}} \tag{6-71}$$

由此可见，m_F 与法兰的相对直径$\frac{d_F}{d}$、零件相对高度$\frac{h}{d}$和相对圆角半径 r/d 有关。其中 d_F/d 影响最大，r/d 影响最少。d_F/d 和 h/d 越大，则法兰区宽度越大，拉延越困难，

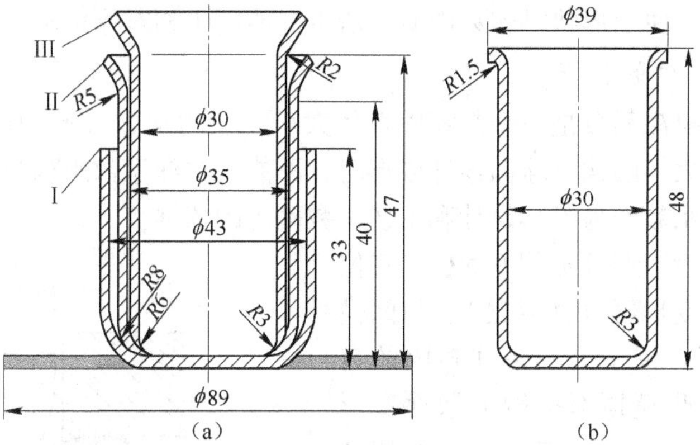

图 6-57　窄法兰件拉深工艺与工件

(a) 窄法兰件拉深工艺；(b) 窄法兰件

m_F 下降。当 d_F/d 和 h/d 值超过某一界限时，即成宽法兰高筒形件时，则需多次拉深。

宽法兰件的拉深方法是：在第一次拉深时，就拉成零件所要求的法兰直径，而在以后各次拉深后，法兰直径保持不变，因为法兰尺寸微小的减少都会引起很大的变形抗力，使危险断面破裂。因此，为保证 d_F 不变，以后的拉深法兰部分不参与变形，应使第一次拉入凹模的材料要比计算值大 5%，即多存储 5% 的材料。

中、小法兰件（$d_F<200$mm）的拉深方法是：用多次拉深逐步减少筒径和增加高度的方法成形，而凸、凹模圆角半径 r_p、r_d 保持不变。但冲压的零件直壁和法兰边上留有中间工序中弯曲和厚度局部变化的痕迹，需要加一道整形工序，外观质量差，如图 6-58(a)所示。

大法兰件（$d_F>200$mm）的拉深方法是：第一次拉深后得到的半成品，其凸、凹模圆角半径要大，高度等于零件高度，在以后各道工序中毛坯高度不变，只减少 r_p、r_d，获得所需的筒径，如图 6-58(b)所示。用此法制成的零件，表面平滑平整、厚度均匀，但在第

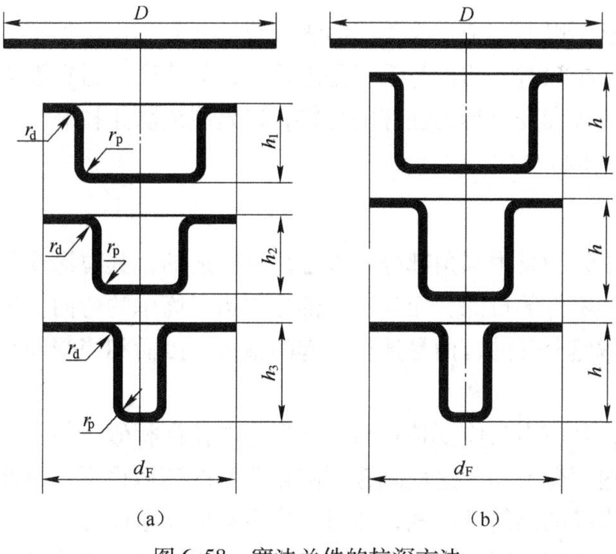

图 6-58　宽法兰件的拉深方法

(a) 适合薄宽法兰件；(b) 适合厚宽法兰件

一次拉深成大圆角的曲面形状时容易内皱，所以只能用于相对厚度较大的毛坯。

6.3.5.2 球形件的拉深

半球形零件的拉深系数是一个与零件直径大小无关的常数（$m=0.71$），比圆筒形零件的极限拉深系数大。因此，球面零件成形时，不能用拉深系数来衡量冲压工艺的难易程度，更不能用拉深系数作为模具设计和工艺参数确定的依据。

球面零件底部为球形（见图6-59），有位于压边圈下的平面变形区（法兰区）、与凹模圆角贴合的接触区、位于凸凹模间隙内的自由表面区，以及与凸模顶部接触的塑性变形区，所以球形拉深时，毛坯产生很大的塑性变形，在法兰部分其应力与应变特点与圆筒形件的拉深相同，而在中间部分的受力情况与变形状况较复杂。

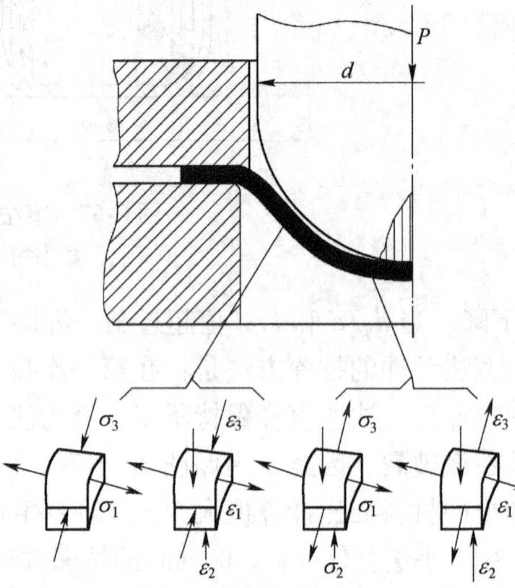

图6-59 球面零件拉深

从法兰到毛坯中心，切向应力由压应力逐渐变为拉应力，中间存在一个切向应力为零的单向拉应力区。这正反映了球面零件拉深变形的特点，即由法兰区的拉深变形逐步过渡到毛坯中心的胀形，由于球面零件拉深时自由表面区很大，容易失稳起皱，此皱称为内皱（法兰区域的起皱常称为外皱）。

内皱难以消除，它严重影响零件表面质量，所以为避免内皱现象，需采取防皱措施。当板坯料的相对厚度小于0.03时，应当采用压边装置。因此具体的防皱措施有：加压边圈、改置拉深槛或拉深筋，或采用反拉深等方法，以增大径向拉应力和胀形成分，防止起皱。

但也要特别注意，以上措施在改善了内皱趋势的同时，也增加了中心胀形区被拉裂的可能性。因为在开始拉深时，凸模与毛坯是点接触，易使底部材料发生严重变薄，甚至拉破。可以选用n值较大和变形均匀性好的材料，以延缓或防止拉裂。

6.3.5.3 盒形件的拉深

A 变形特点

盒形件零件可以认为是由圆角部分和直边部分组成的，其拉深变形可近似地认为，圆角部分相当于圆筒形零件的拉深，而其直边部分相当于简单的弯曲。但是，由于直边部分和圆角部分并不是截然分开的，而是连在一起的整体，因而相当受到牵制，形成了盒形件拉深变形的特点。

对于圆角部分，其应力与应变特点与圆筒形件的拉深相似，但由于直边的存在，圆角部分材料可以向直边部分流动，这就减轻了圆角部分的变形程度，由此，盒形件的拉延系数可以取得比相同直径的圆筒件小些，即可拉出更高的盒形高度。

直边对圆角部分的变形影响与盒形件相对圆角半径 r/B（圆角半径/盒形件宽度）有关，r/B 越小，直边对圆角部分变形影响越显著，即圆角部分的变形与圆筒形件差别越大，当 $r/B=0.5$ 时，盒形件就成圆筒形件了。

盒形件拉深的变形特点可总结为：

（1）盒形件在直边的变形与圆角的变形是不同的，在圆角部分，径向拉应力与切向压应力比直边部分的要大得多，但就角部而言，其平均拉应力与相应的圆筒形件相比又要小得多。因此，在相同条件下，盒形件的拉延系数可取小些。

（2）在毛坯的周边上，角部与直边之间又存在相互影响与作用，直边对角部的变形影响主要与 r/B 有关，r/B 越小（即宽边盒形件），这种影响就越显著。

B　毛坯尺寸计算

在生产实际中，通常采用一些建立在实践经验基础上的简单作图计算法，以确定一个供试验用的毛坯尺寸和形状，而后在试生产中修正。

对于可一次拉深成形的低矩形盒（h/r 较小），其毛坯尺寸如图 6-60 所示，计算步骤为：

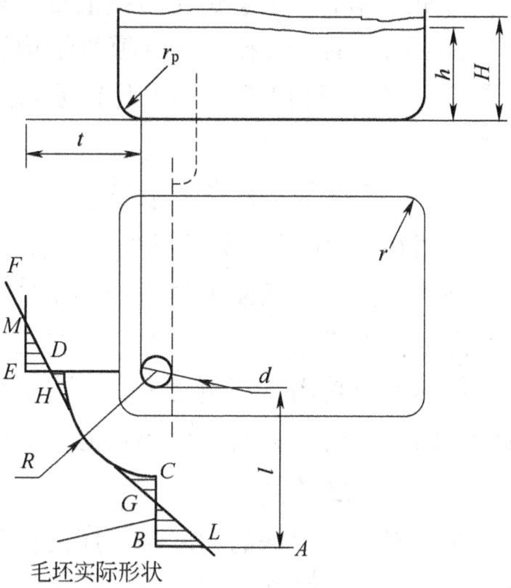

图 6-60　盒形件毛坯尺寸计算

（1）先将直边按弯曲计算，圆角部分按$\frac{1}{4}$圆筒拉深计算，于是得出毛坯外形 $ABCDEF$；

（2）过 BC 和 DE 的中点 G 和 H 作圆弧 R 的切线，再用圆弧将切线和直边展开线连接起来，得到最后修正的毛坯外形 $ALGHMF$；

（3）按弯曲展开的直边部分的长度为：

$$l=H+0.57r_p \tag{6-72}$$

式中　H——矩形盒高度(包括修边余量 Δh)；

r_p——盒底圆角半径。

圆角部分按 1/4 圆筒拉深计算：

$$R=\sqrt{r^2+2rH-0.86r_p\ (r+0.16r_p)} \tag{6-73}$$

C　凸、凹模尺寸设计

凹模圆角半径可取 $r_d=(4\sim10)t$，设计时取小值，以便调模时修大。凸、凹模间隙可根据零件尺寸公差精度等级选取：当制件精度高时，$c=(0.9\sim1.05)t$；当制件精度低时，$c=(1.1\sim1.3)t$。

因直边部分壁厚增大比圆角部分小，所以间隙 c 在圆角处最大，在直边处最小，间隙沿周边是不均匀的，一般角部间隙比直边部分的间隙增大 $0.1t$。

为了使制件直壁挺拔美观，常常在最后一道工序间隙采用等于板厚，或者在直边处设置拉深筋，也可预先将成形直边的凹模设计成内凹的形状，也可达到这一目的。

6.3.6　拉深模具设计

6.3.6.1　拉深模典型结构

拉深模的结构类型很多，由于拉深工作情况和使用的设备不同，模具结构也不同。

按完成工序的顺序可分为首次拉深模和以后各次工序拉深模。按模具使用压力机类型又可分为单动压力机用拉深模、双动和三动压力机用拉深模等。

A 无压边装置的简单拉深模

如图6-61所示，毛坯安放在定位板内定位，凸模工作部分长度大，安装在上模上。凸模下行进行拉深，凸模回程，借助压力机的顶出装置将工件从凹模内顶出。为使工件不至于紧贴在凸模上难以取下，在凸模上应有3~6mm的通气孔。这种模具结构简单，一般适合于厚度较大（料厚2mm以上）及拉深深度较小的工件。

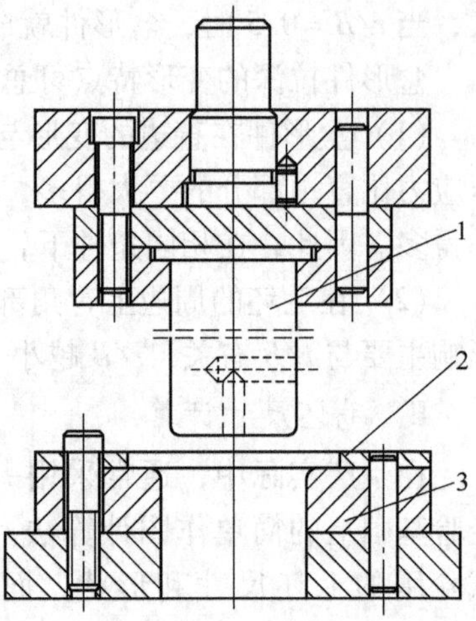

图6-61 无压边装置的简单拉深模
1—凸模；2—凹模；3—定位圈

B 有压边装置的简单拉深模

如图6-62所示，本模具的凹模固定在上模，所以称为倒装拉深模。凹模内的拉深件靠打板打下。凸模用螺钉固定在下模板上。落料毛坯放在压边圈的台阶孔内定位，所以既有压边防皱功用，又有卸件和定位功用。压边力由安装在下模座上的弹顶器供给。装在模座下面的弹簧或橡胶有较大的压缩行程，所以该模具能拉深较高的零件。

C 再次拉深模

对于多工序拉深的后续各工序的拉深，毛坯已不是平板形状，而是壳体的半成品。因此，其拉深模具必须考虑坯件的正确定位，同时还应该便于操作。

如图6-63所示的简单拉深模，压边圈采用筒形结构，前道工序拉深的半成品毛坯通

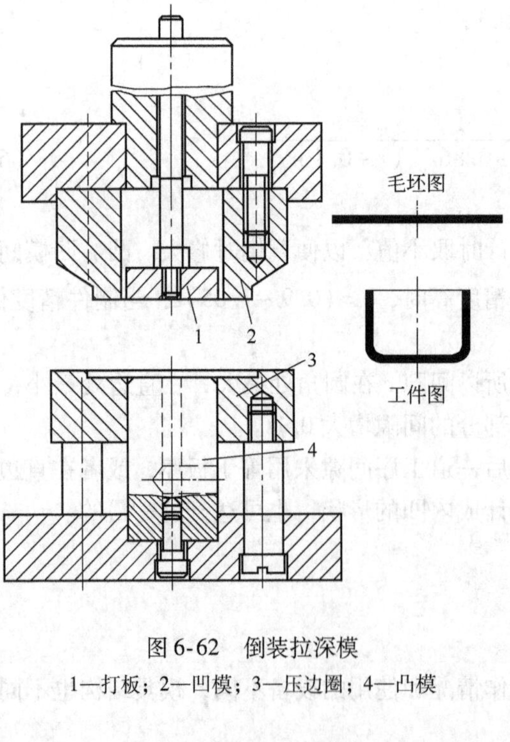

图6-62 倒装拉深模
1—打板；2—凹模；3—压边圈；4—凸模

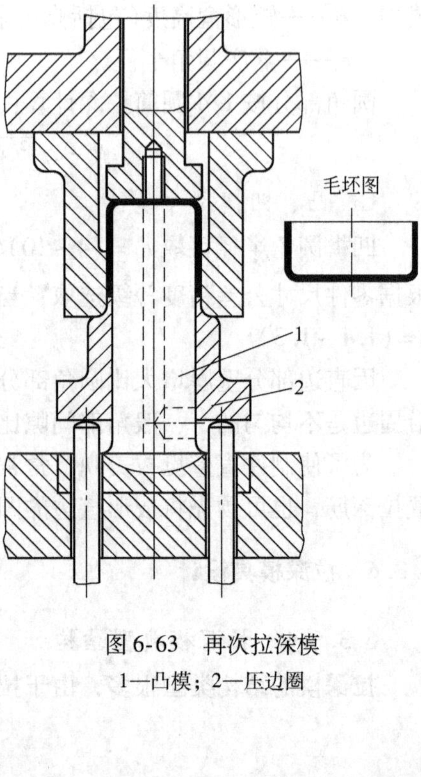

图6-63 再次拉深模
1—凸模；2—压边圈

过压边圈的外筒定位，压边圈内筒与拉深凸模配合，上模下行，拉深凹模先与压边圈接触压紧毛坯，随后拉深凸模进行拉深，上模回程时，压边圈在弹性压边装置作用下完成顶出，将工件从凸模上卸出，凹模内的工件则通过打件装置出件。

6.3.6.2 拉深模凸、凹模工作部分的尺寸

A 凹模圆角半径 r_d

r_d 对拉深过程影响很大，r_d 过小，会使拉深力上升，r_d 过大，可降低拉深力，但会出现内皱，所以 r_d 取值应适当。

（1）首次拉延 r_{d1} 按表 6-9 查取，或 $r_{d1}=(6\sim10)t$，以后多次拉深的 r_{dn} 为：

$$r_{dn}=(0.7\sim0.8)\ r_{d(n-1)}\geqslant 2t \tag{6-74}$$

（2）按卡契马列克的经验公式确定 r_d，该公式为：

$$r_d=0.8\sqrt{(D-d)t} \tag{6-75}$$

表 6-9 首次拉深凹模圆角半径 r_{d1} （mm）

材料种类 \ 材料厚度 t	≤3	>3~6	6~20
钢	$(10\sim6)t$	$(6\sim4)t$	$(4\sim2)t$
紫铜、黄铜、铝	$(8\sim5)t$	$(5\sim3)t$	$(3\sim1.5)t$

B 凸模圆角半径 r_p

r_p 对拉延力影响很小，但 r_p 过小，会使"危险断面"处弯曲应力增加，材料减薄，甚至出现颈缩，所以 r_p 不能太小。

一般地，$r_p=r_d$，最后一道拉深的 r_p 等于零件的圆角半径，但须大于（2~3）t，否则要加整形工序。

C 凸、凹模间隙

由于拉深过程中，筒壁材料有增厚的现象，因此单边间隙取：

$$c=(1\sim1.1)t_{max} \tag{6-76}$$

当拉深件精度要求达到 IT9~11 时，最后一道拉深工序的间隙取：

$$\begin{aligned} c&=t \quad （黑色金属）\\ c&=0.95t（有色金属）\end{aligned} \tag{6-77}$$

D 凸、凹模工作尺寸及制造公差

最后一道拉深模的尺寸及公差直接决定了零件的尺寸精度，因此凹模、凸模的尺寸及其公差应按零件的要求来确定。

图 6-64（a）所示的拉深件，当零件的外形有尺寸要求时，这时它由凹模尺寸决定，此时凹模尺寸为：

$$D_d=(D-0.75\Delta)^{+\delta_d} \tag{6-78}$$

凸模尺寸按凹模尺寸配作，保证拉深间隙，于是：

$$D_p=(D_d-2z)_{-\delta_p}=(D-0.75\Delta-2z)_{-\delta_p} \tag{6-79}$$

图 6-64(b)所示的拉深件，要求的是内形尺寸，此尺寸由凸模尺寸决定，因此，凸模

尺寸为：

$$D_p = (d + 0.4\Delta)_{-\delta_p} \tag{6-80}$$

凹模尺寸按凸模尺寸配作，保证拉深间隙，于是：

$$D_d = (\delta_p + 2z)^{+\delta_d} = (d + 0.4\Delta + 2z)^{+\delta_d} \tag{6-81}$$

对于多次拉深时的第一次拉深及中间过渡拉深毛坯的尺寸公差没有严格限制。这时，模具的尺寸只要取等于毛坯过渡尺寸即可。

若取凹模为基准，则凹模尺寸与凸模尺寸分别为，

$$D_d = D^{+\delta_d}$$

$$D_p = (D - 2z)_{-\delta_p} \tag{6-82}$$

其中，凸模及凹模的制造公差 δ_p 及 δ_d 一般按 IT6 ~ IT7 选取。

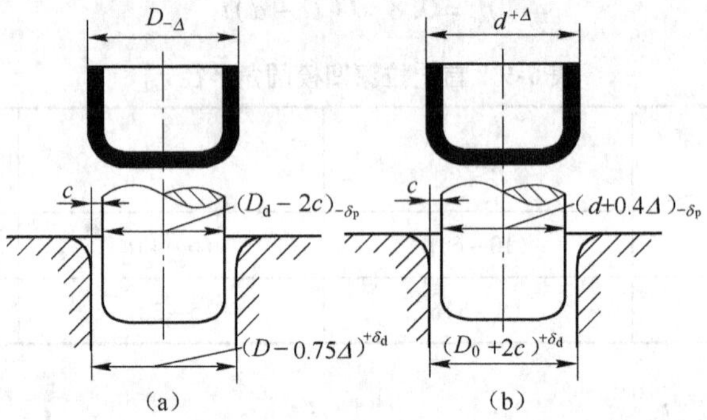

图 6-64 拉深模工作部分尺寸计算
（a）工件外形尺寸有要求；（b）工件的内形尺寸有要求

习题与思考题

6-1 简述板料冲裁时的切断面特征。

6-2 试述冲裁间隙对冲裁切断面质量的影响。

6-3 试比较简单模、复合模、连续模的结构特点和适用范围。

6-4 简述精密冲裁与普通冲裁的工艺特点，并比较两者变形机理的主要区别。

6-5 图 6-65 所示的工件材料为 10 号钢，料厚为 2mm，抗拉强度为 380MPa。试计算：

（1）冲裁力；

（2）冲裁压力中心；

（3）冲裁凸模与凹模刃口部分尺寸。

6-6 简述弯曲工艺的变形特点。

6-7 试述弯曲回弹的定义及如何采取措施来提高弯曲件的弯曲精度。

6-8 试阐述弯曲时要尽量使弯曲线与材料轧制方向垂直的理由。

6-9 简述弯曲最小相对圆角半径的定义及其物理意义。

6-10 求图 6-66 所示托架零件的展开长度。

6-11 简述圆筒件拉深的变形特点。

6-12 试述圆筒件拉深的主要质量问题，以及可能采取的措施。

6-13 简述圆筒件的展开毛坯尺寸计算方法。

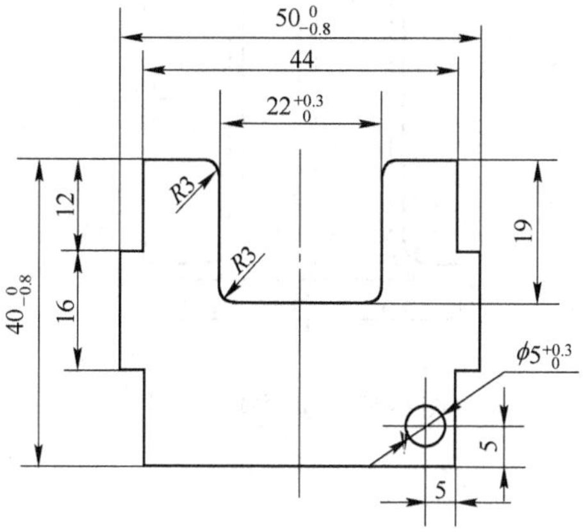

图 6-65　灭弧栅片

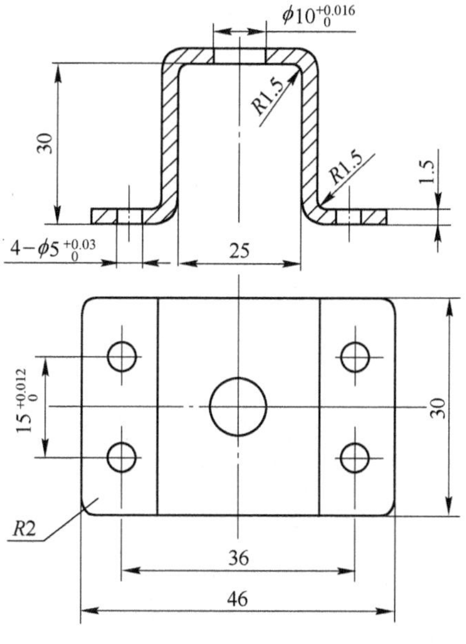

图 6-66　托架零件

6-14　简述落料－拉深复合模的工作原理和结构特点。

6-15　图 6-67 所示拉深件的材料为 10 号钢，厚度 2mm，大批量生产。试完成以下工作：

（1）计算毛坯的展开尺寸；

（2）计算零件的拉深次数及各拉深工序件尺寸；

（3）计算各次拉深时的拉深力与压料力；

（4）绘制落料首次拉深复合模的结构图；

（5）绘制后续拉深模的结构图。

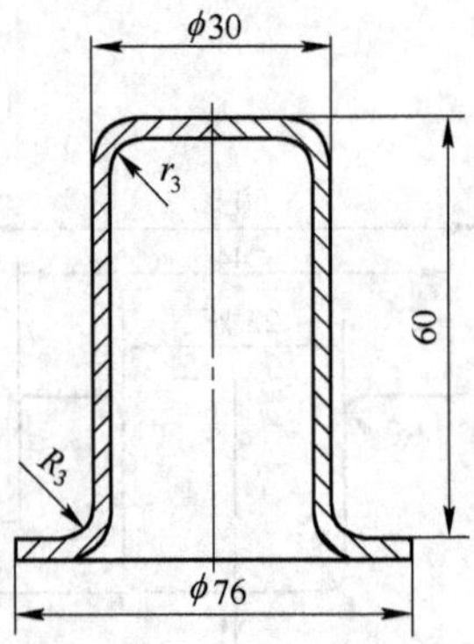

图6-67 拉深圆筒零件

7　其他冲压成形方法与新工艺

【本章概要】

除了第 6 章介绍的几种最为普通的冲压工序外，还有一些其他的工序也在生产中经常遇到，包括胀形、翻边、卷边、扩口、缩口、翻管、旋压、校平等冲压工序，以及一些为适应新的要求而发展起来的新工艺，如热冲压成形、内高压成形、黏性介质成形、板冲锻、渐进成形等。这些成形工序的共同特点是通过材料的局部变形来改变坯料或工件的形状。

【关键词】

翻边、胀形、缩口、旋压、管材翻卷、冲压成形新工艺

【本章重点】

翻边系数的确定方法，圆孔翻边的工艺计算方法，冲压加强筋的冲压力计算方法，缩口系数的定义与多道缩口系数的确定方法。

【教学目的】

了解翻边的原理，起伏成形的原理，缩口的原理，旋压成形的特点，管材的翻卷成形方法，以及一些新的冲压成形工艺。

7.1　其他冲压成形工序

7.1.1　翻边

翻边是利用模具把板料上的孔缘或外缘翻成竖边的冲压方法。根据工件边缘的形状与应力、应变状态的不同，翻边可分为内孔翻边和外缘翻边。内孔翻边按竖边壁厚的变化程度，可分为不变薄翻边和变薄翻边。外缘翻边有外凸缘翻边和内凹缘翻边。由于圆孔翻边应用较多，所以这里主要介绍圆孔翻边的工艺特点及模具设计。

7.1.1.1　圆孔翻边的特点

图 7-1 所示为圆孔翻边时的变形情况。其变形区限制在凹模圆角以内的区域，在这一区域内，材料在径向和切向均受拉应力作用而伸张，即 $\sigma_\theta > 0$、$\sigma_\rho > 0$，越接近预冲孔边缘变形越大，材料厚度减薄越大，因此，内孔翻边的失败往往是边缘破裂，工艺上常常把这种因材料局部伸长率不足而引起的破裂称为 β 破裂。

圆孔翻边的变形程度可用翻边系数 k 来表示：

$$k = \frac{d_0}{D_m} \tag{7-1}$$

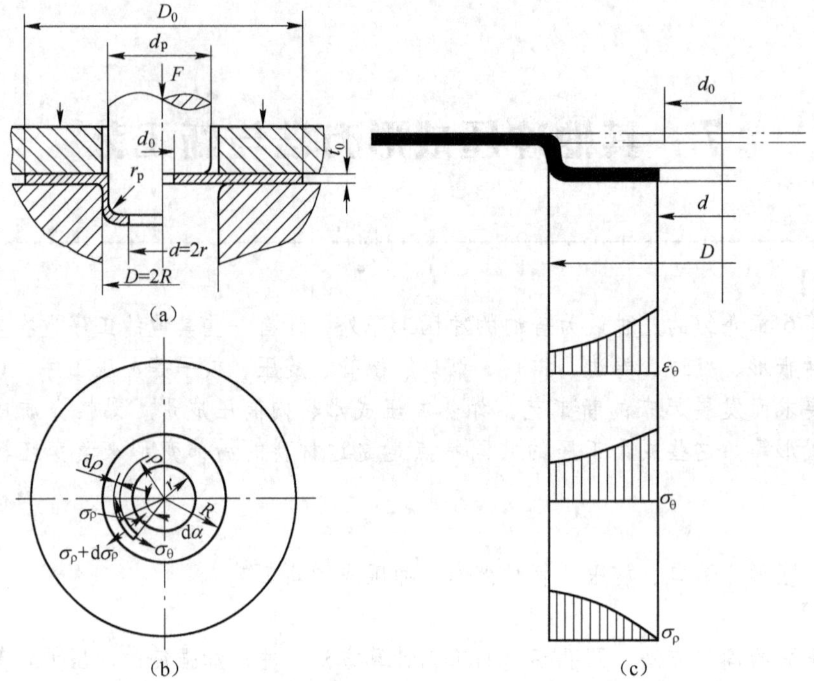

图 7-1 圆孔翻边变形

(a) 圆孔翻边示意图；(b) 变形区的受力状态；(c) 变形区的应力与应变

式中 d_0——翻边前预冲孔的直径，mm；

D_m——翻边后竖边的中径，mm。

k 值越小，则变形程度越大。圆孔翻边的成形极限根据竖边边缘是否发生破裂来确定，翻边系数 k 与竖边边缘厚度减薄量有如下关系：

$$t = t_0\sqrt{k} \tag{7-2}$$

式中 t——翻边后竖边边缘厚度，mm；

t_0——材料厚度，mm。

从式(7-2)可知，k 越小，竖边孔的厚度减薄越大，越容易发生破裂，故圆孔翻边受成形极限 k 限制，存在一极限翻边系数 k_{min}，为了保证翻边质量，应使 $k > k_{min}$。各种材料的翻边系数见表 7-1。

表 7-1 各种材料的翻边系数

经退火的毛坯材料		翻边系数 k	翻边系数 k_{min}
镀锌钢板（白铁皮）		0.70	0.65
软 钢	$t = 0.25 \sim 2.0$mm	0.72	0.68
	$t = 3.0 \sim 6.0$mm	0.78	0.75
黄铜 $t = 0.5 \sim 6.0$mm		0.68	0.62
铝 $t = 0.5 \sim 5.0$mm		0.70	0.64
硬铝合金		0.89	0.80

续表 7-1

经退火的毛坯材料		翻边系数	
		k	k_{min}
钛合金	TA1（冷态）	0.64～0.68	0.55
	TA1（加热 300～400℃）	0.40～0.50	
	TA5（冷态）	0.85～0.90	0.75
	TA5（加热 500～600℃）	0.70～0.65	0.55
不锈钢、高温合金		0.69～0.65	0.61～0.57

极限翻边系数与许多因素有关，主要有：

（1）材料的塑性。塑性好的材料，极限翻边系数小。

（2）孔的边缘质量。翻边前孔的边缘质量好，无撕裂、无毛刺，则有利于翻边成形，极限翻边系数小。

（3）材料的相对厚度。翻边前预孔直径与毛坯厚度之比越小，则极限翻边系数越小。

（4）凸模的形状。采用球形、抛物线形凸模进行翻边，翻边孔是圆滑地逐渐扩张，可以减轻孔的破裂，与平底圆柱形凸模相比，极限翻边系数小。

7.1.1.2 圆孔翻边的工艺计算

A 一次翻边成形

在翻边变形不大时，可将毛坯一次翻边成形，如图 7-2 所示。

这时，内孔的翻边预孔直径可以近似地按弯曲展开计算，即：

$$d_0 = D_m - 2(h - 0.43r - 0.72t_0) \tag{7-3}$$

内孔的翻边高度为：

$$h = \frac{1}{2}(D_m - d_0) + 0.43r + 0.72t_0 = \frac{D_m}{2}(1 - k) + 0.43r + 0.72t_0 \tag{7-4}$$

内孔的极限翻边高度为：

$$h_{max} = \frac{D_m}{2}(1 - k_{min}) + 0.43r + 0.72t_0 \tag{7-5}$$

B 拉深后再翻边

若零件要求的翻边高度较大，可采用先拉伸再翻边的方法成形，如图 7-3 所示。这时，允许的最大翻边高度为：

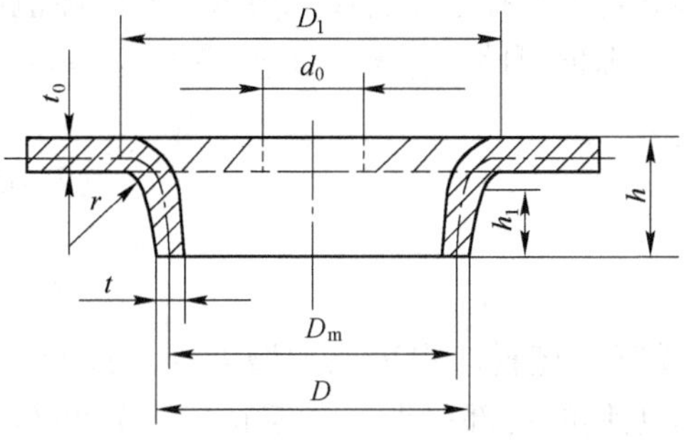

图 7-2 圆孔翻边的一次翻边成形

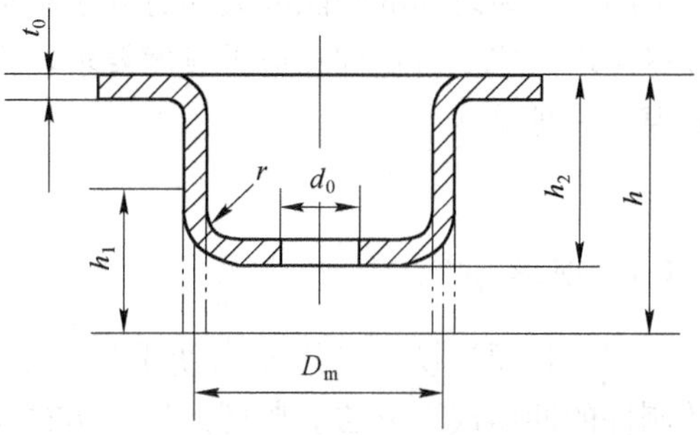

图 7-3 拉深后再翻边

$$h_{1\max}=\frac{D_m}{2}(1-k_{\min})+0.57r \tag{7-6}$$

预冲孔直径为：

$$d_0=k_{\min}D_m \tag{7-7}$$

于是，翻边前的拉深高度为：

$$h_2=h-h_{1\max}+r+t_0 \tag{7-8}$$

根据工件尺寸 D_m、h、r 及 t_0，便可确定 h_1、d_0。

7.1.1.3 翻边力计算

翻边力一般不大，采用圆柱形平底凸模时，翻边力可按下式计算：

$$F=1.1\pi(D_m-d_0)t_0\sigma_s \tag{7-9}$$

式中 D_m——翻边后直径（按厚度中心线直径计算），mm；

d_0——翻边预冲孔直径，mm；

t_0——板料厚度，mm；

σ_s——板料屈服强度。

7.1.1.4 翻边模设计

翻边模的结构与拉深模相似，如图 7-4 所示，所不同的是模具工作部分的形状和结构，尤其是翻边凸模的形状和结构，不仅对翻边力有影响，而且直接影响翻边质量或效果。

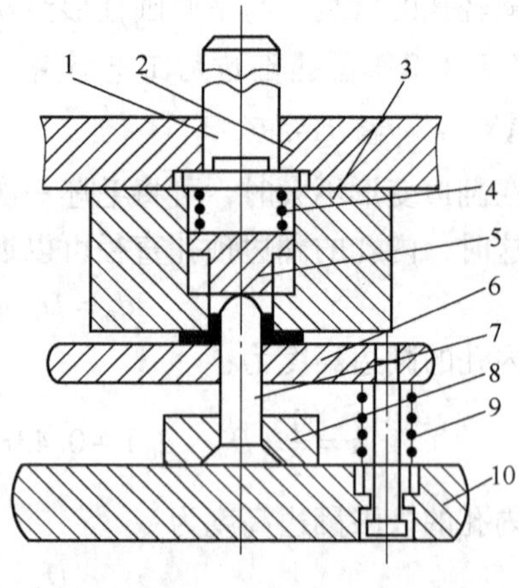

图 7-4 翻边模

1—模柄；2—上模座；3—凹模；4—弹簧；5—退件块；6—卸料板；7—翻边凸模；8—凸模固定板；9—卸料弹簧；10—下模座

一般地，翻边凸模圆角半径应尽量取大些，或直接做成球形和抛物线形。从变形的有利条件看，以抛物线凸模最好，球形次之，平头形最差。但从凸模加工难易程度来看则相反。图 7-5 所示为常见的几种圆孔翻边凸模形状和尺寸。图 7-5(a)可用于小孔翻边(竖边内径 $d<4$mm)；图 7-5(b)用于竖边内径小于 10mm 的翻边；图 7-5(c)适用于竖边内径大于 10mm 的翻边。

凸、凹模之间的间隙取大些有利于翻边变形。若零件孔边垂直度无要求，则间隙值可以尽量取大些。若零件孔边垂直度要求较高，则间隙值可略小于材料原始厚度 t。其单边间隙 Z 一般取为：

$$Z=0.85t \tag{7-10}$$

7.1.2 胀形

胀形是通过模具利用压力使平板、空心件或管状坯料获得表面积增大（厚度减薄）的制件的冲压成形方法。典型的胀形方式有平板毛坯的局部胀形（如起伏成形）和圆柱形空心毛坯的胀形等。

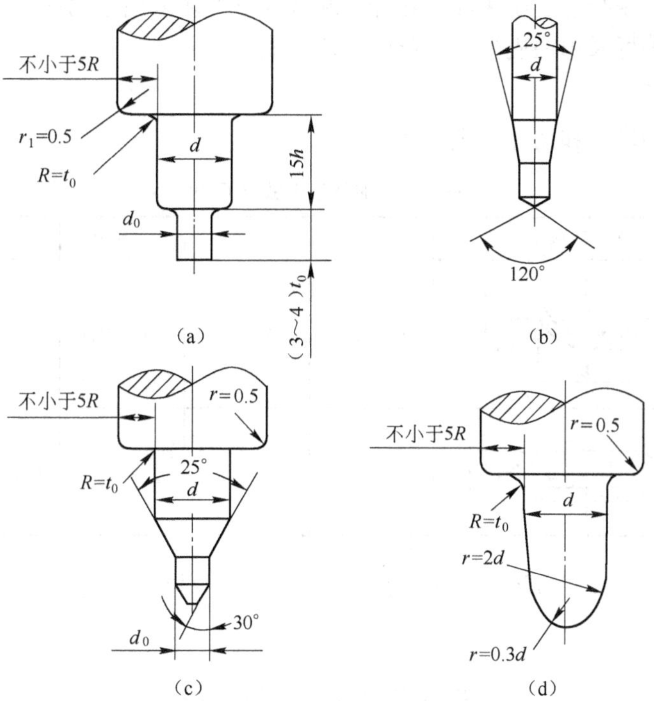

图7-5 圆孔翻边凸模结构形式

(a) 小孔圆柱翻边凸模；(b) 小孔锥形翻边凸模；(c) 锥形翻边凸模；(d) 球形翻边凸模

7.1.2.1 起伏成形

板料在模具作用下，通过局部拉伸而产生凸起或凹下的冲压加工方法称为起伏成形，如图7-6所示，又称为局部胀形。起伏成形主要用来增强零件的刚度和强度。常见的起伏

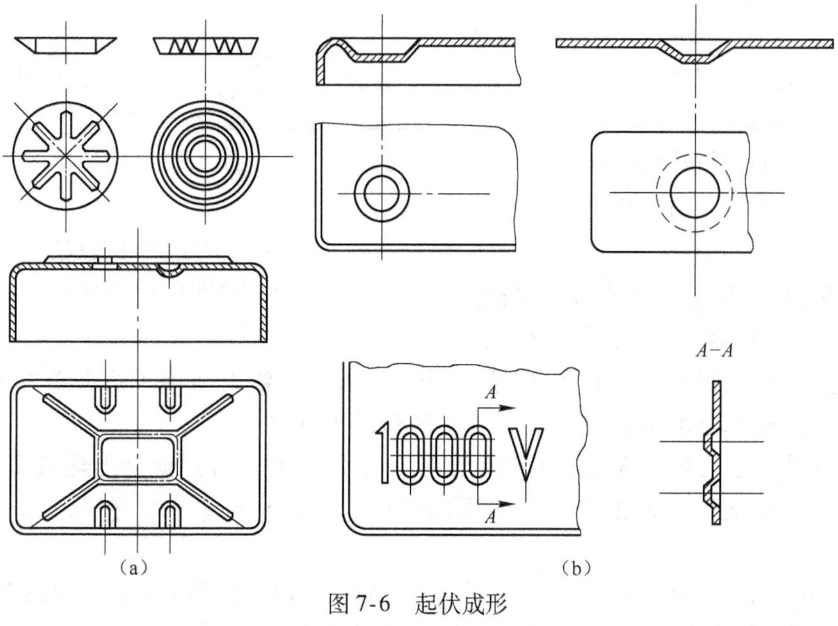

图7-6 起伏成形

(a) 压花、压凸包、压加强筋；(b) 压字

成形有压加强筋、压凸包、压字和压花等。起伏成形大多采用金属冲模，对厚度较小的板料、薄料和膜片等可采用橡皮模或液压胀形装置成形。

A　压加强筋

常用的加强筋形式和尺寸见表7-2。

表7-2　加强筋形式和尺寸

名　称	图　例	R	h	D或B	r	$\alpha/(°)$
压肋	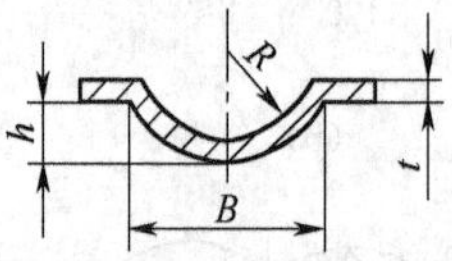	$(3\sim4)t$	$(2\sim3)t$	$(7\sim10)t$	$(1\sim2)t$	
压凸	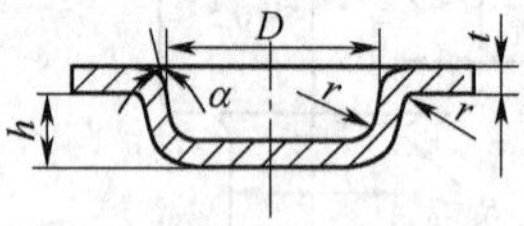		$(1.5\sim2)t$	$\geqslant3h$	$(0.5\sim1.5)t$	15~30

加强筋是否一次冲压成形，与加强筋的几何形状和材料性质有关。能够一次成形加强筋的条件为：

$$\varepsilon=\frac{l-l_0}{l_0}\leqslant(0.7\sim0.75)\delta \tag{7-11}$$

式中　δ——材料伸长率；

l_0——变形区横断面的原始长度；

l——成形后加强筋断面的曲线轮廓长度。

若加强筋不能一次成形，则应采用多道成形。如图7-7所示，先将板料压制成半球形的过渡形状，然后再压出工件所需的形状。

冲压加强筋的冲压力按下式计算：

$$F=kLt\sigma_b \tag{7-12}$$

式中　L——加强筋周长；

t——料厚；

σ_b——材料的抗拉强度；

k——系数，其值为0.7~1.0。

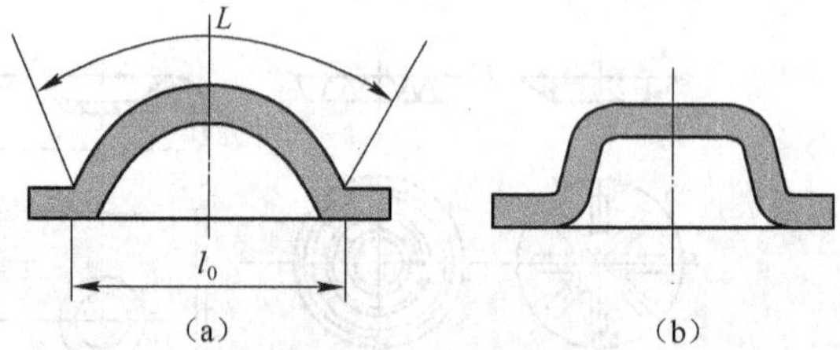

图7-7　加强筋的多道成形
(a) 预成形；(b) 终成形

B　压凸包

压凸包可以看成是带有很宽凸缘的低浅空心圆筒形件。由于凸缘很宽，在压凸包成形时凸缘部分不产生明显的塑性流动，主要由凸模下方及其附件的材料参与变形。由这部分的材料胀薄变形获得凸包的形状。

压凸包时，压凸包高度受材料塑性限制，不能太大，否则就会出现破裂。若压凸包高度过高，应增加一道工序，可先压成球形，再压出凸包形。它类似于多道工序压筋的方法。

压凸包时凸包与凸包间、凸包与边缘间的极限尺寸以及许用成形高度见表7-3。如果工件凸包的高度超出表7-3中所列数值，则需采用多道工序的方法压凸包。

表 7-3　压凸包时的许用成形高度和成形尺寸

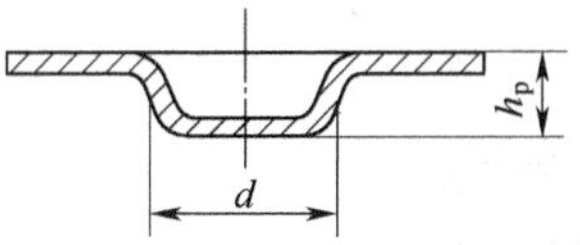

材　料	许用凸包成形高度 h_p/mm
软钢	$\leqslant(0.15\sim0.2)d$
铝	$\leqslant(0.1\sim0.15)d$
黄铜	$\leqslant(0.15\sim0.22)d$

7.1.2.2　圆柱形空心毛坯胀形

将圆柱形空心毛坯（或管坯）向外扩胀成曲面空心零件的冲压加工方法称为圆柱形空心毛坯胀形。用这种方法可以制造许多形状复杂的零件，如波纹管、电水壶罐体、自行车三通接头等。

对于圆柱形空心毛坯，生产中常用的胀形方法有两种：一种是刚性凸模胀形，一种是软凸模胀形。其中，使用软凸模胀形的介质有橡皮、聚氨酯橡胶塑料、高压液体、压缩空气等。

（1）刚性凸模胀形。图 7-8 所示为刚性分瓣凸模胀形结构示意图。当压力机滑块下压时，分瓣凸模在锥芯斜面滑动做径向扩张，使毛坯胀出所需的形状。变形结束后，分瓣凸模在下顶出器作用下上升并缩回到初始位置，便可取出工件。这种胀形方法，凸模需要分瓣组合，分瓣数目越多，模具结构越复杂，也很难得到质量高的工件，所以生产中常用软模进行胀形。

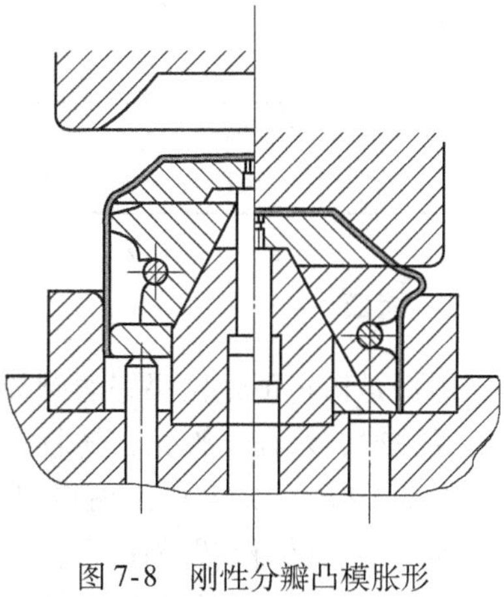

图 7-8　刚性分瓣凸模胀形

（2）软凸模胀形。图 7-9 所示为软凸模胀形示意图。图 7-9(a)所示为橡胶凸模胀形，图 7-9(b)所示为事先注入液体进行胀形，图 7-9(c)所示为充液橡胶囊法胀形。胀形时，毛坯放在凹模内，利用介质传递压力，使毛坯直径长大，最后贴靠凹模成形。软凸模成形的优点是传力均匀、模具较为简单、工件表面质量好。

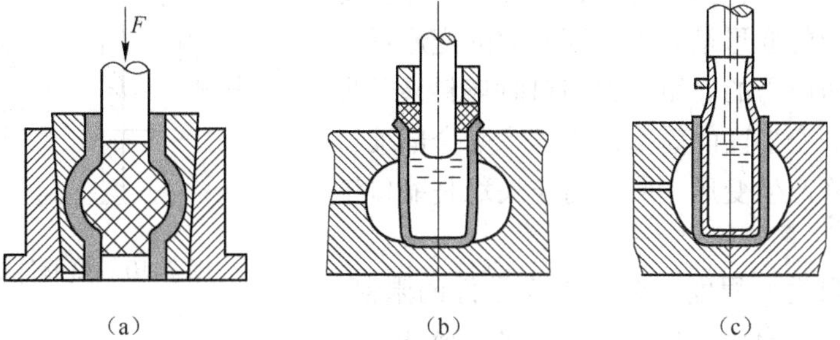

(a)　　(b)　　(c)

图 7-9　软凸模胀形

(a) 橡胶凸模胀形；(b) 倾注液体法；(c) 充液橡皮囊法

为了防止毛坯胀破，圆柱形空心毛坯的变形程度可用胀形系数 K 来表示：

$$K=\frac{d_{\max}}{d_0}<K_p \tag{7-13}$$

式中 d_0——胀形前毛坯的直径，mm；

$d_{\max}$——胀形后零件的最大直径，mm；

K_p——极限胀形系数，它受材料的塑性性能及板厚影响较大。

一些材料的极限胀形系数的实验值见表7-4，胀形时可供参考。

表7-4 极限胀形系数

材料		厚度/mm	极限胀形系数 K_p	切向许用伸长率 $\delta_\theta\times100$
铝合金2A21M		0.5	1.25	25
纯铝	1070、1060A（L1、L2）	1.0	1.28	25
	1050A、1035（L3、L4）	1.5	1.32	32
	1200、8A06（L5、L6）	2.0	1.32	32
黄铜	H62	0.5~1.0	1.35	35
	H68	1.5~2.0	1.40	40
低碳钢	08F	0.5	1.20	20
	10、20	1.0	1.24	24
不锈钢 1Cr18Ni9Ti		0.5	1.26	26
		1.0	1.28	28

7.1.3 缩口

缩口是指将预先拉深好的圆筒或管状坯料，通过缩口模将其口部缩小的一种成形工艺。易拉罐、水杯、弹壳、气瓶、管接头的成形均采用该工艺。

图7-10所示为筒形件缩口成形示意图。缩口时，缩口端的材料在凹模的压力下向凹模内滑动，直径减小，壁厚和高度增加。制件壁厚不大时，可以近似地认为变形区处于两向（切向和径向）受压的平面应力状态，以切向压力为主。应变以径向压缩应变为最大应变，而厚度和长度方向为伸长变形，且厚度方向的变形量大于长度方向的变形量。

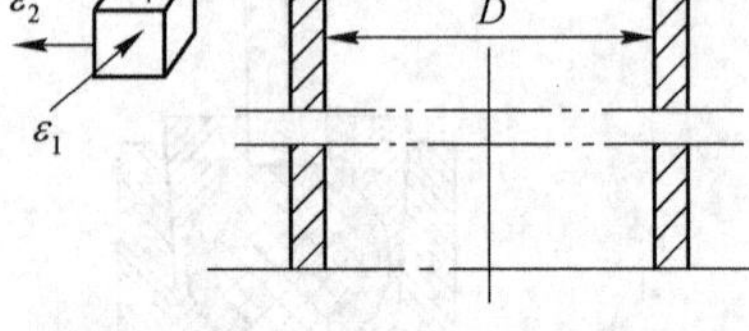

图7-10 筒形件缩口成形

由于切向压应力的作用，在缩口时坯料易于失稳起皱；同时非变形区的筒壁，由于承受全部缩口压力，也易失稳产生变形，所以防止失稳是缩口工艺的主要问题。

缩口的极限变形程度主要受失稳条件的限制，缩口变形程度用总缩口系数 K 表示。其计算式为：

$$K=\frac{d}{D} \tag{7-14}$$

式中 K——总缩口系数；

d——缩口后直径，mm；

D——缩口前直径，mm。

缩口系数的大小与材料的力学性能、料厚、模具形式、表面质量情况及润滑条件等有关。各种材料的缩口系数见表7-5。

当零件的缩口系数大于表7-5中所列数值时，采用一次缩口方法可以成形，当零件的缩口系数小于表7-5中所列数值，则需进行多次缩口。这时，对于第一道工序可取 $K_1 = 0.9K_{极}$（$K_{极}$ 为极限缩口系数）。以后各道工序可取 $K_n = (1.05 \sim 1.1)K_{极}$。

表7-5 各种材料的缩口系数

材 料	支撑方式		
	无支撑	外支撑	内外支撑
软钢	0.70 ~ 0.75	0.55 ~ 0.60	0.30 ~ 0.35
黄铜 H62、H68	0.65 ~ 0.70	0.50 ~ 0.55	0.27 ~ 0.32
铝 LF21	0.68 ~ 0.72	0.53 ~ 0.57	0.27 ~ 0.32
硬铝（退火）	0.73 ~ 0.80	0.60 ~ 0.68	0.35 ~ 0.40
硬铝（淬火）	0.75 ~ 0.80	0.68 ~ 0.72	0.40 ~ 0.43

缩口时的毛坯计算，可根据变形前后体积不变的原则进行。不同缩口形式（见图7-11）的毛坯计算公式如下：

对于图7-11(a)所示的缩口形式：

$$H = 1.05\left[h_1 + \frac{D^2 - d^2}{8D\sin\alpha}\left(1 + \sqrt{\frac{D}{d}}\right)\right] \tag{7-15a}$$

对于图7-11(b)所示的缩口形式：

$$H = 1.05\left[h_1 + h\sqrt{\frac{d}{D}} + \frac{D^2 - d^2}{8D\sin\alpha}\left(1 + \sqrt{\frac{D}{d}}\right)\right] \tag{7-15b}$$

对于图7-11(c)所示的缩口形式：

$$H = h_1 + \frac{1}{4}\left(1 + \sqrt{\frac{D}{d}}\right)\sqrt{D^2 - d^2} \tag{7-15c}$$

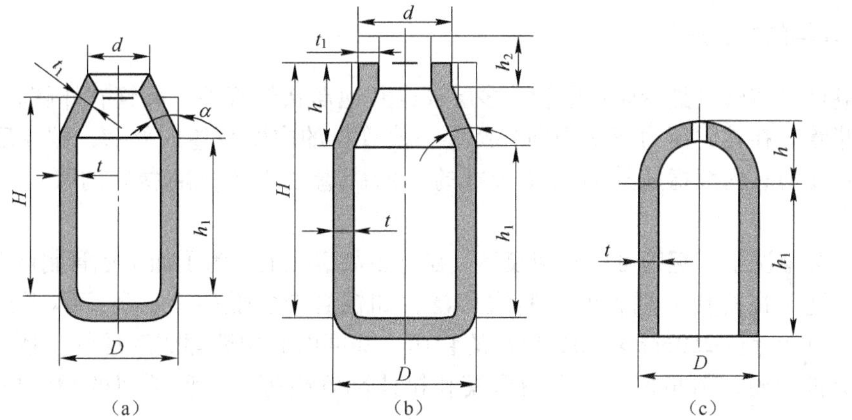

图7-11 缩口形式

（a）锥形缩口；（b）柱形缩口；（c）球形缩口

缩口凹模的半锥角在缩口成形中起着重要作用，一般使 $\alpha < 45°$，最好使 α 在 30°以内，当 α 较为合理时，允许的极限缩口系数可比平均缩口系数小 10% ~15%。

在无内支撑进行缩口时，缩口力可按下式进行计算：

$$F = k\left[1.1\pi D t_0 \sigma_b \left(1 - \frac{d}{D}\right)(1 + \mu\cot\alpha)\frac{1}{\cos\alpha}\right] \quad (7\text{-}16)$$

式中 t_0——缩口前料厚，mm；

D——缩口前直径，mm；

d——工件缩口部分直径，mm；

μ——工件与凹模间的摩擦系数；

σ_b——材料抗拉强度，MPa；

α——凹模圆锥半角，(°)；

k——速度系数，用普通冲床时，k 为 1.15。

缩口模的结构一般分 3 种，如图 7-12 所示。第一种是无支撑的缩口模，这种模具结构简单，但毛坯稳定性差；第二种是有外支撑结构形式，这种模具较前者复杂，但毛坯稳定件较好，允许的缩口系数可以取小些；第三种为内外支撑形式，这种模具较前两种复杂，但稳定性更好，允许缩口系数可以取得更小。

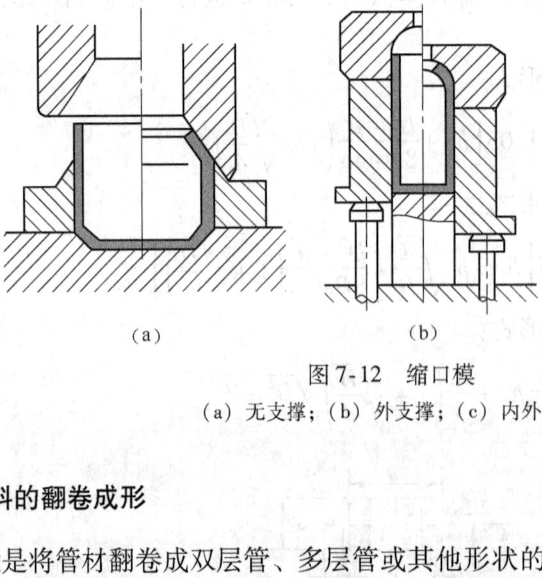

(a)　　(b)　　(c)

图 7-12　缩口模

(a) 无支撑；(b) 外支撑；(c) 内外支撑

7.1.4　管料的翻卷成形

翻卷就是将管材翻卷成双层管、多层管或其他形状的管件。翻管有外翻和内翻两种。外翻是指管坯在轴向压力下从内向外翻卷，使管材的内壁翻卷成外壁，翻卷后的管径变大，管壁变薄；内翻指从外向内使管材的外壁翻卷成内壁，翻卷后的管径变小，管壁变厚。

在少数情况下，翻管可以不用模具，在大多数情况下，为了加工成管制件，则必须使用模具。适于在模具上翻管的管料很广泛，如铝合金、低碳钢、奥氏体不锈钢等，从 ϕ10mm ×1mm 到 ϕ250mm ×5mm 规格的管坯，都可以成功地翻成双层管。翻管模的形式很多，有锥形模、圆角模，还有槽形模和拉伸翻管模等。一种常用的翻管模如图 7-13 所示。

在锥形模上翻管，管料在变形过程中处于自由状态，其几何形状只由模具锥角引起的应力状态决定。锥形模翻管变形过程如图7-14所示，图7-14(a)所示为原始状态；图7-14(b)所示为管端扩口，图7-14(c)所示为扩口变形，其特点是直壁AB段沿模具表面扩张一直保持为平直段而不再发生形状的变化，将AB段定为扩口刚性端，以L表示，将卷曲半径ρ定义为自由卷曲半径；图7-14(d)所示为自由卷曲变形，如果扩口刚性端AB段因切向拉应力σ_θ的作用而产生的弯曲力矩大于A处的反弯力矩，则由扩口变形转变为卷曲变形，要产生这一转变的关键是必须使模具的半锥角α大于其临界锥角α_{CT}；图7-14（e）所示为稳定翻卷变形，保证稳定翻卷变形的条件是，模具的圆角半径r大于干涉曲率半径ρ_e。

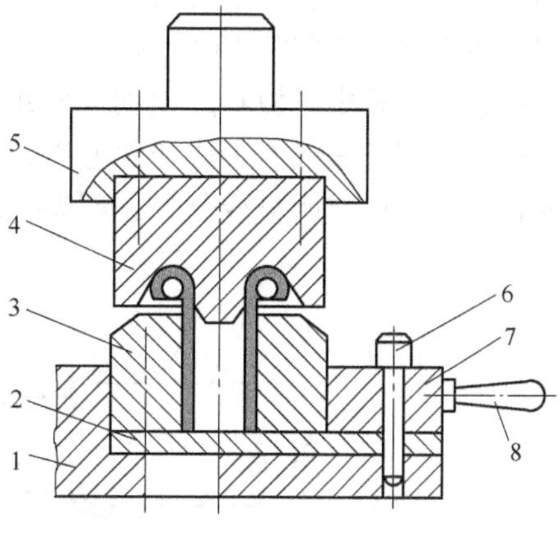

图7-13　常用翻管模

1—下模板；2—垫板；3—凹模；4—凸模；5—模柄；6—轴销；7—凸轮；8—手柄

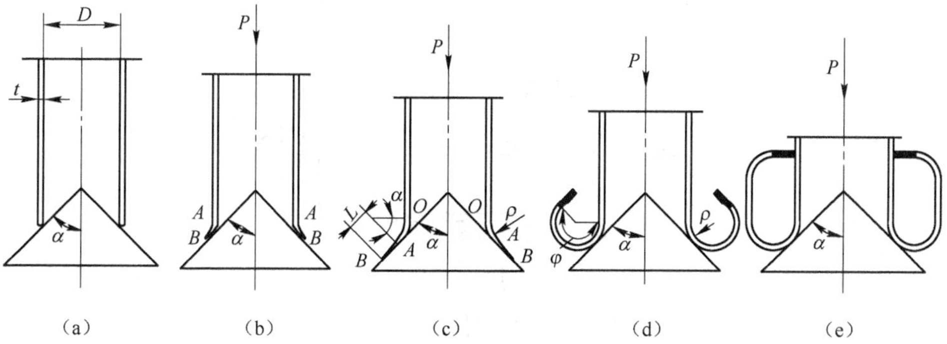

图7-14　锥形模管料外翻变形过程

（a）原始状态；（b）管端扩口；（c）扩口变形；（d）自由卷曲变形；（e）稳定翻卷变形

翻管是一个复杂的变形过程，它涉及到三种变形的转化，即从扩口变形转化到卷曲变形，从卷曲变形转化到翻卷变形。要保证变形模式的顺利转化，必须满足翻管变形时的力学、几何和塑性条件，其中最主要的工艺参数是翻管力P、模具半锥角α、管材的相对壁厚S（管坯壁厚t与管径D_0之比）和管材塑性条件δ。

最小翻管成形力可按下式计算：

$$P_{\min}=4\pi RtA\sqrt{t/(3R)}-2^{(n+2)/(2n+3)}/[(1-\mu)(1+n)] \tag{7-17}$$

式中　R——管坯中半径，mm；

t——管坯壁厚，mm；

A——强化系数；

n——硬化指数；

μ——摩擦系数。

7.1.5　旋压成形

旋压是将板料或空心毛坯夹紧在模芯上，由旋压机带动模芯和毛坯一起高速旋转，同时利用滚轮的压力和进给运动，使毛坯产生局部塑性变形并使之逐步扩展，最后获得轴对称的壳体零件，如图7-15所示。

在旋压过程中，板料产生切向收缩和径向延伸，从而改变毛坯形状，直径增大或减小，而其厚度不变或有少许变化者称为不变薄旋压，或普通旋压。在旋压中不仅改变毛坯的形状而且壁厚有明显变薄者，称为变薄旋压，又称为强力旋压，如图7-16所示。

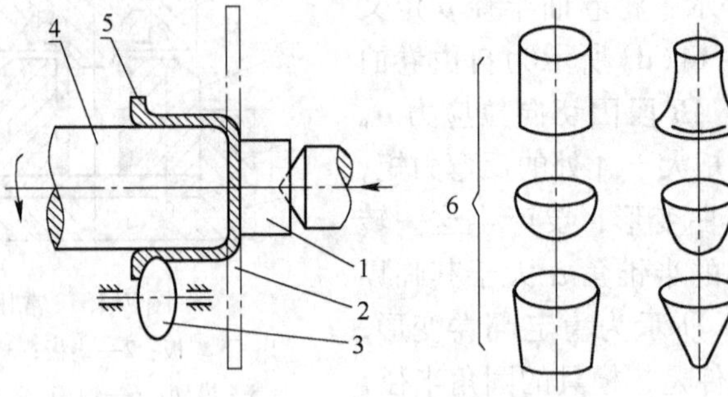

图7-15 旋压成形原理

1—顶板；2—毛坯；3—滚轮；4—模具；5—加工中的毛坯；6—旋压的零件

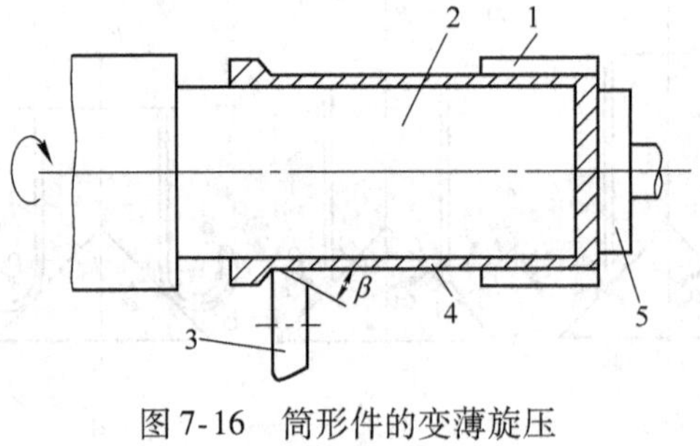

图7-16 筒形件的变薄旋压

1—毛坯；2—芯模；3—旋轮；4—工件；5—顶板

旋压成形的特点是：可以完成深拉深、缩口、扩径、波纹成形等一般冲压难以完成的工序（见图7-17）；所需工模具比较简单；所需成形力小，设备吨位小。

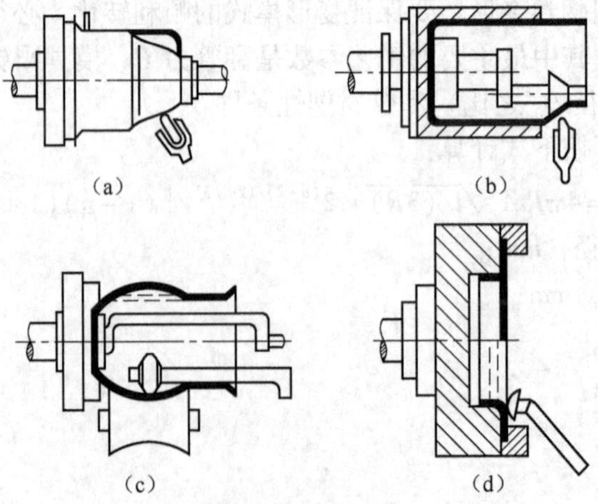

图7-17 各种旋压成形方法

(a) 拉深；(b) 缩口；(c) 胀形；(d) 翻边

旋压成形主要应用于铝、镁、钛、铜等有色金属及其合金与不锈钢的复杂中空回转体零件或产品的生产，如水壶、杯子、厨具与餐具、容器、灯罩、导弹外壳等。

7.2 冲压成形新工艺

利用普通压力机和冲压模具进行的冲压生产，对于工业大批量生产具有特别明显的技术优势。然而，随着多品种、少批量产品市场日益扩大，钣金市场出现多品质需求，并且钣金件形状越来越复杂，成形材料范围越来越多。应此，薄板工业、冲压技术及相关技术得到发展。近年来，出现了各种先进的板材成形新工艺、新设备。这些新技术满足了一些市场需求，具有各自的特点、应用范围，同时还在不断发展。本节仅列举部分新工艺加以介绍。

7.2.1 热冲压成形

热冲压成形技术是近几年为适应(超)高强度钢的精确成形，而出现的一种新技术。成形时先将钢板加热至奥氏体状态，然后进行冲压并同时进行淬火处理，以获得具有均匀马氏体组织的高强钢构件的成形方式。该种工艺是针对含硼淬火钢板（如22MnB5、35MnB5、Usibor1500等）而开发的。目前生产该种钢板的厂家有阿赛洛（Arcelor)、蒂森·克虏伯(Thyssen Krupp)等著名钢铁公司，国内的宝钢也已经开发出具有该种功能的钢板。

采用该项技术成形的淬火硼钢零件的屈服强度可以达到1000MPa以上，抗拉强度可以达到1500MPa以上，采用该项技术成形的零件在保证同等强度条件下，质量则可以比同等强度、刚度的低碳高强度钢（HSLA）零件减重50%以上，同时还可提高材料的抗疲劳、抗碰撞性能，从而使超高强度钢能够在航空、航天、汽车等行业得到广泛应用，如富豪、保时捷、戴姆勒-克莱斯勒、大众等公司。

在生产应用方面，阿赛洛、蒂森·克虏伯等公司已经建立了热冲压生产线。蒂森·克虏伯建立了汽车防撞杆的一条生产线，如图7-18所示。由于该技术需要在成形的同时，给予足够的冷却速度进行淬火，因而设备和模具也有其特别的要求。目前，瑞典的AP&T、德国的Schuler等公司也已开发出专用的热冲压成形设备。在国内，在热冲压生产工艺和模具方面虽已进行了一定的研究，但在材料开发、设备改造及控制方面、零件质量稳定性控制等方面研究欠缺，距离企业大规模应用阶段还有一定的差距。

图7-18 蒂森·克虏伯热冲压生产线

7.2.2 内高压成形

内高压成形以管材为坯料，通过管材内部施加超高压液体和轴向加力补料把管坯压入到模具型腔，使其成形为所需工件。由于使用的压力达400MPa或更高，因此也被称为内高压液体成形。内高压成形的主要特点是：

（1）减轻质量，节约材料；

（2）减少制件和模具数量，降低模具费用；

（3）减少后续机械加工和组装焊接量；

（4）提高强度与刚度，尤其是疲劳强度。

如图7-19所示，内高压成形的基本工艺过程是先将管坯放入下模，闭合上模后在管内充满液体，然后由高压系统通过冲头向管坯内加压。在加压的同时，管端的冲头按与内压一定的匹配关系向内送料，使管坯成形。从截面看，由管材的圆截面可以成形为较大的圆截面、矩形截面或异形截面。

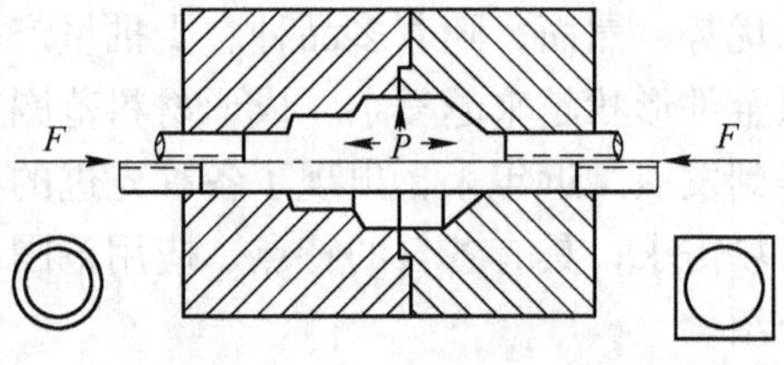

图7-19 内高压成形原理

内高压成形适合于汽车、航空、航天和管道等行业的沿构件轴线变化的圆形、矩形或异形截面的空心构件的制造，如汽车排气系统的异形管、非圆截面空心框架，如副车架、仪表盘支架、车身框架、空心轴和复杂管件，如图7-20所示。

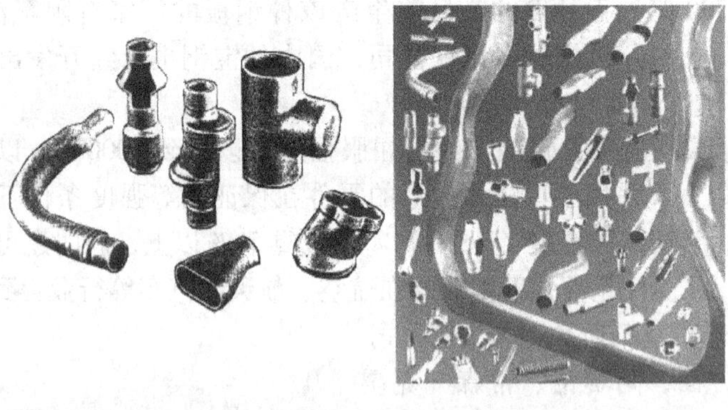

图7-20 内高压成形的各类异形管件

7.2.3 黏性介质压力成形

黏性介质力成形是一种板料柔性加工技术，其工艺原理如图7-21所示。通过黏性介质的注入与排放，实时控制板料成形过程中压力的施加与卸载，同时实时控制板料的压边力的大小，以实现成形力与压边力的最佳匹配和沿板料表面各部分成形压力的合理分布，进而通过不断调节压力分布，有效地控制板料金属的合理流动，以实现对板料变形程度的控制，从而提高板料的成形性能，尤其可有效的控制板料厚度的变化和避免出现局部过分变薄的现象。

与上述橡胶成形和液压成形的根本区别在于，黏性介质压力成形可选用半固态、可流动并具有一定黏度和速度敏感性的高分子材料；黏性介质同时作用在板料的上、下两面，通过调节压边力，同时，实时控制作用于板料上面的正向压力和下面的反向压力，可使板料按制件各部分形状的复杂程度实现顺序成形。如图7-21(b)所示，使对应于凹模最深部分的板料先产生变形，对应于凹模浅的部分的板料后产生变形，而达到同时最终成形（见图7-21(c)）。这样得到的零件成形贴模性好，厚度减薄小且分布均匀，尺寸精度高，

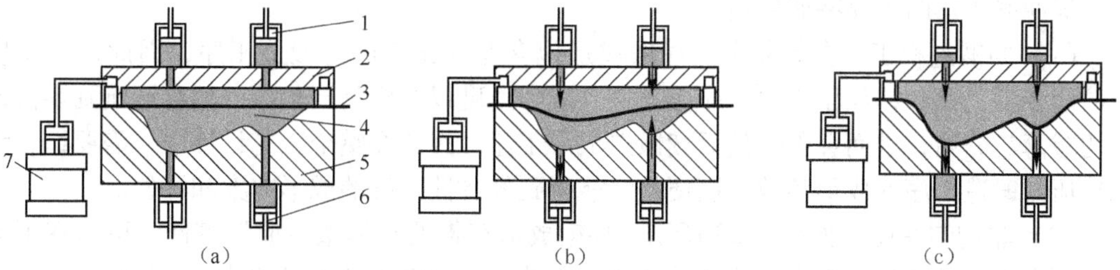

图 7-21 黏性介质压力成形原理

(a) 初始状态；(b) 按顺序成形；(c) 终成形

1—介质注入缸；2—介质仓；3—板料；4—介质；5—下模；6—反向介质压力缸；7—压边缸

表面质量好。

不难看出，黏性介质压力成形工艺，尤其适合于汽车、航空、航天等领域个性化及产品更新换代快的生产特点，易于冲压成形塑性差、变形流动阻力大且表面质量难于保证的铝、镁、钛及高温合金和高强度钢板为材料的钣金件。

7.2.4 板冲锻成形

许多具有大表面且壁厚差较大的零部件，比如航空航天中某些电子产品的壳体类零件，汽车驱动部分的一些中空齿形件和复杂盘类件等，通常的加工方法是铸造，或者切削，或者是薄壁部与较厚部分通过焊接等方式来制造。这样不仅整体性能有所下降，成本及能耗也较高，而且工序多也导致效率较低。

因此，可以采用先冲压、后锻造的整体复合成形——冲锻成形工艺，来制造大表面积且厚差较大的这一类零件，可以避免铸造或者焊接组装等加工方式的不足，从而达到提高零件的整体性能，并降低成本的目的。冲锻成形工艺与通常焊接成形过程的比较如图 7-22 所示，冲锻成形产品如图 7-23 所示。

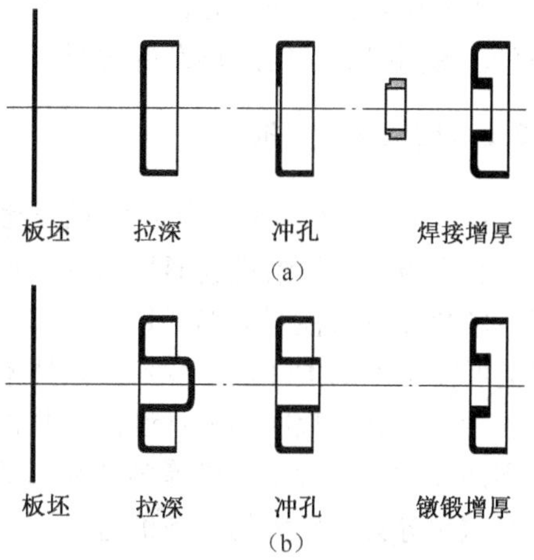

图 7-22 冲锻成形与焊接成形的比较

(a) 冲压后焊接成形；(b) 冲锻整体塑性成形

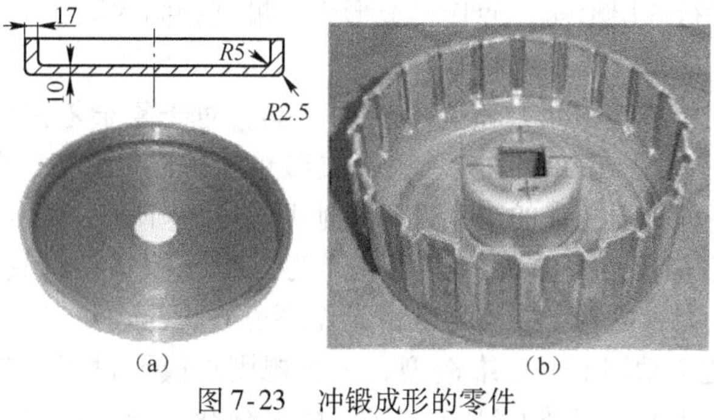

图 7-23 冲锻成形的零件

(a) 轿车飞轮盘锻件；(b) 轿车离合器壳体件

板冲锻成形的主要特征包括：

（1）冲锻过程工艺参数复杂。冲锻成形包含有冲压工序与锻造工序，因此冲压工序中的诸多工艺参数，如压边力、摩擦条件、成形速度以及模具圆角等，都会影响到零件壁厚的减薄与分布，进而会影响到后续锻造成形工序。因此在整个工艺设计中，需要综合考虑冲压与锻造工序的成形参数，以便最终能得到经济性更好的成形方案和零件。

（2）非均匀厚度。如图 7-23 所示，冲锻成形获得的整体塑性成形零件，可以在不同部位具有不同的厚度。不同于普通冲压时，零件具有厚度不减薄或减薄很小的特点。

（3）极小圆角成形。采用冲锻成形工艺可以成形出圆角极小、甚至无圆角的零件。通常的冲压成形过程中，为保证拉深工序的顺利完成，在冲头肩部要加工出与板厚度成一定比例大小的圆角。拉深工序完成后，这一圆角就保留在试样的底部。而且该部位也是试件减薄比较严重的地方。实际需求中，有许多杯形零件的底部要求是直角或者仅有工艺倒圆角。仅采用冲压方式，即使经过多道次整形，也难以达到要求。但是采用冲压与锻造结合的冲锻成形工艺，在冲压阶段完成外形轮廓，随后对侧壁进行镦锻加工，则可以极大减小冲压工序形成的圆角，甚至达到无圆角的效果。

（4）成形力较低。在冲锻成形工艺中通过冲压工序得到大表面空间形状特征，而在随后的锻造工序中，只需要完成大厚度部分特征的增厚，因此所需的成形力大大减小。而当采用挤压等方式加工时，因为零件表面积较大，在单位压力相同时，需要的成形力大为提高，因而提高了对成形设备的要求。

7.2.5 增量板料成形

7.2.5.1 金属板材数控渐进成形技术

金属板材数控渐进成形技术（或称板料增量成形）是根据工件形状生成的几何信息，用三轴数控设备控制成形工具头沿其运动轨迹对板材进行局部的塑性加工，使板材逐步成形为所需工件的柔性加工技术。该技术不需要专用模具便可加工任意复杂形状的工件，省去了设计产品过程中的模具设计、制造、试验修改等复杂过程，极大地降低了新产品的开发周期和成本，对于飞机等多品种小批量的产品、家用电器等新产品开发，以及汽车新型样车试制等具有较大的经济价值。

金属板材数控渐进成形技术的特点是引入快速原型制造“分层制造”的思想，将复杂的三维模型沿 z 轴方向切成一系列二维断面，并沿这些断面轮廓生成加工轨迹。成形工具头在 CNC 系统的控制下，以走等高线的方式从最高层轨迹沿模型轮廓线运动，并一圈一圈向下对金属板材进行逐层辗压，使板材成形为与模型相同的形状。

该技术具有如下几个特点：

（1）实现柔性成形。该成形技术无需专用模具，对于复杂零件仅仅需要作一个简单的芯模（可用快速原型），与传统的整体模具成形相比，节省加工、制造模具的费用，对于汽车、飞机等多品种、少批量的产品以及其他薄板零件开发，都具有很大的经济价值。

（2）将板料局部加压变形，最终累积成形为三维壳体零件，其成形力小、设备小、投资少，近似于静压力，震动小，噪声低，工作环境好。

（3）实现数字化自动制造。三维造型、工艺规则、成形过程模拟、成形过程控制等工作全部采用计算机技术，实现 CAD/CAE/CAM 一体化制造，可以制造出其他技术无法成形的零件，是一项很有发展前途的先进制造技术。

7.2.5.2 多点成形技术

多点成形是三维曲面板类件柔性成形技术，其原理是将传统的整体模具离散成一系列规则排列、高度可调的凸模体。在整体模具成形中，板材由模具曲面来成形，而多点成形中则依靠凸模体形成的包络面来成形。

多点成形时各基本体的行程可依靠数控伺服电机驱动分别调节。改变各基本体的行程就改变了成形曲面，也就相当于重新构造了成形模具，因此，可实现板件的柔性生产。

多点成形技术具有如下特点：

（1）实现无模成形。通过对各基本体构造形成的包络面，取代了传统的整体模具，省去了模具设计、制造、调试，保存所需的人力、物力和财力，显著地缩短了产品的生产周期，降低成本，提高产品的竞争力。与手工成形比，成形精度提高，工件质量好，劳动强度低，并且显著提高了劳动生产率。

（2）优化变形路径。通过在加载前、加载中、成形后基本体调整，实时控制变形曲面，改变板材的变形路径和受力状态，提高了材料的成形极限，可实现难加工材料的塑性成形，扩大了加工范围。

（3）提高零件质量。可采用反复多点成形新技术，消除材料内部的残余应力，实现无回弹成形，保证了零件的成形精度，同时，对板料局部加压，可提高零件的抗疲劳强度。小设备成形大零件。采用分段多点成形新技术，可以连续逐次成形出超过设备台面尺寸数倍的大零件。

（4）易于实现自动化。三维造型、工艺规则、压力机控制、工件测试等工作全部采用计算机技术，实现 CAD/CAM/CAT 一体化制造，可以制造出其他技术无法成形的零件，如船体外板、飞机蒙皮、城市雕塑、动车车头。

习题与思考题

7-1 试述在翻边、胀形、缩口成形工序中，由于变形过度而出现的材料损坏形式。

7-2 试述提高翻边的极限变形程度的工艺措施。

7-3 试比较管材的液压胀形与刚模胀形的优缺点。

7-4 简述缩口与拉深工序在变形特点上有何相同与不同的地方。

7-5 简述旋压成形的特点。

7-6 简述热冲压成形的特点。

7-7 简述内高压成形的原理与特点。

7-8 简述板冲锻成形的特点与适用范围。

7-9 简述多点成形技术的原理及特点。

7-10 简述金属板材数控渐进成形的工作原理与特点。

8　轧制基础与钢坯生产

【本章概要】

本章介绍了轧制的基本概念、轧制变形区及其主要参数、实现轧制的条件等轧制基础知识，以及连续铸钢的发展历史、传统连续铸造的一般过程与生产装置、典型的连铸连轧工艺及主要设备和辅助装置等。

【关键词】

咬入角、连铸坯、结晶器、二次冷却、液芯压下、中间包、连铸连轧

【教学目的】

掌握轧制的原理及实现连续轧制的原理，了解连铸坯的规格、用途及连铸连轧的主要工艺及设备。

【本章重点】

轧制的主要参数，实现连续轧制的条件，连铸连轧工艺及设备。

8.1　轧制基础

轧制属于金属初次塑性加工方法，既直接生产一些最终产品，也为锻造与冲压等二次塑性加工提供原始坯料。轧制钢材与汽车、航空航天以及家电等产业关系密切，是绝大部分金属构件或者金属零件所需原始坯料的主要制造手段。

轧制是通过上、下轧辊的旋转，依靠摩擦力将轧件咬入并经过辊缝，使轧件高度或其他方向的尺寸产生变化的一种塑性变形过程。通常轧制过程的两个轧辊完全对称、转速相等。

随着轧制技术的发展，用户对轧制产品质量的要求也越来越高，例如对带钢的厚度精度、平直度以及表面质量的要求。目前，世界上各国都在以带钢的厚度精度、平直度以及表面质量这三个主要指标为突破口，不断地发展新机型和新技术。

8.1.1　轧制变形区及其主要参数

轧件承受轧辊作用发生变形的部分称为轧制变形区，即轧件入辊的垂直平面到轧件出辊的垂直平面所围成的区域 AA_1B_1B（见图 8-1），通常又把它称为几何变形区。轧制变形区主要参数有咬入角和接触弧长度。

8.1.1.1　咬入角 α

如图 8-1 所示，轧件与轧辊相接触的圆弧所对应的圆心角称为咬入角 α。压下量与轧辊半径及咬入角之间存在如下的关系：

$$\Delta h = 2(R - R\cos\alpha)$$

即：

$$\Delta h = D(1 - \cos\alpha) \tag{8-1}$$

又根据几何形状有：

$$\cos\alpha = 1 - \frac{\Delta h}{D}$$

所以：

$$\sin\frac{\alpha}{2} = \frac{1}{2}\sqrt{\frac{\Delta h}{R}} \tag{8-2}$$

当 α 很小时（$\alpha < 10° \sim 15°$），取 $\sin\frac{\alpha}{2} \approx \frac{\alpha}{2}$，可得：

$$\alpha = \sqrt{\frac{\Delta h}{R}} \tag{8-3}$$

式中 D，R——分别为轧辊的直径和半径，mm；

Δh——压下量，mm。

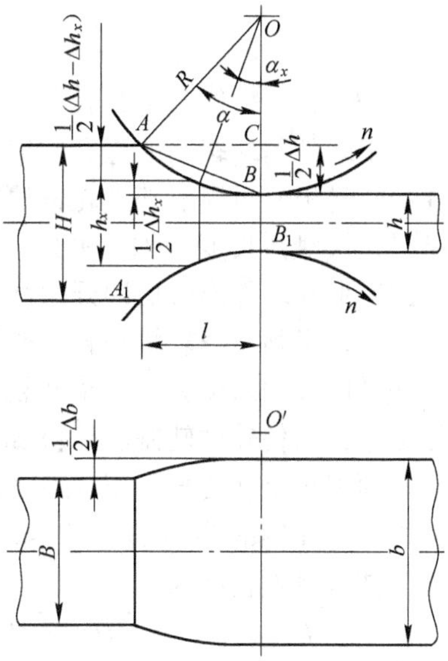

图 8-1 变形区的几何形状

变形区内任一断面的高度 h_x，可按下式求得：

$$h_x = \Delta h_x + h = D(1 - \cos\alpha_x) + h \tag{8-4}$$

或

$$\begin{aligned} h_x &= H - (\Delta h - \Delta h_x) \\ &= H - [D(1 - \cos\alpha) - D(1 - \cos\alpha_x)] \\ &= H - D(\cos\alpha_x - \cos\alpha) \end{aligned} \tag{8-5}$$

8.1.1.2 接触弧长度

轧件与轧辊相接触的圆弧的水平投影长度称为接触弧长度 l，也称为咬入弧长度，即图 8-1 中的 AC 线段。通常又把 AC 称为变形区长度。

A 两轧辊直径相等时的接触弧长度

从图 8-1 中的几何关系可知：

$$l^2 = R^2 - (R - \frac{\Delta h}{2})^2$$

$$l = \sqrt{R\Delta h - \frac{\Delta h^2}{4}} \tag{8-6}$$

由于式(8-6)中根号里的第二项比第一项小得多，因此可以忽略不计，则接触弧长度公式就变为：

$$l = \sqrt{R\Delta h} \tag{8-7}$$

用式(8-7)求出接触弧长度实际上是 AB 弦的长度，可用它近似代替 AC 长度。

B 两轧辊直径不相等时的接触弧长度

假设两个轧辊的接触弧长度相等，即：

$$l = \sqrt{2R_1\Delta h_1} = \sqrt{2R_2\Delta h_2} \tag{8-8a}$$

式中 R_1，R_2——分别为上、下两轧辊的半径，mm；

Δh_1，Δh_2——分别为上、下两轧辊对金属的压下量，mm。

$$\Delta h = \Delta h_1 + \Delta h_2 \tag{8-8b}$$

由式(8-8(a))及式(8-8(b))便得两轧辊直径不相等时接触弧长度的计算公式：

$$l=\sqrt{\frac{2R_1R_2}{R_1+R_2}\Delta h} \tag{8-9}$$

C　轧辊和轧件产生弹性压缩时接触弧的长度

由于轧件与轧辊间的压力作用，轧辊产生的局部弹性压缩变形，此变形可能很大，尤其在冷轧薄板时更为显著。轧辊的弹性压缩变形一般称为轧辊的弹性压扁，轧辊弹性压扁的结果是接触弧长度增加。另外，轧件在辊间产生塑性变形时，也伴随产生弹性压缩变形，此变形在轧件出辊后即开始恢复，这也会增大接触弧长度。因此，在热轧薄板和冷轧板过程中，必须考虑轧辊和轧件的弹性压缩变形对接触弧长度的影响，如图 8-2 所示。

如果用 Δ_1 和 Δ_2 分别表示轧辊与轧件的弹性压缩量，为使轧件轧制后获得 Δh 的压下量，那么必须把每个轧辊再下压 $\Delta_1+\Delta_2$ 的压下量。此时轧件与轧辊的接触线为图 8-2 中的 A_2B_2C 曲线，其接触弧长度为：

$$l'=x_1+x_0=\overline{A_2D}+\overline{B_1C}$$

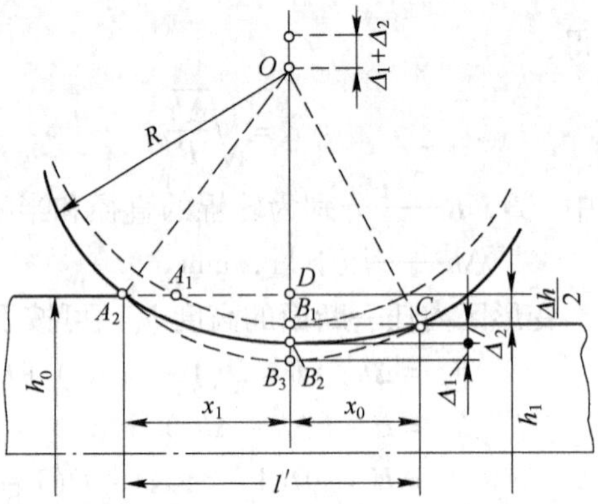

图 8-2　轧辊与轧件弹性压缩时接触弧长度

$\overline{A_2D}$和$\overline{B_1C}$可分别从图 8-2 的几何关系中得到：

$$\overline{A_2D}=\sqrt{\overline{A_2O}^2-(\overline{OB_3}-\overline{DB_3})^2}=\sqrt{R^2-(R-DB_3)^2} \tag{8-10a}$$

$$\overline{B_1C}=\sqrt{\overline{CO}^2-(\overline{OB_3}-\overline{B_1B_3})^2}=\sqrt{R^2-(R-\overline{B_1B_3})^2} \tag{8-10b}$$

展开式(8-10a)和式(8-10b)中的括号，由于$\overline{DB_3}$和$\overline{B_1B_3}$的平方值大小比轧辊半径与其乘积小得多，可忽略该项，得：

$$\overline{A_2D}=\sqrt{2R\,\overline{DB_3}};\qquad \overline{B_1C}=\sqrt{2R\,\overline{B_1B_3}}$$

因为

$$\overline{DB_3}=\frac{\Delta h}{2}+\Delta_1+\Delta_2;\qquad \overline{B_1B_3}=\Delta_1+\Delta_2$$

所以

$$l'=x_1+x_0=\overline{A_2D}+\overline{B_1C}=\sqrt{R\Delta h+2R(\Delta_1+\Delta_2)}+\sqrt{2R(\Delta_1+\Delta_2)}$$

或

$$l'=\sqrt{R\Delta h+x_0^2}+x_0 \tag{8-10c}$$

$$x_0=\sqrt{2R(\Delta_1+\Delta_2)} \tag{8-11}$$

轧辊和轧件的弹性压缩变形量 Δ_1 和 Δ_2 可以用弹性理论中的两圆柱体相互压缩时的计算公式求出：

$$\Delta_1=2q\frac{1-\gamma_1^2}{\pi E_1};\qquad \Delta_2=2q\frac{1-\gamma_2^2}{\pi E_2} \tag{8-12}$$

式中　q——压缩圆柱体单位长度上的压力，$q=2x_0\bar{p}$（$\bar{p}$ 为平均单位压力），N/mm；
γ_1，γ_2——分别为轧辊和轧件的泊松系数；
E_1，E_2——分别为轧辊和轧件的弹性模量，MPa。

将 Δ_1 和 Δ_2 的值代入式(8-11)得：

$$x_0 = 8R\,\bar{p}\left(\frac{1-\gamma_1^2}{\pi E_1}+\frac{1-\gamma_2^2}{\pi E_2}\right) \tag{8-13}$$

把 x_0 的值代入式(8-10c)，即可计算出 l' 值。金属的弹性压缩变形很小时，可忽略不计，即 $\Delta_2 \approx 0$，则可得只考虑轧辊弹性压缩时接触弧长度的计算公式，即西奇柯克公式：

$$x_0 = 8R\,\bar{p}\frac{1-\gamma_1^2}{\pi E_1} \tag{8-14}$$

$$l' = \sqrt{R\Delta h + \left(8\,\frac{1-\gamma_1^2}{\pi E_1}R\,\bar{p}\right)^2} + 8\,\frac{1-\gamma_1^2}{\pi E_1}R\,\bar{p} \tag{8-15}$$

8.1.2 实现轧制的条件

为了便于研究轧制过程的各种规律，讨论在简单轧制条件下实现轧制过程的咬入条件和稳定轧制条件是必要的。

8.1.2.1 咬入条件

依靠回转的轧辊与轧件之间的摩擦力，轧辊将轧件拖入轧辊之间的现象称为咬入。为使轧件进入轧辊之间实现塑性变形，轧辊对轧件必须有轧制方向相同的水平作用力。因此，应该根据轧辊对轧件的作用力去分析咬入条件。

为了易于确定轧辊对轧件的作用力，首先分析轧件对轧辊的作用力。

首先以 Q 力将轧件移至轧辊之前，使轧件与轧辊在 A、B 两点上切实接触（见图 8-3），在此 Q 力作用下，轧辊在 A、B 两点上承受轧件的径向压力 P 的作用，在 P 力作用下产生与 P 力相互垂直的摩擦力 T_0，因为轧件是阻止轧辊转动的，所以摩擦力 T_0 的方向与轧辊转动方向相反，并与轧辊表面相切（见图 8-3(a)）。

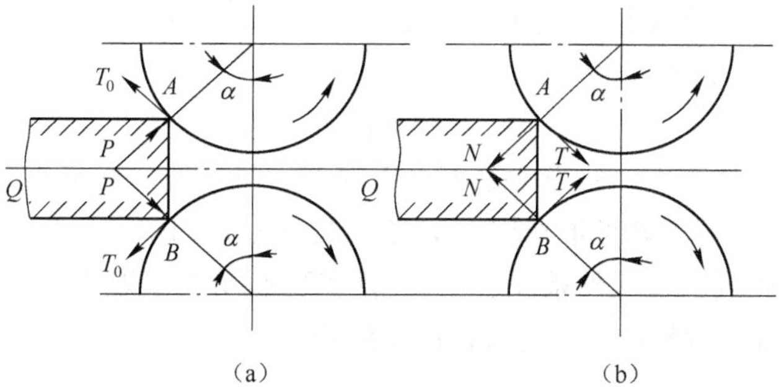

图 8-3 轧件与轧辊开始接触瞬间作用力图解

(a) 轧件对轧辊的作用力；(b) 轧辊对轧件的作用力

轧辊对轧件的作用力：根据牛顿力学基本定律，轧辊对轧件将产生与 P 力大小相等，方向相反的径向反作用力 N，在后者作用下，产生与轧制方向相同的切线摩擦力 T，如图 8-3(b)所示，力图将轧件咬入轧辊的辊缝中进行轧制。

显然，与咬入条件直接有关的是轧辊对轧件的作用力，因上、下轧辊对轧件的作用方式相同，所以只取一个轧辊对轧件的作用力进行分析，如图 8-4 所示。

将作用在 A 点的径向力 N 与切向力 T 分解成垂直分力 N_y 与 T_y 和水平分力 N_x 与 T_x，考虑两个轧辊的作用，垂直分力 N_y 与 T_y 对轧件起压缩作用，使轧件产生塑性变形，而对轧件在水平方向运动不起作用。

N_x 与 T_x 作用在水平方向上，N_x 与轧件运动方向相反，组织轧件进入轧辊辊缝中，而 T_x 与轧件运动方向一致，力图将轧件咬入轧辊辊缝中，由此可见，在没有附加外力作用的条件下，为实现自然咬入，必须是咬入力 T_x 大于咬入阻力 N_x 才有可能。

咬入力 T_x 与咬入阻力 N_x 之间的关系有以下 3 种可能的情况：$T_x < N_x$ 不能实现自然咬入；$T_x = N_x$ 平衡状态；$T_x > N_x$ 可以实现自然咬入。

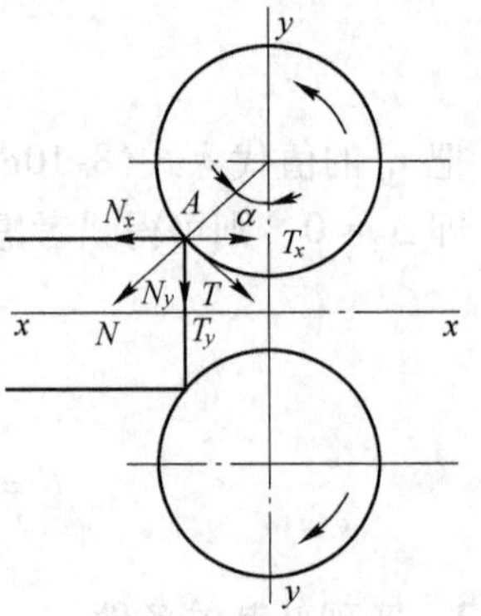

图 8-4　上轧辊对轧件作用力分解图

由图 8-4 得知，咬入阻力为：

$$N_x = N\sin\alpha$$

咬入力为：

$$T_x = T\cos\alpha = Nf\cos\alpha$$

式中　f——摩擦系数。

将求得的值代入 N_x 和 T_x 可能的 3 种关系中整理后将得到：

（1）当 $T_x > N_x$ 时，$\tan\alpha > f$。

因 $\tan\beta = f$，所以 $\alpha > \beta$，因此不能自然咬入。

如图 8-5(a)所示，N 与 T 的合力 F 的水平分力 F_x 逆轧制方向，因此不能自然咬入。

（2）当 $T_x = N_x$ 时，$\tan\alpha = f$。

也就是 $\alpha = \beta$ 属于平衡状态。此时轧辊对轧件的作用力之合力恰好是垂直方向，无水平分力。如图 8-5(b)所示，咬入力与咬入阻力处于平衡状态，是自然咬入 $\alpha < \beta$ 的极限条件，所以常把 $\alpha = \beta$ 称为极限咬入条件。

（3）当 $N_x < T_x$ 时，$\tan\alpha < f$。

$$\alpha \leqslant \beta \tag{8-16}$$

此时可以实现自然咬入，即当摩擦角大于咬入角时才能开始自然咬入。如图 8-5(c)所示，当 $\alpha < \beta$ 时，轧辊对轧件的作用力 T 与 N 之合力 F 的水平分力 F_x 与轧制方向相同，则轧件可以被自然咬入，在这种条件下即 $\alpha < \beta$ 实现的咬入称为自然咬入。显然 F_x 越大，即 β 越大于 α，轧件越容易被咬入轧辊件的辊缝中。

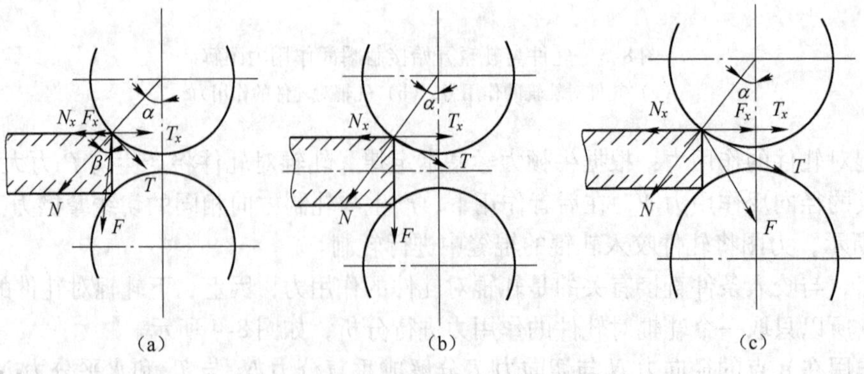

图 8-5　轧辊对轧件作用力合力的方向

(a) $\alpha > \beta$；(b) $\alpha = \beta$；(c) $\alpha < \beta$

8.1.2.2 稳定轧制条件

当轧件被轧辊咬入后开始逐渐填充辊缝，在轧件充填辊缝的过程中，轧件前端与轧辊轴心连线间的夹角 δ 不断地减小着，如图 8-6 所示。当轧件完全充满辊缝时，$\delta=0$，即开始了稳定轧制阶段。

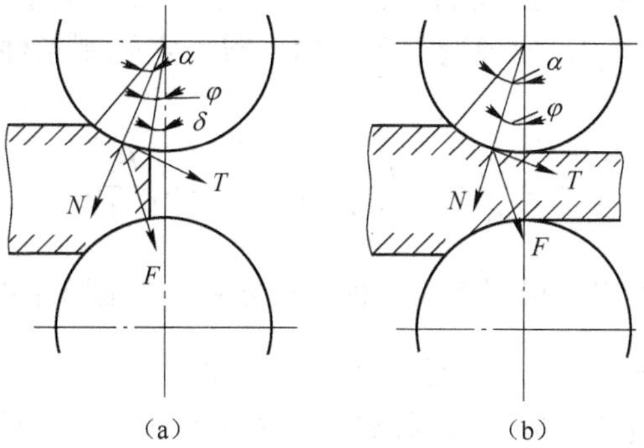

图 8-6 轧件充填辊缝过程中作用力条件的变化图解
（a）充填辊缝过程；（b）稳定轧制阶段

表示合力作用点的中心角 φ 在轧件充满辊缝的过程中也在不断地变化着，随着轧件逐渐填满辊缝，合力作用点内移，φ 角自 $\varphi=\alpha$ 开始逐渐减小，相应地，轧辊对轧件作用力的合力逐渐向轧制方向倾斜，向有利于咬入的方向发展。当轧件充满辊缝，即过渡到稳定轧制阶段时，合力作用点的位置即固定下来，而所对应的中心角 φ 也不再发生变化，并为最小值，即：

$$\varphi=\frac{\alpha}{K_x} \tag{8-17}$$

式中 K_x——合力作用系。

根据图 8-6(b)分析稳定轧制条件下轧辊对轧件的作用力。由于：

$$N_x<T_x,\ N_x=N\sin\varphi,\ T_x=T\cos\varphi=Nf_y\sin\varphi$$

则

$$f_y>\tan\varphi$$

将 $\varphi=\dfrac{\alpha}{K_x}$ 代入上式，则得到稳定轧制的条件为：

$$f_y\geqslant\tan\frac{\alpha_y}{K_x} \tag{8-18}$$

$$\beta_y\geqslant\frac{\alpha_y}{K_x} \tag{8-19}$$

式中 f_y，β_y——稳定轧制阶段摩擦系数和摩擦角；

α_y——稳定轧制阶段的咬入角。

一般来说，达到稳定轧制阶段时，$\varphi=\dfrac{\alpha_y}{2}$，即 $K_x\approx2$，所以可近似写成 $\beta_y\geqslant\dfrac{\alpha_y}{2}$ 或 $2\beta_y\geqslant\alpha_y$。也即，稳定轧制阶段的允许咬入角比咬入阶段的咬入角约大 2 倍。

由此可得极限稳定轧制条件为：

$$\beta_y = \frac{\alpha_y}{K_x};\ \alpha_y \leqslant K_x\beta_y \quad 或 \quad f_y = \tan\frac{\alpha_y}{K_x} \tag{8-20}$$

8.1.2.3　咬入阶段与稳定轧制阶段咬入条件比较

稳定轧制阶段与咬入阶段的咬入条件不同，为说明向稳定轧制阶段过渡时咬入条件的变化，将以理论上允许的极限稳定轧制条件下与极限咬入条件进行比较。

已知极限咬入条件 $\alpha=\beta$，而理论上允许的极限稳定轧制条件为 $\alpha_y=K_x\beta_y$，由此得两者之比值为：

$$K = \frac{\alpha_y}{\alpha} = K_x\frac{\beta_y}{\beta} \quad 或 \quad \alpha_y = K_x\frac{\beta_y}{\beta}\alpha \tag{8-21}$$

由式（8-21）可以看出，极限咬入条件与极限稳定轧制条件的差异取决于 K_x 与 $\frac{\beta_y}{\beta}$ 两个因素，即取决于合力作用点位置与摩擦系数的变化。

（1）合力作用点位置或系数 K_x 的影响。如图 8-6 所示，轧件被咬入后，随轧件前端在轧缝中前进，轧件与轧辊的接触面积增大，合力作用点向出口方向移动，由于合力作用点一定在咬入弧上，所以 K_x 恒大于 1，在轧制过程产生的宽展越大，则变形区的宽度向出口逐渐扩张，合力作用点越向出口移动，即 φ 角越小，则 K_x 值就越高。根据式(8-21)，在其他条件不变的情况下，K_x 越高，则 α_y 越高，即在稳定轧制阶段允许实现较大的咬入角。

（2）摩擦系数变化的影响。冷轧及热轧时摩擦系数变化不同，一般在冷轧时由于温度和氧化铁皮的影响甚小，可近似地取 $\frac{\beta_y}{\beta}\approx 1$，即从咬入过渡到稳定轧制阶段，摩擦系数近似不变。而在热轧条件下，根据实验资料可知，此时的 $\frac{\beta_y}{\beta}<1$，即从咬入过渡到稳定轧制阶段摩擦系数在降低，产生此现象的原因为：

1）轧件端部温度较其他部分低。由于轧件端部与轧辊接触，并受冷却水作用，加之端部的散热面也比较大，所以轧件端部温度较其他部分低，因而使咬入时的摩擦系数大于稳定轧制阶段的摩擦系数。

2）氧化铁皮的影响。由于咬入时轧件与轧辊接触和冲击，易使轧件端部的氧化铁皮脱落，露出金属表面，所以摩擦系数提高，而轧件其他部分的氧化铁皮不易脱落，因而保持较低的摩擦系数。

影响摩擦系数降低最主要的因素是轧件表面上的氧化铁皮。在实际生产中，往往因此造成在自然咬入后过渡到稳定轧制阶段发生打滑现象。

由以上分析可见，K 值变化是较复杂的，随轧制条件不同而异。在冷轧时，可近似地认为摩擦系数无变化。而由于 K_x 值较高，所以使冷轧时 K 值也较高，说明咬入条件与稳定轧制条件间的差异较大，一般是：

$$K \approx K_x \approx 2 \sim 2.4$$

所以

$$\alpha_y \approx (2 \sim 2.4)\alpha$$

在热轧时，由于温度和氧化铁皮的影响，使摩擦系数显著降低，所以 K 值较冷轧时小，一般是：

$$K \approx 1.5 \sim 1.7$$

所以
$$\alpha_y \approx (1.5 \sim 1.7)\alpha$$

以上关系说明，在稳定轧制阶段的最大允许咬入角比开始咬入时的最大允许咬入角要大。相应地，两者允许的压下量也不同，稳定轧制阶段的最大允许压下量比咬入时的最大允许压下量大一个倍数。在生产实践中有时采用“带钢压下”的技术措施，也就是利用稳定轧制阶段咬入角的潜力。

8.1.2.4 改善咬入条件的途径

改善咬入条件是进行顺利操作、增加压下量、提高生产效率的有力措施，也是轧制生产中经常碰到的实际问题。

根据咬入条件 $\alpha \leqslant \beta$，便可以得出：凡是能提高 β 角的一切因素和降低 α 角的一切因素都有利于咬入。下面对以上两种途径分别进行讨论：

A 降低 α 角

由 $\alpha = \arccos\left(1 - \frac{\Delta h}{D}\right)$ 可知，若降低 α 角必须：

（1）增加轧辊直径 D，当 Δh 等于常数时，轧辊直径 D 增加，α 可降低。

（2）减小压下量。

由 $\Delta h = H - h$ 可知，可通过降低轧件开始高度 H 或提高轧后的高度 h，来降低 α，以改善咬入条件。

在实际生产中常见的降低 α 的方法有以下两种：

第一，用钢锭的小头先送入轧辊或采用带有楔形端的钢坯进行轧制，在咬入开始时首先将钢锭的小头或楔形前端与轧辊接触，此时所对应的咬入角较小。在摩擦系数一定的条件下，易于实现自然咬入（见图 8-7）。此后随轧件充填辊缝和咬入条件改善的同时，压下量逐渐增大，最后压下量稳定在某一最大值，从而咬入角也相应地增加到最大值，此时已过渡到稳定轧制阶段。

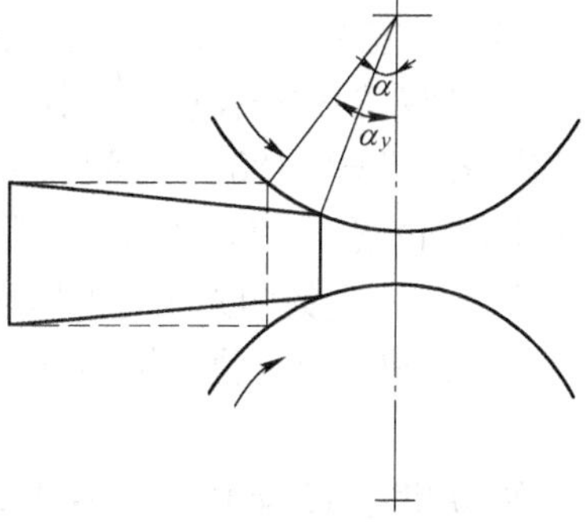

图 8-7 钢锭小头进钢

这种方法可以保证顺利地自然咬入和进行稳定轧制，并对产品质量无不良影响，所以在实际生产中应用较为广泛。

第二，强迫咬入，即用外力将轧件强制推入轧辊中。由于外力作用使轧件的前端被压扁，相当于减小了前端接触角 α，所以改善了咬入条件。

B 提高 β 的方法

提高摩擦系数或摩擦角是较复杂的，因为在轧制条件下，摩擦系数决定于许多因素。从以下 3 个方面来谈改善咬入条件：

（1）改变轧件或轧辊的表面状态，以提高摩擦角。在轧制高合金钢时，由于表面质量要求高，不允许从改变轧辊表面着手，而是从轧件着手。

（2）清除炉生氧化铁皮。实验研究表明，钢坯表面的炉生氧化铁皮，使摩擦系数降低。由于炉生氧化铁皮的影响，使自然咬入困难，或者以极限咬入条件咬入后在稳定轧制阶段发生打滑现象。由此可见，清除炉生氧化铁皮对保证顺利地自然咬入及进行稳定轧制是十分必要的。

（3）合理地调节轧制速度。实践证明，随轧制速度的提高，摩擦系数是降低的。据此，可以低速实现自然咬入，然后随着轧件充填辊缝，合力作用点前移，使咬入条件好转，逐渐增加轧制速度，使之过渡到稳定轧制阶段时达到最大，但必须保证 $\alpha_y < K_x\beta_y$ 的条件。这种方法简单可靠，易于实现，所以在实际生产中是被采用的。

列举上述几种改善咬入条件的具体方法，有助于理解与具体运用改善咬入条件所依据的基本原则。在实际生产中不限于以上几种方法，而且往往是根据不同条件几种方法同时并用。

8.2　连续铸钢的发展历史和现状

钢水凝固成形有两种方法：传统的模铸法和连续铸钢法。连续铸造是将液态金属通过连铸机浇铸、凝固成形、切割而直接得到铸坯的工艺技术。连续铸钢技术开发成功后，日臻成熟，不断发展，它的出现从根本上改变了传统的模铸工艺，大大简化了熔融金属到金属坯料的生产流程。连续铸造的功能已远远超过传统模铸系统的范围，它具有凝固器、成形器、冶金器和节能器的作用。近20年来，连续铸钢技术已为全世界各生产钢国普遍采用，世界钢产量之所以大幅度上升，连续铸造的广泛采用是其重要原因之一。目前大部分炼钢厂已实现全连铸，连铸比已成为衡量一个国家冶金工业水平的重要指标。

连续铸钢是一项把钢水直接浇铸成形的新工艺。它的出现从根本上改变了一个世纪以来占统治地位的钢锭—初轧工艺。液体金属连续铸锭的概念早在19世纪中期就已提出。1840年美国塞勒斯(Sellers)获连铸铅管专利。1846年转炉的发明者贝塞麦(Bessemer)使用水冷旋转双辊式连铸机生产锡箔、铅板和玻璃板。1872年美国戴维尔提出移动结晶器连续浇铸的概念。1886~1889年提出垂直浇铸的立式连铸机的设计。1921年皮尔逊提出结晶器振动概念，使铸坯与结晶器之间做连续相对运动。

1933年，连铸的先驱者德国人容汉斯(Juagians)建设了第一台1700 t/月立式带振动结晶器的连铸机，首先浇铸铜铝合金获得成功，使有色金属连续浇铸于20世纪30年代就应用于生产。

在20世纪40年代，由容汉斯在德国建成第一台浇铸钢水的试验性连铸机（1943年）。当时就已提出振动的水冷结晶器、浸入式水口、结晶器上部加保护剂等技术，这些技术为现代连铸机奠定了基础。随后，在美国、英国、奥地利和日本等国也相继建成了中间性试验连铸机，钢水量为150 kg ~7.5 t。

在20世纪50年代，连续铸钢进入工业应用阶段，有多台连铸机相继建成。其中代表性的钢厂有：1951年，在苏联的红十月冶金厂建立了第一台不锈钢板坯连铸机，铸坯断面为180mm×800mm，产量为36000t/a。1952年，在英国的巴罗工厂建成第一台小方坯连铸机，浇铸碳钢和低合金钢，断面为(50mm×50mm)~(100mm×100mm)。与此同时，德国人斯莎贝尔（O. Schacber）提出了弧形连铸机的专利。容汉斯和斯莎贝尔提出了连铸电磁搅拌的设计。1954年，第一台浇铸圆坯的连铸机由德国的曼内斯曼公司(Mannesmann)建成。同时在北美加拿大的阿特拉斯（Atlas Steel）厂建成不锈钢板坯连铸机，断面为165mm×620mm，每炉浇铸27~45t钢水。1956年，在英国的巴罗钢厂建成了立弯式连铸机，大大降低了立式铸机的高度。瑞士的金(C. Kung)获弧形结晶器专利。1958年，第一代八流小方坯连铸机在意大利的工业和电业公司投产。

20 世纪 60 年代，连续铸钢进入工业性推广阶段，不少钢厂都相继建设连铸机。其中代表性钢厂有：1961 年，第一台立弯式单流板坯连铸机在德国迪林根钢厂(Dillinger Steel-work)建成，浇低碳钢，断面为 200mm×1520mm，钢包容量 33t。1963 年，第一台弧形结晶器的小方坯连铸机在瑞士建成投产。据当时调查指出，全世界已有 61 台连铸机生产，44 台连铸机在建设之中。1964 年，第一个全连铸钢厂在英国的谢尔顿(Shelton)钢厂投产。该厂有 4 台连铸机共 11 流，生产低碳钢和低合金钢，断面为(140mm×140mm)~(432mm×632mm)，钢包容量 62t。1964 年第一台弧形板坯连铸机在德国迪林根钢厂投产，与立式连铸机比较，弧形连铸机高度降低了 50%。1965 年，四流圆坯弧形连铸机在德国埃斯维特尔钢厂(Eschweiter)建成投产。1967 年，高生产率的板坯连铸机在美国的盖里(Gary)钢厂建成投产，并与在线轧制相连。1968 年，第一台弧形结晶器四流板坯连铸机在美国的国家钢公司(National Steel)建成，用于生产镀锡板。同年，加拿大阿尔果马钢厂投产一台工字梁连铸机。1969 年，有 4 台板坯连铸机投产。第一台离心旋转连铸机在法国的瓦卢埃克公司(Vallourec)建成投产。

20 世纪 70 年代以后为连铸大发展时期。连铸机已具备与大型氧气转炉相配合进行工业生产的可能性。连铸设备和工艺技术日益完善，促进了连铸的迅速发展。其中有代表性的技术有：

(1) 钢包回转台，以实现多炉连浇；

(2) 快速更换中间包，以提高连铸生产率和连浇炉数；

(3) 纵向切割板坯，以把更换结晶器的次数减到最少以提高生产率；

(4) 结晶器液面控制，以保持稳定浇铸速度；

(5) 结晶器在线调宽技术，以提高生产率；

(6) 多点弯曲和矫直技术，以提高铸坯质量；

(7) 钢包—中间包—结晶器全程保护浇铸；

(8) 冷中间包的应用；

(9) 电磁搅拌的应用；

(10) 气水冷却，以改善冷却的均匀性，提高铸坯质量；

(11) 压缩浇铸技术，以适应高速浇铸，改善铸坯内部质量；

(12) 轻压下技术，改善铸坯中心偏析；

(13) 整个浇铸过程用计算机控制。

从 20 世纪 80 年代以来，世界各产钢国家连铸技术的发展非常迅速。1964 年全世界仅有 80 多台连铸机，总生产率为 700 万吨/年；1970 年有 325 台连铸机，生产能力 2600 万吨/年；1974 年有 550 台连铸机，生产能力 1.4 亿吨/年；1985 年有 1318 台连铸机，生产能力 3.3 亿吨/年；1990 年有 1360 台连铸机，生产能力 5.58 亿吨/年。据 1991 年统计，全世界已有 26 个国家和地区钢产量的连铸比超过 90%。全世界钢产量的平均连铸比已由 1981 年的 33.8% 增加到 1991 年的 62.9%。

近年来，连续铸钢在特殊钢厂也得到广泛应用。据报道，1991 年日本普通钢连铸比为 98.6%，特殊钢连铸比为 81.6%，其中不锈钢连铸比接近 100%。应该指出，从世界主要产钢国家发展连铸的历程来看，前苏联在连铸技术的研究方面起步较早，对连铸理论、工艺、设备和品种质量等进行了大量研究工作，在20世纪70年代以前是居世界领先地位。然而，由于前苏联炼钢生产一直以平炉为主，氧气转炉炼钢发展迟缓，因此限制了连铸的发展。在70年代后，日本、美国、法国、德国等工业发达国家后来居上。尤其是日本，在60年代后期才从前苏联等国引进连铸技术，由于重视消化和开发研究，促进了连铸技术的应用。日本在70年代以前，连铸机主要设置在电炉钢厂，以生产小方坯为主。1970年连铸比仅为5.6%。但70年代后的两次能源危机，促使连铸技术得到了迅速发展。1980年日本连铸比增加到59.5%，1991年达到94.4%。1991年日本4家最大钢铁公司连铸比：新日铁98.9%，日本钢管98.7%，川崎97.7%，住友94.9%，基本上实现了全连铸。目前日本的连铸设备已趋近饱和程度。

美国的连铸技术是与瑞士康卡斯特公司和日本厂家合作发展起来的。20世纪80年代以前发展缓慢，1980年连铸比为20.3%。1980年以后，增加了连铸投资，把重点放在大型钢厂建设板坯、大方坯及组合式连铸机，到1991年连铸比提高到75.1%。随之也出现了一些全连铸工厂。

据统计，1992年全世界产钢国家中，已有30多个大型钢厂实现了全连铸。还应特别注意到，近几年接近于成品尺寸的薄板坯连铸连轧工艺技术有了重大突破，人们认为这是当前钢铁工业发展中的一项重大高新技术。传统的生产热轧薄板的工艺是连铸板坯（厚150～250mm）—粗轧机组（轧成40～70mm）—精轧机组—板卷（2～10mm）。而薄板坯连铸连轧工艺是薄板坯（40～70mm）—精轧机组—板卷。与传统工艺相比，这种新工艺流程短、设备简化，建设投资低，成材率高，能耗降低，生产成本大幅度下降，经济效益十分明显。国外现已有多家公司竞相研究开发，如德国的西马克（SMS）公司开发的CSP（compact strip production）工艺，曼内斯曼·德马克（MDS）公司开发的ISP（inline strip production）工艺，意大利的达涅利（Danieli）、奥地利的沃斯特—阿尔卑里（Voest－Alpine）等公司各自开发出新的工艺。美国的纽柯（Nucor）公司、意大利的阿维第（Arvedi）公司已采用此种新工艺建成了完整的生产线，取得很好的效果。人们预计采用熔融还原、超高功率电炉（直流电弧炉）、炉外精炼、薄板坯连铸和紧凑式热轧机组的新型的钢厂将在全世界不断涌现。

以连铸取代模铸是炼钢生产流程的一场革命，而接近最终产品形状的连铸又是对传统连铸工艺的一次重大革新。对于厚断面产品接近最终产品形状的连铸技术早已实现。1968年首先在阿尔戈马（Algoma）钢厂开始连铸工字梁的异形坯，这一技术最近又获得新的应用。

铸坯断面接近于最终产品尺寸的板带材方面的研究开发是当前研究的热点技术。最终产品尺寸可分为三种类型：薄板坯为80～40mm，带材为25～1.5mm，薄带材小于1.5mm。薄板坯连铸连轧生产线已首次在纽柯公司投产，而带钢连铸目前还处于半工业试验阶段，而极薄带材还处于实验室试验阶段。

薄板坯连铸配合直接轧制生产流程，这样有利于节能，减少铸坯储存和缩短生产时间。连铸和轧钢的联结可组成新的紧凑式带钢生产流程，也是最经济的生产流程。目前正在开发的薄板坯连铸连轧生产流程模式有：

（1）薄板坯连铸连轧工艺（CSP工艺）。一台浇铸50mm厚薄板坯连铸机，其后是很长的辊底式加热炉（160m）、四机架精轧机组、层流冷却段和卷取机，机组总长250m。

成品为厚度2.5～12mm的板卷。这种工艺已在纽柯公司克劳福兹维莱厂投产，年产80～100万吨。

（2）薄板坯—液芯挤压—轧制工艺(ISP工艺)。从结晶器出来60mm厚的薄板坯，带液芯压下到40mm，然后由固相轧制成15～20mm的带材再轧成5mm的板卷。这种工艺已于1991年在意大利阿尔维第公司的科姆拉(Cremona)厂建成投产，年产50万吨。另外SMS蒂森(Thyssens)和沙希洛(Sacilor)公司正在试验另一种连铸—挤压—轧制工艺，主要特点是从结晶器出来的50mm带液芯的薄板坯，由两对辊挤压减薄到15mm，再加热在四辊轧机上轧成6mm板卷。

（3）薄板坯连铸连轧直接生产薄带流程。豪格文斯(Hoogovens)提出的流程是：薄板坯45mm(5m/min，1100℃)—粗轧15mm(15m/min，1120℃)—精轧1.5mm(3.3m/min，880℃)—铁素体区精轧0.7mm(7m/s，100℃)。

在各类生产流程中要实现在线轧制，首先要解决好生产无缺陷的薄板坯和钢的清洁度问题。因此，要把传统连铸的有效技术（如无氧化浇铸、浸入式水口保护渣、结晶器润滑和液面控制等）成功应用于薄板坯连铸。在连铸生产线上进行热轧板带产品合理流程的开发，以及技术上的解决方法仍在不断发展之中。

总之，薄板坯连铸连轧工艺的出现，对传统的钢铁工业生产模式提出了新的挑战。目前世界上许多国家的大型钢铁联合企业年产200～400 Mt钢厂，配套大型氧气转炉、大型板坯连铸机和热轧带钢设备，生产厚度从25mm到1.25mm、宽度从600mm到2000mm的不同钢种的板带产品。这一传统流程增加了轧制设备的复杂性和操作成本。而对年产百万吨级钢厂，采用电炉（熔融还原）—炉外精炼—薄板坯连铸—紧凑式轧机的流程，生产板带产品将是一个新的发展趋势。据统计，世界上已建成投产和正在建设的薄板坯连铸连轧生产线已有20多条，可以预见，20世纪90年代薄板坯连铸连轧工艺将在工业上推广应用。

8.3 传统连续铸造装置及工艺

连续铸造技术有多种方式，可按不同的方法进行分类。

（1）按台、机、流分。连铸机共用Z个钢包浇铸时，称为Z台连铸机；用Z个钢包浇铸，而连铸机的驱动系统的数量为X，可称为Z台X机连铸机；X个驱动系统浇铸Y流铸坯时称为X机Y流连铸机，因此连铸机往往被称为Z台X机Y流，如一台一机二流、一台二机二流、一台四机四流等。

（2）按结晶器类型分。可分为固定式连铸和随动式连铸。

（3）按连铸机型分。可分为立式连铸、立弯式连铸、直结晶器带直线段的直弧型连铸、全弧型连铸、多半径椭圆型连铸、水平连铸、轮带式连铸、履带式连铸等等。

（4）按铸坯的弯曲矫直方式分。可分为单点矫直连铸、多点弯矫连铸、连续弯矫连铸(又分固定辊和浮动辊两类)、渐进矫直连铸(又称为固定辊连续矫直连铸)等。

（5）按铸造材料分。可分为连续铸钢、连续铸铝及连续铸镁等。在连铸机前冠以钢种类别，钢的连续铸造又可划分为特殊钢连铸、不锈钢板坯(方坯)连铸、合金钢板坯(方坯)连铸等，以表示与浇铸普通碳素钢的区别。

(6) 按所浇铸的断面形状分。可把连铸分为板坯连铸、带坯连铸、小方坯连铸、大方坯连铸、圆坯连铸、异形(如工字形和八角形)断面坯连铸。既可浇铸板坯，又能浇方坯，称为板方坯兼容连铸或板方坯复合连铸。

(7) 按照铸坯厚度分。一般概念认为，铸坯厚度不小于150mm时称为常规板坯连铸。当铸坯厚度为90~150mm时，称为中厚度板坯连铸；铸坯厚度为40~90mm时，称为薄板坯连铸；铸坯厚度为25mm左右时，称为带坯连铸；铸坯厚度为10mm左右时，称为薄带连铸；铸坯厚度小于3mm时，称为极薄带连铸，目前，连铸极薄带最薄可达到0.15~0.3mm。

(8) 按是否接近最终产品形状分。连铸还可分为传统连铸和近终形连铸。近终形连铸包括连铸连轧、铸轧、异形坯连铸。

8.3.1 传统连铸的一般过程

传统连铸设备主要由钢包、中间包、结晶器(一次冷却)、结晶器振动装置、二次冷却和铸坯导向装置、拉坯矫直装置、切割装置、出坯装置等部分组成。图8-8所示为一种常用的弧形连铸机设备组成示意图。

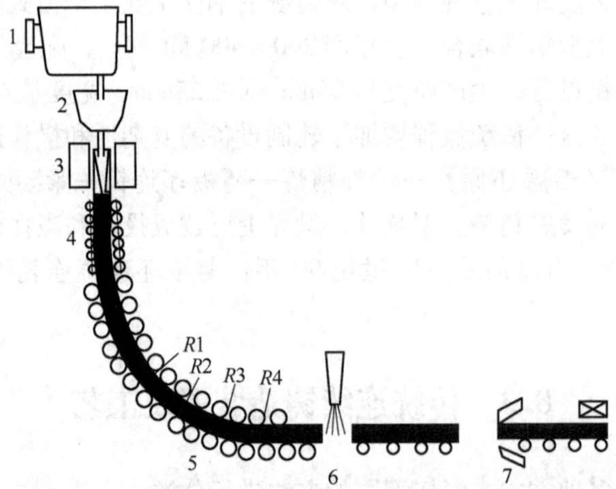

图8-8 弧形连铸机设备组成

1—钢包；2—中间包；3—结晶器；4—二次冷却和铸坯导向装置；5—拉坯矫直装置；6—切割装置；7—出坯装置

从炼钢炉出来的钢水注入到钢包内，经二次精炼处理后被运到连铸机的上方，钢水通过钢包底部的水口再注入到中间包内，中间包水口的位置被预先调好以对准下面的结晶器。打开中间包塞棒或滑动水口(或定径水口)后，钢水流入下口由引锭杆头封堵的水冷结晶器内。在结晶器内，钢水沿其周边逐渐冷凝成钢壳。当结晶器下端出口处坯壳有一定厚度时，同时启动拉坯机和结晶器振动装置，使带有液芯的铸坯进入由若干夹辊组成的弧形导向段。在这里铸坯一边下行，一边经受二次冷却区中许多按一定规律布置的喷嘴喷出的雾化水的强制冷却继续凝固。当引锭杆出拉坯矫直机后将其与铸坯脱开。待铸坯被矫直且完全凝固后，由切割装置将其切成定尺铸坯，最后由出坯装置将定尺铸坯运到指定地点。以上就是把钢水通过连铸机浇铸成钢坯的一般过程。

传统连铸技术经过几十年的不断发展，目前已有立式、立弯式、弧形式和水平式连铸，对应的机型称为传统连铸机，如图8-9所示。

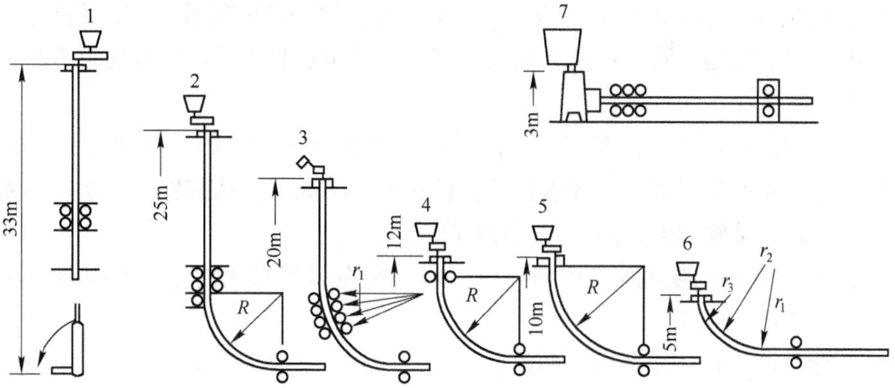

图8-9 连铸机机型简图

1—立式；2—立弯式；3—直结晶器立弯式；4—直结晶器弧形；5—弧形；6—多半径弧形；7—水平式

立式连铸机的基本特征是连铸机的各主体设备从上到下配置在同一铅垂生产线上，在浇铸过程中铸坯没有受到任何强制变形作用。

立式连铸机特点有：

（1）钢水在结晶器内，四周冷却条件相同，易于调节控制，钢水中各种非金属夹杂物易于上浮，铸坯内夹杂物少，横断面结晶组织对称。

（2）连铸机主体设备结构简单，不需矫直装置。

（3）铸坯在结晶凝固过程中，不受机械外力作用，有利于获得更好质量。

（4）由于机身很高，钢水静压力大，极易产生鼓肚变形，设备维修不方便，投资较多。

（5）铸坯定尺长度受到限制，随着生产率的提高，需增大铸坯尺寸，提高拉速，这就需提高立式连铸机的高度，使其缺点更加突出，从而立式连铸机的发展受到限制。

立弯式连铸机基本特征是以结晶器开始凝固到完全凝固后进入弯曲段，然后由水平方向出坯，铸坯的运动轨迹成直弯形。这种立弯式的连铸机的设备高度虽然可比立式连铸机的设备高度降低一些，但减少设备费用的效果并不明显。

弧形连铸机的基本特征是从位于最上面的结晶器及紧相连的二次冷却支撑装置到拉矫机等设备均配置在同一半径的圆弧生产线上。连铸生产中，铸坯在完全凝固后才进入拉矫机，受矫直辊施加的外力而矫直。

弧形连铸机的特点有：

（1）机身高度低，为立式连铸机的1/3，克服了立式连铸机的部分缺点；

（2）水平出坯，定尺长度不受限制，有利于高速浇铸；

（3）钢水在圆弧中进行凝固，夹杂物上浮受到阻碍，并容易向内弧富集，造成夹杂物偏析，占地面积比立式连铸机大；

（4）铸机中与弧形有关的设备的制造、安装、对弧等均比较麻烦。

水平连铸机的基本特征是在浇铸过程中，铸坯始终保持水平运动，不受弯曲和矫直，属无氧化浇铸。

水平连铸机的特点有：

（1）连铸机各单体设备完全在地面上水平布置，机身高度很低（高度不超过3m）。钢水静压力小，利于结晶凝固，特别是从钢水到成坯的全过程不受弯曲和矫直等机械外力作用，裂纹明显减少。

（2）连铸机结构简单，质量轻（比普通弧形连铸机约轻43%～45%），一次投资省50%以上。它省去了专门防止二次氧化的保护系统、结晶器振动装置、二次冷却系统与矫直设备。其安装、维修和连铸的生产操作都很方便。

（3）由于中间包和结晶器直接相连，钢水完全在封闭系统内流动和凝固，易于实现无氧化浇铸，铸坯质量好。

（4）目前只能浇铸较小断面的铸坯，只适宜生产小批量的钢坯，特别是特殊钢铸坯。

8.3.2 浇铸设备

连铸生产中，冶炼合格的钢水经钢包承运设备送至连铸机浇铸平台，按工艺要求将钢水注入中间包，并由中间包车将其从预热位置运输到浇铸位置。因此，浇铸设备包括钢包及其回转台、中间包及中间包车。

8.3.2.1 钢包

钢包又称盛钢桶、钢水包、大包等，它是用于盛接钢水并进行浇铸的设备，也是钢水的炉外精炼炉。钢包由外壳、内衬和注流控制机构、底部供气装置等部分组成，如图8-10所示。

钢包内衬与高温钢水、熔渣长时间接触，受到注流冲刷和熔渣侵蚀，尤其是作为精炼炉受到的损坏更严重；内衬的损坏不仅降低了钢包的寿命，还增加了钢水中的夹杂物含量。因此钢包的内衬选用合适的耐火材料对改善钢的质量、稳定操作、提高生产效率有着重要的意义。

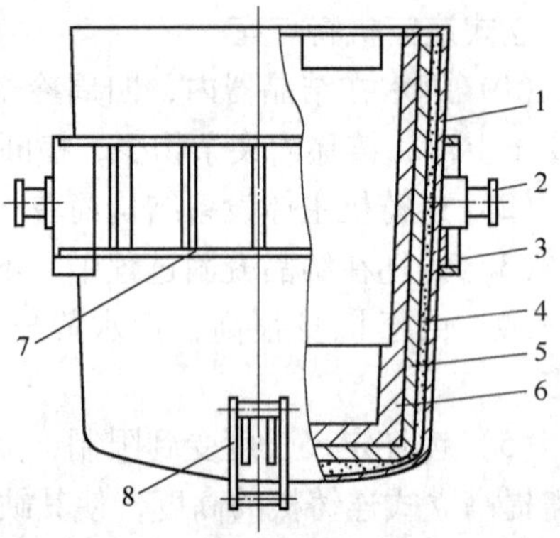

图8-10 钢包结构

1—包壳；2—耳轴；3—支撑座；4—保温层；5—永久层；6—工作层；7—腰箍；8—倾翻吊环

8.3.2.2 钢包回转台

目前撑托钢包的方式主要是钢包回转台，其转臂上同时撑托两个钢包，一个用于浇铸，另一个处于待浇状态，同时完成钢水的异跨运输；缩短了换包时间，有利于实现多炉连浇，提高连铸作业率。

钢包回转台结构按回转臂的形式可分为整体叉臂式和双单臂式两种。整体叉臂式回转台两端叉臂为一整体，只需一套旋转机构，结构较简单。双单臂式回转台其两端的转臂各自单独转动，两个钢包可有不同的相对位置，这对承运钢包、处理意外情况等更为方便、灵活。蝶形钢包回转台属于双臂整体旋转单独升降式，使用较广，其结构如图8-11所示。

钢包回转台主要由钢结构部分（包括旋转盘）、回转驱动装置、回转夹紧装置、升降

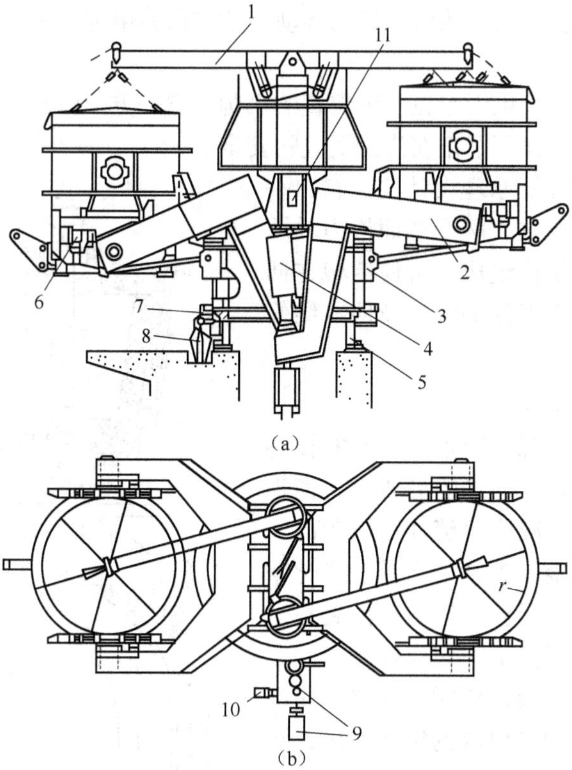

图 8-11 蝶形钢包回转台

（a）主视图；（b）俯视图

1—钢包盖装置；2—叉形臂；3—旋转盘；4—升降装置；5—塔座；6—称量装置；7—回转环；8—回转夹紧装置；9—回转驱动装置；10—气动马达；11—背撑梁

机构、称量装置、润滑装置和事故驱动装置等组成。

钢结构部分由叉形臂、旋转盘与上部轴承座、回转环和塔座组成。

回转驱动装置由电动机、大速比减速机及回转小齿轮组成(见图 8-12)。设有制动和锁定机构，以确保回转台的准确定位。

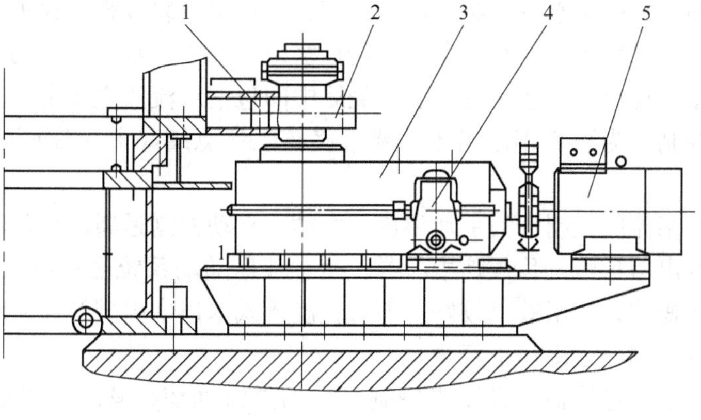

图 8-12 回转驱动装置及事故驱动装置

1—柱销齿轮；2—回转小齿轮；3—减速机；4—气动马达；5—电动机

事故驱动装置是在发生事故时，启动气动马达或由蓄电池供电的直流电机工作，以保证工作安全。

回转夹紧装置是使大包固定在浇铸位置的机构，它一方面保护了回转驱动装置在装包时不受冲击，另一方面保证了正在浇铸钢包的安全。

升降装置是根据杠杆原理设计的，它由一个叉臂、一个升降液压缸、两个球面推力轴承及导向连杆与支撑钢结构组成，可使钢包在回转台上做升降运动，实现保护浇铸及便利维修操作。

8.3.2.3　中间包

中间包是钢包与结晶器间的一个中转容器，其主要作用有：减小钢水的静压力，使钢水平稳地注入结晶器；减少钢流冲击引起的飞溅或紊流，有利于非金属夹杂物上浮，净化钢水；多流连铸机上，中间包将钢水分流到每个结晶器；在多炉连浇时，中间包还能储存一定数量的钢水，保证在更换钢包时不停浇；中间包里吹入惰性气体以调整包内的钢水温度，还可以加入需要的某些合金元素，实现中间包冶金。

中间包的结构、形状应保持最小的散热面积，良好的保温性能。通常将中间包做成长方形、T形或V形。其结构由包体、包盖和水口装置等几部分组成，如图8-13所示。中间包加盖，可保温和防止钢包包底过分受烤而变形。包盖外壳用钢板焊成，内衬为耐火材料，包盖上开有钢水注入孔、塞棒孔、加热孔和加料孔等。

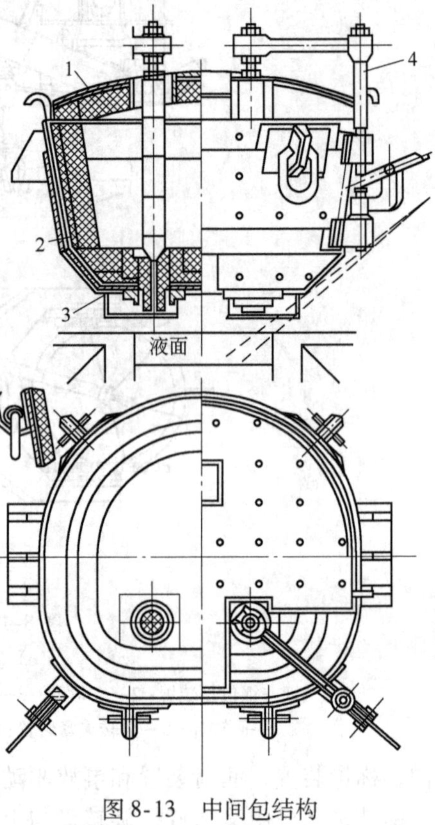

图8-13　中间包结构
1—包盖；2—包体；3—水口；4—塞棒机构

水口是中间包内的钢水流入结晶器的通道，通过水口装置来调整水口的开闭程度，控制钢水的流量。水口装置主要有三大类：定径水口、塞棒式水口和滑动式水口。

定径水口多用在小方坯连铸机上，开浇后中间包钢水流量主要由中间包内钢液面高度和水口直径来控制，为防止钢水溢出，要求浇铸工注意结晶器中液面的波动，并控制好拉速。

塞棒式水口塞棒的控制分为手动和自动两种，自动控制是通过结晶器液面控制仪根据液面波动情况发出信号给位移跟踪指示器，通过液压随动系统由液压缸操作塞棒实现的。塞棒式水口易于操作，使用效果较好，为防止浸入式水口中出现结瘤阻断浇铸，一般向塞棒中间通入氩气，同时也冷却了塞棒。

滑动式水口是通过滑板的开度来控制水口的过流面积，其结构如图8-14所示。上、下滑板固定不动，通过中间活动滑板移动控制注流。中间包用滑动水口控流工作安全可靠，寿命较长，能精确控制钢流，有利于实现自动化，也利于更换水口及停浇操作。

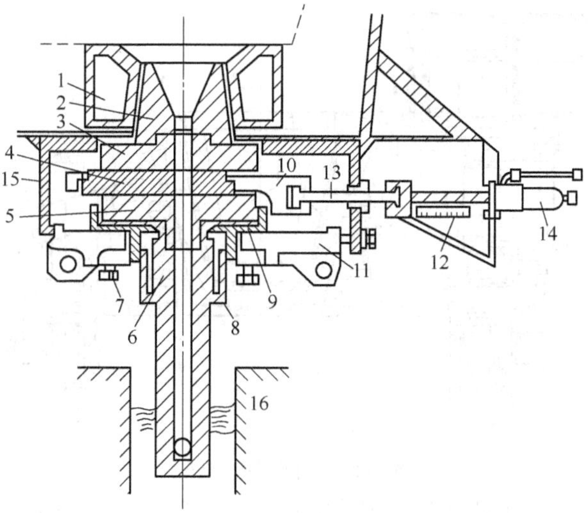

图 8-14 三层式滑动水口示意图

1—座砖；2—上水口；3—上滑板；4—滑动板；5—下滑板；6—浸入式水口；7—螺栓；8—夹具；9—下滑板套；10—滑动框架；11—盖板；12—刻度；13—连杆；14—油缸；15—水口箱；16—结晶器

8.3.2.4 中间包车

中间包车是用于支撑、运输、更换中间包的承载装置。为实现中间包的快速更换，中间包车应具有快速和慢速两种走行速度；为便于水口横向对中，还应设置横向微调机构。中间包车应能使中间包升降，便于浸入式水口进行无氧化保护浇铸。

目前中间包车有两种形式：悬臂式中间包车和门形中间包车。悬臂式中间包车位于结晶器的外弧侧，其内弧侧轨道在高架梁上，外弧侧轨道铺设在浇铸平台上，如图 8-15 所示。中间包车运行迅速，结晶器上方供操作的空间大，便于观察结晶器液面，操作方便。但结构中心偏移，车子不稳，需在车身的另一端加配重或反倾力矩结构。门形中间包车是普遍采用的形式，如图 8-16 所示。门形中间包车的轨道在结晶器的内外弧两侧，车跨在结晶器的上方，水口位于车的主梁内，由于中间包的重心位于两条轨道之间，车身受力合理、平稳；但操作人员在观察结晶器液面和加保护渣时不太方便。

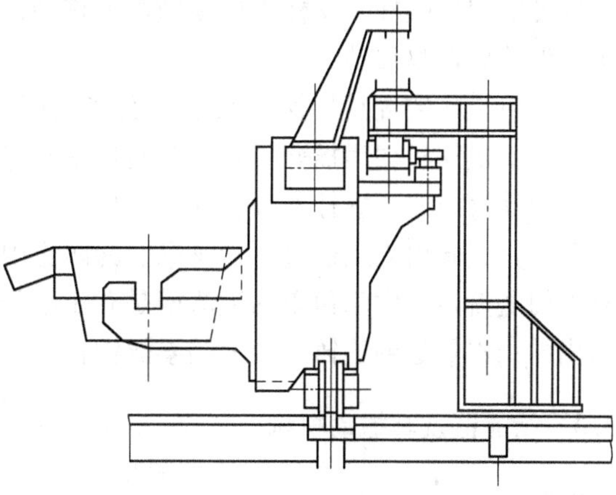

图 8-15 悬臂式中间包车

中间包车由包车本体、走行装置、升降装置、对中装置、称量装置、长水口机械手、溢流槽及台车等组成。

每台中间包车配有两套电气机械走行装置，每套传动装置由一个交流电机、一个齿轮减速箱、一个联轴节和双闸瓦制动器组成。这两套装置布置在中间包车背侧，并配有防止

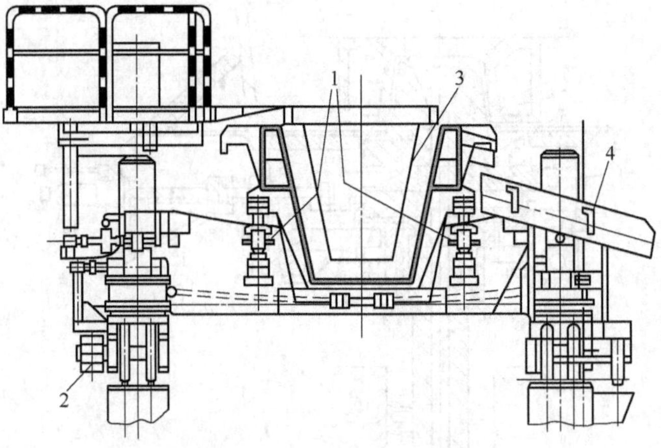

图 8-16 门形中间包车

1—称量装置；2—走行装置；3—中间包；4—溢流槽及其台车

钢水飞溅和辐射热的保护装置。

升降装置是使中间包上升、下降的机构。该装置通常由支撑中间包的两个横向支撑框架和 4 台滚珠丝杠千斤顶及其电气机械传动装置等组成。滚珠丝杠千斤顶分布于中间包车前后 4 个角由一个交流电机和离合器、抱闸及齿轮传动装置共同组成，由一个升降传动系统驱动。

中间包水口安装位置中心线与结晶器的中心线往往有误差，因此一般中间包车都设有对中微调机构，在中间包车的前梁上设有两个对中传动装置，由电机驱动蜗轮蜗杆减速器，再带动蜗轮蜗杆、丝杠千斤顶做水平移动，丝杠推拉中间包横向支撑框架在提升柱的辊子上做前后调整移动。

长水口操作装置是将钢包长水口安装在钢包滑动水口上，并使其压紧在水口上的机构。长水口操作机构为摇臂形式，安装在中间包车的主框架上，由带升降装置的立柱、支撑臂和倾动臂组成。立柱部分包括长水口升降用液压缸、升降柱和导向套。支撑臂随升降臂升降，其旋转由人工通过手柄操纵。为防止中间包内钢水因液面过高而溢流，中间包上设有专门溢流口。中间包车的溢流槽是介于中间包溢流口与连铸平台上的事故钢包之间，将溢出的钢水传送到连铸平台上的事故钢包。

8.3.3 结晶器及其振动机构

8.3.3.1 结晶器

结晶器是一个水冷的铜模，是连铸机的“心脏”部件。钢水在结晶器内冷却，初步凝固成形，并具有一定厚度的坯壳，这一过程是在坯壳与结晶器壁连续、相对运动下完成的。因此结晶器应具有良好的导热性和刚性，不易变形，重量要轻，以减小振动时的惯性力；内表面耐磨性要好，以提高使用寿命。

按结晶器的内断面形状，结晶器可分为直形结晶器和弧形结晶器。直形结晶器用于立式、立弯式及直弧形连铸机，而弧形结晶器用在全弧形和椭圆形连铸机上。从其结构来看，结晶器又可分为管式结晶器和组合式结晶器。小方坯、圆坯、矩形坯浇铸多用管式结晶器，而大型方坯、矩形坯、H 形坯和板坯浇铸多用组合式结晶器。

A 管式结晶器

管式结晶器的结构如图 8-17 所示，其内管为冷拔异形无缝铜管，外面套有钢质外壳，铜管与钢套之间留有小于 7mm 的水缝隙，用以通冷却水。铜管和钢套可以制成弧形或直形。铜管的上口通过法兰用螺钉固定在钢质的外壳上，铜管的下口一般为自由端，允许热胀冷缩，但上、下口都必须密封，不能漏水。结晶器外套是圆筒形的。外套中部有底脚板，将结晶器固定在振动框架上。管式结晶器结构简单，易于制造、维修。

有的管式结晶器取消了钢质外套，冷却水直接喷射到铜管上冷却，也称喷淋式结晶器，其结构如图 8-18 所示。

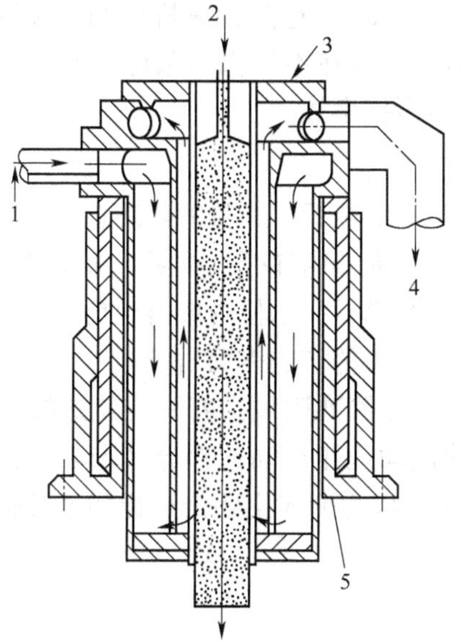

图 8-17 管式结晶器

1—冷却水入口；2—钢水；3—上口法兰；4—冷却水出口；5—油压缸

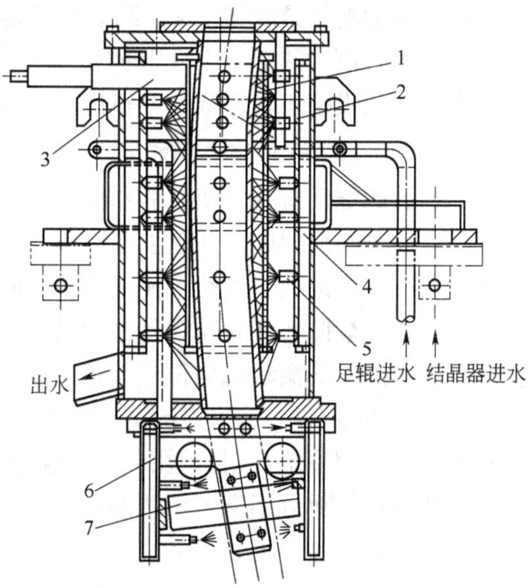

图 8-18 喷淋式结晶器

1—结晶器铜管；2—放射源；3—闪烁计数器；4—结晶器外壳；5—喷嘴；6—足辊架；7—足辊

B 组合式结晶器

组合式结晶器结构如图 8-19 所示，通常组合式结晶器是由 4 块复合壁板组装而成，

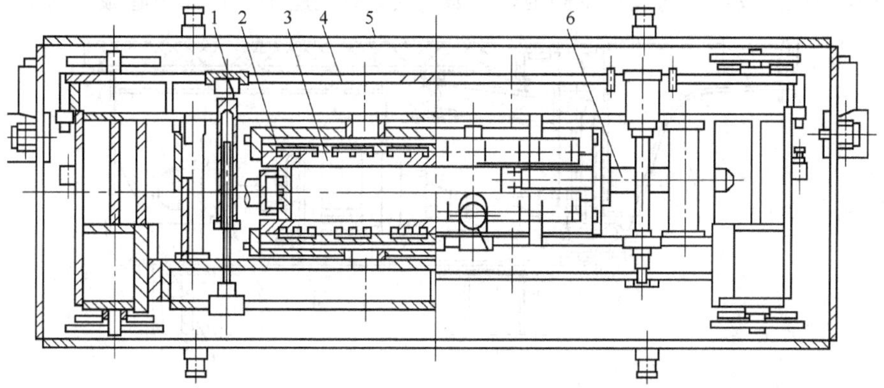

图 8-19 组合式结晶器

1—调厚与夹紧装置；2—窄面内壁；3—宽面内壁；4—结晶器外框架；5—振动框架；6—调宽机构

每块复合壁板都是由铜质内壁和钢质外壳组成。在与钢质外壳接触的铜板面上铣出许多沟槽形成中间水缝。中间用双头螺栓固定，为防止漏水，在双头螺栓上加垫，用密封圈密封。结晶器下口装有3对足辊，其主要作用是支撑初生坯壳，减少摩擦阻力，改善冷却条件。为此足辊间距必须要小，以防止铸坯在钢水静压力作用下产生鼓肚变形。足辊是结晶器重要部件，要求与结晶器有严格的对中，在振动时与结晶器一起振动，在结晶器与辊子间及辊子与辊子间设有冷却喷嘴，对铸坯进行喷淋冷却。

结晶器在线调宽就是在浇铸过程中完成对结晶器宽度的调整，即结晶器的两个窄边多次分小步向外或向内移动，直到预定的宽度要求。调节宽度时铸坯宽度方向呈现Y形，所以称为Y形在线调宽。这种调宽装置不仅能调节结晶器宽度，还能调节宽面倒锥度。每次调节量为初始锥度的1/4，调节速度是20～50mm/min。通过计算机控制，液压或电力驱动，每个侧边的上、下两套同步机构实现调节，它可在不停机的条件下改变铸坯宽度。在线调宽设备比较复杂，调整过程中要预防发生漏钢事故。

8.3.3.2 结晶器的振动机构

结晶器的振动机构是使结晶器做周期性的往复运动的装置，其目的是防止初生坯壳与结晶器之间黏结而拉破，并起强制脱模的作用。一旦结晶器内坯壳被拉断，振动又有可能在结晶器与铸坯的同步运动中使其愈合。同时，由于结晶器振动使内壁得到良好润滑，减少了摩擦力又能防止坯壳与结晶器壁黏结，从而可以改善铸坯的表面质量。

任何结晶器的振动机构都包括两部分：一是使结晶器准确地沿着一定轨迹振动（直线或弧线）的部分；二是使结晶器严格按照一定的振动规律振动的部分（凸轮、偏心轮机构或液压伺服系统）。目前用到方坯连铸机上的振动机构形式主要是短臂四连杆振动机构；而板坯连铸机近年来多用四偏心轮式振动机构。

A 短臂四连杆振动机构

短臂四连杆振动机构是具有4个滚动铰接点的刚性四连杆振动机构，如图8-20所示。该机构有两个刚性振动臂及4个滚动轴承组成的铰接点。该结构广泛地用在小方坯和大板坯连铸机上，只是小方坯连铸机振动机构多装在内弧侧，而大方坯连铸机振动机构多装在外弧侧。短臂四连杆振动机构结构简单，便于维修，能够较准确地实现结晶器的弧线运动，有利于铸坯质量的改善。但该机构在使用一段时间后也会出现一定的晃动现象，横向稳定就显得不够。小振幅还使铰接点的润滑变得困难，易造成销轴的磨损，从而引起振动的不平稳。

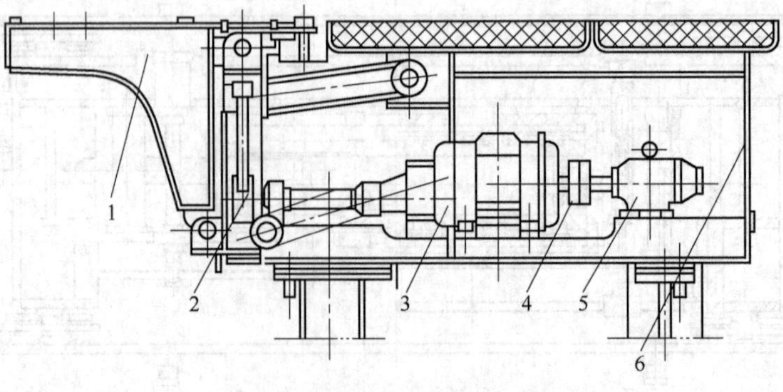

图8-20 短臂四连杆振动装置

1—振动台；2—振动臂；3—无级变速器；4—安全联轴器；5—交流电动机；6—箱架

为了适应高频率、小振幅的工艺要求，一种以钢板在张力状态下作为连杆的四连杆振动机构已开始在方坯连铸机上得到应用，且取得了很好的效果。由于这种振动结构没有铰接点，因此不存在润滑不良和磨损，横向稳定性好。

B 四偏心轮式振动机构

四偏心轮式振动机构的弧线运动是利用两对偏心距不同的偏心轮及连杆机构而产生的，如图 8-21 所示。结晶器弧线运动的定中是靠两条板式弹簧完成，这种板式弹簧使结晶器只做弧形摆动，而不能产生其他方向的移动。因而，这种振动机构振动平稳，无摆动和卡阻现象，但其结构复杂，零件较多。

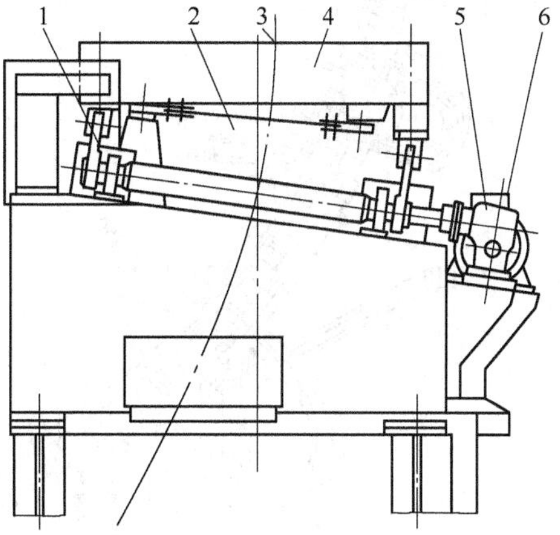

图 8-21 四偏心轮式振动机构

1—偏心轮及连杆；2—定中心弹簧板；3—铸坯外弧；4—振动台；5—蜗轮副；6—直流电动机

8.3.4 二次冷却系统

二次冷却系统，又称二次冷却区或二冷区，是对离开结晶器后的铸坯进行连续冷却直至完全凝固的系统。从结晶器里出来的铸坯虽已成形，但坯壳一般只有 10 ~30mm 厚。内部温度很高，因此钢水静压力对坯壳产生很大的鼓胀力，使铸坯有可能产生各种形变，甚至出现裂纹和漏钢，特别是大方坯和板坯更为严重。设置二冷装置的目的，就是对铸坯通过强制均匀的冷却，促使坯壳迅速凝固变厚，预防坯壳变形超过极限，控制产生裂纹和发生漏钢事故。同时对铸坯和引锭杆予以支撑和导向，防止跑偏。在采用直结晶器的弧形铸机中，二冷装置还需要将直坯弯成弧形坯。在上装引锭杆的铸机中，二冷装置中需设置有驱动辊，以驱动引锭杆并实现拉坯。对于多半径弧形连铸机，它又起到将弧形铸坯分段矫直的作用。

二次冷却系统是由支撑导向设备（即各部扇形段）、喷水冷却管路、基础底座等部分组成。

8.3.4.1 小方坯连铸机的二次冷却系统

小方坯连铸机二次冷却装置的结构如图 8-22 所示。它是管式结构，由三段无缝钢管制成，钢管支撑在底座上，每段钢管又由内、外两层钢管构成，中间的夹缝通水冷却，二冷区前两段在冷却室内，第三段在冷却室外，它总共有 4 对夹辊、5 对侧导辊、12 块导板和 14 个喷水环，用垫块调节辊间距，以适应不同断面的浇铸。二冷区组辊的喷水量占 40%，一段、二段水量为 60%。

8.3.4.2 板坯连铸机的二次冷却系统

板坯的二次冷却系统要比小方坯复杂得多，为了保证铸坯质量，必须严格限制铸坯的鼓肚量，需要严格控制夹辊辊距和对弧精度。

为了便于加工制造、安装调整和快速处理事故，一般都把二冷区分成若干扇形段。结晶器下口的第一段，要求能和结晶器准确对中，为便于处理事故，还要能快速更换。所以把结晶器振动装置和二冷的零段都装在一起，成为快速更换台，可以快速整体调换。

结晶器下的第一扇形段有板式和辊式两种。其中，辊式结构是目前应用较多的一种，

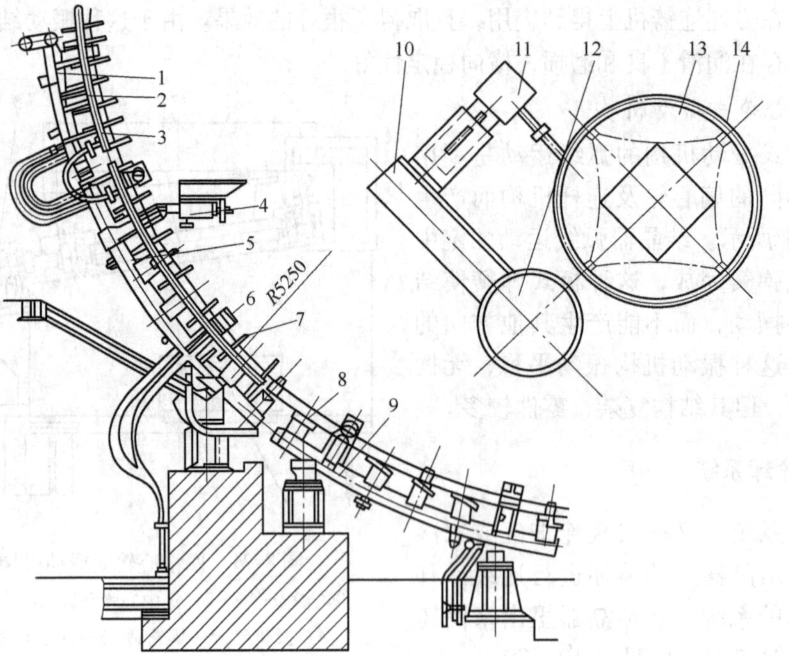

图 8-22　小方坯二次冷却装置

1—Ⅰa 段；2—供水管；3—侧导辊；4—吊挂；5—Ⅰ段；6—夹辊；7—喷水环管；8—导板；9—Ⅱ段；10—总管支架；11—总管；12—导向支架；13—环管；14—喷嘴

它是用密排小直径夹辊来达到强制冷却和防止坯壳鼓肚变形。图 8-23 所示为用于立弯式连铸机的头段二冷夹辊。它支撑在导辊上，可以从侧面或上面快速拉出，快速更换。另外，在顶弯区有 3 个夹辊，它用支撑辊顶住，用来承受矫弯力。

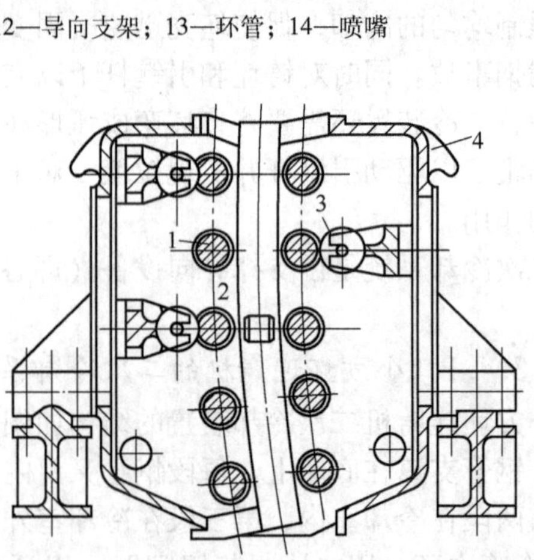

图 8-23　头段二冷夹辊

1—夹辊；2—侧导辊；3—支撑辊；4—框架

二冷支撑导向装置，为了制造、安装、维修方便起见，在设计时将其分为若干段，每段为一个单独组合。一般情况下，零段比较特殊，其他各段结构基本相似。

在二冷区内为了冷却铸坯，喷水冷却时，将会产生大量的蒸汽，这些蒸汽必须及时排出，否则将无法进行生产操作。为了排出蒸汽，从整体结构上出现了两种不同的形式。如果各段采用开式机架，必须将整个二冷区封闭起来，方可用风机将蒸汽排出，这种整体封闭式结构通常称为房式结构。若将每个扇形段做成封闭式的独立体，并将喷水冷却设施和支导装置部件全部密封在内，然后再把各段连接封闭在一起，这种结构形式称为箱式或隧道式结构。排风机可以直接将箱内蒸汽抽走。现代化大型连铸机有向这方面发展的趋势。

因底座长期工作在高温和较大外负荷作用下，对连铸机的安装精度与生产使用精度都有很大影响。所以保持相对位置的稳定性对铸坯质量是至关重要的。目前中型连铸机多采用大刚度整体底座。对于大型连铸机二冷支导装置的底座一般采用大刚度分组活动支撑方式。

8.3.4.3 二冷喷嘴

由连铸机整体热平衡可以看出，钢坯的凝固潜热在结晶器内只能散失一部分。液芯状态的铸坯进入二冷区便开始受到喷水冷却，并在切断前必须全部凝固。铸坯表面既要均匀冷却又要有高的冷却效率，冷却强度的控制应能满足工艺要求。

目前广泛使用的二次冷却方式有两种，即水冷和气－水混合冷却。

A 水冷（喷淋冷却方式）

采用水为冷却介质，冷却水被加一定压力，并通过特殊喷嘴使其“粒化”和“雾化”而形成细小颗粒，水的冷却效率取决于小水滴是否有能力穿透蒸汽界面（Leydenfrost 效应），具有这种能力才能产生强烈的冷却作用。这种喷嘴称为压力喷嘴，又称为水雾喷嘴。

在压力喷嘴中，水的雾化仅靠所施加的压力和喷嘴的特性。常用的压力喷嘴喷雾形状有椭圆扁形喷嘴、实心圆锥形喷嘴、空心圆锥形喷嘴和矩形喷嘴，如图 8-24 所示。

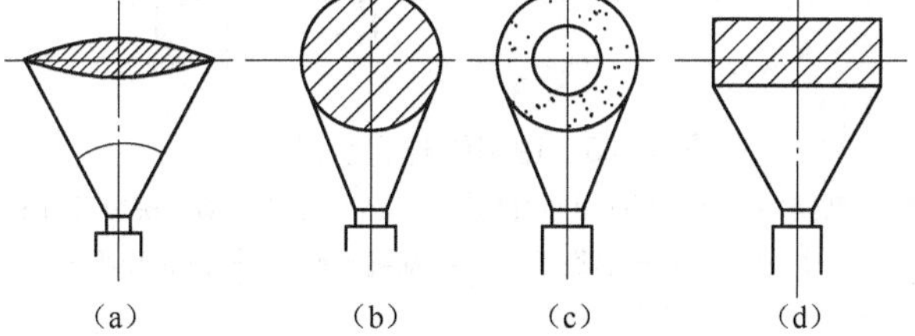

图 8-24 常用喷嘴类型
（a）椭圆扁形喷嘴；（b）圆锥形喷嘴（实心）；
（c）圆锥形喷嘴（空心）；（d）矩形喷嘴

喷淋系统又分单喷嘴系统和多喷嘴系统两种，单喷嘴系统采用广角、大流量喷嘴。该系统具有喷嘴数量少，不易堵塞，便于维修等优点。多喷嘴系统中每一排布置多个小角度的喷嘴，其优点是适合对铸坯实施“强冷”，有利于提高拉速。

B 气-水混合冷却

气-水混合冷却系统采用一种特殊的气-水雾化喷嘴。该系统将压缩空气和水从不同的管道进入，利用压缩空气的能量将其雾化成极细小的水滴。这是一种高效冷却喷嘴，有单孔型和双孔型两种，如图 8-25 所示。

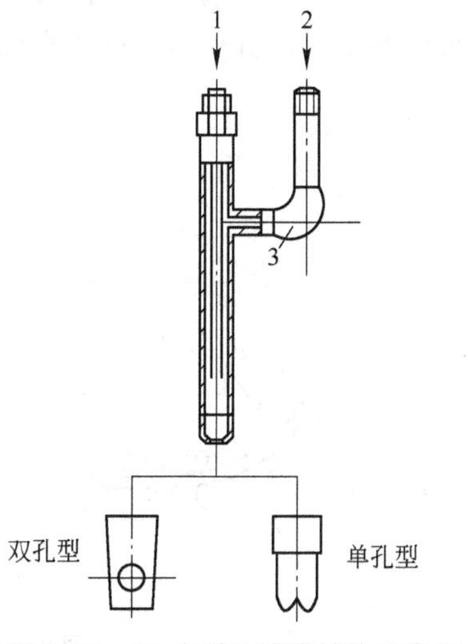

图 8-25 气-水雾化喷嘴结构示意图
1—水；2—压缩空气；3—混合管

8.3.5　拉坯矫直装置

对于弧形连铸机，当铸坯出拉坯机后还必须进行矫直，拉坯和矫直两道工序常在一个机组里完成，所以称其为拉坯矫直机（简称拉矫机）。

8.3.5.1　引锭杆

引锭杆的头部是结晶器的“活底”，浇铸前用它堵住结晶器下口，开浇后，结晶器内的钢水与引锭杆的头部凝固在一起，经拉矫机的牵引，铸坯随引锭杆从结晶器下口拉出，如图8-26所示，直至铸坯被矫直、脱掉引锭杆为止，其后的拉坯将通过拉矫辊夹紧铸坯连续拉出。而引锭杆会被送离连铸生产线存放，清理好以备下次使用。

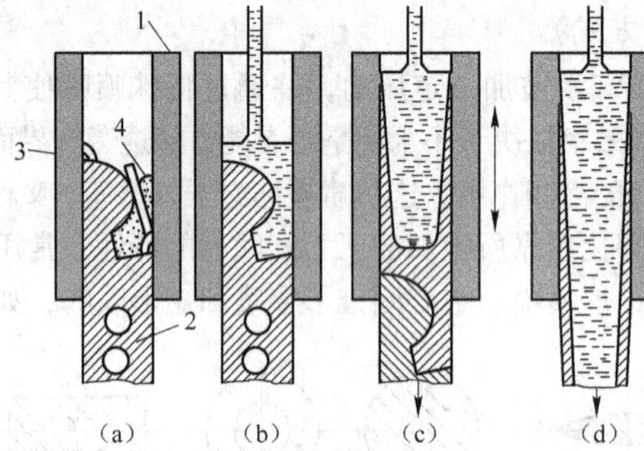

图8-26　用引锭杆引锭示意图

(a) 把引锭头插入结晶器底部；(b) 开始浇铸；(c) 结晶器振动引锭链拉坯；(d) 继续拉坯

1—结晶器；2—引锭头；3—石棉绳；4—废钢板、碎废钢

8.3.5.2　拉坯矫直机

连铸机中拉坯矫直机按其矫直方式可分为一点拉矫机、多点拉矫机、连续拉矫机和压缩矫直机。

(1) 一点拉矫机，是指内弧两个辊，外弧一个辊，三个辊为一组(三辊一点)完成一次矫直，如图8-27(a)所示。一点矫直用于小断面铸坯完全凝固后的拉坯和矫直。

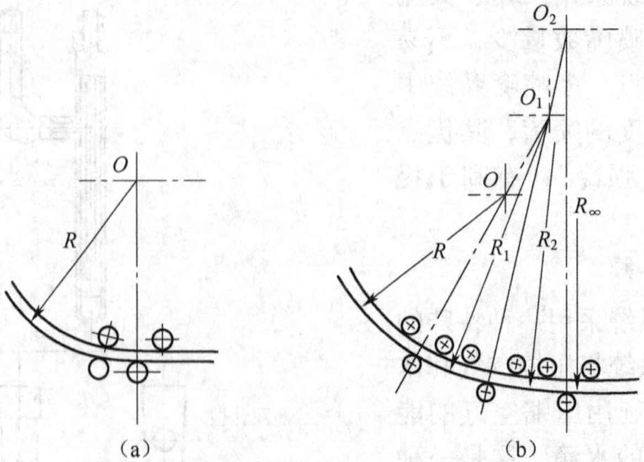

图8-27　矫直配辊方式

(a) 一点矫直；(b) 多点矫直

（2）多点拉矫机，也称多辊拉矫机，如图8-27(b)所示，是指由两组或以上三辊一点矫直系统。一般3~5个矫直点，多的可达19个矫直点。多点矫直可以把集中于一点的矫正量分散到多个点完成，可消除铸坯产生内裂的可能性，有利于实现未完全凝固状态下铸坯的拉坯矫直，即进行液芯拉矫。图8-28所示为板坯连铸机用的一种多辊拉矫机的典型结构，有12对拉辊，三十二辊甚至更多辊，对铸坯进行多点矫直。

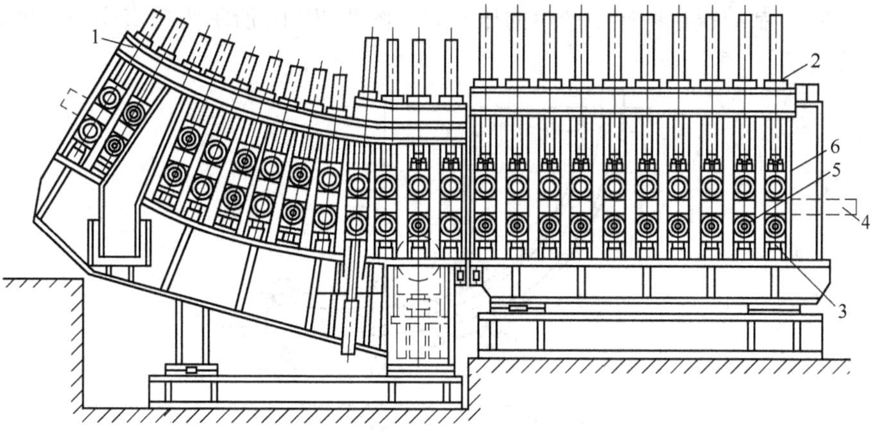

图8-28　多辊拉矫机

1—牌坊式机架；2—压下装置；3—拉坯辊及升降装置；4—铸坯；5—驱动辊；6—从动辊

（3）连续矫直。尽管多点矫直降低了铸坯每个矫直点的变形量，但是铸坯的每次矫直变形都是在矫直辊瞬间、断续完成的，每个矫直点应变率仍然较高。连续矫直技术是在多点矫直基础上发展起来的。基本原理是铸坯在矫直区内应变连续进行，应变率是一个常量，如图8-29所示。弯曲力由4个固定点A、B、C、D承受，浮动辊不承受载荷，因而，

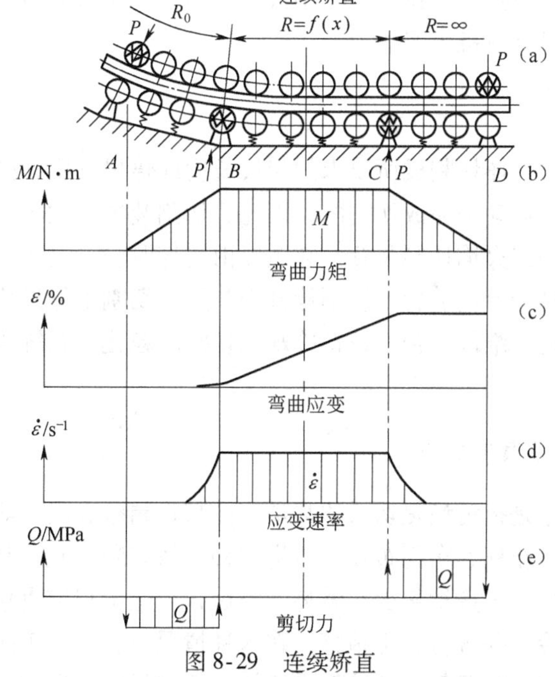

图8-29　连续矫直

（a）辊列布置；（b）矫直力矩；（c）矫直应变；（d）应变速率；（e）剪应力分布

从 B 点到 C 点之间的铸坯承受恒定的弯曲力矩，应变率在该区段保持恒定。这种受力状态对进一步改善铸坯质量极为有利，非常适用于铸坯带液芯矫直。

（4）压缩铸造，又称为压缩矫直。板坯连铸机为提高拉速实行液芯拉矫而减少内裂的新技术。其基本原理如图 8-30 所示。在矫直点前设一组驱动辊，给铸坯一定推力；在矫直点后面布置一组制动辊，给铸坯一定的反推力，铸坯在受压状态下矫直。图 8-30(a)所示为驱动辊列与制动辊在铸坯中产生的压应力；图 8-30(b)所示为矫直应力；图 8-30(c)所示为合成应力。

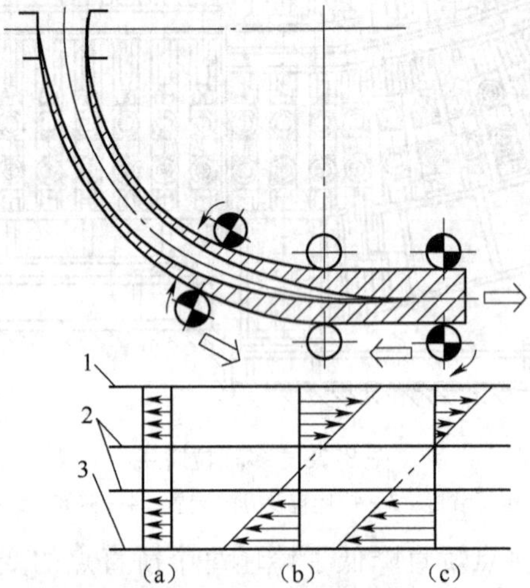

图 8-30　压缩浇铸及坯壳应力图

(a) 压应力；(b) 矫直应力；(c) 合成应力

1—内弧表面；2—两相界面；3—外弧表面

通过控制可使铸坯内弧侧的拉应力减小甚至为零。从而能够实现带液芯铸坯的矫直，达到铸机的高拉速，提高铸机生产能力。

8.3.6　切割装置

将连续浇铸出来的板坯切割成所要求的定尺长度或倍尺长度，同时将切头、切尾坯运出线外。铸坯是在连续运动中完成切割的，因此，切割装置必须与铸坯同步运行。

目前，连铸机多采用火焰切割装置，它主要由铸坯测长检测系统、大车行走装置、板坯同步行走装置、切割枪行走装置、切割枪升降装置、切割枪靠近检测装置、能源介质供给装置、大车行走轨道、维修平台、设备冷却和切割渣粒化等系统构成，不锈钢铸坯切割机还包括铁粉喷吹供给系统。

8.3.7　辊道及后步工序其他装置

连铸机的后步工序是指铸坯热切后的热送、冷却、精整、出坯等工序。后步工序的设备与铸坯切割后的工艺流程、车间布置、所浇钢种、铸坯断面及对其质量要求等有关。

例如小断面连铸机，生产批量少，铸坯切断后，由输出辊道直接送往冷床，或由集料装置吊运精整工段堆冷，并进行人工精整。在这种情况下，后步工序设备有输送辊道、铸坯横移设备、冷床或集料装置等。若铸坯需要切成短定尺时，还应设二次切割设备。

对于现代化大型板坯生产来说，后道工序设备比小连铸机要复杂些。除了输送辊道、铸坯横移设备和各种专用吊具外，还应有板坯冷却、自动清理装置、翻板机、垛板机、打号机、去毛刺机、自动称量装置等设备。

8.4 连铸连轧工艺与装置

近终形连铸是近20年来发展起来的一项高新技术，是指浇铸接近最终产品（板坯或者带坯）形状的连铸工艺，其实质是在保证成品钢材质量的前提下，尽量缩小铸坯的断面来取代压力加工。近终形连铸主要包括薄板坯/薄带连铸连轧技术、薄带铸轧技术和异形坯连铸技术等。同传统工艺相比，它主要具有工艺简单、生产周期短、低能量消耗、生产成本低、质量较高等优点。这些优点恰好弥补了传统工艺加工量较大、工序复杂、能耗大、生产周期长、成本较高、劳动强度大等不足。此外，利用薄带技术的快速凝固效应可以获得一些难以生产的材料和新功能材料。

由连铸机生产出来的高温无缺陷坯，无需清理和再加热（但需经过短时均热和保温处理）而直接轧制成材，这样把“铸”和“轧”直接连成一条生产线的工艺流程就称为连铸连轧。国外把这种工艺称作 CC - DR（continuous casting and direct rolling）连铸坯直接轧制工艺，在连铸机的拉辊位置安装了低速水平轧机和立式轧机，组成连轧机组，铸坯通过拉矫区后，经在线（感应加热炉或者快速加热炉）加热之后，进入连轧机组轧制成满足用户要求的钢材。

连铸连轧是近终形连铸的一种，其特点是工艺简化，设备减少，生产线短，省去了粗轧及部分精轧机架，生产周期短，降低生产成本，节约能源，成材率平均提高11% ~13%。

8.4.1 典型的连铸连轧工艺

目前国外开发的薄板坯连铸连轧技术有多种形式，典型的有 CSP（compact strip production）工艺、ISP（inline strip production）工艺、FTSC（flexible thin slab caster）或 FTSRQ（flexible thin slab rolling for quality）工艺、CONROLLL 工艺。其中 CSP、FTSC、CONROLL 薄板坯连铸机均为立弯型，ISP 连铸机为弧型。

8.4.1.1 紧凑式热带生产工艺

紧凑式热带生产工艺也称 CSP 工艺由德国施勒曼 - 西马克（SMS）公司开发。这种工艺采用漏斗形结晶器以便使浸入式水口容易插入结晶器，可浇铸 50mm 厚度的板坯。CSP 工艺具有流程短、生产简便稳定、产品质量好、市场竞争力强等一系列突出优点，其典型工艺立面纵向布置如图 8-31 所示。

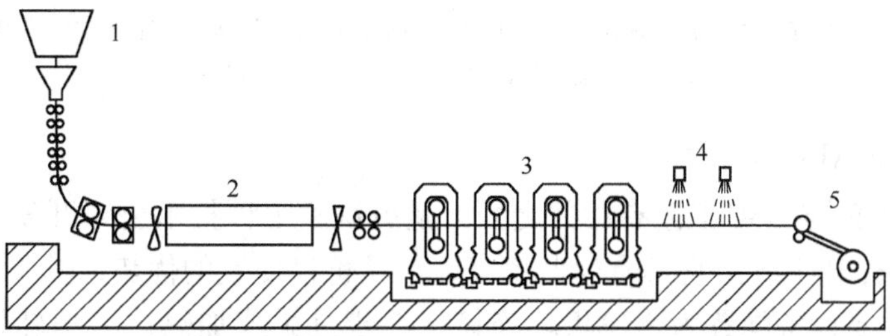

图 8-31 CSP 生产线
1—连铸机；2—均热炉；3—轧机；4—冷却段；5—卷取机

8.4.1.2 薄板坯连铸连轧工艺

薄板坯连铸连轧工艺（ISP），也称在线热带生产工艺。由德国曼内斯曼—德马克（MDH）公司开发。采用平行结晶器和液芯压下技术，首先铸成60mm厚的板坯，再软压下至40mm。其工艺流程为：钢包车→中间包→薄壁浸入式水口→结晶器→铸轧段大压下量→粗轧机→剪切机→感应加热炉→克日莫那炉→精轧机→层流冷却→地下卷取。图8-32所示为ISP工艺立面纵向布置图。

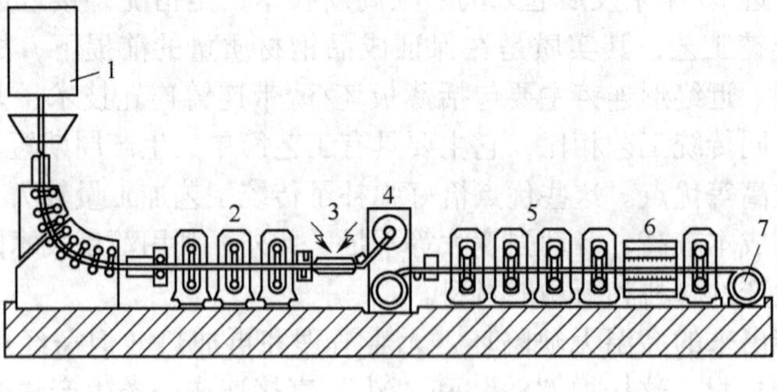

图8-32 ISP生产线

1—连铸机；2—大压下轧机；3—感应加热；4—Cremona箱；5—轧机；6—冷却；7—卷取机

8.4.1.3 柔性薄板坯轧制工艺

生产高质量产品的柔性薄板坯轧制工艺，即FTSC或FTSQR工艺，是由意大利达涅利公司开发的薄板坯连铸连轧工艺，如图8-33所示。FTSC技术可以提供表面和内部质量、力学性能、化学成分均优的汽车工业用热轧带卷。该技术具有相当的柔性，它浇铸的钢种范围很宽，包括：包晶钢；板坯的厚度、宽度的可调范围也较宽；直接轧制，操作灵活；出现故障容易调整。

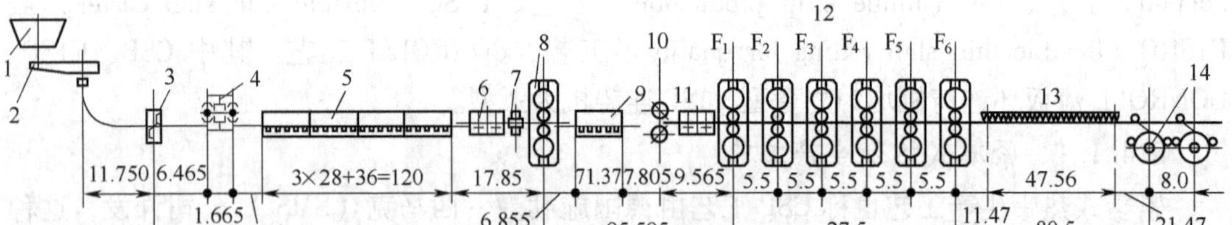

图8-33 FTSQR生产线

1—板坯在结晶器出口厚度为90mm；2—板坯在连铸机出口厚度为70mm；3—摆剪；4—旋转除鳞机；5—辊底隧道炉；6，11—除鳞机；7—立辊；8—粗轧机；9—保温罩；10—切头剪；12—6架精轧机组；13—水幕冷却；14—地下卷取机

8.4.1.4 CONROLL工艺

CONROLL工艺与CSP工艺有相似之处，是奥钢联工程技术公司开发的，用以生产不同钢种高质量的热轧带卷。它具有生产率高、产品价格便宜的优势，其工艺流程布置如图8-34所示。其主要设备配置为：薄板坯连铸机→步进梁式加热炉→粗轧机→精轧机组→层流冷却→地下卷取机。

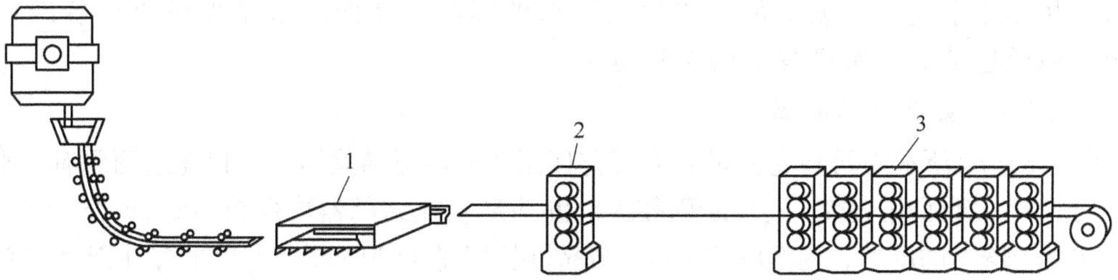

图 8-34 CONRALL 生产线
1—步进梁式加热炉；2—粗轧机；3—精轧机

8.4.2 结晶器的结构

薄板坯连铸连轧的结晶器虽然早期有区别，发展到今天其结构逐渐趋向接近。加大结晶器上口的面积，以利于浸入式水口的插入，保护渣的熔化，更有利于改善连铸坯的质量。图 8-35 所示为 4 种类型薄板坯连铸连轧结晶器的结构示意图。

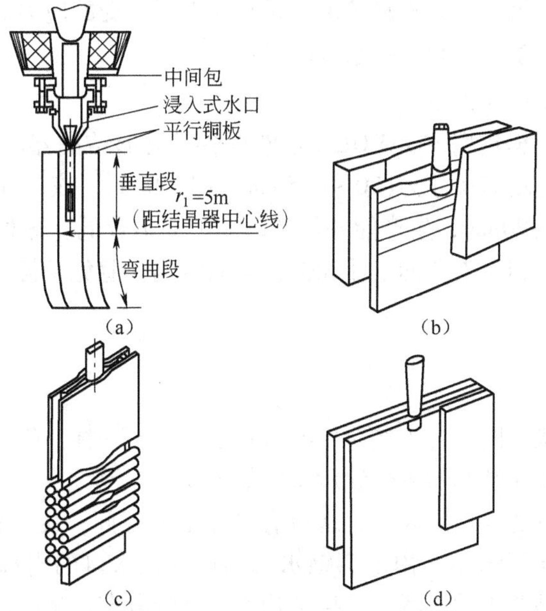

图 8-35 4 种类型薄板坯连铸机结晶器的结构示意图
(a) 立弯式结晶器；(b) 漏斗形结晶器；(c) 凸透镜式结晶器；(d) 平行板形结晶器

8.4.2.1 直弧形结晶器

图 8-35(a)所示为德马克公司 ISP 工艺直弧形结晶器，上部为垂直结构，下部为弧形结构，其弧形与连铸机弧形半径相接；结晶器侧板可调。结晶器上口内腔厚度为 80mm，出口坯厚为 60mm。结晶器采用液压振动，振幅 ±4mm，频率 190 次/min。该结晶器只能使用薄壁浸入式水口，插入结晶器后与结晶器壁只有 10 ~ 15mm 的间隙，因而在水口插入处的宽面侧，保护渣的熔化欠佳，保护渣很难得到要求的液渣层，影响了薄板坯的表面质量。为此，意大利阿维迪厂于 1993 年对结晶器进行了改进，由原来的平行板形改为小漏斗形，也称小橄榄球形，虽然还是使用薄壁浸入式

水口，相比之下还是大大增加了水口与器壁的间隙，从而改善了保护渣层状结构的状况，薄板坯的表面质量有了很大的提高。

8.4.2.2 漏斗形结晶器

图8-35(b)所示为西马克公司CSP工艺使用的漏斗形结晶器，上口宽边两侧有一平行段，而后与一圆弧相连接，上口断面较大。漏斗形状在结晶器内保持700mm长，结晶器出口相当于铸坯的厚度，为50~70mm，结晶器长度是1120 mm。上口的漏斗形状有利于浸入式水口的插入，结晶器两宽壁之间在垂直方向可以形成带锥度的空间，漏斗区以外的侧壁仍然是平行的，其距离相当于铸坯的厚度。这种结晶器满足了浸入式水口的插入，保护渣的熔化及薄板坯厚度的要求，其关键是漏斗区向平行段过渡圆弧的最佳半径。

8.4.2.3 凸透镜式结晶器

图8-35(c)所示为达涅利公司FTSC（FTSQR）工艺开发的全鼓肚形结晶器，又称为凸透镜式结晶器。该结晶器鼓肚自上而下贯穿整个结晶器，并延伸至二冷的第I段中部；也就是说与结晶器的出口相连接是一组带孔型的支撑辊以适应鼓肚铸坯，并对其进行矫平。这组设备比原来长了2倍，大大减轻了由于矫平坯壳所承受的应力。同时，增大了结晶器内部的容积，钢水量增多，更利于钢水流的稳定。

8.4.2.4 平行板形结晶器

图8-35(d)所示为奥钢联CONROLL工艺的平行板形结晶器。浸入式水口也是扁平状，双侧孔，结晶器的断面尺寸为(70~125)mm×1500mm，该尺寸实际上是属中板坯之类。铸坯的厚度为70~90mm，生产能耗最省，加工成本较低。这种结晶器钢水凝固时不变形，保持液面平稳，利于夹杂的上浮和保护渣的熔化，避免了铸坯表面夹渣、裂纹等缺陷，确保铸坯的质量。

8.4.3 浸入式水口

基于结晶器的形状不同，各工艺所用浸入式水口也不一样。CSP工艺漏斗形结晶器用浸入式水口，其结构及在结晶器内位置示意图如图8-36所示。

漏斗形结晶器上口的开口度较大，水口有足够插入空间，便于使用厚壁浸入式水口。水口的外部形状，决定了结晶器内上部钢水流动通道；水口的内部形状特别是开孔的形状，决定了钢水在结晶器内的流场，直接影响着温度的分布、坯壳的生长、夹杂的上浮。

CSP工艺用浸入式水口，经过了数代的改进而日趋完善。当前使用的水口为大十字出口，如图8-36(a)所示，起到了增加钢水流量，稳定拉速的作用；其寿命也得到提高，可浇铸11~12炉。

平行板形结晶器只能用薄壁扁形浸入式水口，ISP和CONROLL工艺所用水口就属此类。CONROLL工艺是用双侧孔薄壁扁形浸入式水口，钢水从两侧孔注入结晶器。

ISP工艺的薄壁扁形水口是单孔直筒式的，钢水从下口注入，下口的总厚度仅30~35mm，其中钢水通道为10~15mm，水口壁厚是10mm，水口外形宽度是250mm。图8-37所示为ISP工艺用浸入式水口模型示意图，此种水口寿命很低，迫使ISP工艺改进结晶器结构，在结晶器上口宽边加厚，演变为现在的橄榄形结晶器。虽然仍用扁形浸入式水口，但其壁厚已增至20mm，使用寿命有所提高。

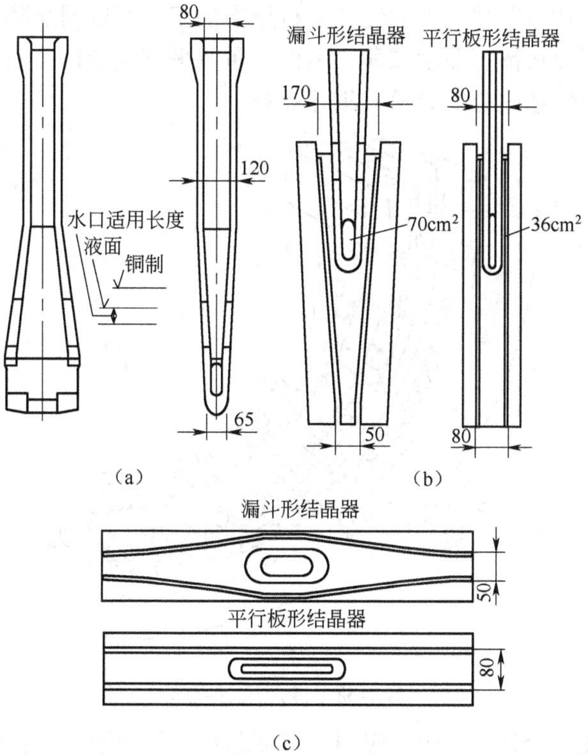

图 8-36 CSP 工艺用浸入式水口及其在结晶器中的位置示意图

(a) 浸入式水口形状；(b) 浸入式水口在漏斗形结晶器内位置纵向剖视图；
(c) 浸入式水口在漏斗形和平行板形结晶器内的俯视图

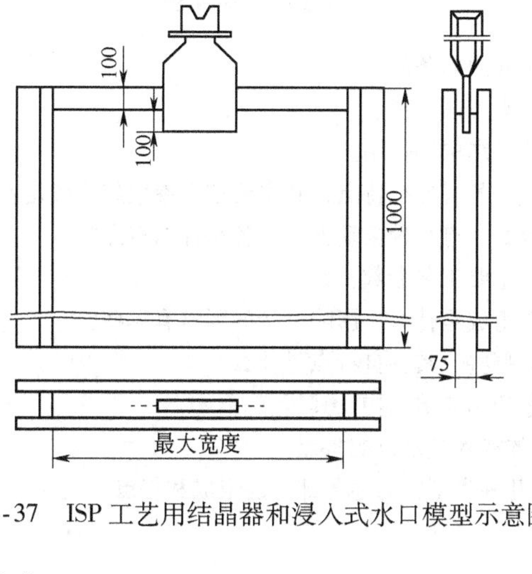

图 8-37 ISP 工艺用结晶器和浸入式水口模型示意图

8.4.4 铸坯的液芯压下技术

铸坯的液芯压下(LCR, liquid core reduction)也称为软压下(SR, soft reduction)，是指带液芯的铸坯出结晶器下口后，通过支撑辊对坯壳实施挤压，铸坯内仍然是液芯。经二冷区铸坯液芯逐渐减小，直至铸坯完全凝固。液芯压下原理如图 8-38 所示。该技术的目的是节能和提高生产率，在液芯状态下对铸坯进行压力加工，可以明显降低轧制负荷。实践证明，液芯压下不仅可以将铸坯厚度减薄，表面质量及平整度较好，而且可以明显地减轻铸坯中心的偏析，改善铸坯中心的疏松和细化晶粒。

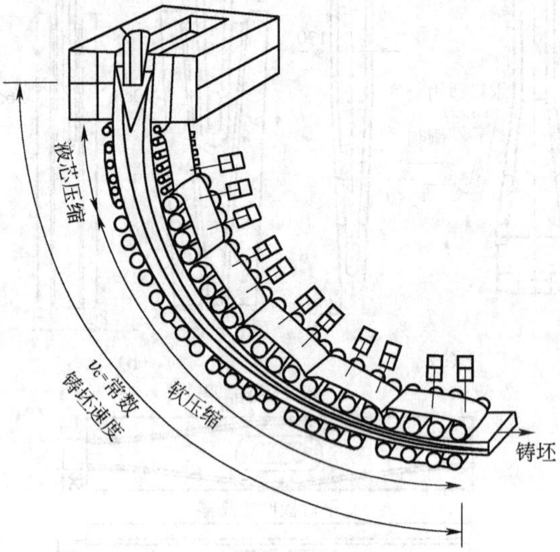

图 8-38 液芯压下原理

德马克公司首先在 ISP 生产线上应用了带液芯轻压下和液－固相铸轧技术。薄板坯出结晶器下口厚度为 50mm，经二冷扇形段各支撑夹辊的辊缝逐渐变小，带液芯铸坯逐渐减薄，变形量不超过 20%，铸坯厚由 50mm 变为 40mm 左右；薄板坯完全凝固后经 3 机架（或 2 机架）粗轧机组再行轧制，铸坯厚度减薄 60%，得到 15mm 厚的薄板坯。

习题与思考题

8-1 简述轧制的定义及实现轧制的条件。

8-2 简述连铸机的类型、分类方法及特点。

8-3 了解连铸机各部分的典型结构和作用。

8-4 连铸结晶器有几种类型、各有什么特点，其主要技术参数怎样确定？

8-5 结晶器振动的作用是什么，有几种振动方式，各有什么特点？

8-6 如何确定结晶器振动的主要工艺参数？

8-7 二冷区的作用及其主要组成是什么，影响二冷的因素有哪些？

8-8 典型的连铸连轧工艺有哪些，其各自特点是什么？

8-9 简述用于连铸连轧工艺的结晶器结构及其特点。

8-10 简述连铸连轧工艺中的浸入式水口的特点。

8-11 双辊式薄带铸轧机有几种类型？简述各部分的组成和特点。

9　板带钢生产

【本章概要】

本章介绍了板带钢的分类及用途，包括厚板、薄板、窄钢带、宽钢带等板带的规格尺寸及技术要求，以及板坯的选择，热连轧带钢、热轧薄板、冷轧薄板及中厚板的生产工艺与设备。

【关键词】

热连轧、冷轧、除鳞、层流冷却、形状控制、平整。

【教学目的】

掌握板带钢的规格、用途，板材平面形状控制方法，板带钢典型产品的生产工艺及设备。

【本章重点】

热连轧带钢，板材平面形状控制方法，冷轧薄板的生产工艺流程及设备。

9.1　板带钢的分类及用途

钢板是平板状，矩形的，可直接轧制或由宽钢带剪切而成，钢带是指成卷交货的带钢，合称板带钢。

板带钢按产品厚度一般可分为厚板和薄板两类；对于钢带，按产品宽度可分为窄钢带和宽钢带两类。我国 GB/T 15574—1995 规定：厚度不大于 3mm 的称为薄板，厚度大于 3mm 的称为厚板；钢带宽度小于 600mm 的称为窄钢带，宽度不小于 600mm 的称为宽钢带。目前我国热连轧带钢最薄可达 0.5mm，而厚至 26mm，最宽可达 2050mm。

热轧宽带钢产品主要以钢卷状态供给冷轧机作原料，同时，也直接向用户和市场销售热轧钢卷和精整加工产品，即平整钢卷、分卷钢卷、纵切窄带钢卷、横切钢板，最近几年又有经过酸洗的热轧钢卷销售。

供给冷轧机作原料用的热轧钢卷，主要的钢种为低碳钢（包括超低碳钢）和普通碳素结构钢。另外，供冷轧机生产用的取向硅钢、无取向硅钢、不锈钢薄板带等原料钢卷，也由热轧宽带钢轧机生产。

9.2　板带钢技术要求

根据板带钢用途的不同，对钢板、钢带提出的技术要求也各不一样，但由于其相似的外形特点和使用条件，其技术要求仍有共同之处，归纳起来就是“尺寸精确、板形好、表面光洁、性能高”这四个方面。

（1）尺寸精确。即尺寸精度要求高。板带钢尺寸精度包括厚度精度、宽度精度，对于横切钢板还应包括长度精度。一般规定宽度、长度只有正公差。

对板带钢尺寸精度影响最大的尺寸精度主要是厚度精度，因为它不仅影响到使用性能及后步工序，而且在生产中难度最大。此外厚度偏差对节约金属影响很大；板带钢由于宽厚比 b/h 很大，厚度一般很小，厚度的微小变化势必引起其使用性能和金属消耗的巨大波动。故在板带钢生产中一般都应该保证轧制精度，其厚度力争按负公差轧制。

（2）板形好。板带四边平直，无浪形瓢曲，才适于使用。例如，对厚度 $h \leqslant 1.5$mm 的钢板，其每米长度上的不平度不得大于15mm；厚度为4～10mm 的钢板，其每米长度上的不平度不得大于10mm，因此，对板带钢的板形要求是比较严格的。但是由于板带钢既宽且薄，对不均匀变形的敏感性又特别大，所以要保持良好的板形就很不容易。板带越薄，其不均匀变形的敏感性越大，保持良好板形的困难也就越大。显然，板形的不良来源于变形的不均，而变形的不均又往往导致厚度的不均。因此，板形的好坏往往与厚度精确度也有着直接的关系。

（3）表面质量光洁。板带钢是单位体积的表面积最大的一种钢材，又多用作外围构件，故必须保证表面的质量。无论是厚板或薄板表面皆不得有气泡、结疤、拉裂、刮伤、折叠、裂缝、夹杂和压入氧化铁皮，因为这些缺陷不仅损害板制件的外观，而且往往败坏性能或成为产生破裂和锈蚀的策源地，成为应力集中的薄弱环节。例如，硅钢片表面的氧化铁皮和表面的光洁度就直接影响磁性，深冲钢板表面的氧化铁皮会使冲压件表面粗糙甚至开裂，并使冲压工具迅速磨损，对不锈钢板等特殊用途的板带，还可提出特殊的技术要求。

（4）性能高。板带钢的性能要求主要包括力学性能、工艺性能和某些钢板的特殊物理或化学性能。一般结构钢板只要求具备较好的工艺性能，例如，冷弯和焊接性能等，而对力学性能的要求不很严格。对于重要用途的结构钢板，则要求有较好的综合性能，即除了要有良好的工艺性能、强度和塑性以外，还要求保证一定的化学成分，保证良好的焊接性能、常温或低温的冲击韧性，或一定的冲压性能、一定的晶粒组织及各向组织的均匀性等。

除了上述各种结构钢板以外，还有各种特殊用途的钢板，如高温合金板、不锈钢板、硅钢片、复合板等，它们或要求特殊的高温性能、低温性能、耐酸耐碱耐腐蚀性能，或要求一定的物理性能（如磁性）等。

9.3 板坯选择

9.3.1 板坯尺寸选择

9.3.1.1 板坯尺寸选择应考虑的因素

板坯尺寸选择应考虑的因素是：

（1）上道工序的供坯能力。

（2）与本机组的生产能力相匹配，使本机组（加热、粗轧、精轧、卷取）的生产能力得到综合的充分发挥。

（3）能满足产品大纲中的产品尺寸要求。

（4）有较先进的技术经济指标。

9.3.1.2 板坯尺寸选择原则

厚度选择原则是：

（1）与加热、粗轧生产能力相匹配，最大单位卷宽的单重(kg/mm)不超过设计要求。

（2）终轧温度的控制能力（头尾温差）。

（3）较优的机组生产平衡能力(加热、粗轧、精轧、卷取)。

宽度选择原则是：

（1）机组对带宽的通板能力。一般卷宽 B_{max} = (0.88 ~ 0.955) × 辊身长度。

（2）立辊配置与最大侧压量，机组对带宽的控制能力。

（3）产品的宽度系列。

某1700mm机组板坯宽度尺寸见表9-1。

表9-1 某1700mm机组板坯宽度尺寸

钢卷宽度/mm	板坯宽度 - 钢卷宽度（最小值）/mm		板坯宽度 - 钢卷宽度(最大值)/mm
	切 边 时	不 切 边 时	
≤965	-15	-20	+50
966 ~ 1110	-10	-15	+50
1111 ~ 1260	-5	-10	+50
1261 ~ 1420	+5	0	+50
1421 ~ 1550	+15	+10	+50

长度选择原则是：

（1）加热炉宽度与最大的钢卷外径。

（2）终轧温度允许的头尾温差。

（3）与板坯单重相关的板坯装炉悬臂量。

9.3.2 对板坯的质量要求

9.3.2.1 化学成分要求

化学成分应符合相应钢号标准的要求。

9.3.2.2 尺寸偏差

（1）厚度偏差为 ±5.0mm。过大的负差降低加热炉的产量，增加热能消耗。过大的正差增加出炉板坯的断面温差；易诱发 R_1 轧制故障，薄带钢尾部终轧温度的控制精度下降；轧卷径极限材时，会造成卸卷作业困难。

（2）宽度偏差为 ±10.0mm。过大的负差造成装炉板坯间隙增大，高温长时间加热的板坯，角部易产生过热或过烧；降低加热炉产量；增加热能消耗。过大的正差易诱发VSB轧机故障，降低带钢的宽度精度。

（3）长度偏差为 ±30.0mm。过大偏差影响板坯在炉内梁上的悬臂量，刮碰梁上包扎的耐火材料；当 R_3 轧机空设时，过大的正差将影响 R_2 偶道次的跟踪判断。

9.3.2.3 对板坯外形的要求

上下弯与镰刀弯，一列材 50mm，二列材 25mm。过大的上下弯影响板坯的装炉定位；板坯在炉内易发生跑偏；下弯板坯易刮碰炉内梁的耐火材料，影响 R_1 轧机的咬入。

过大的旁弯影响板坯在炉内的间隙；影响通板时带坯的对中；影响侧导板开口度的设定或刮破带边；诱导带钢产生镰刀弯，钢卷产生塔形；影响切边材的切边质量或成品板材的宽度。

9.3.2.4 表面质量要求

板坯表面不得有裂缝、角裂、拉裂、结疤和夹杂。允许有深度不大于 2.0mm 的气孔、裂纹、划痕、凹坑和麻点，以及深度不大于 4.0mm 的振动水纹。

板坯切割的端面，不得有缩孔和可见的内裂纹。板坯侧面允许有不大于 10.0mm 的压痕。板坯表面的缺陷允许清理，清理深度不得大于 10mm。

9.4 板带钢生产工艺与装置

9.4.1 热连轧带钢生产

图 9-1 所示为热带钢连轧机生产工艺流程图，概括了现代的热轧宽带钢轧机生产过程，是典型的工艺流程，不同之处仅在于有无定宽压力机、边部加热器等。

热连轧带钢生产一般使用 200 ~ 360mm 连铸坯，由于带钢连轧机采用全纵轧法，板坯宽度比成品宽度宽 50mm。采用步进式连续加热炉，多段供热方式。从连铸机拉出板坯后直接用保温辊道和保温车热送至加热炉进行热装炉。板坯加热炉起补充加热、衔接连铸机与轧机、调节连铸机与轧机生产节奏的环节。

热连轧带钢轧制分为除鳞、粗轧、精轧等几个阶段。除鳞一般采用立辊轧机和高压水除鳞箱的方式。立辊在板坯宽度方向给予 50 ~ 100mm 压下量，可使板坯表面上一部分氧化铁皮破碎，然后经过高压水除鳞箱。粗轧采用全纵轧方式，一般需轧制 5 道次以上。精轧机组多为 5 ~ 7 架四辊轧机或高性能轧辊凸度控制轧机（HC 轧机）组成，精轧机前设置一台飞剪，用于切头、切尾。在精轧机前有高压水除鳞箱，在机架间有的还设有高压水喷嘴，用来清除二次氧化铁皮。钢带以较低的速度进入精轧机组，钢带头部进入卷取机后精轧机组、辊道、卷取机等同步加速，在高速下进行轧制，在钢带尾部抛出前减速抛出。为了获得高精度板厚的板带钢，要求有响应速度快、调整精度高的压下调整系统和板形调整、控制系统，目前广泛采用液压厚度自动控制系统。

终轧温度在 800 ~ 900℃，而成卷温度不能高于 600 ~ 650℃，从末架轧机到卷取机之间轧件要快速降温。轧后强化冷却的设备有高压喷嘴冷却、层流冷却、水幕冷却等不同的形式，广泛采用的是层流冷却和水幕冷却方式。与水幕冷却相比，层流冷却占地面积大、控制系统复杂、对水质要求高，如三对水幕冷却区长 20m，使用水量 7500L/min 情况下，比长 55m、使用 117 根上部集水管的 U 形虹吸管层流冷却系统的冷却效率要高，目前有用水幕冷却代替层流冷却的趋势。

冷却后钢带温度在 550 ~ 650℃进行卷取，通常设置 2 ~ 3 台卷取机交替使用，卷取后经卸卷和运输链送往精整作业线，经纵剪、横剪、平整、检验、包装等工序后出厂。

9.4.2　薄板坯连铸直接轧制生产

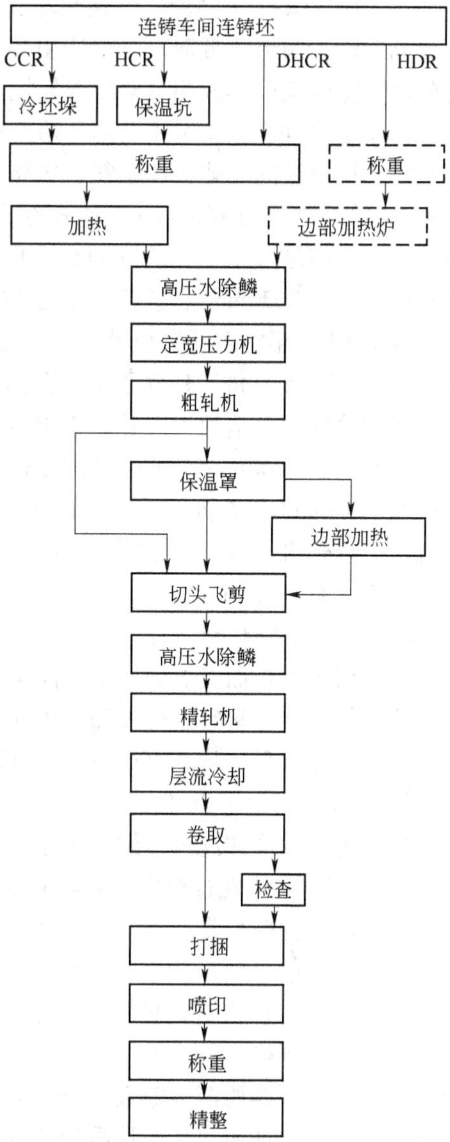

图 9-1　热带钢连轧机生产工艺流程图
CCR—冷装炉；HCR—热装炉；
DHCR—直接热装；HDR—直接轧制

薄板坯连铸直接轧制技术是20世纪80年代后开发和逐渐发展起来的，从轧制技术的角度来看，是热连轧带钢的一种新方式，而连铸技术的高速发展是此项技术开发成功的直接动力。此项技术使板带钢生产状态发生了一次大的变革，实践证明薄板坯连铸直接轧制生产工艺具有强大的生命力。其工艺流程为：冶炼→薄板坯连铸→（粗轧）→调温→精轧→卷取→精整，大大简化了工艺流程。

薄板坯连铸直接轧制生产工艺使生产线布局发生了巨大的变化，改变了传统的以冶炼、铸造、轧制各工序分别独立布置的格局，薄板坯连铸直接轧制生产技术使冶炼、二次精炼、连铸、轧制、卷取紧凑地布置在一条生产线上。从冶炼到成材生产过程连续进行，解决了各工序生产能力、生产节奏的匹配和缓冲环节的调控能力问题。使生产热轧带钢的物流系统发生了巨大变化，去除了各工序间的中间仓库，减少了中间滞留环节，仓储情况发生了巨大变化，使物流更加合理。生产周期大大缩短，从连铸到卷取成材传统工艺需5h以上，薄板坯连铸直接轧制工艺生产周期仅为0.5h。总能耗大幅度降低，从加热炉来看，冷装炉加热能耗1672MJ/t，800℃热装炉加热能耗为656MJ/t，而薄板坯连铸直接轧制工艺为了补偿生产过程的温度损失仅耗能418MJ/t。占地面积大幅度减少，150万吨规模占地面积仅为传统工艺的24%，投资大幅度降低，新工艺总投资仅为传统工艺的18%左右，劳动定员减少到传统工艺的13%，成本比传统工艺降低60～80美元，具有极强的竞争力。

9.4.3　冷轧薄板生产

9.4.3.1　冷轧薄钢板生产的发展历史

钢的冷轧于19世纪中叶始于德国，当时只能生产宽20～25mm的冷轧钢带。美国于1859年制造建成了25mm冷轧机，1887年生产出宽150mm的低碳钢带。1880年以后，冷轧钢带生产在美国、德国发展很快，产品宽度不断增加，并逐步建立了附属设备，如剪切、矫直、平整和热处理设备等，产品质量也有了提高。

宽的冷轧薄板（钢带）是在热轧成卷带钢的基础上发展起来的。美国早在1920年第一次成功地轧制出宽带钢，并很快由单机不可逆轧制跨入单机可逆式轧制。1926年阿姆柯公司巴特勒工厂建成四机架冷连轧机。

苏联于20世纪30年代中期开始冷轧生产，第一个冷轧车间建在伊里奇冶金工厂，是四辊式，用单张的热轧板作原料。1938年在查波罗什工厂开始安装从国外引进的三机架1680mm冷连轧机及1680mm可逆式冷轧机，生产厚度为0.5～2.5mm、宽度为1500mm的钢板。为了满足汽车工业的需要，该厂又建立了一台2180mm可逆式冷轧机。1951年苏联建设了一套2030mm全连续式五机架冷连轧机，年产250万吨，安装在新利佩茨克。

日本1938年在东洋钢板松下工厂安装了第一台可逆式冷轧机，开始冷轧薄板的生产。1940年在新日铁广烟厂建立了第一套四机架1420mm冷连轧机。

我国冷轧宽带钢的生产开始于1960年，首先建立了1700mm单机可逆式冷轧机，以后陆续投产了1200mm单机可逆式冷轧机、MKW1400mm偏八辊轧机、1150mm二十辊冷轧机和1250mmHC单机可逆式冷轧机等，20世纪70年代投产了我国第一套1700mm连续式五机架冷轧机，1988年建成了2030mm五机架全连续冷轧机。现在我国投入生产的宽带钢轧机有40套，窄带钢轧机有1000套。在这40多年中，我国冷轧薄板生产能力增加了40多倍，到2000年，我国薄钢板的产量已达到1900多万吨；生产装备技术水平已由只能生产低碳薄板而发展到能生产高碳钢、合金钢、高合金钢、不锈耐热冷轧薄板、镀锌板、涂层钢板、塑料复合薄板和硅钢片等。

从世界范围看：日本1960年冷轧板产量100万吨，而40多年后的今天生产能力已达2000多万吨，增加了20倍。

冷轧薄板发展如此迅速的主要原因是：

（1）钢材在热轧过程中的温降和温度分布不均给生产带来了难题，特别是在轧制厚度小而长度大的薄板带产品时，冷却上的差异引起的轧件首尾温差，往往使产品尺寸超出公差范围，性能出现显著差异。当厚度小于一定限度时，轧件在轧制过程中温降剧烈，以至于根本不可能在轧制周期之内保持热轧所需的温度。

因此，从规格方面考虑，事实上存在着一个热轧厚度下限。20世纪70年代初期，日、法、意、原西德等国曾致力于用热连轧精轧机组，增加8、9机架来生产1～0.8mm的薄带。但实践证明，从产品质量和设备质量来说这是不可行的。现代热连轧机，目前设计可能轧出最小厚度为1.2mm，但实际生产中很少生产1.8mm或1.5mm以下的热轧板卷。而冷轧则不存在热轧温降与温度不均匀的弊病，可以得到厚度更薄、精度更高的冷轧带钢和冷轧薄板。现代冷连轧宽带轧机和双机架二次冷轧可生产厚度为0.10～0.17mm的冷轧薄板，作为镀锡原板，即使不经二次冷轧也可生产0.2～3.5mm厚的冷轧薄板。现代可逆式冷轧机可生产0.15～3.5mm厚的冷轧板。多辊冷轧机或窄带钢冷轧机则可生产最薄达0.001mm的产品。从厚度上看，0.15～0.38mm厚的板带为一般薄板，0.07～0.25mm厚的为较薄薄板，0.025～0.05mm厚的板带为极薄薄板，这些产品用热轧方法是不可能生产的。从厚度精度上看，现代热连轧厚度精度通常为±50μm，而现代冷连轧板厚精度高达±5μm，比热轧厚度精度高10倍。从板形上看，热轧板带平直度为50I（1I单位$=10^{-5}$相对长度差），而冷轧板特别是现代化的宽带钢冷轧机轧制的带钢，其平直度能控制在5～20I以内。

（2）目前热轧工艺技术水平尚不能使钢板表面在热轧过程中不被氧化，也不能完全避免由氧化铁皮造成的表面质量不良。因此，热轧不适于生产表面光洁度要求较高的板带钢产品。热轧板热轧状态表面粗糙度为20μm，酸洗后为25μm。而冷轧板表面清洁光亮，并可根据不同用途制造不同表面粗糙度的钢板。冷轧板按表面粗糙度分为3种：一种是无光泽的钢板，其表面粗糙度为3～10μm，适用于作冲压部件，并且当需喷涂刷漆时，这种钢板附着性较强；第二种是光亮板，其表面粗糙度大于0.2μm，这种钢板主要作为装饰镀铬用厚板等；第三种是压印花纹钢板，采用表面具有70～120μm凸凹的平整辊平整钢板，这种钢板用于仪表壳及家具装饰等。这样的表面质量是热轧无法满足的。

（3）性能好、品种多、用途广。这是冷轧钢板的另一突出优点。通过一定的冷轧变形程度与冷轧后热处理恰当配合，可以在比较广的范围内满足用户的要求。如汽车用薄板几乎全部需经冲压成形，这样深冲性能就成为薄板生产和使用的核心问题。冲压用钢的主要要求之一是具有占优势的有利织构{111}/(100)。热轧薄板的塑性应变比 R 仅可达到0.8～0.95，而冷轧第一代沸腾钢汽车板 R 为1.0～1.2，第二代08Al钢 R 为1.4～1.8，而第三代冷轧汽车板 R 为1.8～2.8，这是热轧无法达到的。

硅钢是制造机电产品的重要材料之一，主要用户是电机制造业和输变电设备制造业。能源危机、能源价格上涨必然要求使用低能耗材料，所以20世纪60年代起人们就开始淘汰能耗高的热轧硅钢片，代之以冷轧硅钢片。用10万吨冷轧无取向硅钢制作电机比用10万吨热轧硅钢制作电机实测节能1.98亿kW·h/年，若电机运转10年就相当节约一个20万kW的发电厂全年的发电量。用冷轧硅钢片生产36万kV·A变压器其总质量是204t；而用热轧硅钢片制造一台12万kV·A变压器，其质量即为200t。因此，用冷轧硅钢片代替热轧硅钢片具有很高的经济价值。冷轧还可以生产不锈钢板，用于家具与建筑装饰、化工容器等。近年来，表面处理钢板有了很大发展。以冷轧板为基板的各种涂层钢板品种繁多，用途极为广泛。

由于上述原因，冷轧薄板的生产得到迅速发展。从产量上看，一般冷轧板产量占轧材总产量的20%左右，工艺技术装备不断革新。早期的冷轧板轧制速度不到1m/s，而今已达41.6m/s。钢板的宽度1905年是406mm，1925年是914mm，而今最宽可达2230mm。钢卷质量也从几吨发展到60t。一座现代化的冷轧厂年产量可以达到250万吨。

9.4.3.2　冷轧薄钢板生产工艺流程及其进步

冷轧板带钢的产品品种很多，生产工艺流程亦各有特点。具有代表性的冷轧板带钢产品是金属镀层薄板（包括镀锡板、镀锌板等）、深冲钢板（以汽车板为最多）、电工硅钢板、不锈钢板和涂层（或复合）钢板。成品供应状态有板、卷、纵剪带形式，这要取决于用户要求。各种冷轧产品生产流程如图9-2所示。

图9-3所示为冷轧车间的平面布置图。冷轧生产方法是不断发展进步的。几种生产方法的演变和发展过程如图9-4～图9-7所示。

第一种生产方法如图9-4所示，是单张生产方法，从原料到成品生产的全过程是以单张方式进行的。这种生产方法，产量低，质量差，成材率低，只能轧制较厚规格的薄板，但建设投资较低。

第二种生产方法如图9-5所示，是半成卷生产方法。这种方法产量较高，但轧后的工艺比较落后。

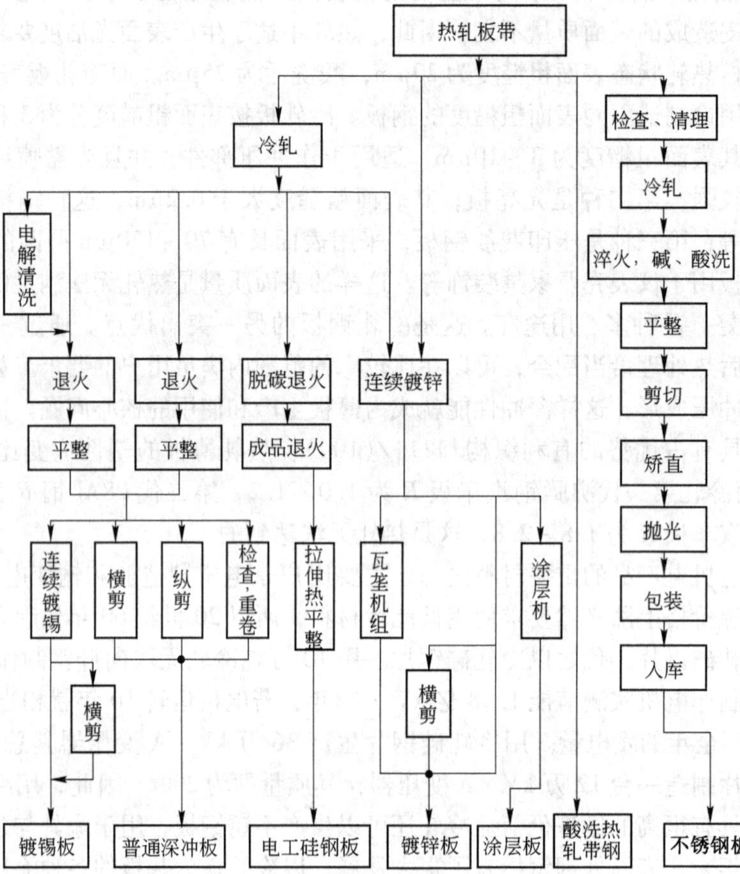

图 9-2 冷轧产品生产流程图

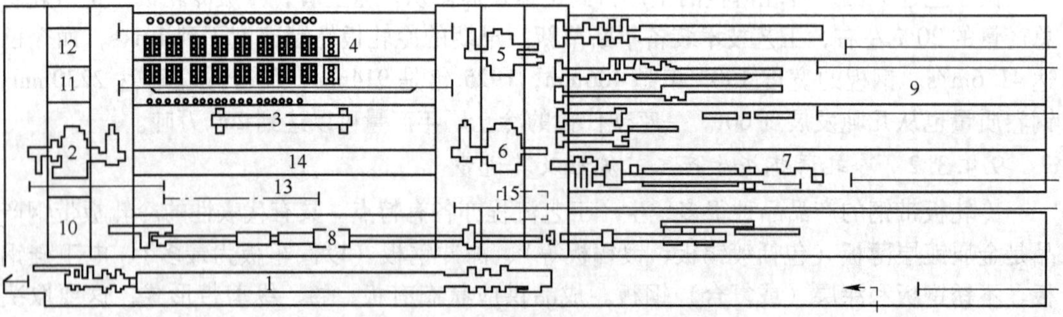

图 9-3 冷轧车间平面布置图

1—连续酸洗机组；2—五机架冷连轧机；3—电解清洗机组；4—退火工段；5—单机式平整机；6—双机平整机；7—连续电镀锡机组；8—连续镀锌机组；9—剪切跨；10—油站；11—计算机房；12—轧钢主电室；13—轧辊工段；14—机修、电修、液修；15—检验室

目前，第一、第二种生产方法国内外都有，但它们是被逐渐淘汰的生产方法。

第三种是成卷生产方法，如图 9-6 所示，是比较常用的属于 20 世纪 50 年代的生产方法。

第四种是现代冷轧生产方法，如图 9-7 所示，是 20 世纪 60 年代出现的一种生产方法。

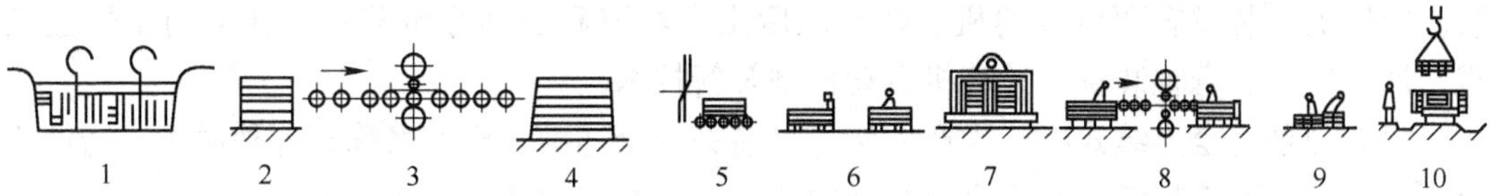

图 9-4 单张生产方法

1—单张原板酸洗槽；2—洗后待轧板料；3—四辊冷轧机；4—轧制状态钢板；5—剪切；
6—分类；7—罩式电炉退火；8—平整；9—包装；10—交库

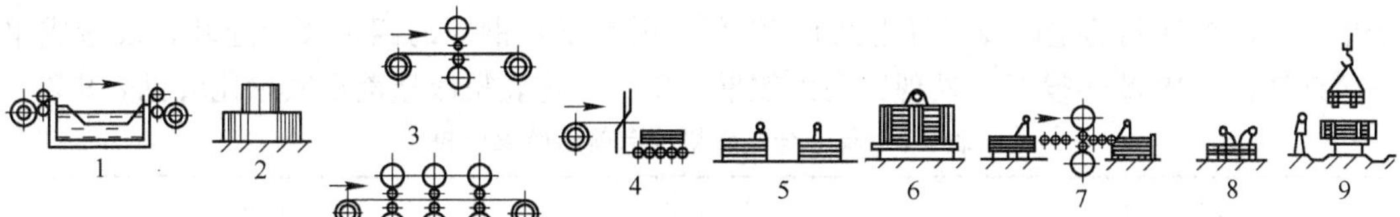

图 9-5 半成卷生产方法

1—酸洗；2—洗后待轧板卷；3—单机可逆式或三机架连轧；4—剪切；5—分类；
6—电炉退火；7—平整；8—包装；9—交库

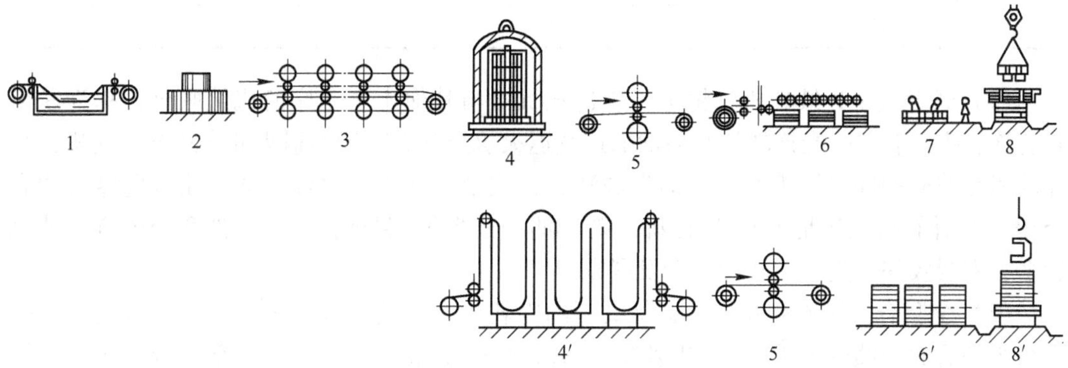

图 9-6 成卷生产方法

1—酸洗；2—酸洗板卷；3—连轧机或可逆式单机；4—罩式煤气退火；4′—连续退火炉；
5—平整机；6—横切分类；6′—成卷包装；7—包装；8—交库；8′—成卷入库

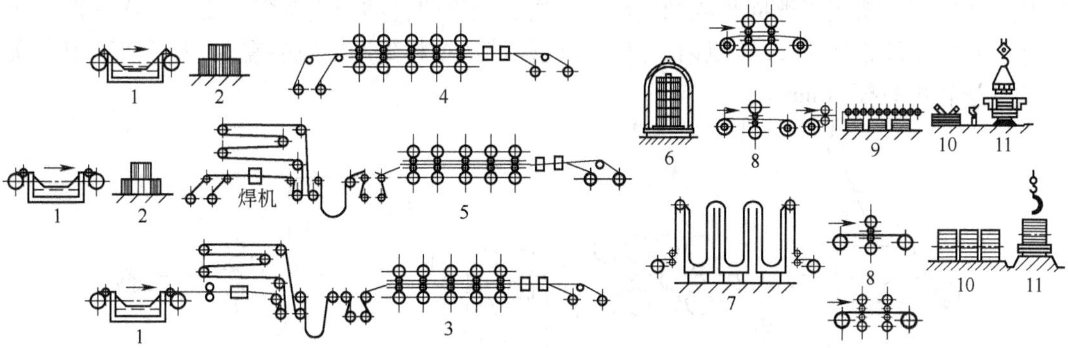

图 9-7 现代冷轧生产方法

1—酸洗；2—酸洗板卷；3—酸洗轧制联合机组；4—双卷双拆冷连轧机；5—全连续冷轧机；
6—罩式退火炉；7—连续退火炉；8—平整机；9—自动分选横切机组；10—包装；11—交库

法。冷轧机上装设有两台拆卷机、两台轧后张力卷取和自动穿带装置，并采用了快速换辊、液压压下、弯辊装置、计算机自动控制等新技术。

第五种是完全连续式冷轧生产方法。目前关于全连续轧机的名称有各种说法。为便于统一，我们按冷轧带钢生产工序及联合的特点，将全连续轧机分成3类：

（1）单一全连续轧机。这类轧机就是在常规的冷连轧机的前面，设置焊接机、活套等机电设备，使冷轧带钢不间断地轧制。这种单一轧制工序的连续化称为单一全连续轧制，世界上最早实现这种生产的厂家是日本钢管福山钢厂，于1971年6月投产。目前属于单一全连续轧制的生产线世界上共有20套。川崎千叶钢厂的四机架冷连轧，改造成单一全连轧机，1988年投产，显现出突出效果。单一全连轧机改造前后效果比较见表9-2。

表9-2 单一全连轧机改造前后效果比较

指　标	改造前	改造后
带钢不合格长度/m	30	2
操作人员/人·班$^{-1}$	6	3
小时产量/t·h^{-1}	215	236
操作利用系数/%	84	91
月产量/万吨·月$^{-1}$	12	13.4

（2）联合式全连续轧机。将单一全连轧机再与其他生产工序的机组联合，称为联合式全连轧机。若单一全连轧机与后面的连续退火机组联合，即为退火联合式全连轧机；全连轧机与前面的酸洗机组联合，即为酸洗联合式全连轧机。联合式全连轧机世界上共有16套，这种轧机最早是1982年在新日铁广畑厂投产的。目前世界上酸洗联合式全连轧机较多，发展较快，是全连轧的一个发展方向。

（3）全联合式全连续轧机。这是最新的冷轧生产工艺流程。单一全连轧机与前面酸洗机组和后面连续退火机组（包括清洗、退火、冷却、平整、检查工序）全部联合起来，即为全联合式全连轧机，如图9-8所示。全世界已有两套这种轧机，最早的是新日铁广畑厂1986年投产。第二条线是美日于1989年合建的。全联合式全连轧机是冷轧带钢生产划时代的技术进步，它标志着冷轧板带设计、研究、生产、控制及计算机技术已进入一个新的时代。为使整个机组能够同步顺利生产，采用了先进的自动控制系统，投产后均一直正常生产，板厚精度控制在±1%以内。过去冷轧板带从投料到产出成品需12天，而采用全联合式全连轧机只要20min。

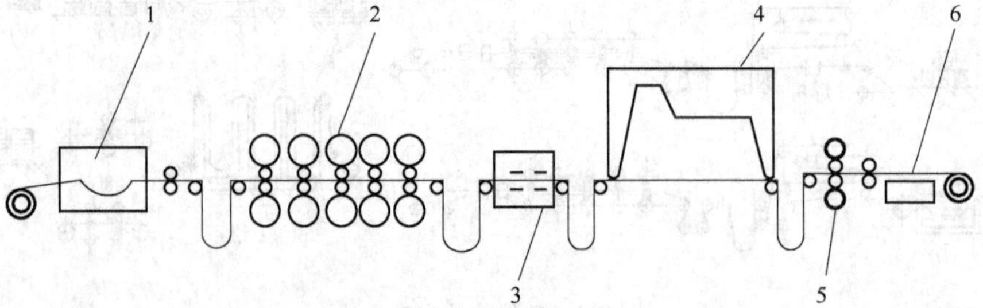

图9-8 全联合式全连续轧机

1—酸洗机组；2—冷连轧机；3—清洗机组；4—连续式退火炉；5—平整机；6—表面检查横切分卷机组

9.4.3.3 冷轧生产入口装置

入口设备主要包括钢卷鞍座、钢卷车、钢卷测量装置、开卷机、卷取机、自动对中装置（CPC）、夹送矫直机、皮带助卷器、套筒装卸装置、板形辊、液压剪、测厚仪、激光测速仪、挤干辊，主要完成钢卷的准备功能。

A 钢卷车

钢卷车位于开卷机或卷取机与钢卷鞍座之间，完成钢卷在开卷机或卷取机与钢卷鞍座间的运送，它由车体、车轮、升降鞍座、升降液压缸、横移机构、轨道、拖链等组成（见图9-9）。小车升降采用液压缸驱动，自动高压/低压切换；小车横移采用交流变频电动机传动。升降鞍座为托辊式，钢板焊接结构。采用光电开关检测，上卷小车可实现钢卷外径测量、钢卷自动高度对中和自动钢卷宽度对中功能。

主要技术参数为：

承载能力	最大27t
钢卷外径	最大2050mm，最小1000mm
行走行程	约10000mm
行走速度	最大300mm/s
行走电机功率	11kW（交流变频齿轮电机）
提升速度	约80mm/s
提升液压缸	ϕ200mm/ϕ125mm × 1630mm
钢卷托辊	ϕ180mm × 320mm

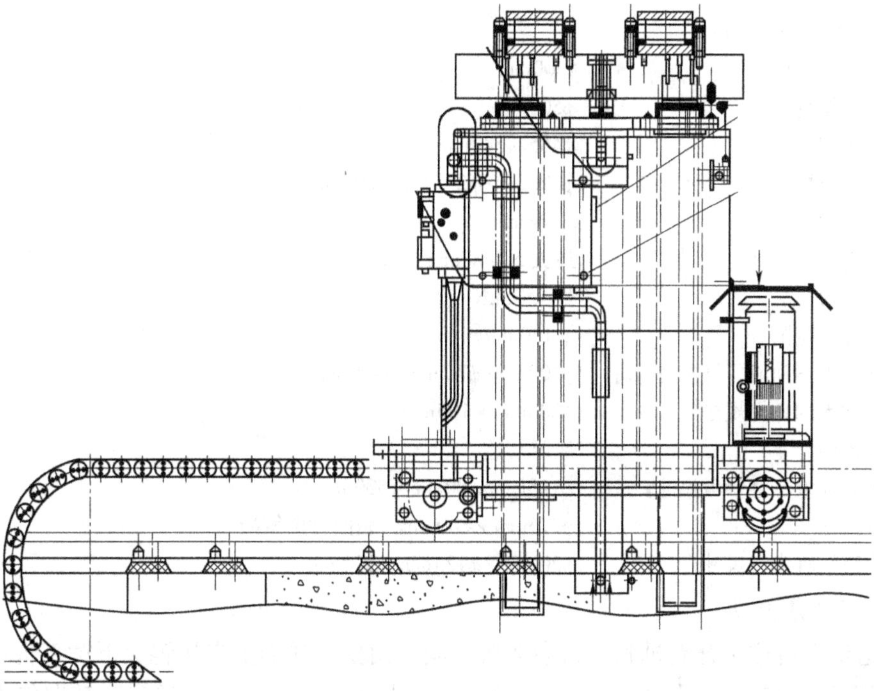

图9-9 钢卷小车

B 开卷机

开卷机位于机组的最前端，由卷筒、传动系统、压辊、底座、外支轴承等部分组成

（见图 9-10）。悬臂卷筒由 4 块扇形块及锻造合金钢芯轴组成，卷筒由旋转液压缸驱动使卷筒胀缩，并通过交流变频电机传动。卷筒、齿轮箱均安装在可滑动的钢结构底座上，根据对中检测单元偏移信号，通过对中液压缸实现轴向调节，保证带钢的对中。传动系统固定在基础上。卷筒、减速机的箱体内的齿轮和滚动轴承采用稀油循环润滑。外支轴承上带滚轮，以便卷筒轴向调节。对中液压缸动力来自辅助液压系统。

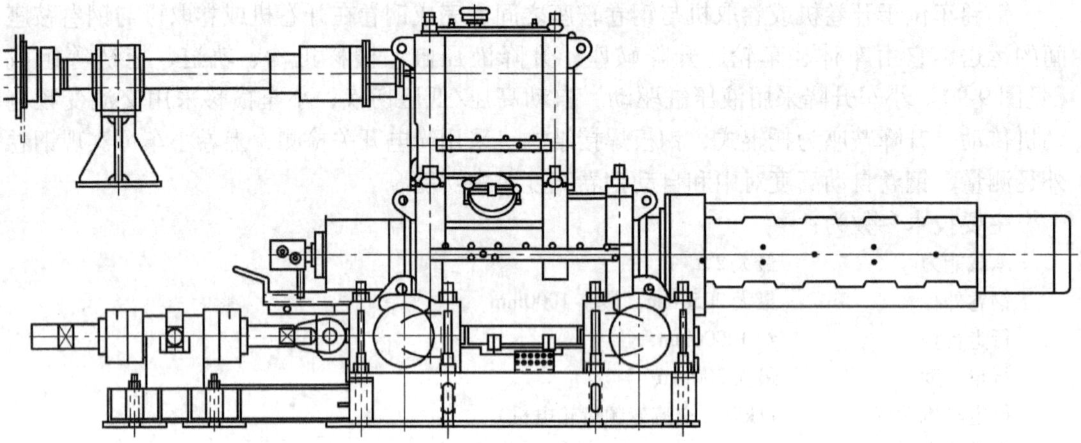

图 9-10　开卷机

开卷机与夹送矫直机一起完成开卷、穿带过程，并在轧制时提供开卷张力，同时保证带钢对中进入轧机。

主要技术参数为：

卷筒长	1500mm
卷筒工作直径	ϕ508mm
卷筒胀缩范围	ϕ465 ~ 540mm
胀缩液压缸	ϕ320mm/ϕ245mm × 200mm
穿带速度	30m/min
开卷速度	最大 500m/min
开卷张力	最大 78kN
对中移动范围	±150mm
外支轴承摆动液压缸参考尺寸	ϕ100mm/ϕ70mm × 405mm
外支轴承的托辊规格	ϕ200mm × 105mm
压辊传动	液压马达
压辊升降液压缸参考尺寸	ϕ125mm/ϕ80mm × 530mm
压辊尺寸	ϕ275mm × 800mm，表面衬聚氨酯
对中液压缸参考尺寸	ϕ200mm/ϕ125mm × 320mm

C　夹送矫直机

夹送矫直机位于开卷机和入口卷取机之间，由摆动式的上夹送辊、下矫直辊和固定的下夹送辊三辊组成（见图 9-11）。在正常生产时只上夹送辊和下夹送辊起转向作用，在穿带和甩尾时上夹送辊和下夹送辊夹紧带钢，下矫直辊向上摆动矫直带钢的头部和尾部。上夹送辊采用液压马达驱动，其摆动臂通过两个液压缸提升和下降。下矫直辊通过一个带位置传感器的液压缸提升或下降。与开卷机一起展开钢卷头部，将带头和带尾矫直，并通过导板台引导带头顺利进入轧机。

主要技术参数为

穿带/矫直速度	30 m/min
上夹送辊	ϕ260mm × 1450mm
下夹送辊	ϕ350mm × 1450mm
下矫直辊	ϕ260mm × 1450mm
下夹送辊驱动电动机	45kW，0 ~ 670r/min（交流变频电动机）
上夹送辊驱动	液压马达
上夹送辊摆动液压缸	ϕ80mm/ϕ56mm × 150mm
下矫直辊摆动液压缸	ϕ80mm/ϕ56mm × 360mm

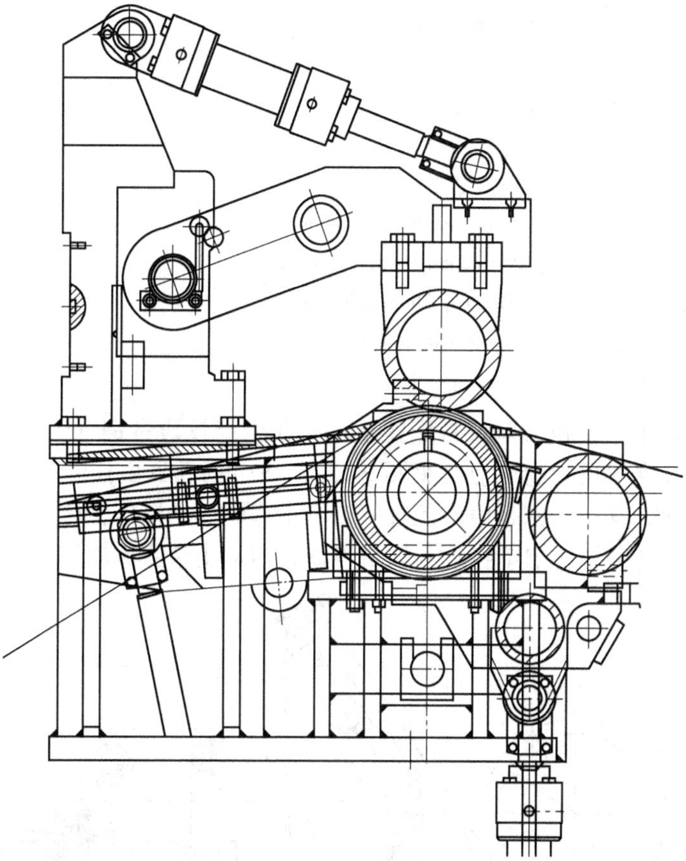

图 9-11　夹送矫直机

D　卷取机

卷取机分别位于机架的入口，与开卷机类似，由卷取机本体、传动装置、卸卷推板、外支轴承等部分组成。卷取机的悬臂卷筒由 4 块扇形块及锻造合金钢芯轴组成，卷筒由旋转液压缸驱动使卷筒胀缩，并通过交流变频电机传动。卷筒带活动钳口，用于夹紧带头，辅助卷取。卸卷推板用于事故时辅助卸卷。减速机箱体内的齿轮和滚动轴承采用稀油循环润滑。外支轴承被用来支承卷取机的悬臂端，减少卷取机卷筒的挠曲，外支轴承摆动由液压缸驱动。推板为焊接钢结构件，在推板上装有一对弹簧压紧的刮板，用于把紧贴卷取机卷筒的钢卷从卷取机上卸下；两个液压缸固定在卷取机的两侧，活塞杆端与推板相连。外支轴承是焊接钢结构件，支承臂的摆动铰轴固定在设备支座上，通过液压缸摆动进入工作位置；在支承口设置有锁紧机构，通过锁紧液压缸进行锁紧和打开。

卷取机主要功能是在轧制过程中卷取带钢、建立卷取张力、辅助钢卷车卸卷。

主要技术参数为：

卷筒	带钳口的四段式四棱锥卷筒
钢卷直径	ϕ508mm
钢卷外径	ϕ1000 ~ 2050mm
卷筒胀缩范围	ϕ485mm/ϕ508mm/ϕ513mm
卷筒有效长度	1500mm
卷取速度	最大 950m/min
穿带速度	30m/min
卷取张力	最大 220kN
钳口咬入厚度	最大 3mm
钳口液压缸	ϕ27mm/ϕ18mm × 8mm，6 个
卷筒胀缩缸	ϕ470mm/ϕ400mm × 68mm
卸卷推板液压缸参考尺寸	ϕ125mm/ϕ110mm × 1500mm
外支轴承摆动液压缸	ϕ100mm/ϕ70mm × 860mm
外支轴承锁紧液压缸	ϕ63mm/ϕ40mm × 70mm

E　皮带助卷器

皮带助卷器位于入口和出口设备底座下部，在生产较薄带钢（0.5mm 以下）时辅助将带钢头部缠绕在卷取机的卷筒上（见图 9-12）。皮带助卷器由摆动框架、皮带张紧装置和上下摆动臂组成，其运动都是由液压缸驱动。工作时摆动液压缸将皮带助卷器摆动到工作位置，上下摆动臂液压缸启动抱住卷取机卷筒，启动皮带张紧液压缸使皮带抱紧卷取机

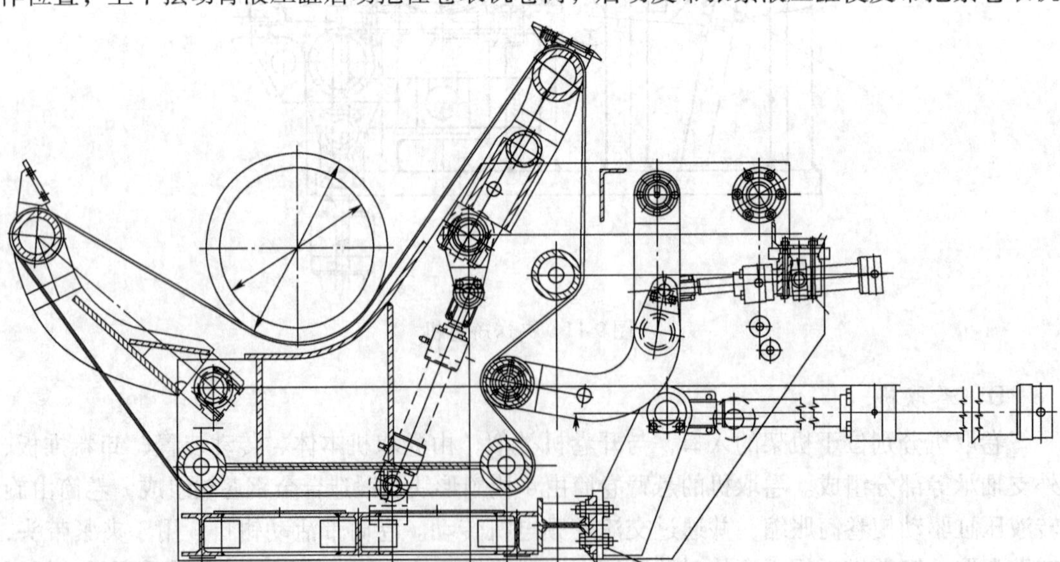

图 9-12　皮带助卷器

卷筒，在皮带助卷器完成上述动作后卷取机卷筒以穿带速度旋转，带钢头部进入助卷器入口，直到带钢在卷取机卷筒上缠绕2~3圈后，上下摆动臂液压缸将皮带助卷器打开，皮带助卷器摆动液压缸，使皮带助卷器摆出工作位置。

主要技术参数为：

皮带数	无头皮带1根
皮带宽度	800mm
皮带厚度	约7.5mm
皮带导向和张紧辊	ϕ200mm 导向辊（凸辊，2个）
	ϕ200mm 导向辊（圆柱辊，3个）
	ϕ200mm 张紧辊（圆柱辊，1个）
辊身长	约1000mm
带钢宽度	850~1280mm
带钢厚度	0.3~2.5mm
卷筒直径	508mm（带套筒610mm）
皮带张紧液压缸	ϕ80mm/ϕ56mm×270mm
上摆动臂液压缸	ϕ80mm/ϕ56mm×300mm
下摆动臂液压缸	ϕ80mm/ϕ56mm×300mm
助卷器摆动液压缸	ϕ140mm/ϕ100mm×1320mm

F 液压剪

液压剪位于卷取机与机架之间，剪切动作开始时上、下剪刃同时相向移动，当上剪刃到达某个固定位置后停止，不再向下移动，下剪刃继续向上移动，直到完成带钢剪切，此后动作按相反顺序执行，剪刃的同步动作通过带有齿轮的齿条来保证。液压剪主要用于切头、切尾及断带时带钢的剪切，如图9-13所示。

主要技术参数为：

剪切厚度	0.2~3.5mm
剪切宽度	最大1280mm
驱动液压缸	ϕ140mm/ϕ80mm×380mm
剪子尺寸	1450mm×90mm×30mm
剪刃倾角（下剪刃）	约2°

9.4.3.4 冷轧带钢的产品质量控制及发展趋势

A 冷轧带钢的产品质量控制

随着冷轧技术的发展，用户对冷轧产品质量的要求也越来越高。尤其是对带钢的厚度精度、平直度以及表面质量的要求。目前，世界上各国都在以带钢的厚度精度、平直度以及表面质量这三个主要指标为突破口，不断地发展新机型和新技术。

a 带钢的厚度精度

带钢的厚度精度是冷轧控制的一个重要指标，也是冷轧生产中最早追求的目标。从最先的手动厚度调节到现在不断完善的自动厚度控制（AGC），从简单的PLC控制到完善的二级计算机控制，已使带钢厚度控制达到了很高的水平，目前带钢纵向厚度精度已可控制在±1%以内。我国新近投产的一套冷连轧机厚度控制的精度值见表9-3。

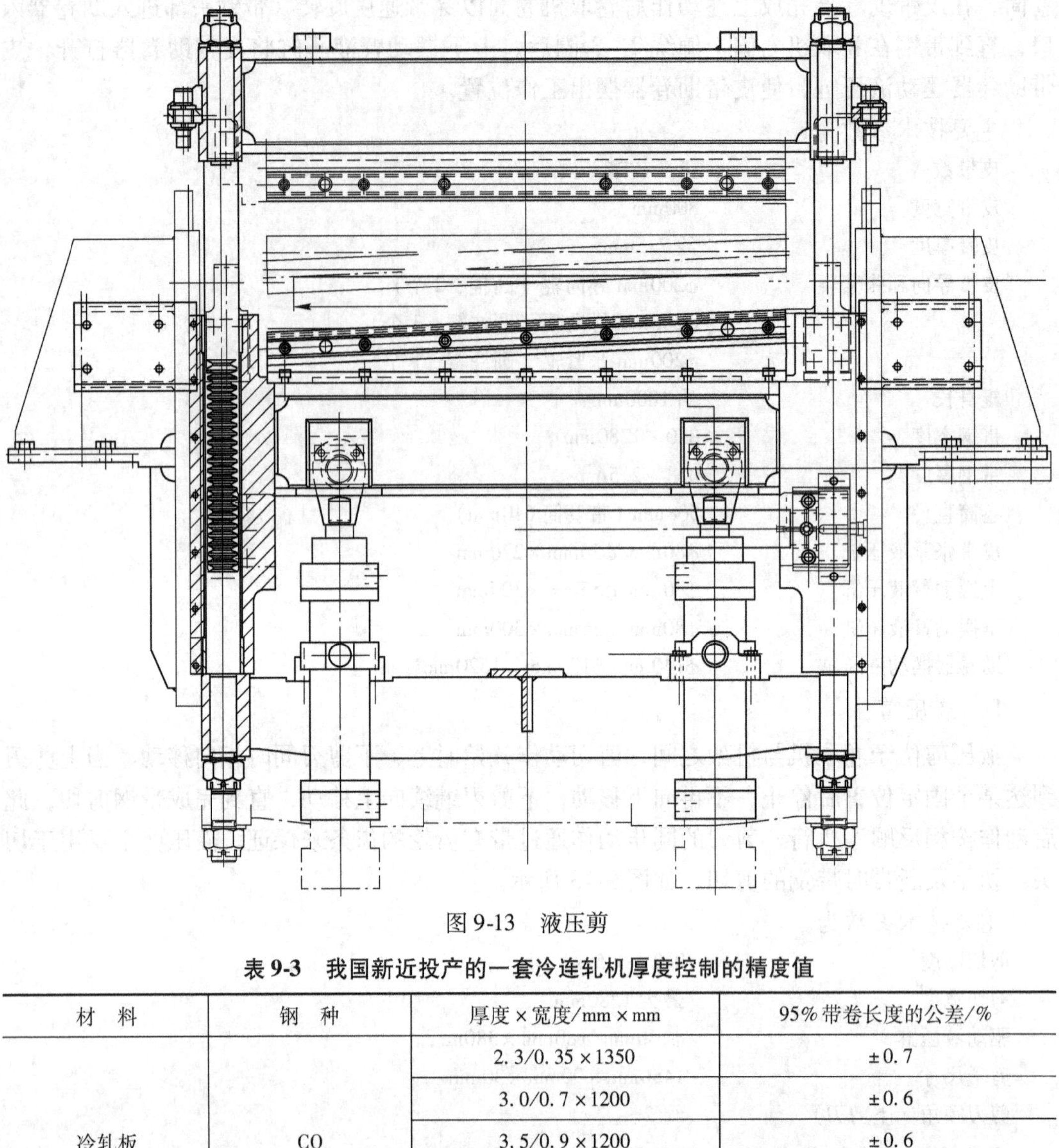

图 9-13 液压剪

表 9-3 我国新近投产的一套冷连轧机厚度控制的精度值

材 料	钢 种	厚度×宽度/mm×mm	95%带卷长度的公差/%
冷轧板	CQ	2.3/0.35×1350	±0.7
		3.0/0.7×1200	±0.6
		3.5/0.9×1200	±0.6
		4.0/1.2×1350	±0.6
		4.5/1.5×1430	±0.6

厚度控制的基本原理是通过冷连轧机上设置的测厚仪对轧制带钢的实际厚度进行连续测量，并根据实测值与给定值进行比较得出偏差信号，并借助控制回路或计算机功能程序，及时改变压下、张力或轧制速度，把带钢厚度控制在允许的范围内。随着检测装置和控制技术的进步，自动厚度控制的水平也日趋完善。诸如激光测速仪、张力仪和压力直接测量装置在冷连轧机上的应用，使厚度控制精度大幅度提高。图 9-14 所示为我国新建的 1780mm 冷连轧机的在线检测仪表配置简图。

其厚度控制系统设计为 3 个部分：

（1）1 号机架的厚度控制。1 号机架的厚度控制，用来补偿进入 1 号机架的带钢厚度

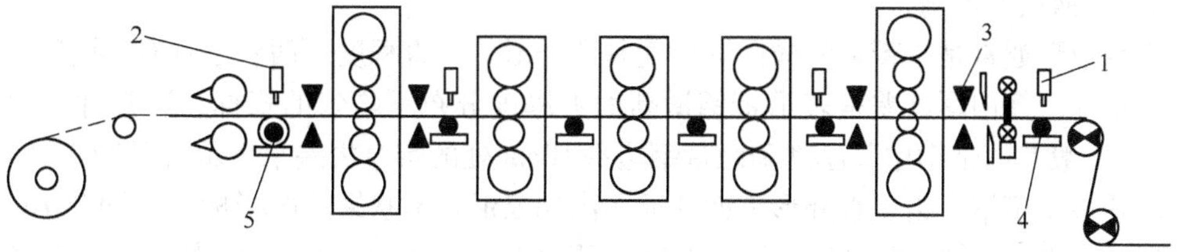

图 9-14 1780mm 冷连轧机在线检测仪表配置简图

1—焊缝检测仪；2—激光测速仪；3—测厚仪；4—测张仪；5—板形仪

误差，其执行机构为 1 号机架的压下系统，有前馈和反馈(监控)两种控制方式。前馈厚度控制环主要是解决短期的厚度误差，入口厚度由入口测厚仪测得，存入一个缓冲区内，并跟踪至 1 号机架的辊缝，跟踪到 1 号机架辊缝的入口厚度偏差转换为相应的速度校正值，用于入口张力辊的速度调整。1 号机架反馈控制(监控)环是解决长期的带钢厚度偏差。1 号机架后的剩余厚度误差由 1 号机架后测厚仪记录，统计分析，产生一个厚度偏差，该厚度偏差信号转换为相应速度校正值送到入口的张力辊。

(2) 2 号机架的厚度控制。2 号机架厚度控制为速度和压下的前馈控制环。1 号机架后的任何剩余厚度误差由 1 号机架后测厚仪记录，存入一个缓冲区内，并跟踪到 2 号机架的辊缝，跟踪到 2 号机架辊缝的厚度偏差转换为相应速度校正值，用来修正 1 号机架和入口张力辊的速度控制，同时通过调整 2 号机架的压下实现对 1 号机架和 2 号机架间的张力控制，来校正 2 号机架辊缝内剩余厚度偏差。

(3) 5 号机架的厚度控制。在 1 号机架和 2 号机架控制未能完全补偿的误差，以及由于温度变化使得轧机工作点漂移而引起带钢厚度的偏差，将由 5 号机架后的测厚仪记录，并通过压下模式 A、张力限制模式 B 和平整模式 C 三种模式来调整。压下模式 A 通常用于软的和厚的带钢，利用金属秒流量的关系来校正 5 号机架的速度，并通过 5 号与 4 号机架间的张力控制保证张力恒定，厚度控制由 5 号机架的速度及压下的前馈和反馈控制实现。张力限制模式 B 通常用于硬的或薄的带钢，一个速度补偿应用于 5 号机架，通过 5 号机架速度调整引起后张力增加，可控制带钢厚度减薄，但如果机架间的张力超出其极限值，则需再次调整压下，5 号机架厚度控制由速度和压下前馈控制以及速度反馈控制来实现；平整模式 C，在 4 号机架已达到要求的厚度，5 号机架仅作为平整机架使用。在此模式中，5 号机架的轧制力保持恒定，4 号和 5 号机架之间的张力通过 4 号机架的速度控制保持恒定。4 号机架厚度控制是通过 5 号机架出口测量仪测得偏差值，根据金属秒流量相等原理，计算出校正值应用于 4 号机架的速度和压下的调整中，同时速度校正值也用作前馈值投入至 5 号机架。

对于连续轧制的冷连轧机而言，除上述厚度控制精度指标外，还有一个厚度控制的重要指标是动态变规格（FGC）的超差长度。我国新近投产的一套冷连轧机厚度 FGC 超差长度值见表 9-4。

表 9-4 我国新近投产的一套冷连轧机厚度 FGC 超差长度值

条　件	超差长度/m
同一种规格	5
不同规格	15

b 带钢板形控制

带钢板形通常是指带钢的横向厚度偏差和外形的平直程度。两者是具有不同物理概念的两个指标。横向厚度差是表示带钢横断面上厚度分布不均匀的指标，通常称为“带钢凸度”，一般是以带钢中部厚度和距带钢边部10cm处的带厚之差来表示（见图9-15），而平直度是表示带钢失去平直外形表面特征而出现浪形等形状缺陷的指标（见图9-16），国际上通常用相对延伸差 ρ 来表示，也有的用陡度 λ（Steepness）来表示，两者之间关系为：

$$\rho = (L_1 - L_2)/L_1 \times 10^5$$
$$\lambda = H/L_2$$
$$\rho = (\pi/2)^2 \times \lambda^2 \times 10^5 \tag{9-1}$$

式中 L_1——波长，mm；
L_2——波长的水平长度，mm；
H——波高，mm。

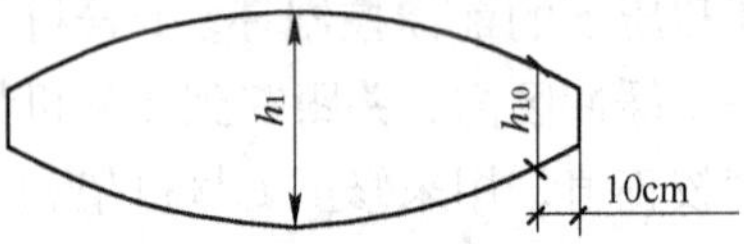

图 9-15 带钢凸度($h_1 - h_{10}$)

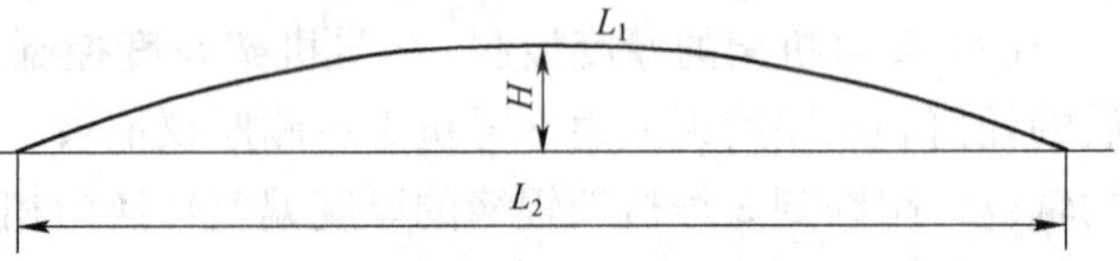

图 9-16 带钢平直度的表示方法

影响带钢板形的因素很多，也较为复杂，其中以来料的板形、轧辊的弯曲变形和热变形以及诸如轧制温度、速度、张力、乳化液参数等轧制条件的影响最为突出。为此世界各国都在不断地开发新型轧机和控制技术，并取得了较好的效果。一般认为，带钢的平直度可通过改变辊型、弯辊及轧辊窜动得以较好控制。

平直度控制的基本原理是通过平直度测量辊测量带钢张应力偏差值，经板形控制计算机计算后，与计算机设定的板形曲线算出的平直度设定值进行比较得出偏差值，通过数学模型和数学方法把偏差值归纳为一个高次方程式，即：

$$Y = a + bx + cx^2 + dx^3 + ex^4 + \cdots + nx^n \tag{9-2}$$

由此分解出对应的不同次方板形缺陷的偏差量，输入对应的调节回路，执行相应的调节手段。各类轧机的板形控制手段归纳起来有4种：轧辊倾斜、轧辊弯辊、轧辊窜动和多段冷却技术。以六辊轧机为例：

（1）对于 x 波形，即非对称带钢断面形状的板形缺陷，通过数学模型计算出轧辊倾斜调节量，由轧辊压下装置进行调节。

（2）对于 x^2 波形，则通过工作辊的弯辊调节更为有效。

（3）对于 x^4 波形，即抛物线形状的板形缺陷，可通过中间辊的弯辊和窜动进行调节，计算出实际需要的弯辊和窜动的设定值。

（4）对于其他 x 高次方的复杂波形由机架出口的多段冷却系统进行调节。其基本原理是将乳化液喷射梁的喷头沿轧辊宽度方向设计为与平直度测量仪相同的分段数（如25段，与带宽有关），并和乳化液控制的先导阀一一对应连接。轧制时，通过比较目标值和每段测量值得出的偏差，由控制模型计算出每段的乳化液的设定流量，调节相对应段的乳化液先导阀，控制相应段喷头的开闭，与轧制必需的基本流量（约1/3的额定流量）叠加来改变相应段的轧辊热凸度。

实践证明，运用上述板形控制技术已是十分成熟和有效的。我国新近投产的一套冷连轧机平直度控制的精度值见表9-5。

表9-5 我国新近投产的一套冷连轧机平直度控制的精度值

材 料	钢 种	厚度×宽度/mm×mm	平直度公差/I
冷轧板	CQ	2.3/0.35×1350	7
		3.0/0.7×1200	6
		3.5/0.9×1200	5
		4.0/1.2×1350	5
		4.5/1.5×1430	5

c 带钢表面质量

冷轧后带钢的表面质量对后道工序极为重要，尤其是对涂镀层生产线而言。影响带钢表面质量的因素很多，在冷轧生产中也容易因各种原因而产生各种缺陷，因此对带钢表面缺陷及消除措施的研究将很有意义。

冷轧带钢的表面缺陷主要有：

（1）擦伤。在酸洗和轧制开卷时，由于钢卷层间错动而造成的。

（2）划伤。由于机械物体在钢板表面上划出的伤痕。

（3）压印。一般由辊面凸凹缺陷引起。

（4）裂边。在大张力和无宽展的条件下，金属边部强迫延伸而产生的边部裂口。

（5）折印。在钢板边缘呈现的不同长度的横向凹印。

对带钢表面缺陷应特别重视，因为这些缺陷会使产品品级降级，严重者将视为废品。我国某冷轧厂对冷轧工序常见缺陷的分析及消除的措施见表9-6。

表9-6 我国某冷轧厂对冷轧工序常见缺陷的分析及消除措施

缺陷名称	原因分析	消除措施
黏辊	断带或张力失调而造成轧折，带钢和轧辊接触而急剧发热，导致两者黏在一起	换辊
短促的厚度波动	轧机振动而造成厚度的波动	立即减速，检查校正调节值、工作辊表面粗糙度及冷却润滑情况
周期性的局部浪	沿轧辊圆周的局部受热而导致膨胀不均，或轧辊有皮下杂质	中断轧制，轧辊空转冷却或更换轧辊
压印或压痕	工作辊轻微黏结或轧入了杂质	换辊
表面裂纹	轧辊裂纹引起轧制时带钢产生裂纹	换辊
边裂	酸洗剪边时边部有毛刺，轧制力过大	控制剪边质量和轧制力
轧穿	工作辊严重黏结、表面凹状缺陷及异物进入	换辊
擦伤	开卷时带卷层间错动	轧钢开卷张力小于上工序的卷取张力，开卷时保持张力稳定，升降速平稳
划伤	各种辊子和带钢速度不一致，辅助设备和带钢非正常接触	定期检查

B 冷轧工艺发展的趋势

冷轧工艺经过几十年的发展，技术已日趋成熟，并向高精度、高质量发展。

(1) 新机型及新技术。目前世界上冷轧机以日立公司的HC/UCM和SMS公司的CVC为主流机型，在此基础上各公司还结合生产厂的实际经验开发新机型和新技术。日立公司针对PC轧机轧辊交叉、结构复杂和HCW轧机弯辊力的不足，开发了HCX轧机，该轧机仅采用工作辊交叉，同时工作辊与支撑辊间采用低黏度的润滑油，在HCX的基础上增加工作辊轴向移动，又开发了HCXW轧机。该类轧机目前主要用于热轧带钢，用于冷轧的轧机正在开发中。在开发新机型的同时，日立公司也积极地与各生产厂联手开发新技术，日立采用UCMW冷轧机，结合川崎K-WRS及新日铁HCW的操作技术(即工作辊轴向移动的操作技术)，精确控制板厚和带钢边部减薄(edge drop)，此技术已在我国宝钢冷轧使用，效果良好；SMS公司以CVC轧机，采用TRC(total roll gap control system)技术，即在CVC技术中增加了边部控制(EDC)的功能，已在德国拉色斯坦公司试用。

(2) 提高表面质量的新措施。随着用户对带钢表面的要求不断提高，尤其是对用作汽车面板的带钢表面质量的要求更高。因此世界各国都在这方面开发了专有技术。日本川崎在水岛厂的冷连轧机入口设置了表面清洗装置，由刷辊、喷头和挤干辊组成，通过喷清洗剂以去除带钢表面上的杂物，防止带钢表面产生轧制缺陷，实践证明增加了清洗装置后，杂物进入轧制的发生率比以前降低了5倍；在轧机出口、卷取机前的夹送辊处增加了去除杂物的刮板，以去除轧制后附在带钢上的杂物。

在乳化液系统中为防止铁屑和杂物随乳化液进入轧机，各国都在开发各种新型过滤器。如日本川崎开发的磁性过滤器(HGMS)，过滤能力可达20kg/h；平板过滤器可去除乳化液中残留的大于100μm的杂物，消除由于乳化液中残留杂物引起的轧制缺陷。

(3) 厚度控制和板形控制的新概念。带钢厚度控制和板形控制已经十多年的发展，日趋成熟，但各国仍在不断地引入新技术和新概念，以求更加完美。德国SIEMENS公司在冷连轧机的厚度控制系统中引入“0”号机架概念，将冷轧机入口张力辊视为无压下的“0”号机架，从而将速度控制引入张力辊和1号机架，最大限度地将厚度偏差减小在2号机架前，更有利于提高厚度控制精度。在板形控制系统中，有公司已开始引入用红外线测温仪测量带钢的温度，直接参与带钢板形控制的概念，目前仍在试制中。

对于像轧制硅钢这样的对边部减薄要求较高的产品，又引入了带钢边缘降(edge drop)控制技术，其原理是由计算机根据热轧带钢的凸度值，设定轧辊弯辊和移动量，通过1号机架前的凸度仪(profile meter)，测量出实际值，进行比较，根据比较值，再修正各机架轧辊的设定值，作为前馈控制，通过轧机出口的凸度仪，测量出最终凸度值，与带钢目标值进行比较，根据比较值，再修正各机架的轧制参数，作为反馈控制，综合控制效果较为理想。

9.4.4 中厚板生产

轧制中厚板使用的原料主要有扁钢锭、初轧板坯和连铸板坯。原料的选择包括原料的种类、尺寸、质量的选择。选择合理与否会直接影响产品的质量、产量以及原材料的消耗等技术经济指标。另一影响原料选择的因素是供应原料的条件。

随着连铸技术应用日趋广泛，连铸板坯已逐渐取代初轧板坯，成为中厚板厂的主要原料。由连铸技术特点所决定，连铸技术适用于镇静钢，而沸腾钢、半镇静钢应用连铸技术非常困难，因此开发了准沸腾钢钢种，以替代一些沸腾钢、半镇静钢钢种，以便应用连铸技术。连铸工艺在更换浇铸的钢种时存在一个“钢种混合区”的问题，因此推动了异钢种连浇技术的发展。在更换连铸板坯规格时，要调整结晶器的结构尺寸，因此发展了连铸板坯在线调宽技术。这些技术的发展推动了连铸板坯的应用。

钢坯热装热送和直接轧制技术的出现，又对连铸技术提出新的要求，在连铸板坯缺陷的在线检测、在线清理、无缺陷连铸板坯生产、连铸操作自动控制及计算机化、连铸连轧衔接匹配等技术又有了新的、长足的进步。

关于使用连铸板坯采用多大的压缩比才能保证产品的组织性能的问题，提法不一。如美国提出压缩比要达到4～5，日本提出压缩比要大于6。而采用曼内斯曼—德马克技术的意大利阿维第(Arvedi)开发的I. S. P技术，使用50mm的连铸薄板坯可生产15mm厚的中板，压缩比仅为3.3，组织性能可满足使用要求。轧材的组织和性能是从冶炼到轧制生产全过程中各工序综合影响的结果，适宜的压缩比应结合从冶炼、浇铸到轧制整个生产线的装备和技术水平的具体情况，在实践中验证。无疑较大的压缩比对提高材料的性能是有利的，一般认为连铸板坯的压缩比采用4～6是合理的。在实际生产中常采用6～10的压缩比，以期获得更可靠的性能。中厚板主要生产工艺包括加热、轧制、精整与热处理。

9.4.4.1 加热

中厚板厂使用的加热炉按其结构分为连续式加热炉、室状加热炉和均热炉。均热炉用于大型钢锭的加热；室状加热炉加热能力小，但生产灵活，主要用于加热特大或特小板坯、高合金钢板坯等批量小、加热周期特殊的情况。中厚板板坯加热炉的主要炉型是连续式加热炉。

连续式加热炉有推钢式和步进式两种形式。近十多年来加热技术的发展以节约燃料、提高热效率为主要目标，主要的技术进展表现在以下几个方面：一方面，加热炉炉型由推钢式发展为步进式，步进式加热炉操作上便于调整坯料的间隙和加热时间，易于调整出炉节奏，以适应冷装坯、热装坯、冷热混装坯在炉内的加热条件控制。另一方面表现为由单纯加热冷坯，发展为冷热坯混装或全部为热坯。板坯装炉温度每升高100℃，加热炉的热耗能降低80～120kJ/kg，实现热装能有效地降低能耗。第三个方面是提高加热炉的热效率，在减少废气的热损失，减少炉体辐射热损失、回收废热等方面采取了相应技术措施，如降低炉底强度、增加炉长，以减少废气的热损失，采用绝热炉墙以减少辐射热损失等。特别是加热炉采用计算机控制，按照装炉和轧制条件设定和控制加热炉各段温度、燃料分配和出炉温度，以期获得最佳热工制度，用计算机测量和控制废气中的氧含量，以保证最佳的燃烧状态等。

9.4.4.2 轧制

中厚板轧制过程包括除鳞、粗轧、精轧三个阶段。随控制轧制技术的应用，为满足控制轧制时的温度条件，在粗轧过程中或粗轧后还有一个控制钢板温度的阶段。

A 除鳞

钢板表面质量是钢板重要的质量指标之一，加热时高温下生成的氧化铁皮若在轧制前不及时清理或清理不净，在轧后的钢板表面上，因氧化铁皮被压入钢板表面，会产生

"麻点"等缺陷，因此轧前除鳞是保证获得优良表面的关键工序。

除鳞的方法有多种，如在板坯上投入食盐，利用这些材料在高温下爆破来破除氧化铁皮，还有在粗轧机前设置一台立辊轧机轧制侧边，即可破碎氧化铁皮，也能同时起到调整坯料宽度的作用。目前广泛采用的方法是使用高压水除鳞箱和轧机前后的高压水喷头进行除鳞。生产实践表明，喷水压力对碳素钢为12～16MPa，对合金钢为17～20MPa时，能有效地清除一次氧化铁皮和二次氧化铁皮，而无需设置专门的机械除鳞机。高压水除鳞箱有一个或两个上、下集水管，在板坯进入除鳞箱前由光电管检测出板坯位置和厚度，上集水管自动调整高度，并打开进水阀门。为了减少水的消耗量，除鳞时间随板坯长度自动调整。所需水压取决于氧化铁皮的状态，对碳素钢而言，一次氧化铁皮较疏松，可以采用较低的压力(如16MPa)，而一些合金钢的氧化铁皮致密，必须使用高的水压(如20～25MPa)。

B 粗轧

中厚板轧制粗轧阶段的任务是将板坯或扁锭轧制到所需的宽度、控制平面形状和进行大压缩延伸。

粗轧阶段首先调整板坯或扁锭尺寸，以保证轧制最终产品尺寸的宽度满足要求。实际生产中轧制产品的规格变化较多，而各种规格的产品很难做到使用一一对应的坯料，坯料的断面尺寸的变化要少得多，调整宽度是粗轧阶段的一项重要任务。根据坯料尺寸和延伸方向的不同，"调整宽度"的轧制方法可分为：全纵轧法、全横轧法、横轧-纵轧法、角轧-纵轧法。图9-17所示为纵轧、横轧、角轧轧制方法示意图。

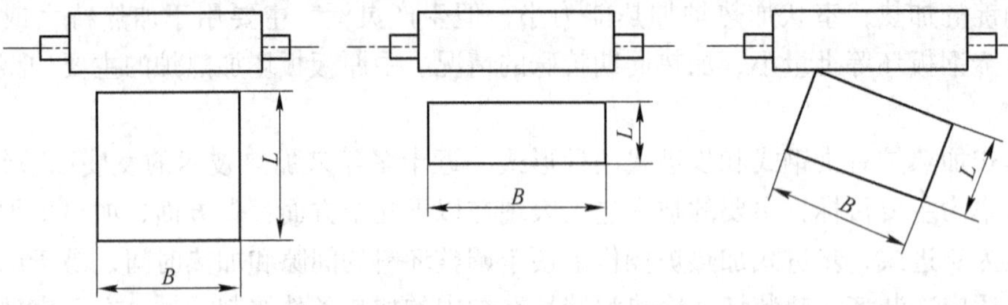

图9-17 三种基本粗轧方式

(a) 纵轧；(b) 横轧；(c) 角轧

轧制过程中金属在轧向和横向上流动是不均匀的，造成在轧制一道或数道后，钢板的平面形状不是一个精确的矩形，甚至与矩形形状偏离较大，如在轧向上形成鱼尾形或舌头形，横向上形成桶形等。进入精轧后无法修正，使轧后最终产品的平面形状复杂，必须切掉头、尾、边部才能得到所需的矩形，增加了金属消耗。自1970年以后，为了降低材料消耗，提高成材率，降低成本，日本的一些企业首先开发了平面形状控制技术。收得率的提高中，60%是靠提高连铸比，其余40%是靠采用新的轧制方法，其中最有效的是平面形状控制技术。

在影响金属收得率的因素中，因平面形状不良造成切头、切尾、切边的损失占总收得率损失的49%，造成收得率的损失为5%～6%，因此使平面形状矩形化在提高金属收得率中起重要作用。常用的几种平面形状控制的方法有：

(1) MAS轧制法。又称水岛平面形状自动控制系统(mizu shima automotic plan view patten control system)，1978年开始在日本川崎制铁株式会社的水岛厂2号厚板轧机上采用，收得率高达94.2%。常规轧制时切头、切尾、切边的收得率损失为5.5%左右，而采用MAS轧制法的切头、切尾、切边的收得率损失仅为1.1%，此项就使收得率提高4.4%。MAS轧制法如图9-18所示。粗轧的第一阶段为了去除板坯表面清理等原因造成的凹凸不平，得到均匀的板坯厚度，提高展宽轧制时精度，首先在板坯的长度方向轧制1～4道，此阶段有人称为成形阶段，即板坯轧制成正确厚度的阶段；第二阶段又称为展宽轧制，将板坯展宽到需要的宽度。MAS轧制法是根据最终中厚板的平面形状，预先规定轧制各阶段的板坯形状，在第一阶段成形轧制的最后一道，沿轧制方向给出既定的厚度变化，为了对成品头尾端部形状进行控制，在展宽轧制的最后一道，沿轧制方向也给出既定的厚度变化，以此来实现产品平面形状的矩形化。

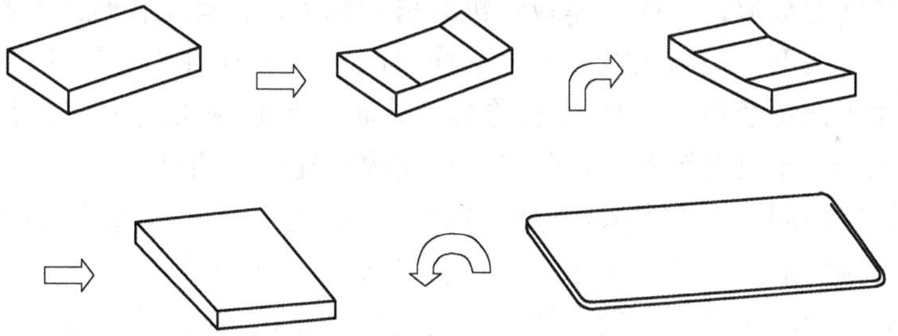

图9-18　MAS轧制法原理示意图

（2）立辊法。此方法是新日铁名古屋厚板厂开发应用的。此方法的基本原理如图9-19所示。利用立辊对侧边进行轧制，可自由改变成品的平面形状，使产品的平面形状接近矩形。立辊轧机和水平辊轧机之间需有较大距离，轧制中的温降和能耗成为应用立辊轧制法的限制因素。

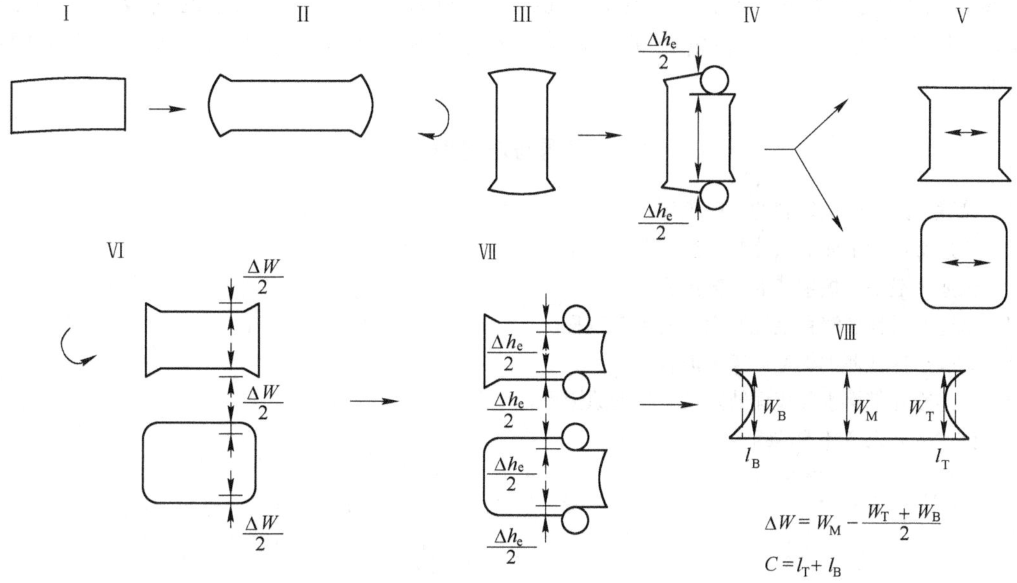

图9-19　立辊轧边法原理

Ⅰ—板坯；Ⅱ—成形轧制；Ⅲ，Ⅵ—转90°；Ⅳ—横向轧制；Ⅴ—展宽轧制；Ⅶ—纵向轧制；Ⅷ—伸长轧制

（3）不等厚展宽法。此种方法的基本思路与MAS法相同，此种方法的轧制过程是：在展宽轧制后，使轧辊倾斜将侧边轧薄，再轧一道将另一侧边也轧薄，使展宽轧制后得到不等厚的断面，然后再转90°进入精轧阶段，得到平面形状接近矩形断面的产品。此方法可使收得率提高1%左右。

（4）咬入回轧法。此方法是将钢锭或板坯的两端咬入，返回轧制几道，轧到钢锭厚度的65%，两端在厚度方向上成凸形，然后对厚度方向未轧制部分进行轧制，结果可使端部沿厚度方向矩形化。

C 精轧

精轧阶段的主要任务是延伸和质量控制。在精轧机上为了减少板宽方向各点纵向延伸不均，以获得良好的板形，一些中厚板轧机的精轧机上装备有工作辊或支撑辊液压弯辊系统，通过控制轧辊凸度，提高板宽方向上的均匀性。1974年日本金属株式会社开发了VC轧机，支撑辊使用把辊套热装在辊芯上的组合轧辊，辊芯中可通入压力最高可达50MPa的油，通过油压大小来改变辊套的膨胀量，从而改变轧辊的凸度。

精轧机在厚度控制方面大多采用厚度自动控制系统（AGC）。轧辊的压下调整有电动压下和液压压下两种形式，液压压下速度可达4mm/s，比电动压下1mm/s要快得多，液压压下反应灵敏，响应速度快，设定精度可高达0.01mm，控制系统也比较简单。目前液压压下是主要的厚度控制方式。

9.4.4.3 精整与热处理

精整和热处理是中厚板厂产品质量最终处理和控制的环节。精整工序主要包括矫直、冷却、划线、剪切、检查、缺陷清理、包装入库等。根据钢材技术条件要求有的还需要热处理和酸洗。中厚板厂通常在作业线上设置热矫直机，多使用带支撑辊的四重式矫直机，为了补充热矫直机的不足，还离线设置拉力矫直机或压力矫直机等冷矫设备。板厚在25mm以下时侧边使用圆盘剪，头尾使用铡刀剪或摇摆剪。50mm以上的钢板多采用在线连续气割的方式。中厚板的热处理最常采用的是退火、正火、正火加回火、淬火加回火处理。

习题与思考题

9-1 简述热连轧带钢轧制的一般工序。

9-2 简述常用的平面形状控制方法。

9-3 试述一般中厚板生产的工艺流程。

9-4 试述薄板坯连铸直接轧制生产的工艺流程。

9-5 试画出冷轧薄钢板生产工艺流程。

9-6 简述冷轧带钢主要表面缺陷及产生的原因。

9-7 试述冷轧入口装置的组成。

10 型钢与钢管生产

【本章概要】

本章介绍了型钢的分类及用途，包括热轧型钢的分类及表征、冷轧型钢与冷弯型钢的分类及特征，以及型钢生产的一般工艺过程和机组设备；讲述了钢管的生产方法、发展历史，以及热连轧无缝钢管、冷轧钢管及冷弯焊管的成形工艺过程和机组设备。

【关键词】

型钢、孔型、辊凸度、无缝钢管、焊接管、穿孔轧制、定径

【教学目的】

了解型钢和钢管的规格及用途，了解常见型钢和钢管产品的发展历史、生产工艺流程及设备。

【本章重点】

型钢的规格与特征，孔型的定义与类型，辊式冷弯型钢的特点，热连轧无缝钢管、冷弯焊管的成形工艺及机组设备。

10.1 型钢的分类及用途

钢材的品种规格是钢材的断面形状和尺寸的总称。型钢生产历史悠久，品种、规格繁多，型钢用于国民经济中的各个领域，占有不可缺少的地位，在轧钢生产中也占有非常重要的地位。据统计各类型钢的形状有1600多种，尺寸规格达4000多个。目前，我国型钢产量在整个钢产量中占有很大的比例，占钢材总产量的50%～60%左右。

按照型钢的化学成分、生产方式、断面形状、尺寸和用途的不同，型钢可以分成许多类型。按照型钢的生产方式可以将其分为热轧型钢，冷轧、冷拔型钢，热弯、冷弯型钢，焊接型钢和用特殊方法生产的型钢（如火车车轮、轮箍、钢球、变断面阶梯轴、齿轮、钻头）等。

10.1.1 热轧型钢的分类及表征

热轧型钢是冶金生产中最后一个生产环节的产品之一，它的品种繁多，断面几何形状及其尺寸差异很大。按照型钢断面形状及用途，热轧型钢可以分成简单断面型钢、复杂断面型钢和周期断面型钢。

10.1.1.1 简单断面型钢

简单断面型钢是指钢材横断面对称，外形比较均匀、简单，如圆钢、线材、方钢和扁钢等。这类型钢多用于机械制造、金属结构、桥梁建筑等部门，大部分线材则作为拉拔材

的原料。

10.1.1.2 复杂断面型钢

复杂断面型钢也称为异形断面型钢，是指横断面由两个以上的简单几何形状组成，具有长而薄的翼缘。复杂断面型钢可以分成以下几种：

(1) 钢材断面具有水平及垂直方向两个对称轴的型钢，如工字钢、H 型钢等；

(2) 断面上有一个对称轴的型钢，如槽钢、T 形钢和 U 形钢有垂直方向的对称轴，钢轨在水平方向上对称；

(3) 钢材断面上没有对称轴的型钢，即在型钢断面各部分的组成上、在水平和垂直方向上均不对称，如球扁钢、钢窗用钢和犁铧钢等。

复杂断面型钢在热轧成形过程中各部分金属变形严重不均，表现在孔型各个部位的轧制速度不均，各部分金属受力条件不同，变形时间的不同时性等。这种严重的不均匀变形导致轧件在孔型内变形的复杂化。严重的不均匀变形对轧件的质量、轧辊磨损、轧制能耗以及导卫装置安装和调整工作带来很多不利影响。

复杂断面型钢在轧后自然冷却过程中断面各部分的金属冷却条件不同，引起各部金属温度不同，造成冷却收缩不均。这样，就会使冷却后的型钢发生弯曲或扭转，造成轧件内部组织性能的不均匀和外部尺寸的变化，将给后部铸整带来困难以及成材率的降低。

复杂断面型钢的部分产品有工字钢、H 型钢、槽钢、钢轨、Z 字型钢、T 字型钢、窗框钢、钢桩钢、球扁钢、履带钢和轮辋钢等。

10.1.1.3 周期断面型钢

周期断面型钢的断面和尺寸呈周期性沿轧材纵轴方向变化。这种型钢可用纵轧、斜轧、横轧或楔横轧方式生产。周期断面型钢的部分产品有热轧、冷轧带肋钢筋、变断面轴、变断面扁钢和机械零件用的变断面轧件。

由于热轧型钢形状各异，其表示方法也各不相同。部分热轧型钢的表示方法、规格范围及用途见表 10-1。

表 10-1 部分热轧型钢的表示方法、规格范围及用途

断面形状	表示方法	规格范围	用途
H 型钢	高×宽	(193～718)mm×(150～500)mm	土建、桥梁、建筑、支护
钢轨	kg/m	5～30kg/m 38～75kg/m 80～120kg/m	轻轨 重轨 吊车轨
工字钢	腰高的$\frac{1}{10}$ (No)	No5～63,(50～630)mm×(32～115)mm	建筑、造船、金属结构件
槽钢	腰高的$\frac{1}{10}$ (No)	No5～45,(50～450)mm×(32～115)mm	建筑、车辆制造、金属结构件
U 型钢	kg/m	18～36kg/m	结构件、支护
Z 字型钢	高度	60～310mm	结构件、铁路车辆
T 字型钢	腿宽×厚度	(150mm×9mm)～(400mm×32mm)	结构件、铁路车辆
等边角钢	边长的$\frac{1}{10}$ (No)	No2～25,(20mm×20mm)～(250mm×250mm)	建筑、造船、机械、车辆、结构件

续表 10-1

断面形状	表示方法	规格范围	用　途
不等边角钢	（长边长/短边长）的$\frac{1}{10}$（No）	No2.5/1.6～2.5/16.5（25/16～250/165mm）	建筑、造船、结构件
扁钢	厚×宽	(3～60)mm×(10～240)mm	薄板坯、焊管坯
圆钢	直径ϕ	9～350mm	无缝管坯、机械零件、冷拔
线材	直径ϕ	4.5～13mm	建筑冷拔
方钢	边长A	5～250mm	机械制造零件
六角钢	内接圆直径（No）	5～100mm	机械制造零件
球扁钢	宽×厚	(50mm×4mm)～(270mm×14mm)	造船
带肋钢筋	外径（No）	12～40mm	建筑

型钢根据断面尺寸或单位长度质量分为钢轨、钢梁、大型材、中小型材和线材。各种轧机轧制的钢材规格具体划分如下。

（1）轨梁轧机生产的轨梁材有 38～75kg/m 重轨、24 号～63 号工字钢和直径ϕ90～350mm 圆钢。75kg/m 大规格钢轨是专门用于重载货运铁路线的钢轨。攀钢集团轨梁厂根据市场需求，已在 950 生产线上开发出 75kg/m U71Mn、PD2、PD3、余热淬火等系列钢轨，用于大连至秦皇岛等铁路线。2007 年，该轨梁厂根据市场需求高速、高强度级别、重载 PG475kg/m 钢轨的情况，积极投入力量开发出第四代高强度、大规格、单重最重的 PG475kg/m 钢轨、钢梁、大型材、中小型材和线材。

（2）大型轧机轧制的大型材有直径 80～350mm 圆钢、边长大于 100mm 的方钢、18～75kg/m 钢轨、22 号～63 号工字钢和槽钢。

（3）中型轧机轧制的中型材有直径 32～100mm 圆钢、8～30kg/m 轻轨、5 号～16 号工字钢和槽钢、6 号～18 号角钢。

（4）小型轧机轧制的小型材有直径 9～65mm 圆钢、5 号～8 号工字钢和槽钢、2 号～8 号角钢。

（5）线材轧机轧制的线材或带肋钢筋直径为 5～13mm，也可以生产出直径达 40mm 的盘条。

10.1.2 冷轧及冷弯型钢的种类及特征

根据冷成形方式的不同，生产的型钢有冷轧钢筋、冷轧带肋钢筋、冷拔、冷轧带肋钢筋和冷弯型钢等。

10.1.2.1 冷轧带肋钢筋

冷轧带肋钢筋较早以前被称为冷轧螺纹钢筋。它是以普通低碳钢盘条（碳的质量分数为 0.09%～0.27%）经一道或几道冷拔（或辊拔、轧压）减径、最终一道轧成螺纹而成，其抗拉强度高于 500MPa，伸长率仍不低于 8%。冷轧带肋钢筋主要用于混凝土公路、机场跑道、隧道、混凝土管内钢筋及混凝土梁、墙和楼板内的配筋，也可用于大型载重车辆的腹条。

冷轧带肋钢筋尺寸范围为直径4.0～12mm。推荐钢筋公称直径为5mm、6mm、7mm、8mm、9mm、10mm。

钢筋按抗拉强度分为3级：LL550、LL 650、LL800。LL550表示抗拉强度不小于550MPa的钢筋。冷轧带肋钢筋其表面形状分为两面有肋和三面有肋两种，肋呈月牙形。三面肋沿钢筋横截面周围上均匀分布，其中有一面必须与另两面反向。肋中心线和钢筋纵轴线夹角为40°～60°。肋两侧面和钢筋表面斜角不得小于45°。肋间隙的总和应不大于公称周长的20%。冷轧带肋钢筋的强屈比应不小于1.05。

10.1.2.2 冷弯型钢

冷弯型钢按其生产方式可分为冷拔弯曲、折弯弯曲、冲压弯曲和辊式弯曲四种。冷拔弯曲是将热轧带钢经一系列拉拔、弯曲成型钢。折弯弯曲是在特殊弯曲机上将带钢逐步弯曲成型钢。冲压弯曲是将带钢在压模内经冲压机的模具压力弯曲成型钢。辊式弯曲是将带钢连续通过许多旋转方向相反的轧辊，并在孔型中顺次改变其横断面的形状，而形成型钢。

冷弯型钢品种繁多，形状复杂。利用冷弯方法可以生产热轧无法生产的各种特薄、特宽和断面形状复杂的薄壁型钢。国外的冷弯型钢的品种规格已达万种以上。按冷弯型钢的断面形状，分为对称断面和不对称断面两类。根据冷弯型钢的用途、生产设备和工艺的不同，它又分为开口断面冷弯型钢、闭口断面冷弯型钢、半闭口断面冷弯型钢、宽幅波纹板和冷弯钢板桩等。

10.2 热轧型钢生产过程

10.2.1 型钢生产的一般工艺过程

型钢生产是冶金生产过程的最终工序。由于生产型钢的钢种、品种规格不同，轧机的布置及特点不同，其生产工艺也有一定差别。热轧型钢的主要生产工艺过程包括坯料准备及坯料缺陷检验、轧前坯料加热、轧制、锯切或剪断、钢材冷却、精整、表面清理、打捆、称重、标志和入库。

10.2.1.1 型钢轧机的特点

型钢生产工艺过程与其轧机的特点及布置方式有密切关系。不同类型的轧机所轧制出的产品范围也不同。生产轧梁、型钢和线材的各类轧机与所轧产品的关系见表10-2。

表10-2 生产轧梁、型钢和线材的各类轧机与所轧产品的关系

轧机类型	轧辊尺寸/mm		最大轧制速度/$m \cdot s^{-1}$	产品范围
	直径	长度		
轨梁轧机	750～900	1200～2300	5～7	38kg/m以上重轨，24号以上的工字钢、槽钢
大型轧机	500～750	800～1900	2.5～7	18～75kg/m钢轨，22号～63号工字钢、槽钢，直径80～350mm圆钢
中型轧机	350～500	600～1200	2.5～15	直径或边长32～102mm圆钢、方钢；8～30kg/mm钢轨；5号～16号工字钢、槽钢

续表 10-2

轧机类型	轧辊尺寸/mm		最大轧制速度 /m·s^{-1}	产品范围
	直径	长度		
小型轧机	250～350	500～800	4.5～20	直径或边长 9～65mm（连轧达 75mm）的圆钢、方钢；5 号～8 号工字钢、槽钢，2 号～8 号角钢
线材轧机	250～350	500～800	10～50	直径 5～9mm 线材
高速线材轧机	150～250（辊环直径）	62～100（辊环宽度）	50～140	直径 5～13mm 线材；盘卷达直径 16～50mm

为了轧制一系列型钢和零件（如钢珠、轮箍、轴、环等）而建立各种型钢或专门的轧机（如轨梁轧机、H 型钢轧机、万能轧机、薄板卷轧机、线材轧机等）和机组（如钢球轧机、楔横轧机、轮箍轧机等）。

型钢轧机的尺寸按精轧机架人字齿轮直径或轧辊的名义直径来划分，轧机类型分为轨梁轧机、大型轧机、中型轧机、小型轧机和线材轧机。

型钢轧机有 4 种基本布置形式，即横列式、跟踪式、半连续式和连续式，其布置如图 10-1 所示。

型钢轧机横列式布置的工作机架可以一架或几架布置在一列或几列上，如图 10-1 中 1 和 2 所示。横列式轧机可以由一台主电机带动，也可以分别带动，可以单根轧制，也可以多根同时在各架上轧制。横列式轧机轧制速度变化不大，仅是列与列之间的轧制速度有明显变化。

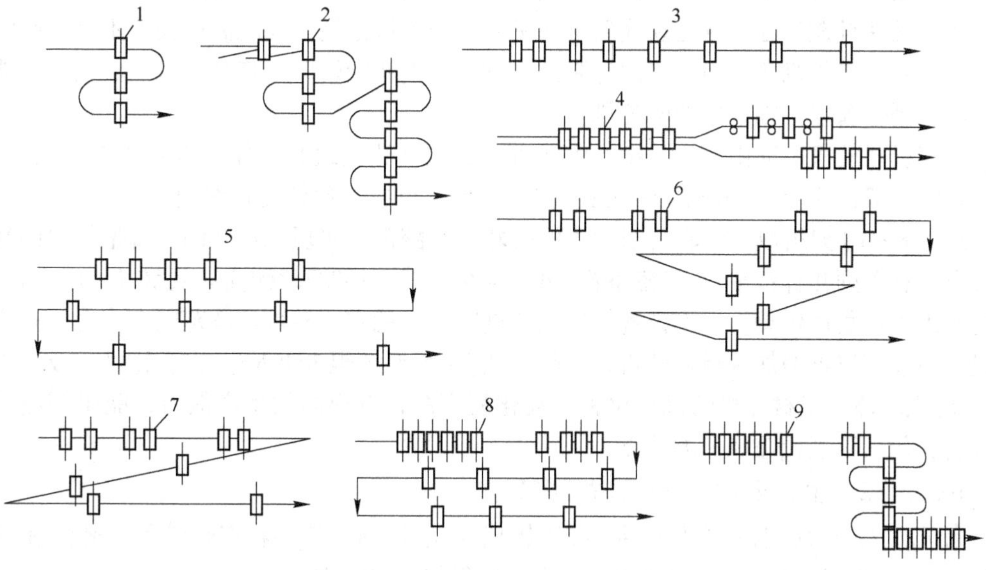

图 10-1　型钢轧机机架布置形式

1— 一列式；2—三列式；3—跟踪式；4—连续式；5—三列跟踪式；6—布棋式；7—“之”字形列式；8—半连续与跟踪式组合布置；9—半连续与横列式组合布置

在横列式轨梁轧机、大型轧机和部分中小型轧机的粗轧机组上，轧件从轧辊中全部轧出后，或从一个孔型到另一个孔型、从一架到另一架轧机以及从一列到另一列机架的运送，主要靠横移机、推床和辊道来完成。而轧机从下轧制线的孔型轧出后送入上轧制线的孔型中，则由升降台、双层辊道或简易提升装置来完成。

在小型轧机、线材轧机和部分中型横列式轧机上，一根轧件可以在某几个机架或几列轧机中同时进行轧制。在这种情况下，各机架和各机列之间，由于各道次轧件延伸的不同，轧制速度的不相适应会形成活套。因此，轧件从一个孔到下一个孔，或由一架轧机到下一架轧机，一般用正围盘和反围盘来输送，用自动围盘的横列式小型和线材轧机的精轧机，其轧制速度达15m/s。

为了提高型钢轧机产量，整个生产过程实现机械化和自动化的现代型钢轧机采用跟踪式和连续式布置（见图10-1中的3和4）。

跟踪式型钢轧机主要用于轧制复杂断面钢材，其生产特点是轧件在机架间自由轧出，每架轧机仅轧制一道，机架间不形成连轧关系，并且随着各道延伸系数的增加，而逐渐增大轧制速度。为了缩短跟踪式型钢轧机的车间长度，而采用两线或三线平行布置的跟踪式轧机或布置成布棋式，有的布置成“之”字形（见图10-1中5~7）。在某种情况下将轧机布置成半连续式，即某些轧机组成为连轧，而另一些轧机则为不连续的，或为横列式布置（见图10-1中8和9）。

连续式轧制时，轧件可以在某一机组中形成连轧，也可以在所有机架中同时连续轧制。在连轧组上轧制时可采用轧件堆钢轧制，机架之间形成不大的、可调活套，或者采用带有微张力的轧制。

连续式轧机可以轧制任一断面和尺寸的型钢，例如圆钢、方钢、角钢和钢筋等。

为提高连轧机产量，可以在钢坯加热后、轧制前将热坯用焊头机将端部焊接在一起，而形成“无头轧制”工艺。在现代型钢轧机中，为了保证轧件在轧制过程中不进行翻钢而专门设置立辊工作机架。为了专门轧制工字钢、槽钢和钢轨，而将精轧机建成四辊万能轧机。当轧制焊管坯时则采用四辊轧机。

高速线材轧机一般由粗轧机组、中轧机组、预精轧机组和精轧机组组成连续式轧机。粗轧机组一般由4~8架组成，中轧机组由4~6架组成，预精轧机组由4~6架组成，精轧机组由8~10架组成，精轧机组为了保持轧件不翻钢，实现无扭轧制。每架轧轨的轧辊布置方式有下列几种：平-立交替布置；45°侧交布置；15°/75°侧交布置和45°顶交布置。精轧机组采用集体传动，以保证各架轧制速度匹配、稳定，转数调整范围大。为了提高线材尺寸精度可以再增加一组精轧机，一般增加3~5架三辊KOCKS、Y形轧机，或者4架平-立轧机。高速线材轧机的机械化和自动化程度高，有很高的生产能力，能生产出高精度线材，代表了现代连轧机的特点。

10.2.1.2　型钢生产的一般工艺过程

目前，生产的型钢所用原料主要有转炉钢和电炉钢。其坯料有连铸坯、轧制坯（也称初轧坯）和锻造坯三种。型钢的坯料生产过程如图10-2所示。

根据型钢生产条件的不同，其型钢的生产工艺过程也不同。

A　非合金钢和低合金型钢的生产工艺过程

根据所采用的原料和型钢生产系统区分，非合金钢和低合金型钢这两类钢种的型钢生产工艺过程可分为5种基本类型：

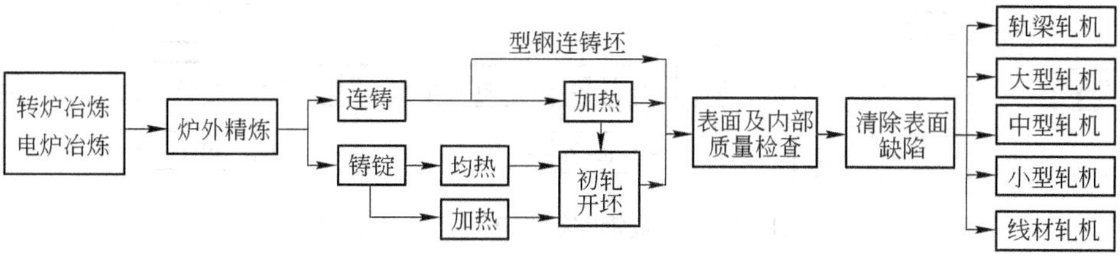

图 10-2 型钢的坯料生产过程

（1）以小钢锭为原料的小型生产系统。其特点是所用钢锭质量轻、尺寸小，经一次加热，直接在中、小型或线材轧机上轧成钢材。这种生产工艺仅适合于一些地方企业。采用该工艺的轧机产量不高，钢材质量低，金属消耗大。

（2）以钢锭和连铸坯为原料的大型生产系统。这种生产系统的特点是有能力强大的初轧机。以钢锭为原料时，既可用热锭，也可用冷锭在均热炉中加热。连铸坯在加热炉中加热之后，经初轧成坯，供型钢车间，经二次或三次加热轧成成品。由于多次加热，增加了燃料和金属消耗。

（3）连铸坯采用一次加热，轧制成成品。连铸坯既可以用冷料，也可以热送热装炉。在热送连铸坯过程中，采取保温措施，减少热量损失。为了一次加热成材，连铸坯的尺寸不易过大，最小坯料断面尺寸为 120mm × 120mm，因而也不需要设置大的开坯机。这种生产工艺已经在轨梁、大型、中型、小型和线材轧机上得到广泛的应用。

（4）以钢锭为原料的中型生产系统，其工艺特点是以冷锭为原料，经加热，在直径为 650 ~ 900mm 的二辊或三辊的开坯机上开坯及轧制成成品。也有经开坯后，作为小型和线材轧机的坯料，经二次加热，轧制成小型材或线材，钢锭质量一般在 1 ~ 4t。这种生产系统不仅能用于生产合金钢和低合金钢钢种，而且也用于生产合金钢型材和线材。

（5）连铸坯直接轧制系统，其特点是连铸设备与轧钢设备紧凑，充分利用连铸坯的热量，不需重新加热（或仅对坯料角部进行局部加热）而直接送入轧机，轧制成成品。这一工艺要求连铸坯表面质量有所保证，不需要建立大的开坯机，连铸速度与轧制速度要匹配、协调。这种工艺即型钢连铸连轧工艺。

这 5 种类型的型钢生产工艺的基本生产工序是相同的，即：原料—加热—控制轧制—控制冷却—精整—表面清理—打印、标记—包装—入库。

B 合金钢型材的生产工艺过程

轧制合金钢钢材所用原料为钢锭和连铸坯。由于对合金钢钢材的表面和内部质量，物理、化学或力学性能的要求比非合金钢和低合金钢的要求严格，钢种特性比较复杂，其生产工艺过程也比较复杂，生产过程也有较大差别。

（1）合金钢钢锭开坯生产工艺过程如图 10-3 所示。为了保证钢坯表面质量，对钢锭表面进行缺陷清理。为了降低钢的硬度，在清理前进行软化退火。钢锭开坯有两种方式，一种采用轧制开坯，对某些高合金钢则采用锻造开坯。随钢种的不同，锻、轧后的钢坯采用空冷、缓冷和热处理等工艺制度。

（2）合金钢型钢生产工艺过程。由于合金钢的钢种、型钢尺寸和用途的不同，型钢生产工艺过程也有所不同，其基本生产工艺过程如图 10-4 所示。

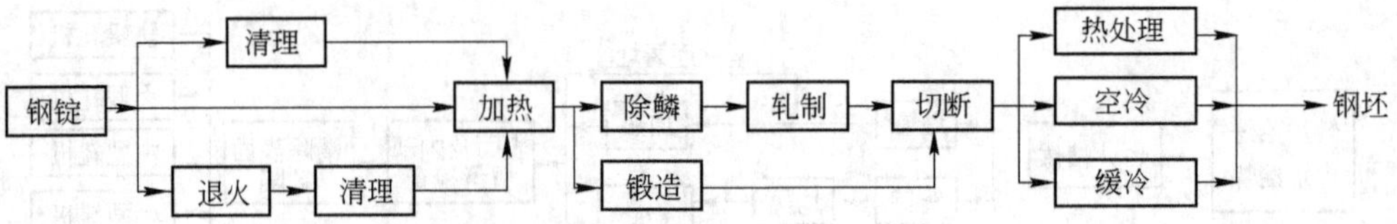

图 10-3 合金钢钢锭开坯生产工艺过程

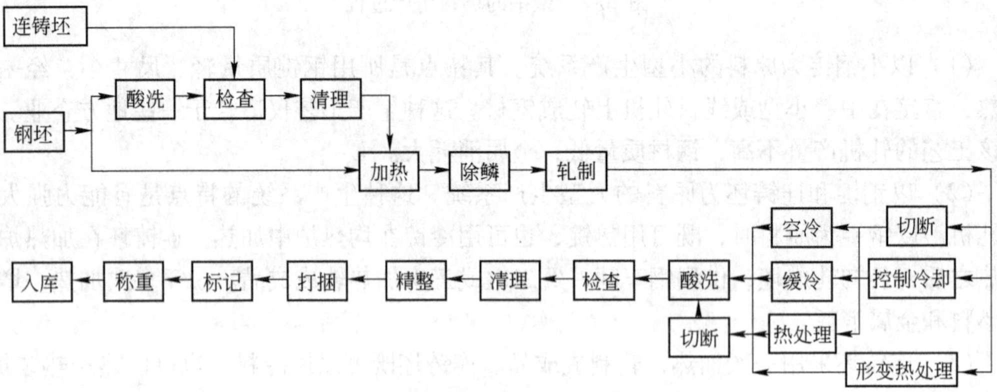

图 10-4 合金钢型钢的基本生产工艺过程

生产合金钢型钢所用原料为连铸坯和轧(锻)坯两种。为了清除钢坯表面缺陷，先进行酸洗、表面检查及清理，在连续式加热炉中加热，经机械式高压水除鳞，进行轧制，轧后钢材进行控制冷却或形变热处理等工艺，控制钢材的组织状态和性能。然后，进行表面检查、缺陷清理、精整，对某些合金钢进行必要的热处理，最后，打捆、标记、打印和入库。

10.2.2 型钢生产的孔型系统

热轧型钢时，为了将矩形和方形断面（也有使用异形断面）的钢锭或钢坯轧成各种断面形状的钢材，轧件必须在连续变化的孔型中进行轧制。为了获得所要求的断面形状和尺寸的轧件，在轧辊上刻有凹入或凸出的槽子，把刻在一个轧辊上的槽子叫轧槽。孔型就是两个轧辊轧槽所围成的断面形状尺寸，如图 10-5 所示。

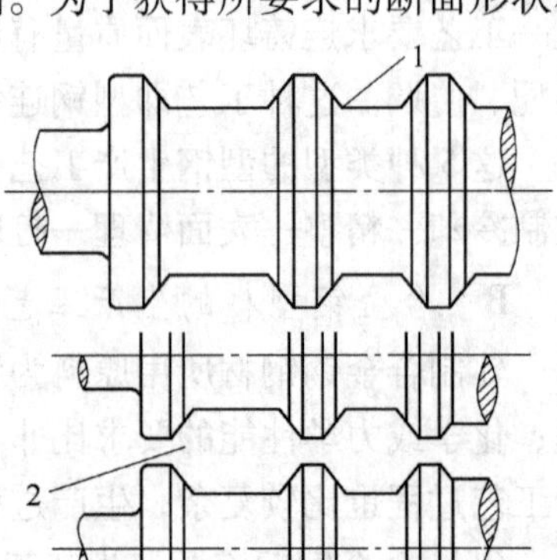

图 10-5 轧槽与孔型示意图
1—轧槽；2—孔型

为了获得某种型钢，通常在精轧孔型之前有一定数量的延伸孔型或开坯孔型。延伸孔型系统就是这些延伸孔型的组合。常见的延伸孔型系统有：箱形孔型系统，菱-方孔型系统，菱-菱孔型系统，椭圆-方孔型系统，六角-方孔型系统，椭圆-圆孔型系统，椭圆-立椭圆孔型系统等。孔型设计时究竟采用哪种孔型系统，这要根据具体的轧制条件——轧机形式、轧辊直径、轧制速度、电机能力、轧机前后的辅助设备、原料尺寸、钢种、生产技术水平及操作习惯来确定。由于各种轧机的轧制条件不同，所以选用的孔型系统也不完全相同。为了便于孔型设计时合理地选用孔型系统，下面简单介绍典型孔型系统的优缺点和使用范围。

10.2.2.1 箱形孔型系统

A 箱形孔型系统的特点

箱形孔型系统的特点是：

(1) 用改变辊缝的方法可以轧制多种不同尺寸的轧件，其共用性好。这样可以减少孔型数量，减少换孔或换辊次数，提高轧机的作业率。

(2) 在轧件整个宽度上变形均匀，因此孔型磨损均匀，且变形能耗少。

(3) 轧件侧表面的氧化铁皮易于脱落，这对于改善轧件表面质量是有益的。

(4) 与相等断面面积的其他孔型相比，箱形孔型在轧辊上的切槽浅，轧辊强度较高，所以允许采用较大的道次变形量。

(5) 轧件断面温降较为均匀。

(6) 由于箱形孔型的结构特点（见图 10-6），难以从箱形孔型轧出几何形状精确的轧件。

(7) 轧件在孔型中主要受两个方向的压缩，所以轧件侧表面不易平直，甚至出现凸起或凹坑。

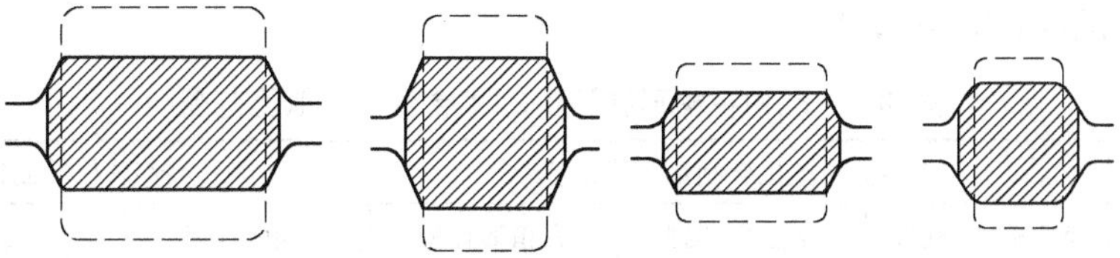

图 10-6 箱形孔型系统

B 箱形孔型系统的组成

箱形孔型系统有如图 10-7 所示的 4 种形式。具体选用何种轧制方式，应根据设备条件和对产品的质量要求而定。为了保证产品质量，在有翻钢设备的轧机上，应采用第 1 种和第 2 种轧制方式，尤其是使用经风铲清理后的钢坯时，这两种轧制方式可避免沟痕形成图 10-8 所示的折叠。但在无翻钢设备或翻钢设备不能每一道次翻一次钢的条件下，可采

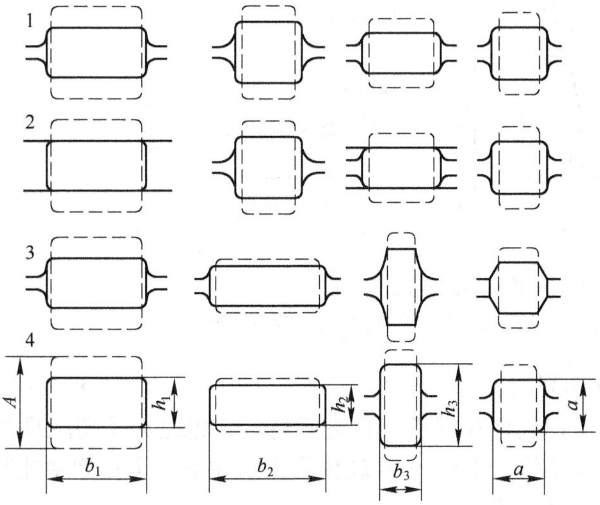

图 10-7 箱形孔型系统的组成方式

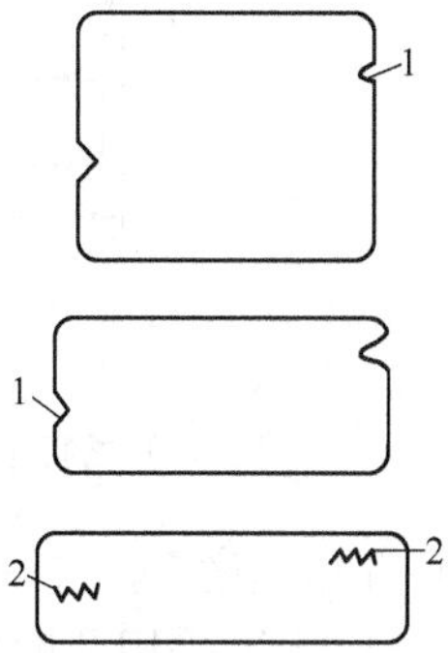

图 10-8 二次压下时沟痕形成折叠

1—沟痕；2—叠纹

用第3种和第4种轧制方式。采用这两种轧制方式既可以避免人工翻钢，又可缩短轧制节奏时间，从而提高轧机的小时产量。因此这两种轧制方式，特别是第3种轧制方式被广泛应用于三辊开坯机及中小型轧机的粗轧机上。

C 箱形孔型系统的使用范围

由箱形孔型系统的特点可知，它适用于初轧机、大中型轧机的开坯机及小型或线材轧机的粗轧机架。采用箱形孔型轧制大型和中型断面时轧制稳定，轧制小型断面时稳定性较差。箱形孔型轧制断面的大小取决于轧机的大小。轧辊直径越小，所能轧的断面规格也越小。例如，在850mm的轧辊上用箱形孔型轧制方断面的尺寸不应小于90mm；在辊径为650mm的轧辊上不应小于60mm，在辊径为400mm和300mm的轧辊上不应小于56mm和45mm。

D 轧件在箱形孔型系统中的变形系数

轧件在箱形孔型中的延伸系数一般采用1.15～1.4，其平均延伸系数可取1.15～1.34。轧件在箱形孔型中的宽展系数$\beta=0\sim0.45$。在不同情况下轧件在箱型孔型中的宽展系数β取值范围见表10-3。

表10-3 轧件在箱形孔型中的宽展系数β取值范围

轧制条件	中小型开坯机轧制钢锭或钢坯			型钢轧机轧制钢坯	
	前1～4道轧锭	扁箱形孔型	方箱形孔型	扁箱形孔型	方箱形孔型
宽展系数 $\beta=\Delta b/\Delta h$	0～0.1	0.15～0.30	0.15～0.25	0.25～0.45	0.2～0.3

E 箱形孔型的构成

箱形孔型分立箱形孔型、方箱形孔型和矩形箱形孔型3种，其构成原则相同。箱形孔型（见图10-9）的尺寸有：

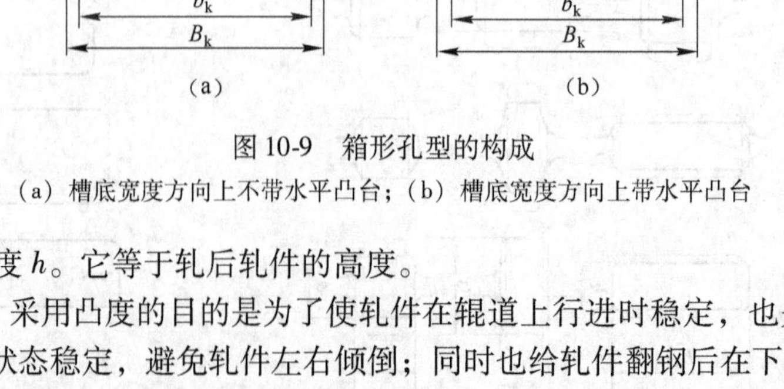

图10-9 箱形孔型的构成

（a）槽底宽度方向上不带水平凸台；（b）槽底宽度方向上带水平凸台

（1）孔型高度h。它等于轧后轧件的高度。

（2）凸度f。采用凸度的目的是为了使轧件在辊道上行进时稳定，也是为了使轧件进入下一个孔型时状态稳定，避免轧件左右倾倒；同时也给轧件翻钢后在下一个孔型中轧制时多留一些展宽的余量，以防止轧件出“耳子”。

凸度f的大小应视轧机及其轧制条件而定，如在初轧机上的凸度f值可取5～10mm；在三辊开坯机上凸度f值可用2～6mm；一般按轧制顺序，前面孔型中的凸度f值取大些，后面孔型中凸度$f=0$，这是为了避免因在轧件表面上出现皱纹而引起的成品表面质量不合格。凸度的构成有三种形式，即折线形、弧线形和直线形。

（3）孔型槽底宽度b_k。槽底宽度$b_k=B-(0\sim6)$mm。式中的B为来料的宽度。有的厂采用$b_k=(1.01\sim1.06)B$，即来料宽度小于槽底宽，轧件在这种孔型中容易产生倾斜和扭转，但当轧件断面较大，并为减少孔型的磨损时亦可采用之。在确定b_k值时，最好使来料恰好与孔型槽底和两侧壁同时接触，或与接近孔型槽底的两侧壁先接触，以保证轧件在孔型中轧制稳定。

（4）孔型槽口宽度B_k。槽口宽度$B_k=b+\Delta$。式中的b为出孔型的轧件宽度；Δ为展宽余量，随轧件尺寸的大小可取5～12mm，或更大些。

（5）孔型的侧壁斜度$\tan\varphi$。侧壁斜度$\tan\varphi$一般采用10%～25%，在个别情况中可取30%或更大些。

（6）内外圆角半径R和r。通常取$R=(0.1\sim1.0)h$，$r=(0.05\sim0.15)h$。

在初轧机和开坯轧机上有时采用双斜度箱形孔型。

最后应指出，当用箱形孔型轧成品坯或成品方钢时，最后一个箱形孔型应无凸度；作为开坯孔型的最后一个箱形，孔型槽底也应无凸度。

10.2.2.2 菱-方孔型系统

A 菱-方孔型系统的特点

菱-方孔型系统如图10-10所示，其特点是：

（1）能轧出几何形状正确的方形断面轧件。

（2）由于有中间方孔型，所以能从一套孔型中轧出不同规格的方形断面轧件。

（3）用调整辊缝的方法，可以从同一个孔型中轧出几种相邻尺寸的方形断面轧件。

（4）孔型形状使轧件各面都受到良好的加工，变形基本均匀。

（5）轧件在孔型中轧制稳定，所以对导卫板要求不严，有时可以完全不用导卫板。

（6）与同等断面尺寸的箱形孔型相比，轧槽切入轧辊较深，影响轧辊强度。

（7）在轧制过程中，角部金属冷却快，因此在轧制某些合金钢时易在轧件角部出现裂纹。

（8）由于轧件的侧面紧贴在孔型侧壁上，所以当轧件表面有氧化铁皮时，将被轧入轧件表面，影响轧件表面质量。

（9）同一轧槽内的辊径差大，附加摩擦大，轧槽磨损不均匀。

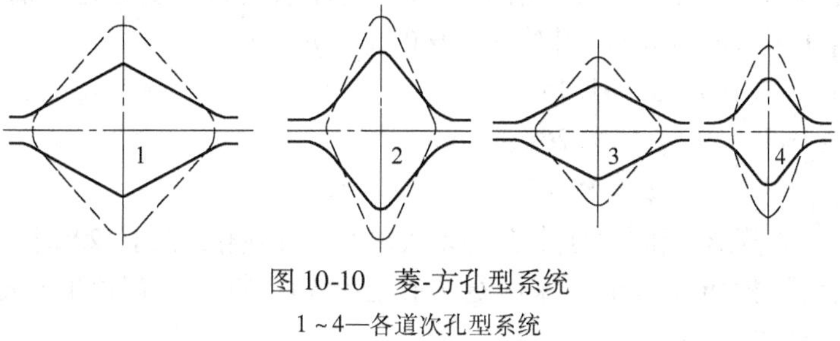

图10-10 菱-方孔型系统
1～4—各道次孔型系统

B 菱-方孔型系统的使用范围

根据菱-方孔型系统的特点，它可以作为延伸孔型，也可以用来轧制（60mm ×

60mm) ~ 80mm × 80mm 以下的方坯和方钢。当作延伸孔型使用时，最好接在箱形孔型之后。菱-方孔型系统被广泛应用于钢坯连轧机、三辊开坯机、型钢轧机的粗轧和精轧道次。

C 轧件在菱-方孔型系统中的变形系数

利用经验计算方法计算菱形和方形轧件的尺寸时，宽展系数 β_1 的选取范围为：方断面轧件在菱形孔型中的宽展系数 $\beta_1 = 0.1 \sim 0.5$；菱形断面轧件在方孔型中的宽展系数 $\beta_1 = 0.2 \sim 0.4$。

延伸系数的选取范围介绍如下。

(1) 方轧件在菱形孔型中的延伸系数 μ_1。方轧件在菱形孔型中轧制时，方形和菱形轧件的尺寸如图 10-11 所示。

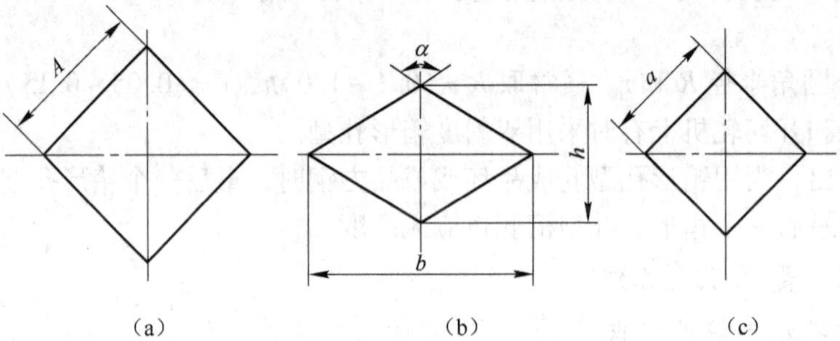

图 10-11 方形和菱形轧件的尺寸

(a), (c) 方形；(b) 菱形

方轧件在菱形孔型中的延伸系数 μ_1 为：

$$\mu_1 = \frac{(b/h + \beta_1)^2}{b/h(1 + \beta_1)^2} \tag{10-1}$$

由式(10-1)可见，方形断面轧件在菱形孔型中的延伸系数 μ_1 取决于菱形孔型的轴比——宽高比 b/h 和宽展系数 β_1。

(2) 菱形轧件在方孔型中的延伸系数 μ_2 为：

$$\mu_2 = \frac{b/h(1 + \beta_2)^2}{(1 + b/h\beta_2)^2} \tag{10-2}$$

由式 (10-2) 可知，菱形在方孔型中的延伸系数取决于菱形轧件的宽高比 b/h 和在方孔型中宽展系数 β_2。

当宽展系数为某一数值时，菱形孔和方孔的延伸系数只与菱形孔的轴比 b/h，即顶角 α 有关。设 $\beta_1 = 0.4$ 和 $\beta_2 = 0.3$，则对应于 α 的 μ_1、μ_2 为：

$\alpha = 110°$, $\mu_1 = 1.194$, $\mu_2 = 1.183$;

$\alpha = 120°$, $\mu_1 = 1.339$, $\mu_2 = 1.268$;

$\alpha = 130°$, $\mu_1 = 1.540$, $\mu_2 = 1.342$。

顶角 α 越大，则菱形孔和方形孔的延伸系数越大。当顶角 α 大于 120°时，为了防止轧制不稳定，对导卫装置要求较严。所以，采用菱-方孔型系统轧制时，一般顶角不大于 120°。

10.2.2.3 椭圆-方孔型系统

A 椭圆-方孔型系统的特点

椭圆-方孔型系统如图 10-12 所示，其特点是：

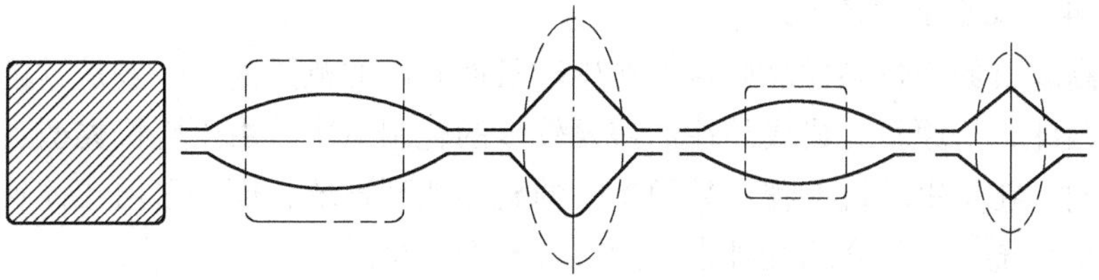

图 10-12 椭圆-方孔型系统

（1）延伸系数大。方轧件在椭圆孔型中的最大延伸系数可达2.4，椭圆轧件在方孔型中的最大延伸系数可达1.8。因此，采用这种孔型系统可以减少轧制道次。

（2）没有固定不变的棱角。如图10-13所示，在轧制过程中棱边和侧边部位互换，因此，轧件表面温度比较均匀。

（3）轧件能在孔型中受到压缩。如图10-12所示，这对提高金属质量是有利的。

（4）轧件在孔型中的稳定性较好。

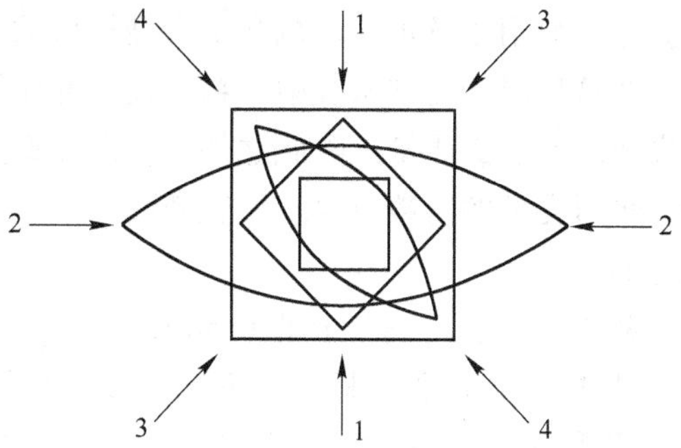

图 10-13 棱角的消失与再生

1，3—方形件的压下；2，4—椭圆形件的压下

（5）不均匀变形严重。特别是方轧件在椭圆孔型中轧制时更甚，使孔型磨损加快且不均匀。

（6）由于在椭圆孔型中延伸系数较方孔为大，所以椭圆孔型比方孔型磨损快。若用于连轧机，易破坏既定的连轧常数，从而使轧机调整困难。

B 椭圆-方孔型系统的使用范围

由于椭圆-方孔型系统延伸系数大，所以它被广泛用于小型和线材轧机上做延伸孔型轧制(40mm×40mm)～(75mm×75mm)以下的轧件。

C 椭圆-方孔型的宽展系数

椭圆件在方孔型中的宽展系数为$\beta_f=0.3\sim0.6$，常采用0.3～0.5。方件在椭圆孔型中的宽展系数与方件边长之间的关系见表10-4。椭圆-方孔型系统常用的延伸系数及相邻方件边长差与其边长的关系分别见表10-5和表10-6。

表 10-4 方件在椭圆孔型中的展宽系数与方件边长之间的关系

方件边长/mm	6～9	9～14	14～20	20～30	30～40
β_f	1.4～2.2	1.2～1.6	0.9～1.4	0.7～1.1	0.55～0.9

表 10-5 常用的延伸系数值

μ_c	μ_{cmax}	μ_t	μ_{tmax}	μ_f	μ_{fmax}
1.25～1.6	1.7～2.2	1.25～1.8	2.424	1.2～1.6	1.89

表 10-6 相邻方件边长差与其边长的关系

方件边长/mm	6～9	9～14	14～20	20～30	30～40
边长差/mm	1.5～2.5	2.5～4.0	2.5～4.6	5～10	6～12

10.2.2.4 混合孔型系统

为了提高轧机的产量和成品质量，在生产条件允许的范围内，一般是尽量采用较大断面的原料。因此，从原料轧成成品往往需要较多的轧制道次。由于轧机类型、坯料尺寸和成品规格不同，在型钢轧机上很少采用单一的延伸孔型系统，而是采用几种延伸孔型系统组成混合孔型系统。下面介绍几种常见的混合孔型系统。

A 箱形-菱-方或箱形-菱-菱孔型系统

这种混合孔型系统是由一组以上的箱形孔型和一组以上的菱-方（或菱-菱）孔型所组成。它一般用于三辊开坯机和中小型轧机的开坯机架上。

在这种混合孔型系统中，箱形孔型的作用是去除钢锭或钢坯表面的氧化铁皮，有利于提高成品的表面质量。除此之外，箱形孔型刻槽浅，有利于提高轧辊强度和增大道次压下量。箱形孔型的组数取决于所轧断面的大小，当轧件断面较小时，在箱形孔型中轧制是不稳定的。

菱-方（或菱-菱）孔型的组数取决于成品坯规格大小和数量以及对其断面形状精度的要求。当成品坯只有一种规格，并对其断面形状和尺寸又无严格要求时，可采用一组菱-方（或菱-菱）孔型。若对所轧成品方坯的断面形状和尺寸要求较严格时，则采用两组菱-方孔型。当成品方坯的规格尺寸较多时，菱-方孔型的组数就由所需的规格数量决定。在合金钢厂轧制规格较多、批量又不大的合金钢时，往往采用菱-菱孔型系统。

B 箱形-六角-方混合孔型系统

这种孔型系统主要用于中小型轧机的开坯机架上。采用箱形的作用同上所述。当轧件在箱形孔型中轧到一定断面尺寸之后，采用六角-方孔型系统轧裁，除了具有较好轧制稳定性外，还有较大的延伸能力，这对减少轧制道次有利。

C 箱形-六角-方-椭圆-方混合孔型系统

这种混合孔型系统主要用于小型和线材轧机上。采用箱形-六角-方孔型系统的目的同上。用六角-方孔型将轧件轧到一定断面尺寸之后，为了轧制稳定及用较少道次轧出成品，采用椭圆-方孔型系统是有利的。应当指出的是，由于椭圆-方孔型磨损的不均匀性，所以这种混合孔型系统用于连轧机时，使轧机调整困难。

D 箱形-六角-方-椭圆-立椭圆或箱形-六角-方-椭圆-圆混合孔型系统

这种混合孔型系统采用椭圆-立椭圆或椭圆-圆孔型的目的是变形均匀，易于去除轧件表面上的氧化铁皮，提高轧件表面质量。所以这种混合孔型系统主要用于轧制塑性较低的合金钢。

随着连轧机的广泛使用，这种混合孔型系统被广泛用于小型和线材连轧机。

E 箱形-椭圆-圆-椭圆-圆、箱形-椭圆-立椭圆-椭圆-圆-椭圆-圆、箱形-双弧椭圆-圆-椭圆-圆混合孔型系统

随着高速线材轧机和连续式小型轧机在我国的迅速发展，这些孔型系统得到了广泛的应用。值得注意的是，孔型系统的选择一定要考虑轧机的布置形式和原料的大小，切不可机械地搬用。

10.3 冷弯型钢

10.3.1 冷弯型钢生产技术的发展

辊式冷弯成形，即在一排串联的成形轧机上，连续通过金属板和金属板带，顺次使其弯曲，将平板加工成所需截面形状的塑性加工方法。

国外的辊弯型钢的生产已经有100多年，大致分为3个阶段：

第一阶段，探索研制阶段(1838～1909年)。这一阶段，仅几个国家进行生产，产品不仅产量低而且品种与质量都很差，仅能够满足当时建筑部门与车辆部门的需求。

第二阶段，创立并逐步推广辊弯成形工艺阶段(1910～1959年)。期间，美国首先创立了辊式辊弯成形工艺，并建立了第一套专业化辊式辊弯型钢机组，使得辊弯型钢生产发展到了一个新阶段。但是由于当时的冷轧、热轧带材生产落后，影响了辊弯型钢使用与发展。

第三阶段，辊弯型钢生产迅速发展的阶段(1960年至今)。这一时期，由于世界钢材品种有了重大进步，带钢与板材的比重与质量显著提高，使辊弯型钢生产应用得到了极大发展。

最近20年，由于社会的发展，科学技术的提高，特别是计算机技术的飞速发展，使辊弯成形技术也在不断改进和发展，不断出现了新的辊弯成形技术、新型辊弯成形设备。国外辊弯型钢的生产规模、产品品种和应用范围日益扩大。生产上广泛采用新技术、新工艺，不断改进成形设备。关于辊弯成形CAD的研究工作也迅猛发展。

我国于1958年开始生产辊弯型钢，主要开始于汽车、建筑、自行车制造等行业，其产品仅仅能满足该行业自身需要。直到20世纪80年代才迅速发展。但是与国外辊弯型钢生产还有很大差距。总产量仍然很低，约占全国生产钢材总产量的2%，而国外已达到7%。目前板带材产量、质量大幅度提高，对于辊弯型钢来说是一个极好的机遇。

今后辊弯型钢需求量增长较大的行业有：公路护栏板、钢结构、汽车、钢板桩、模板、脚手架、铁道车辆、集装箱、桥梁、输电铁塔以及机械行业。原来采用热轧型钢的大市场，正在逐步被辊弯型钢所取代。

辊弯成形工艺通过顺序配置的多道次成形轧辊，把板材、带材等金属板带不断地进行横向弯曲，以制成特定断面的型材。按产品的不同分为开口型钢生产工艺和闭口型钢生产工艺两种。开口型钢种类如梯形槽钢等。闭口型钢生产工艺包括圆管和异形管圆管工艺。

辊弯型钢生产的特点是：

(1) 逐渐的连续变形方式，适合大规模生产。

(2) 高质量的热轧和冷轧带钢，经过连续的辊弯成形，仍然可以保持其优良的表面质量和精确的尺寸。

(3) 不同架次的辊弯型钢机组和不同工艺参数的成形机组，为生产各种规格、各种断面形状的产品提供了技术保证。

(4) 与其他种类的加工工艺设备相配合，可进行复合加工，生产各种复合型钢材。

(5) 由于其加工一般在常温下进行的，所以可以用各种涂镀层的带钢进行加工，而且不至于破坏其表面的涂层和镀层。

（6）辊弯成形可生产出一般热轧反复难以生产的复杂断面、品种多样的薄壁辊弯型材，从而在金属消耗最小的情况下，获得最大的强刚度。

（7）在大规模生产方面，成形辊的费用比冲模少，寿命却比冲模长得多。

10.3.2 冷弯型钢成形工艺

冷弯成形生产工艺流程一般包括：开卷—对接—矫平—预冲孔—辊式冷弯成形—矫直—切断—出料—码垛。生产线一般要求应包括以下方面：

（1）采用成熟、合理的成形工艺，成形工艺稳定，产品成形精度满足要求。

（2）轧辊（模具）由 CAD/CAM 一体化技术设计制造，调试时间短，使用寿命长。

（3）成形机结构紧凑，工艺适应范围广，刚性好，更换产品方便快捷，定尺精度好。

（4）自动化程度高。开卷、矫平、冲孔切断、成形、成品码垛，全部由 PLC 控制自动完成，需要的操作人员少。

对于辊式冷弯成形工艺来讲，成形机组的重要性是不言而喻的。由于产品截形不同，精度要求不同，机组的结构形式和价格差异非常大。对于生产企业，选择最合适的生产线配置、在保证产品质量和生产率的前提下达到最佳的性价比就尤为重要。设备要按照生产工艺的要求配置。一个好的生产线设计者首先是一个懂得成形工艺的人。设备的主要参数源于极端情况下的工艺条件。整条生产线的前部设备（开卷、对接、活套、铣边等），后部设备（切断、检验、包装等）深加工设备的生产能力应该大于主机，设计中辅机设备应该保证大约有 20% 的冗余度，这样才能更好地发挥生产线的效能。

10.4 钢管生产技术的发展

管材是一种经济断面型材，广泛应用于工业各部门，在国民经济中占有重要的地位。管材的品种繁多，产品性能也各不相同，管材可分为无缝钢管和焊接管，其生产方法主要有热加工法（包括热轧和热挤压）、冷加工和焊接三大类。热轧无缝管是将实心的管坯或钢锭穿孔并轧制成空心断面的钢管。高合金难变形的钢种用挤压方式生产，有色金属无缝管以挤压方法生产为主。焊接管是将钢板或钢带用各种成形方法弯卷成所要求的横断面形状，然后用不同的焊接方法将焊缝焊合而获得钢管。焊管生产具有连续性强、效率高、成本低、单位产品投资少等特点。冷加工钢管的原料为热轧管（近年来国外也有采用离心浇铸管，国内也在试制这种工艺），是钢管的二次加工。冷加工是获得高精度、低表面粗糙度、高性能管材的重要方法，冷加工主要方法有冷轧、冷拔、冷旋压和冷张力减径。其中应用最广泛的冷加工方法还是冷轧、冷拔方法。

10.4.1 热连轧无缝钢管生产技术的发展

无缝钢管是一种经济断面钢材，在原油开采和加工、管道输送、机械制造、锅炉制造以及大型场馆建设等方面应用十分广泛。无缝钢管与焊接钢管相比，其材料的可靠性和品种适应强，尤其适应厚壁和合金钢的生产。主要问题是投资高、成本高，制造工艺复杂，椭圆度公差大。而焊接钢管实际上是板材的深加工产品，在价格相近的条件下，无缝钢管的竞争力因其可靠性强而提高，但随着钢板质量的不断改善和焊管技术装备水平的提高，焊管在钢管产量中的比重不断增长，部分无缝管占据的市场，有被焊接钢管替代的可能性。目前，焊接钢管在各主要工业国家占钢管总产量的65% ~74%，我国的焊接钢管比重约占55% ~58%。

连续轧管法是一个历史悠久的方法，连续轧管技术是无缝钢管生产中一项重要的工艺技术，它以长芯棒连续纵轧为技术特征。从 Kellogg 五机架连轧管机1890 年问世至今，连轧管机已有120 年的历史。但是连轧管机技术仅自20 世纪50 年代以来，由于电器传动技术和张力减径技术的出现，以及液压技术和计算机控制技术的应用，才发展完善，发挥日益重要的作用。连轧管工艺在众多轧管工艺大师们不懈努力之下，丰富和完善了连轧轧管工艺，并形成了三种不同的连轧管工艺：全浮动芯棒连轧管工艺、限动芯棒连轧管工艺和半浮动芯棒连轧管工艺，并将连轧管工艺推向一个崭新的阶段。无缝钢管连轧工艺百余年来主要经历了如下5 个阶段：

（1）第一阶段(1904 ~1934 年)。这一阶段以 Fassel 轧机为代表。Fassel 轧机以交流电机组传动、全浮动长芯棒轧制为机组的主要技术特征。热轧管仅用于冷拔坯料，品种规格少、质量差、生产率低。1913 年美国 Pittsburgh Steel Products Co. Monessen 厂生产的 ϕ40 ~65mm 连轧管机，就是德国按 Fassel 轧机设计的，它是这一阶段的代表机组。

（2）第二阶段(1934 ~1950 年)。这一阶段以 Foran 轧机和 Lorain、Gary 厂的连轧管机组为代表。1934 年美国 Globe Steel Tube Co. 的26 机架单独传动的连轧管机投产，它是采用直流电机单独传动的全浮动芯棒连续轧管机，是由该公司 Foran 工程师设计的。1984年后，Lorain、Gary 厂和 EUwood 厂的全浮动芯棒连轧管机组配置了张力减径机，扩大了品种规格范围，设计月产量达0.8 ~2.0 万吨。

（3）第三阶段(1961 ~1978 年)。20 世纪60 年代的连轧管机组仍以全浮动长芯棒轧制和直流电机单独传动为主要特征，但由于配置了多机架、单独传动的张力减径机，产品品种规格增至400 ~500 种，月产量可达4 ~5 万吨。在1970 ~1978 年，由于连轧工艺理论及张减工艺理论的研究卓有成效，深化了对连轧工艺的认识，采用“竹节”控制、CEC控制及电子计算机控制的连轧管机组先后投产。这一阶段代表机组是原联邦德国 Mulheim钢管厂的 RK2 机组。

（4）第四阶段(1978 ~2003 年)。这期间，限动芯棒连轧管工艺（MPM）及半浮动芯棒连轧管工艺（MRK-S）得到了发展并日趋成熟，形成了3 种连轧管工艺并存的局面。在早期 MPM 机组中采用了压力穿孔（PPM）工艺；在 MRK 机组中采用 Die-scher 斜轧机为延伸机或穿孔机。应用 MPM 和 MRK 工艺生产的钢管毛管长度增加，外径范围扩大，年产量可达70 ~80 万吨，MPM 工艺的代表机组为意大利 Dalmine 钢管厂的 MPM 轧管机组，南非 Rosa 钢管厂的 MINI-MPM 机组；MRK-S 工艺的代表机组为日本八幡制铁所的连轧管机组。

（5）第五阶段(2003 年至今)。以三辊连轧管工艺为特征的 PQF 轧机技术，继承发展了张减机从二辊向三辊转变的必由之路，展示了三辊轧制工艺、轧机结构在轧制变形条件、变形应力、机架、轧辊受力、电气负荷分配以及轧机轧辊刚性等方面的优势，使其在轧制产品规格范围、径壁比（D/S）、壁厚精度、成材率、工具消耗、高合金难变形材料轧制等方面具有二辊轧机无可匹敌的优点。另外，在 PQF 三辊连轧管机组上使用了 HCCS、PSS 系统实现生产工艺过程的控制。其中，使用 HCCS 系统控制连轧机的液压压下装置的动作，实现辊缝控制；通过工艺参数的计算和控制实现温度补偿、咬入冲击控制、锥形芯棒伺服、头尾削尖等功能。PQF 三辊代表机组为天津钢管公司的 ϕ168mm 机组，是世界上第一台 PQF 机组，以及世界上最大规格的连轧管机组 ϕ460mm PQF 机组，也在该公司建成投产。目前全球已经建成和正在筹建的 PQF 三辊连轧管机组有近 10 套。

20 世纪 80 年代以后投产的连轧管机组分别采用了上述 3 种连轧管工艺，从而将连轧管工艺技术推进到了一个新阶段。纵观连轧管工艺技术的历史，其进展主要集中在两大方面：轧管工艺设备和自动控制技术。表现在芯棒运动速度及控制方式、连轧机机架数、轧机机架中的轧辊数，以及前后配套的穿孔机组和张力减径机组的组合变化。从芯棒运动速度及控制方式角度分，连轧管工艺可划分为全浮动、限动和半浮动芯棒连轧管工艺。在大口径钢管的生产领域内，限动芯棒连轧管工艺已有建树，这已被连轧管工艺的实践所证实。在小口径钢管的生产领域内，连轧管工艺也扩大了应用范围。3 种连轧管工艺在 194mm 以下的管径范围内的广泛应用，非其他轧管工艺所能匹敌。连轧管工艺自动控制方面的进展，主要是由于计算机技术和工艺控制理论的发展而产生的连轧管工艺自动控制软件包。新一代轧管工艺自动控制软件包不但可以弥补某些连轧管机组的先天不足，而且可以有效自动控制生产工艺过程，提高工艺过程生产控制水平和产品质量。连轧管工艺技术在设备方面按芯棒运动方式、连轧机机架数、轧机机架中的轧辊数可组合成多种连轧管机组，这些在我国都已得到了应用。

全浮动芯棒连轧管工艺在中、小口径钢管生产领域中仍保持高节奏、高产量的特点。宝钢钢管公司 ϕ140mm 浮动芯棒连轧管机组年产钢管 80 万吨以上，大大超过了 50 万吨/年的设计能力。

限动芯棒连轧管工艺可比全浮动芯棒连轧管工艺获得更长、更大尺寸的钢管，由于它的出现晚于全浮动芯棒连轧管工艺，在工艺自动控制技术配置上优于前者，显示其相对的优势。Mini-MPM 机组的出现，使连轧管机的投资大大降低，使得在同一名义尺寸下，轧机的牌坊尺寸、轧辊的尺寸都相应减小，芯棒长度缩短，轧辊等工具的备用量也相应减少，使得轧制的成本明显降低。另外，轧机的灵活性增加，机组的产量适中。

半浮动芯棒连轧管工艺是在限动芯棒连轧管工艺之后诞生的连轧管工艺技术。相同规格条件时，这种工艺的生产节奏和产能介于全浮动芯棒连轧管工艺和限动芯棒连轧管工艺之间。虽然产能比全浮动芯棒连轧管工艺低些，但是它较好地解决了全浮动芯棒连轧管工艺所产生的壁厚“竹节”问题。随着新机型的不断出现，半浮动芯棒连轧管工艺将得到进一步发展。

PQF 连轧管机芯棒前行循环的操作方式，结合了半浮动芯棒连轧管工艺思想，是限动连轧管工艺的又一创新，这种工艺的生产节奏介于半浮动芯棒连轧管工艺和限动芯棒连轧管工艺之间，但它的产能比芯棒返回式工艺高出 20% 以上，这为限动芯棒轧机在小口径钢管生产领域的发展开辟了一条新的途径。另外，三辊轧制工艺使金属的变形条件更好，壁厚精度进一步提高，管子表面质量更佳，轧机效率和灵活性提高。PQF 三辊式连轧管机成为连轧管家族中又一充满活力的新秀。

如今，连轧管工艺技术在这一时段内已基本形成格局，但连轧管工艺的自动控制技术的发展仍具有很大的空间。在进入数字化的世界性大趋势中，连轧管工艺的自动控制技术是连轧管工艺拓展的新的聚焦点，先进的轧管工艺自动控制软件包的实际应用，将会使连轧管家族更完美、更具有生命力。

10.4.2 冷弯钢管生产技术的发展

方矩形钢管(以下简称方钢管)是冷弯型钢中用途最为广泛的一种。因此，以下着重介绍冷弯方钢管，它是一种闭口型钢，其生产主要是以冷弯焊管为主，焊管生产成形方式主要有两种：

(1) 用焊管机组将带钢成形、焊接成圆管后，再通过定形机定形成方钢管，即由“圆变方”工艺。目前，冷弯方钢管的生产主要是以焊接圆管为母材再变成方管的工艺。

(2) 用专用成形机组将带钢直接弯曲成方形管坯，然后进行对缝焊接整形的工艺，即“直接成方”工艺。

与其他型钢相比，冷弯方钢管有以下优点：

(1) 剪心、形心重合，抗扭性能好。

(2) 屈服强度高，由于冷加工变形，可使冷弯方钢管的屈服强度比原材料提高10% ~15%，有的可提高20%，在结构设计中可得到合理利用。

(3) 较普通热轧型钢节约金属25% ~50%。

(4) 抗弯强度较大，抗震性能好。

(5) 自重轻，建筑物自重仅是砖混结构的1/5。

(6) 方钢管可与深加工工序连接，如冲孔、焊接、涂漆等，为零件的工厂化生产创造条件。

(7) 简化装配工序，施工速度快。

(8) 组成的钢结构外形美观。

(9) 可生产有防护层的型材，如镀锌、镀铝锌、镀锡、涂塑等，以解决生锈问题。

(10) 型钢结构与混凝土结构相比，它既环保又可再次利用，同时也易于产业化。

但是，由于冷弯方钢管在制作加工过程中会产生冷弯残余应力，再加上原材料的初始缺陷以及设备能力的限制等许多因素的制约，其性能也有许多不足之处。关于冷成形钢管、铸造管和热轧方钢无缝钢管的特性比较见表10-7。

表10-7 几种方钢管的特性比较

项目		冷成形管	铸造管	热轧无缝管
边部	屈服强度	良	优	优
	韧性	优	差	优
角部	屈服强度	差	优	优
	韧性	良	差	优
切口变形		差	优	优
厚壁管		差	优	优
焊接性		优	差	优
价格		低	高	低

另外，采用方形管做柱，内灌混凝土(简称钢包混凝土)，可大幅度提高抗压强度，节省用钢量，且可利用混凝土吸收热量，从而提高钢柱的抗弯强度、防火性能和抗蚀性能，被

称为21世纪绿色工程的钢结构建筑。国内外学者多年来对钢管混凝土力学性能和设计方法开展了深入细致的研究工作，已取得丰硕成果。国外有关钢管混凝土的设计规范主要有欧洲ECA(1996)、英国BS5400(1979)、美国AC1319—99、美国LRFD(1999)及日本AU(1997)等，这些规范中都同时包括了圆钢管混凝土和方钢管混凝土构件承载力设计计算方面的条文，其中以美国LRFD、日本AU和欧洲ECA最有代表性。在美国，冷弯方钢管和热轧H型钢在建筑业中的用量约为1∶1。20世纪90年代，建筑钢结构所用冷弯型钢的比例甚至超过热轧H型钢的用量。其中，冷弯结构焊管(含方管和圆管)约占建筑钢结构用钢量的25%。目前美国的方钢管可做到1200mm×1200mm。在日本，2002年钢结构用冷弯方形管总产量已达到200万吨。目前市场需求量最大的钢管规格为(200mm×200mm)~(400mm×400mm)，这些规格冷弯方形管覆盖了日本钢结构用方钢管总量的80%以上。

随着国民经济的飞速发展，冷弯方钢管在我国国民建设中的应用越来越广泛，尤其是在建筑工程中的应用得到了人们的广泛认可。目前国内钢管混凝土工程的应用不断增加，对方钢管的科研工作也在不断深入、有序地开展。国内的福州大学、同济大学、西安建筑科技大学、哈尔滨工业大学等多家大学和研究机构对钢管混凝土力学性能和设计方法等方面进行了较系统的理论分析和试验研究。同济大学钢管混凝土结构课题组在上海市建设技术发展基金（A000612）资助下，对多层住宅方钢管混凝土结构进行了理论计算和试验分析。研究结果证明，方钢管混凝土结构在多层住宅领域中应用有很好的前景。

此外，对于型钢在钢结构住宅中的应用，通过天津两栋建设部钢结构示范住宅工程得出两个重要结论：

（1）大规格冷弯型钢市场空间较大，钢结构住宅的合理层数为10~11层，这种中高层建筑需要大规格的方钢管。

（2）方管较圆管有明显优势，其原因是：边长和直径相同的方管、圆管，方管的承载力和抗震性能更佳；方管施工更方便，钢结构住宅的圆管混凝土柱一般还需进一步施工，将圆形截面改为方形，费工费时；采用圆管混凝土柱，与梁的连接较难处理。

由此可见，我国钢结构市场中，方钢管占重要的份额。国内很多厂家已经建成较大断面厚壁冷弯钢管生产线，如：山东泰安科诺型钢有限公司的年产30万吨的(200mm×200mm)~(400mm×400mm)方形钢管、450mm×200mm矩形钢管生产线；上海钢铁工艺研究所的年产25万吨的(200mm×200mm)~(450mm×450mm)方形钢管、500mm×200mm矩形钢管生产线。随着我国经济建设的发展，人们将加强对冷弯型钢的认识，相关规范也会越来越完善。相信在不久的将来，我国的大中口径冷弯方钢管将会有一个大的发展，方钢管在我国建筑业的应用将具有广阔的前景。

10.5 钢管生产工艺过程

10.5.1 热连轧无缝钢管生产的一般工艺过程

热轧无缝钢管因机组不同，产品技术要求不同，其工艺流程也不同。但一般都包括轧前准备、加热、轧制、精整、机械加工和检查包装等几个环节。下面是几种典型无缝钢管机组的工艺流程。

10.5.1.1 限动芯棒连轧管机组的工艺流程

限动芯棒连轧管机组的工艺流程如图10-14所示。

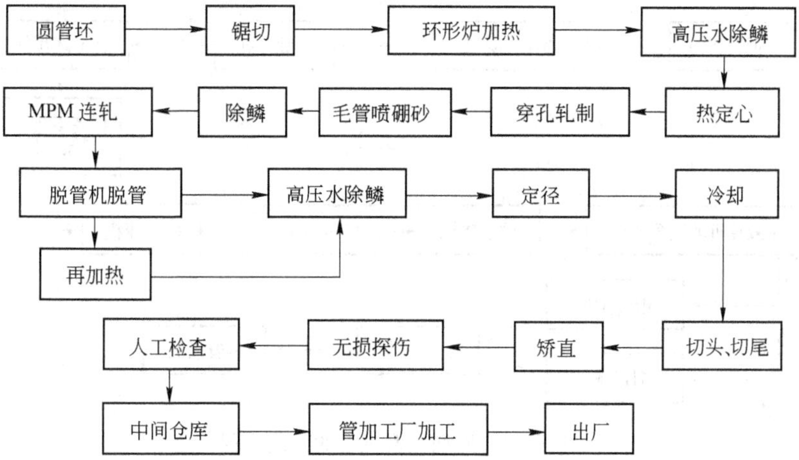

图10-14 限动芯棒连轧管机组的工艺流程

10.5.1.2 Accu-Roll 轧管机组的工艺流程

Accu-Roll 轧管机组的工艺流程如图10-15所示。

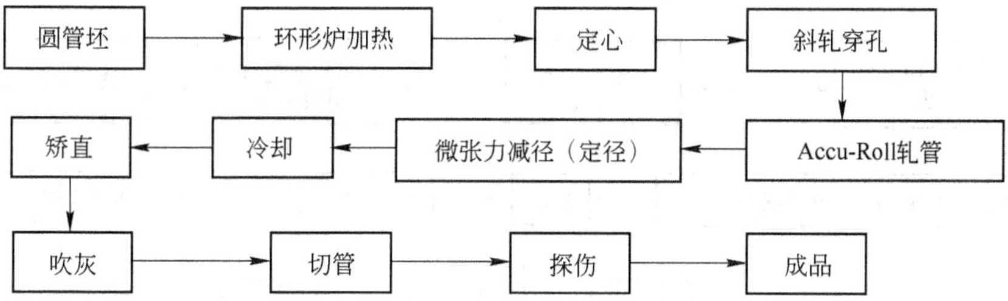

图10-15 Accu-Roll 轧管机组的工艺流程

10.5.1.3 ASSEL 轧管机组的工艺流程

ASSEL 轧管机组的工艺流程如图10-16所示。

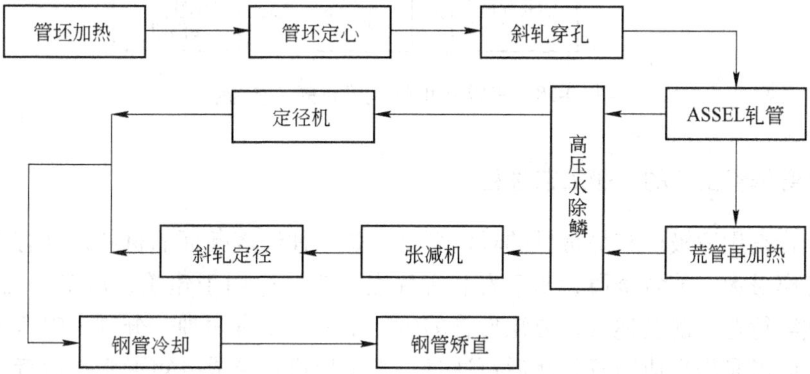

图10-16 ASSEL 轧管机组的工艺流程

10.5.1.4 周期轧管机组的工艺流程

周期轧管机组（也称皮尔格轧管机组）的工艺流程如图10-17所示。

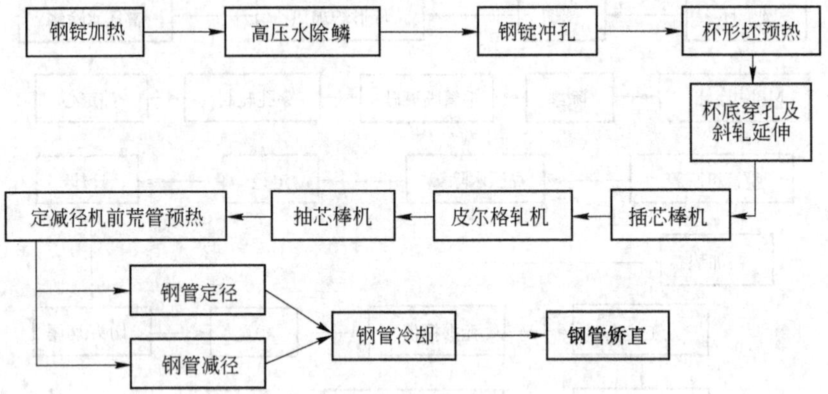

图10-17 周期轧管机组的工艺流程

10.5.1.5 三辊PQF连轧管机的工艺流程

三辊PQF连轧管机的工艺流程如图10-18所示。

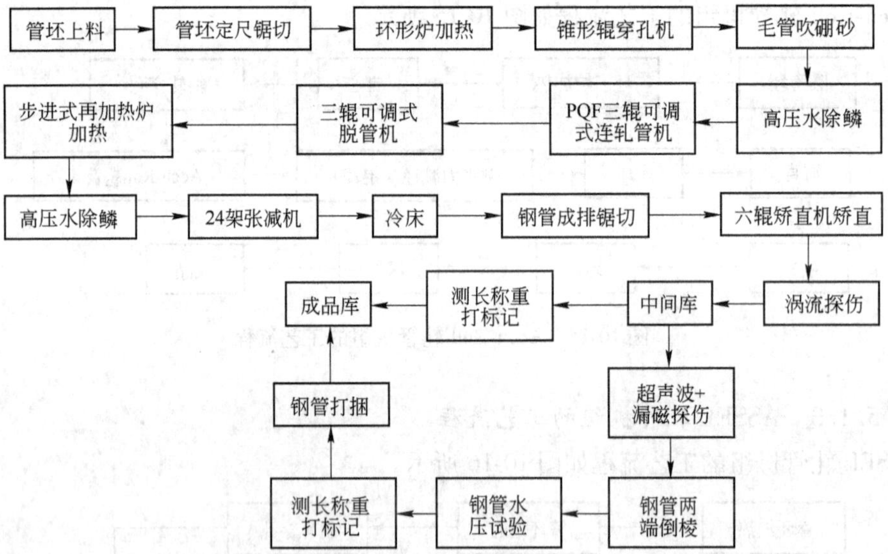

图10-18 三辊PQF连轧管机的工艺流程

10.5.2 冷弯钢管生产的一般工艺过程

方矩形管是用途极广和最常见的辊弯型钢，是一种经济断面的材料，具有质量轻、强度高、抗弯模量大、节省金属、易于安装等优点，广泛应用于建筑、汽车、飞机、地铁、家具、器械等行业。前已述及，方矩形管的生产工艺主要有两种，分别为辊弯焊管成方和直接成方。前者是先焊成圆管，然后再通过一组定形机定形成方矩形管，后者是先直接成形后焊接。辊弯焊管成方为国外冷弯型钢厂所采用，目前我国冷弯型钢厂家基本上采用直接成方工艺。两种方法各有优缺点，研究发现，辊弯焊管成方工艺金属变形更均匀，尺寸精度容易控制，而直接成方工序简单，成本低。

直接成方工艺相应的设备有纵剪机组、对焊装置、成形和定径机组、高频焊接设备、剪切装置等，其生产工艺流程如图 10-19 所示。

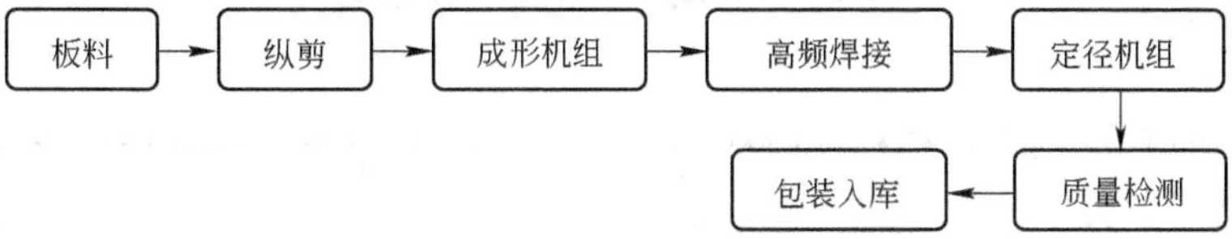

图 10-19　方矩形管生产工艺流程

习题与思考题

10-1　试述轧槽与孔型的概念。

10-2　延伸孔型有哪些类型？

10-3　箱形孔型系统的优缺点是什么，主要用在哪些情况下？

10-4　常见的混合延伸孔型系统有哪些？

10-5　与热轧型钢相比，辊式冷弯型钢有什么特点？

10-6　简述焊管生产成形的主要方式。

10-7　简述方矩形管生产工艺流程。

11 液 压 机

【本章概要】

液压机是塑性成形生产中应用最广的装备之一，被广泛地应用于自由锻造、模锻、板材成形、挤压、剪切、粉末冶金、塑料及橡胶制品、胶合板压制、打包、压砖、金刚石成形等不同工业领域。本章介绍了液压机的组成及工作原理，液压机的结构、特点及分类，液压机的基本参数和主要零部件，并以通用液压机、双动拉深液压机为例进行了详细介绍。

【关键词】

液压、液压缸、导向装置、横梁

【教学目的】

较为全面的了解液压机，为液压机的设计与应用打下基础。

【本章重点】

液压机的组成与工作原理，液压机的典型结构形式及特点。

11.1 概　　述

11.1.1 液压机的组成与工作原理

液压机是一种以液体为工作介质来传递能量以实现各种工艺的机器。液压机是根据帕斯卡原理制成的，其工作原理如图 11-1 所示。两个充满工作液体的具有柱塞的容腔，由管道连接，当小柱塞 1 上的作用力为 F_1，且其工作面为 A_1 时，液体的压力为 $P = F_1/A_1$。根据帕斯卡原理，在密闭的容器中液体压力在各个方向完全相等，因此，大柱塞 2 上将产生向上的作用力 F_2，迫使工件 3 受力变形，且 $F_2 = PA_2$。

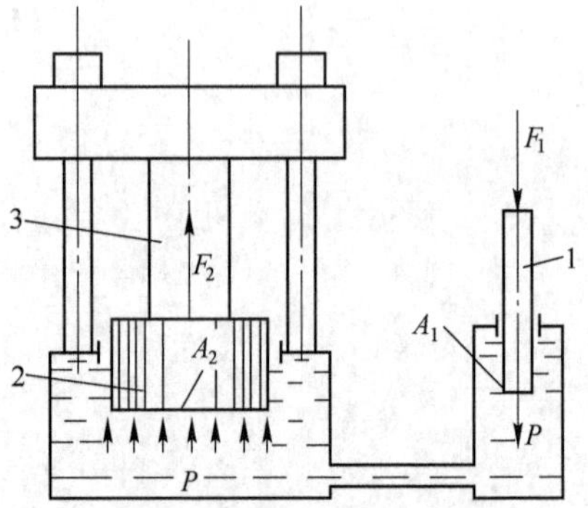

图 11-1　液压机工作原理

1—小柱塞；2—大柱塞；3—工件

由此可见，只要增加大柱塞的面积，就能以小柱塞上一个较小的力 F_1，在大柱塞上获得一个很大的力 F_2。这里的小柱塞相当于液压泵中的柱塞，而大柱塞就是液压机中工作缸的柱塞。

液压机一般由本体（主机）及液压系统两部分组成。

最常见的液压机本体结构如图 11-2 所示。由上横梁 1、下横梁 3、立柱 2 和内外螺母组成一个封闭框架，该框架叫做机身。工作时，全部工作载荷都由机身承受。液压机的各部件都安装在机身上：工作缸 9 固定在上横梁 1 中，工作缸内装有工作柱塞 8，柱塞的下端与活动横梁 7 相连接，活动横梁通过其 4 根立柱为导向，沿立柱在上、下横梁之间往复运动。活动横梁的下表面和下横梁的上表面都有 T 形槽，以便安装模具。在下横梁的中间孔内还有顶出缸，供顶出工件或其他用途。工作时，在工作缸的上腔通入高压液体，在液体压力作用下推动柱塞、活动横梁及固定在活动横梁上的模具向下运动。使工件在上、下模之间成形。回程缸 4 固定在下横梁上，回程时，工作缸通低压液体，高压液体进入回程缸，回程柱塞 6 带着活动横梁向上运动，返回其初始位置。

许多中小型液压机采用活塞式工作缸，如图 11-3 所示。当活塞缸的上腔与下腔交替通入高压液体时，可以相继实现工作行程与回程，而不需要单独设置回程缸。

液压机的工作循环一般包括停止、空程向下（充液行程）、工作行程及回程。上述各个行程动作靠液压系统中各种阀的动作来实现。

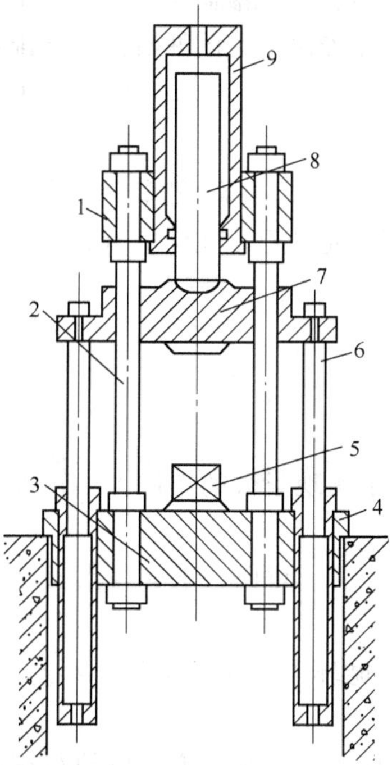

图 11-2 液压机本体结构

1—上横梁；2—立柱；3—下横梁；4—回程缸；5—工件；6—回程柱塞；7—活动横梁；8—工作柱塞；9—工作缸

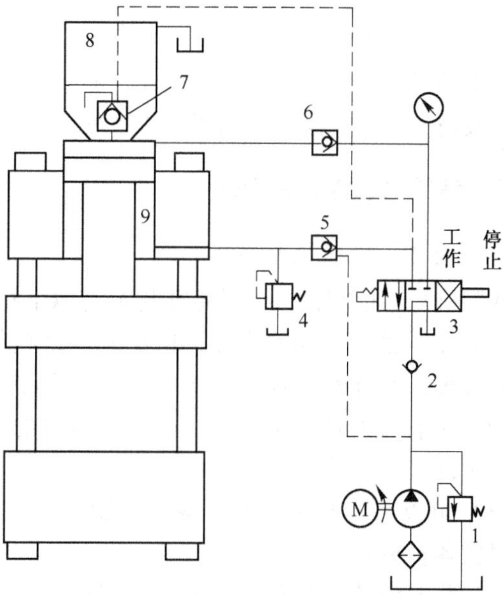

图 11-3 最简单的液压机的液压系统

1，4—溢流阀；2—单向阀；3—手动换向阀；5，6—液控单向阀；7—充液阀；8—充液罐；9—工作缸

最简单的液压系统如图 11-3 所示。在该系统中，泵将高压液体直接输送到工作缸中。通过手动三位四通阀来实现液压机的各种行程动作。

11.1.1.1 空程向下（充液行程）

手动换向阀 3 置于“工作”位置。这时工作缸 9 下腔的油液通过开启的液控单向阀 5 和手动换向阀 3 排入油箱，活动横梁靠自重从初始位置快速下行，液压泵输出的油液通过阀 2、3、6 进入工作缸 9 的上腔，不足的油液由充液罐 8 内的油液通过充液阀 7 补入，直到上模接触工件。

11.1.1.2 工作行程

手动换向阀3位置不变，当上模接触到工件后，由于下行阻力增大，充液阀自动关闭，这时液压泵输出的液体压力随阻力增大而升高，此油液进入工作缸9的上腔推动活塞下行，对工件进行加工。工作缸下腔的油液继续经液控单向阀5和手动换向阀3排回油箱。

11.1.1.3 保压

若工艺有保压要求，则将手动换向阀3的手柄置于“停止”的位置，液压泵通过手动换向阀3卸荷，工作缸内的油液被液控单向阀6封闭在内而进行保压。

11.1.1.4 回程

手动换向阀3置于“回程”位置，液压泵输出的油液通过阀2、3、5进入工作缸的下腔，同时，打开液控单向阀6，使工作缸上腔卸压，然后打开充液阀7，这样，在工作缸下腔高压液体的作用下，活塞带动活动横梁向上回程，工作缸上腔的油液大部分排入充液罐中，小部分经换向阀3排入油箱。

11.1.1.5 停止

将手动换向阀3手柄置于“停止”位置，液压泵通过手动换向阀3卸荷，工作缸9下腔的油液被液控单向阀5封闭于缸内，使活塞及活动横梁稳定地停止在任意所需位置。

11.1.2 液压机的特点及分类

11.1.2.1 液压机的特点

液压机与其他塑性成形设备相比具有以下特点：

(1) 基于液压传动的原理，执行元件结构简单。易于实现很大的作用力、较大的工作空间及较长的行程，因此适应性强，便于成形大型工件。

(2) 在行程的任意位置均可产生压力机的额定最大压力。可以在下转换点长时间保压，这对许多工艺是十分需要的。

(3) 可以用简单的方法（各种控制阀）在一个工作循环中调压或限压，不易超载，容易保护各种模具。

(4) 滑块（活动横梁）的总行程可以在一定范围内任意地无级改变，滑块行程的下转换点可以根据压力或行程位置来控制或改变。

(5) 滑块速度可在一定范围内进行调节，从而适应工艺过程对滑块速度的不同要求。

(6) 工作平稳，撞击、振动和噪声较小。

(7) 工作行程速度较慢，在快速性方面不及机械压力机。

11.1.2.2 液压机的分类

液压机按用途可分类如下：

(1) 手动液压机。用于一般压制、压装等工艺。

(2) 锻造液压机。用于自由锻、钢锭开坯及金属模锻。

(3) 冲压拉深液压机。用于各种薄板、厚板的冲压。

(4) 一般用途液压机。用于各种工艺，通常称为通用液压机。

(5) 校正、压装液压机。用于零件的校正及装配。

（6）层压液压机。用于胶合板、刨花板、纤维板及绝缘材料板的压制。

（7）挤压液压机。用于挤压各种有色及黑色金属材料。

（8）压制液压机。用于各种粉末制品的压制成形。

（9）打包、压块液压机。用于将金属碎屑及废料压成块。

（10）其他液压机。包括轮轴压装、等静压等专门用途的压力机。

11.1.3 液压机的基本参数

基本参数是液压机的基本技术数据，是根据液压机的工艺用途及结构类型来确定的，它反映了液压机的工作能力、特点。

11.1.3.1 公称压力

公称压力是液压机的主要参数，它反映了液压机的主要工作能力，是液压机名义上能产生的最大压力，数值上等于工作柱塞总的工作面积与液体压力的乘积。

11.1.3.2 最大净空距

最大净空距是指活动横梁在上限位置时从工作台上表面到活动横梁下表面的距离。它反映了液压机在高度方向上工作空间的大小，应根据模具（工具）及垫板高度、工作行程大小以及放入、取出工件所需空间的大小等工艺因素来确定。最大净空距对液压机的总高、立柱的长度、液压机的稳定性及安装厂房的高度都有很大影响。

11.1.3.3 最大行程

最大行程是活动横梁能移动的最大距离。最大行程应根据工件成形所要求的最大工作高度来确定，它直接影响工作缸、回程缸及其柱塞的长度以及整个机身的高度。

11.1.3.4 工作台尺寸

工作台一般固定在下横梁上，其上安放模具或工具，工作台尺寸指工作台面上可以利用的有效尺寸。

除工作台尺寸外，有些压力机采用立柱中心距这一参数。

11.1.3.5 活动横梁运动速度（滑块速度）

活动横梁运动速度（滑块速度）可分为工作行程速度、空程（充液行程）速度及回程速度。

应根据不同的工艺要求来确定工作行程速度，它的变化范围很大，并直接影响工件质量和系统的装机功率。如锻造液压机要求的工作速度较高，可达50～150mm/s，四柱万能压力机的工作行程速度则在10～15mm/s，而一些挤压机则仅为3mm/s左右。

空程速度及回程速度一般较高，以提高生产率，但如果速度太快，会在停止或换向时引起冲击和振动。

11.1.3.6 允许最大偏心距

液压机工作时，不可避免地要承受偏心载荷，偏心载荷在液压机的宽边与窄边都会发生。允许最大偏心距是指工件变形阻力接近公称压力时所允许的最大偏心值。

11.2 液压机的主要零部件

液压机本体一般由机架、液压缸部件、运动部分及其导向装置以及其他辅助装置组成。辅助装置则是根据工艺要求而增设，如顶出装置、移动工作台等。

工艺要求是影响液压机本体结构形式的主要因素，因此液压机的本体结构形式多种多样。从机架形式来看，有立式与卧式；从机架组成方式看，有梁柱组合式、单柱式、框架式、钢丝缠绕预应力牌坊式等多种；从机架的传动形式看，有上传动和下拉式；框架式结构又可分为整体式和组合式等。

三梁四柱式结构和组合式框架是应用最广泛的结构形式，如图 11-4 所示。在图 11-4(a) 这种结构中，回程缸固定在上横梁 3 的两侧，回程时，高压液体进入回程缸，推动回程缸柱塞向上运动，通过其顶部的小横梁及拉杆，带动活动横梁 5 回程。上、下横梁与立柱组成一个封闭框架，承受液压机的全部工作载荷。

在大、中型液压机中，多采用组合式机架，如图 11-4(b)所示。上、下横梁和两侧立柱分别制造，再用大型螺母组合在一起，通过拉杆 11 施加的预应力将上横梁 3、下横梁 8 及立柱 4 预紧在一起，组成一个刚性框架。

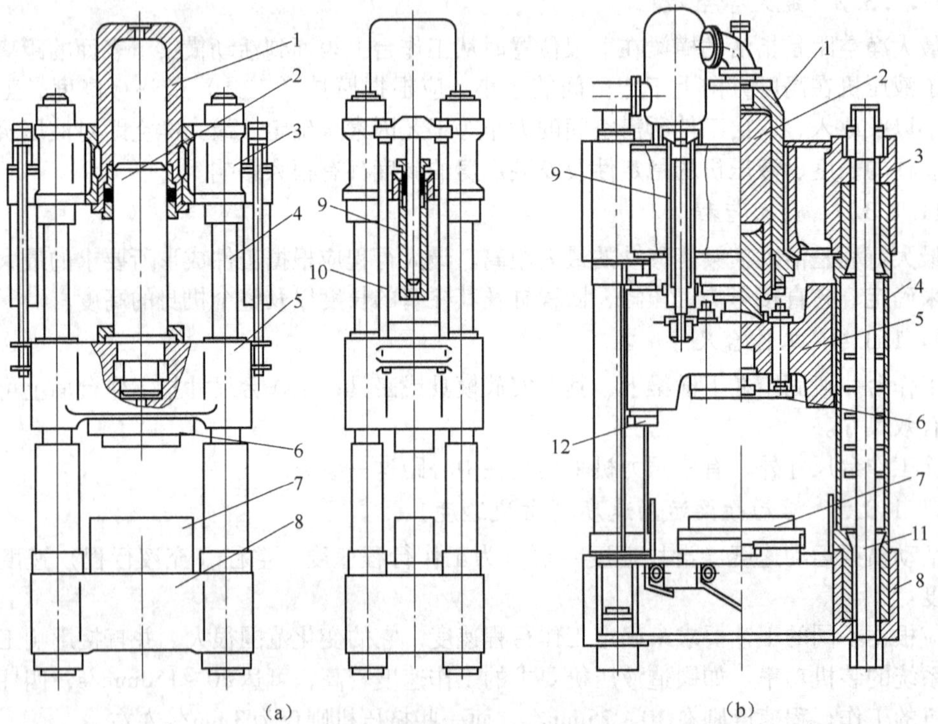

图 11-4 液压机机架结构图

(a) 三梁四柱式结构；(b) 组合式机架

1—工作缸；2—工作柱塞；3—上横梁；4—立柱；5—活动横梁；6—上模；7—下模；8—下横梁；9—回程缸；10—回程缸拉杆；11—拉杆；12—导向装置

11.2.1 液压缸部件

11.2.1.1 液压缸的形式及用途

液压缸是液压机的主要执行元件，主要完成直线往复运动，并将高压液体的压力能转换成使工件变形或成形的机械功。

在液压机中液压缸部件通常可分为柱塞式、活塞式和差动式 3 种。

A　柱塞式液压缸

柱塞式液压缸如图 11-5 所示。此结构在锻造液压机中应用最多，广泛用于工作缸、回程缸、工作台移动缸以及平衡缸等处。它结构简单，柱塞在导向套中运动，与缸体内壁不接触，有一定的间隙，因此除安装导向套和密封外，液压缸内壁可以粗加工或不加工。但只能单向使用，反向运动则需要回程缸来实现。

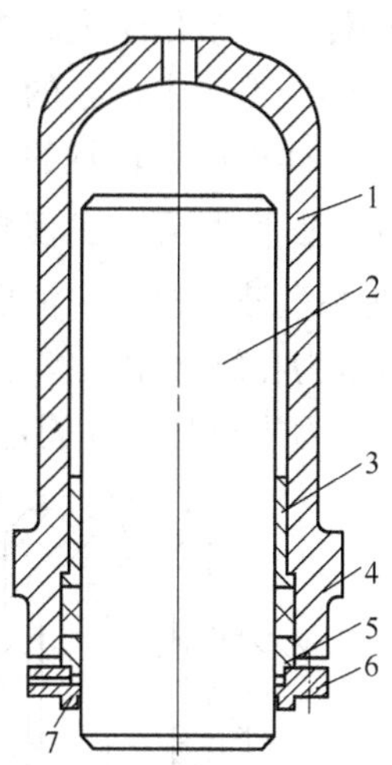

图 11-5　柱塞式液压缸
1—缸体；2—柱塞；3—导向套；4—密封装置；5—密封压紧装置；6—压盖；7—防尘圈

B　活塞式液压缸

活塞式液压缸如图 11-6 所示。活塞式液压缸多用于中小型液压机中，活塞 7 及活塞杆 1 组成运动件，在缸体 5 中做直线往复运动，并把缸体分为活塞腔与活塞杆腔，可以两个方向作用，既可完成工作行程，又可实现回程，因此简化了液压机的结构，使液压机结构紧凑。由于活塞 7 在运动的两个方向都要求密封，且沿缸体内壁运动，对缸体的加工精度要求较高，结构比柱塞缸复杂。

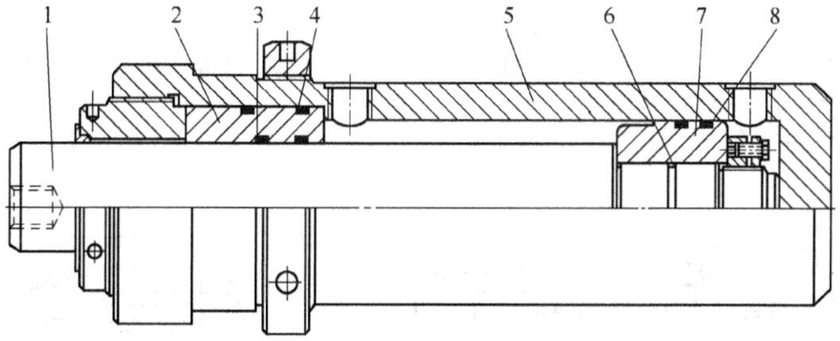

图 11-6　活塞式液压缸
1—活塞杆；2—导向套；3，8—动密封圈；4，6—静密封圈；5—缸体；7—活塞

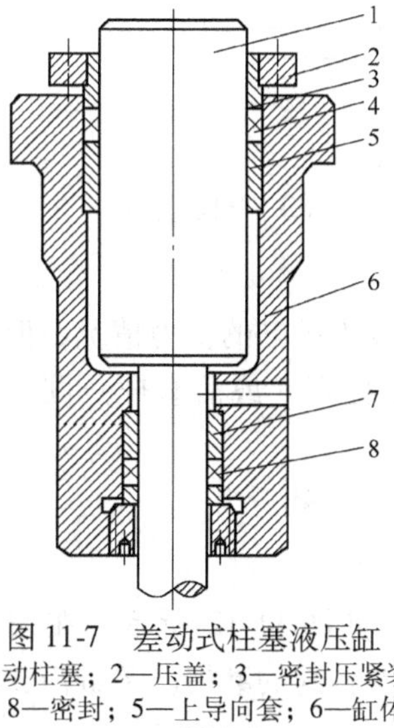

图 11-7　差动式柱塞液压缸
1—差动柱塞；2—压盖；3—密封压紧装置；4，8—密封；5—上导向套；6—缸体；7—下导向套

C　差动式柱塞液压缸

差动式柱塞液压缸如图 11-7 所示。差动柱塞 1 在上导向套 5 及下导向套 7 内运动，这种结构多了一处密封及导向，当用作回程缸安装于上横梁时，连接比较简单。由于柱塞有上、下两处导向，可以承受较大的偏心力矩。

11.2.1.2　液压缸的固定及支承方式

A　法兰支承且法兰处固定

液压缸以其法兰部分支承并安装在横梁内，由缸体法兰的环形上表面与横梁配合。工作时，通过法兰与横梁的环形接触面将反作用力传递给横梁，液压缸本身则靠法兰上的一圈螺栓固定在横梁上，如图 11-8 所示。这种结构由缸体法兰部分传力，在法兰到缸外壁的过渡处存在应力集中，容易疲劳破坏。这种形式多用于大、中型液压机。

有的压力机中，缸的法兰嵌入横梁内，另外用压环及螺栓固定在横梁内，如图 11-9 所示。这样可避免在缸的法兰部位开螺栓孔，减少了法兰外径，改善了法兰受力情况。

B 法兰支承缸底固定

在小型液压机中，液压缸也有在缸底处固定于横梁上的，如图 11-10 所示。图 11-10(a)所示为在缸底用大螺母固定，图 11-10(b)所示为在缸底用压环和螺栓固定，图 11-10(c)所示为用对分卡环固定缸底。

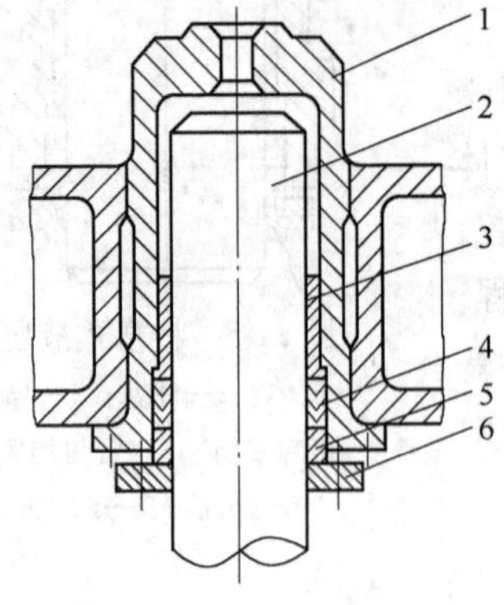

图 11-8 法兰支承且法兰处固定的液压缸
1—工作缸；2—柱塞；3—导套；4—密封；5—压套；6—压盖

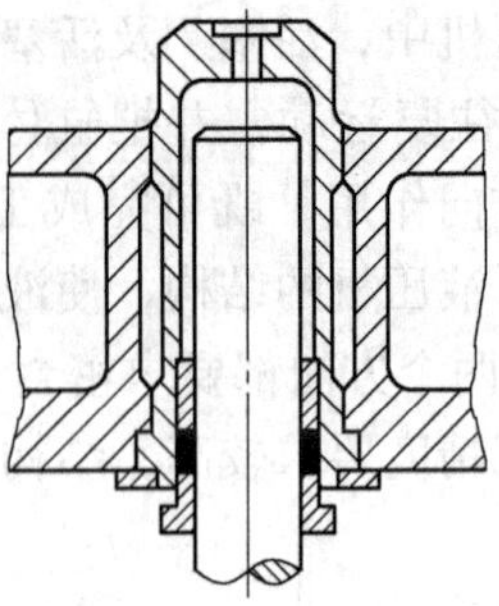

图 11-9 法兰嵌入梁内的液压缸

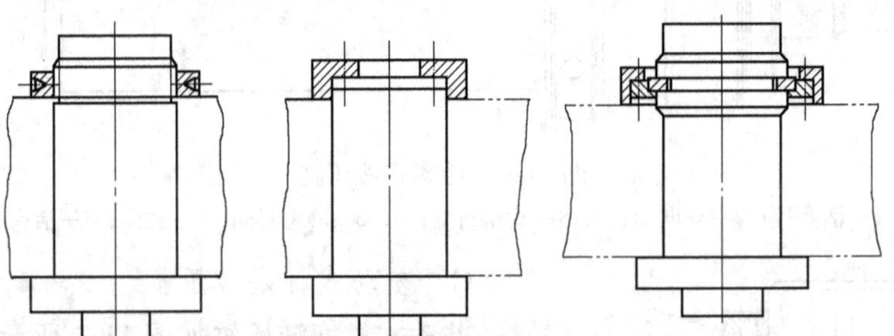

图 11-10 法兰支承缸底固定的液压缸
(a) 用大螺母固定缸底；(b) 用压环和螺栓固定缸底；(c) 用对分卡环固定缸底

C 缸底支承固定

这种结构中液压缸的反作用力通过缸底传到横梁上，改善了缸的受力情况，但增加了液压机的高度，如图 11-11(a)所示，图 11-11(b)所示则是柱塞（或活塞杆）固定，液压缸倒装于活动横梁内，与横梁一起运动。

11.2.1.3 工作缸柱塞与活动横梁的连接形式

A 刚性连接

柱塞下端插入活动横梁内，上面用压盖及螺栓固定，如图 11-12 所示。在偏心加载时，刚性连接的柱塞随活动横梁一起倾斜，加剧了导向套及密封的磨损。单缸液压机及三缸液压机的中间缸多采用此结构。

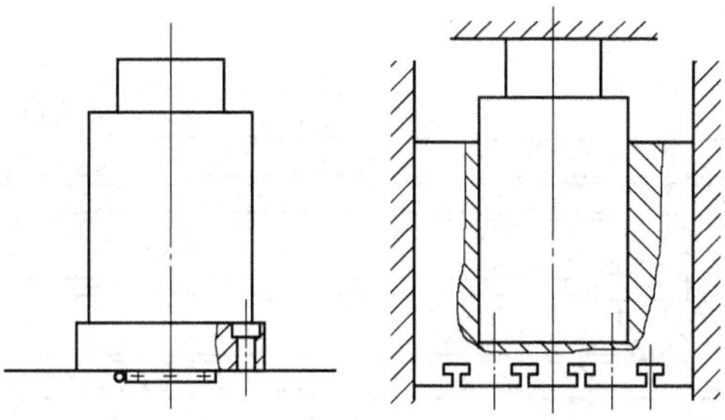

图 11-11　缸底支承缸底固定的液压缸
(a) 缸底支承及固定；(b) 栓塞(或活塞杆)固定

B　单球面支承连接

柱塞支承于活动横梁的球面座上，球面座一般做成凸球形，在水平方向上可以稍微移动，如图 11-13 所示。在偏心加载时，活动横梁在偏心力矩作用下倾斜转动，如果球面处润滑良好，球面副可以相对滑动，柱塞只传递轴向压力及摩擦力矩，柱塞仍然基本保持垂直，侧推力大为减少，改善了柱塞导套及密封的磨损情况。

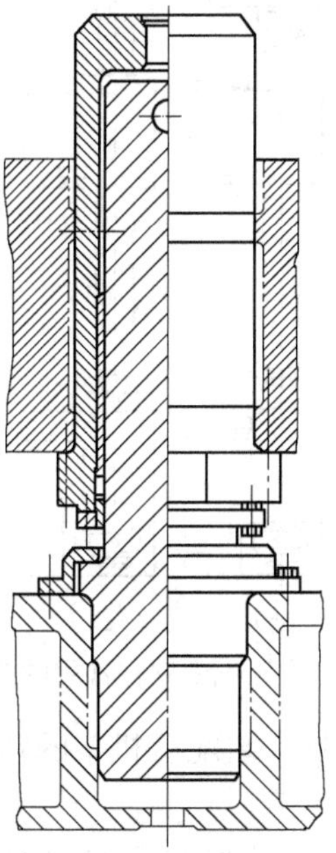

图 11-12　柱塞与活动横梁刚性连接

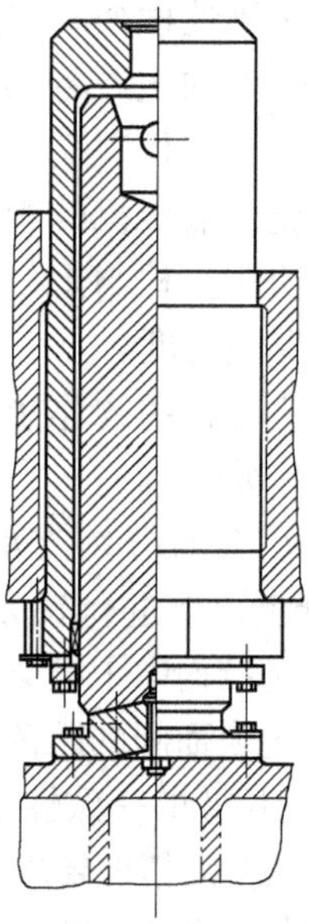

图 11-13　单球面支承的柱塞

C　双球面中间杆连接

这种连接形式多用于大型液压机，结构比较复杂，如图 11-14 所示。中间杆 1 的两端均为球面，支承于上、下球面座 2 与 3 之间，柱塞 4 通过中间杆传递作用力，中间杆与柱塞之间径向有间隙，当液压机受偏心载荷作用时，中间杆能在球面座中转动，使柱塞保持垂直，因而作用在柱塞导套及密封上的侧推力小，密封寿命长。

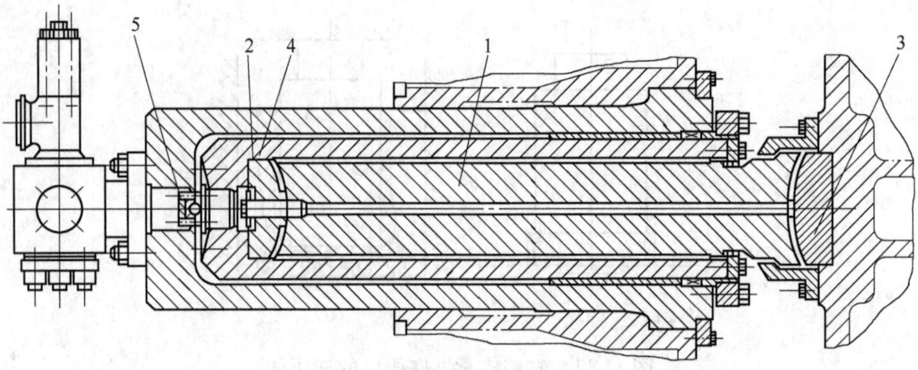

图 11-14 双球面中间杆连接的柱塞

1—中间杆；2—上球面座；3—下球面座；4—柱塞；5—节流塞

11.2.2 立柱及其导向

11.2.2.1 立柱的结构及与上、下横梁的连接形式

立柱式机架是常见的机架形式，一般由4根立柱通过螺母将上、下横梁紧固连接在一起，组成一个刚性框架。在这个框架中既安装了液压机本体的主要零部件，又在液压机工作时承受全部工作载荷，并为液压机运动部分导向。整个液压机的刚度与精度，在很大程度上取决于立柱与上、下横梁的连接形式与连接的紧固程度。

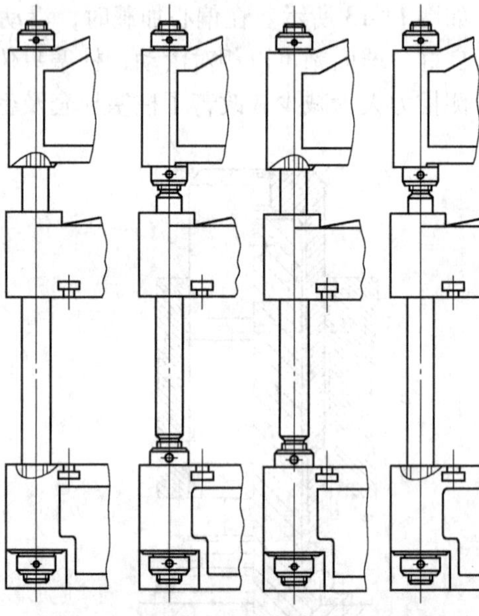

图 11-15 液压机中立柱常用的连接形式

液压机中立柱常用的连接形式有以下几种，如图 11-15 所示。

(1) 立柱用台肩分别支承上、下横梁，用外锁紧螺母上、下进行锁紧，如图 11-15(a) 所示。这种结构中上横梁下表面与下横梁（工作台）上表面间的距离与平行度，靠4根立柱台肩间尺寸的一致性来保护，装配简单，不需调整，装配后机架的精度也无法调整。这种结构仅在无精度要求的小型液压机中采用。

(2) 在立柱上分别用内、外螺母来固定上、下横梁，用内螺母来起图 11-15(a)中台肩的支承作用，如图 11-15(b)所示。上横梁下表面的水平度以及下横梁（工作台）上表面的水平度，两个表面之间的平行度与间距靠安装时的内螺母来调整，因此，对立柱螺纹精度要求高，安装时调整麻烦。

(3) 在上横梁连接处用台肩代替螺母，如图 11-15(c)所示。精度调整和加工均不很复杂，但立柱预紧不如图 11-15(b)方便。

(4) 如图 11-15(d)所示，与图 11-15(c)形式基本相同，只是在下横梁处用台肩代替内螺母。

为了避免应力集中，防止横梁与立柱发生相对水平位移，立柱的台肩面多加工成单锥台式或双锥台式。

对于大型压力机，上、下活动梁之间多以立柱套支承，中间以拉杆贯通，在拉杆的两端以螺母预紧，根据吨位不同有单拉杆和多拉杆结构。

11.2.2.2　立柱的螺母及预紧

立柱的螺母一般为圆柱形，小型液压机和多拉杆机构中的螺母是整体的。立柱直径较大时，做成组合式，由两个半螺母用螺栓紧固而成，如图11-16所示。

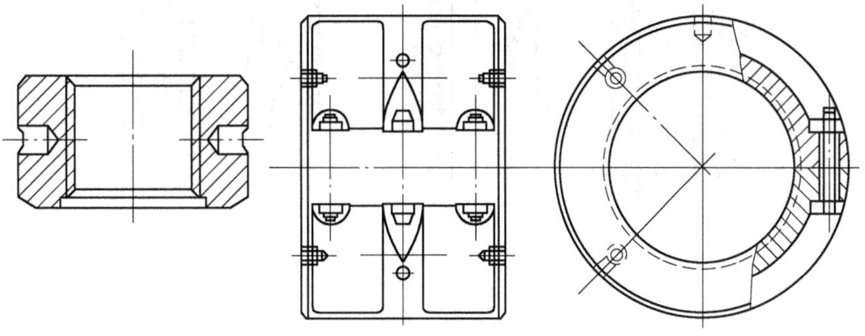

（a）　（b）

图11-16　立柱螺母

（a）整体式；（b）组合式

液压机在卸压及偏心加载时都会引起机架的晃动，并会使立柱的受力不均匀，以至于个别立柱受载过大，甚至早期断裂。因此必须有效地进行立柱螺母预紧及防止松动。

立柱的预紧分为加热预紧、液压预紧及机械预紧。

（1）加热预紧。比较常用的方法，立柱端部钻有加热孔，其深度大于横梁的高度。在立柱及上横梁安装好后，先将内、外螺母冷态拧紧，然后用电热棒等加热方法使立柱端部伸长，达到一定温度后，将外螺母向下拧过一个角度。立柱冷却后就在螺母与横梁之间产生一个很大的预紧力，使螺母不易松动。螺母转过的角度与预紧应力、加热温度的关系可由公式计算出。

（2）液压预紧。采用专门的液压拉紧装置，如图11-17所示。通入高压油，将立柱冷态拉长，然后将螺母往下拧过一定角度，或在螺母下垫垫片。使用液压预紧操作简单，时间短，效率高，目前已普遍采用。

（3）机械预紧。适用于整体螺母，在螺母上有一圈小螺栓，先将机架上的锁紧螺母拧紧，然后用扭矩扳手分别拧螺母上的一圈小螺栓，使立柱（或拉杆）伸长，从而进行预紧与锁紧，这种方法应用简单，效果好，螺母及上面的小螺栓需特别制造。

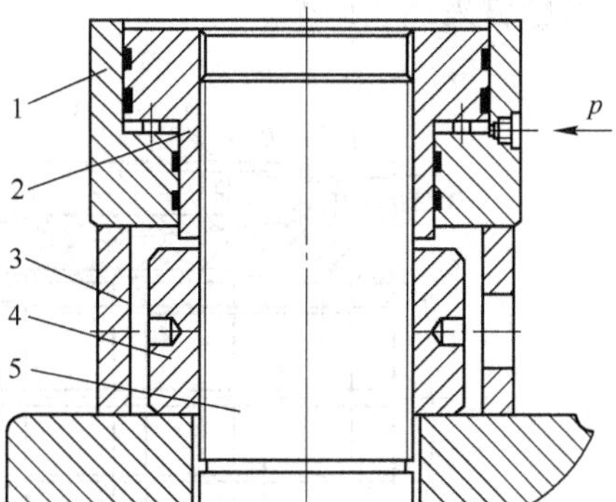

图11-17　液压拉紧装置

1—液压缸；2—活塞；3—支撑筒；4—螺母；5—立柱

11.2.2.3　立柱的导向装置

活动横梁运动及工作时，往复运动频繁，且在偏心加载时有很大的侧推力，因此，不能让活动横梁与立柱直接接触，互相磨损。在活动横梁和立柱间安装有导向装置。

导向装置可分为导套和平面导板两大类。

A 导套

对圆截面的立柱，都是在活动横梁的立柱孔中采用导套结构，又可分为圆柱面导套和球面导套，如图 11-18 所示。

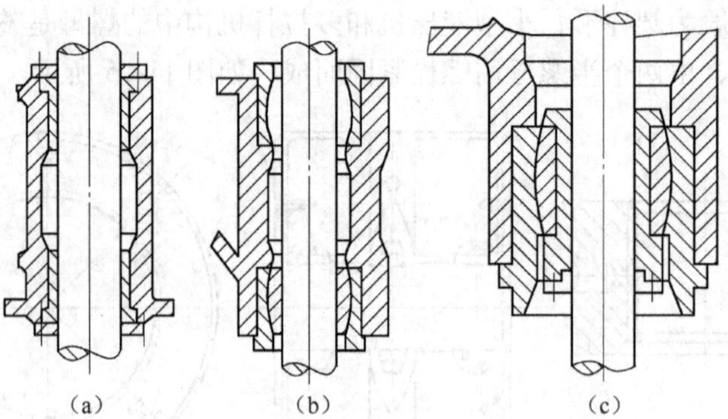

图 11-18 立柱导套的形式

(a) 圆柱面导套；(b) 双球面导套；(c) 单球面导套

圆柱面导套由两半组成，装在立柱的上、下边。这种导套结构简单，但在偏心载荷引起活动横梁倾斜时，导套与立柱间为线接触，使液压机机架受力恶化，磨损加剧。一般用在中、小型液压机上。

球面导套分双球面和单球面两种，在活动梁倾斜时，球面导套和球面支承间能相对滑动，使立柱与导套仍能保持面接触，但结构复杂。一般适用于中、大型液压机。当活动横梁与柱塞均为球铰连接时，采用双球面导套，而当中间柱塞与活动横梁为刚性连接时，一般采用单球面导套。

以上两种导套与立柱的间隙不能调整，对于模锻和冲压液压机，导向精度要求高，一般采用间隙可调整的导套，如图 11-19 所示。利用活动导套 2 与调节块 6 之间的斜面，用调节螺钉来逐块调整。

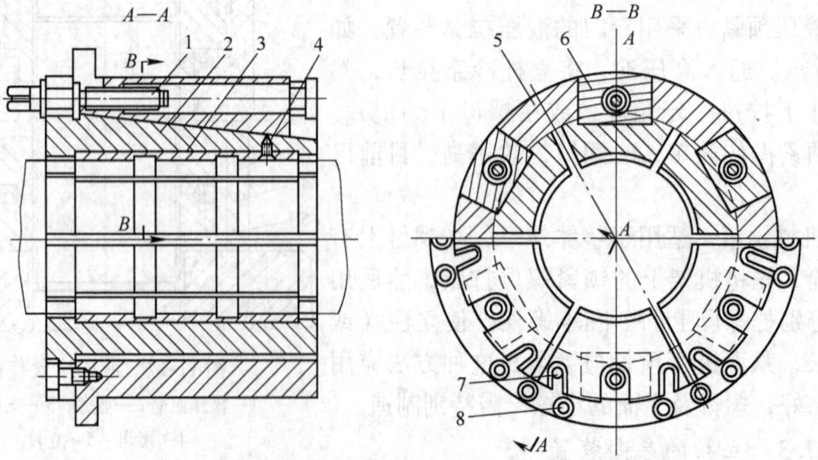

图 11-19 可调间隙的导套

1—调节螺钉；2—活动导套；3—导套镶片；4—沉头螺钉；5—固定块；6—调节块；7，8—螺钉

B 平面可调导向结构

过去液压机的立柱多为圆形截面，因此只能用圆形导套，间隙无法或难以调整。现在有些液压机将立柱的中间导向部分加工成方形截面，从而可用平面可调导板结构，用调整垫片来调节导向间隙。

11.2.3 横梁结构

上横梁、活动横梁及下横梁是液压机本体十分重要的部件，它们外形轮廓尺寸大，重量也大，占液压机总重的绝大部分。一般将横梁做成箱形，安装各种缸、柱塞及立柱的地方做成圆桶形，中间加设筋板，承载大的地方筋板较密，以提高刚度，降低局部应力。

横梁以铸造或焊接方式制成。目前以铸造为多，一般采用 ZG35 铸钢，小液压机也有采用铸铁的，如 HT20 ~HT40。在设计横梁结构时，应使各部分厚度没有突然变化，特别是铸造横梁，以避免不均匀冷却而产生应力集中，在各连接过渡区应有较大的圆角。

目前，钢板焊接横梁也日益增多，特别是只制造单台液压机，其特点是加工周期短，结构重量轻，强度高及外形美观。一般采用 A3 或 16Mn 板材。但焊后整体退火需大型热处理设备，特别是由于焊接应力及变形规律不易掌握，使用时易产生裂纹，因此受到一定限制。

横梁的宽边尺寸由工作缸的布置及立柱的宽边中心距确定，上横梁和活动横梁的窄边尺寸应尽量小。横梁中间的高度由强度确定。

中、小型液压机的横梁多为整体结构，大型液压机横梁受铸造、加工能力和运输能力的限制，设计成为分块组合结构，各块之间用螺栓和键进行连接。

11.2.3.1 上横梁

图 11-20 所示为一台大型三缸液压机的上横梁，除了 5 个工作缸孔外，两侧还有安装回程缸与平衡缸的孔。上横梁工作缸孔做成圆形的支承筒形式，以保证工作缸支承面有均匀的刚度，不致由于上横梁不均匀变形而使工作缸的支承反力局部集中，降低缸的使用寿命。在生产单台液压机时，有时采用钢板焊接的上横梁，图 11-21 所示为一台焊接上横梁

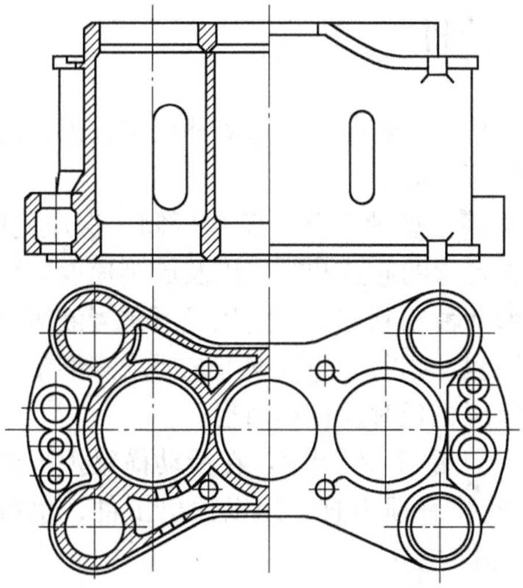

图 11-20 大型液压机铸造上横梁

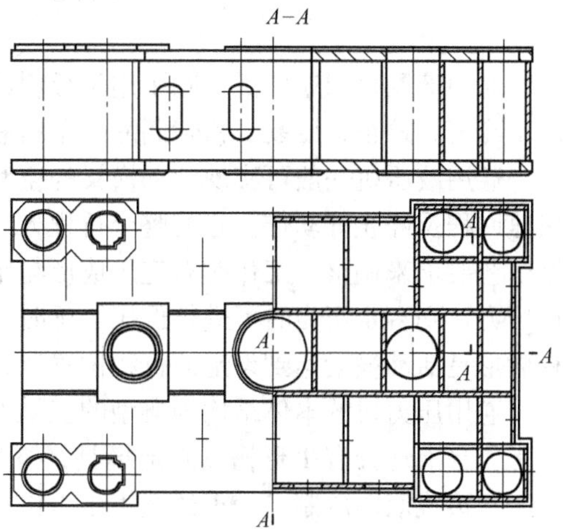

图 11-21 焊接上横梁结构简图

的结构图。铸造与焊接上横梁都必须进行热处理，以消除其内应力。

在立柱间距较小而工作缸尺寸较大时，有时将工作缸与上横梁铸成一个整体，这样简化了结构，但对铸造技术及质量要求高，加工也比较复杂。

11.2.3.2 活动横梁

活动横梁与工作缸的柱塞或活塞杆相连接以传递液压机的作用力，立柱为往复运动的导向，下表面则安装模具。因此，活动横梁应有足够的承压力，一般把柱塞下面的筋板设计成圆桶形或方格形，如图 11-22 所示。除了应有足够的承压强度外，活动横梁还应具有一定的刚度与抗弯能力，常设计成高度略低于上横梁而壁厚均匀的封闭箱体。

11.2.3.3 下横梁

下横梁又称底座，通过支承安装在基础上。下横梁上除有固定模具或工具的各种沟槽外，有时还安装有顶出器和其他零部件。对于锻造液压机，下横梁上一般安装有移动工作台，因此下横梁的两侧还有侧梁，安装移动工作台的液压缸、导向块等，结构如图 11-23 所示。

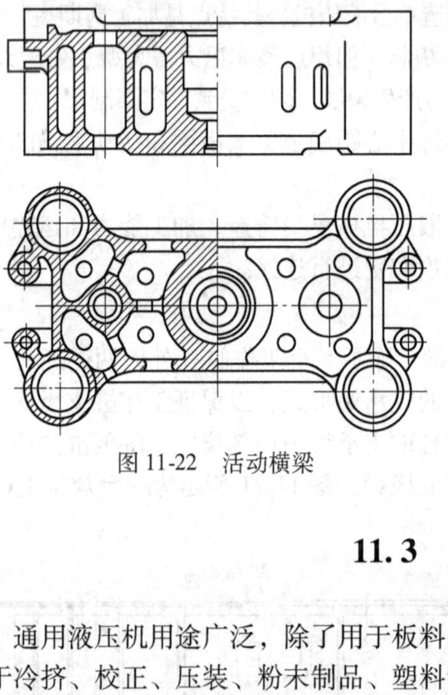

图 11-22 活动横梁

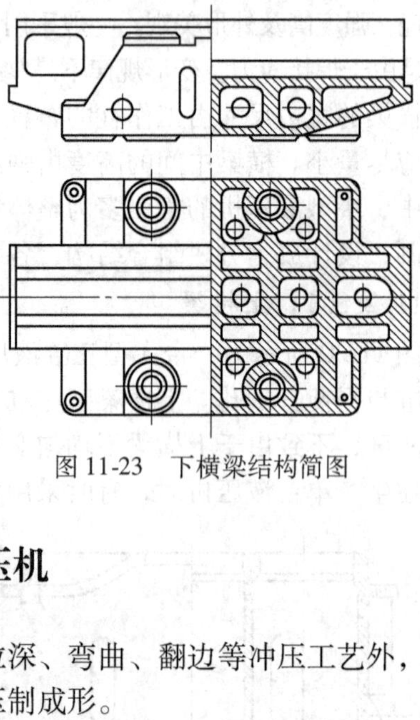

图 11-23 下横梁结构简图

11.3 通用液压机

通用液压机用途广泛，除了用于板料的冲裁、拉深、弯曲、翻边等冲压工艺外，还可用于冷挤、校正、压装、粉末制品、塑料制品等的压制成形。

通用液压机一般可实现活动横梁的空程快速下降、减速下降、工作压制、保压延时、快速回程及停止等动作。它的整个行程大小、工作行程的起点和终点以及压制速度均可根据工艺要求来调整。工作时有定压成形与定程成形两种压制方式。定压成形是当液压机工作压力达到调定压力时可进行保压、延时及自动回程，延时时间根据工艺要求来调整。定程成形是活动横梁达到设定的行程位置后，转入保压、延时及自动回程。

通用压力机的本体结构为典型的三梁四柱式，如图 11-24 所示。在活动横梁及下横梁的工作台上均开有 T 形槽以固定模具，下横梁中安装有顶出缸，用以顶出工件，也可以用于压边或双向压制。较小的通用压力机也可做成单柱台式。

通用液压机具有如下特点：

（1）工作台面较大，滑块行程较长。

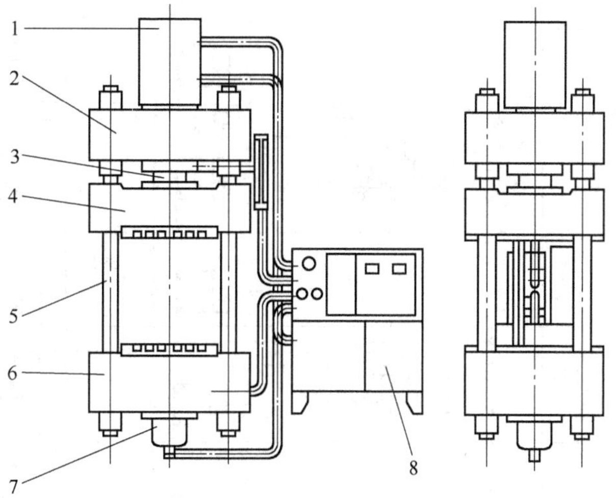

图 11-24 四柱式通用液压机

1—充液装置；2—上横梁；3—工作缸部分；4—活动横梁；5—立柱；
6—下横梁；7—顶出缸；8—液压动力机构及控制台

（2）设有顶出缸，用于顶出工件、反向拉深和起浮动压边的作用。

（3）有空程快速运动，以减少辅助时间。

（4）具有保压、延时和自动回程功能。

（5）工作压力、压制速度及行程均可调节。

（6）结构简单，易于操作和维护。

图 11-25 所示为 3150kN 通用液压机的液压控制系统。由于插装阀集成系统结构简单、制造方便，能一阀多用，使液压控制系统得到简化；并且插装阀具有通油能力大，流动阻力小，密封好，泄漏少，工作可靠性高等优点，插装阀集成控制系统在液压机中正得到广泛的应用与发展。图示的液压机控制系统也采用了集成插装阀系统，主要由液压泵、插装阀集成装置、充液装置以及行程开关等组成。其电磁铁动作顺序见表 11-1。系统中选用的液压泵为 63SCY14-1B 型手动变量式轴向柱塞泵，额定工作压力为 32MPa，最大输出流量为 100L/min。采用手轮调节泵的输出流量以改变液压机的工作速度。

插装阀集成装置由调压卸荷控制回路块、带吸油阀的控制回路块及动梁支承控制回路块 3 个基本回路组成，由内部孔道互相连接，外接管道少。

液压控制系统的工作原理为：

（1）液压泵启动。按 3AN 按钮，电机启动，高压泵 11 空载运转。此时由于电磁铁 1YA 及 2YA 均未通电，三位四通电磁换向阀 14 处于中位，插装阀 9 上腔通油箱，主阀芯开启，高压泵 11 输出的油经插装阀 9 直接回油箱，泵处于卸荷状态。

（2）活动横梁快速空程下降。按 5AN 按钮，电磁铁 1YA、5YA、8YA、9YA 通电，使下列电磁阀动作：电磁换向阀 14 换至下位，插装阀 9 关闭，泵输出压力油；电磁换向阀 21 换至下位，插装阀 2 开启，主缸下腔通油箱快速放油，活动横梁靠重力作用快速下降，同时在主缸上腔形成负压；电磁换向阀 37 换至右位，插装阀 4 开启，泵输出的油经插装阀 4 进入主缸上腔补油；电磁换向阀 26 换至左位，使充液阀 30 的控制腔通压力油，

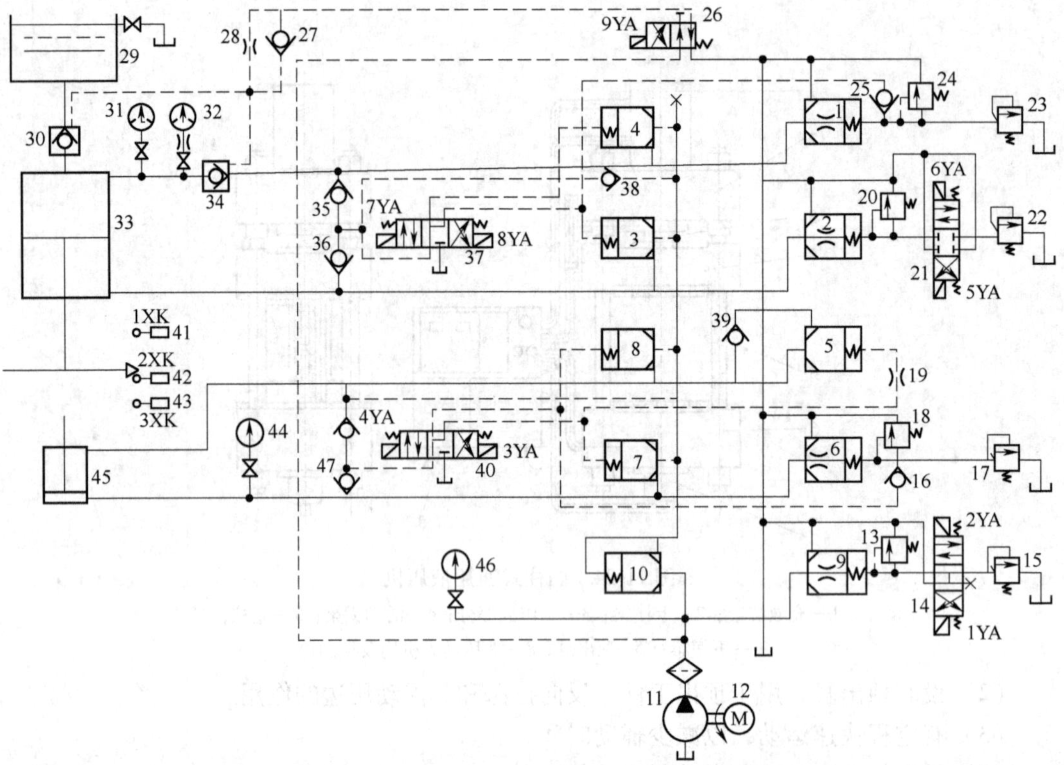

图 11-25　3150kN 通用液压机液压控制系统

1～10—插装阀；11—高压泵；12—电动机；13，15，17，18，20～24—溢流阀；14，21，26，37，40—电磁换向阀；16，25，27，35，36，38，39，47—单向阀；19，28—节流阀；29—充液罐；30—充液阀；31，32—电接点压力表；33—主工作缸；34—液控单向阀；41～43—行程开关；44，46—压力表；45—顶出缸

表 11-1　3150kN 液压机电磁铁动作顺序

动作要求	发讯元件		电磁铁								
	手动	半自动	1YA	2YA	3YA	4YA	5YA	6YA	7YA	8YA	9YA
电动机启动	3AN										
动梁快降	5AN	5AN	+				+			+	+
动梁慢降，加压	5AN 2XK	2XK	+					+		+	
保压		1SJ 或 3XK									
卸压	6AN	2SJ		+					+		+
回程	6AN 2YA	2YA	+						+		+
顶出缸顶出	7AN		+			+					
顶出缸退回	8AN		+		+						
停止	4AN	4AN									
紧急停车	2AN	2AN									

注：+表示通电。

充液阀 30 开启，充液罐同时向主缸上腔补油。

（3）活动横梁慢速下降及加压。活动横梁下降到预定位置，行程开关 2XK 发讯号，使电磁铁 5YA、9YA 断电，6YA 通电，1YA、8YA 继续通电，电磁换向阀 21 换至上位，插装阀 2 上腔与先导溢流阀 20 接通，在先导溢流阀 20 调定的压力下溢流，使主缸下腔产生一定背压。同时，电磁换向阀 26 复位，充液阀 30 关闭，停止充液。液压泵供油给主缸上腔，活动横梁慢速下降，下降速度取决于泵的输出流量。

活动横梁继续下行，与工件接触后，随着工件变形抗力的增加，主缸上腔油压升高，活动横梁的压下速度仍取决于泵的输出流量。

（4）保压。采用定压成形时，当主缸上腔压力达到电接点压力表 32 调定值上限时，电接点压力表 32 发讯号，电磁铁全部断电，插装阀除 9 开启外，其余全部关闭，主缸保压，泵卸荷。同时，时间继电器动作，开始保压延时，延时时间可由时间继电器调整。当主缸上腔压力降到电接点压力表 31 调定下限时，电接点压力表 31 发讯号，使系统恢复到加压状态，对主缸补压。

（5）卸压。时间继电器在延时结束后发讯号，电磁铁 2YA、7YA、9YA 通电，插装阀 9 关闭，泵建低压。换向阀 26 换至左位，泵输出的低压油进入充液阀 30 及液控单向阀 34 的控制腔，使充液阀 30、液控单向阀 34 开启，主缸上腔卸压。同时，电磁换向阀 37 换至左位，插装阀 4 关闭，3 开启，泵输出的低压油进入主缸下腔，为活动横梁回程做好准备，但由于油压低，尚不足以使活动横梁回程。

（6）活动横梁回程。主缸上腔卸压时间达到时间继电器 2SJ 调定置时，时间继电器发讯号，电磁铁 1YA、7YA、9YA 通电，插装阀 2、4、9 关闭，1、3 开启，泵输出的压力油经插装阀 10 及 3 进入主缸下腔，主缸上腔油经充液阀 30、液控单向阀 34 及插装阀 1 回油箱，活动横梁回程。当活动横梁回程达到调定位置时，行程开关 1XK 发讯号，电磁铁全部断电，活动横梁停止运动。

（7）顶出缸顶出及退回。按 7AN 按钮，电磁铁 1YA、4YA 通电，泵建压，插装阀 5、7 开启，顶出缸下腔进压力油，上腔排油，实现顶出动作。回程时，按 8AN 按钮，电磁铁 1YA、3YA 通电，插装阀 6、8 开启，顶出缸回程。

（8）定程成形。当活动横梁下压到调定位置时，行程开关 3XK 发讯号，使活动横梁停止运动、保压、延时，然后回程。

（9）压力调整。

1）溢流阀 13 调至 27.5MPa，为系统的最高压力，起安全保护作用。

2）溢流阀 15 调至 1.5～2MPa，为系统的控制压力，用来控制充液阀 30 及液控单向阀 34 的开启。

3）溢流阀 22 的压力根据活动横梁及模具的重量来调整，起支撑作用，防止运动部分因重力作用而下行。

4）溢流阀 23 控制主缸的最大压力，根据所压制工件的变形抗力来确定。当最大工作压力为 25MPa 时，相当于公称压力 3150kN。

（10）行程调整。利用行程开关 1XK、2XK、3XK 控制。1XK 控制行程的上止点；2XK 控制活动横梁由快速下行转为慢速下行；3XK 控制行程下止点。

11.4 双动拉深液压机

双动拉深液压机主要用于金属板料的拉深成形工艺，如汽车大型覆盖件以及各种容器类零件的制造。

双动拉深液压机的结构特点是有内外两个活动横梁（滑块），如图 11-26 所示。拉深动梁装在里面，压边动梁装在外面，各有自己的导轨。双动拉深时的动作如图 11-27 所示，开始拉深时动梁 6 和压边动梁 5 一起快速下行，接近工件 1 时，改为慢速下行，当压边动梁通过压边圈压住工件 1 时，压边动梁不再继续下行而变为保压状态。此时，拉深动梁 6 继续下行，进行拉深。拉深工艺完成后，拉深动梁可以实现保压延时、卸压和快速回程，然后液压垫 4 和顶杆 3 将工件 1 顶出。

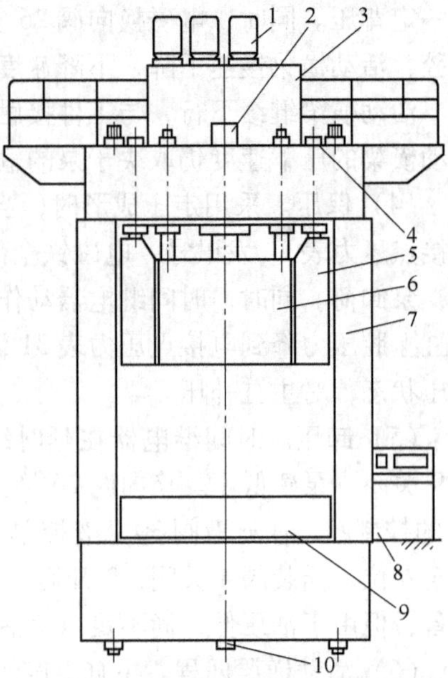

图 11-26 拉深液压机结构简图

1—液压动力部分；2—拉深工作缸；3—充液箱；4—压边工作缸；5—压边动梁；6—拉深动梁；7—机架；8—电控装置；9—移动工作台；10—顶出缸

压边动梁一般由分布在 4 个角的压边缸驱动，可以分别调压，以利于不对称零件的拉深。拉深动梁和压边动梁也可通过定位销连成一体，实现单动，此时的作用力为两者之和。

小吨位的双动拉深液压机做成四柱式，结构简单，经济实用，以立柱为导向。较大吨位的则做成预应力框架结构，以四角八面平面导轨导向，导向精度高，抗偏载能力强。并设有移动工作台，便于更换大型模具。

5MN 双动拉深液压机的液压控制系统如图 11-28 所示，电磁铁动作顺序见表 11-2。

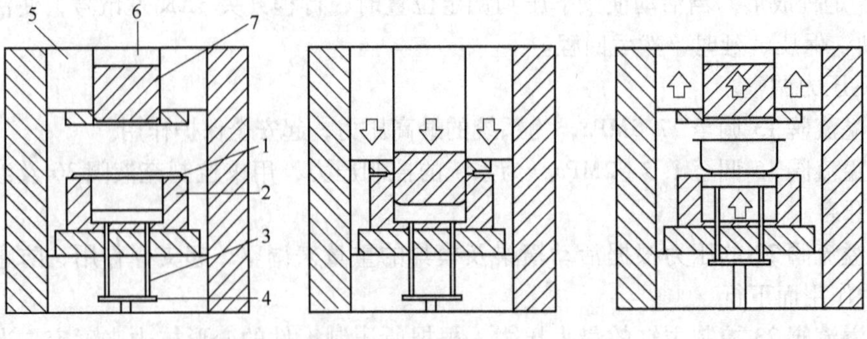

（a）　　（b）　　（c）

图 11-27 双动液压机拉深示意图

（a）拉深工作部件组成；（b）双动拉深过程；（c）拉深动梁回程及工件顶出

1—工件；2—凹模；3—顶杆；4—液压垫；5—压边动梁；6—拉深动梁；7—凸模

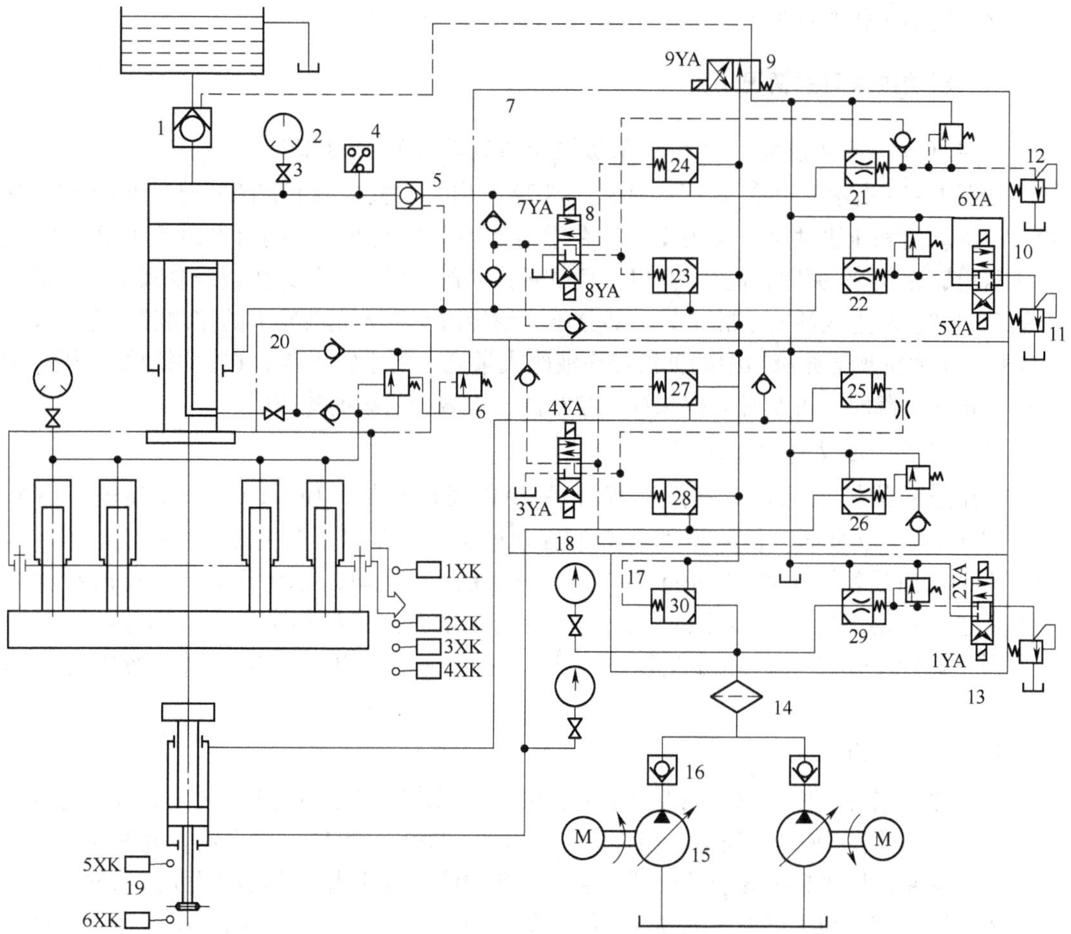

图 11-28　5MN 双动拉深液压机的液压控制系统

1，5—液控单向阀（1 为充液阀）；2，3—压力表及开关；4—压力继电器；6—顺序阀；7—拉深阀块；8，10，13—三位四通电磁换向阀；9—二位四通电磁换向阀；11，12—溢流阀；14—滤油器；15—压力补偿变量泵；16—单向阀；17—调压、卸荷阀块；18—顶出阀块；19—行程开关；20—压力阀块；21～30—逻辑插装阀

表 11-2　5MN 双动拉深液压机电磁铁动作顺序表

序号	动作要求	电　磁　铁								
		1YA	2YA	3YA	4YA	5YA	6YA	7YA	8YA	9YA
1	动梁快速下行	+				+			+	+
2	动梁慢速下行	+					+		+	
3	加压	+				+			+	
4	保压						+		+	
5	卸压		+					+		
6	回程	+						+		+
7	顶出缸顶出	+			+					
8	顶出缸回程	+		+						
9	停止									

注：＋表示通电。

该系统的工作原理如下。

11.4.1 双动拉深时的情况

11.4.1.1 活动横梁（包括拉深动梁和压边动梁）快速下行

如图11-28所示，电磁铁5YA通电，阀22开启，主缸活塞下腔的油液经阀22流回油箱，拉深动梁和压边动梁因失去支承，在重力作用下快速下降。同时电磁铁1YA、8YA、9YA得电，使阀29关闭，阀24开启，且电磁换向阀9换至左位，由液压泵来的压力油顶开阀30和阀24进入活塞上腔，另一部分压力油经阀9进入充液阀1的控制腔，将充液阀1打开，压力机顶部充液箱中的油液经充液阀大量充入到主缸上腔，在拉深动梁与压边动梁一起快速下降时，可及时对拉深缸上腔补油，以减少后续的建压时间。

11.4.1.2 活动横梁慢速下行

当压边动梁接近毛坯时通过行程开关2XK发出信导，使5YA、9YA断电，1YA、6YA、8YA得电，此时，插装阀22的控制腔接远程调压阀11，在主缸下腔产生背压（其压力大小可由远程调压阀11进行调节），同时使阀9换向，充液阀关闭，此时拉深动梁和压边动梁的下行靠液压泵向主缸上腔供液驱动，使拉深动梁和压边动梁的下行速度减慢，避免了模具与毛坯发生撞击。下行速度决定于泵的输出流量，所以为慢速下行。

11.4.1.3 加压

当压边动梁与工件接触后即停止运动，由4个压边缸向毛坯施加压边力，并由行程开关3XK发出信号，使6YA断电，1YA、5YA、8YA通电，阀22、24开启，此时拉深梁继续下降，使4个压边缸中的油液受到压缩，多余油液经溢流阀、单向阀及主缸活塞杆上的孔进入主缸下腔，与主缸下腔的油液一同经阀22排入油箱。压边力的大小可由远程调压阀6来调节。

压制力的大小由调压阀12来控制。

11.4.1.4 卸压

液压机在工作时，主缸上腔的压力较高，若突然换向，会产生很大的压力冲击，并造成管道等的振动。在本系统中专门设置了卸荷动作，延长卸荷时间，以防引起压力冲击。卸荷时，2YA和7YA通电，此时液压泵的输出压力由远程调压阀控制，阀23打开，压力油经阀30、阀23进入液控单向阀5的控制腔，并打开其中的卸荷阀（此时单向阀5的主阀芯不打开），使主缸上腔压力油经卸荷阀上很小的阀口逐渐卸压。

11.4.1.5 回程

当主缸上腔油压下降到一定值，由压力继电器4发出信号，使1YA、7YA、9YA通电，2YA断电，插装阀29关闭，23开启且阀9换向，压力油经阀30，通过阀23进入主缸下腔，使拉深动梁回程，并且经阀9至充液阀的控制腔将其打开。这样，主缸上腔液体经充液阀流回充液罐内。在拉深动梁回程初期，压边动梁不动，液压泵输入到主缸下腔的油液一部分经活塞杆上的孔通过单向阀向压边缸中补油，直到拉深动梁回程一段距离后，通过两边拉杆带动压边动梁回程至预定位置，由行程开关1XK发出信号，使电磁铁全部断电，这时阀29开启，液压泵卸荷，拉深动梁和压边动梁停止不动。

11.4.1.6　顶出缸顶出

1YA、4YA 通电，使阀 25、28 开启，液压泵建压后，所输出的压力油经阀 30、28 进入顶出缸的下腔，顶出缸上腔油液经阀 25 流回油箱，这样顶出活塞上升，顶出工件。

11.4.1.7　顶出缸退回

1YA、3YA 通电，阀 26、27 开启，压力油经阀 30、27 进入顶出缸上腔，其下腔油液经阀 26 排入油箱，顶出缸回程。

11.4.2　单动拉深时的情况

液压机用于单动时，将拉深梁与压边梁用拉杆固定，并关闭阀块 20 中的截止阀，这时两个梁即为一个整体，模具可安装在压边梁上。做单动时压机可有如下动作：

（1）动梁快速下行；

（2）动梁减速慢行；

（3）加压；

（4）保压；

（5）卸压；

（6）动梁回程；

（7）顶出缸顶出；

（8）顶出缸回程。

上述各动作动作时的电磁铁动作顺序均与双动时相同，不再叙述。

保压时，当主缸上腔压力达到预定值后，由电接点压力表 2 发出信号，全部电磁铁断电，液压泵卸荷，同时，时间继电器开始保压延时。在此过程中，若上缸上腔压力下降到规定值以下，则压力继电器 4 发出信号，使 1YA 得电，对主缸进行补压。

习题与思考题

11-1　简述液压机的基本组成及工作原理。

11-2　简述液压机基本参数的意义。

11-3　简述液压机工作缸的形式、特点及安装方式。

11-4　简述通用液压机的典型结构形式及工作原理。

11-5　简述双动拉深液压机的典型结构形式及工作原理。

12 通用曲柄压力机

【本章概要】

曲柄压力机是采用机械传动的塑性成形机械，在生产中应用十分广泛，可以完成板料冲压、模锻、挤压、精压和粉末冶金等工艺。本章介绍了曲柄压力机的组成及工作原理、曲柄滑块机构的主要技术参数、工作特性以及通用曲柄压力机结构特点。

【关键词】

曲柄滑块机构、传动系统、离合器、制动器、辅助装置

【教学目的】

较为全面地了解曲柄压力机，为曲柄压力机的设计与应用打下基础。

【本章重点】

曲柄压力机的组成、工作原理、运动规律和受力特性，以及典型结构形式。

12.1 概 述

12.1.1 曲柄压力机的工作原理

图 12-1 所示为曲柄压力机的工作原理图。电动机 1 通过带轮 2、3 和齿轮 6 ~ 8 将运动传递给偏心齿轮 9。连杆 12 的上端套在偏心齿轮上，下端与滑块 13 铰接，组成曲柄滑块机构。通过曲柄滑块机构将齿轮的旋转运动转变成滑块的往复运动。上模 14 装在滑块上，下模 15 装在工作台上。这样滑块带动上模对毛坯施加压力，完成塑性成形加工工艺。气垫 18 用来顶出工件或在拉深时作压边用。在曲柄滑块机构与大带轮之间设置有离合器 5 和制动器 4，当需要滑块运动时，离合器接合，制动器脱开；当需要滑块停止运动时，离合器脱开，制动器接合制动，使滑块停止在某一位置上。

曲柄压力机在一个工作周期中进行工艺操作的时间很短，即只在较短的时间内承受高峰负荷，大部分时间为无负荷的空转，为了使电动机的负荷均匀，有效地利用能量，不使电动机功率过大，在压力机上装有转动惯量很大的飞轮。在压力机空载时，飞轮储存电动机提供的能量，工作时滑块受到变形抗力的作用，使飞轮产生瞬间速降，产生很大的惯性力矩，将能量释放。带轮 3 即起飞轮作用。

12.1.2 曲柄压力机基本部分组成及特点

曲柄压力机一般都由以下几个基本部分组成：

（1）工作机构。工作机构是曲柄压力机的工作执行机构。一般为曲柄滑块机构，由

曲轴、连杆、滑块等零件组成。

(2) 传动系统。传动系统是按一定的要求将电动机的运动和能量传递给工作机构。由带传动和齿轮传动等机构组成。

(3) 支承部件。如机身等。支承部件连接和固定所有零部件，保证它们的相对位置和运动关系。工作时机身要承受全部工艺力。

(4) 能源系统。包括电动机和飞轮。电动机提供动力源，飞轮起着储存和释放能量的作用。

(5) 操纵与控制系统。主要包括离合器、制动器、电气控制装置等。

(6) 辅助系统及附属装置。包括气路系统、润滑系统、保护装置、气垫、快速换模装置等。

与其他成形设备相比，曲柄压力机具有下列特点：

(1) 曲柄滑块机构为刚性连接，滑块具有强制运动性质。即曲柄滑块机构的几何尺寸一经确定，滑块运动的上下极限位置（上、下止点）、行程大小、封闭高度则确定。

(2) 工作时机身组成一个封闭的受力系统，工艺力不传给地基，只有少量的惯性冲击振动传给外界，不会引起基础的强烈振动。

(3) 利用飞轮储存空载时电动机的能量，在压力机短时高峰负荷的瞬间将部分能量释放。电动机的功率按一个工作周期的平均功率选取。

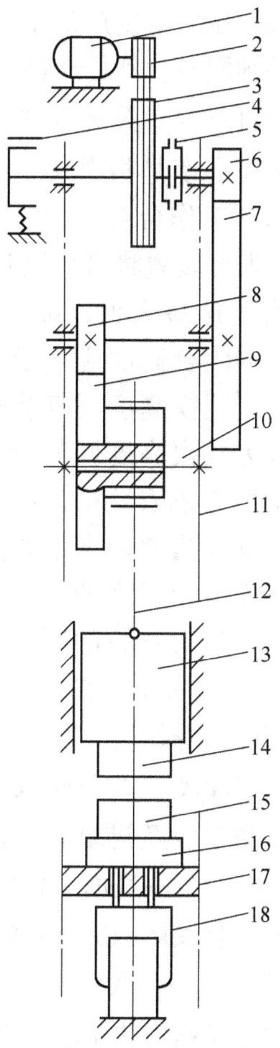

图 12-1　曲柄压力机的工作原理图
1—电动机；2，3—带轮；4—制动器；5—离合器；6～8—齿轮；9—偏心齿轮；10—芯轴；11—机身；12—连杆；13—滑块；14—上模；15—下模；16—垫板；17—工作台；18—气垫

12.1.3　曲柄压力机的主要技术参数

曲柄压力机的主要技术参数反映了压力机的工艺能力、应用范围、生产率等指标，是正确选用压力机和设计模具的基本依据。

12.1.3.1　公称压力及公称压力行程

曲柄压力机的公称压力是指滑块离下止点前某一特定距离时（此特定距离称为公称压力行程）或曲柄旋转到离下止点前某一特定角度（此特定角度称为公称压力角）时，滑块所容许承受的最大作用力。例如 JA31-315B 型压力机滑块在距离下止点 13mm 时，允许滑块承受 3150kN 的作用力，即公称压力行程 13mm，公称压力 3150kN。通用曲柄压力机以公称压力为主参数，其他技术参数称为基本参数。

12.1.3.2　滑块行程

滑块行程是指滑块从上止点到下止点之间的距离。它表示压力机的工艺空间参数。

12.1.3.3　滑块行程次数

滑块行程次数是指滑块每分钟从上止点到下止点，然后再回到上止点所往复的次数。

它是表示压力机生产效率的参数，行程次数越高，生产率越高，但次数超过一定数值以后，必须配备自动化送料装置，否则不可能实现高生产率。

12.1.3.4 最大装模高度及装模高度调节量

装模高度是指滑块在下止点时，滑块下表面到工作台垫板上表面的距离。当装模高度调节装置将滑块调整到最上位置时，装模高度达最大值，称为最大装模高度。上下模的闭合高度应小于压力机的最大装模高度。装模高度调节装置所能调节的距离，称为装模高度调节量。也有用封闭高度表示压力机安装模具的高度空间。所谓封闭高度是指滑块在下止点时，滑块下表面到工作台上表面的距离，与装模高度之差恰是工作台垫板的厚度，它们之间的关系如图12-2所示。在设计模具时，模具的封闭高度不得超过压力机的最大装模高度。

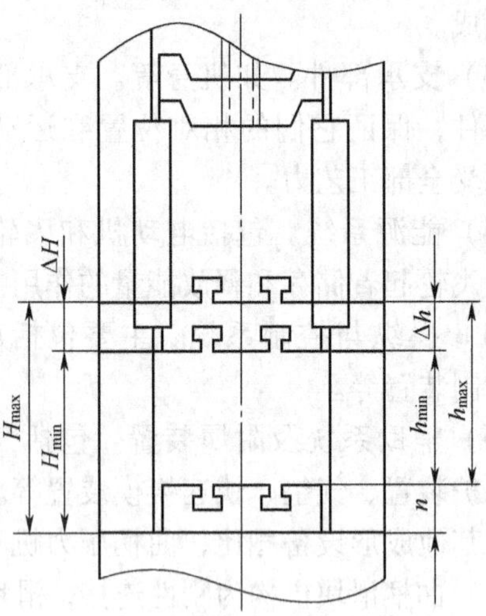

图12-2 装模高度、封闭高度与调节量之间的关系
h_{max}，h_{min}—最大、最小装模高度；Δh—装模高度调节量；
H_{max}，H_{min}—最大、最小封闭高度；
ΔH—封闭高度调节量；n—垫板厚度

12.1.3.5 工作台板及滑块底面尺寸

工作台板及滑块底面尺寸是指压力机工作台板及滑块底面工作空间的平面尺寸。它的大小直接影响所能安装模具的平面尺寸以及模具安装固定方法。

12.1.3.6 喉深

喉深是指滑块中心线至机身的距离，是开式压力机和单柱压力机的特有参数。

12.1.4 曲柄压力机的分类

按照工艺用途，曲柄压力机可分为板料冲压压力机、体积模锻压力机和剪切机。

12.1.4.1 板料冲压压力机

板料冲压压力机可分为：

(1) 通用压力机，用于进行冲裁、落料、弯曲、成形和浅拉深等工艺。

(2) 拉深压力机，用于进行拉深工艺。

(3) 板冲高速自动机，用于连续进送料的自动冲压工艺。

(4) 板冲多工位自动机，用于连续传送工件的自动冲压工艺。

12.1.4.2 体积模锻压力机

体积模锻压力机可分为：

(1) 热模锻压力机，用于热模锻工艺。

(2) 挤压机，用于冷挤压工艺。

(3) 精压机，用于平面精压、体积精压和表面压印等工艺。

(4) 平锻机，用于平锻工艺。

(5) 冷镦自动机，用于制造螺钉、螺母等各种标准件。

（6）精锻机，用于精锻各种轴类工件。

12.1.4.3　剪切机

剪切机可分为：

（1）板料剪切机，用于裁剪板料。

（2）棒料剪切机，用于剪切棒料。

12.2　曲柄滑块机构的工作特性

12.2.1　曲柄滑块机构的运动规律

图 12-3 所示为曲柄滑块机构的运动分析图。图中，O 点为曲轴的旋转中心，A 点为连杆与曲柄的连接点，B 点为连杆与滑块的连接点，OA 为曲柄半径，AB 为连杆长度。当 OA 以角速度 ω 绕 O 点旋转运动时，B 点则以速度 v 做直线运动。

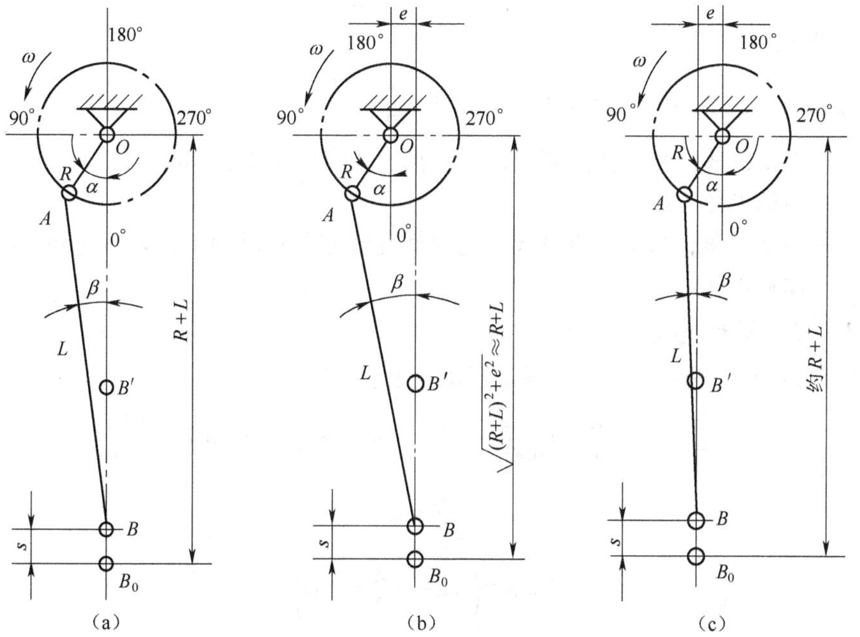

图 12-3　曲柄滑块机构运动分析图

（a），（b）正偏置；（c）负偏置

曲柄的旋转中心节点 O 有时偏离滑块的直线运动方向，偏离的距离 e 称为偏置距，这种机构称为偏置机构。向前偏置称正偏置机构，反之为负偏置机构。当 $e=0$，即节点在滑块运动方向上称正置机构。采用偏置的曲柄滑块机构主要是为了得到不同的滑块运动特性，多用在专用曲柄压力机上。

下面以正偏置机构为例，分别讨论滑块的位移、速度、加速度与曲柄转角之间的关系。

12.2.1.1　滑块位移

根据图 12-3 所示的曲柄滑块机构运动关系，取滑块的下止点 B_0 为行程的起点，滑块

从 B_0 到 B 点为滑块位移 s。

$$s = R + L - (R\cos\alpha + L\cos\beta) \tag{12-1}$$

$$L\sin\beta = R\sin\alpha$$

令
$$\lambda = \frac{R}{L}$$

则
$$\sin\beta = \lambda\sin\alpha$$

所以
$$\cos\beta = \sqrt{1-\sin^2\beta} = \sqrt{1-\lambda^2\sin^2\alpha}$$

代入式(12-1)得：

$$s = R\left[(1-\cos\alpha) + \frac{1}{\lambda}\left(1-\sqrt{1-\lambda^2\sin^2\alpha}\right)\right] \tag{12-2}$$

由于 λ 一般小于0.3，对于通用压力机，λ 一般在0.1~0.2范围内，式(12-2)可进行简化。根号部分可用级数展开并取前两项得：

$$\sqrt{1-\lambda^2\sin^2\alpha} \approx 1 - \frac{1}{2}\lambda^2\sin^2\alpha$$

所以式(12-2)变为：

$$s = R\left[(1-\cos\alpha) + \frac{\lambda}{4}(1-\cos 2\alpha)\right] \tag{12-3}$$

式中 s——滑块位移，从下止点算起，滑块离下止点的距离，mm；

R——曲柄半径，mm；

α——曲柄转角，从下止点算起，与曲柄旋转方向相反为正，以下均同，(°)；

λ——连杆系数。

12.2.1.2 滑块速度

将式（12-3）对时间求导，得滑块运动速度：

$$v = \frac{ds}{dt} = \frac{ds}{d\alpha}\cdot\frac{d\alpha}{dt} = \frac{d}{d\alpha}\left\{R\left[(1-\cos\alpha) + \frac{\lambda}{4}(1-\cos 2\alpha)\right]\right\}\frac{d\alpha}{dt}$$

因为
$$\frac{d\alpha}{dt} = \omega$$

所以
$$v = \omega R\left(\sin\alpha + \frac{\lambda}{2}\sin 2\alpha\right) \tag{12-4}$$

式中 v——滑块速度，向下方向为正，mm/s；

ω——曲柄角速度，$\omega = \pi\cdot n/30$，rad/s；

n——曲柄每分钟转数，即滑块每分钟行程次数，次。

12.2.1.3 滑块加速度

将式（12-4）对时间求导，得滑块运动加速度：

$$\begin{aligned} a &= -\frac{dv}{dt} = -\frac{dv}{d\alpha}\cdot\frac{d\alpha}{dt} \\ &= -\frac{d}{d\alpha}\left[\omega R\left(\sin\alpha + \frac{\lambda}{2}\sin 2\alpha\right)\right]\frac{d\alpha}{dt} \\ &= -\omega^2 R(\cos\alpha + \lambda\cos 2\alpha) \end{aligned} \tag{12-5}$$

式中 a——滑块加速度，向下方向为正，mm/s^2。

图 12-4 所示为 J31-160 型压力机滑块运动规律曲线。

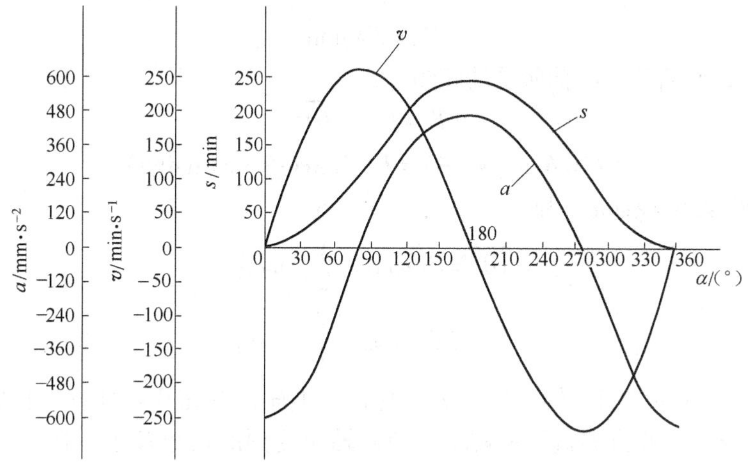

图 12-4　J31-160 型压力机滑块位移、速度及加速度曲线

12.2.2　曲柄滑块机构的受力特性

曲柄压力机工作时，曲柄滑块机构要承受全部的工艺力，是主要的受力机构之一。对此机构所承受的作用力和曲柄扭矩的计算是设计曲柄滑块机构和传动系统的基础，也是理解公称压力、公称压力行程的定义以及滑块许用负荷的必备知识。

在不考虑摩擦的状态下，曲柄滑块机构的受力如图 12-5 所示。滑块上受到的作用力有：工件成形工艺力 F、连杆对滑块的作用力 F_{AB}、导轨对滑块的反作用力 F_Q。根据力平衡条件：

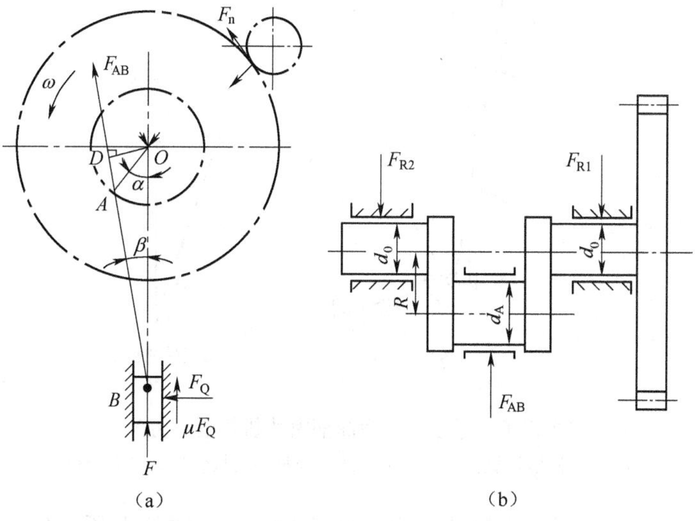

图 12-5　曲柄滑块机构受力分析图

(a) 滑块机构受力分析；(b) 曲轴受力分析

$$F_{AB} = \frac{F}{\cos\beta}$$

$$F_Q = F\tan\beta$$

因为在滑块工作范围内 β 角较小，$\cos\beta\approx1$，$\sin\beta=\lambda\sin\alpha$，所以有：

$$F_{AB}=F$$
$$F_Q=F\lambda\sin\alpha \qquad (12\text{-}6)$$

在工艺力 F 作用下，曲轴所受的扭矩为：

$$T_t=F_{AB}\cdot\overline{OD}$$

因为 $$\overline{OD}=R\sin(\alpha+\beta)=R(\sin\alpha\cos\beta+\cos\alpha\sin\beta)$$

取 $\cos\beta\approx1$，而 $\sin\beta=\lambda\sin\alpha$，则：

$$\overline{OD}=R\left(\sin\alpha+\frac{\lambda}{2}\sin2\alpha\right)$$

所以 $$T_t=FR\left(\sin\alpha+\frac{\lambda}{2}\sin2\alpha\right) \qquad (12\text{-}7)$$

由式(12-7)可知，当工件变形力 F 一定时，曲轴所受扭矩随曲柄工作转角 α 不同而不同。在滑块接近下止点附近，α 较小，则曲轴所受到的扭矩较小；在下止点处 $\alpha=\beta=0$，曲轴不受扭矩的作用；在行程中点附近，α 较大，所以曲轴所受扭矩亦较大。

实际上，在工艺力的作用下，曲柄滑块机构各运动副之间有很大的摩擦力。考虑摩擦的影响以后，各环节的受力方向及大小发生了变化。图 12-6 所示为考虑摩擦后曲柄滑块机构受力分析。

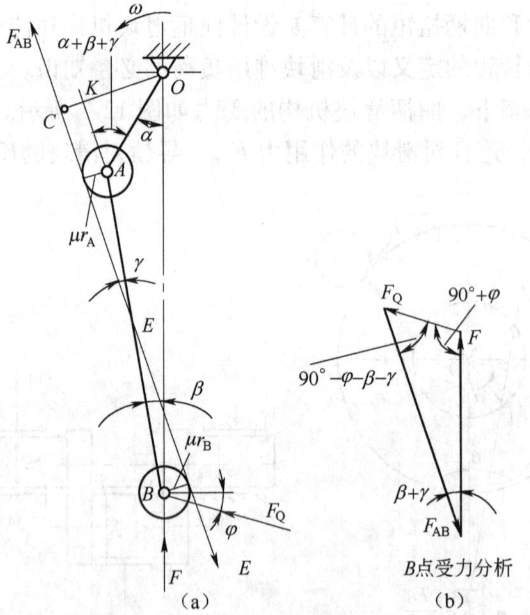

图 12-6 考虑摩擦后曲柄滑块机构受力分析

(a) 曲柄滑块机构受力分析；(b) 连杆与滑块铰接处受力分析

图 12-6 中 A、B 处的圆为摩擦圆，由于摩擦的存在，连杆上所受的力 F_{AB} 不再沿连杆的轴心线 AB 方向，而沿摩擦圆 A、B 的公切线方向。图中曲柄 OA 的旋转方向为逆时针方向，所以连杆 AB 相对于 OA 做顺时针转动，滑块相对于 AB 做逆时针转动，并且由于连杆所受的力为拉力，所以公切线的方向如图所示。连杆力 F_{AB} 对于圆心 A、B 所造成的摩擦力矩有阻止滑块和曲柄转动的趋势。此外，导轨给滑块的力也由于摩擦力的存在，不再垂

直导轨面，而偏离一摩擦角 φ。考虑 B 点力的平衡得：

$$\frac{F_{AB}}{\sin(90°+\varphi)}=\frac{F}{\sin(90°-\varphi-\beta-\gamma)}$$

所以

$$F_{AB}=F\frac{\cos\varphi}{\cos(\varphi+\beta+\gamma)}$$

曲轴上输入端所受扭矩为：

$$T_q=F\cdot\overline{OC}+(F_{R1}\mu r_0+F_{R2}\mu r_0)$$

上式中第一项为连杆力 F_{AB} 作用在曲轴上所产生的扭矩；第二项为曲轴两端支撑颈处的摩擦扭矩，如图 12-5(b)所示，F_{R1}、F_{R2} 分别为支撑颈上的支座反力，由于小齿轮的作用力 F_n 比 F_{AB} 小得多，所以可认为：

$$F_{R1}+F_{R2}=F_{AB}$$

又因为

$$\overline{OC}=\overline{OK}+\overline{KC}=R\sin(\alpha+\beta+\gamma)+\mu r_A$$

所以

$$T_q=F\left(\frac{\cos\varphi}{\cos(\varphi+\beta+\gamma)}[R\sin(\alpha+\beta+\gamma)+\mu r_A]+\mu r_0\right)\qquad(12\text{-}8)$$

式中　μ——摩擦系数，对于通用压力机 $\mu=0.04\sim0.05$；

φ——摩擦角，$\varphi=\arctan\mu$，(°)；

r_A——曲轴曲柄颈、连杆梢或球头半径，mm；

r_0——曲轴支撑颈半径，mm；

γ——F_{AB} 与 $\overline{AB}$ 的夹角，(°)。

又因为

$$\frac{\mu r_A}{\sin\gamma}+\frac{\mu r_B}{\sin\lambda}=L$$

$$\sin\gamma=\frac{\mu(r_A+r_B)}{L}=\frac{\mu\lambda(r_A+r_B)}{R}$$

$$\sin(\alpha+\beta+\gamma)=\sin(\alpha+\beta)\cos\gamma+\cos(\alpha+\beta)\sin\gamma$$

$$=\cos\gamma\left(\sin\alpha+\frac{\lambda}{2}\sin2\alpha\right)+\cos(\alpha+\beta)\frac{\mu\lambda(r_A+r_B)}{R}$$

$$T_q=F\left\{\frac{\cos\varphi}{\cos(\varphi+\beta+\gamma)}\left[R\cos\gamma\left(\sin\alpha+\frac{\lambda}{2}\sin2\alpha\right)+\cos(\alpha+\beta)\mu\lambda(r_A+r_B)+\mu r_A\right]+\mu r_0\right\}$$

由于 φ、γ 均很小，且摩擦当量力臂随曲柄转角不同而不同，当用 $\alpha=0°$ 时的当量力臂代替全行程力臂时，其误差很小。上式可简化为：

$$T_q=FR\left(\sin\alpha+\frac{\lambda}{2}\sin2\alpha\right)+F\mu((1+\lambda)r_A+\lambda r_B+r_0)\qquad(12\text{-}9)$$

式中　r_A，r_B——曲轴曲柄颈、连杆梢或球头半径，mm。

式（12-9）为实际工作中曲轴扭矩计算公式，前面一项即为曲轴理想状态下扭矩 T_t。

12.2.3　曲柄滑块机构的许用负荷

从式(12-9)可以看到，曲柄压力机曲轴所受的扭矩 T_q 除与滑块所承受的工艺力 F 成正比外，还与曲柄转角 α 有关，α 越大，力臂越大，则 T_q 越大，即在较大的曲柄转角下工作时，曲轴上所受扭矩较大。在设计和使用曲柄压力机时，必须对工作时的 α 值加以限制。在压力机基本参数中就规定了公称压力角。公称压力角是指与公称压力行程所对应的曲柄转角。在设计曲柄压力机时，若公称压力角定得太大，压力机固然能在较大的角度下用公称压力进行工作，但这时曲轴受到的扭矩很大，设备强度储备必然会过大，造成浪费；反之，若公称压力角定得较小，又会限制压力机的工艺使用范围。一般小型压力机的公称压力角为30°，中、大型压力机的公称压力角为20°。在使用压力机时，只在公称压力角内，允许滑块承受公称压力，在公称压力角之外，允许作用在滑块上的力应当相应减小，以保证机床零件不发生强度破坏。

曲轴是传递运动和动力的重要零件，它的强度是限制滑块负荷大小的主要因素。在压力机工作时，曲轴受剪切、弯矩和扭矩的联合作用。图12-6(b)中曲轴的曲柄颈和曲轴支撑颈为主要受力位置。在曲柄颈处受到弯矩和扭矩的联合作用，但由于此处的扭矩比弯矩小得多，可只考虑弯曲强度问题。由于曲轴的弯矩是由工艺力 F 引起的，在设计压力机时，一般用公称压力来设计或校核曲柄颈的弯曲强度。在曲轴支撑颈位置也受到弯扭矩联合作用，但此处弯矩比扭矩小得多，可以忽略弯矩的影响，只考虑扭转强度问题。由于曲轴支撑颈处所受扭矩为 T_q，则该处的强度设计和校核是按曲轴的公称扭矩进行计算。所谓公称扭矩，是指曲柄转角等于公称压力角、滑块负荷等于公称压力时，曲轴上所承受的扭矩。

在使用压力机时，需要严格注意曲柄工作角度和最大滑块负荷，应使工艺力的最大值在曲柄颈处产生的最大弯曲和曲轴支撑颈处产生的最大扭矩不超过强度范围，方能保证设备安全工作。尤其是在通用曲柄压力机上进行冷挤压工艺或用复合模进行冲压加工时，更要注意此问题。

12.3 通用压力机

通用压力机广泛用于汽车、电器和日用品生产等行业，可进行落料、冲裁、弯曲、拉深及翻边等工艺。

通用压力机种类很多，按机身的形式可分为开式压力机和闭式压力机，按连杆的数量分为单点压力机、双点压力机和四点压力机，按传动的形式可分为上传动压力机和下传动压力机。

图12-7所示为开式压力机，其机身三面敞开，操作方便，但刚度较差。中小型压力机多为开式压力机。闭式压力机只有机身前后敞开，刚度较好，但操作不太方便，中大型压力机多为闭式压力机。图12-7中曲柄滑块机构只有一组，称为单点压力机，适用于工作台面较小的压力机。

12.3.1 通用压力机的曲柄滑块机构

通用压力机的曲柄滑块机构主要由曲轴、连杆和滑块组成压力机的工作机构。曲轴旋转时，连杆做摆动和上下运动，滑块沿导轨做上下往复直线运功。除此之外，曲柄滑块机构中还设有装模高度调节装置、超载保护装置、顶件装置等。有3种结构形式：曲轴驱动的曲柄滑块结构、曲拐轴驱动的曲柄滑块机构和偏心齿轮驱动的曲柄滑块机构。

12.3.1.1 曲轴驱动的曲柄滑块结构

曲轴上有两个对称的支撑颈和一个曲柄颈，由曲柄臂连为一体。曲柄半径可做得比较

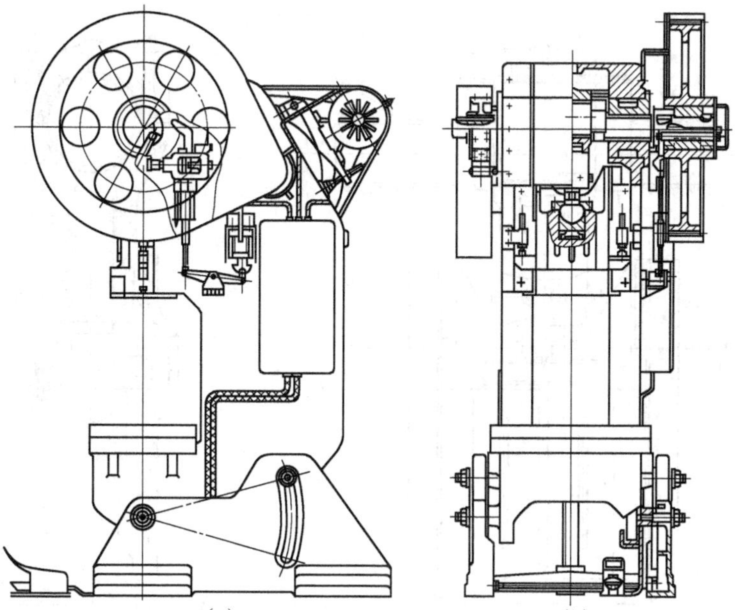

图 12-7 开式压力机结构图
(a) 侧视图；(b) 正视图

大，能满足压力机行程较大的要求。压力机工作时，工艺载荷通过滑块、连杆传至曲轴后再传给机身。曲柄颈较小，传动效率较高，是中、小压力机上广泛应用的结构。如图 12-8 所示，该结构主要由曲轴 3、连杆体 1、调节螺杆 6 和滑块 5 组成。曲轴旋转时，连杆做摆动和上、下运动，因而使滑块沿导轨做上、下往复直线运动。在连杆中还有调节其长度的装置，由连杆体 1、调节螺杆 6 和锁紧螺钉 9 等组成。松开锁紧螺钉，转动螺杆，即可调节连杆的长度，以便达到调节装模高度的目的。在滑块中使用模具夹持块 11 夹持模具，打料顶杆 4 用来顶出工件。在有些压力机中，装有过载保护装置，零件 8 即为压塌块式的保护装置。

12.3.1.2 曲拐轴驱动的曲柄滑块机构

曲拐轴的曲柄颈为一悬臂端，刚性较差。为了满足压力机所需的行程，大端支撑颈的直径较粗，影响传动效率，其优点是结构简单，容易制造。适用于小行程开式单柱压力机，通常垂直于机身正面安装。如图 12-9 所示，主要由曲拐轴 2、连杆 3 和滑块 4 组成。这种形式的压力机一般装有行程调节装置，即在曲拐上装有偏心套 1，连杆套设在偏心套的外圆上，转动偏心套便可改变曲拐偏心距，从而改变曲柄半径的大小，达到调节行程的目的。

12.3.1.3 偏心齿轮驱动的曲柄滑块机构

偏心齿轮通过芯轴安装在机身，芯轴与大齿轮同心。大齿轮旋转时偏心颈起曲柄作用。偏心距等于曲柄半径。偏心齿轮的结构紧凑，刚性好，并能安装在机身的箱体内构成闭式传动，同时，改善了齿轮的工作条件和压力机外观，在大型压力机上基本取代了曲轴。如图 12-10 所示，主要由偏心齿轮 7、芯轴 8、连杆 1、调节螺杆 2 和滑块 3 组成。偏

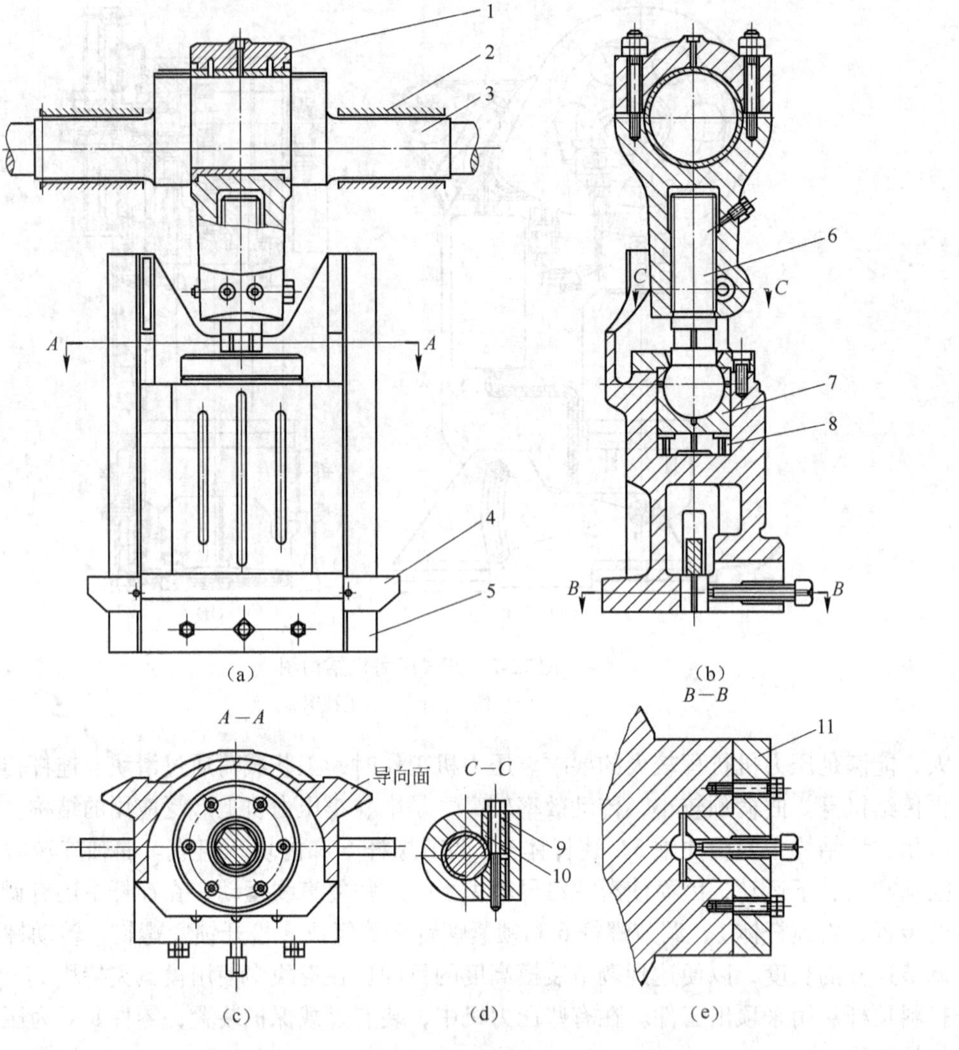

图 12-8　JB23-63 压力机的曲柄滑块机构结构图

(a) 曲柄滑块机构正视图；(b) 曲柄滑块机构侧视图；(c) 滑块导向结构；(d) 装模高度调节机构；(e) 模具夹持结构

1—连杆体；2—轴瓦；3—曲轴；4—打料顶杆；5—滑块；6—调节螺杆；7—下支承座；8—保护装置；9—锁紧螺钉；10—锁紧块；11—模具夹持块

心齿轮的偏心颈相对于芯轴有一偏心距，相当于曲柄半径。芯轴两端紧固在机身上，偏心轴在芯轴上旋转，就相当于曲柄在旋转，并通过连杆机构使滑块上下运动。

上述 3 种形式有一共同特点，即连杆与滑块的连接采用球头形式，连杆采用组合式，通过调节连杆体与螺杆的相对位置达到调节装模高度的目的。

除上述 3 种基本形式外，连杆与滑块的连接还有采用柱销式，连杆采用整体式，通过调节连接螺杆与滑块的相对位置来调节装模高度。

12.3.2　通用压力机的传动系统

传动系统的作用是把电动机的能量传给曲柄滑块机构，并对电动机的转速进行减速，使滑块获得所需的行程次数。通用压力机的传动系统一般包括带传动系统和齿轮传动系

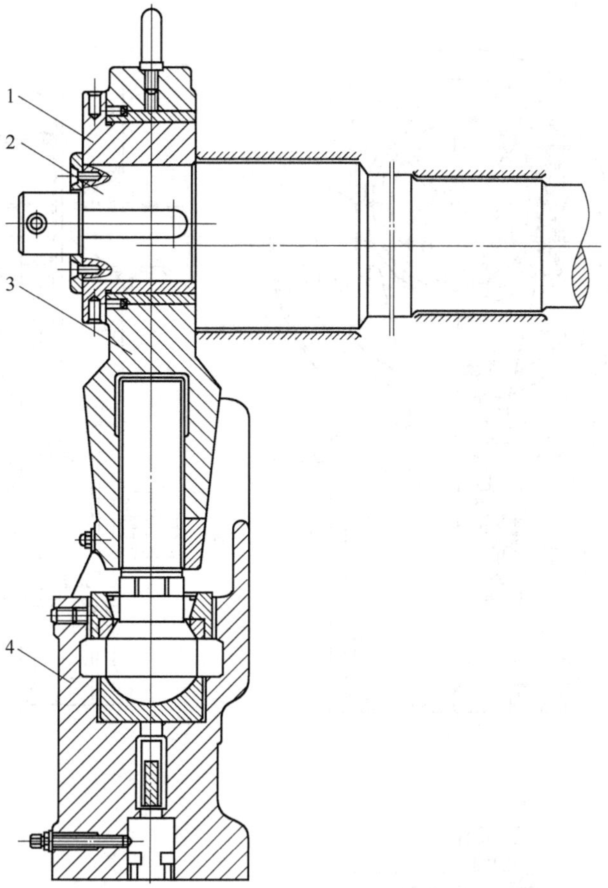

图 12-9 JB21-100 压力机的曲柄滑块机构结构图

1—偏心套；2—曲拐轴；3—连杆；4—滑块

统。滑块行程次数较低的压力机一般采用一级带传动和三级齿轮传动，行程次数较高的采用一级带传动和一级齿轮传动，高速压力机则采用一级带传动。

12.3.2.1 传动系统的布置

压力机传动系统置于工作台之上称为上传动式，传动系统置于工作台之下的称为下传动式。现有通用压力机多采用上传动形式，只有在有特殊要求（如旧车间添置大型压力机）时采用下传动压力机。

压力机传动系统的布置形式有几种，但现在的闭式压力机，其传动系统多垂直于压力机正面，轴承间跨距短，受力条件较好；开式压力机则有平行于正面安装（如图 12-7 所示）和垂直于正面安装两种。

12.3.2.2 传动级数

压力机的传动级数与电动机的转速和滑块每分钟的行程次数有关。行程次数低，总速比大，传动级数就应多些，否则每级的速比过大，结构不紧凑；行程次数高，总速比小，传动级数可少些。现有压力机传动系统的级数一般不超过四级。行程次数在 70 次/min 以上的用单级传动，70 ~ 30 次/min 的用两级传动，30 ~ 10 次/min 的用三级传动，10 次/

min 以下的用四级传动。

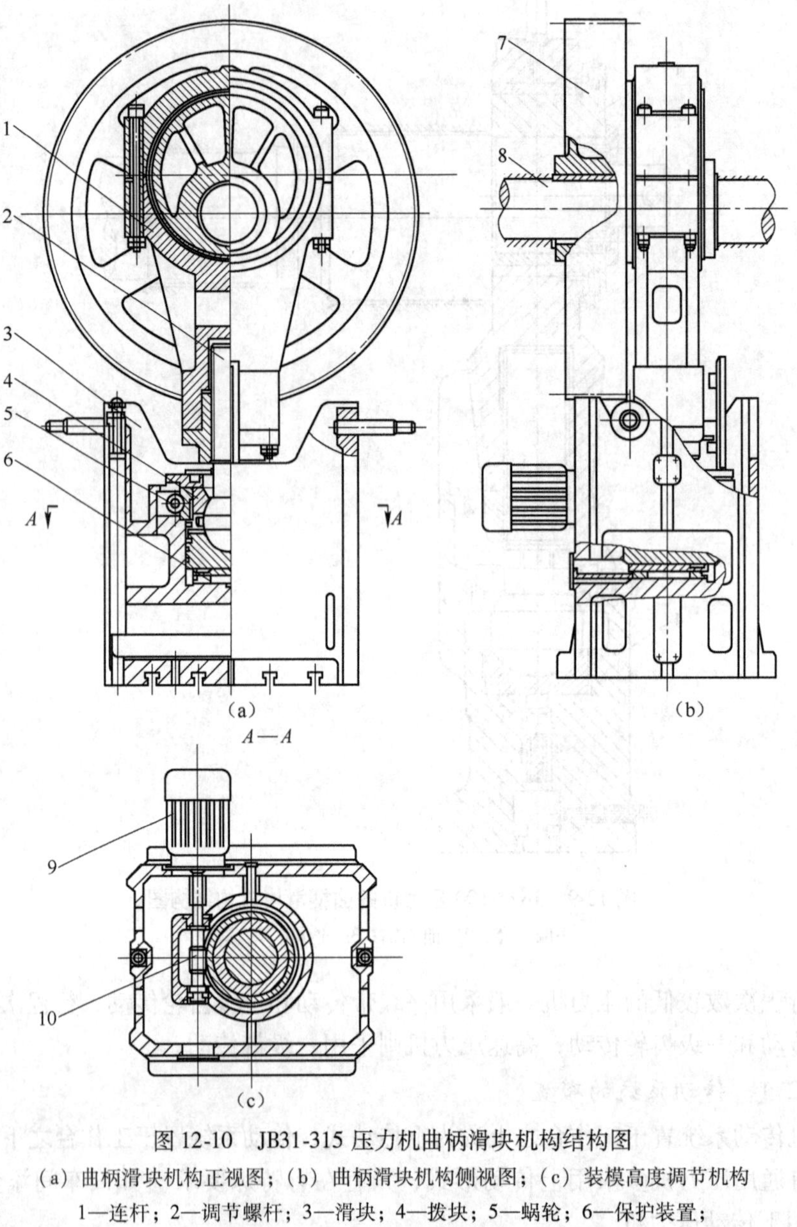

图 12-10　JB31-315 压力机曲柄滑块机构结构图

(a) 曲柄滑块机构正视图；(b) 曲柄滑块机构侧视图；(c) 装模高度调节机构

1—连杆；2—调节螺杆；3—滑块；4—拨块；5—蜗轮；6—保护装置；

7—偏心齿轮；8—芯轴；9—电动机；10—蜗杆

各传动级的速比分配要恰当。通常三角皮带传动的速比不超过 6 ~ 8，齿轮传动不超过 7 ~ 9。速比分配时，要保证飞轮有适当的转速，也要注意布置得尽可能紧凑、美观和长、宽、高尺寸比例恰当。通用压力机的飞轮转速常取 300 ~ 400r/min 左右。因为转速太低，会使飞轮作用大大削弱；转速太高会使飞轮轴上的离合器发热严重，造成离合器和轴承的损坏。

12. 3. 2. 3　离合器和制动器的安装位置

单级传动压力机的离合器和制动器只能置于曲轴上。

采用刚性离合器的压力机，离合器应置于曲轴上，这是因为刚性离合器不宜在高速下工作，而曲轴的转速较低，所以离合器置于曲轴上比较合适。在此情况下，制动器必然也置于曲轴上。

采用摩擦离合器时，对于具有两级和两级以上传动的压力机，离合器可置于转速较低的曲轴上，也可置于中间传动轴上。从压力机能量消耗来看，当摩擦离合器安装在低速轴上时，加速压力机从动部分所需的功和离合器接合时所消耗的摩擦功都比较小，因而能量消耗较小；从离合工作条件来看，低速轴上的离合器的磨损系数较小，所以离合器工作条件较好。但是低速轴上的离合器需要传递较大扭矩，因而结构尺寸较大；此外，从传动系统布置来看，闭式通用压力机的传动系统近年来多封闭在机身之内，并用偏心齿轮，致使离合器不便安装在曲轴（偏心齿轮轴）上，通常只好置于转速较高的传动轴上。在高速轴上设置离合器时，由于所需传递扭矩小，所以压力机结构比较紧凑，但主动部分与从动部分的初速度相差较大，工作时摩擦损耗及冲击较大。

12.3.3　通用压力机的离合器与制动器

在通用压力机的传动系统中，设置了离合器和制动器，用来控制压力机工作机构的运动和停止。离合器的作用是使工作机构与传动系统接合或分离。接合时它把压力机的工作机构与传动系统联系起来，使工作机构得到传动系统提供的运动和能量。分离时在制动器作用下使滑块迅速停止运动并支承滑块的自重，防止滑块下滑造成人身事故。

常用的离合器可分为刚性离合器和摩擦离合器两大类。刚性离合器仅用于小型压力机，常配合闸瓦式制动器完成压力机的操作控制。摩擦离合器和制动器的结构比较完善，普遍应用于大、中型压力机。

12.3.3.1　刚性离合器

刚性离合器是靠接合零件把主动部分和从动部分刚性连接起来。这类离合器根据接合零件的结构可分为转键式、滑销式、滚柱式和牙嵌式，应用最多的是转键离合器。

A　双转键式离合器的结构和工作原理

图 12-11 所示为双转键离合器的结构及工作原理，工作键（或称主键、转键）16 是它的主要工作元件。按工作键的工作截面形状分为半圆形转键（习惯上称圆形转键）和矩形转键（或称切向键）。

双转键式离合器采用圆形转键。转键 16 通过内套 2 和外套 6 装在曲轴 3 的右端。内、外套上有半圆槽与曲轴上的半圆槽相对应组成圆孔，转键装在此孔中可以自由转动。大齿轮的内孔装有中套 4，中套内孔有 3 ~ 4 个半圆槽。压力机不工作时，由关闭器 9 挡住尾板 10（见 *C—C* 剖面），其工作截面处于图 *D—D* 剖面所在位置，工作键与大齿轮不起连接作用，大齿轮可在内、外套支承下自由旋转，即脱离状态。当关闭器 9 放开尾板 10 时，尾板 10 在弹簧 12 作用下转至剖面 *D—D* 所示接合状态。月牙形截面转出曲轴的半圆孔落入中套的半圆槽中，与大齿轮发生连接，大齿轮带动工作键和曲轴一起旋转。双转键式离合器有两个键，一个称工作键（图中 16），又称主键，主键传递工作扭矩，另一个称填充键（又称为副键）。主键和副键之间由四连杆机构联动，有的采用扇形齿轮，有的直接用尾板 10 联动。副键的作用是防止曲轴“超前”。曲轴“超前”的概念是指从动件的运动速度超过主动件的速度。在曲柄压力机工作时，下列情况有可能产生曲轴“超前”：当滑

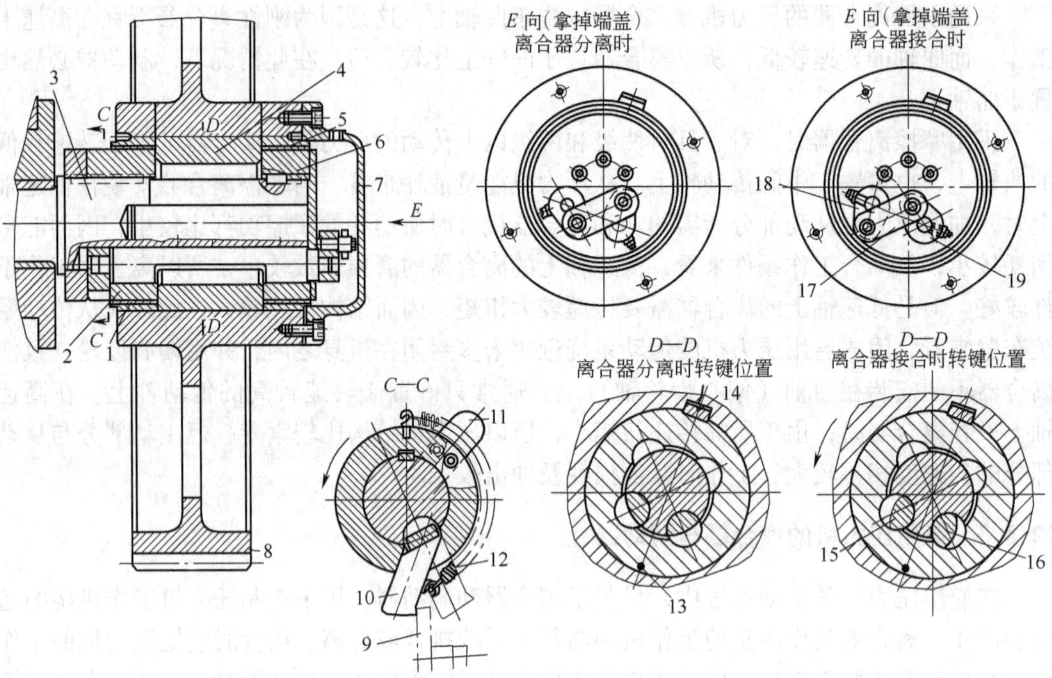

图 12-11 双转键式离合器

1，5—滑动轴承；2—内套；3—曲轴；4—中套；6—外套；7—端盖；8—大齿轮；9—关闭器；10—尾板；11—凸块；12—弹簧；13—润滑棉芯；14—平键；15—副键；16—工作键；17—拉板；18—副键柄；19—工作键柄

块向下行程时，由于制动器调得过松，滑块和上模自重可使曲轴加速旋转；在使用拉深垫或弹性压边圈和弹性顶料器作业中，滑块开始回程时滑块受到向上的弹力作用，亦可能造成超前；回程后期滑块做减速运动，产生向上的惯性力也可能造成超前。一旦出现超前，从图中 *D—D* 剖面所示接合状态可以看出，如果没有副键 15，主键 16 的工作面将出现间隙，间隙消失时会产生撞击和噪声。有副键 15 就不会出现超前现象。制动器松紧调节得合适可以避免超前现象。

B 双转键式离合器的操纵装置

图 12-12 所示为刚性离合器操纵装置的一种。主要由关闭器 10、齿轮-齿条机构和杠杆系统组成。这种操纵装置可控制压力机的滑块的单次行程和连续行程。

（1）连续行程。用销子 11 将拉杆 5 连到齿条 12 上，齿条在弹簧作用下上升，带动齿轮轴上的关闭器 10 处在图示位置，挡住键尾，转键呈分离状态，曲轴停在上止点。当电磁铁通电，吸引衔铁拉杆 5 拉下齿条，关闭器 10 逆时针旋转，放开键尾，在弹簧作用下带动转键向接合方向旋转，当空转的大齿轮中套上的某个半圆槽遇到转键，转键便迅速滑入槽中与中套接合，并与曲轴一起开始转动，滑块开始向下行程。在曲柄返回上止点前让电磁铁断电，弹簧将键尾复位，关闭器又可挡住键尾，在继续转动中转键对曲轴发生相对转动，回到分离状态。曲轴在制动器作用下停在上止点，滑块完成一次行程。如果电磁铁没有断电，即不释放按钮或脚踏开关，曲轴仍继续旋转，滑块进行连续行程。

（2）单次行程。实现单次行程时，先将拉杆 5 与打棒 3 连接，电磁铁通电，打棒 3 的台阶面压下齿条，同连续行程一样，滑块便可开始向下行程。在曲轴返回上止点前曲轴上

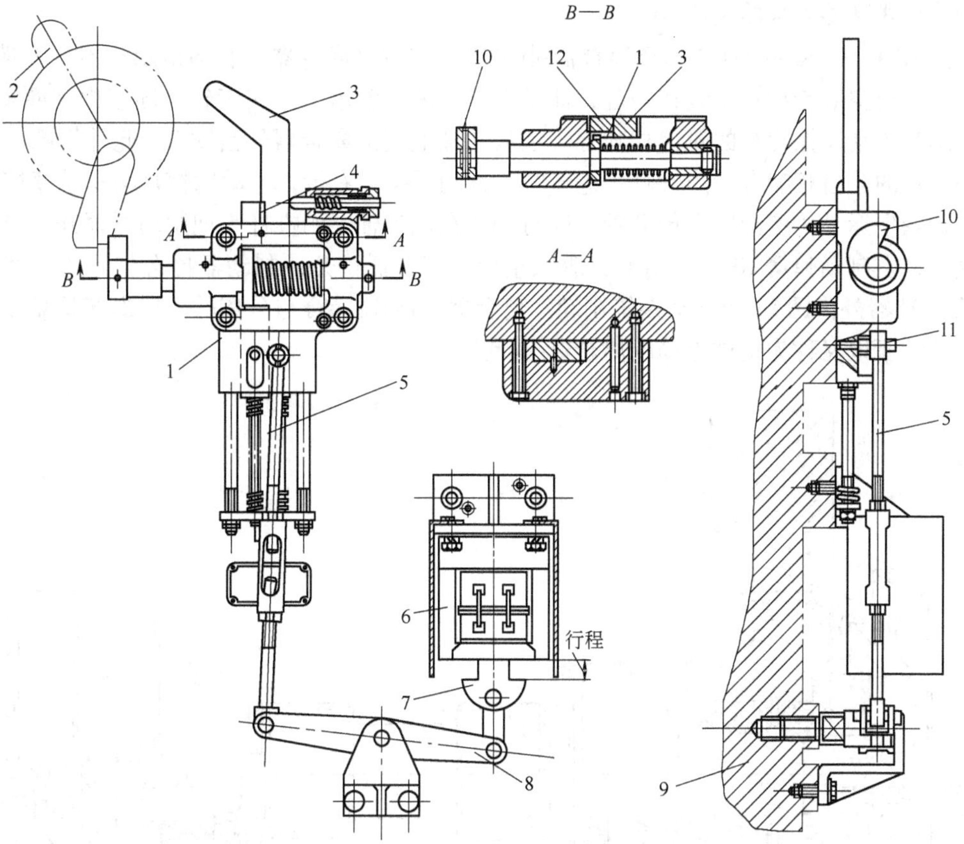

图 12-12　电磁铁控制的操纵机构

1—齿轮；2—凸块；3—打棒；4—台阶面；5—拉杆；6—电磁铁；7—衔铁；8—摆杆；9—机身；10—关闭器；11—销子；12—齿条

的凸块 2 推开打棒，台阶面与齿条分离，齿条在弹簧作用下上升，带动齿轮轴使关闭器复位挡住键尾，经过很短的转键脱离和制动过程，曲轴停在上止点，实现了单次行程。进行下一次行程前需使电磁铁断电，让弹簧将打棒提起，台阶面重新扣住齿条才能进行下一次行程。

刚性离合器的主要缺点是在滑块向下行程途中不能随时停止滑动，时常造成操作安全问题。现在已出现了安全刚性离合器，如凸轮式安全刚性离合器、拨叉式安全刚性离合器，具有急停功能，能实现紧急停车，也称寸动刚性离合器。

12.3.3.2　摩擦离合器-制动器

摩擦离合器主要用于大、中型压力机有圆盘式和嵌块式两种。根据盘数和有无介质，又有单片式、多片式、干式和湿式之分。

摩擦离合器依靠摩擦力传递扭矩。这种离合器-制动器的特点是：传递的扭矩大；工作平稳，没有冲击；可以在任意位置离合或制动，调整模具方便；超负荷时，摩擦片之间打滑可起到一定的保险作用。曲柄压力机的摩擦离合器-制动器的结构形式很多，按其工作情况分为干式和湿式两种。干式离合器和制动器的摩擦面暴露在空气中，而湿式则浸在油里。按其摩擦盘的形状，又有圆盘式、浮动镶块式和圆锥式等。目前常用的是圆盘式和浮动镶块式摩擦离合器-制动器。

图 12-13 所示为圆盘式摩擦离合器-制动器。左端是离合器，右端是制动器。大带轮 7 并不直接与空心传动轴 4 装在一起，而是支撑在滚动轴承上。在带轮上固接内齿圈 8，此内齿圈与主动摩擦片 9 的轮齿相啮合。在从动轴上固接离合器外齿圈 3，此外齿圈与从动摩擦片 6 的轮齿相啮合。当气缸 1 进气时，推动活塞 2 右行，主动摩擦片与从动摩擦片接合，带轮把运动传递给空心传动轴。同时，装在从动轴中的推杆 5 把制动器顶开。当气缸排气时，在制动弹簧 10 的作用下，活塞左行，离合器松开，制动器接合，并通过摩擦片 12 和制动器外齿圈 13 使从动系统制动。离合器-制动器接合与分离的先后次序是靠顶杆来完成的，所以又称为机械连锁的离合器-制动器。

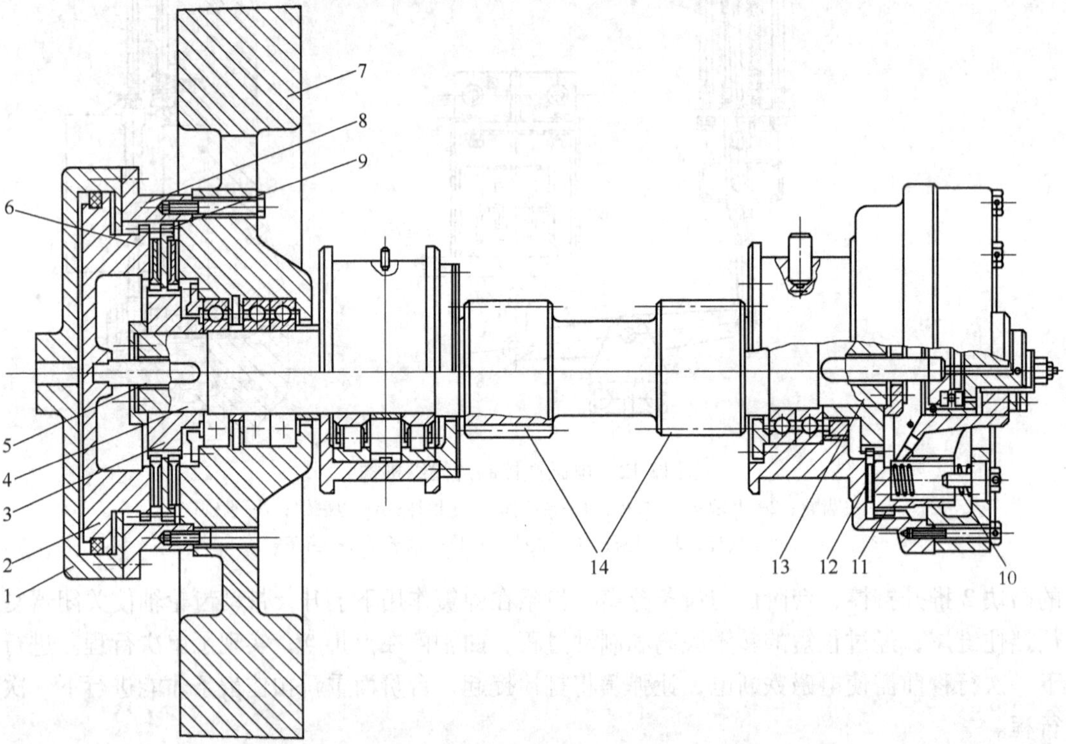

图 12-13　JA31-160B 压力机的圆盘式摩擦离合器-制动器

1—气缸；2—活塞；3—离合器外齿圈；4—空心传动轴；5—推杆；6—从动摩擦片；7—大带轮；8—离合器内齿圈；9—主动摩擦片；10—制动弹簧；11—制动器内齿圈；12—摩擦片；13—制动器外齿圈；14—小齿轮

12.3.3.3　带式制动器

带式制动器通常和刚性离合器配合使用，安装在曲轴的另一端。通用压力机常用的带式制动器有偏心带式制动器和凸轮制动器两种。

图 12-14 所示为偏心带式制动器，制动轮 5 固接在曲轴的一端，在其外沿包有制动带 3，制动带的一端与机身铰接，另一端用制动弹簧张紧。制动轮与曲轴有一偏心距 e，因此，当曲轴接近上止点时，制动带张得最紧，制动力矩最大。曲轴在其他角度时也不完全松开，仍然保持一定的制动力矩。制动力矩的大小可用调节螺钉上的螺母进行调节。这种制动器结构简单，但因经常有制动力矩作用，增加了压力机的能量损耗，加速摩擦材料的磨损。

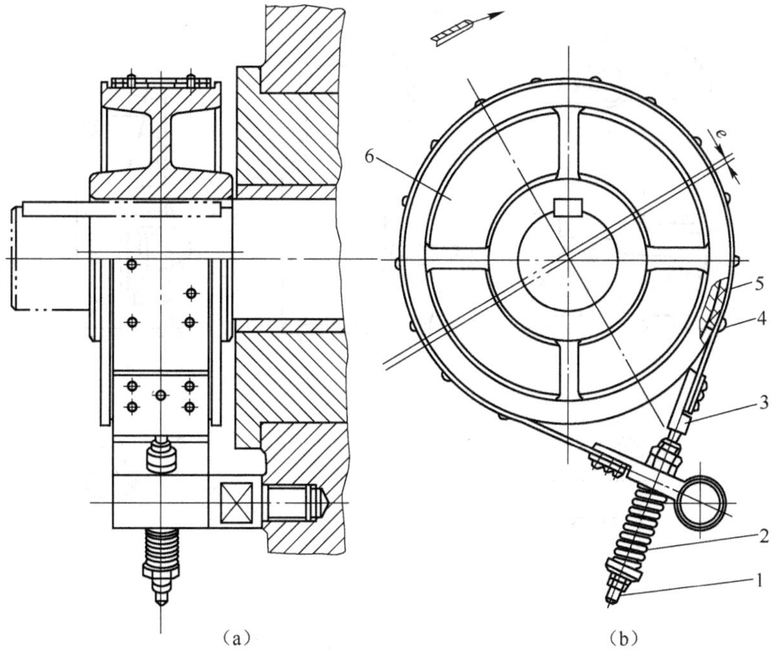

（a）　　　（b）

图 12-14　偏心带式制动器

（a）正视图；（b）侧视图

1—调节螺钉；2—制动弹簧；3—制动带；4—摩擦材料；5—制动轮；6—机身

12.3.4　通用压力机的机身

机身是压力机的一个基本部件。所有零部件都装在机身上面。工作时要承受全部工作变形力。因此，机身的合理设计对减轻压力机质量，提高压力机刚度都具有直接的影响。

机身分为两大类型：即开式机身和闭式机身。前者三面敞开，操作方便，但刚度较差，适用于中、小型压力机；后者两侧封闭，刚度较好，但操作不如开式的方便，适用于中、大型压力机以及某些精度要求较高的小型压力机。

开式机身常见类型如图 12-15 所示。按机身背部有无开口可分为双柱机身（见图 12-15(a)）和单柱机身（见图 12-15(b) 和图 12-15(c)）。按机身是否可以倾斜分为可倾机身（见图 12-15(a)）和不可倾机身（见图 12-15 (b) 和图 12-15(c)）。按机身的工作台是否可以移动分为固定台（见图 12-15(b)）和活动台（见图 12-15(c)）。不同的机身形式有不同的用途，双柱可倾机身便于从机身背部卸料，有利于冲压工作的机械化与自动化。活动台机身可以在较大范围内改变压力机的闭合高度，适用工艺范围较广。单柱固定台机身一般用于公称压力较大的开式压力机。

闭式机身常见类型如图 12-16 所示。整体闭式机身(见图 12-16(a)) 加工装配工作量较少，但需要大型加工设备，运输也较困难。组合闭式机身(见图 12-16(b)) 是由上梁、立柱、底座和拉紧螺栓组合而成，加工运输比较方便，在大、中型压力机里此种机身应用较多。

12.3.5　通用压力机的电动机与飞轮

电动机和飞轮是压力机的能源系统。压力机工作中消耗的能量全部由电动机供给。由

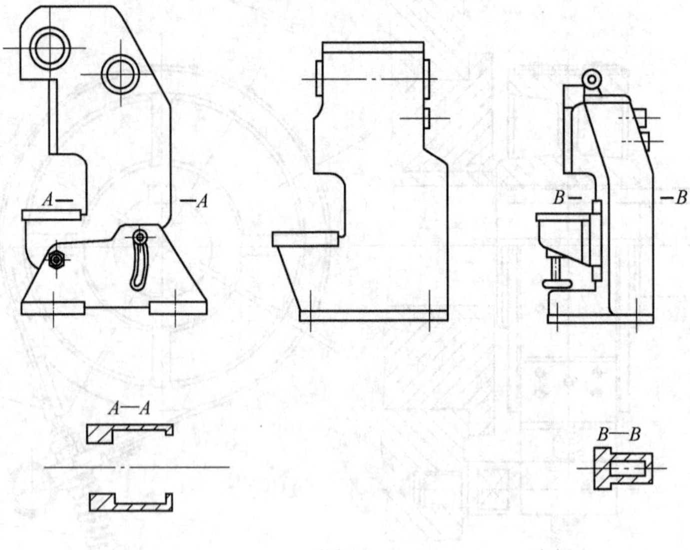

图 12-15　开式机身类型

(a) 双柱可倾机身；(b) 单柱固定台机身；(c) 单柱活动台机身

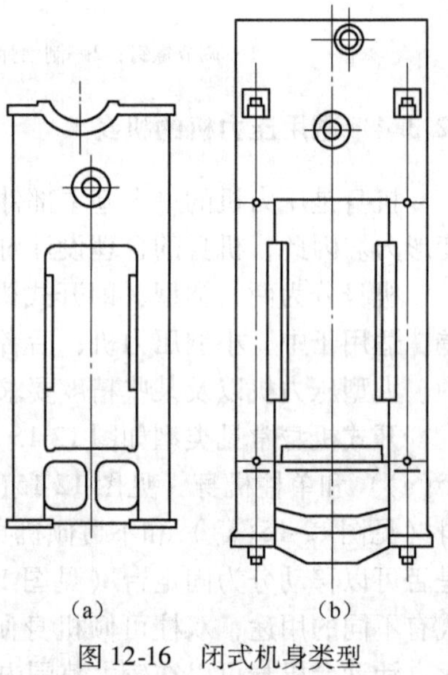

图 12-16　闭式机身类型

(a) 整体式；(b) 组合式

于塑性成形的工艺载荷具有不均匀性，曲柄压力机工作时，曲轴只在公称压力角之内承受工作负荷，而在大部分转角上是空程运转。也就是说，曲柄压力机在一个工作周期内只在较短的时间内承受工作负荷，而较长的时间是空程运转。如果按工作时这一短暂的负荷来选择电动机的功率，则电动机的功率会很大。必须借助飞轮的调速特性来平衡电动机的机械载荷。因此，通用压力机采用电动机-飞轮拖动系统。飞轮的机械调速作用可保证压力机高峰载荷时电动机不致超出允许的转差率范围，同时可释放大量能量供给工件变形需要，提供足够大的惯性力矩使工作机构克服工件的变形抗力。在工作行程中飞轮大量释放能量使其转速下降，在压力机空程运动时，电动机使飞轮的转速升高恢复能量，这就是飞轮和电动机的工作循环。

曲柄压力机一个工作循环所消耗的能量 A 称为单次行程功。它由下面几部分组成：

$$A = A_1 + A_2 + A_3 + A_4 + A_5 + A_6 + A_7 \tag{12-10}$$

式中 A_1——工件变形功，J；

A_2——工作行程时，消耗于压边所需的功，J；

A_3——工作行程时，曲柄滑块机构的摩擦功，J；

A_4——工作时，压力机受力系统的弹性变形能，J；

A_5——压力机空程向下和空程向上所消耗的能量，J；

A_6——单次行程时，滑块停顿、飞轮空转所消耗的能量，J；

A_7——单次行程时，离合器接合所消耗的能量。

压力机设计时，是按一次行程的平均能量来计算电动机功率的：

$$P = KA/T \tag{12-11}$$

$$T = 1/(nC_n)$$

式中 P——电动机功率，W；

K——电动机功率系数，一般取 $K = 1.2 \sim 1.6$；

T——压力机实际工作周期，s；

n——滑块每分钟行程次数，次；

C_n——行程利用系数，$C_n = 0.4 \sim 1.0$。

完成成形工作主要靠飞轮释放能量，如果忽略电动机在这时所输出的能量，则：

$$A_y = A_1 + A_2 + A_3 + A_4 = \frac{1}{2}J_0(\omega_1^2 - \omega_2^2)$$

令

$$\omega_m = \frac{1}{2}(\omega_1 + \omega_2)$$

$$\delta = \frac{\omega_1 - \omega_2}{\omega_m}$$

则

$$A_y = J_0\omega_m^2\delta \tag{12-12}$$

所以

$$J_0 = \frac{A_y}{\omega_m^2\delta}$$

式中 A_y——压力机完成成形工作所消耗的能量，J；

J_0——飞轮转动惯量，kg · mm²；

ω_1，ω_2——成形开始、结束时飞轮的角速度，rad/s；

ω_m——飞轮平均角速度，rad/s；

δ——飞轮转速不均匀系数。

从式（12-12）中可见，δ 越大，所需飞轮的转动惯量就越小，飞轮尺寸也就越小，但不均匀系数的最大值受到电动机过载和发热条件的限制。当压力机完成成形工作所需的能量一定时，飞轮的角速度越大，飞轮的转动惯量就越小。但转速太高又会使离合器和制动器在工作中严重发热，一般飞轮的转速为 300 ~ 400r/min。

12.3.6 通用压力机的辅助装置

通用压力机的辅助装置包括：过载保护装置、拉延垫、滑块平衡装置、移动工作台、快速换模装置和监控装置等。这些辅助装置在一台压力机的正常运转中起着重要作用，可以保护机器设备的安全运转。

12.3.6.1 过载保护装置

在压力机正常使用中，由于被加工件的材质和料厚的误差、双料误送等原因，有可能造成压力机超载。为了设备安全，通用压力机采用各种过载保护装置。常用的过载保护装置分为两类：一类是破坏性的，如剪板式、压塌块式保护装置。另一类是非破坏性的，如液压过载保护装置等。

A　压塌块式保护装置

对于小型压力机，一般采用图12-17所示的压塌块式保护装置，在支承座2和滑块4之间装上压塌块1，当压力机过载时，压塌块发生剪切破坏，因而支承座相对滑块移动一段距离，保护压力机的受力零件不致过载损坏。

对于中、小型压力机，则采用图12-18所示的压塌块式保护装置。压塌块有两个剪切面，因而能承受较大的工件变形力。

压塌块一般采用铸铁材料。当压塌块破坏后，需要更换新的压塌块才能工作。有些压力机有快速更换压塌块装置和压塌块损坏的指示装置，如图12-18中的垫板9和微动开关5。

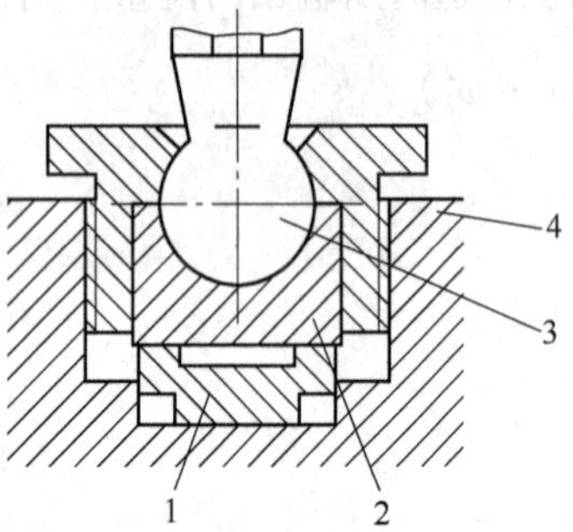

图12-17　单切面压塌块式保护装置

1—压塌块；2—支承座；3—连杆；4—滑块

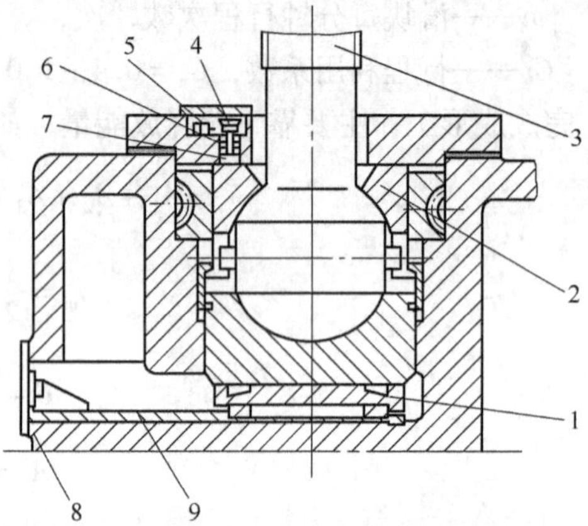

图12-18　双剪切面式压塌块保护装置

1—压塌块；2—球头盖；3—连杆；4—撞块；5—微动开关；6—弹簧；7—杆；8—盖板；9—垫板

B　液压式过载保护装置

液压式过载保护装置一般用在中、大型压力机，如图12-19所示。高压液压泵2输出高压油，流经卸荷阀5中的单向阀而进入液压垫6的液压缸内，使液压垫内连杆支承座抬起。当压力机在公称压力下工作时，液压垫中的压力使卸荷阀中的单向阀关闭，但进油端内的油的压力及弹簧力之和大于输出端油的压力，因此压力机可以正常工作。当压力机超载时，液压垫中油压升高，当其压力大于进油端的压力时，迫使阀芯动作，使液压垫中油排回油箱，压力机迅速卸载。当卸荷阀阀芯移动时，触动限位开关4，使液压泵卸荷、离合器脱开，压力机紧急停车。

12.3.6.2　拉深垫

拉深垫除用来拉深时压边防止起皱外，还可作顶料或工件底部局部成形用，拉深垫分气垫和液压垫两种。

图12-20所示为单活塞气垫，安装在工作台下。压边力或顶出力由气路系统的压力调节来控制。这种气垫结构简单，空气容积大，不需另配储气罐，工作压力波动小，行程和导向较长，有较好的抗偏心能力。缺点是体积大，滑块回程时有撞击。

12.3.6.3　滑块平衡装置

压力机上一般都装有滑块平衡装置，当滑块向下运动时可防止传动系统中齿轮反向受力而造成的撞击与噪声，消除连杆与滑块的间隙，减少受力零件的磨损，可以防止因制动

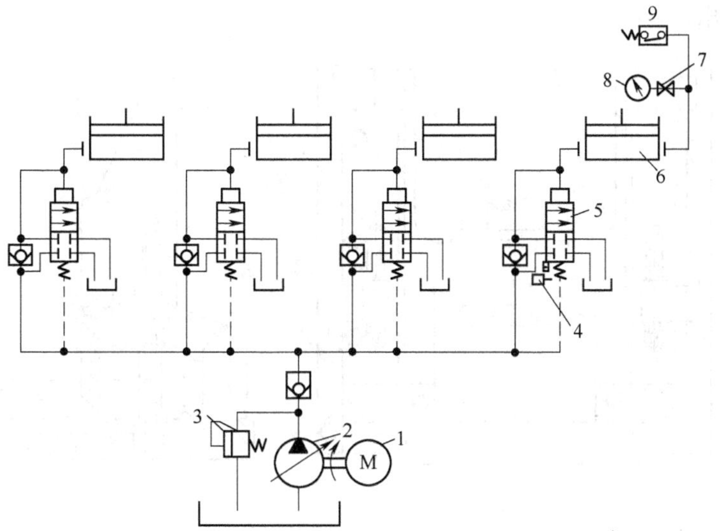

图 12-19 J39-800 压力机液压保护装置原理图

1—电动机；2—高压液压泵；3—溢流阀；4—限位开关；5—卸荷阀；6—液压垫；7—压力表开关；8—压力表；9—压力继电器

失灵或连杆折断时，滑块坠落而产生事故。

滑块平衡装置有弹簧式和气动式两种，前者在滑块运动过程中，平衡力波动大，性能较差，只用于小型压力机。一般均采用气动式平衡装置，如图 12-21 所示。在滑块两侧装有两个常通气的气缸，在压缩空气的作用下，平衡滑块及上模的质量。

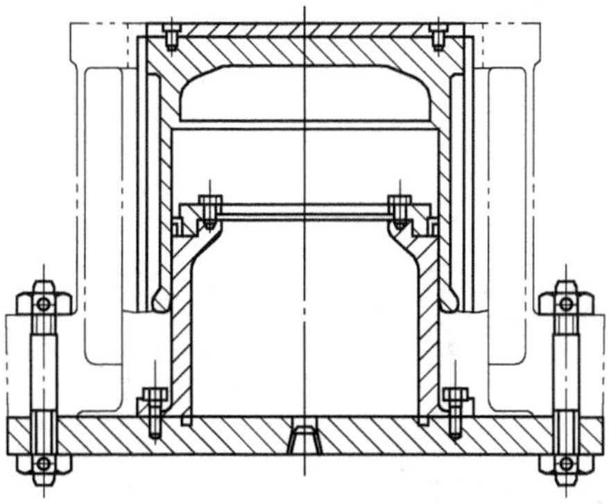

图 12-20 单活塞拉深气垫

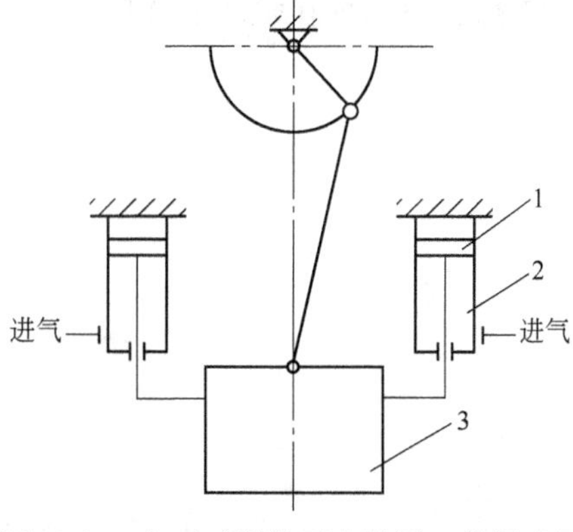

图 12-21 气动式滑块平衡装置工作原理图

1—活塞；2—气缸；3—滑块

12.3.6.4 顶料装置

为了将工件从上模中顶出，在滑块中装有顶料装置。分刚性顶料装置和气动顶料装置两种。图 12-22 所示为刚性顶料装置。它由一根穿过滑块的打料横杆 4 及固定在机身上的挡头螺钉 1 等组成。当滑块向下运动时，由于工件的作用，通过上模中的顶杆使打料横杆 4 在滑块中升起。当滑块回程向上接近上止点时，打料横杆与挡头座 2 上的挡头螺钉 1 接触，由于挡头座固定在机身上不动，滑块继续上升而打料横杆不动，因此通过上模中的顶料杆将工件顶出。

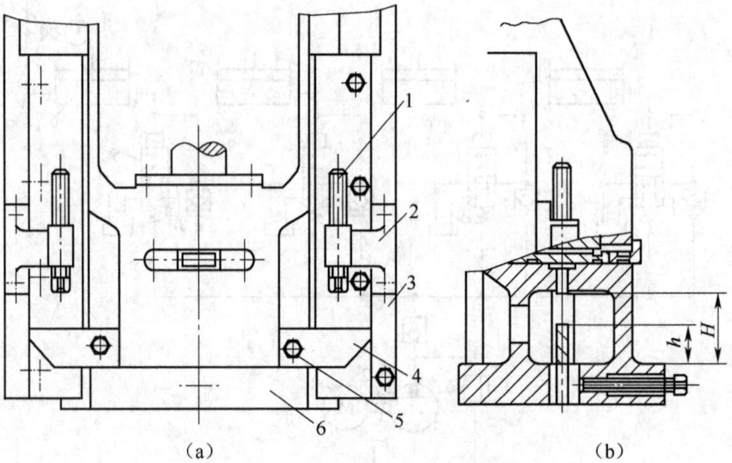

图 12-22 JB23-63 压力机刚性顶料装置

(a) 正视图；(b) 侧视图

1—挡头螺钉；2—挡头座；3—机身；4—打料横杆；5—挡销；6—滑块

习题与思考题

12-1 简述曲柄压力机的工作原理及组成。

12-2 简述曲柄压力机主要技术参数的意义。

12-3 简述通用压力机曲柄滑块机构的组成形式及工作原理。

12-4 简述双转键式刚性离合器的工作原理。

12-5 简述通用压力机辅助装置的作用。

13 螺旋压力机

【本章概要】

螺旋压力机是一种利用驱动装置使飞轮储能，以螺杆滑块机构为执行机构，依据动能工作的塑性成形设备。它广泛应用于汽车、拖拉机、动力机械、五金、工具、餐具、医疗器械、建材及耐火材料等许多行业，尤其适用于精密模锻工艺。本章介绍了螺旋压力机的工作原理、性能参数，以及摩擦螺旋压力机、电动螺旋压力机的结构及技术特性。

【关键词】

螺旋机构、螺旋压力机、摩擦螺旋压力机、电动螺旋压力机

【教学目的】

较为全面地了解螺旋压力机，为螺旋压力机的设计与应用打下基础。

【本章重点】

螺旋压力机的工作原理及技术特性。

13.1 概　　述

13.1.1 螺旋压力机本体结构

螺旋压力机的本体结构有两种基本形式，如图13-1所示。在图13-1(a)中，螺母固定于机身，飞轮做螺旋运动，称飞轮螺旋运动式。在图13-1(b)中，螺母固定于滑块，飞轮做旋转运动，称飞轮旋转运动式。无论哪种形式，都是通过螺杆滑块机构将旋转运动变为直线运动，将运动部分的动能变为成形能，因此称为螺旋压力机。

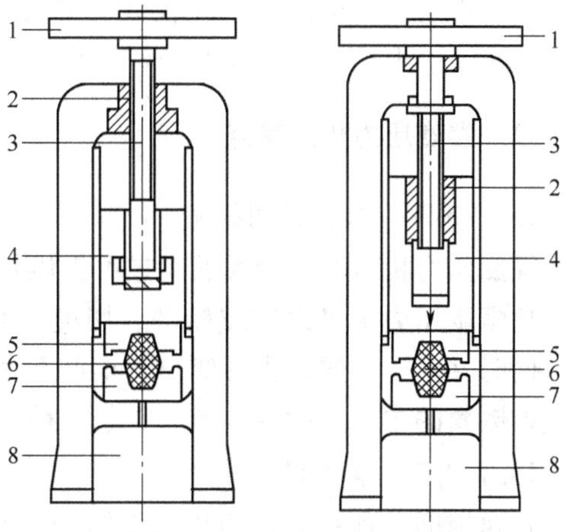

图13-1　螺旋压力机本体结构

(a) 飞轮螺旋运动式；(b) 飞轮旋转运动式

1—飞轮；2—螺母；3—螺杆；4—滑块；5—上模；6—工件；7—下模；8—机身

13.1.2 螺旋压力机工作原理

螺旋压力机向下行程中，动力机构带动飞轮旋转并逐渐加速，使运动部分储存了大量的动能。当滑块带动上模与毛坯接触时，被迫在短暂的时间内突然停止，能量全部释放，同时飞轮产生巨大的惯性力矩，该力矩

通过螺旋副机构转化为滑块与工作台间的压力，对毛坯进行成形，毛坯吸收能量，产生变形，所储存能量耗尽，运动停止，一次打击过程结束。

螺旋压力机的回程过程有两种基本方式：摩擦螺旋压力机与电动螺旋压力机（由动力机构带动飞轮反转回程）；液压螺旋压力机与离合器式螺旋压力机（由液压系统带动滑块回程）。

螺旋压力机的运动部分由飞轮、螺杆和滑块组成。向下行程中，运动部分积蓄能量，在接触锻件前所具有的能量为：

$$E = \frac{1}{2}I\omega^2 + \frac{1}{2}mv^2 \tag{13-1}$$

式中 E——机器的额定能量，J；

I——飞轮等转动部分的转动惯量，kg · mm^2；

ω——飞轮角速度，rad/s；

m——滑块等运动部分质量，kg；

v——滑块速度，mm/s。

由式(13-1)可以看出，其右边第一项为旋转运动动能，第二项为直线运动动能。在螺旋机构中，角速度 ω 与直线速度 v 有如下关系：

$$\frac{\omega}{2\pi} = \frac{v}{h} \tag{13-2}$$

即：

$$v = \frac{h}{2\pi}\omega$$

式中 h——螺杆导程，mm。

于是，式(13-1)可变为：

$$E = \frac{1}{2}I\omega^2\left[1 + \frac{m}{I}\left(\frac{h}{2\pi}\right)^2\right] \tag{13-3}$$

由于螺旋压力机滑块速度较低，多为0.6～0.7m/s左右。因此上式括弧中的第二项数值很小，一般只占总能量的1%～3%。为了计算简便，常将直线运动部分动能忽略。

13.1.3 螺旋压力机的特点

13.1.3.1 工艺适用性好

螺旋压力机对变形量大的工艺可提供较大的能量，对变形量小的工艺可提供较大的力量，故螺旋压力机可以完成模锻、切边、弯曲、精压、校正、板料冲压和挤压等多种工艺；同时又由于它的行程可变，下止点不固定，调模和操作十分方便，因此特别适合于模具更换频繁的中、小批量生产。它是一种“通用性”很强的设备。

13.1.3.2 锻件精度高

在热模锻（曲柄）压力机上模锻同一批锻件中，如果毛坯尺寸、加热温度等因素变化，其变形和变形抗力将各不相同。这些差别，将使得机身和曲柄连杆机构的弹性变形不同，而且都反映到锻件的高度尺寸上。若在螺旋压力机上模锻，由于滑块没有固定的下止点，机身、螺杆等的弹性变形及热变形可由滑块下移来补偿。所以螺旋压力机的刚度不会影响锻件的厚度公差。另外，螺旋压力机滑块的导向精度好，安装顶料器后，锻件的起模斜度小。这些优点，使得螺旋压力机在精密锻造中，尤其是叶片的精锻中得到广泛应用，并被认为是目前最适宜于精密锻造的设备。

13.1.3.3 机器结构简单，制造成本低

螺旋压力机与模锻锤相比，它没有沉重而庞大的砧座，也不需要蒸汽锅炉和大型空气压缩机等辅助设备。与热模锻（曲柄）压力机相比，制造成本便宜得多，维修也简便得多。因此，在基建投资、动力消耗和维修费用三方面，螺旋压力机是上述三种设备中最低的。

13.1.3.4 滑块速度适中，机器的有效能量大

螺旋压力机锻击时滑块末速度一般为0.7m/s左右。它比热模锻压力机滑块末速度大，但比模锻锤的锤头末速度小。尤其在航空工业中，一些对变形速度非常敏感的合金锻件特别适合在螺旋压力机上成形。与能力相当的热模锻压力机、模锻锤比较，螺旋压力机每一击能给予锻件的有效变形能也最大。如锻造直径为500mm、质量为130kg的滚珠轴承圈毛坯时，在32t模锻锤上需要锻击15~18次，而在56000kN液压螺旋压力机上仅需一次成形。

13.1.3.5 劳动条件好，对环境危害小

螺旋压力机的机身是封闭系统，锻击时的振动、噪声大大低于模锻锤；操作方便省力，劳动强度较小。

螺旋压力机也有不足之处，它与模锻锤相比，行程次数低，只适用于单模槽模锻，制坯不便，往往要另行配备制坯设备。它与热模锻压力机相比，生产率要低。另外，螺旋压力机还有着特殊的力能关系，存在着多余能量问题。即当飞轮提供的有效能量大于锻件实际需要的变形能时，这部分能量将转化为机器载荷，加剧机器的磨损，缩短主要受力零件的寿命，严重的还会造成设备损坏，这一点是特别需要注意的。配置能量预选控制系统后，可以解决多余能量问题。

13.1.4 螺旋压力机的基本参数

螺旋压力机的基本参数有公称力、运动部分能量、滑块行程、每分钟行程次数、最小封闭高度和工作台尺寸等。

13.1.4.1 公称力

螺旋压力机属定能量机器，应以能量为主参数，但螺旋压力机又具有压力机的特性，因此我国一般以力为主参数。螺旋压力机的打击力是不固定的，其大小与模具中有无毛坯的打击状态有关，还与飞轮有无打滑装置有关。模具中不放毛坯打击称为冷击。飞轮无打滑装置、全能量冷击时的冷击力最大，称最大冷击力。公称力约为最大冷击力的1/3。螺旋压力机的允许力为压力机连续打击时所允许的最大载荷，为公称力的1.6倍。

13.1.4.2 运动部分能量

运动部分总能量包括飞轮、螺杆和滑块的动能，它与公称力的关系有下述的经验公式：

$$E = k\sqrt{\frac{F_g^3}{10}} \qquad (13\text{-}4)$$

式中 E——运动部分总能量，N·m；

F_g——公称力，kN；

k——能量系数，与螺旋压力机类型、大小及工艺用途有关，k 为 0.15～0.5。

13.1.4.3 滑块行程

滑块行程指滑块由设计规定的上止点至下止点之间的运动距离，由于螺旋压力机向下行程是储蓄能量的过程，因此该参数不仅与锻件生产所需的工艺空间有关，而且与压力机的运动参数与结构参数有关。

13.2 摩擦螺旋压力机

摩擦螺旋压力机简称摩擦压力机，它通过摩擦方式驱动飞轮旋转储能。在摩擦压力机的发展中，曾经出现过单盘摩擦压力机、双盘摩擦压力机、三盘摩擦压力机、双锥盘摩擦压力机及无盘摩擦压力机等多种形式。经过长期的生产考验，多数相继淘汰，只有双盘摩擦压力机得到广泛应用。

13.2.1 双盘摩擦压力机工作原理

双盘摩擦压力机的一个工作循环，包括向下行程、工作行程及回升行程。下面以 J53-300 型双盘摩擦压力机（见图 13-2）为例说明其动作原理。

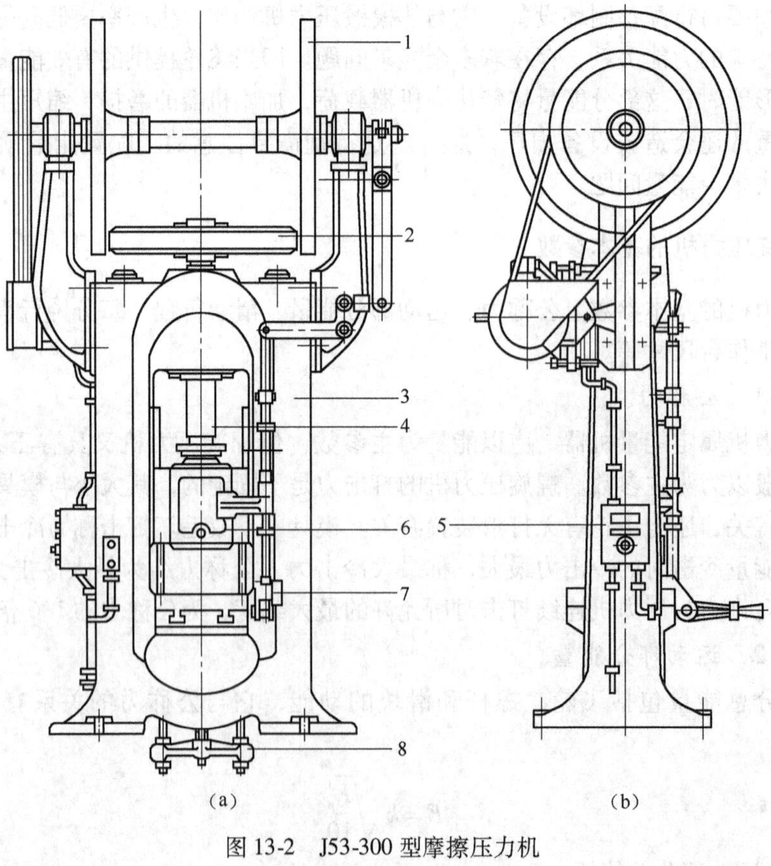

图 13-2 J53-300 型摩擦压力机

（a）正视图；（b）侧视图

1—摩擦盘；2—飞轮；3—机身；4—螺杆；5—电器系统；6—滑块；7—操纵机构；8—顶出器

主螺杆4的上端与飞轮2固接，下端与滑块6相连，由主螺母将飞轮-主螺杆的旋转运动转变为滑块的上、下直线运动。电动机经带轮带动摩擦盘1转动。当向下行程开始时，操纵机构7向左推动横轴部件，使右边摩擦盘1压紧飞轮，搓动飞轮旋转，滑块下行，此时飞轮加速并获得动能。在冲击工件前的瞬间，摩擦盘与飞轮脱离接触，滑块以此时所具有的速度锻压工件，释放能量直至停止。锻压完成后，开始回程，此时，操纵机构推动左边的摩擦盘压紧飞轮，搓动飞轮反向旋转，滑块迅速提升；至某一位置后，摩擦盘与飞轮脱离接触；滑块继续自由向上滑动，至制动行程处，制动器（图中未表示）动作，滑块减速，直至停止。这样上、下运动一次，即完成了一次工作循环。

滑块的最高点称为上止点，打击时的最低点称为下止点，其行程-时间关系曲线如图13-3所示。

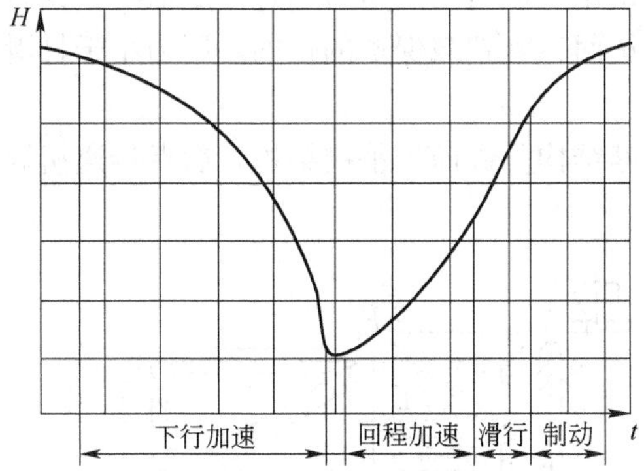

图13-3　滑块行程-时间曲线

13.2.2　摩擦压力机主要功能部件

摩擦压力机一般由机身、运动、传动、制动、顶出及操纵等部件组成。

13.2.2.1　机身部件

机身是压力机所有部件的支撑体，承受打击时的工作载荷。机身上侧部装有左、右支臂，用于安装横轴。机身横梁内装有铜螺母。机身横梁下平面装有缓冲装置，用于吸收运动部分回升行程最后的多余能量。机身立柱内侧有4条导轨，作为滑块移动时的导向。机身工作台上设有垫板，用以保护工作台。

对于中、小吨位摩擦压力机（10MN以下）一般采用整体铸钢机身，大吨位一般采用组合机身。组合机身一般由铸钢上横梁与铸铁底座通过拉紧螺栓预紧组合而成。图13-4所示为组合机身的结构图。

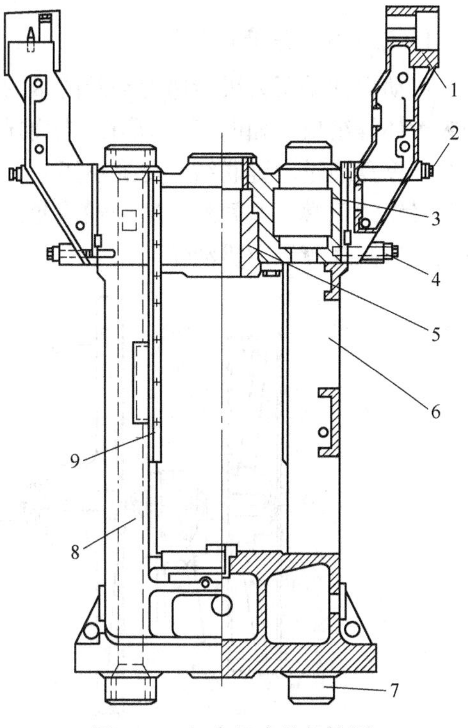

图13-4　组合机身的机构图

1—支臂；2，4—螺栓；3—横梁；5—铜螺母；6—机身；7—螺母；8—拉紧螺杆；9—导轨板

13.2.2.2　运动部件

运动部件由飞轮、螺杆及滑块组成，向下行程中储蓄能量，工作行程中承受打击载荷。

飞轮是储蓄能量的主要部件，兼作摩擦机构中的从动盘。飞轮分整体飞轮和组合飞轮两种。组合飞轮即带摩擦超载保护装置的飞轮。

整体飞轮用于小型（3MN 以下）压力机，图 13-5 所示为 JB53-400 型摩擦压力机组合飞轮的结构图。组合飞轮在结构上可看成由三部分组成：内圈轮毂、外圈轮辐和轮缘以及夹持部分。夹持部分包括弹簧组、拉杆和压环，将内外两圈以一定的预紧力连接在一起。夹持面上有摩擦材料，形成两个摩擦副来传递扭矩。锻击时当压力超过一定值时，其转矩达到临界摩擦力矩，外圈相对内圈产生打滑，从而达到超载保护的目的。压力小于打滑力时不发生打滑，和整体飞轮一样起作用。

飞轮轮毂与螺杆的连接形式有两种：切向键结构及锥面加平键结构。后者传递扭矩主要靠锥面过盈配合，平键起辅助作用。

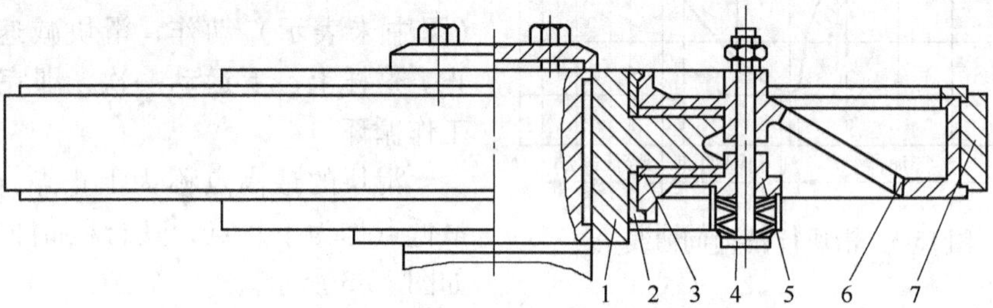

图 13-5 JB53-400 型摩擦压力机组合飞轮的结构图

1—轮毂；2—衬套；3—摩擦材料；4—螺栓；5—夹持部分；6—轮辐轮缘；7—摩擦装置

13.2.2.3 传动部件

传动部件是压力机传递运动及能量的部分。一般由电动机、皮带轮、摩擦盘、横轴及操纵滑环等组成，如图 13-6 所示。横轴通过滚动轴承安装在两个支臂上。横轴上安装的两个摩擦盘通过滑键联结，传递扭矩，并允许轴向移动，以便调整摩擦盘之间的距离，保证与飞轮的正常工作间隙。滚动轴承允许轴向自由活动，通过操纵滑环使摩擦盘交替压紧飞轮，控制螺旋压力机动作。

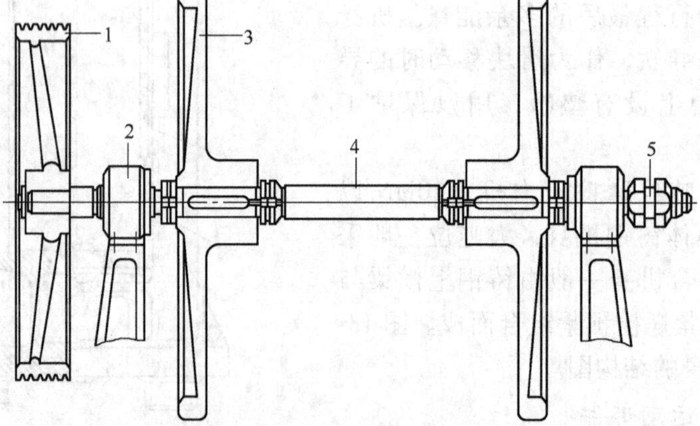

图 13-6 J53-300 型传动部件

1—皮带轮；2—支臂；3—摩擦盘；4—横轴；5—滑环

图 13-7 所示为摩擦压力机的另一种传动形式，其特点是将大皮带轮与一个摩擦盘结

合成一个组合件，操纵滑环布置在内侧。优点是压力机外观简洁，但增加了横轴的跨度。

摩擦压力机的电机带动摩擦盘始终高度旋转，而飞轮在一个循环中需要改变旋转方向，在换向时飞轮和摩擦盘产生严重打滑，为解决这一问题，出现了双电机独立驱动的摩擦压力机。两个传动盘由滚柱轴承支撑在芯轴上（见图13-8），分别由不同的电机驱动。具有以下特点：

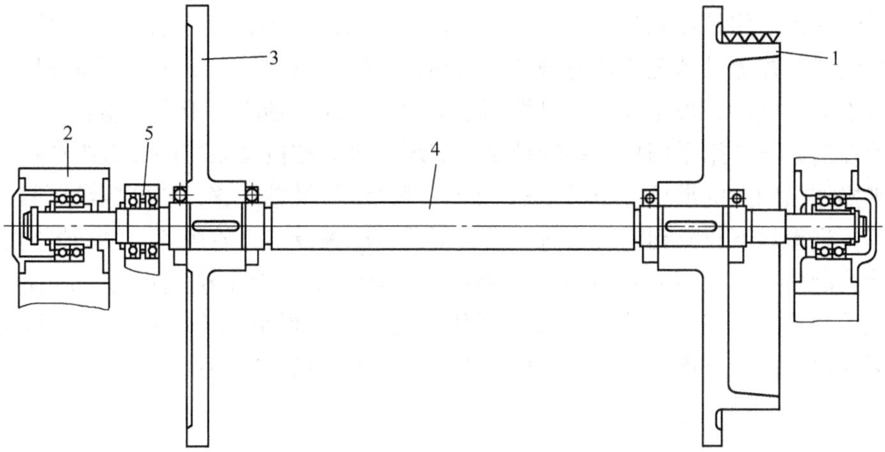

图13-7　带轮与摩擦盘组合

1—带轮和摩擦盘；2—支臂；3—摩擦盘；4—横轴；5—滑环

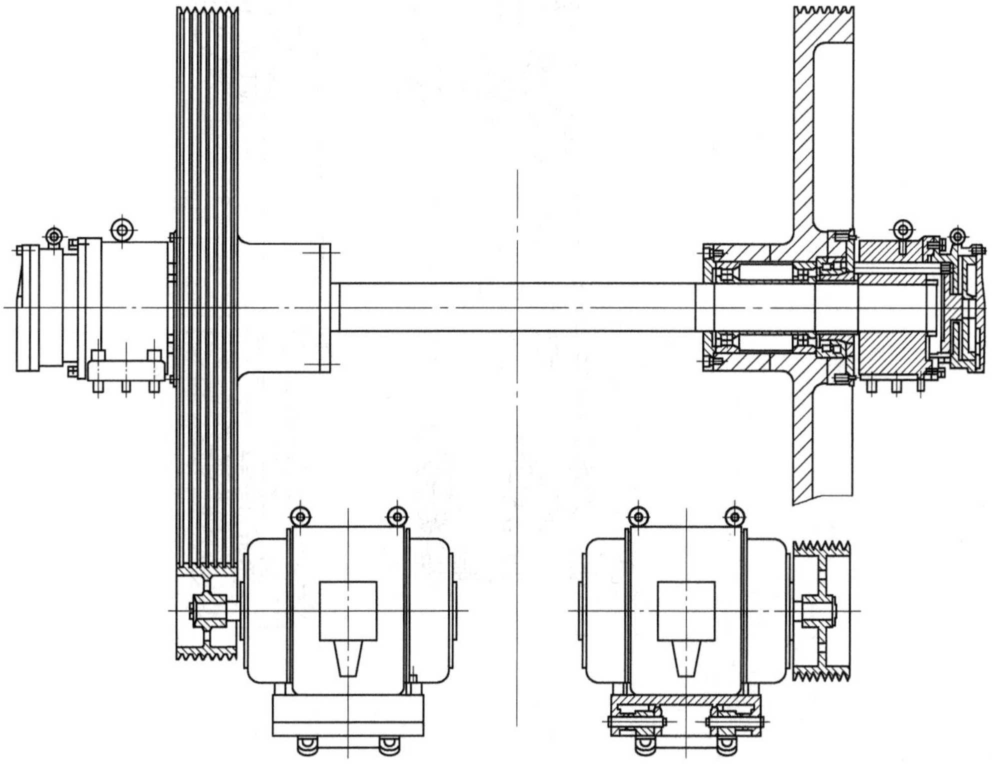

图13-8　双电机传动系统

（1）每个摩擦盘仅在单行程工作，有更长的间歇时间，有利于转速恢复。

（2）两个摩擦传动盘可采用不同转速，可获得更好的飞轮传动特性。

（3）工作间隙调整方便，可在不停机情况下采用专用手柄进行调节。

（4）摩擦盘工作和回程具有不同的速度特性，摩擦盘和飞轮间的相对滑动速度得以降低，设备性能得到一定改善。

13.2.2.4　操纵部件

操纵部件的作用是操纵横轴左右移动，并以一定的压力使旋转着的摩擦盘压紧飞轮，靠两者之间的摩擦力带动飞轮螺杆做螺旋运动，并推动滑块做上下运动。摩擦压力机的操纵系统有手动、气动、液压和计算机控制等多种形式，分别应用于不同场合。

手动控制系统是用手柄拨叉系统控制摩擦压力机。在拨叉系统的最末级杠杆上带有拨叉，用来操作横轴上的滑环。压下手柄，经杠杆系统使横轴左移，右摩擦盘压紧飞轮产生向下行程。当滑块下行碰到限程块时，横轴复位，摩擦盘与飞轮脱离。气动控制系统是用气缸直接控制拨叉，如图13-9所示。由按钮或脚踏开关控制电磁阀进行气缸换向。采用这种系统的摩擦压力机，制动器一般也采用气动，不仅操纵省力，而且可以与制动器连锁。如果配置了能量监测系统和程序控制系统，压力机可以按预选的能量进行程序锻造。

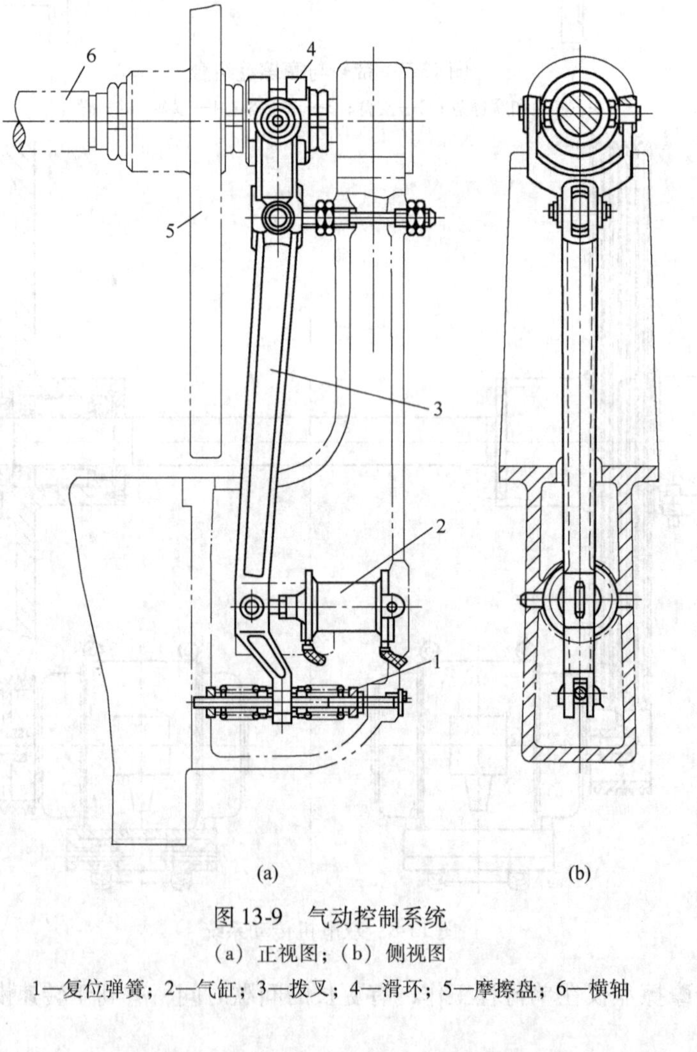

图13-9　气动控制系统

（a）正视图；（b）侧视图

1—复位弹簧；2—气缸；3—拨叉；4—滑环；5—摩擦盘；6—横轴

13.3　电动螺旋压力机

电动螺旋压力机使用电机直接带动飞轮旋转，没有摩擦传动，具有最短的转动链和较高的效率，其结构比摩擦压力机简单，因此发展很快。适用于精密模锻、镦粗、热挤、精整、切边等工艺。

13.3.1　工作原理

图 13-10 所示为国产 J58K 型数控电动螺旋压力机的结构示意图。大齿轮即飞轮，经摩擦超载打滑装置与螺杆联结，螺母安装在滑块内。电机上的小齿轮带动大齿轮做正反方向旋转，从而使滑块上下运动。电机用变频器驱动。

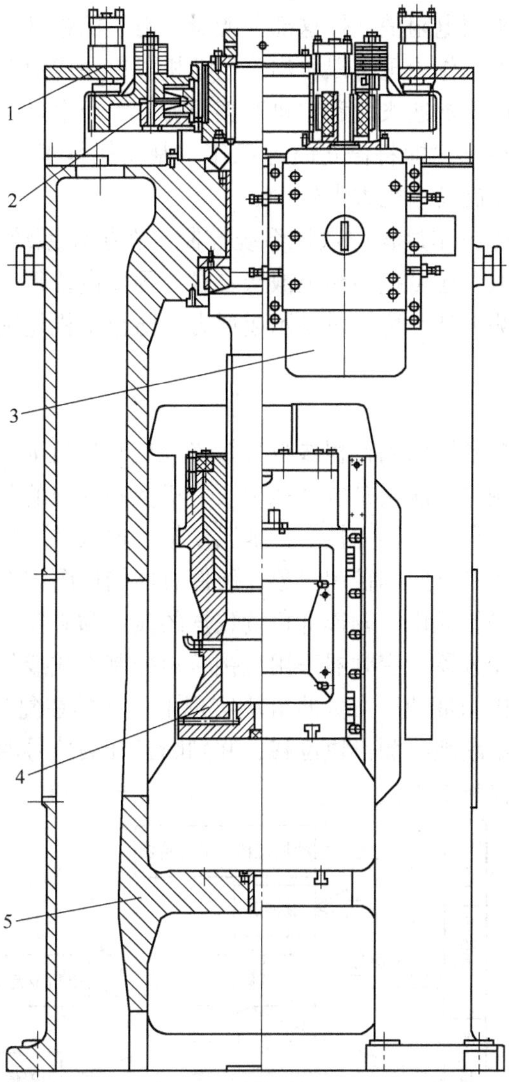

图 13-10　J58K 型电动螺旋压力机结构示意图

1—制动部分；2—飞轮部分；3—电动机部分；4—滑块；5—机身

滑块上装有位移检测装置，可以实时精确测量滑块位移。滑块下行时，飞轮加速，飞轮的角速度-能量变化如图 13-11 所示。当飞轮加速到预先设定的能量后，固定在滑块上的上模对锻件毛坯加压成形，随即电机反转，带动滑块回程。回程到某一距离后，电机断电，由飞轮储蓄的能量带动滑块继续上行。此时电机由电动机状态转变为发电机状态，将飞轮储存的能量转变为电能，如驱动单元配备有能量回收装置，这一部分电能可反馈到电网中，或者采用电阻消耗掉这部分能量。滑块回程到上死点后，制动器制动飞轮，使滑块停止。从以上工作原理可以看出，电动机只有在成形锻件时才工作，无空载损耗，所输出的能量主要用于加速飞轮和主机摩擦损耗，因而电动螺旋压力机的能耗低，效率高。此外，制动器是在飞轮即将停止时才工作，制动能量很小，一方面降低了能量消耗，另一方面可使制动器制动力矩大大减少。

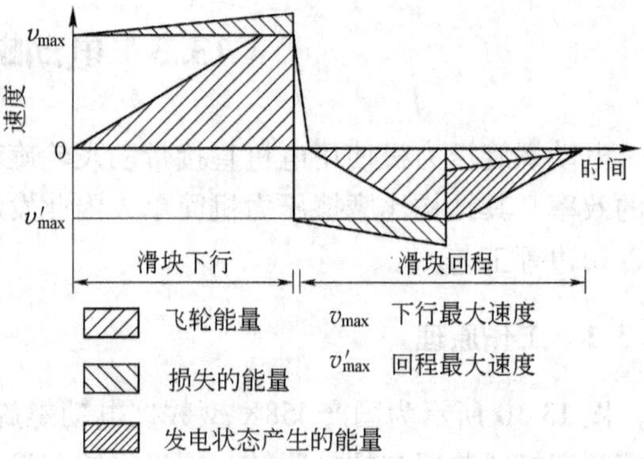

图 13-11　飞轮速度-能量变化曲线

电动螺旋压力机上述工作过程由数控系统控制。在控制系统中可方便地设置飞轮能量、滑块行程等主要参数，还可按多模膛锻造要求，预先设置每工步的打击能量，进行程序锻造。机身上安装了测力计，可实时显示成形力，防止主机超载。

13.3.2　控制系统

电动螺旋压力机的打击能量和行程次数直接受飞轮角速度 ω 的影响，在打击过程中，有效调节电机转速，控制飞轮能量是电动螺旋压力机控制系统的关键内容。

控制系统一般以可编程控制器为核心，辅以模拟量输入/输出、数字量输入/输出等扩展模块，再加上外围的控制电路和控制对象，硬件总体结构图如图 13-12 所示。CPU 模块通过通讯接口与触摸屏进行通讯，触摸屏负责数据的显示和必要的参数设置；模拟量模块产生速度指令信号输入变频器，变频器采用直接转矩控制方式或矢量控制方式控制电机运转，电动机则通过传动机构带动压力机的滑块实现上、下的往复运动。控制系统运行时，通过滑块位移检测电路不断地检测滑块位移，并判断各开关信号的状态，据此发出一系列的控制指令，满足各种操作要求。

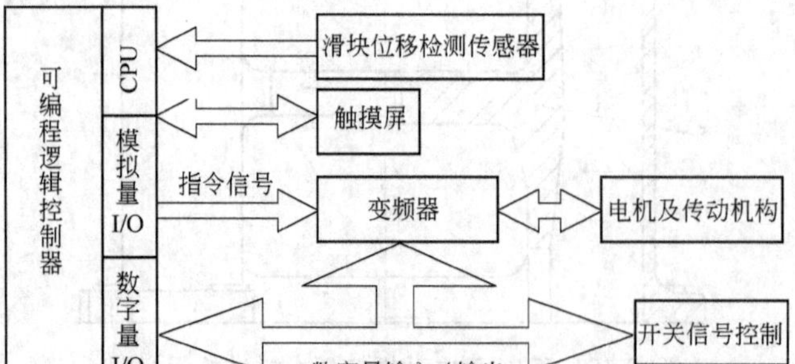

图 13-12　控制系统结构图

控制系统具有如下功能：

（1）设定每步打击的能量、滑块行程。

（2）修改机床基本参数，如顶料时间、润滑间歇时间等。

（3）显示每次打击的实际能量、滑块行程、电机转速等设备运行状态。

（4）显示压力、总打击次数、每班生产锻件数。

（5）故障报警、超载记录。

在电动螺旋压力机中，一般都配置打击力显示器，提示用户不要超载。吨位指示器采用直流全桥测量方案，由电阻应变计组成桥臂，将床身应变引起的电阻变化转换为电压信号；该电压信号经过放大、采样等信号处理后进行 A/D 转换，由微处理器读出其值并显示。结构如图 13-13 所示。电阻应变计通过专用应变胶粘贴在机床立柱上，其组成的直流电桥由稳压源激励，因为桥臂电阻个体差异而产生的电桥不平衡由调零电路进行调整，电桥达到初始平衡状态后即可进行压力机打击力的测量工作。放大电路将打击时电桥因桥臂阻值变化而产生的微电压信号通过放大得到一定量程范围内的电压信号；采样电路将滑块打击时机床的最大应变信号采样并保持下来，再由微型处理器控制 A/D 转换电路进行 A/D 转换、数值滤波等处理后，得到该次打击的打击力值并显示。

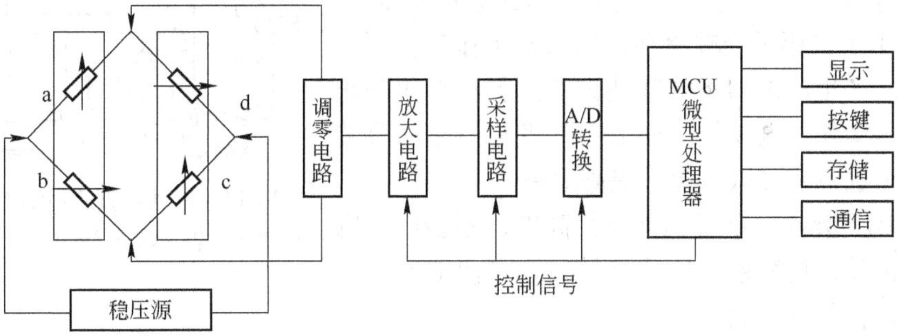

图 13-13 吨位指示器原理示意图

13.3.3 传动形式

电动螺旋压力的传动形式主要有两类：电机直接传动方式和电机机械传动方式。

13.3.3.1 电机直接传动方式

直接传动形式中，电机的转子与螺杆轴连为一体。采用专用低速大扭矩电机，直接安装在主机顶部，电机转子为螺旋压力机飞轮的组成部分。如图 13-14 所示，其特点是传动环节少，但要设计低速、大扭矩专用电机，螺杆导套磨损后会导致电机的气隙不均匀，影响电机特性，电机出现故障时维修不易。

13.3.3.2 电机机械传动方式

电机经齿轮或皮带传动带动螺杆飞轮旋转的形式。可采用专门系列的电动机，维护简单；同时，螺杆导套磨损后不会影响电机性能。

两种传动方式的电动螺旋压力机各有特点，前者当电机出现故障时，维护较为困难。

后者可采用专门系列的电动机，电动机出现故障时，更换方便。

13.3.4　电动螺旋压力机的特点

从电动螺旋压力机的工作原理和结构可以看出，电动螺旋压力机具有以下特点：

（1）主机结构比摩擦压力机简单，故障率低，易于维护。与摩擦压力机比较，不需更换摩擦带易损件；与液压螺旋压力机、离合器式螺旋压力机比较，无液压驱动单元，使用维护费用明显减少。

（2）打击能量可精确设置，成形精度高，制件公差小，特别适合于精密锻造。由于能精确控制打击能量，可减轻模具载荷，与摩擦压力机模具相比寿命明显提高。

（3）可进行程序锻造，主机能自动按预先设置的每工步打击能量运行。打击后，滑块还可在下死点停顿，停顿时间能预先设置，以适应某些工艺的要求。

（4）由于采用了变频驱动，压力机工作时，不会对工厂电网产生冲击和影响其他设备运行。滑块静止时，电机不工作，电耗低。当采用了飞轮能量回收装置后，还可进一步降低电耗，提高效率。

（5）无下死点，不必调整模具高度，不会产生闷车现象。模具结构简单，换模容易。能方便地调整行程高度，回程位置准确。

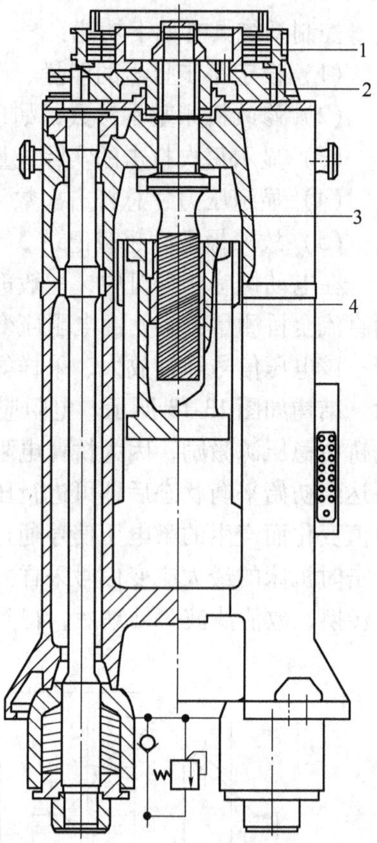

图 13-14　电动机直接传动方式示意图
1—电机；2—飞轮；3—主螺杆；4—滑块

习题与思考题

13-1　简述螺旋压力机的工作原理。

13-2　简述螺旋压力机的特点。

13-3　简述螺旋压力机基本参数的意义。

13-4　简述摩擦螺旋压力机的组成及工作原理。

13-5　简述电动螺旋压力机的工作原理及特点。

14 轧 钢 机

【本章概要】

轧制过程从流程上来说包括钢坯生产、热轧、冷轧及精整等；从种类上来说包括板带轧制、型材轧制，以及管线材轧制等。因此，相应的轧钢机有连续铸轧机（连铸连轧机）、热轧机、冷轧机、型钢轧机，以及管线材轧机等。本章介绍了当前常见冷轧机组的组成形式和特点，以及典型六辊冷轧机的设备组成及各部分的功能。

【关键词】

铸轧机、冷轧机组、冷弯型钢机组、轧管机组、焊管机组

【教学目的】

了解常见冷轧机组的组成形式及其特点，为轧钢机的设计与应用打下基础。

【本章重点】

单机架、双机架和连轧机机组各自的特点，UCCM 和 CVC 两种机型特点，六辊冷轧机的设备组成及各部分的功能。

14.1 连续铸轧机

近终形连铸的进一步目标是铸轧，将熔融金属由高温陶瓷喷嘴导入内部通有冷却水的旋转两轧辊的辊缝间，直接以轧辊作结晶器，一边凝固一边轧制，直接获得 20mm 以下至几毫米厚的薄带坯。这种薄带坯不必经过热轧，而是直接经冷轧机轧成带钢，相比之下薄带铸轧有着显著的优势。目前铝薄带铸轧技术较为成熟并广泛用于工业生产，而钢的薄带铸轧尚处于实验阶段。图 14-1 所示为双辊薄带铸轧装置示意图，该装置双辊的辊径为 350mm，最大速度为 50mm/min。

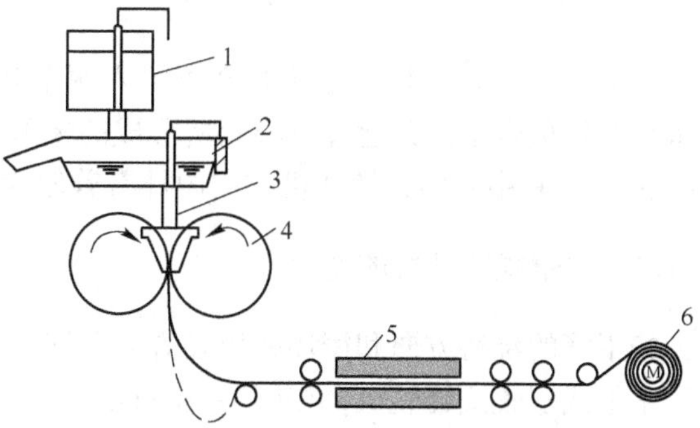

图 14-1　双辊薄带铸轧装置示意图

1—钢包；2—中间包；3—水口；4—结晶器辊；5—温度控制；6—卷取机

由于连续铸轧方法有许多优点，近几十年来发展很快，到目前为止，生产板带的连续铸轧约有几十种，根据它们的设备结构特点可分为 3 类：

（1）轮带式铸机。如图 14-2 所示，由铸轮凹槽和旋转钢带形成移动式连续铸模，把

液态金属铸入铸轮凹槽和旋转钢带之间，通过铸轮内通冷却水带走热量形成薄的板带坯。

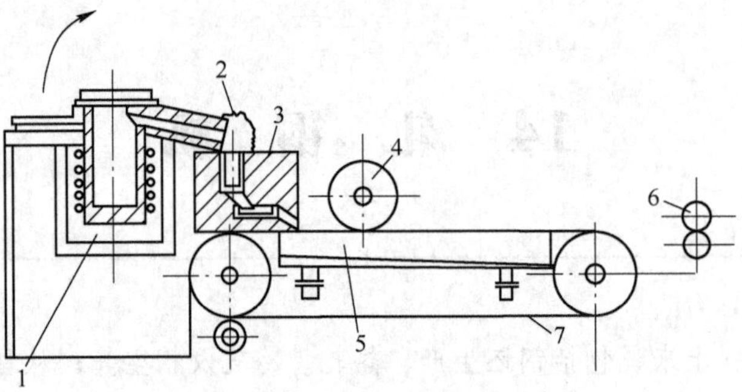

图 14-2　轮带式带钢铸机示意图

1—熔炼炉；2—保护盖；3—中间罐；4—上辊；5—冷却装置；6—拉坯装置；7—钢带

（2）双带（或履带）式铸轧机。如图 14-3 所示，把液态金属注入两个张紧的平行钢带（或履带）之间，通过双带形成移动结晶器，铸成薄的带坯。

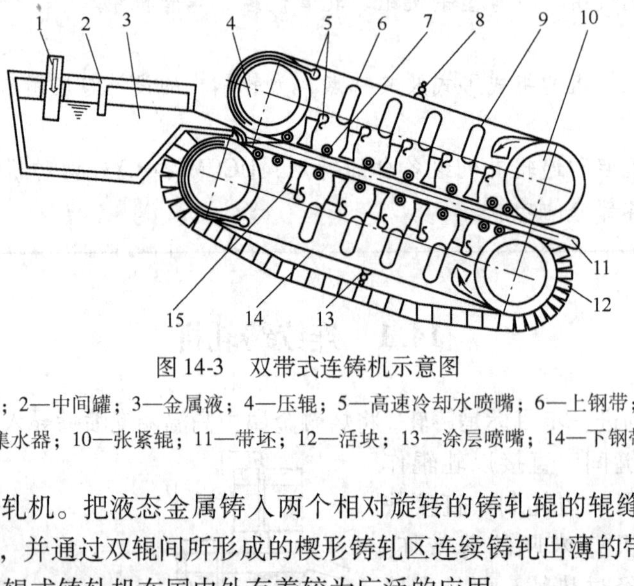

图 14-3　双带式连铸机示意图

1—浸入式水口；2—中间罐；3—金属液；4—压辊；5—高速冷却水喷嘴；6—上钢带；7—支撑辊；8—双层喷嘴；9—集水器；10—张紧辊；11—带坯；12—活块；13—涂层喷嘴；14—下钢带；15—回水挡板

（3）双辊式铸轧机。把液态金属铸入两个相对旋转的铸轧辊的辊缝内，由双辊内冷却水将其热量带走，并通过双辊间所形成的楔形铸轧区连续铸轧出薄的带坯或带材，如图 14-4 所示。其中双辊式铸轧机在国内外有着较为广泛的应用。

14.1.1　双辊式铸轧机的类型

按铝液的浇铸方向和铸坯的出坯方向不同，双辊式铸轧机有三种类型：下注式、倾斜式和水平式双辊式铸轧机，如图 14-4 所示。

14.1.1.1　下注式双辊铸轧机

图 14-5（a）所示为下注式双辊铸轧机的配置形式，由美国亨特公司开发研制，其工作过程为：将熔炼炉中的液态金属经过静置后，通过流口和流槽进入一个可以控制液面高度的前箱中，前箱底部连通横浇道，液态金属由此进入供料嘴（铸嘴）。供料嘴位于两个旋转的铸轧辊之间，辊内通以冷却水，当液态金属从供料嘴的上口流出时被辊套冷却为固态，并轧制成板带坯料。这种方法的供料嘴安装及调整麻烦，铸出的带坯垂直向上，需用

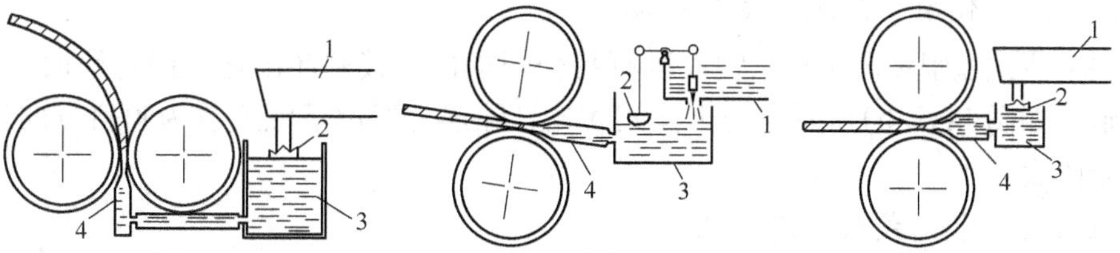

(a)　　(b)　　(c)

图 14-4　双辊式连铸设备类型

(a) 下注式；(b) 倾斜式；(c) 水平式

1—流槽；2—浮漂；3—前箱；4—供料嘴

引辊牵引到水平方向才能进行下一步卷取工序，很不方便。

图 14-5(a)所示为美国亨特公司下注式双辊铸轧机组典型配置形式。双辊式铸轧机由熔炼系统、浇注系统、铸轧系统和精整系统组成。熔炼系统包括金属熔炼所需的熔炉及储液、保温、除气、控温所用的静置炉和金属液由熔炉通向连铸系统的在线精炼装置和流槽等。浇注系统包括前箱、横浇道、供料嘴及分流块等。铸轧系统包括牌坊、铸轧辊、轴承、旋转接头等装置。精整系统包括牵引机、剪坯机、矫平机及卷取机。此外，还有供气供电系统、液压系统和起重运输设备。

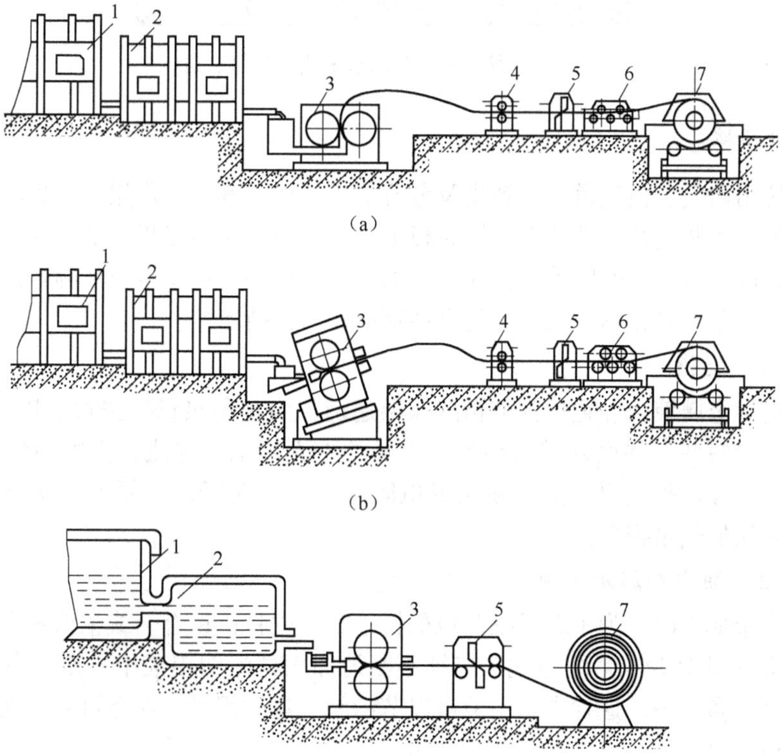

(a)

(b)

(c)

图 14-5　双辊式连铸机组配置形式

(a) 下注式；(b) 倾斜式；(c) 水平式

1—熔炼炉；2—静置炉；3—连铸设备；4—牵引机；5—剪切机；6—张力矫直机；7—卷取机

14.1.1.2 倾斜下注式双辊铸轧机

倾斜下注式双辊铸轧机首次由美国亨特公司提出，其铸坯出坯方向与地面成15°角，其配置形式如图14-5(b)所示。与下注式相比，除连铸机由下注式改为倾斜方向注入外，其他均未改变。

14.1.1.3 水平式双辊铸轧机

水平式双辊铸轧机由法国斯卡尔公司首先研制成功，称为3C法。出坯方向水平，省去牵引、矫直装置，整个铸轧机长度较短，其配置形式如图14-5(c)所示。与前两种配置形式相比，没有牵引机和多辊矫直机，简化了机组，节省了投资。整个机组的长度较短，约为7m，而前两种机组长度约为10m。图14-6所示为我国某厂双辊水平式板带铸轧机的生产线。

图14-6 我国某厂双辊水平式板带铸轧机

14.1.2 浇注系统

浇注系统由前箱、横浇道、供料嘴及分流块等组成，其主要作用是输送液体金属进入铸轧辊的装置。该装置往往被装在一块底板上，装配时，调整底板上的微动机构，可保证供料嘴与辊缝间具有合适的间隙。浇注系统的主要作用是将液态金属从静置炉输送到供料嘴，清除金属液中的氧化物和气体，使供料嘴中压力保持不变。

14.1.2.1 流槽

流槽是引导金属液由静置炉到前箱的保温通道。为避免热量损失过多以及便于维修，流槽长度应尽量短些，并设计成活动的。流槽的外壳用钢板焊成，内侧用耐火材料做内衬。在流槽的上方可配上煤气火燃喷头或电阻丝加热的盖子，以便当发现浇注温度偏低时，弥补金属液的热量损失。

14.1.2.2 细化剂添加装置

生产铝合金薄带时，为了获得细晶粒的铸坯，往往将铝钛合金或铝钛硼合金细化丝通过丝添加装置（见图14-7）缓缓地、连续不断地加入到流槽铝液中，使之在铝液流动中均匀地把品种散布其中。这种方法不但可以节约细化丝的用量，而且可使铸轧带坯有效地获得细化晶粒。

14.1.2.3 前箱及其液面高度控制机构

前箱实际上就是中间包，它由两个连通的容器组成，外壳由钢板焊接制成，内衬采用硅酸铝黏土与石棉等耐火材料。其主要作用是保证金属液位有一相对稳定的高度，以控制由供料嘴进入铸轧辊的金属液的压力。

前箱中的液位高度是指辊缝中点水平线以上的高度，它应随浇铸金属品种的不同、铸出带坯厚度的不同、铸轧区的宽度不同、浇注温度和浇注速度的不同而改变。为了使进入辊缝的铝液有比较稳定的流速，必须控制前箱液面高度。

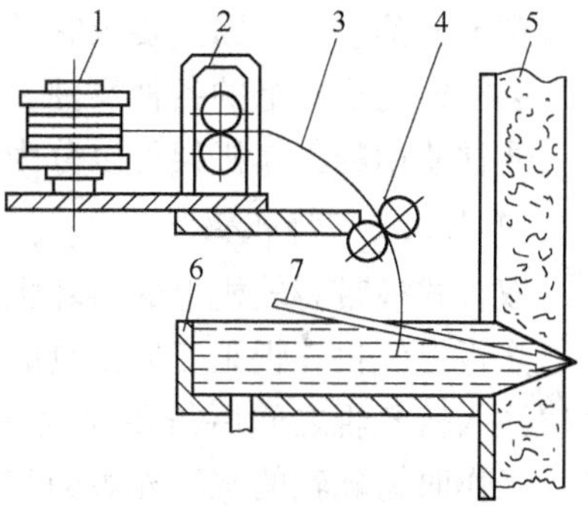

图 14-7 细化丝添加装置

1—放线架；2—递送机；3—合金丝；4—中间导向辊；5—静置炉；6—流槽；7—堵头

常用的液位控制机构主要有浮漂塞头式和杠杆浮子式。浮漂塞头浮漂的高度将随着金属液面的高度变化，液面升高，浮漂控制套管口的开度减小，液面降低，浮漂控制套管口的开度变大，从而控制了进入前箱金属液的流量，使液位高度保持在一个较为稳定的高度。

杠杆浮子式机构中浮子位于前箱，其高度随前箱金属液面高度变化，通过杠杆控制位于流槽内水口处小塞头的升降移动，调节水口的开度及进入前箱金属液的流量，从而控制前箱中金属液面的高度。

14.1.2.4 供料嘴（铸嘴）

供料嘴是将金属液送进两铸轧辊缝的关键部件，对铸坯质量有很大影响，其结构如图 14-8 所示。如板形不良、热带、孔洞、表面裂纹和皮下皱纹等缺陷就是由于铝液沿铸嘴宽度方向不均匀流动造成的。供料嘴是用耐火材料加黏结剂，经混合搅拌、压制成形、烧结和精加工制成的一种保温材料。供料嘴的材质要求是：保温性能好；化学性能稳定；热膨胀系数小；抗温变性能好；加工性能好；有足够的强度和刚度。

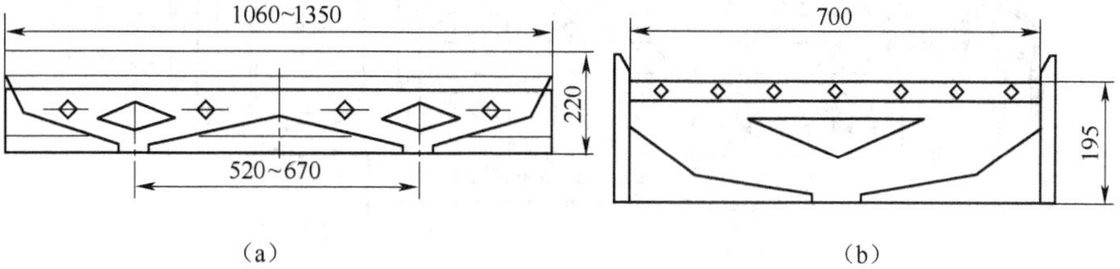

图 14-8 供料嘴结构

（a）双入口供料嘴；（b）单入口供料嘴

供料嘴结构上要求金属液通过时流线合理无死角，金属液应均匀分布于辊缝，而且金属液传入辊缝的温度要均匀一致。为了达到上述要求，对于较宽的供料嘴（如在 1m 以上的）多采用两个入口的供料嘴，如图 14-8(a)所示，改善温度不均匀的情况。对于比较窄的供料嘴，一般采用单入口的供料嘴，如图 14-8(b)所示。

14.1.3 铸轧系统

铸轧系统主要指铸轧机本体。它由铸轧机机架、铸轧辊、轴承座、轴承、旋转接头、压下或压上装置、清辊器、升降导板等装置组成。

14.1.3.1 铸轧机机架

铸轧机牌坊也称为工作机架，是铸轧机座的骨架，它承受着经轴承座传来的全部铸轧力和预置的预应力，因此要求它具备足够的强度和刚度。从结构上看，还要求工作机架能便于装卸铸轧机座上的各种零件，以及实现快速换辊的可能性。

通常使用的工作机架可以分为闭式机架和开式机架两种。

14.1.3.2　铸轧辊

双辊式板带铸轧机上的铸轧辊不完全等同于普通热板带轧机上的轧辊，它不仅担当像普通热板带轧机轧辊是变形工具的角色，而且还起着铸轧过程中水冷结晶器的作用。液态金属注入铸轧辊之间后需要完成冷却、结晶、变形，直到成为所需要断面形状的金属带坯。工作时铸轧辊的辊套外表面与炙热的金属液接触，辊套内部又有强力冷却水的冲刷，以便迅速地带走大量的热量，它们之间进行着强烈的热交换。铸轧辊既承受着变形金属的轧制压力，又承受着巨大的热交换应力，因而对铸轧辊套材料和铸轧辊结构提出了特殊的要求，希望选择的辊套材料能经得起交变的热负荷，有足够的传热能力，不与金属液起化学反应，有足够的强度和刚度，保证铸轧过程的顺利进行。

在铸轧辊结构上要求辊套和辊芯相互间采用过盈热装，不能有相对转动和轴向窜动，辊套和辊芯之间的端面应当进行焊接，或者采用密封。沿辊身长度方向的温差要小，不应当超过5℃，同时还要考虑铸轧辊的加工工艺和装配工艺上的方便性，以便降低生产成本。目前铸轧辊的结构（见图14-9）多采用钢辊芯和由耐热钢辊套热装而成的结构形式。

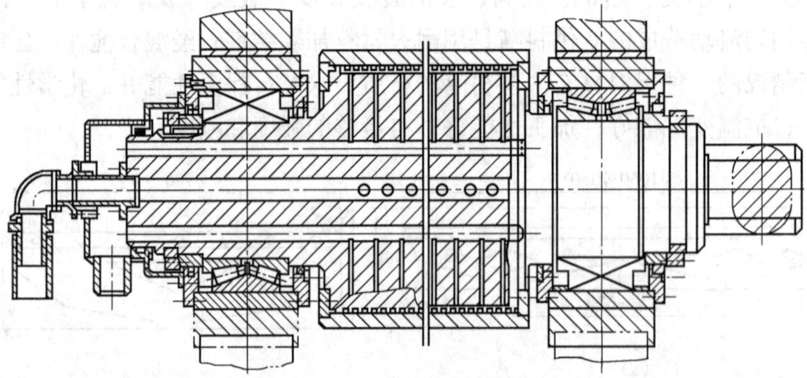

图14-9　铸轧辊结构剖面图

铸轧辊辊芯是承受铸轧力的主要部件，为了使金属液与轧辊接触后大量热量能迅速地传走，辊内通水进行强制冷却。因此铸轧辊由带通水槽的辊芯和辊套两部分组成，其结构如图14-10所示。

铸轧辊辊芯外表面冷却水沟槽的结构形式，直接影响铸轧辊冷却强度和冷却均匀度。冷却水沟槽的结构形式有纵向的、螺旋形的、环形的和井字形的等多种形式。冷却水可以从铸轧辊的一端流入或流出，也可以从铸轧辊的两端流入或流出。

各种铸轧辊在结构上的主要区别在于冷却水供水系统的不同。图14-10（a）所示为美国亨特式双辊铸轧机的铸轧辊结构图，它是从辊的一端利用特殊的分配套管，将冷却水送入和输出铸轧辊。进入铸轧辊的冷却水，沿辊直径方向散开，流到辊芯与辊套之间，再分成两个相反的水路，经过半个铸轧辊圆周，经辊直径方向的水路，向内流入纵向槽沟，经集水装置排入循环水系统。该结构铸轧辊表面温度均匀，冷却效果较好，但结构复杂，制造困难。

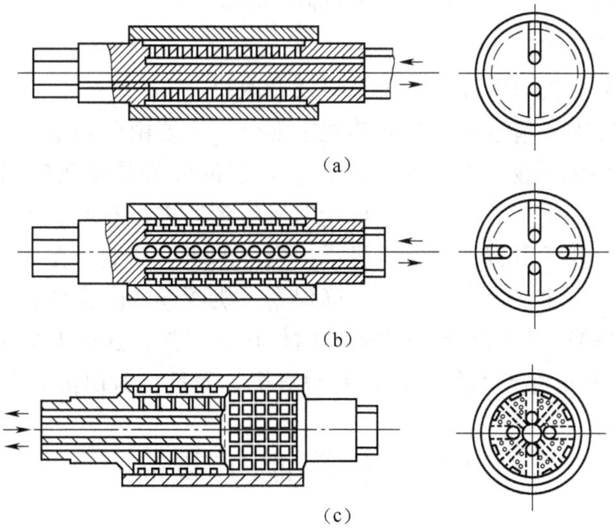

图 14-10　铸轧辊冷却水供排水方式
(a) 亨特式；(b) 3C 式；(c) 中国式

图 14-10(b)所示为法国 3C 式双辊铸轧机的铸轧辊结构，其冷却水是通过设在辊端的两个孔进入轧辊，并又通过两个孔流出。进入轧辊的冷却水从辊芯上的孔流入辊芯与辊套之间，然后再流经轧辊的四分之一周后排出。辊套与辊芯需过盈热装，过盈量取 0.25 ~ 0.4mm，等装配好的铸轧辊冷却后，将配合缝的外表面焊合。

国内一些工厂的铸轧辊多采用图 14-10（c）所示的结构形式。冷却水供排方式是通过辊芯端部一个中心入水孔输入，沿中心孔钻有许多排径向小孔，每排 4 个径向小孔，直接通向辊套和辊芯之间的沟槽，由围绕中心入水孔和进水孔且相差 45°的 4 个径向排水孔出水。辊芯表面开有横向和纵向交叉的井字格沟槽，可以使辊套内表面与循环冷却水充分接触，达到温度分布均匀，轴向温差小的目的。

14.1.3.3　旋转接头

为了给旋转的铸轧辊供排水，需要一个专门的特殊装置来满足这个功能。旋转接头可以为旋转的铸轧辊供排水，其基本原理如图 14-11 所示。冷却水通过进水管 1、进水接头 4 进入到铸轧辊 9 的中心孔，并通过许多的径向孔送至辊芯与辊套之间，完成冷却任务后，经过与进水径向孔相错一定角度的回水径向孔，返回到辊芯的距中心孔有一定距离的 4 个回水轴向孔 10，然后流入集水罩 5 内，经出水管到冷却池。密封圈 3 和 6 可以有效地保证铸轧辊在转动中供排水而不泄漏。为了更好地提高密封圈的使用寿命，进水接头 4 和铸

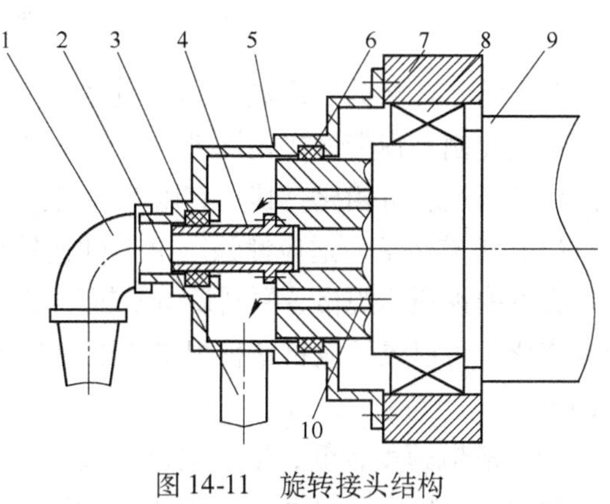

图 14-11　旋转接头结构
1—进水管；2—出水管；3，6—密封圈；4—进水接头；5—集水罩；7—轴承座；8—轴承；9—铸轧辊；10—回水轴向孔

轧辊9辊头与密封圈接触的外圆，要保证较高的加工精度。

14.1.3.4 精整系统

精整系统包括牵引机、剪坯机、矫平机及卷取机。

在铸轧生产系统中，精整系统是后续机组部分，主要由两辊牵引机、飞剪、五辊矫直机（有的铸轧生产系统不设）和卷取机组成。它们的任务是将铸轧出来的带坯顺利引送给后续剪切机剪头尾，矫直带坯，并送至卷取机对带坯进行卷取。当卷取机的钳口咬住带坯后，牵引机即可松开牵引辊，由矫直机承担带坯的牵引功能。在矫直机和卷取机之间依靠矫直机所产生的阻力建立一定的张力，确保卷取机所卷取的带坯有一定的紧密度。剪切机还有一个功能就是换卷时切卷和发生事故时使用。当然，这样的机组配置也不是一成不变的。如法国的3C铸轧生产系统中就没有矫直机，而且，剪切机的形式也不同。

14.2 板带钢生产设备

14.2.1 板带轧机机组

以冷轧机的机组为对象，介绍轧机机组的组成及工艺过程。

14.2.1.1 机组组成及工艺过程

冷轧机按轧制工艺和机组组成分类有可逆轧机和串列式连轧机两大类。可逆轧机又可分为单机架可逆轧机和双机架可逆轧机；串列式连轧机可分为常规冷连轧机、全连续冷连轧机、酸洗—冷轧联合机组和酸洗—冷轧—连续退火联合生产线。分别如图14-12和图14-13所示。

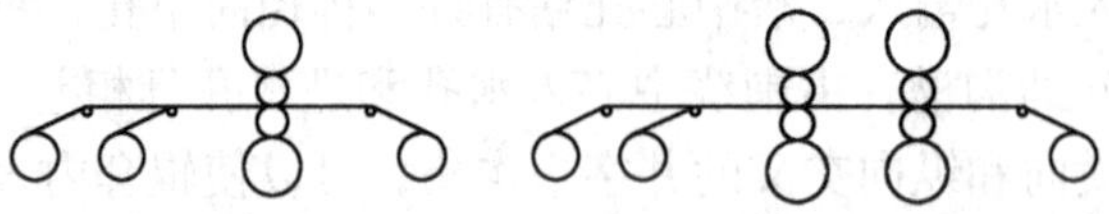

（a） （b）

图14-12 可逆轧机分类

（a）单机架可逆轧机；（b）双机架可逆轧机

A 可逆轧机机组组成和工艺过程

可逆轧制是指带钢在轧机机架上往复进行多道次的压下变形，最终获得成品厚度的轧制过程。与连轧机相比，其具有以下特点：

（1）工艺灵活、适应性强。由于可逆轧机的轧制道次、道次压下、速度、张力都可根据带卷的钢质、规格、原料质量及辊型状态来确定，它易于适应轧件的钢质、规格和卷重的变化，可以灵活应付品种规格的更换与调整，故它适合多钢种、多规格、中小批量产品的生产。

（2）轧制速度较低，生产规模比较小，成材率较低。可逆轧制时每道次都要经过加速、减速、停机、换向等过程，因而限制了轧制速度的提高，一般在300～1200m/min的范围内，生产批量和规模都较小，适合于卷重有限制的中小企业。

（3）设备简单，占地面积小，投资费用低，建设和收效快。

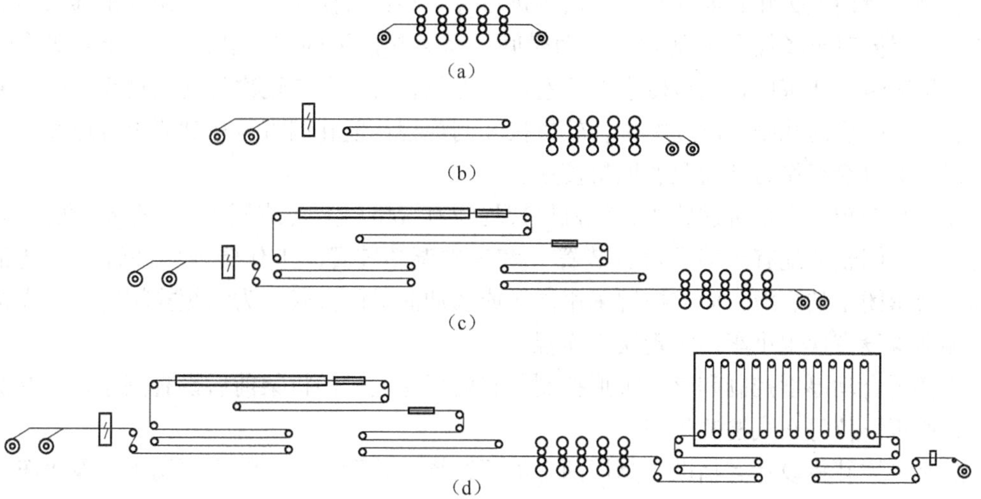

图 14-13 串列式连轧机分类

(a) 常规冷连轧机；(b) 全连续冷连轧机；(c) 酸洗—冷轧联合机组；(d) 酸洗—冷轧—连续退火联合生产线

最常见的可逆轧机是四辊或六辊单机架可逆轧机，通常由开卷及入出口设备、前后卷取设备、轧机本体及液压、润滑设备组成，如图 14-14 所示。

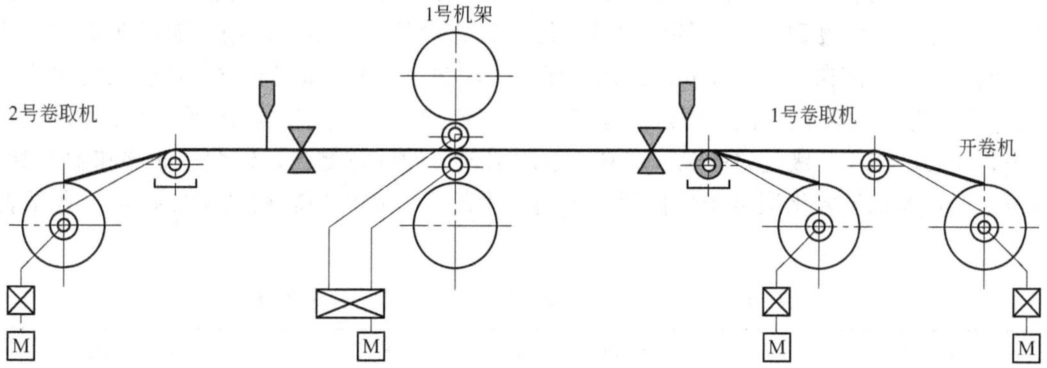

图 14-14 可逆轧机机组组成

可逆轧机的轧制过程：可逆轧机一般由入口/出口运输设备、上卷及卸卷小车及开卷设备组成。入口/出口运输设备通常为钢卷小车，入口一般可同时存放 3 ~ 5 个钢卷并逐个运送到开卷机。出口一般设有称重和打捆装置。开卷机多为单卷筒式的，卷筒可以胀缩，当上卷小车将钢卷对中送入卷筒中心时，卷筒开始胀紧夹紧带卷，开卷机可以正反方向旋转。带头开卷后经穿带板进入矫直机，进行矫直后送入机架。

带头穿入机架有两种操作方式，即：闭口穿带和开口穿带。闭口穿带即为带头穿入已设定好压下的辊缝，此方式有利于减小带头超差，提高带材的成材率，但由于带头对辊缝有冲击，增加了辊耗；开口穿带是指带头直接穿入打开的辊缝，待带头卷入卷取机后，辊缝再闭合。无论是何种穿带模式，当带钢咬入出口侧卷取机并卷取 3 ~ 5 圈后调整好压下和张力，然后打开乳化液，根据轧制情况升速到正常速度进行第一道次轧制。

在进行第二道次轧制时，根据带卷头尾的可轧性，也有两种轧制方式，即脱头轧制和有头轧制。所谓脱头轧制即为每一道次均进行甩尾和穿带操作，这样可减少带卷头尾的超差长度，但同时也增加了轧制时的辅助时间；而通常使用的有头轧制是当带卷即将轧完时，轧机减速，使带尾在入口侧卷取机卷筒上停位，设定第二道次的轧制规程，打开乳化液，轧机进行换向轧制。以此类推，轧机按轧制规程往复轧制直至达到要求的厚度，入口和出口卷取机交替作为开卷及卷取机使用。

无论是四辊或六辊可逆轧机，轧机机架均配有液压压上（或压下）、轧辊弯辊（对于六辊轧机中间辊还配有窜动及弯辊装置）和斜楔调整装置。工作辊或中间辊轴承通常采用油气或密闭干油润滑，而支撑辊采用油雾或稀油润滑的方式。为缩短换辊时间，在机架操作侧通常设有换辊小车，实现快速换辊。

为实现自动厚度控制和自动板形控制，有的可逆轧机的机架前后设有测厚仪，在机架出口设有板形仪等在线检测仪表。

通常可逆轧机设置有辅助和高压两个液压系统，辅助液压系统主要用于钢卷小车、开卷机及卷取机等辅助设备的液压动作；高压系统则服务于液压压下、弯辊或轧辊窜动等工艺控制单元。

集中稀油润滑和干油润滑，分别服务于主传动连接轴和齿轮箱，以及其他转动设备的润滑。

根据轧机轧制品种的不同，轧机工艺润滑使用的轧制油种类和浓度是不同的。在轧制时，一般是使用浓度2% ~5%的乳化液，经过过滤冷却后可循环使用。随着轧制油产品的不断更新，以前在轧制薄板或镀锡板时使用的棕榈油或牛脂油已被含合成脂的乳化液所取代，根据轧制品种的不同，可选用稳定性、半稳定性或不稳定性乳化液。在循环过滤系统中，现在已采用三级过滤系统，即真空过滤器或反冲洗过滤器、磁性过滤器和撇油器，通过三级过滤保证乳化液可循环使用。国内典型的宽带钢可逆轧机的主要技术参数见表14-1。

表14-1 国内典型的宽带钢可逆轧机的主要技术参数

机组名称	1420冷轧机	1550冷轧机	1750冷轧机
带钢品种	35A440 50A470 - 1300 65A1600 - 800	CQ、DQ DDQ、EDDQ SEDDQ、HSS	CQ、DQ DDQ、EDDQ SEDDQ、HSS
原料厚度/mm	1.8 ~3	2.2 ~4.5	1.8 ~6.0
成品厚度/mm	0.35 ~0.65	0.3 ~1.6	0.25 ~2.3
宽带/mm	900 ~1280	700 ~1400	700 ~1650
成品卷径/mm	ϕ610 ~1900	ϕ610 ~2000	ϕ610 ~2150
钢卷质量(最大)/t	24	28.5	34.5
工作辊/mm × mm	ϕ(340 ~370) ×1420	ϕ(385 ~425) ×1550	ϕ(405 ~455) ×1750
中间辊/mm × mm	ϕ(390 ~440) ×1445	ϕ(440 ~490) ×1560	ϕ(480 ~530) ×1780
支撑辊/mm × mm	ϕ(1050 ~1200) ×1420	ϕ(1150 ~1300) ×1550	ϕ(1220 ~1370) ×1750
最大轧制力/kN	14700	18000	24000

续表 14-1

机组名称	1420 冷轧机	1550 冷轧机	1750 冷轧机
弯辊力/kN	工作辊：+340/-120 中间辊：+450	工作辊：+360/-180 中间辊：+500	工作辊：+450/-400 中间辊：+650
中间辊窜辊/mm	0~385	0~365	0~500
轧制速度(最大)/$m \cdot min^{-1}$	1200	1260	1550
机组张力(最大)/kN	开卷：49 卷取：147	卷取：114	卷取：128
功率/kW	开卷机：520 轧机：5000 卷取机：2027	轧机：4400	轧机：6700
最大力矩/kN·m	98		
工作辊轴承	四列圆锥滚子轴承+干油润滑		
中间辊轴承	四列圆锥滚子轴承+干油润滑		
支撑辊轴承	四列圆柱滚子轴承+轴向止推轴承+油雾润滑		

通常单机架可逆轧机生产能力为 35 万吨以下，串列式冷连轧机生产能力要超过 100 万吨，为弥补两者之间的缺口，德国 SMS-DEMAG 公司开发了 CCM（紧凑式冷轧机），也可称为双机架可逆冷轧机（见图 14-15）。它是在单机架可逆轧机的基础上增加了第二个机架，可以使每个轧程的轧制道次翻倍，以提高产量。在年产量 70 万吨的情况下，双机架可逆轧机和两套单机架可逆轧机及串列式冷连轧机在投资及生产成本的比较如图 14-16 所示。

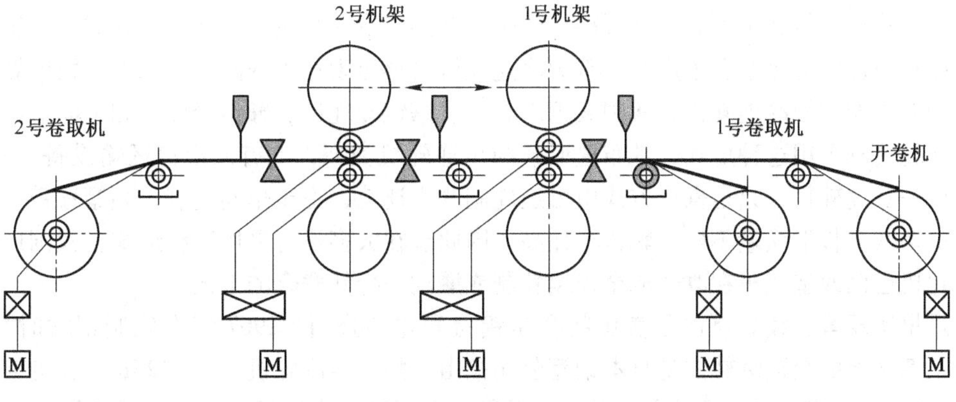

图 14-15　双机架可逆轧机机组组成

由图 14-16 可以看出，从投资角度，两套可逆轧机方案和一个四机架串列连轧机方案比 CCM 高很多，相对 CCM 而言，四机架串列式连轧机需增加两个完整的机架，两套可逆轧机要多两套卷取机、入出口设备；从生产成本和维护费用来看，CCM 与四机架连轧机是相同的，两套单机架可逆轧机将增加 40% 的费用。

生产操作上 CCM 有多种轧制方式：方法 1，实施两次可逆轧制（4 次压下），压下率达 60% ~80%，适合于低碳钢和低合金钢；方法 2，仅一次轧制(2 次压下），适合于轧制热轧薄带钢；方法 3，实施 3 次可逆轧制（6 次压下），适合于超薄低碳钢、硅钢和不锈钢。

目前在美国 SDI 公司已投产了一套 CCM 机组，年产低碳钢和高强的低合金钢 85 万吨，在俄罗斯马格尼托哥尔斯克钢铁公司正在建设第二套 CCM，生产能力为 80 万吨；两套 CCM 的主要技术指标见表 14-2。

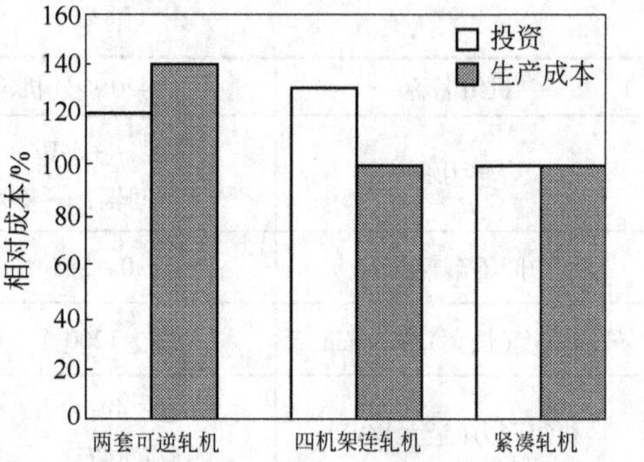

图 14-16 双机架可逆轧机和两套单机架可逆轧机及四机架连轧机比较

表 14-2 CCM 双机架可逆轧机的技术指标

机组名称		Magnitogorsk	SDI
带钢规格	厚度/mm	0. 35 ~ 3. 0	0. 38 ~ 2. 18
	宽带/mm	800 ~ 1650	915 ~ 1575
钢卷规格	内径/mm	610	610
	外径/mm	2200	2032
钢卷质量(最大)/ t		35	28. 2
钢种		LC，HSLA	LC，HSLA
最大轧制速度/ $m \cdot min^{-1}$		1350	1350
年生产能力/万吨		80	85

B 串列式连轧机机组组成和工艺过程

串列式连轧机通常可分为常规冷连轧机、全连续冷连轧机、酸洗—冷轧联合机组和酸洗—冷轧—连续退火联合生产线。常规冷连轧机最早出现在美国阿姆科钢铁公司巴勒特厂建设的四机架四辊冷连轧机，我国武钢冷轧厂、攀钢冷轧厂、鞍钢冷轧厂和上海益昌冷轧厂的冷轧机都采用这种形式，其布置形式与可逆轧机类似，均有入出口运输设备、开卷/卷取设备及连轧机，只是操作方式由可逆轧制改为连轧，由于单卷轧制，频繁穿带，使带卷成材率低、板形质量不好、轧机辊耗高，因此现在大多不再采用这种形式，我国以上的四套轧机也已改造或正在改造成全连续轧制或酸洗—冷轧联合的工艺。

最早实现全连续轧制的是美国凯舍尔铝材和化学公司，1967 年在轧制铝材时采用，而真正意义上的全连续轧制是日本钢管公司福山厂的 2 号冷轧机，是 1425mm 五机架全连续冷轧机，于 1971 年 6 月投产。它是由焊机将上下带卷头尾焊接，通过活套调节，将带钢源源不断地送入冷连轧机轧制。我国 20 世纪 80 年代建设的宝钢 2030 冷轧机和改造的上海益昌薄板厂冷轧机均采用此工艺。此形式生产品种规格范围广，生产组织不受上下工序的约束，可以灵活调节，因而可以充分发挥连轧机的能力，既适合于大批量专业化生产，也可安排多品种规格生产，与常规轧制相比，提高了带卷成材率，降低了辊耗。

酸洗—冷轧—连续退火联合生产线是一种高效率、高质量的冷连轧工艺，最早于

1987 年在日本新日铁广畑厂实现，它把冷轧全过程简化成入口段、酸洗、冷轧、清洗、退火、后处理、平整和出口段 8 个部分，连续生产线使设备的时间利用率达 95%，收得率增至 96.9%，能耗降低了 40%。这种生产线规格变化范围小，工艺参数变化和操作都较为稳定，因而产品质量高，很适合专业化带钢生产。除上述机组外，美国内陆钢厂还有一套采用这种工艺的生产线在生产，产品厚度为 0.4 ~ 2.0mm，年产量为 127 万吨。联合生产线具有生产效率高、质量好、节省投资和人力、收得率高等优点，但也要求生产线各工艺段之间要保持严格的匹配关系，只适合生产品种单一、规格范围变化较窄的带钢。

酸洗—冷轧联合机组是公认的一种效率最高的连续生产线，它是通过活套将连续酸洗和冷连轧机连接起来，既能使酸洗和连轧机的生产能力都能得到较好的发挥，又不像酸洗—冷轧—连续退火联合生产线那样生产品种单一、规格较窄，与常规轧制 + 酸洗工艺相比，省去了酸洗出口和轧机入口设备，取消了中间仓库和减少了操作人员，它除了具有全连续轧制所特有的高产、优质和低耗等优点外，还具有节省投资、降低成本和缩短生产周期等优点，既适合于新建冷轧的选用，也很适合常规轧机的改造。最早实施联合的新日铁君津 3 号线和法国蒙塔泰尔厂都是通过 90°转向装置将酸洗和冷轧连接起来的。本溪冷轧厂 20 世纪 90 年代建设了我国第一条酸洗—冷轧联合机组，随后宝钢、武钢、鞍钢等冷轧机组均采用了这种联机方式。表 14-3 给出了我国典型的酸洗—冷轧联合生产线情况。

表 14-3 国内典型的酸洗—冷轧联合生产线

工厂名称	供货商	投产年代	产量 /万吨·年$^{-1}$	处理材料	产品厚度 /mm	产品宽度 /mm	机组速度 /m·min^{-1}
宝钢 2030 冷轧	西马克	1989	230	CQ ~ SEDDQ HSS	0.30 ~ 3.5	900 ~ 1850	1700
宝钢 1420 冷轧	西马克	1996	76.86	CQ、DQ、DDQ、镀锡	0.18 ~ 0.8	700 ~ 1230	1608
宝钢 1550 冷轧	三菱-日立	2000	106	CQ ~ SEDDQ HSS、无取向硅钢	0.3 ~ 2.0	800 ~ 1430	1200
宝钢 1800 冷轧	三菱-日立	2004	185.7	CQ ~ SEDDQ HSS	0.3 ~ 2.1	800 ~ 1730	1650
宝钢五冷轧	西马克	2008	180.9		0.25 ~ 2.3	700 ~ 1630	1400
宝钢益昌薄板	山菱重工	2000	70	镀锡板	0.17 ~ 1.0	520 ~ 1020	1800
武钢一冷轧	西马克（奥钢联联机改造）	1978 2004	162	CQ ~ EDDQ HSS、硅钢	0.25 ~ 3.0	700 ~ 1530	1700
武钢二冷轧	西马克	2005	230	CQ ~ SEDDQ HSS	0.3 ~ 2.5	800 ~ 2080	1470
武钢三冷轧	中冶南方 + 一重 + 西门子	2008	120		0.25 ~ 2.0	700 ~ 1430	1600
鞍钢一冷轧	西马克	2000	150	CQ ~ DDQ HSS	0.3 ~ 3.0	700 ~ 1560	1350

续表 14-3

工厂名称	供货商	投产年代	产量/万吨·年$^{-1}$	处理材料	产品厚度/mm	产品宽度/mm	机组速度/m·min^{-1}
鞍钢二冷轧	中冶南方+一重+西门子	2003	160	CQ~SEDDQ HSS	0.3~3.0	800~1630	1350
鞍钢三冷轧		2004	110	无取向硅钢	0.3~2.0	700~1350	1250
鞍钢四冷轧		2005	200		0.3~2.0	1000~1950	1500
鞍钢五冷轧		2007	109	CQ~SEDDQ HSS	0.3~2.0	700~1350	1250
鞍钢六冷轧		2007	109		0.3~2.0	700~1350	1250
邯钢1780冷轧	西马克	2003	143		0.25~2.5	900~1680	1250
本钢一冷轧	奥钢联	1994	70	CQ~DDQ HSS	0.4~3.0	700~1525	
本钢二冷轧	三菱-日立	2005	205.1	CQ~SEDDQ HSS	0.2~2.5	800~1870	1650
马钢一冷轧	三菱-日立	2004	152.8	CQ、DQ DDQ	0.3~2.5	900~1575	1250
马钢二冷轧	三菱-日立	2007	224.3	CQ~SEDDQ HSS	0.25~2.5	800~2000	1500
涟钢冷轧	三菱-日立	2005	163.3	CQ~EDDQ HSLA	0.25~2.5	850~1575	1250
包钢冷轧	西马克	2005	100	CQ~EDDQ HSS	0.25~2.0	960~1540	1250
天铁冷轧	西马克	2008	161	CQ~SEDDQ HSS	0.25~2.0	730~1600	1250
柳钢冷轧	中冶南方+奥钢联	2009	140	CQ~DDQ HSS	0.25~3.0	900~1350	1450
首钢顺义冷轧	西马克	2007	170	CQ~SEDDQ HSS	0.2~2.5	800~1850	1400
攀钢冷轧	奥钢联联机改造	1997/2004	120		0.23~2.5	720~1120	1200
新余1550mm冷轧	中冶南方+一重+西门子	2009	130.7	CQ~SEDDQ HSS、无取向硅钢	0.18~2.00	700~1430	1600

酸洗—冷轧联合生产线通常由入口段、酸洗工艺段、酸洗出口段、轧机入口段、轧机段和出口段等部分组成，如图 14-17 所示。

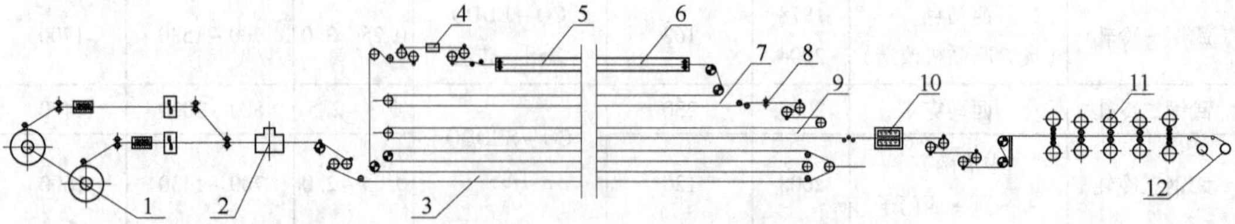

图 14-17 酸洗—冷轧联合机组流程图

1—1 号、2 号开卷机；2—焊机；3—酸洗入口活套；4—拉伸矫直机；5—酸洗槽；6—漂洗槽；7—酸洗出口 1 号活套；8—切边剪；9—酸洗出口 2 号活套；10—表面检查站；11—五机架冷连轧机；12—1 号、2 号卷取机

酸洗入口段设备主要由入口运输步进梁、上卷小车、开卷机、双切剪、焊机、入口活套和拉伸矫直机等组成。钢卷开卷采用双开卷或单开卷 + 准备站的形式，以节约入口辅助时间；焊机选用全自动激光或闪光焊机，保证焊接时间控制在 90s 以内；入口活套按多层设计，以保证入口段辅助时间控制在 120s 内的带钢储存量；拉伸矫直机采用大张力和两弯一矫的设计来改善带钢板形和提高酸洗效率，带钢伸长率达 3%。

酸洗工艺段由酸洗槽、漂洗槽和热风干燥器及循环系统等构成。酸洗槽采用浅槽或紊流式结构，通常由 3 个槽组成，在 1 号酸槽入口、3 号酸槽出口以及槽与槽之间均设有挤干辊，将各酸槽酸液分开；漂洗槽采用 5 级清洗形式，新水由 5 号漂洗槽注入，呈阶梯逆流；在酸洗和漂洗槽的传动侧均各自设有循环系统，使酸液和漂洗水循环使用，在事故停车时，酸槽中的酸液将排空至各循环罐中，脱盐水罐中的脱盐水将通过漂洗槽的喷淋管喷向带钢上下表面，以防止带钢过酸洗；酸洗后的带钢将通过热风干燥器进行干燥处理。

酸洗出口设备主要完成切边、带钢表面检查以及酸洗和轧机速度匹配等功能，分别由切边剪、带钢表面检查站和酸洗出口 1 号和 2 号活套来实现。切边剪选用双头回转式圆盘剪，在带宽变化和换剪刃时，其调整时间可控制在 60s 和 100s 以内；酸洗出口 1 号和 2 号活套也采用多层设计，其带钢储存量可满足圆盘剪更换剪刃或轧机换工作辊的要求。

轧机入口设备较为简单，通常有两套入口张力辊组和两辊式纠偏装置，不仅将带钢从酸洗出口 2 号活套拉出，而且在带钢进入轧机的同时，也为冷连轧机提供轧制后张力和带钢对中功能，纠偏精度要求达 ±1mm；为便于处理断带事故，在连轧机入口还设有辅助卷扬、分切剪及带钢夹持装置等设备。

冷连轧机通常设计为五机架，可由五机架四辊轧机、五机架六辊或四辊和六辊混合机型。轧机压下采用全液压压上(下)装置，可与测厚仪实现闭环，精确控制带钢厚度。冷连轧机中工作辊或中间辊均使用滚动轴承，采用油—气润滑或密闭干油润滑，并配有弯辊装置；支撑辊选用油膜轴承或滚动轴承；对于六辊轧机中间辊还可轴向窜动，使板形控制手段更为有效。

各机架及机架间除设置有正常轧制所需穿带台、防缠板以及工艺润滑的喷射梁等辅助设备外，通常在 5 号机架还设有乳化液多段冷却系统，可与机架后的板形辊实现闭环控制，使消除带钢平直度中高次方的复杂波形成为可能。为保持轧制线稳定，每个机架均设有斜楔调整装置，由液压缸快速调整；在轧机操作侧还配有换辊小车，可实现带钢在线换辊。

轧机出口段由分切剪、卷取机、带钢表面检查站及钢卷运输装置等组成。分切剪采用飞剪形式，设计在 200 ~ 250m/min 以下的速度对带钢进行剪切；两台卷取机（或采用 Carrousel 卷取机）可实现带卷交替卷取和卸卷；卷好的带卷在出口步进梁上称重、打捆后送至轧后库。为便于检查带钢表面，在出口段还设有专用的带钢表面检查站。

与冷连轧机配套的辅助系统中，乳化液系统将根据轧制的产品种类选择不同的乳化液，乳化液流量通常设计为轧机装机容量的 1.2 ~ 1.6 倍。乳化液操作模式最常见的有三种：模式一，1 ~ 5 号机架使用同一种浓度，如 2.5% ~ 3%；模式二，1 ~ 4 号机架使用一种浓度(2.5% ~ 3%)，5 号机架使用一种浓度(0.5%)或热水；模式三，1 ~ 3 号机架使用一种浓度(2.5% ~ 3%)，4 ~ 5 号机架使用一种浓度(4% ~ 5%)；有些轧机为提高润滑效果，在1号机架前还可使用浓度不到10%的直接喷油系统。

轧机液压系统通常分为高压和中压两部分，其中高压系统用于液压压下、轧机弯辊、平衡或中间辊轴向窜动；中压部分则服务于轧机机架及机组入口和出口的辅助设备。润滑系统分为油膜润滑（根据支撑辊使用轴承情况设置）、稀油集中润滑、油—气润滑和干油润滑4个系统，分别服务于支撑辊轴承、主传动连接轴和齿轮箱、工作辊和中间辊轴承以及其他转动设备的润滑。

14.2.1.2 冷轧机的类型

冷轧是一种在常温下将带卷轧成一定厚度的生产工序，是冷轧带钢生产中的一个最重要的工序。就轧辊辊系分类，可分为二辊轧机、四辊轧机、六辊轧机、十二辊和二十辊轧机等（见图14-18）。

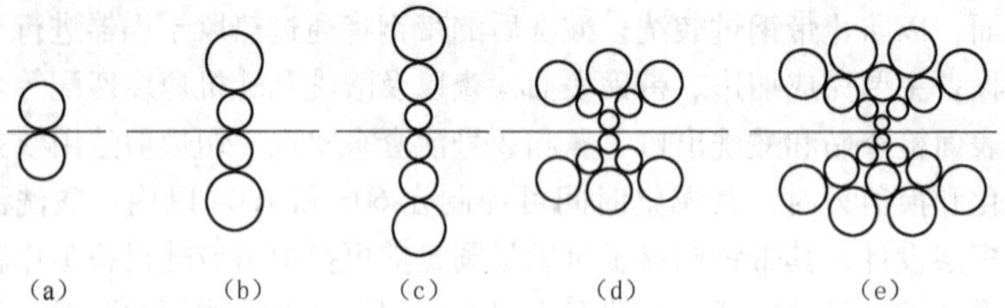

图14-18 冷轧机轧辊辊系分类

(a) 二辊；(b) 四辊；(c) 六辊；(d) 十二辊；(e) 二十辊

二辊冷轧机是早期出现的结构形式最为简单的冷轧机，其具有轧辊辊径大、咬入性能好、轧制过程稳定的特点，但由于轧机刚度较小，轧制产品厚度精度差，难以保证高质量的轧制。因此目前这种轧机已很少使用，仅部分作为平整机使用。

四辊轧机是目前使用最多、用途最广的轧机，一般多采用工作辊传动，配有工作辊正负弯辊系统，其工作辊和支撑辊直径之比约为1:3，机架具有较大的刚度，适合于生产低碳普通冷轧带钢，也可生产合金钢。近年来，不少的公司在普通四辊轧机基础上开发出新的机型，如日立公司开发的四辊HC轧机（见图14-19），西马克公司开发的四辊CVC轧机，三菱公司开发的四辊PC轧机，住友金属开发的四辊VC轧机，以及奥钢联开发的DSR轧机等。下面就分别介绍这几种轧机。

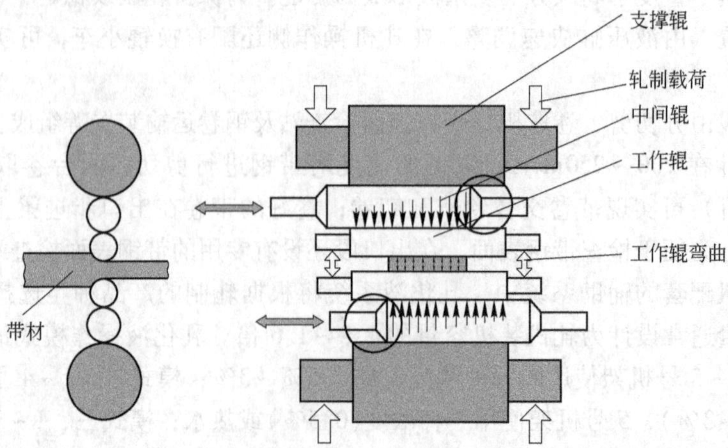

图14-19 HC轧机工作原理

（1）HC（High Crown Control Mill）轧机为日本日立公司1973年试制成功的，有四辊HC轧机和六辊HC轧机之分。四辊HCW轧机是在普通四辊HC轧机的基础上增加了工作辊窜动功能，同时工作辊具有正弯功能，为减少由于工作辊窜动和弯辊而引起轧辊端部应力集中，将工作辊端部设计一定的锥度。由于六辊HC轧机在板形控制和大压下等方面具有明显的优势，因此四辊HCW轧机在应用中受到限制。六辊HC轧机中间辊端部带有锥度且可做轴向移动，它除了具有六辊轧机特有的大压下、较强的板形控制能力外，由于中间辊一侧带有锥度，轴向移动能消除带宽外侧辊面上有害的接触段，有利于减小带钢边部减薄和边裂。HC六辊轧机具体机型有HCM、HCMW等。

（2）CVC（Continually Variable Crown Mill）轧机为德国SMS公司在1983年试制成功的，有四辊CVC轧机和六辊CVC轧机之分，如图14-20所示。其基本原理是轧辊修磨呈S形状，上下斜对称，通过轧辊的窜动达到所需的凸度。四辊CVC轧机的辊型设计在工作辊上，六辊CVC轧机的辊型设计在中间辊上。

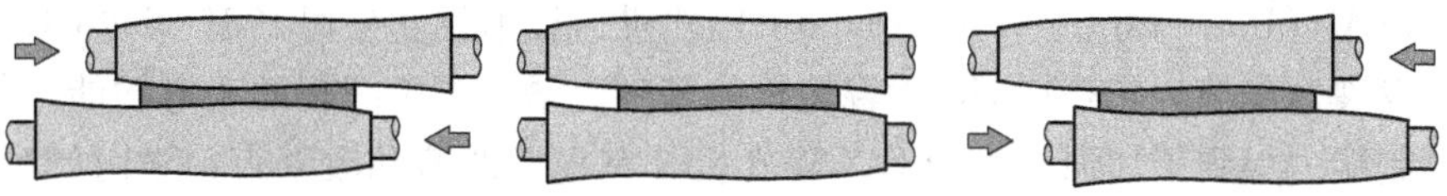
（a）（b）（c）

图14-20　CVC轧机工作原理
（a）正凸度；（b）中性凸度；（c）负凸度

CVC轧机具有以下一些特点：1）CVC轧机具有良好的带钢板形控制能力和稳定性，可以利用调整弯辊力、工作辊或中间辊轴向移动、分区冷轧等几个方面，求得最佳辊缝，得到最佳平直度。2）CVC轧机使弯辊力始终处于比较小的状态，降低了弯辊力，提高轧辊和轴承的使用寿命。3）支撑辊和工作辊的磨损基本与普通四辊轧机相同，而且由于工作辊轴向窜动，工作辊带钢边部区的磨损槽可以均匀化，减少了磨损槽的深度。

（3）PC（Pair Cross Type Mill）轧机为日本三菱公司在1979年试制成功的，如图14-21所示。目前仅用于四辊PC轧机。其原理是上工作辊和上支撑辊轴线相互平行，下工作辊和下支撑辊轴线相互平行，上下辊系成对地交叉成一定的角度，一般设计最大的交叉角度为1.4°~1.5°，当交叉角为1°时，轧辊凸度可达1000μm。此设计对控制带钢的边部减薄有利，热轧投入效果较好。冷轧仅在日本鹿岛钢厂投入一套冷连轧机中的1~3号机架。

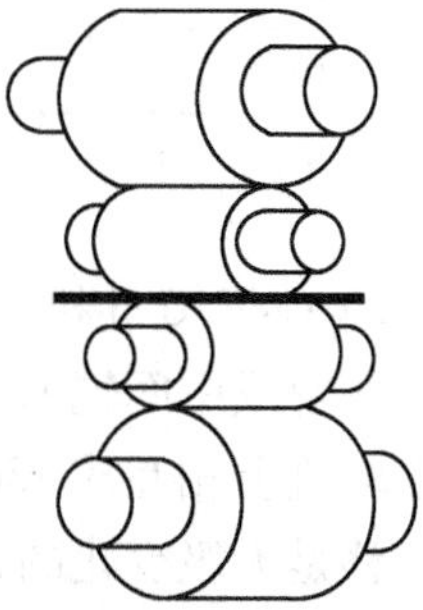
图14-21　轧辊交叉轧机

（4）VC（Variable Crown Mill）轧机为日本住友金属在1974年试制成功的，有二辊VC轧机和四辊VC轧机之分。VC轧辊由辊芯和辊套装配而成，辊芯与辊套之间有液压腔，其中充50MPa的高压油，在轧制过程中实现辊凸度快速控制，以适应带钢板形控制的需要，如图14-22所示。目前国内宝钢1550连续退火机组的在线平整机使用的是该类型轧机。

（5）DSR的全称为Dynamic Shape Roller（动态板形辊），DSR轧机为奥钢联公司试制成功的，目前仅用于四辊DSR轧机。其原理是将支撑辊设计为油压控制的可变凸度，根据测得的带钢板形来控制轧辊的凸度，如图14-23所示。已在宝钢2030冷连轧机组的最后一个机架试用了该类型轧机。

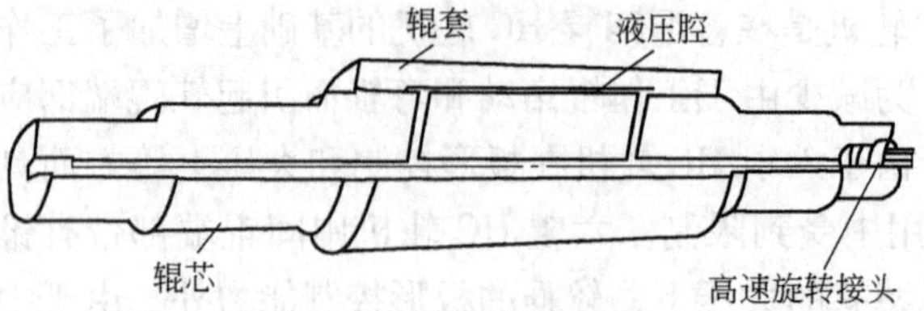

图 14-22 VC 轧辊示意图

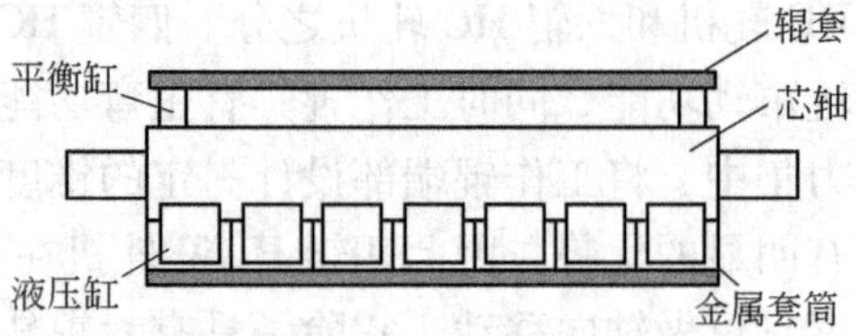

图 14-23 DSR 轧机支撑辊结构示意图

（6）六辊轧机的使用越来越广泛，它是在四辊轧机的基础上增加了一对中间辊，由于轧机刚度和强度增强，使工作辊直径减小，降低轧制力和力矩，减小轧辊弹性压扁，有利于实施大压下量轧制和轧制较薄的带钢；同时由于增加了轧辊窜动功能（中间辊或工作辊），再配以轧辊弯辊，有效地扩大了板形调节能力。目前应用最广的六辊轧机有日本三菱日立公司的 UCCM 六辊轧机和德国 SMS 公司的 CVC-6 轧机。

1）UCCM（Universal Crown Control Mill）轧机为日本日立公司 1981 年在 HC 六辊轧机的基础上发展而来的。它是在 HC 六辊轧机的基础上增加了中间辊的正弯功能，使轧机对板形的控制能力得到了加强。由于 UCCM 轧机具有板形调节和改善带钢横向的独特功能，所以在高质量带钢生产中得到了十分广泛的应用。为轧制极薄板，日立公司在 UCCM 的基础上缩小了工作辊的直径，开发了 UC2、UC3 轧机。HC 轧机和 UC 轧机的功能及机型见表 14-4 和图 14-24。

表 14-4 HC 和 UC 轧机的功能比较

机架类型	工作辊弯辊	中间辊弯辊	工作辊移动	中间辊移动
HCM	•（+）			•
UCCM	•（+）	•（+）		•
HCMW	•（+）		•	•
UCMW	•（+）	•（+）	•	•

注：•表示有该项；•（+）表示有该项且正弯。

2）CVC-6 轧机为德国 SMS 公司在四辊 CVC 轧机的基础上发展而来的。CVC 轧机是将工作辊或中间辊的辊面设计成 S 形瓶状表面，大小直径差为 0.4～0.7mm，两轧辊大小头在轧机上相互成 180°方向配置，可以沿轴线相反方向移动，形成正负辊缝凸度，因轴向位移是无级变化的，所以便形成了连续变化辊缝凸度的控制效果。与 UCCM 轧机相比较，其中间辊的窜动量较小，但其工作辊和中间辊均可具有正负弯辊功能，又增加了一个板形控制手段。

为控制带钢边部减薄而开发的 TRGCS（Total Roll Gap Control System）是在 CVC 基础上增加了边部控制（EDC）技术。它包括两个部分：第一，工作辊一端做成带锥度的，称为 EDC 辊；第二，对工作辊辊端进行附加的加强冷却，称为 EDC 冷却。此技术已在德国的拉色斯坦厂应用，效果良好。

十二辊轧机以及二十辊轧机由于其结构特点，轧机刚度很大，工作辊挠度很小，且工作辊多由弹性模量很大的材质制成，能承受很大的轧制压力，加上有较完善的辊型调节系

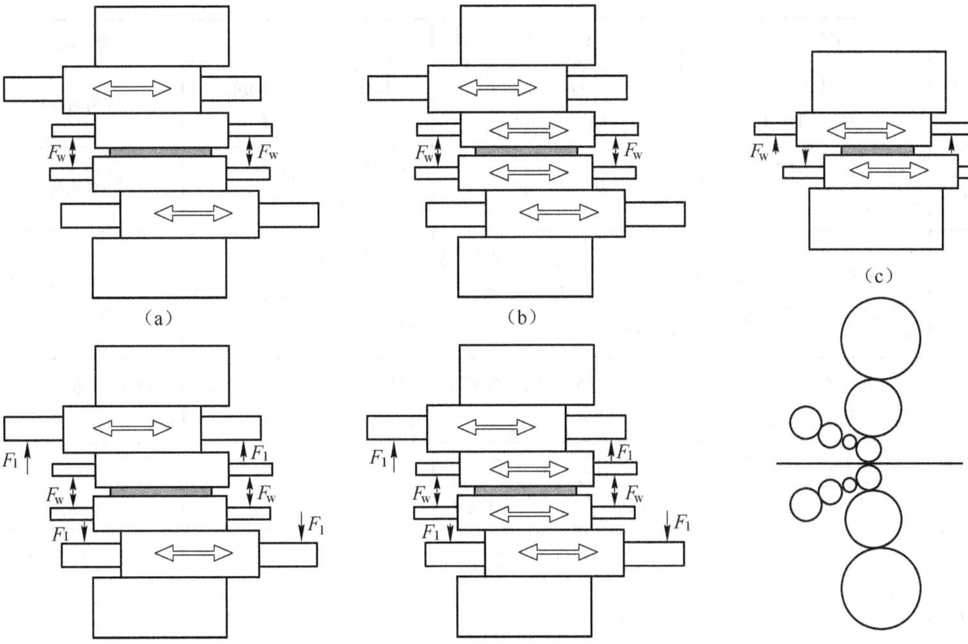

图 14-24 HC 和 UC 轧机机型

(a) HCM 轧机；(b) HCMW 轧机；(c) HCW 轧机；(d) UCCM 轧机；
(e) UCMW 轧机；(f) UC2、UC3 轧机

统，所以多用于轧制极薄带和变形困难的材料，如不锈钢以及高强度的铬镍合金材料。

此外还有一些特殊形式的轧机，如七辊的 FFC 轧机、MKW 偏八辊轧机等。MKW 偏八辊轧机实际上是在支撑辊传动的四辊轧机工作辊上增设侧向支撑辊的多辊轧机。由于偏水平方向装设了侧支撑辊，所以工作辊和支撑辊直径之比可达 1/15 ~ 1/20。轧制力较四辊轧机可减少约 50%，是适合于多品种、小批量和多工艺性的生产。

各类冷轧机及其功能比较见表 14-5。

表 14-5 各类轧机功能比较

	HC 轧机	UC 轧机	CVC 轧机	DSR 轧机
轧机名称	High Crown Control Mill	Universal Crown Control Mill	Continually Variable Crown Mill	Dynamic Shape Roll Mill
轧机型号	HCW，HCM，HCMW	UCCM，UCMW，UC2，UC3	CVC-2，CVC-4，CVC-6，CVC-HS	DSR
试制/投产时间	1973 年	1981 年	1983 年	
研制/制造厂家	日本日立公司	日本日立公司	德国西马克公司	奥钢联
轧辊辊数	4/6	6	2/4/6	4

续表 14-5

轧机名称	HC 轧机 High Crown Control Mill	UC 轧机 Universal Crown Control Mill	CVC 轧机 Continually Variable Crown Mill	DSR 轧机 Dynamic Shape Roll Mill
轧辊传动	工作辊，中间辊，支撑辊（少数）	工作辊，中间辊	工作辊，中间辊，支撑辊（少数）	工作辊
板形控制手段	中间辊（或工作辊）轴向窜动，工作辊正弯	中间辊（或工作辊）轴向窜动，工作辊正弯，中间辊正弯	中间辊轴向窜动，工作辊正负弯辊，中间辊正负弯辊	工作辊弯辊，支撑辊变凸度
适用情况	冷轧、热轧、连轧机、可逆轧机、平整机	冷轧、连轧机、可逆轧机、平整机	冷轧、热轧、连轧机、可逆轧机	冷轧、连轧机、可逆轧机
使用效果	成熟可靠，普遍使用	成熟可靠，有发展	成熟可靠，有发展	试制

轧机名称	ZR20 轧机 Sendzimir Mill	CR 轧机	MKW 轧机	VC 轧机 Variable Crown Mill	PC 轧机 Pair Cross Mill
轧机型号	ZR22，ZR21，ZR22B，ZR21B	CR-8，CR-12	E-MKW，V-MKW	VC-2，VC-4	PC-4
试制/投产时间	1932 年	1981 年	1952 年	1974 年	1979 年
研制/制造厂家	波兰森吉米尔	日本三菱重工，日本新日铁	德国西马克公司	日本住友金属	日本三菱重工，日本新日铁
轧辊辊数	20	8/12	8/12	2/4	4
轧辊传动	第二中间辊	支撑辊	支撑辊	工作辊	工作辊
板形控制手段	AS-U 辊型调节，第一中间辊端部带锥度，可轴向移动	外侧支持轴承辊 AS-V 辊调节中间辊，工作辊弯辊	外侧支持轴承辊	VC 轧辊，工作辊弯辊	轧辊交叉
适用情况	冷轧，硅钢，不锈钢，高强钢，极薄板	冷轧，不锈钢，高强钢，极薄板	冷轧，硅钢，不锈钢	冷轧，热轧	热轧
使用效果	成熟可靠，普遍使用	实际使用，效果好	可靠，局部使用	投入使用	热轧投入使用效果好，冷轧仅一套

14.2.1.3 轧机本体

轧机本体主要包括轧机底板、轧机机架、液压压下系统、轧制线调整装置、弯辊平衡装置、轧辊窜动系统、辊系装配、换辊装置、乳化液喷射装置和工作辊防缠导板等，主要完成带钢的稳定高精度的减薄。

A 轧机机架

轧机机架安装在底板上，由两片轧机机架、顶部连接横梁、支撑辊锁紧机构、换辊车锁紧机构、支撑辊侧推机构、衬板和其他连接件组成，如图 14-25 所示。轧机机架为铸钢件，机架立柱所有侧面均需进行机加工，便于其他辅助设备的安装。机架连接横梁为焊接钢结构，安装在机架上部，用来连接传动侧和操作侧的机架。钢制耐磨板用螺钉安装在机架立柱的内侧表面，用于支撑辊轴承座的升降导向和定位。支撑辊锁紧装置用于将支撑辊轴承座锁定在轧机机架内。换辊小车的锁紧装置是焊接钢结构梁，固定在机架的操作侧，端部设置有锁紧液压缸，用于在换辊时锁定换辊小车。支撑辊侧推机构安装在机架窗口内的入口侧，每个侧推装置由侧推板、两个柱塞缸组成，用于支撑辊换辊后或换向轧制时使支撑辊轴承座一侧靠紧机架内侧衬板。

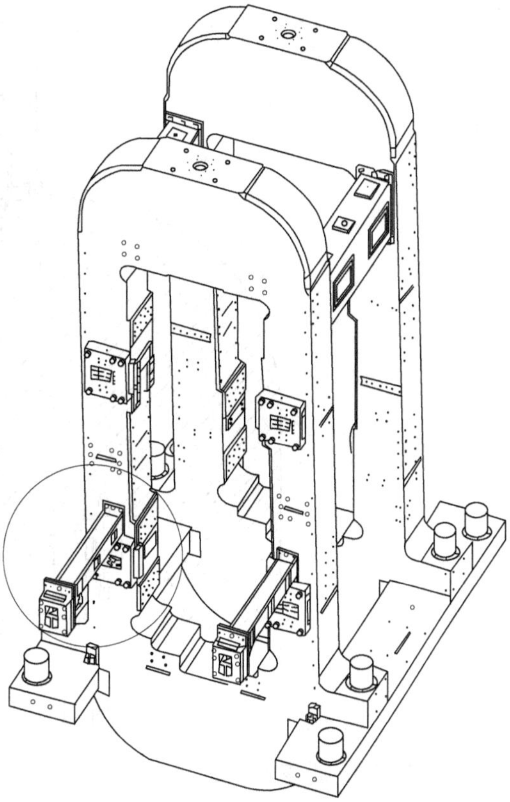

图 14-25 轧机机架

主要技术参数为：

机架立柱截面积	约 3780cm^2
立柱厚度	约 600mm
柱长度	约 630mm
机架高度	约 8700mm
机架重	约 76t/每片
支撑辊锁紧液压缸	ϕ80mm/ϕ45mm × 80mm
换辊车锁紧液压缸	ϕ80mm/ϕ45mm × 80mm
侧推柱塞液压缸	ϕ70mm × 2. 72mm

B 液压压下系统

液压压下缸安装在轧机机架窗口顶部。提供轧机所需的轧制力以及补偿轧辊直径的变化。液压缸缸体、缸盖和活塞由锻钢制成，活塞和活塞杆表面镀硬铬。密封和导向单元用于活塞和活塞杆的密封和导向，其特点是极小摩擦和长的使用寿命。两套连接法兰附在缸体和缸盖上，用于供给液压油。压下系统配有位移传感器和压力传感器，用于检测位移和液压压力，实现闭环控制（见图 14-26）。

主要技术参数为：

系统压力	最大 28MPa
在活塞侧的工作压力	最大 26MPa
轧制力	最大 18000kN
活塞直径	约 720mm
活塞杆直径	约 640mm
液压缸行程	约 210mm
在负荷下的调节速度	约 2mm/s
快速打开的调节速度	约 6mm/s
位移传感器精度	0. 001mm

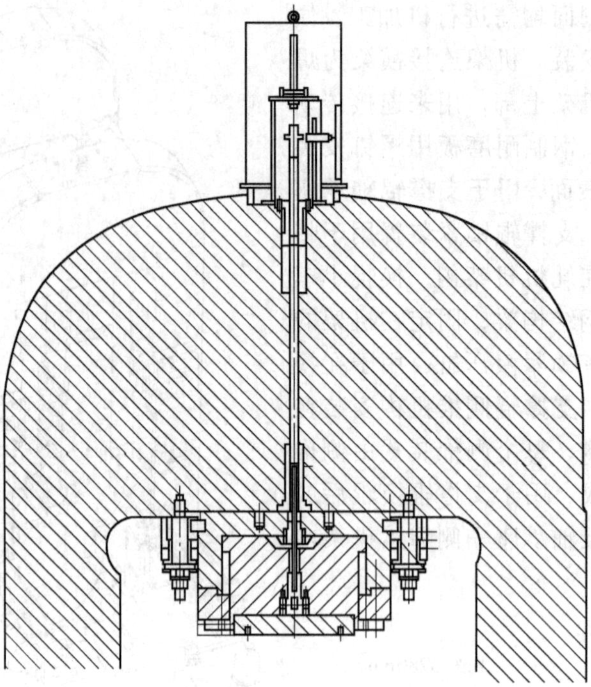

图 14-26 液压压下系统

C 轧制线调整装置

轧制线调整装置安装在轧机机架窗口的底部。用于补偿由于轧辊磨削产生的直径减少，保持轧制线恒定。它由斜楔和调整液压缸两部分组成，滑动面两侧均配有耐磨滑动衬板。斜楔分两段，由锻钢制成。调整液压缸设有锁紧装置，用于保证在轧制过程中固定液压缸位置，不受轧制力负载的影响。调整液压缸配有位移传感器，可根据输入的轧辊参数准确地控制轧制线的高度（见图 14-27）。

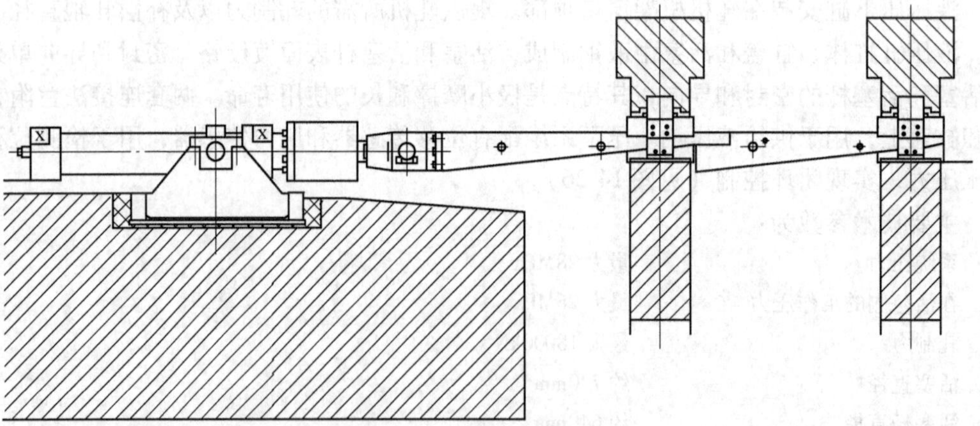

图 14-27 轧制线调整装置

主要技术参数为：

类型	单斜楔
斜楔宽度	560mm

斜楔锥度	约6.0°
垂直行程	约200mm
提升速度	约4mm/s
位置精度（垂直方向）	约0.5mm
调整液压缸	ϕ320mm/ϕ200mm×1800mm

D　弯辊平衡装置

弯辊平衡装置用于实现轧辊的弯辊、平衡控制；并在换辊时使轧辊分开，便于换辊，如图14-28所示。弯辊平衡装置为液压滑块式弯辊平衡装置，主要由固定块、滑动弯辊块、滑动衬板、弯辊缸、平衡缸等部分组成。固定块和滑动块均为合金锻钢精密加工而成，块中装有弯辊缸、平衡缸。轧辊轴承座装在弯辊块的滑槽中，通过液压缸的推动弯辊块，实现对轧辊进行弯辊、平衡、辊缝打开操作。

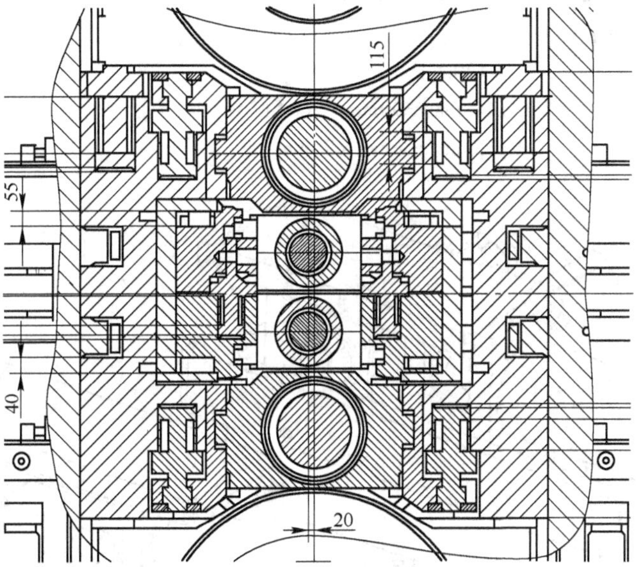

图14-28　弯辊平衡装置

固定块共有4块，固定在机架窗口的中部。固定块上加工有用于装工作辊弯辊块和中间辊弯辊块的滑轨，并衬有滑动衬板。支撑辊平衡缸安装在固定块上，工作时平衡缸活塞杆顶住上支撑辊轴承座，对上支撑辊进行平衡。中间辊弯辊块共有8块，安装在固定块的滑轨上，中间辊弯辊缸缸体安装在固定块中，活塞杆与中间辊弯辊块相连。中间辊轴承座装在中间辊弯辊块的滑槽中，中间辊弯辊缸推动中间辊弯辊块对中间辊进行弯辊操作。工作辊弯辊块共8块，安装在固定块中部的滑轨上，工作辊弯辊缸缸体安装在下工作辊弯辊块中，活塞杆通过球铰接头与上工作辊弯辊块相连。上下工作辊弯辊块间装有导向杆，工作辊轴承座安装在工作辊弯辊块的滑槽中，工作辊弯辊缸推动工作辊弯辊块对工作辊进行弯辊操作。

主要技术参数为：

形式	液压滑块
系统压力	28MPa

工作辊弯辊力	约 +350/ −280kN（每个轴承座）
中间辊弯辊力	约 +500/ −350kN（每个轴承座）
支撑辊平衡力	约 400kN（每个轴承座）
工作辊弯辊缸	ϕ80mm/ϕ56mm×115mm（共 8 个）
中间辊弯辊缸	ϕ125mm/ϕ70mm×120mm（共 8 个）
支撑辊平衡缸	ϕ125mm/ϕ100mm×225mm（共 4 个）

E 中间辊轴向窜动装置

中间辊轴向窜动装置固定在轧机操作侧的中间辊弯辊块上，实现中间辊的轴向窜动，与带凸度的中间辊配合可连续调节辊缝形状，如图 14-29 所示。它包括两套窜动机构，一套用于上中间辊，一套用于下中间辊，它们固定在中间辊弯辊块上，包括滑架、滑动衬板、锁紧块和窜动缸等，窜动力通过锁紧销传送到中间辊轴承座上，每个窜动机构的两个液压缸中有一个液压缸带有线性位移传感器。

主要技术参数为：

窜动行程	±120mm
窜辊液压缸	ϕ160mm/ϕ90mm×260mm
锁紧液压缸	ϕ63mm/ϕ36mm×70mm

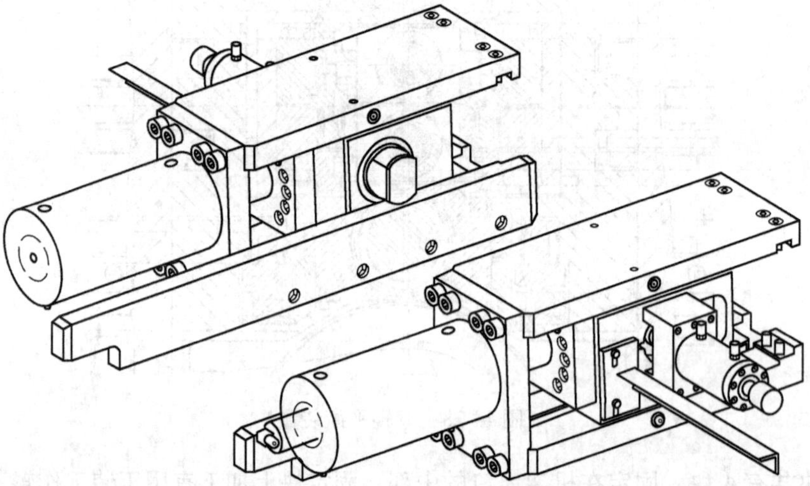

图 14-29 中间辊轴向窜动装置

F 辊系装配

辊系装配主要由轧辊和轴承座组成，其中轴承座又由轴承盖、定距环、端盖、密封件以及耐磨衬板等组成，工作辊轴承座和中间辊轴承座采用合金锻钢制作，支撑辊轴承座采用铸钢制作，工作辊轴承座结构与工作辊弯辊、换辊装置相配，中间辊轴承座结构与中间辊弯辊、窜辊、换辊装置相配。支撑辊轴承座结构与轧制线调整、液压压下缸和支撑辊换辊装置相配（见图 14-30）。

主要技术参数为：

工作辊

尺寸	（ϕ290～340）mm×1400mm（平辊）
辊身硬度	HS92～94

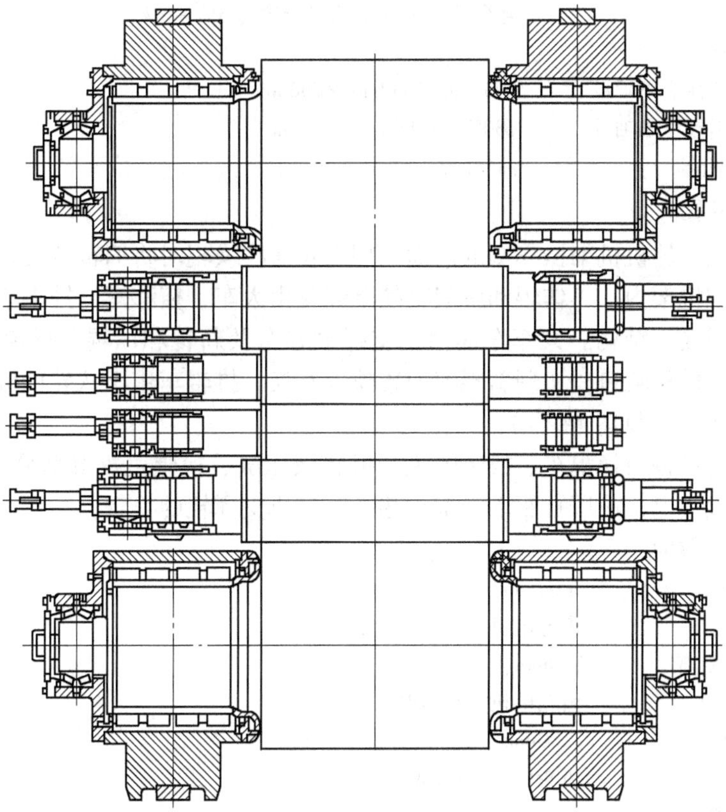

图 14-30 辊系装配

辊颈硬度	HS50～60
材质	合金锻钢(Cr的质量分数为3%～5%)
轴承规格	
四列圆锥滚子轴承	φ177.8mm/247.65mm×192.088mm
双列圆锥止推轴承	φ101.6mm/250.825mm×145mm
轴承润滑	油气润滑

中间辊

尺寸	(φ440～500) mm×1640mm(凸辊)
辊身硬度	HS80～86
辊颈硬度	HS50～60
材质	合金锻钢(Cr的质量分数为3%～5%)
轴承规格	
四列圆锥滚子轴承	φ279.4mm/393.75mm×269.875mm
双列圆锥止推轴承	φ160mm/343mm×160mm
轴承润滑	油气润滑

支撑辊

尺寸	(φ1150～1250)mm×1400mm(平辊)
辊身硬度	HS60～65

辊颈硬度	HS50 ~ 60
材质	合金锻钢（Cr 的质量分数为 3% ~ 5%）
轴承规格	
四列圆柱滚子轴承	ϕ730mm/1030mm × 750mm
双列圆锥止推轴承	ϕ305mm/500mm × 200mm
轴承润滑	油气润滑

G 换辊装置

换辊装置位于轧机机架操作侧的前面，用于在需要换辊时将旧辊拉出，然后将经过修磨的新辊推入到机架内。工作辊和中间辊换辊装置由大车、横移车、推辊车、换辊钩等部分组成，都为焊接钢结构。大车车体用于支撑横移车及新辊和旧辊，行走由齿轮电机驱动。横移车上有横移轨道，实现新辊与旧辊位置互换。推辊车用于从轧机机架内拉出旧工作辊推入新工作辊（见图 14-31）。

支撑辊换辊设备由换辊车、换辊轨道、换辊液压缸、换辊盖板等部分组成，换辊时，支撑辊落到换辊车上，液压缸驱动换辊车移动，完成支撑辊的换辊。

主要技术参数为：

大车行走距离	8000mm
大车驱动	齿轮电机，3kW，2 台
横移车横移距离	950mm
横移车架驱动	齿轮电机，2. 2kW
推辊车行走距离	7100mm
推辊车驱动	齿轮电机，11kW
支撑辊换辊液压缸	ϕ200mm/ϕ140mm × 6500mm

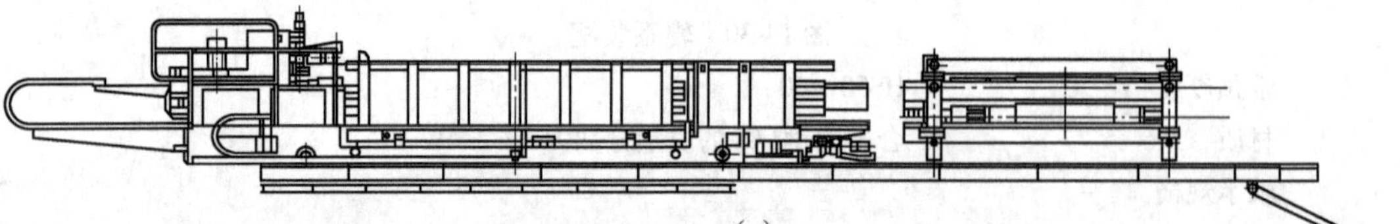

（a）

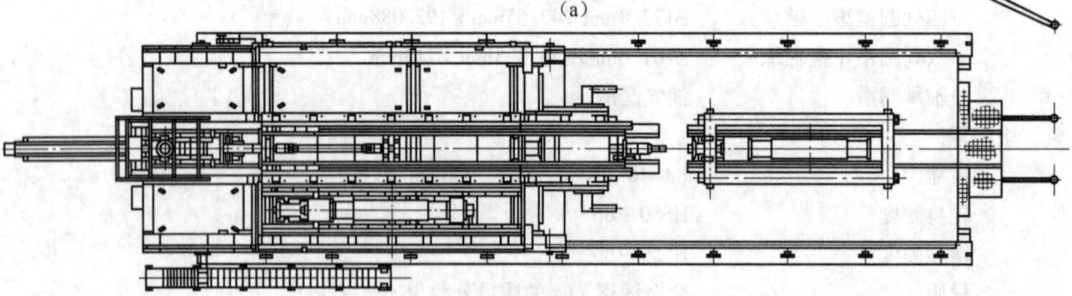

（b）

图 14-31 换辊装置
（a）主视图；（b）俯视图

H 乳化液喷射装置

乳化液喷射装置安装在轧机的入口侧、出口侧和轧制线的上下，用于辊缝润滑、工作辊冷却，如图 14-32 所示。上中间辊和上支撑辊润滑和清洁。

喷射梁 A：用于辊缝润滑，喷射梁由 25 个喷嘴组成，为 1 个控制区。

喷射梁 B：用于工作辊分区冷却，由 25 个单独可控制的喷嘴组成，分 25 个控制区。

喷射梁 C：用于上中间辊/上支撑辊的润滑和清洁，喷射梁由 13 个喷嘴组成，为 1 个控制区。

乳化液喷射的分布见表 14-6。

14.2.1.4 轧机主传动

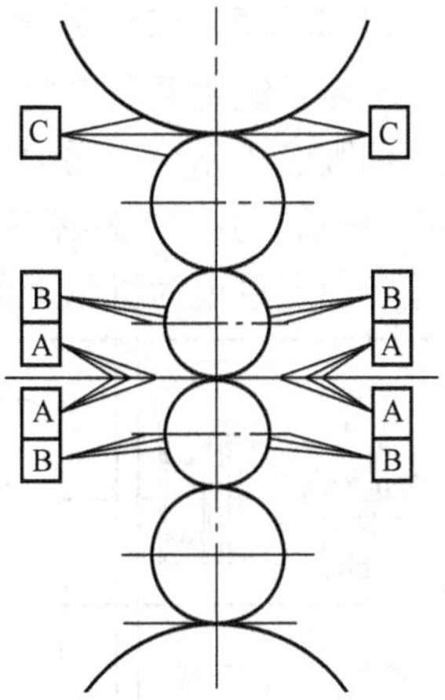

图 14-32 乳化液喷射装置

轧机主传动由主传动齿轮箱、主电机联轴器、传动接轴和接轴支架组成，它将 1 台主电机输入的扭矩分别传递给上、下中间辊。齿轮为表面硬化钢的斜齿轮，齿面研磨，齿轮材质为特殊合金钢，齿轮箱采用集中稀油润滑。主电机联轴器连接主电机与齿轮箱，附有安全剪切销起过载保护作用，联轴器采用干油润滑。万向传动接轴连接齿轮箱与轧辊，芯轴（花键型）具有轴向窜动能力。接轴支架在换辊时支撑传动接轴并对其轴向固定（见图 14-33）。

表 14-6 乳化液喷射的分布

应　用	编号	位置	喷射梁数量	喷嘴数/个	喷嘴间距/mm	压力/MPa	流量/L·min^{-1}
辊缝润滑	A	轧制线上	1	25	52	0.3~0.5	895
	A	轧制线下	1	25	52		895
工作辊分段冷却	B	轧制线上	1	25	52	约 0.7	2000（65% 利用率）
		轧制线下	1	25	52		2000（65% 利用率）
上中间辊/上支撑辊润滑和清洁	C	轧制线上	2	13	104	约 0.7	284

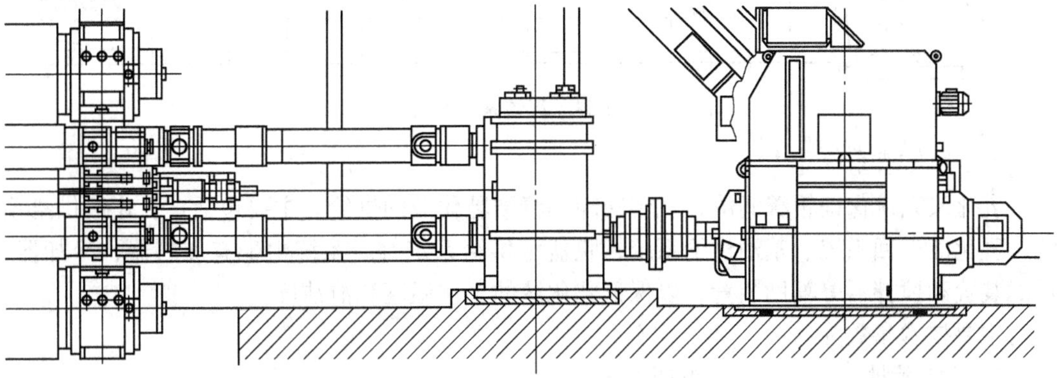

图 14-33 轧机主传动

主要技术参数为：

齿轮表面硬度	HRC 58 + 3
接轴最大伸缩量	260mm
接轴支架的移动液压缸	ϕ80mm/ϕ56mm × 155mm
接轴支架的锁紧液压缸	ϕ55mm/ϕ(45 × 60)mm

14.2.1.5 流体系统

流体系统主要负责整个机组所需介质的供给和循环，包括乳化液系统、辅助液压系统、伺服液压系统、稀油集中润滑系统、油气润滑系统、气动系统和干油润滑装置，如图14-34所示。其中气动系统为气动设备和吹扫装置提供压缩空气动力。人工通过干油润滑装置定期定量地为机组上的轴承、轴套、滑动衬板等润滑点提供干油润滑脂。

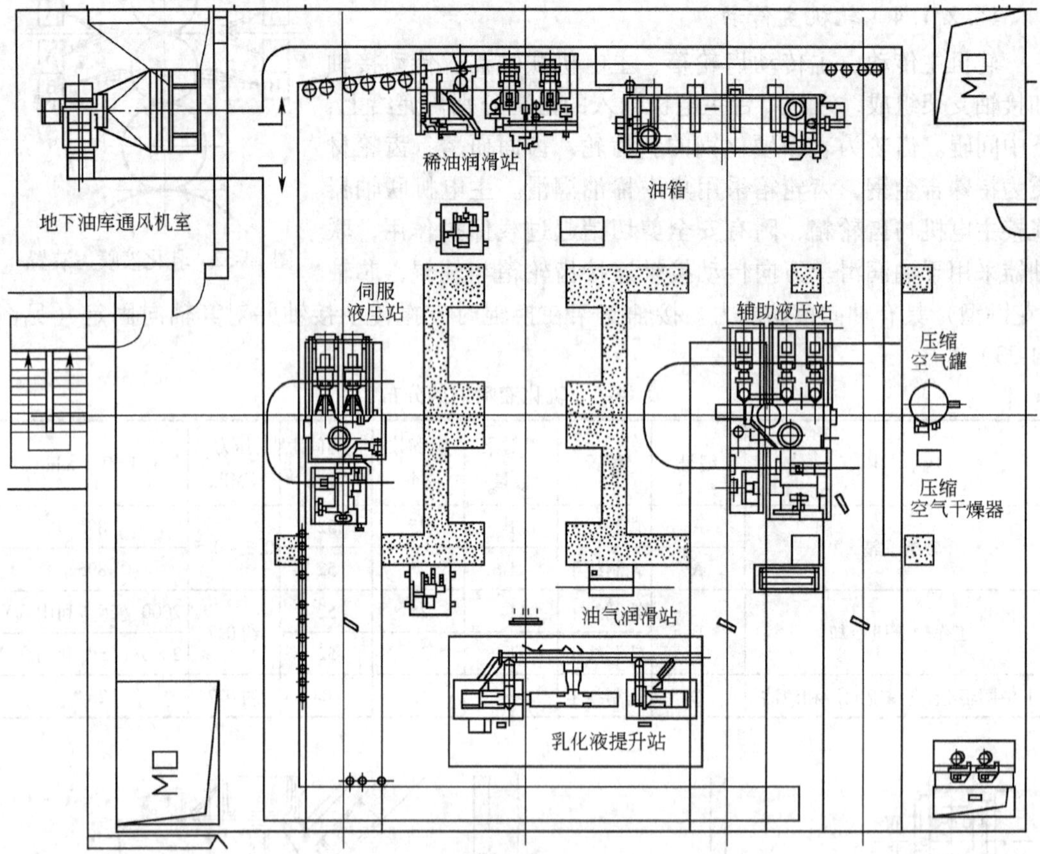

图 14-34 流体系统布置

A 乳化液系统

乳化液系统保证辊缝润滑、轧辊冷却和清洁乳化液的供给。主要包括：乳化液供给系统、乳化液返回系统、基油供给系统、脱盐水供给系统等。系统中配有加热器、冷却器、过滤装置和搅拌器等辅助装置，以保证乳化液的工作温度和清洁度。

主要技术参数为：

乳化液总流量	8000L/min
介质	稳定/半稳定乳化液
乳化液供给温度	约40～50℃
乳化液加热	采用150～170℃饱和蒸汽，耗量约800kg/h
乳化液冷却	采用净环水，耗量约300m^3/h

B 辅助液压系统

辅助液压系统用于向开卷机、轧机本体、卷取机、入口/出口设备等各液压传动机构提供压力油，并向开卷机 CPC 系统提供油源，油路中安装有各液压控制元件（如流量控制阀、压力控制阀、方向控制阀等）。

主要技术参数为：

工作介质	ISOVG46，NAS7 级
系统工作压力	14MPa
油箱容积	4000L

C　伺服液压系统

伺服液压系统用于向轧机平衡、弯辊、窜辊系统、液压压下缸及轧机机架上的液压用户提供液压油源及控制动作。

主要技术参数为：

工作介质	ISOVG46，NAS5 级
系统工作压力	28MPa
油箱容积	2000L

D　稀油集中润滑系统

稀油集中润滑系统用于向开卷机、轧机、入出口卷取机的传动齿轮箱等提供润滑油。

主要技术参数为：

油箱容积	$10m^3$
系统压力	0.7MPa
润滑油量	350L/min
工作介质	ISO VG320
油液温度	约 40℃

E　油气润滑系统

油气润滑系统向轧机工作辊、中间辊和支撑辊轴承供润滑油，主要由油箱、油泵、分配器、混合块、轴承分配器及连接管路等组成。

主要技术参数为：

油箱容积	约 250L
工作介质	CLP320 ~ CLP460
润滑油耗量	约 $190cm^3/h$
过滤精度	100μm
压缩空气	耗量约 $85m^3/h$(标态)

14.2.2　典型板带冷轧机线

14.2.2.1　带材冷连轧机

冷连轧带材车间包括连续酸洗机组、五机架冷连轧机、电解清洗机组、罩式退火及连续退火机组、平整机组、连续镀锡机组、连续镀锌机组和精整机组等。

酸洗工序是清除热轧带材表面氧化铁皮的主要方法。20 世纪 70 年代后，由于盐酸酸洗废液处理与回收技术得以成功开发，酸洗线均改为盐酸酸洗。酸洗方式有连续酸洗、半连续酸洗和推式酸洗多种方法。于 1988 年投产的我国某冷连轧厂连续酸洗机组，具有 20 世纪 90 年代初世界先进水平。该机组入口段采用两台悬臂式开卷机交替开卷；采用第四代闪光焊机同时完成带材头尾精剪、对中、焊接、焊缝清理等工作；活套装置采用摆动门结构，确保活套小车正常运行；在酸洗槽前装有拉伸弯曲矫直机进行机械破鳞以改善带材的平直度，并防止带材跑偏。采用卧式浅酸洗槽，出口处采用两台卷取机交替卷取以提高生产率。

图 14-35 所示为某 1700mm 带钢常规五机架冷连轧机组设备布置示意图，其主要技术参数见表 14-7。

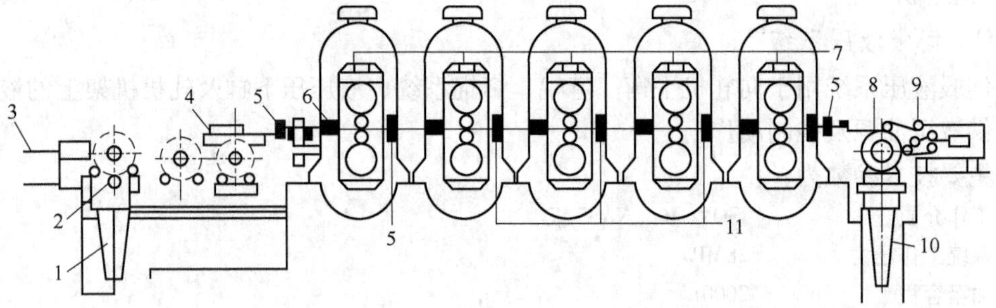

图 14-35 某 1700mm 带钢常规五机架冷连轧机组设备布置示意图

1—钢卷小车；2—步进式梁；3—拆捆机；4—开卷机；5—同位素测厚仪；6—辊式压紧器；7—液压压下装置；8—张力卷取机；9—助卷机；10—钢卷小车；11—电磁式测厚仪

表 14-7 1700mm 和 2030mm 冷连轧机主要技术参数

参数			1700mm 常规五机架冷连轧	2030mm 全连续五机架冷连轧
设备参数	工作辊/mm		ϕ(540 ~ 610) × 1700	ϕ(550 ~ 615) × 2030
	支撑辊/mm		ϕ(1400 ~ 1525) × 1700	ϕ(1425 ~ 1550) × 2030
	开卷机	外径/mm	ϕ1500	ϕ1200 ~ 2510
		内径/mm	ϕ610	ϕ760
	张力卷取机	外径/mm	ϕ1500	ϕ1200 ~ 2470
		内径/mm	ϕ610	ϕ610
	最大轧制压力/t		2500	3000
	板形控制		F1 ~ F2 正弯辊；F3 ~ F5 正负弯辊	弯辊 + CVC
	开卷机功率/kW		2 × 475	2 × 540
	F1 功率/kW		2 × 1500	4 × 1120
	F2 ~ F5 功率/kW		4 × 1500	4 × 1500
	张力卷取机功率/kW		每台 2 × 1640	每台 3 × 725
	机组总功率/kW		31250	31735
	单位宽度总功率/$kW \cdot mm^{-1}$		18.38	15.64
工艺参数	原料/mm		(1.5 ~ 6) × (550 ~ 1580)	(1.8 ~ 6.3) × (900 ~ 1850)
	成品/mm		(0.15 ~ 3) × (550 ~ 1580)	(0.3 ~ 3.6) × (900 ~ 1850)
	最大卷重/t		≤18	≤45t
	单位宽度卷重/$kg \cdot mm^{-1}$		10.59	23 (B > 1300mm)；34.5 (B ≤ 1300mm)
	最大轧制速度/$m \cdot min^{-1}$		1800	2000

图 14-36 所示为某 2030mm 全连续式五机架带钢冷连轧机组设备布置示意图。其五机架冷连轧机是从德国 SMS 公司成套引进的国内第一套全连续式无头轧制连轧机。为实现

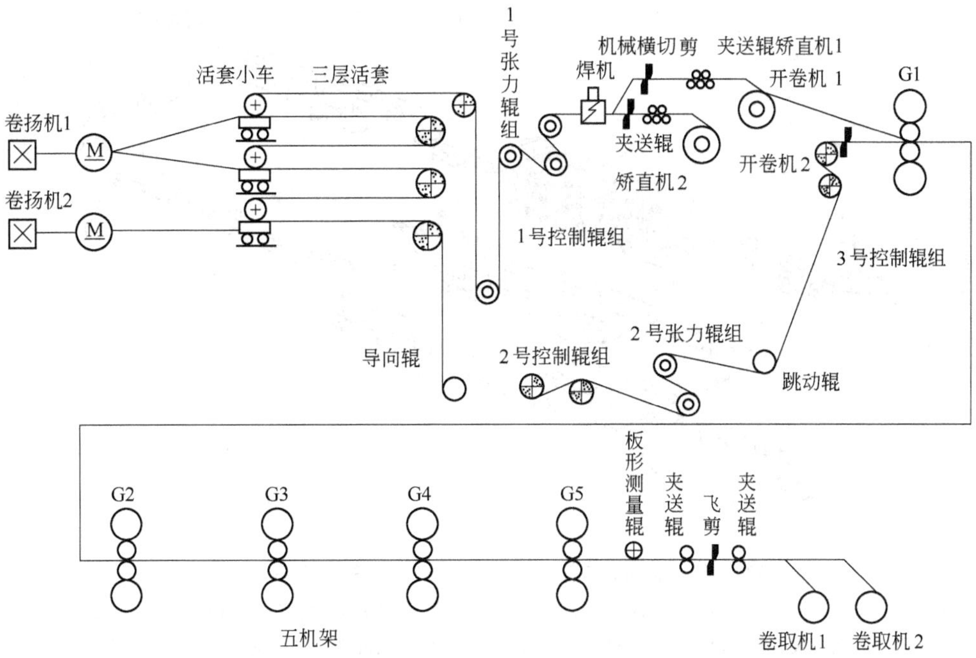

图 14-36　某 2030mm 全连续式五机架带钢冷连轧机组设备布置示意图

无头轧制，在冷连轧机前后增加了许多设备，包括两台开卷机交替开卷、夹送辊、矫直机、剪切机、张力辊，并用闪光焊机完成带材头尾对接，由活套装置保证轧制的连续运行；还在冷连轧机前加上导向辊、纠偏辊、张力辊及 S 辊等；冷连轧机出口段加上夹送辊、飞剪及两台张力卷取机。轧机采用全液压压下四辊轧机，由直流电机单独驱动。轧机配有过程计算机厚控及板形自动控制系统。各轧机除采用液压弯辊装置及末架用乳化液喷射分段冷却控制轧辊热凸度外，还采用连续可变凸度 CVC 板形控制技术，通过轴向移动工作辊连续改变辊缝以获得理想的板形控制。连轧机出口装有飞剪，完成分卷工作，两台卷取机交替工作保证全连续轧制。该机组主要设备、工艺技术参数见表 14-7。

退火是冷轧带材生产不可缺少的重要工序。有罩式退火和连续退火两种退火方式。该厂从日本新日铁公司引进的连续退火机组由三部分组成，头部清洗段完成带卷的焊接和清洗，由开卷机、剪切机、焊接机、电解脱脂及清洗设备组成；中部退火段完成再结晶退火和过失效处理，包括塔式退火炉和冷却装置；尾部静态段完成带材的精整，由平整机、拉伸矫直机、剪切机、飞剪、涂油机、卷取机及卸卷装置等构成。整个机组设有 7 套张紧辊和 9 套电液伺服系统控制的自动纠偏装置。整条生产线由过程计算机控制。

图 14-37 所示为某 1420mm 五机架酸洗-冷连轧联合机组设备组成示意图。冷连轧机入口段新增设备与酸洗机组入口段类同，可将冷连轧机组与酸洗机组联机，实现真正无头轧制。

随着热轧带卷厚度的减薄，冷连轧机组也有变化。优先采用强力单机架可逆冷轧机，或二机架可逆冷轧机与薄板坯连铸连轧生产线配套。强力单机架可逆冷轧机的主要技术参数如表 14-8 所示。

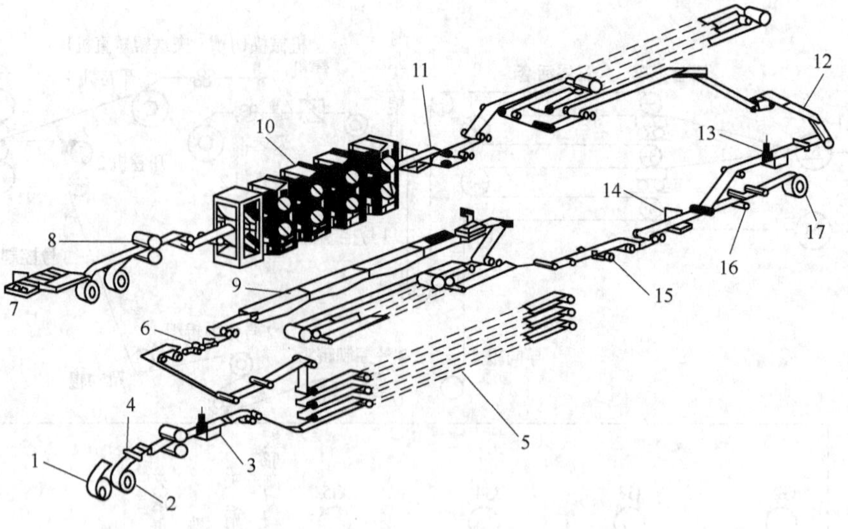

图 14-37　某 1420mm 五机架酸洗-冷连轧联合机组设备组成示意图

1，2—开卷机；3—焊机；4—头部矫直；5—入口活套；6—张力矫直机；7—在线检查站；8—旋转剪；9—酸洗段；10—冷连轧机；11—对中纠偏设备；12—联机段；13—焊机；14—剪切机；15—切边机；16—涂油机；17—张力卷取机

表 14-8　强力单机架可逆冷轧机的主要技术参数

参　数			NUCOPR 强力单机架可逆冷轧机
设备参数	工作辊/mm×mm		ϕ(432～483)×1780
	支撑辊/mm×mm		ϕ(1280～1425)×1780
	开卷机	外径/mm	ϕ965～1905
		内径/mm	ϕ610
	张力卷取机	外径/mm	ϕ965～1905
		内径/mm	ϕ610
	最大轧制压力/t		2900
	板形控制		弯辊＋CVC
	开卷机功率/kW		1491
	轧机功率/kW		7457
	张力卷取机功率/kW		每台 3356
	机组总功率/kW		16443
	单位宽度总功率/$kW \cdot mm^{-1}$		9.24（为传统五机架冷连轧机组的 50%）
工艺参数	原料/mm×mm		(1.27～4.0)×(915～1650)
	成品/mm×mm		(0.38～1.9)×(915～1625)
	卷重/t		≤29
	单位宽度卷重/$kg \cdot mm^{-1}$		17.85
	最大轧制速度/$m \cdot min^{-1}$		1220

14.2.2.2　铝箔轧机

铝箔以其无味、无毒、导热及导电性好、防潮、美观等优点已逐渐成为人们生活中不可缺少的使用材料之一。

铝箔轧机日趋向着大卷重、宽幅、高速、连续化、自动化方向发展。现代铝箔轧机辊身长度达2000mm，轧制速度达2000m/min以上，卷重达20t。较经济的最小轧制厚度为0.006mm，厚度公差达带材厚度的±(2%～3%)，平直度达±10I。

铝箔轧制设备及技术日趋现代化，控制方式复杂化，远远超过人工操作能力，由此推动了各种高新技术的发展，相继出现了各种辊系及厚度控制、板形控制、计算机控制系统等。20世纪70年代，美国布洛、诺克斯公司开发了IC辊系以及瑞士的NIPCO辊系，日本住友金属公司开发了VC辊系。VC和IC辊系将通常的实心辊改为外加一个辊套，辊套与辊芯间留有一定间隙，内注高压液体，使轧辊变为可变凸度轧辊；NIPCO辊由固定梁、回转辊套和靠液压缸顶头支撑的液压支撑垫组成。支撑垫装在固定梁内，相对工作辊压向自由回转的辊套。

铝箔轧机的发展推动了相关设备及技术的进步。合卷机、分卷机、剪切机、分条机及箔卷运输设备得到快速发展。各种厚度和板形控制系统、板形仪以及计算机控制系统正在铝箔轧机上得以广泛应用，并成为衡量铝箔轧机技术装备的一个重要标志。如德国联合铝业公司的铝箔生产线的四台轧机均装有SGC定位厚度和SFC板形平直度控制系统。

14.2.2.3　精密带材轧机

随着国民经济快速发展，如食品、化工、机械、仪表、电子、汽车、航空等工业对各种金属及合金薄带和极薄带材的需求不断增长。

目前世界上几乎均采用二十辊森吉米尔轧机来轧制金属薄带和极薄带材。图14-38所示为我国某厂二十辊轧机及其主要设备组成示意图。该厂从美国W.F公司引进一套二十辊轧机，专门轧制不锈钢和精密合金带材。产品最薄0.03mm，尺寸精度±0.001mm。其机械设备包括开卷机、对中装置、左右卷取机、整体式牌坊的工作机座和重卷机组等几部分。同时还装有先进的检测速度、张力、厚度的仪器仪表和自动控制系统。

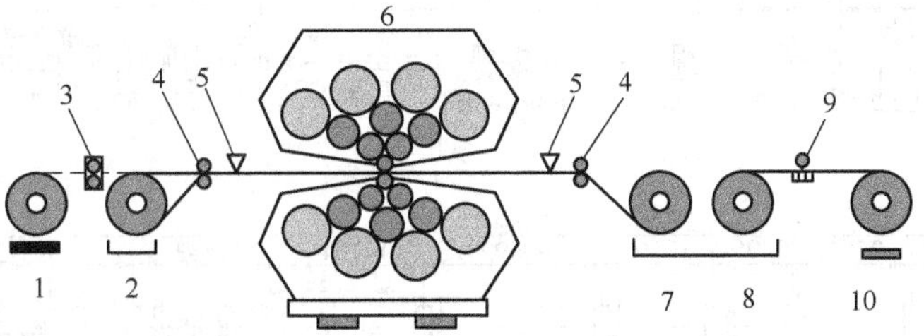

图14-38　可逆式二十辊轧机及主要设备组成
1—开卷机；2—左卷取机；3—对中装置；4—张力计；5—测厚仪；6—主机；
7—右卷取机；8—重卷开卷；9—张力控制；10—重卷机组

14.2.3　典型板带热轧机线

14.2.3.1　厚板轧机

厚板对一个国家工业发展、交通运输、国防工业建设具有举足轻重的作用。20世纪

80年代以来，尽管国外轧制设备的大型化、高速化势头明显减弱，但为了满足钢材用户的需要，如为满足潜艇、航空母舰、海洋钻井平台、压力容器、大口径焊管等的需要，新建或改建大型厚板轧机。到1988年，日本、欧美已全部淘汰4300mm以下的中厚板轧机，新建5000mm以上的厚板轧机，这些大型轧机具有高刚度、大传动功率，单位辊身长度轧制压力达20kN/mm，轧制力矩达2.0kN·m/mm。

如德国迪林钢铁公司宽厚板1号轧机为5500mm四辊可逆轧机，单片牌坊重390t，立柱横截面积9940cm^2；支撑辊辊径2400mm，辊身长度5230mm，辊颈直径1800mm，重265t；工作辊辊径1180mm，辊身长5500mm，采用四列圆锥滚柱轴承，单个工作辊扭矩最大4500kN·m。该轧机安装有电动压下装置，在压下螺丝与上支撑辊轴承座间装有液压缸。轧机装有AGC厚度自动控制系统；工作辊有液压弯辊装置，能生产5200mm的成品板。

14.2.3.2 带材热连轧机

连续式带材热连轧机是生产板带材的主要机型，主要生产厚度0.8~25mm热轧带卷。其产品是造船、桥梁、化工、汽车等行业不可缺少的原料，同时也是冷轧、焊管的坯料，其产量已占世界钢材总量的一半以上。热轧宽带钢轧机的发展已有近81年的历史，第一套热连轧机1926年诞生于美国威尔顿公司，至今，世界上建成并仍在建的热轧带材轧机已达200多套。20世纪70年代，带材热连轧机发展是围绕提高产量、增加品种、提高精度及自动化水平；80年代以来，工业发达国家钢材市场供过于求，其带材热连轧技术从追求大型化、高速化、大卷重的指导思想，转向节能、降耗、高质量上去以提高竞争力。

带材热连轧机形式分为半连轧、3/4连续式、全连轧几种。图14-39所示为热轧带钢轧机设备配置示意图。我国现有1422mm以上的热轧宽带钢轧机14套。

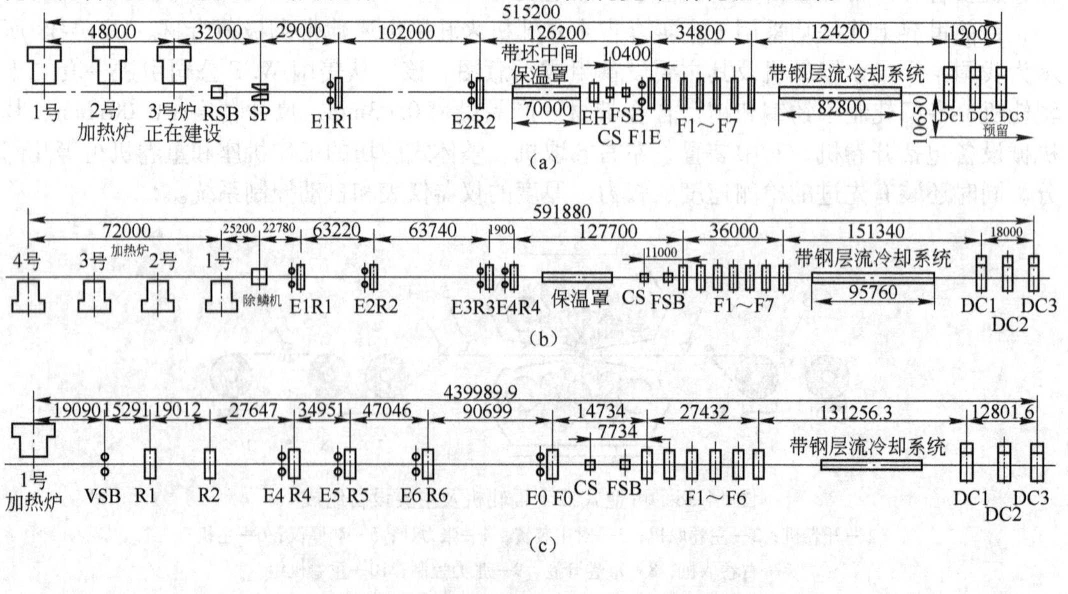

图14-39 热轧带钢轧机设备配置示意图

(a) 1580mm半连轧；(b) 2050mm 3/4连续式；(c) 1422mm全连续式

RSB—粗轧高压水除鳞；SP—压力定宽机；E1~E6—小立辊轧机；R1~R6—粗轧机；EH—带坯边部电感应加热器；CS—飞剪；F1~F7精轧机组各架轧机；E0—精轧机小立辊；DC1~DC3—液压式地下卷取机；VSB—粗轧大立辊；FSB—精轧高压水除鳞

CSP 薄板坯连铸连轧带钢轧机是20 世纪80 年代末成功开发的新技术，1989 年美国组柯克拉兹维莱钢厂第一条 CSP 薄板坯连铸连轧带钢轧机投产以来，该项技术发展很快，其生产能力占热轧带钢总产量 15%。薄板坯连铸连轧技术除 SMS 公司 CSP 外，还有 DEMAG 的 ISP、住友的 QSP、DANIEL 的 FTSP 和 VAI 的 CONROL。从 1999 年底到 2006 年上半年，我国已有12 家钢铁企业的13 条薄板坯连铸连轧线相继投产，年产能约3500 万吨。5 年内，我国的薄板坯连铸连轧生产线可能达到15 条，年产能将突破4000 万吨。其产能将占我国热轧板卷的30%以上，薄板坯连铸连轧生产线将占世界的近30%。近两年来，我国已建成的薄板坯连铸连轧生产线围绕着全流程的生产工艺稳定、产品质量稳定、新产品开发、冷轧基板性能控制和充分发挥流程潜能、实现高效化生产等方面展开。

图 14-40 所示为某 CSP 薄板坯连铸连轧带钢生产线设备组成示意图。

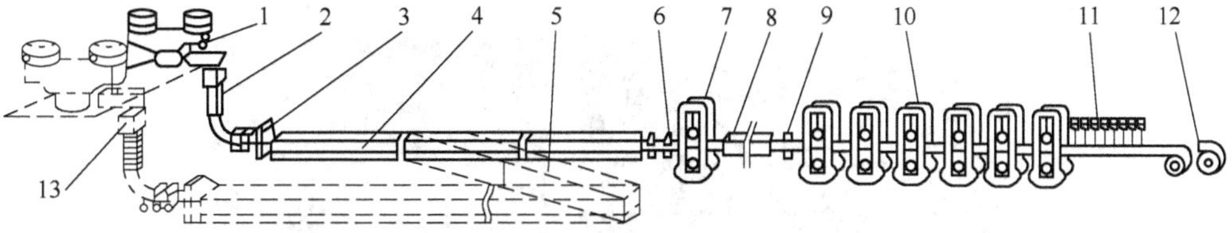

图 14-40 某 CSP 薄板坯连铸连轧带钢生产线设备组成

1—钢包；2—连铸机；3—摆式剪切机；4—1 号辊底式加热炉；5—加热炉摇摆装置；6—1 号高压水除鳞装置；7—粗轧机；8—2 号加热炉；9—2 号高压水除鳞装置；10—精轧机组；11—层流冷却装置；12—地下卷取机；13—2 号连铸机

20 世纪 90 年代以来，我国建成投产 14 套热轧宽带钢轧机为高速发展时期，有 9 套全新的热带钢轧机。宝钢 1580mm 轧机、鞍钢 1780 轧机、武钢 2250mm 轧机采用与连铸机直接布置和生产一贯管理的连续生产线，紧凑可逆式粗轧机、板坯定宽压力机、精轧机板形控制双交叉（PC）轧机、精轧机全液压 AGC 系统、全液压地下卷取机、完善的 4 级计算机自动化控制和生产管理控制系统。达到了国际先进水平。宝钢 2050mm 轧机，最大轧制速度 30.2m/s，最大卷重 43.6t。13 套薄板坯连铸连轧带钢轧机，具有全液压 AGC、CVC 及液压弯辊板形控制技术，是生产高精度带钢最先进的技术装备。

14.3 冷弯型钢成形机组

14.3.1 宽幅压型机组

宽幅压型板广泛用于建筑工程的屋顶板、墙面板、钢承楼板，成为钢结构建筑的重要部件。压型板的特点是：薄（一般板厚 0.4 ~ 1.2mm）、宽（展开宽 800 ~ 1200mm），原料一般为彩色涂层钢板或镀锌板。

为了简化切断机构，这种机组的切断方式大多采用停机剪切的操作模式。当截面的高度较大时（见图 14-41），为满足轧辊线速度匹配的要求，在不同的成形段采用不同的驱动速比和方式。

压型板成形的变形力小，因而大多采用结构简单、造价低廉的板式结构、链轮传动。为了加强两侧墙板的刚性，在两个成形架次之间上部用拉杆连接。为了保证成形辊系的刚性，也有用牌坊式机架的压型板机组。相对于板式结构，采用牌坊结构的压型板机组成本较高，但是可以适应不同截形的变化，通过模具的更换，实现多品种的生产。

图 14-41 HV-610 压型板主机

14.3.2 高精度冷弯成形机组

生产高精度的产品，不但要有高精度的轧辊，高精度的机组也是重要因素。特别是轿车部件和滚珠导轨等的制造公差严格，没有好的机组是无法稳定地生产出合格产品的。国内外高精度机组的实例如图 14-42 和图 14-43 所示。制造高精度的机组，关键是要根据成形工艺要求确定合理的机组检验精度指标，并在具体结构设计施工中给予保证。

图 14-42 高精度成形机组及产品

14.3.3 特色冷弯成形机组

彩板门窗型材的成形绝大多数采用辊式冷弯成形。这种机组的成形速度为 10 ~ 30m/min，成形尺寸控制精度为 0.2 ~ 0.5mm。

图 14-44 所示为塞柯(SERCONSULT) 公司的彩板门窗型材成形机。一般由 24 ~ 32 道水平辊机架和矫直辊机架组成。按型材成形要求配置不同的辅助变形辊和立辊。水平辊是传动机架，承担变形的主要任务。辅助辊是被动的，设立于两架水平辊间或成组设立，主要作用是对平辊无法压实的盲角部分变形并减少水平辊的道次。立辊设置在水平辊孔型的同一平面内，用于最后几道的边部成形。对于咬口的封闭截面，还要设置芯子、拉杆、咬口压痕等部件。

图 14-43 高精度的可成组更换的冷弯成形机组

轧机的压下形式可分为螺旋机械压下和液压压下。机械压下成本较低，液压压下操作方便。传动方式为万向轴式或肘节式齿轮结构，上下水平辊可有较大的调整范围，以适应多品种门窗型材的生产。为便于轧辊的更换，外侧机架与底板多为可翻转的铰链连接。

图 14-45 机组的牌坊安装在横向定位底板上。当生产壁厚较厚而宽度较窄的型材时，外侧牌坊可沿轴向调整，显著地增大了轴系的刚度。另外，还有一种四道次牌坊，安装在

快换定位底板上，当产品更换时，可与相应的轧辊模具一起更换，实现了轧辊的离线安装和调整。可成组更换的生产线适用于多品种、小批量的生产。

图 14-44　塞柯(SERCONSULT)公司的彩板门窗型材成形机

图 14-45　外侧牌坊可移动的成形机

14.4　钢管生产机组

14.4.1　热轧管机组

热轧法是生产无缝钢管的主要方法，其生产方法和机组形式多样。主要的热轧无缝钢管机组形式有自动轧管机组、连续轧管机组、三辊斜轧轧管机组、二辊斜轧轧管机组、周期轧管机组、顶管机组等。各机组之间虽有差别，但其加工过程基本相同，主要有坯料准备、坯料加热、穿孔、轧管、定（减）径、精整等。每个工序均需配备相应的机械设备，图 14-46 所示为连续式轧管机组设备组成与生产工艺流程示意图。

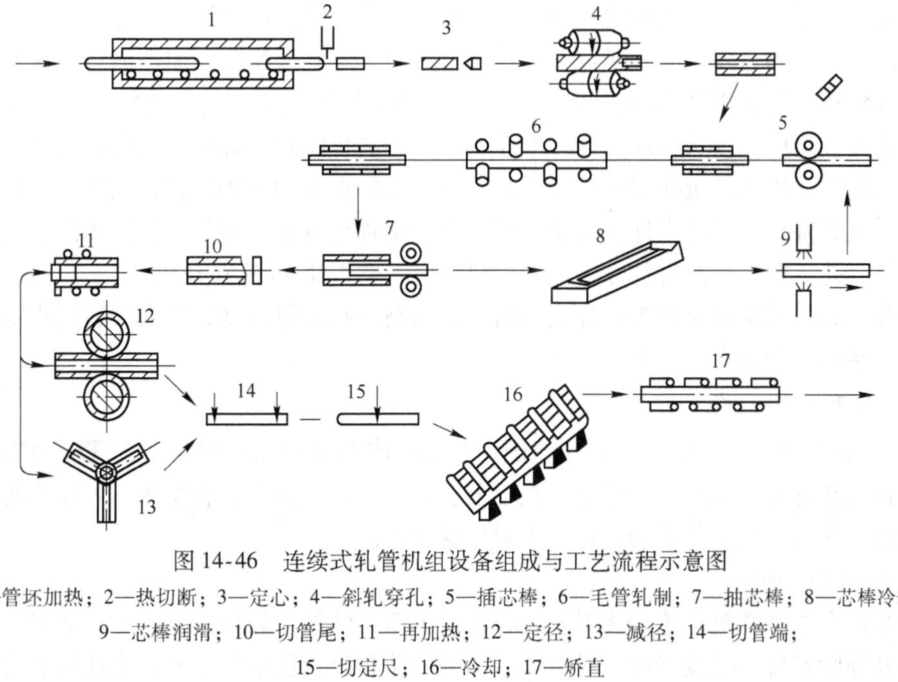

图 14-46　连续式轧管机组设备组成与工艺流程示意图

1—管坯加热；2—热切断；3—定心；4—斜轧穿孔；5—插芯棒；6—毛管轧制；7—抽芯棒；8—芯棒冷却；9—芯棒润滑；10—切管尾；11—再加热；12—定径；13—减径；14—切管端；15—切定尺；16—冷却；17—矫直

14.4.1.1 穿孔机

穿孔机是无缝管生产的主要设备之一。根据穿孔机的结构和穿孔过程变形特点的不同，穿孔机可分为两大类，一类是压力穿孔机和推轧穿孔机（PPM 穿孔机），另一类为斜轧穿孔机。依轧辊形状及导卫装置的不同，斜轧穿孔机演变了多种类型，如曼内斯曼穿孔机、狄塞尔穿孔机、锥形辊穿孔机（菌式穿孔机）、三辊穿孔机等。图 14-47 为几种穿孔方法示意图。

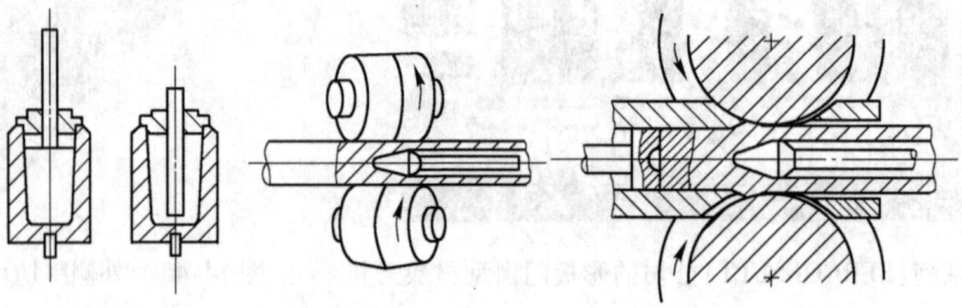

图 14-47 几种穿孔方法示意图
（a）压力穿孔；（b）斜轧穿孔；（c）推轧穿孔

压力穿孔是将方形或多边形钢坯放在挤压缸内，挤成中空体。可用于穿制连铸方坯和低塑性的金属，但由于生产率低、偏心大，已很少使用。

二辊斜轧曼内斯曼穿孔机是最早应用的穿孔设备，其他穿孔机都是在它的基础上或其后发明和应用的。该穿孔机是由两个相对轧制线倾斜布置的主动轧辊和两个固定不动的导板、一个位于中间的顶头构成一个封闭孔型。若轧辊左、右布置，导板上、下布置，称二辊卧式斜轧穿孔机；若轧辊上、下布置，导板左、右布置，则称立式斜轧穿孔机。

三辊斜轧穿孔机以 3 个主动轧辊和 1 个顶头构成封闭的环形孔型，取消了导板。三个轧辊的形状为桶形，均与轧制线相交一个角度，轧辊转动方向相同。该穿孔机可穿制低塑性的金属，毛管内、外表面质量好，变换规格方便，穿孔效率高，但不能穿制薄壁毛管。

推轧穿孔机简称 PPM 穿孔机，是直接以连铸坯生产无缝钢管，轧辊上的圆孔型和由顶杆支固在孔型中的顶头构成一个环形孔型。由推料机将加热好的并经定心的连铸坯推顶穿过导入装置而进入轧辊孔型中进行穿孔。其主要特点是用连铸坯直接生产无缝管，因而生产成本显著降低；产品内外表面质量好，适应钢种范围宽。但是，在连铸圆管坯技术成熟，斜轧穿孔工艺得到改进的今天，新建机组将不会选用 PPM 穿孔机。

穿孔机的发展主要是改善内外表面质量，提高穿孔壁厚精度，扩大并适应难变形金属及连铸坯穿孔，提高穿孔效率。

A 狄塞尔穿孔机

狄塞尔穿孔机于 1972 年出现于德国，是在曼内斯曼穿孔机的基础上演变而来的。用主动导盘代替导板可实现大送进角，轧辊上、下布置，导盘左、右布置，可穿连铸坯，穿孔效率高，作为高效、优质的穿孔机正被广泛使用。

a 穿孔机的结构

穿孔机本体由轧辊主传动装置、轧辊、轴承座、转鼓、轧辊压下及平衡装置、轧辊倾角调整及锁紧装置、导盘传动、导盘调整及锁紧装置以及机架等组成。穿孔机前台主要由推钢机等组成，穿孔机后台由三辊定心装置等组成，并辅以顶杆自动循环冷却装置。

图 14-48 所示为穿孔机的轧辊装配图。轧辊的轴承采用滚动轴承，径向力由轧辊两侧的四列圆柱滚子轴承承受，轴向力由轧辊出口侧的双列推力向心球面滚子轴承承受，两侧的轴承组件均采用单独可换式结构，整体装卸。轧辊轴承座由压板直接固定在转鼓内。

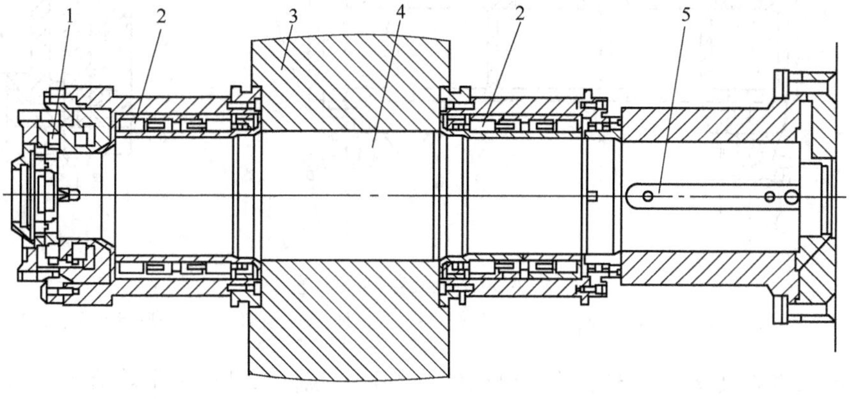

图 14-48　穿孔机的轧辊装配图

1—双列推力向心球面滚子轴承；2—四列圆柱滚子轴承；3—轧辊；4—主轴；5—键

图 14-49 所示为送进角调整及锁紧装置示意图。轧辊的倾角调整范围 5°～15°，采用电动无级调节。送进角的锁紧是由液压缸的锁紧及调整螺杆的自锁作用来实现。送进角调整装置是由交流电机、蜗轮减速机、螺杆等组成，螺杆位置确定了送进角的大小。

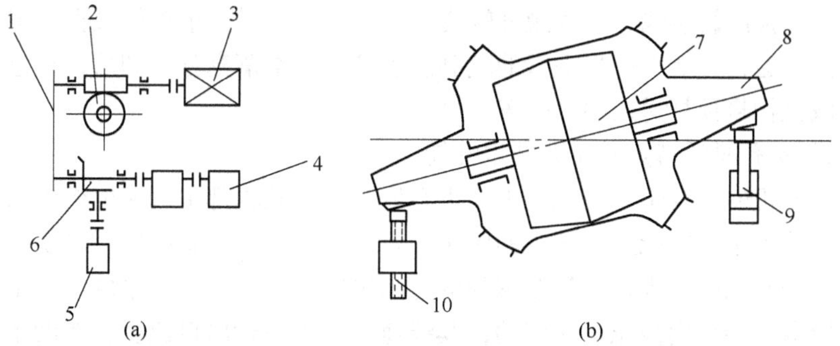

图 14-49　送进角调整及锁紧装置示意图

（a）轧辊倾角调整装置；（b）轧辊锁紧装置

1—键传动；2—蜗轮减速装置；3—交流电机；4—主令控制器（又称为仿形装置）；5—脉冲发生器；6—圆锥齿轮减速箱；7—轧辊；8—转鼓；9—液压缸；10—调整螺杆

狄塞尔导盘由盘体与环套组成，盘体与环套热装配合。导盘由液压马达通过一级圆锥齿轮及一级圆柱齿轮传动，可进行无级调速以适应轧制速度变化。为便于导盘的更换，整个导盘机构与机架铰接，利用液压缸可使导盘绕支点旋转并移出机架。导盘至轧制线的水平距离由电动机通过圆锥齿轮箱及螺杆提升机构进行调整，以满足孔型调整的需要。而通过手柄调整确定导盘的位置后，利用液压缸锁紧来确定导盘在高度方向的位置。

穿孔机采用的预应力开式机架为铸钢结构。机架的 4 根立柱上分别装有 4 根拉杆，机架与上盖的连接如图 14-50 所示。上盖上铰接有 4 只液压缸，液压缸活塞杆的头部为∩形。机架与下横梁之间采用套筒拉杆连接、预应力装配，刚度较高。

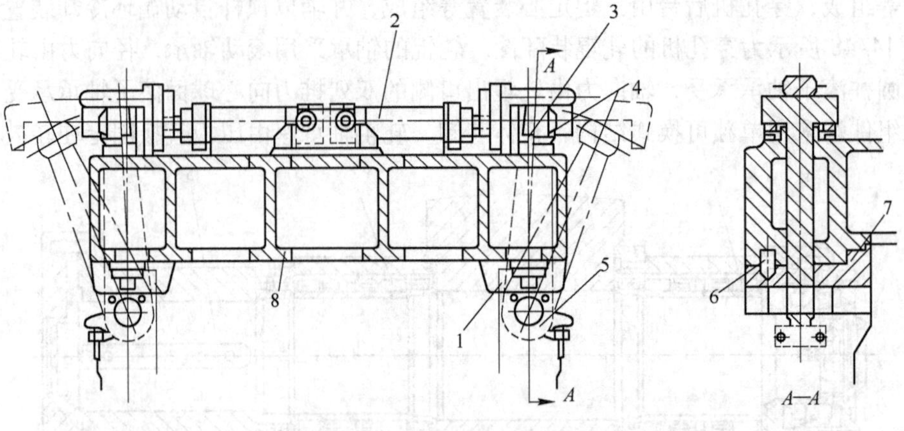

图 14-50 机架盖锁紧装置

1—台肩；2—液压缸；3—弧形块；4—斜楔块；5—拉杆；6—锁销；7—斜楔；8—机架上盖

当∩形头部将连接于机架上的 4 根拉杆拉入时，拉杆头部的弧形块恰与上盖上的斜楔块锁紧，并形成了巨大的垂直方向的锁紧拉力。这个拉力通过斜楔形成了上盖与机架之间的紧密定位。机架与上盖在另一个方向上的定位则通过台肩的配合而得以实现。

b 顶杆自动循环装置

穿孔机后台采用顶杆自动循环冷却装置，以缩短轧制时间，提高穿孔机生产能力。当穿孔过程完成后，止推座退后，顶杆被拉出穿孔机并从止推座脱出。然后，一组摇杆将毛管连同顶杆一起拔出轧制线，滚入脱杆辊道；与此同时，另一组摇杆又把一根新的顶杆送入后台的工作辊道，开始下一根毛管的轧制。顶杆通过水槽充分冷却后，经过斜台架滚入顶杆器，由该机构将顶杆送入顶杆位置。

c 狄塞尔穿孔机的特点及主要技术性能

狄塞尔穿孔机的主要特点是轧辊上、下布置，每个轧辊都由直流电机单独传动。这种布置方式使主传动中心线能适应轧辊的倾角，且与轧制线成倾斜布置，可使轧辊的倾角实现无级调整，调整范围增大，故轧制钢种的范围也扩大。轧制中心线两侧的水平方向上分别布置两只导盘，导盘由液压马达传动，其线速度大于毛管出口速度，有助于穿孔速度的提高，且改善了金属变形条件。由于导盘转动，延长了导盘的使用寿命，也使变形区几何形状相对稳定，利于提高穿孔后毛管的精度和表面质量。在穿孔机的出口侧，设有顶杆自动循环冷却系统，使穿孔后的处理时间大大缩短。狄塞尔穿孔机实现了连铸圆坯穿孔，减少了顶头前的孔腔形成，已广泛用于新建各类机组中，如高生产率的连轧管机组。狄塞尔穿孔机的主要技术参数见表 14-9。

表 14-9 某厂穿孔机主要技术参数

传动部分			轧辊					导盘	
传动方式	功率 /kW	转速 /r·min^{-1}	辊径 /mm	辊身长 /mm	辊倾角 /(°)	压下速度 /mm·s^{-1}	轧制力 /kN	直径 /mm	转速 /r·min^{-1}
直流电机单独传动	2×2600	50~440	1000~1150	670	5~15 无级调节	0.102~1.02	3000	1697~1847	0~26 液压马达

B 锥形辊（菌式）穿孔机

菌式穿孔机虽然发明较早，但由于其工艺参数及设备结构存在一些问题，直到 20 世纪 80 年代后才有了较大的发展，成为能够穿制高合金钢和连铸坯的一种新型穿孔机。采用主动旋转导盘、大送进角的二辊菌式斜轧穿孔机，如图 14-51 所示。

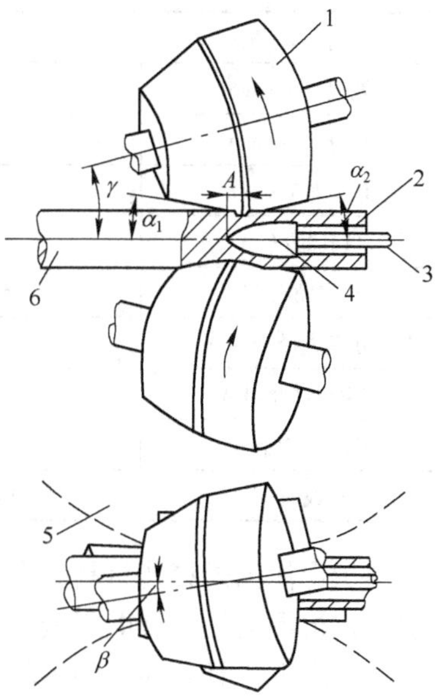

图 14-51 二辊菌式斜轧穿孔机工作示意图

1—轧辊；2—毛管；3—顶杆；4—顶头；5—旋转导盘；6—管坯

锥形辊穿孔机又称新型菌式穿孔机，锥形辊穿孔机的结构与狄塞尔穿孔机的最大不同是轧辊为锥形而优于桶形辊，轧辊轴线与轧制线间除了有 18°左右的送进角 β 外，还有一个 15°左右的碾轧角 γ。为改善毛管内外表面质量和合金钢穿孔创造了有利条件。它的主要结构有：链式推坯机、穿孔机主传动装置、穿孔机本体、定心辊、升降输送辊道、顶头更换装置、顶杆小车。锥形辊穿孔机的特点如下：

（1）穿孔机工作辊上、下布置，导板或导盘水平布置，变形条件好，无孔腔效应，减少毛管内外表面和中心缺陷的产生，采用双支撑结构的锥形辊，抑制了变形过程中的旋转横锻效应，所穿毛管质量好，对钢种的适应性强，适合穿合金钢、高合金钢和连铸坯。在变形量的分配上，可承担较大变形，从而减少了轧管机的变形，减少管坯规格，简化管理。

（2）轧辊单独传动，传动轴张角小，提高了传动的可靠性及传动轴使用寿命。为了换辊方便，上机盖为可移动的横梁结构。工作时，上横梁用液压缸夹紧在机架上。

（3）穿孔机后的第一个三辊抱辊安装在主机架内，导向、定位条件好，在不设热定心情况下也能保证毛管质量。

（4）既可配置导板，以生产较薄的荒管，又可配置导盘，以减少工具消耗。导板或导盘可横向摆出轧机，更换方便。

（5）机架后配置水冷箱和顶头自动更换装置，其形式可以是顶杆小车移动带顶头自动更换装置，也可以是顶杆小车移动带固定顶头，或者全部为自动更换顶杆和顶头，即顶杆循环。

锥形辊穿孔机主要技术参数见表 14-10 。

表 14-10 锥形辊穿孔机主要技术参数

工厂名称	霍福尔斯	拉特厂	海南厂
机组	三辊轧管机	250 自动轧管机组	140MPM 机组
管坯直径/mm	120 ~ 190	160 ~ 245	187
管坯长度/mm	1800 ~ 3000	5000	约 4000
荒管直径/mm		160 ~ 350	约 190
荒管长度/mm		约 1000	约 11200

续表 14-10

工厂名称	霍福尔斯	拉特厂	海南厂
轧辊直径/mm	850	1350	1450
辊身长度/mm	550	1000	700
轧辊转速/$r \cdot min^{-1}$		71~121	180~300
碾轧角/(°)	25	27.6	10
送进角/(°)	6~12	6~12	6~18
导盘直径/mm	采用导板	2500	2700
主电机功率/kW	1000×2	3600×2	3000×2
轧辊布置形式	水平		水平
建成时间	1962 年	1980 年	1983 年

由于现代菌式穿孔机具有上述特点，近年来获得了广泛应用。能与许多机组配合，既可提高机组灵活性，又能降低管坯成本。特别是与四机架或五机架连轧管机配合，因其流程短、工序少，具有很强的市场竞争力。

14.4.1.2 轧管机

轧管工序的主要任务是将空心毛管减壁、延伸，使其壁厚接近或等于成品尺寸，并消除纵向壁厚不均，提高荒管内外表面质量，控制其外径和真圆度。轧管机的种类主要有自动轧管机、周期轧管机、连轧管机、顶管机、高精度轧管机等几种类型。

A 自动轧管机

自动轧管机，如图 14-52 所示。自动轧管机是二辊不可逆式纵轧机，其特点是工作辊后装设了一对高速反向旋转的回送辊和上工作辊、下回送辊快速升降机构。自动轧管机组由于采用短芯头轧制，产品质量差，所轧钢管短。因此，20 世纪 80 年代以来没有再新建此类机组。

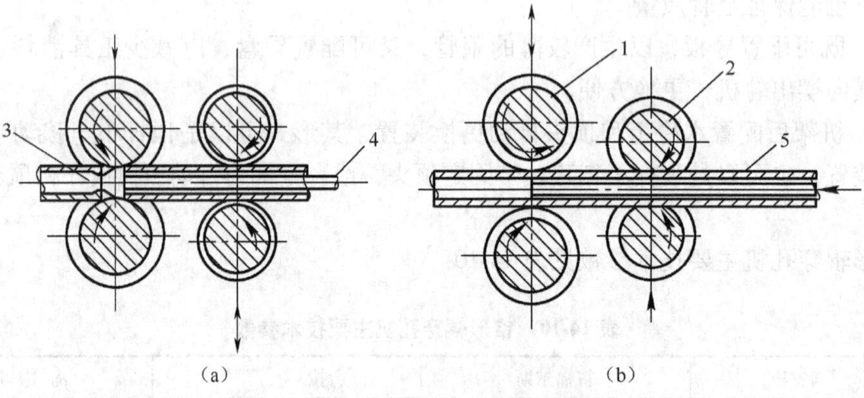

图 14-52 自动轧管机操作示意图

(a) 轧制情况；(b) 回送情况

1—轧辊；2—回送辊；3—芯头；4—顶杆；5—轧制毛管

B 周期轧管机

周期轧管机，如图 14-53 所示。周期轧管机也称为皮尔格轧管机，也是二辊不可逆轧机，轧辊旋转方向与轧件送进方向相反，轧辊孔型沿圆周为变断面，送料由做往复运动的芯棒送进机构完成，可用钢锭直接生产。目前主要用于生产大直径厚壁管、异形管、合金钢管。但其产品壁厚偏差大、表面质量差，不再具有用钢锭或连铸坯直接生产钢管的优势，一些机组正被改型。

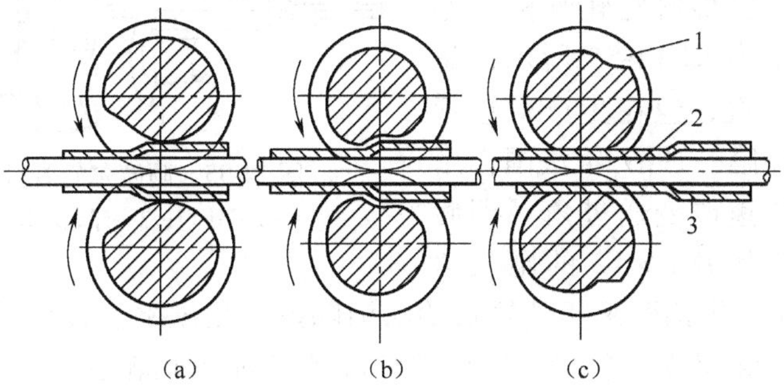

图 14-53　皮尔格轧管机的操作过程

(a) 送进坯料阶段，箭头为送进方向；(b) 咬入阶段；(c) 轧制阶段，箭头为轧件运行方向

1—轧辊；2—芯棒；3—毛管

C　连轧管机

连轧管机将毛管套在长芯棒上，经过多机架顺次布置且相邻机架辊缝互错 90°的连轧机轧成管材。连轧管机按照其结构和芯棒的运动特点分为全浮动、限动、半浮动连轧管机三类。按机架数量可分为常规式（即 MPM，7 ~ 9 架）和少机架式（即 MINI-MPM，3 ~ 5 架）两种。

少机架限动芯棒连轧管机如图 14-54 所示，是 20 世纪 80 年代新建连轧管机组的一个重要特征，是当今连轧工艺的新发展，它将 6 ~ 8 机架减少为 4 ~ 5 机架。在连轧管机保持限动芯棒轧制特点的前提下，通过减少机架数量和采用相应的技术措施，以达到减少建设投资的目的；而且又增加了生产的灵活性，扩大了使用领域，更好地适应了市场要求。可用较低的投资来生产高质量、范围广的经济管材。

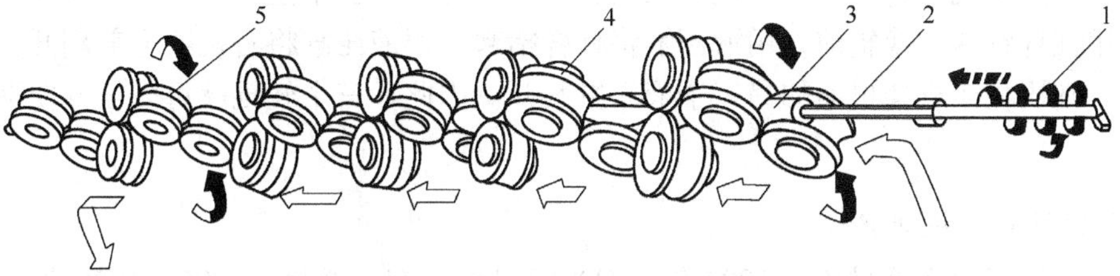

图 14-54　限动芯棒连续轧管轧制过程示意图

1—限动装置齿条；2—芯棒；3—毛管；4—连续轧管机；5—三机架脱管定径机

D　顶管机

顶管机是在压力挤孔的空心杯体内插入芯棒，推过系列环模，达到减径、减壁、延伸的目的。现代顶管机均为三辊或四辊构成的粗模，在压力挤孔后增设斜轧延伸机，加长管体，纠正空心杯的壁厚不均，并且可适当加大坯重，提高生产率。20 世纪 70 年代末，为提高坯料质量，在欧洲出现了以斜轧穿孔代替压力挤孔的顶管生产方法，即 CPE 法。此

法是将斜轧穿透的荒管，用专设的器械挤压或锻打收口，成为缩口顶管坯。此法还可用于生产特大直径的厚壁管。

E 高精度轧管机

高精度轧管机主要有阿塞尔轧管机和狄塞尔轧管机。三辊斜轧轧管机（亦称阿塞尔轧管机）如图 14-55 所示，是生产高精度的轧管机，但在生产薄壁管时易出现尾三角缺陷。1967 年法国人用快速旋转机架和快速改变送进角（即旋转法），克服了轧制 $D/t>12$ 的尾三角现象。20 世纪 80 年代德国采用轧辊快抬法消除尾三角缺陷。预轧法在三辊斜轧轧管机的入口端安装了无尾损失装置，较好地解决了三辊斜轧轧管机轧制薄壁管的问题，是目前三辊斜轧轧管机中最先进的机型，使得三辊斜轧轧管机已能稳定生产规格多、高精度的多种钢管。

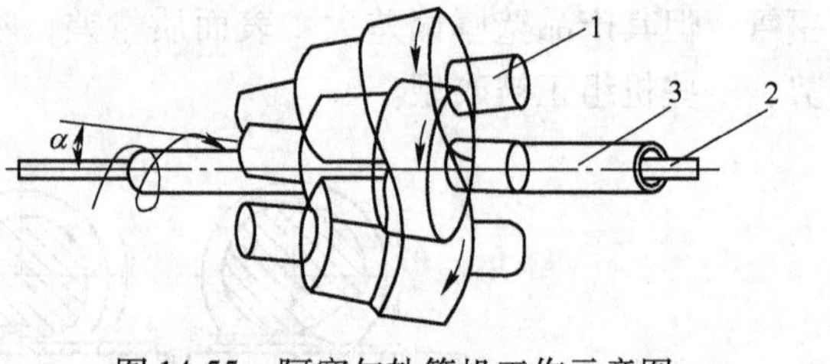

图 14-55 阿塞尔轧管机工作示意图
1—轧辊；2—浮动芯棒；3—毛管

狄塞尔轧管机是带导盘的二辊斜轧，20 世纪 80 年代美国 Aetna 标准公司对狄塞尔轧管机进行了改进，并将此称为 ACCU-ROLL 轧管机，如图 14-56 所示。主要特征是轧辊呈锥形、大导盘、轧辊轴线与轧制线相交构成碾轧角、限动芯棒操作。该机组生产灵活性大，产品范围广，产品尺寸精度高。ACCU-ROLL 轧管工艺的穿孔和延伸采用一种类型的轧机，即斜轧机，有互换性，投资低，具有极大的市场竞争潜力。

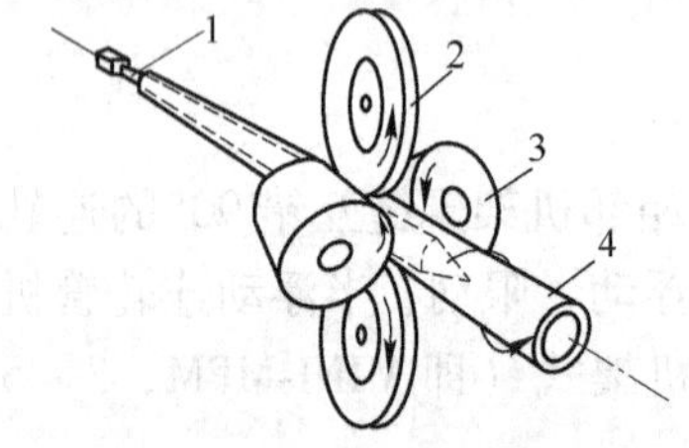

图 14-56 狄塞尔轧管机示意图
1—芯棒；2—导盘；
3—菌式轧辊；4—毛管

全开式三辊轧管机轧机与其他类型的三辊轧管机不同的是，两个轧辊布置在工作机座的上方，如图 14-57 所示。整个机架由芯轴，左、右机架上盖，下机架组成，在每片机架上装有一个轧辊。下轧辊固定不动地装于底座上，两片上机架上盖可分别绕芯轴转动，而使机架上盖翻转打开。上机架左、右机架上盖间用圆柱销定位，用杠杆锁紧。换辊前，用液压缸将杠杆抬起，用液压缸将右机架上盖翻开，而左机架上盖，则用位于机架里面的另一个液压缸翻开。因此，三个轧辊就可以很方便地用吊车更换。

F 管材热挤压生产

管材热挤压生产管材始于 1894 年，但当时只生产有色金属，1925 ~ 1928 年开始在钢材生产上使用，但因钢的摩擦系数太高，工具磨损及能耗均很大，到 1941 年 J. 赛茹尔发明了玻璃润滑剂后，钢的热挤压才有可能进行工业性生产。挤压冲头将金属挤过模孔和芯杆组成的封闭孔型，生产出各种横断面形状的管材。也可通过模孔挤出各种型材。图 14-58 是管材挤压过程示意图。

14.4.1.3 定、减径机和张力减径机

为使成品钢管尺寸满足公差要求，钢管必须进行定、减径。目前主要有定径机、减径机和张力减径机。

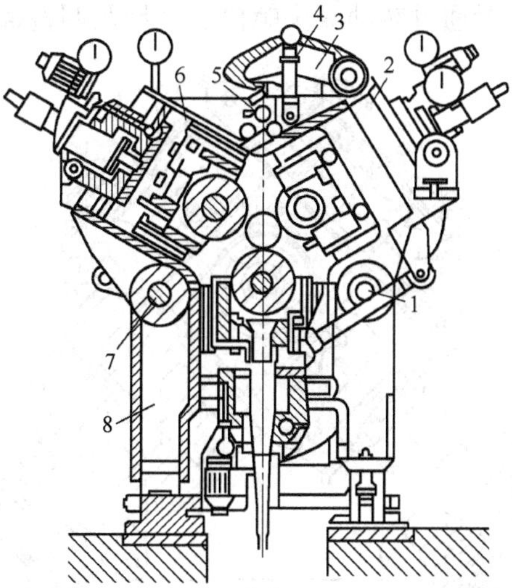

（a）

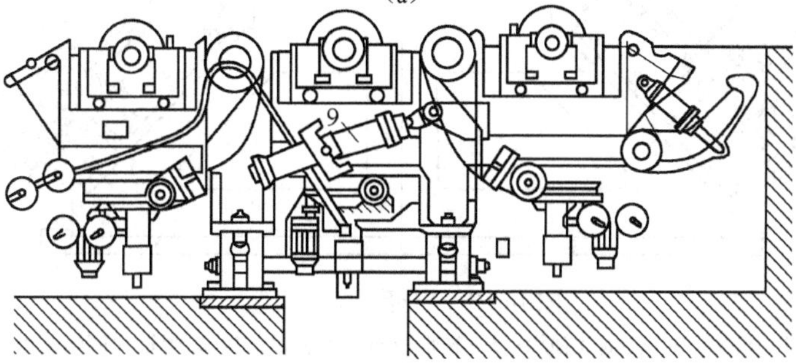

（b）

图 14-57 全开式三辊轧管机

（a）工作时；（b）换辊时

1，7—芯轴；2—右机架上盖；3—杠杆；4—液压缸；5—圆柱销；6—左机架上盖；8—下机架；9—液压缸

A 定径机

定径的目的是在小的单机减径率和较小的总减径率条件下，将钢管轧成满足一定要求的尺寸，并进一步提高钢管外表面质量。定径机工作机架数目较少，一般 3 ~ 12 架。定径机又分为斜轧定径机和纵轧定径机。斜轧定径机一般多配在三辊斜轧管机组中。定径机主要由工作机座和传动装置两部分组成。

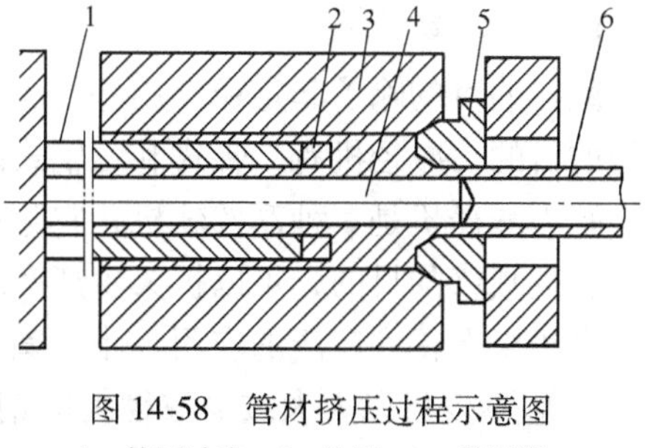

图 14-58 管材挤压过程示意图

1—挤压冲头；2—垫圈；3—挤压筒；4—芯杆；5—模孔；6—管子

传动装置包括主电机、减速箱、圆锥齿轮箱、传动齿轮箱及齿形连接轴等。每个轧辊都有一套平衡装置，横梁和拉杆用销轴联结，平衡弹簧套在拉杆上。

工作机座安装在整体底座上，机架依次排列，向不同的一侧倾倒，使轧辊轴与水平面呈 45°交角，相邻两机架轧辊轴线互为垂直。如图 14-59 所示，工作机座由机架、轧辊及轴承、轧辊径向调整装置及轴向调整装置、底座组成。机架为闭口式，机架内安装轧辊、轴承及调整装置。轧辊两端采用双列球面滚子轴承或双列圆锥滚子轴承固定在轴承座及机架窗口内。轧辊轴向调整装置通过转动双头螺栓、螺母及调整螺栓来实现。

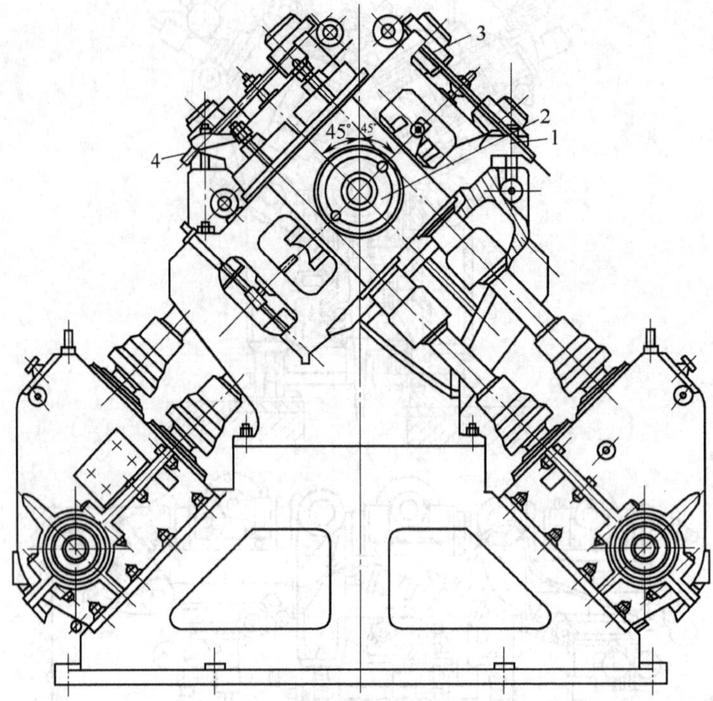

图 14-59　定径机工作机座

1—机架；2—轧辊及轴承；3—轧辊径向调整装置；4—轧辊轴向调整装置

径向调整是通过压下螺丝实现的。压下螺丝通过垫块支撑在轴承座上，转动螺杆带动斜齿轮，经离合器使压下螺丝旋转而上下移动。打开压下螺丝上盖，用特制扳手把离合器的圆销顶开，使压下螺丝与斜齿轮脱开，然后根据需要可单独调整一根压下螺丝。

B　张力减径机

减径的目的除了起定径作用外，还要求有较大的减径率，以实现用大管料生产小口径钢管的目的。减径机有二辊式和三辊式两种。

张力减径机是一种高效轧机，它除有减径的任务外，还要达到利用各机架间建立的张力来实现减壁的目的，可以扩大生产产品的规格范围。它已经在几乎所有轧管机组和中小型焊管机组上得到广泛的应用。张力减径机工作机架数目较多，一般为 12 ~ 24 架，甚至 28 架。它不仅可以大大减少减径前的钢管规格，提高机组生产率，而且可以提高产品质量和生产率。张力减径的缺点是所轧制钢管沿长度上壁厚不均、前后端产生增厚，这增厚部分超过公差，需切掉。

近年来，随着管理计算机和过程控制机的投入使用及单机架传动的日趋成熟，已能够控制张力减径机管端增厚。在连轧管机后面配置一台张力减径机作为成形机组，不仅可满足连轧管机的产量要求，而且可解决产品规格的要求，用一种或两种连轧毛管即可生产几百种不同规格的热轧管。使无缝钢管生产实现大型化、高速化和连续化，这标志着钢管生产的最新发展方向。

张力减径机的传动形式一般可分为 4 种：集中传动集中差速、集中传动单独差速、集体传动、单独传动。

（1）集中传动集中差动调速。采用集中传动集中差动调速的张力减径机，由一个总的叠加传动电机通过传动机构向各机架进行速度叠加。它克服了集中传动单独差动调速传动形式轧机机构复杂的缺点，保持了灵活性与刚性大的优点。任意两个相邻齿轮之间的传动比是根据工艺要求而设定的。轧辊的实际转速是主传动的基本转速和附加转速的叠加。

（2）单独传动。每一机架均由单独一台直流或交流变频调速电机传动，每架都有互不相连的调速和传动系统。采用电枢可控硅闭环反馈技术，单独传动的动态速降问题能得到圆满解决，从而使单独传动的优点能得到较好的发挥。

目前，张力减径机趋向于增大管径和提高轧制速度，这样单独传动的优点就显得突出，同时由于电机及电子技术的突飞猛进，其传动系统特性差的缺点也逐渐得到补偿。已成为当今应用最广泛的一种形式。

张力减径机组是由直流或交流变频调速电机、齿轮联轴器、复式减速机、双位机座、轧制机架、输送机架、导向机架、换辊小车所组成。

张力减径机采用直流电枢调速、磁场调速、交流变频调速，其调速范围大。为了减少管端增厚的长度、提高成材率，在轧制过程中前 10 个机架要实现管端控制，即加大前 10 个机架间的转速差，使相应的机架之间产生附加张力，从而减少头尾增厚段的长度，有效地减少管端切头损失。

张力减径机配有 3 种机架：轧制机架，即参与轧制过程的机架；导向机架，生产减壁量较小的大口径成品管时使用，可以用导向机架代替部分轧制机架，使钢管顺利通过；输送机架，当生产工具接受坯料时，它使坯料能顺利通过张力减径机到达坯料收集区进行收集，机架不参与轧制过程。

图 14-60 所示为三辊式轧制机架结构示意图。由分成两半呈方形的铸钢件组成，左、右两片完全对称，它用内六角螺栓拧紧而成整体。机架内装有 3 个互成 120°角度配置的

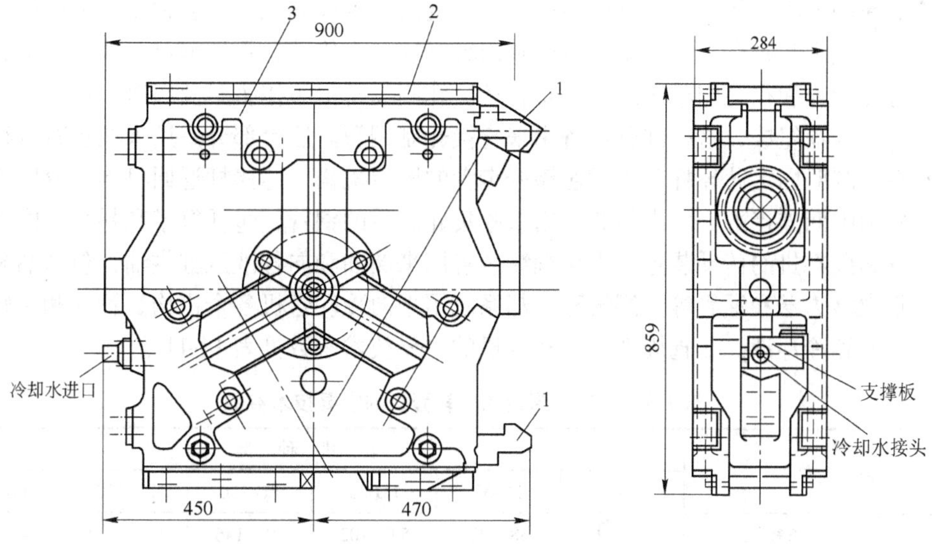

图 14-60 三辊式轧制机架

1—钩形楔；2—滑板；3—机架

轧辊，轧辊两侧装有双列锥形滚柱轴承，轴承外圈借助于轴套固定在机架内。3 个轧辊轴都是主动轴。每个轧辊的辊头上都装有齿轮联轴器的内齿外套。

机架右侧上、下各有一个钩形楔，更换机架时靠此楔将机架拉出或推入。机架上、下、左、右都装有耐磨滑板，与双位机座上的滑板互成相对滑动面，磨损后只需更换滑板。

为保证毛管顺利通过张力减径机，输送机架与轧制机架一样需装入双位机座内。输送辊配置在 3 号、7 号、11 号、15 号、19 号、23 号、27 号机架上。输送机架内装有一个传动辊，它由分配传动装置的下部水平传动轴驱动。输送机架本体为整体式钢板焊接结构，与轧制机构相同。

生产减径量和减壁量较小的大口径成品管时，在不需要安装轧制机架的位置上放置装有导向管的导向机架。有跨越两个机架位置的导向管，也有跨越 3 个机架位置的导向管。

机架的传动方式一般分为内传动和外传动两种形式。内传动机架：机架中的轧辊传动是在机架内部通过两对伞齿轮集体传动的。机架内装上的 3 只轧辊的传动是从一根轴上输入的。外传动机架：机架中的轧辊传动从机架外部单独传动，机架内只装 3 只轧辊和支撑轧辊的轴承。传动伞齿轮装在 C 型双位机座内。

14.4.2 冷轧管机组

冷轧管的生产方法始于 1932 年，它是以热轧或热挤压法生产的管材为坯料在室温下进行轧制的加工方法。广泛地用于生产碳钢、合金钢和高合金钢钢管。它生产的管材尺寸精度高、强度高、表面光洁、尺寸范围广。冷轧管机的种类很多，有周期式冷轧管机、多辊式冷轧管机、连续式冷轧管机、行星式冷轧管机、多线式冷轧管机和旋压机等。但目前在技术上比较成熟，被广泛采用的是周期式冷轧管机。

14.4.2.1 二辊周期式冷轧管机组成

二辊周期式冷轧管机是具有周期性工作制度的二辊式轧机，由多种设备和机构组成。

受料装置由装料台、中心架、送进和回转机构、主传动、管坯卡盘和地脚板组成，它是放置待轧管坯和在轧制时送进和回转管坯。轧制设备由工作机架及底座、传动机构、前卡盘和中间卡盘组成，这一部分设备用来直接轧制钢管。后台部分是用来在装料时移动芯棒杆和在轧制时固定芯棒杆，包括芯棒杆卡盘的固定机构、芯棒杆返回机构、返回机构的传动装置和中间连接部分。出料装置用来收集轧制后的钢管，包括箅条和料筐在内的受料槽、飞锯和拨料机的传动装置。液压操纵装置用来储油和向各液压缸供油，包括油泵、分流阀、重力蓄力器和油管等。润滑和冷却系统用来向冷轧管机各个机构、管坯和所轧管子提供润滑油和冷却液。二辊周期式冷轧管机的主要技术参数见表 14-11 。

表 14-11 二辊周期式冷轧管机的主要技术参数

参数		轧机种类					
		LG-30	LG-55	LG-80	LG-120	LG-150	LG-200
管料尺寸	直径/mm	22 ~ 46	38 ~ 73	57 ~ 102	89 ~ 146	108 ~ 171	140 ~ 230
	壁厚/mm	1.35 ~ 6	1.75 ~ 12	2.5 ~ 20	约 26	约 28	约 32
	长度/m	1.5 ~ 5	1.5 ~ 5	1.5 ~ 5	2.5 ~ 6	2.0 ~ 6.0	2.5 ~ 6.5

续表 14-11

参数			轧机种类					
			LG-30	LG-55	LG-80	LG-120	LG-150	LG-200
成品尺寸		直径/mm	16 ~ 32	25 ~ 55	40 ~ 80	80 ~ 120	100 ~ 150	125 ~ 200
成品尺寸		壁厚/mm	0.4 ~ 5	0.75 ~ 10	0.75 ~ 18	14 ~ 16	3 ~ 18	3.5 ~ 22
成品尺寸		长度/m	约25	约25	约25	4 ~ 10	4 ~ 10	4 ~ 10
工艺参数	最大断面收缩率/%	w(C) <0.35%的碳钢管	88	88	88	80	80	80
工艺参数	最大断面收缩率/%	合金、不锈钢管	79	79	79	70	70	70
工艺参数	最大直径收缩量/mm		24	33	33	50	50	50
工艺参数	最大壁厚减缩率/%	w(C) <0.35%的碳钢管				70	70	70
工艺参数	最大壁厚减缩率/%	合金、不锈钢管	70	70	70	45 ~ 60	45 ~ 60	45 ~ 60
工艺参数	管料送进量/mm		2 ~ 30	2 ~ 30	2 ~ 30	2 ~ 20	2 ~ 20	2 ~ 15
结构参数	辊径/mm		300	364	434	550	640	760
结构参数	机架行程长度/mm		450	624	705	802	905.56	1076
结构参数	轧辊回转角/(°)		185.501	212.856	213.912	198.986	196.531	200.131
结构参数	机架行程次数/次·min^{-1}		80 ~ 120	69 ~ 90	60 ~ 70	60 ~ 100	45 ~ 80	45 ~ 70
结构参数	主电机功率/kW		72	100	130	320	320	500
结构参数	生产率/m·h^{-1}		115	108	95	90	75	70

14.4.2.2 二辊周期式冷轧管机主要装置

A 工作机座

图 14-61 所示为二辊式冷轧管机工作机座的结构。它由牌坊、轴承、主动齿轮、齿条、轧辊及其调整和平衡装置组成，还有滚轮或滑板等部件。

机架牌坊为铸件或焊接件。机架上的凸耳 3 用来与传动机构连杆相连。机架下部凸台 21 用来防止机架由于倾翻和移动而离开轧制中心线。机架下部还有两对镗孔，孔中装着滚轮 1 的轴，但在有的轧机上滚轮已改为滑板。工作辊 16 安装在轴承座 12 中的滚动轴承 15 上。上、下轧辊辊颈上装有从动齿轮 11、22。此外在上轧辊轴端还装着主动齿轮 10，而主动齿轮又与固定在机座上的齿条相啮合。这样以使工作辊得到滚轧运动。上、下轧辊的平衡是靠上、下轧辊的轴承座上安放平衡弹簧 2 来平衡上轧辊以及装在轧辊上的全部零件。

上、下轧辊的轴承座用压板 23 固定在窗口中。轧辊间的间隙调整是靠装在上轧辊轴承座和机架之间的斜楔 7 来实现。斜楔位置的调整借助于螺栓 4。轧辊的轴向调整是通过机架两侧压板 23 来实现的。在斜楔中置有安全装置的剪切环 13 和冲头 14。为保护轧辊及工作机架的其他部件，剪切环在轧制负荷超过允许值时发生破坏。

轧槽块 18 用中心螺丝固定在工作轧辊的切槽中，通过装在轧槽块和辊身上径向刻槽中的两个斜楔 19 把扭矩从轧辊传到轧槽块。斜楔用螺栓 20 拧紧。凸耳 9 用来连接平衡装置的连杆。

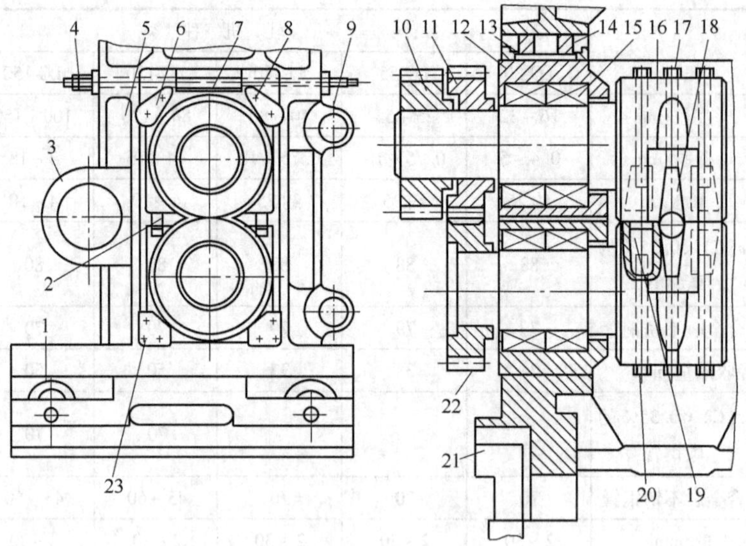

图 14-61 二辊式冷轧管机的工作机座

1—滚轮；2—平衡弹簧；3，9—凸耳；4，20—螺栓；5—牌坊；6，23—压板；7，19—斜楔；8—螺钉；10—主动齿轮；11，22—从动齿轮；12—轴承座；13—剪切环；14—冲头；15—滚动轴承；16—工作辊；17—中心螺丝；18—轧槽块；21—凸台

B 主传动及传动机构

主传动包括主电动机和减速机。冷轧管机可用交流或直流电动机驱动。直流电动机用来驱动小型冷轧管机，以适应多品种的需要。对于专用的以及大、中型冷轧管机采用交流电动机驱动，以减少投资。

二辊式冷轧管机的传动系统如图 14-62 所示。由于存在周期性的加、减速，导致处在运动状态的工作机架和曲柄连杆机构要不断承受很大的惯性力。

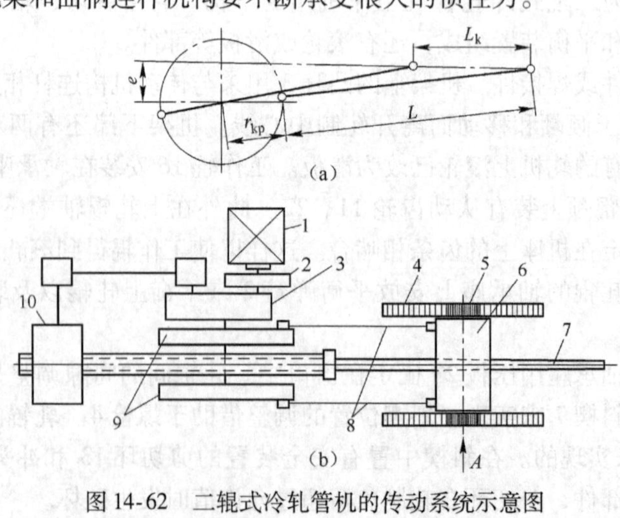

图 14-62 二辊式冷轧管机的传动系统示意图

(a) 曲柄连杆机构；(b) 工作机架

1—主电机；2—联轴节；3—主减速机；4—齿条；5—齿轮；6—工作机架；7—管子；8—连杆；9—曲柄轮；10—送进回转机构

为了减小惯性力，主要措施之一是设置惯性质量的平衡装置。平衡装置的类型有气动和液压、重锤平衡及气-液动等。降低工作机架移动时惯性的另一个重要途径是减小其移动部分的质量。

C　送进回转机构

冷轧管机的送进回转机构是很关键的部分。对于二辊式冷轧管机广泛采用，当工作机架处在后极限位置时送进管料进行轧制，当工作机架处在前极限位置时回转管料。送进回转机构有多种形式，其中有马尔泰盘式、杠杆式和减速箱式三种。

减速箱式送进回转机构（见图14-63）被认为是一种较好的送进回转机构。它是具有

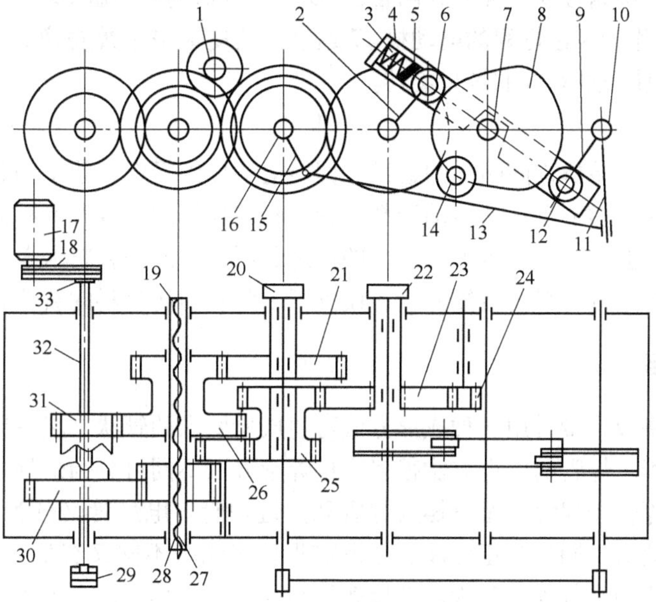

图14-63　减速箱式送进回转机构的传动系统

1—回转轴；2，9—摆杆；3—弹簧；4—滑架；5—滑块；6，12—滚轮；7—凸轮轴；8—凸轮；10—定出轴；11—摇拐；13—连杆；14—回转轴；15—摇杆；16—轴；17—电动机；18—三角皮带；19—螺母；20—星形轮；21，23～26—齿轮；22—轮缘；27—送进轴；28—丝杠；29—液压缸；30，31—牙嵌式离合器；32—轴；33—摩擦离合器

一个水平分箱面的组合箱，比较紧凑。凸轮轴7是主动轴，它的转速同工作机架的往复行程次数完全一样。固定在摆杆2、9的两个滚轮6、12在凸轮8上滚动。一对滚轮之间用滑架4连接着，同时，滚轮12的小轴以动配合装在滑架的颚板中。第二个滚轮6的小轴固定在滑块5中，该滑块能够在滑架的槽中移动。凸轮的轮廓设计使得机架正、返行程期间滑架和滑轮都是不移动的。送进时，凸轮变半径那一段轮廓使滚轮12向左偏转，从而使摆杆在逆时针方向偏转20°30′角。同摆杆9装在同一根轴上的摇拐11也偏转20°30′角。连杆13装在摇拐11上，其另一端同摇杆15铰接。根据摇拐销的位置，定出两个轴10、16之间的传动比，使轴16的转角可在0°～35°之间变化。这样就能实现送进量大小的调整。在轴16的端部（花键）装有平向辊式接手的星形轮20。当送进时，接手楔住，同时转动轴16，通过单向辊式接手的轮缘，传给同这个轮缘牢牢固接在一起的齿轮21。

通过连裙齿轮26，进一步传动牙嵌式离合器30、31和送进轴27上的齿轮。在送进

轴上固定着青铜螺母 19 转动，使送进丝杠 28 向工作机架方向移动送进。

回转管料时，凸轮变半径那段轮廓使滚轮向左偏转，摆杆 2 朝逆时针方向偏转。同摆杆 2 固定在同一轴上的单向辊式接手的星形轮也同时回转。在回转过程中，接手楔死，从而把转动传给接手的轮缘 22 和与它固定在一起的齿轮 23。齿轮 23 既与连裙齿轮 25 啮合来传动芯棒杆的上回转轴 1，又同齿轮 24 相啮合，来传动与前卡盘和中间卡盘的传动轴相连接的下回转轴 14。送进管料时，摆杆 2 顺时针方向偏转。这个转动不能由回转管料的单向辊式接手传递出去。回转管料时，送进管料用的辊式接手打滑，送进摆杆 9 的偏转运动不能由接手的轮缘传出去。

为使管料卡盘快速移动，牙嵌式离合器 30、31 可借助液压缸 29 脱开。同时压紧摩擦离合器 33 的摩擦片。快速行程的电动机 17 通过三角皮带 18、摩擦离合器 33、轴 32 和送进轴 27 上的齿轮使送进丝杠的螺母旋转。

D 卡盘

卡盘是把送进回转机构间断性的送进和回转运动传给管料、管子和芯棒杆的装置。送进管料的卡盘称为管料卡盘；而转动管料、管子和芯棒杆的卡盘分别称为中间卡盘、前卡盘和芯棒杆卡盘。但在一些轧机上，管料的送进和回转用同一管料卡盘来完成，这样，在管料卡盘上除了有送进管料的装置外，还设置了卡紧和回转管料的装置，机构较复杂。

14.4.3 焊管机组

焊管生产是将板、带材用各种成形方法弯卷成所要求的管状，然后用不同的焊接方法将焊缝焊合的过程。焊管的生产方法很多，按焊管方法不同可分为炉焊管、电焊管、埋弧焊管和其他焊管等；按焊缝形态有螺旋焊管和直缝焊管。电焊管又分为交流、直流焊管。交流焊管按电流波形不同分为正弦波、方形波焊；按频率不同又有低频、中频和高频焊。按电流输入方法不同高频焊又分为高频接触焊和高频感应焊。埋弧焊大多用于生产大、中型直径管。特殊焊接方法有钨极惰性气体保护焊（TIG）、金属电极惰性气体保护焊（MIG）、等离子体焊、电子束焊、钎焊等。目前，用焊接方法生产的管材范围越来越广，如有色金属管、碳钢管、高合金管、不锈钢管、锅炉管、石油管以及双层卷焊管等。各种焊管生产方法见表 14-12。

表 14-12 焊管的主要生产方法

类别	生产方法	基本工序	
		成形	焊接
直缝焊管	连续炉焊管机组	在连续加热炉中加热管坯，出炉后用辊式连续成形机成形、焊接	
	连续成形电焊管机组	连续辊式成形机	高频电阻与感应焊、惰性气体保护电弧焊①
		连续排辊成形机	高频电阻与感应焊、埋弧焊、惰性气体保护电弧焊
		履带式连续成形机	高频电阻与感应焊、埋弧焊、惰性气体保护电弧焊
	UOE 电焊管机组	UOE 压力成形机	埋弧焊、惰性气体保护电弧焊
	辊式弯板电焊管机组	辊式弯板成形机	埋弧焊、惰性气体保护电弧焊
螺旋焊管	螺旋成形电焊管机组	连续螺旋成形器	埋弧焊、高频电阻焊、惰性气体保护电弧焊

①惰性气体保护电弧焊包括钨极电弧焊（TIG）和金属极电弧焊（MIG）。

14.4.3.1　连续炉焊管机组

连续炉焊管机组是生产小直径焊管的有效方法之一。它是将带钢加热至1350～1440℃，然后通过成形焊接机压力成形并焊接成钢管。炉焊管成本低，但焊缝强度较电焊缝管低，仅限于焊接低碳钢管。但由于炉焊管的能耗大，进一步发展受到限制。

图14-64所示为连续炉焊管机组设备组成示意图。钢带一般经过6～14机架所组成的成形焊接机进行成形和焊接。成形焊接机为二辊式，相邻机架轧辊轴线互为90°角交替布置。在第一对立式机架中，带钢弯曲成近似于马蹄形管坯，在第二架进行焊接，以后各机架均起减径作用。

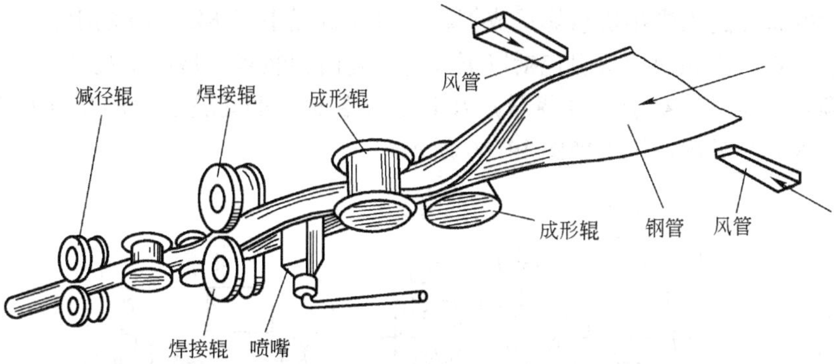

图14-64　连续炉焊管过程示意图

14.4.3.2　连续成形电焊管机组

连续成形电焊管机组是生产焊管的主要形式，图14-65所示为小型高频焊管机组，主要由开卷机、成形机、导向辊装置、挤压辊装置、焊接机、内外毛刺清理装置、冷却装置、定径机和精整机等设备组成。带材在连续辊式成形机上连续成形为管筒，经高频电流加热，挤压辊挤压实现焊缝的对接，然后通过定径、精整等工序完成制管全过程。为了扩大产品规格范围，有时在探伤切断机组后配置张力减径机。

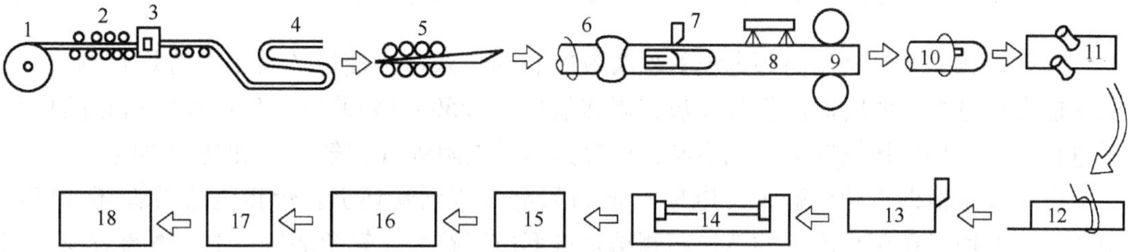

图14-65　小型高频焊管机组

1—带卷；2—矫平；3—切头对焊；4—活套；5—成形机；6—焊接；7—去除内外毛刺；8—冷却；9—定径；10—切断；11—矫直；12—涡流探伤；13—平端头；14—水压试验；15—检查；16—打印；17—涂油；18—包装入库

连续成形电焊管机组根据成形机构造不同可分为辊式成形机组、排辊成形机组、履带式成形机组等，我国目前焊管成形机大部分采用辊式成形机组。

辊式成形机包括成形主机、驱动系统和冷却润滑系统。成形主机由底座、水平辊机架、立辊机架、轧辊和调整系统等组成。驱动系统包括主电机、减速机、联轴节和万向接轴。冷却润滑系统包括轧辊冷却用的乳化液循环冷却系统和减速机的稀油循环系统。

成形主机一般由若干个传动的水平辊机架和若干个不传动的立辊机架组成。一般而言，立辊机架用于导向及保持带材在水平辊中已经形成的形状，防止变形带材的回弹，立辊是被动辊；水平辊机架承担带材的主要变形，所以水平辊机架也称为成形机架。按机架的结构，水平辊机架分为悬臂式和龙门式两种。

悬臂式机架是将轧辊安装在一个悬臂轴上，因而换辊、操作方便，但刚度差，适合于生产直径60mm以下的薄壁管；龙门式机架是将成形辊安装在两片牌坊之间，具有良好的刚性，因而保证了成形质量，广泛应用于各种机组。

成形后的管坯送入焊接机组焊接成管材。目前直径小于ϕ426mm的中、小直径焊管主要采用高频电焊。高频焊接机组包括以下设备：导向辊装置、挤压辊装置、内外毛刺清理装置、高频发生器（或电子管振荡器）及其输出装置、磨光辊、检测装置及焊接温度自动控制系统等。高频焊接机组如图14-66所示。

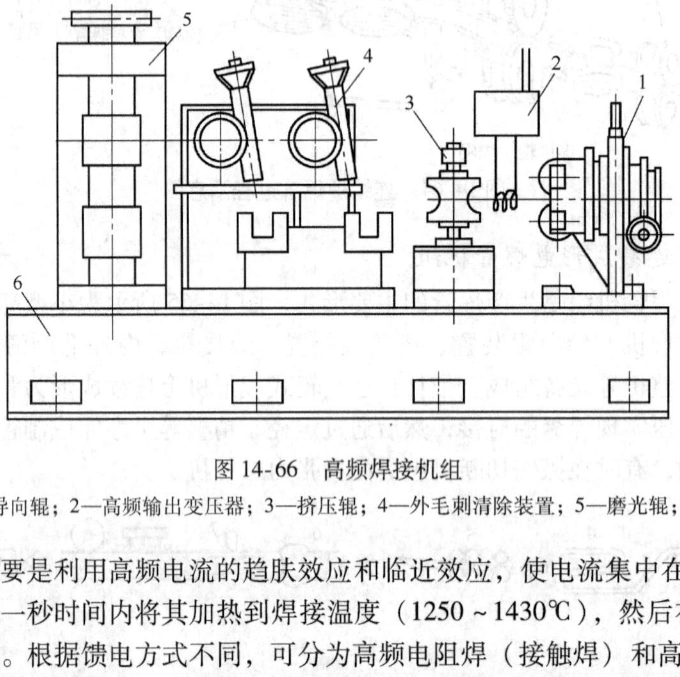

图14-66 高频焊接机组

1—水平导向辊；2—高频输出变压器；3—挤压辊；4—外毛刺清除装置；5—磨光辊；6—底座

高频焊接主要是利用高频电流的趋肤效应和临近效应，使电流集中在待焊管缝边上，从而能在百分之一秒时间内将其加热到焊接温度（1250～1430℃），然后在挤压辊的作用下进行压力焊接。根据馈电方式不同，可分为高频电阻焊（接触焊）和高频感应焊。

电阻焊是借助于两个触头（电极）把高频电流传到管坯上。焊接电流沿管坯坡口两侧流过，并通过挤压辊附近的坡口两侧结合点形成回路。在管两侧坡口上的电流方向是相反的，因临近效应使电流集中于坡口的表面，电流频率越高，电流就越集中其表面。管内的阻抗器提高了坡口内加热的集中程度，因为它增大了电流环绕管坯流过的感抗。

感应焊通常是在距结合点30～300mm处绕管坯套上一感应器。根据被焊件形状不同，感应器用平面的或曲面的空心水冷导体材料制成。当感应器通过高频电流时，管坯上感应出电流。因邻近效应，绝大部分电流沿待焊管边流过，并在结合点形成回路。为减少部分无效电流，采用的内外磁导体的长度应等于感应器长度。两种方法的原理如图14-67所示。

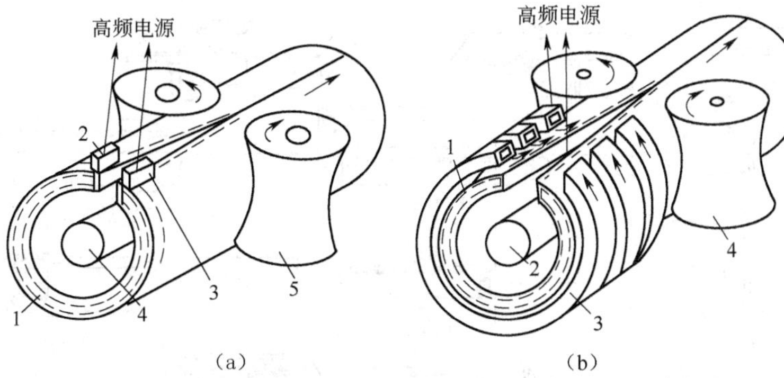

图 14-67 电阻焊和感应焊

(a) 电阻焊：1—管坯；2，3—电极；4—阻抗器；5—挤压辊；

(b) 感应焊：1—管坯；2—阻抗器；3—感应线圈；4—挤压辊

对焊接装置功率的选择，首先应根据焊管机组的形式，焊管的材质、规格，有效作业率和生产能力来确定焊接速度，然后再根据焊接速度及所焊管规格、材质以及焊接方法来选择需要的功率。目前国内因受焊接装置功率的限制一般 25mm 以上钢管较多采用电阻焊，25mm 以下钢管一般都采用感应焊。

焊接频率的选择主要取决于焊接管材的材质及壁厚。有色金属比碳钢管频率高些；管壁厚的频率低些，管壁薄的频率高些。在感应焊时可选择较低频率，但不得低于 150kHz；在高频焊管时，一般采用 350 ~ 450kHz 为宜；焊有色金属应选择在 450kHz 以上。

通常焊接后钢管的直径大于规定的尺寸，断面可能有椭圆，外毛刺清除后有刀痕，冷却后钢管有显著的弯曲，必须经过定径机组定径、矫直。定径机组一般由若干个传动的水平辊机架和若干个不传动的立辊机架以及 1 ~ 2 架矫直头组成。水平辊和立辊机架及其传动与成形机相应部分相似，仅孔型相异。矫直头设在定径机组最后一架水平辊后面，将钢管径向规圆和长度方向粗矫直。在小型机组中常用由两组四辊组成的圆孔型（即利用三支点弯曲矫直法）的八辊矫直头。定径机出口设一支点，四辊组成的两层辊子构成两个支点，互相调节可达到矫直的目的。导向立辊固定在矫直头钢管出口方向一侧，其结构与成形定径立辊机架相同。

14.4.3.3 UOE 焊管机组

UOE 法是指将厚板经过 U 形成形和 O 形成形并焊接后经扩管机进行扩管而生产大口径直缝焊管的主要方法。UOE 焊管以厚钢板为原料，经刨边加工成钢管直径要求的板宽和将板边加工成有一定形状的坡口，保证获得良好均匀的焊缝。首先在压力机或辊压机上预弯边，在 U 形压力机上压成 U 形后，用立辊装置将 U 形钢板竖着送往 O 形压力机上压成圆筒，然后对钢板边缘施加足够压力，使边缘对边缘紧贴后焊接，焊后扩径。UOE 机组一般用于生产直径为 $\phi(406 \sim 1625)\text{mm} \times (6.0 \sim 32)\text{mm} \times 18\text{m}$ 的大口径、厚壁、高强度直缝焊管。图 14-68 所示为 UOE 大口径直缝焊管机组设备及生产工艺流程示意图。

A 成形机组

图 14-69 所示为压力成形机组的 3 种主要弯曲成形方式。预弯边机又称 C 形压力机，为得到正圆形的管筒和降低 O 形压力机的成形压力，对钢板沿横向两侧进行 C 形预弯边。预

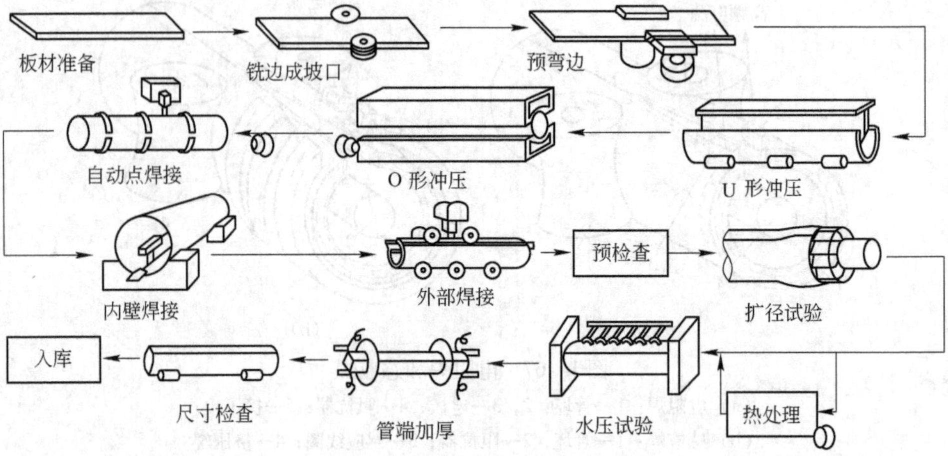

图 14-68　UOE 大口径直缝焊管机组设备及生产工艺流程示意图

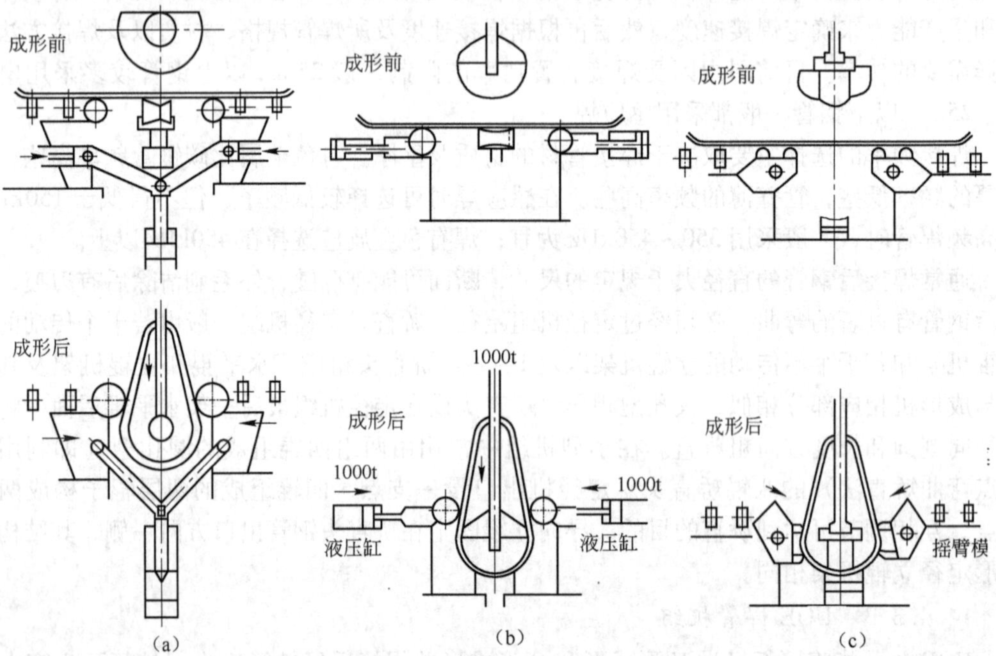

图 14-69　U 形压力机 3 种成形方法
(a) 凯泽方式；(b) 曼内斯曼方式；(c) 维尔森方式

弯边机有辊式弯边机和压力弯边机两种，前者适用于薄板的弯边，后者适用于厚板的弯边。20 世纪 70 年代新建 UOE 焊管机组绝大多数采用压力弯边。U 形压力机是 UOE 焊管机组主要成形设备之一，该设备可完成钢管下半部的成形。预弯边的钢板送到 U 形压力机，随着上冲头下降和下模具完成 U 形成形过程。U 形压力机有 3 种形式：凯泽连杆式、曼内斯曼侧向压辊式和维尔森摇摆辊式。由于成形方式的不同其压力吨位差别较大，凯泽式压力机较小为 1000t，其他两种为 1500 ~ 3000t，目前最大的为 4500t。U 形压力机成形方式如图 14-69 所示。O 形压力机是 UOE 焊管机组中的最大设备，该设备是将成形后的 U 字形钢板，送进有上、下两个弧形的金属模内使之形成 O 字形，通过该 O 形压力机将

U 形管筒压缩成圆形，并对其管筒进行某些压缩和减径等变形，并控制成形后的弹性回复。O 形压力机压力一般为 45000 ~ 55000t，最大已达 60000t。

B 焊接机组

预焊是将 UOE 成形管筒对接部位沿全长连续进行点焊，有间断预焊法和连续预焊法两种。连续预焊法是用侧辊和预压辊使对焊面靠紧。采用 CO_2 自动弧焊机进行连续焊接。间断预焊法是用型套或型框将钢管固定，以一定的间隔连续焊接 100mm 左右。近年来采用了 CO_2-Ar 气自动焊接代替了以前的手动电弧焊。

埋弧焊接在生产大直径钢管中应用极为广泛。经过预焊后的钢管，正式焊接采用埋弧焊，钢管埋弧焊接在带有自动焊头的专用电焊机上进行，如图 14-70 所示。在正式焊接前于钢管两端焊上引弧板。待焊焊缝对接处预先加工成坡口，在焊接过程中有送丝机构将焊丝盘上的焊丝连续不断地送入此坡口之内。在焊丝和被焊管筒坡口之间形成电弧，借助于电弧将焊丝和被焊管壁熔化。而粒状焊药由贮料槽内经过金属导管送入焊丝之前，覆盖着焊接口。当焊头或被焊钢管移动速度与焊接速度一致时，焊接过程继续进行。焊缝上覆盖的焊药70% ~80% 未熔化，由吸收嘴吸收并回送到焊药贮料槽内，以便再次使用。熔化金属冷却成致密的焊缝，紧贴在熔化金属表面上熔化的焊药冷却后形成极易清除的硬壳。焊接作业是先内、后外一层层地交替进行，考虑前后工序的平衡，在内、外分别用几台焊机。为提高其焊接速度可采用三、四极点焊法。

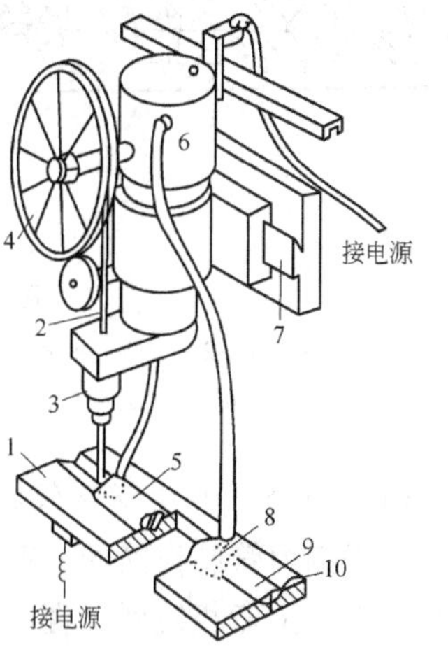

图 14-70 埋弧电焊机

1—钢管边缘；2—焊丝；3—送丝机构；4—焊丝盘；5—焊药贮槽；6—焊药筒；7—导轨；8—焊药吸嘴；9—焊药硬壳；10—焊缝

内面焊接机按焊接方式分为两种，一种是将钢管固定，移动焊接机；另一种是将焊接机固定，移动钢管。外面焊接大多数采用机头固定，一边移动钢管，一边进行焊接，钢管运送采用皮带和台车运送。

C 扩管机

扩管机分为水压扩管机和机械扩管机。由于水压扩管机充水时间长而效率低，同时还要以外径为准对中，不方便管道施工，因而很少采用。20 世纪 60 年代以后，新建 UOE 焊管机组几乎都采用机械扩管机，可按内径尺寸交货，施工容易，扩管机费用也较少。

14.4.3.4 螺旋焊管机组

螺旋焊管用于生产 $\phi(89 \sim 2450)\text{mm} \times (0.5 \sim 25.4)\text{mm}$，长度 6 ~ 35m 的大直径钢管。其生产方式有连续式和间断式两种。机组采用螺旋式成形，焊接采用预焊和终焊两步进行。先在一台螺旋成形机上进行成形和预焊（点焊），然后在最终焊接设备上进行内、外埋弧焊接。图 14-71 所示为螺旋焊管的设备布置示意图。

螺旋焊管采用螺旋成形机成形，可分为上卷成形和下卷成形两种。目前螺旋焊管的成形器结构形式归纳起来有 3 种：

（1）套筒式螺旋成形机。只适用于小口径焊管的成形。该成形器造价低，操作容易。

（2）芯棒螺旋成形机。适合于小直径、薄壁优质螺旋焊管的成形。钢管内表面可能因摩擦而被擦伤。

（3）辊式螺旋成形机。它是根据三辊弯板机工作原理制成，该成形器与带钢的接触面呈滚动摩擦，阻力小、工具寿命长，对产品表面几乎无擦伤。

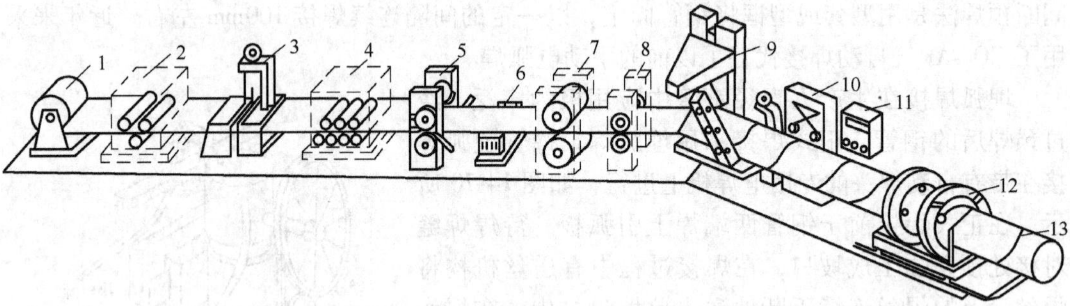

图 14-71 螺旋焊管机组设备布置示意图

1—板卷；2—三辊直头机；3—焊接机；4—矫直机；5—剪边机；6—刨边机；7—主动传送辊；8—弯曲机；9—成形机；10—内、外自动焊接机；11—超声波探伤机；12—剪切机；13—焊管

14.4.3.5 不锈钢焊管机组

不锈钢焊管制作简便，壁厚规格易调整，成本低，且具有良好的机械及抗腐蚀性能，因此世界各国竞相发展，现已广泛地应用于石油化工、锅炉、建筑、机械制造、食品、医药、原子能等工业部门。不锈钢焊管生产工艺流程及机组组成示意图如图 14-72 所示。

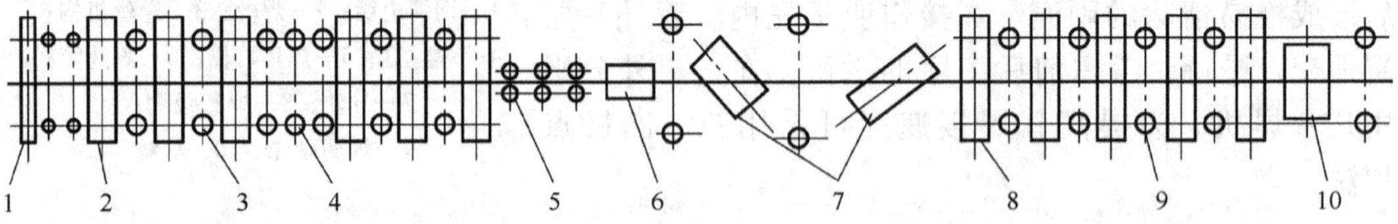

图 14-72 不锈钢焊管机组示意图

1—喂入辊；2—平辊；3—立辊；4—立辊组；5—挤压辊；6—水槽；7—抛磨；8—定径平辊；9—定径立辊；10—矫直辊

A 不锈钢焊管的成形

不锈钢焊管成形方法与高频直缝焊管相似。一般 ϕ219mm 以上大直径焊管采用压力成形（UOE）；ϕ219mm 以下不锈钢焊管采用连续辊式成形；ϕ4.76mm 以下毛细管采用焊后拉拔法生产。因为不锈钢带弹性模量大，变形回弹严重，因而，不锈钢焊管成形机多数由 7～9 架平辊和 7～9 架立辊组成，比碳钢焊管的成形机架要多。

焊接不锈管与低碳钢管的最大区别在于钢管焊接前成形夹角要小（约 1°～2°），而且焊缝要正，氩弧焊时不允许焊缝前、后摆动。焊接大直径不锈钢管时一般设置 3 对挤压辊。第一对挤压辊为准备辊，它将焊缝合拢后的管坯送到下一道挤压辊；第二对辊称作电极辊，通过该辊安装的焊枪与该辊连接的电源形成回路进行焊接；第三对辊称作保持辊，不锈钢管坯焊接成管时，因焊口局部高温对钢管形成的热应力易引起钢管变形，故设置该辊以防止焊后钢管因热应力变形而开裂。

焊接后的钢管需进行外焊缝磨光，一般设置两道砂带轮打磨焊缝。钢管内焊缝质量要求较高时，还需在管内设置锤击内焊缝装置。磨光后的钢管必须充分冷却才可定径，这与低碳钢焊管冷却定径原理相同。

B 不锈钢焊管的焊接设备

不锈钢焊管焊接方法分为两类：高频感应焊和惰性气体(或真空)保护熔化焊。不同的焊接方法适用于不同的不锈钢焊管，并且有着不同的焊缝成形特征和焊接速度限制。不锈钢管的焊接方法目前仍以钨极氩弧焊和高频焊为主。

(1) 惰性气体(或真空)保护熔化焊包括钨极氩弧焊(TIG)、等离子弧焊(PAW)、电子束焊、激光焊接等，主要用于300系列奥氏体的Ni-Cr及Ni-Cr-Mo不锈钢焊管，亦可用于无Ni的400系列Cr不锈钢焊管。

钨极氩弧焊在焊接过程中钨极不熔化，只利用钨极与焊件之间的电弧所产生的高温，使带钢边部熔化形成熔池，在一定压力作用下将带钢边部焊合。电弧和熔池均处于惰性气体保护之下而不发生氧化，这样就可以保证在焊接过程中的稳定性而获得高质量的焊缝。电极在焊接处上方1.5~3mm高度，距离太大会造成热量散失，导致加热不良。电弧柱的温度约为5000~8000℃，电弧产生的热量和电弧的电流强度及电压成比例。钨极氩弧焊的优点是焊接质量高、焊缝性能优，能用于各种高级配管领域，其缺点是焊接速度较低，一般为1~8m/min，难以达到10m/min以上。尽管如此，它仍然是当前世界各国通用的奥氏体不锈钢主要焊接方法。

图14-73所示为钨极氩弧焊设备组成示意图。钨极氩弧焊枪由喷嘴、钨极夹持装置、导线、气水输送胶管、启动开关等零部件组成。气体保护装置有氩气瓶、减压器和流量计。钨极氩弧焊的电源必须具有陡降或垂直陡降特性，一般采用直流电源正极性。

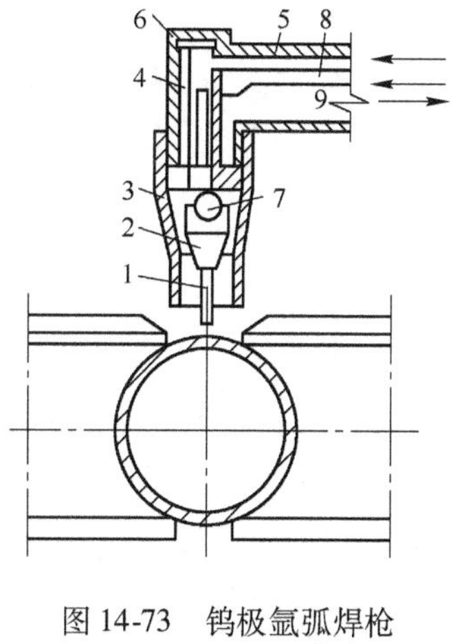

图14-73 钨极氩弧焊枪
1—钨极；2—夹持器；3—陶制喷嘴；4—焊件；5—保护气体导管；6—小室；7—孔；8—进水带；9—出水管

(2) 高频感应焊用于焊接不锈钢焊管，是一项新技术。高频感应焊接的最大优点是生产率高。采用电脑控温的焊管生产线，焊速可达70~90m/min，最高可达100m/min以上，可降低生产成本。其主要缺点是焊缝质量不如惰性气体保护熔化焊，在强酸碱等介质中的抗腐蚀性不高。因此，一般只生产无压力要求的结构及装饰用不锈钢管。近年来由于解决了铬不锈钢高频焊管焊缝区塑性低下的问题，因此该项技术得到了快速发展，使不锈钢高频焊管的产能开始逐渐增加。目前，高频感应焊可以焊接各种类型的奥氏体不锈钢，同时也成功地焊接了铁素体不锈钢。

习题与思考题

14-1 简述铸轧系统及其结构特点。

14-2 试述冷弯宽幅压型板机组的特点。

14-3 简述穿孔机的几种类型及狄塞尔穿孔机的结构特点。

14-4 简述轧管机的几种类型及冷轧管机的结构特点。

14-5 简述二辊周期式冷轧管机的组成及结构特点。

14-6 简述焊管生产机组的类型及其成形机的特点。

14-7 试述不锈钢焊管机组的主要特点。

14-8 试述各种焊管机组的焊接设备特点。

参 考 文 献

[1] 夏巨谌. 典型零件精密塑性成形 [M]. 北京: 机械工业出版社, 2008.
[2] 齐克敏, 丁桦. 材料成形工艺学 [M]. 北京: 冶金工业出版社, 2006.
[3] 铃木宏. 塑性加工 [M]. 东京: 裳华房, 1995.
[4] 日本塑性加工学会. 塑性加工便覧 [M]. 東京 : コロナ社, 2006.
[5] 崔令江, 韩飞. 塑性加工工艺学 [M]. 北京: 机械工业出版社, 2007.
[6] 李硕本, 李春峰, 郭斌, 等. 冲压工艺理论与新技术 [M]. 北京: 机械工业出版社, 2002.
[7] Hu S J, Marciniak Z, Dunca J L. Mechanics of Sheet Metal Forming [M]. London: Butterworth-Heinemann, 2002.
[8] Steck E, Ritter R, Peil U, Ziegenbein A. Plasticity of Metals: Experiments, Models, Computation [M]. Deutsche Forschungsgemeinschaft: Wiley-VCH Verlag GmbH, 2001.
[9] Hosford W F, Caddel R M. Metal Forming Mechanics & Metallurgy [M]. London: Prentice-Hall International, Inc., 1993.
[10] 王仲仁. 特种塑性成形 [M]. 北京: 机械工业出版社, 1995.
[11] 梁炳文, 胡世光. 板料成形塑性理论 [M]. 北京: 机械工业出版社, 1987.
[12] 吕炎. 锻压成形理论与工艺 [M]. 北京: 机械工业出版社, 1991.
[13] 王仲仁, 张凯峰. 锻压手册 (第三版) [M]. 北京: 机械工业出版社, 2007.
[14] 夏巨谌. 塑性成形工艺及设备 [M]. 北京: 机械工业出版社, 2001.
[15] 吴诗淳. 冲压工艺学 [M]. 西安: 西北工业大学出版社, 1987.
[16] 肖景容, 姜奎华. 冲压工艺学 [M]. 北京: 机械工业出版社, 1990.
[17] 夏巨谌, 张启勋. 材料成形工艺 [M]. 北京: 机械工业出版社, 2005.
[18] 夏巨谌. 金属材料精密塑性加工方法 [M]. 北京: 国防工业出版社, 2007.
[19] 徐伟力, 艾健, 罗爱辉, 等. 钢板热冲压新技术介绍 [J]. 塑性工程学报, 2009, 16 (4): 39~43.
[20] 苑世剑. 现代液压成形技术 [M]. 北京: 国防工业出版社, 2009.
[21] 王新云, 夏巨谌, 陈志明, 等. 板冲锻成形新技术及其在轿车飞轮盘加工中的应用 [J]. 塑性工程学报, 2008, 15 (4): 180~184.
[22] 王新云, 欧阳坤, 夏巨谌. 冲锻成形过程拉深增厚工艺的有限元分析 [J]. 锻压技术, 2009, 34 (4): 73~78.
[23] 贾俐俐. 冲压工艺与模具设计 [M]. 北京: 人民邮电出版社, 2008.
[24] 陈剑鹤. 冷冲压工艺与模具设计 [M]. 北京: 机械工业出版社, 2006.
[25] 冯小明, 梁熠葆. 冷冲压工艺及模具设计 [M]. 重庆: 重庆大学出版社, 2004.
[26] 俞新陆. 液压机的设计与计算 [M]. 北京: 机械工业出版社, 2007.
[27] 何德誉. 曲柄压力机 [M]. 北京: 机械工业出版社, 1987.
[28] 中国机械工程学会塑性工程学会. 锻压手册: 第3卷 [M]. 北京: 机械工业出版社, 2008.
[29] 李培武, 杨文成. 塑性成形设备 [M]. 北京: 机械工业出版社, 1995.
[30] 王有铭. 型钢生产理论与工艺 [M]. 北京: 冶金工业出版社, 1996.
[31] 严泽生. 现代热连轧无缝钢管生产 [M]. 北京: 冶金工业出版社, 2009.
[32] 小奈弘, 刘继英. 冷弯成型技术 [M]. 北京: 化学工业出版社, 2008.
[33] 王天义. 薄板坯连铸连轧工艺技术实践 [M]. 北京: 冶金工业出版社, 2005.
[34] 张小平, 梁爱生. 近终形连铸技术 [M]. 北京: 冶金工业出版社, 2001.
[35] 周家林. 材料成型设备 [M]. 北京: 冶金工业出版社, 2008.

[36] 王雅贞，张岩．新编连续铸钢工艺及设备［M］．北京：冶金工业出版社，2007.
[37] 陈雷．连续铸钢［M］．北京：冶金工业出版社，1994.
[38] 田乃媛．薄板坯连铸连轧［M］．北京：冶金工业出版社，1998.
[39] 洪伟．有色金属连铸设备［M］．北京：冶金工业出版社，1987.
[40] 史宸兴．实用连铸冶金技术［M］．北京：冶金工业出版社，2005.
[41] 杨拉道，谢东钢．常规板坯连铸技术［M］．北京：冶金工业出版社，2002.
[42] 朱立光等．现代连铸工艺与实践［M］．石家庄：河北科学技术出版社，2000.
[43] 任吉堂，朱立光，王书桓．连铸连轧理论与实践［M］．北京：冶金工业出版社，2002.
[44] Haga T, Suzuki S. Roll casting of aluminum alloy strip by melt drag twinroll caster［J］. J. Mater. Process Technol. 2001, 111 (1-3)：165 ~ 168.
[45] Merchant H D, Tyler D E, Chia E H ed. Continuous casting of non-ferrous metals and alloys：proceedings of a symposium：sponsored by the Non-Ferrous Metals Committee of the Minerals. Metals, and Materials Society. Chicago, Illinois：1988：28 ~ 29.
[46] Ehrke K, Schneider W. Continuous casting［M］. Germany：Wiley-Vch, 2000.
[47] 孙斌煜，等．板带铸轧理论与技术［M］．北京：冶金工业出版社，2002.
[48] 郑璇．民用铝板、带、箔材生产［M］．北京：冶金工业出版社，1992.
[49] 熊及滋．压力加工设备［M］．北京：冶金工业出版社，2005.
[50] Fumiya Yanagishima. Development of endless rolling technology for the hot strip mill. Proc. of the 7th int. Conf. On steel rolling, Chiba, 1998：717 ~ 726.
[51] 于九明，庞维成．材料成型机械设备［M］．沈阳：东北大学出版社，2002.
[52] 中国金属学会热轧板带学术会员会．中国热轧宽带钢轧机及生产技术［M］．北京：冶金工业出版社，2002.
[53] 刘玠，孙一康．带钢热连轧计算机控制［M］．北京：机械工业出版社，1997.
[54] 田乃媛．薄板坯连铸及热装直接轧制［M］．北京：冶金工业出版社，1994.
[55] 李曼云．小型型钢连轧生产工艺与设备［M］．北京：冶金工业出版社，1999.
[56] 潘纪根．全国冶金装备新技术文集［M］．北京：冶金工业出版社，1996.
[57] 刘宝珩．轧钢机械设备［M］．北京：冶金工业出版社，1984.
[58] 邹家祥，等．轧钢机现代设计理论［M］．北京：冶金工业出版社，1991.
[59] 王邦文．新型轧机［M］．北京：冶金工业出版社，1994.
[60] 王廷溥，齐克敏．金属塑性加工学——轧制理论与工艺．（第 2 版）［M］．北京：冶金工业出版社，2004.
[61] 边金生．轧钢机械设备［M］．北京：冶金工业出版社，2002.
[62] 卢于球．热轧钢管生产问答［M］．北京：冶金工业出版社，1991.
[63] 龚尧，周国盈．连轧钢管［M］．北京：冶金工业出版社，1992.
[64] 李连诗．小型无缝钢管生产（上册）［M］．北京：冶金工业出版社，1999.
[65] 韩观昌．小型无缝钢管生产（下册）［M］．北京：冶金工业出版社，1999.
[66] 吴凤梧．国外高频直缝焊管生产［M］．北京：冶金工业出版社，1985.
[67] 国外三辊穿孔和轧管编译组．国外三辊穿孔和轧管［M］．北京：冶金工业出版社，1978.
[68] 李长穆，等．现代钢管生产［M］．北京：冶金工业出版社，1982.
[69] 武汉钢铁设计研究院．板带车间机械设备设计（下）［M］．北京：冶金工业出版社，1984.
[70] 罗伯茨 W L. 冷轧带钢生产［M］．北京：冶金工业出版社，1991.
[71] 有色金属加工设计研究院．板带车间机械设备设计（上）［M］．北京：冶金工业出版社，1983.
[72] 周国盈．带钢精整设备［M］．北京：机械工业出版社，1982.

［73］谢懿．实用锻压技术手册［M］．北京：机械工业出版社，2003.
［74］范有发．冲压与塑料成型设备［M］．北京：机械工业出版社，2001.
［75］马怀宪．金属塑性加工学［M］．北京：冶金工业出版社，1991.
［76］魏军．金属挤压机［M］．北京：化学工业出版社，2006.
［77］陈世煌．塑料成型机械［M］．北京：化学工业出版社，2006.

附录 9　湿空气的 I-X 图

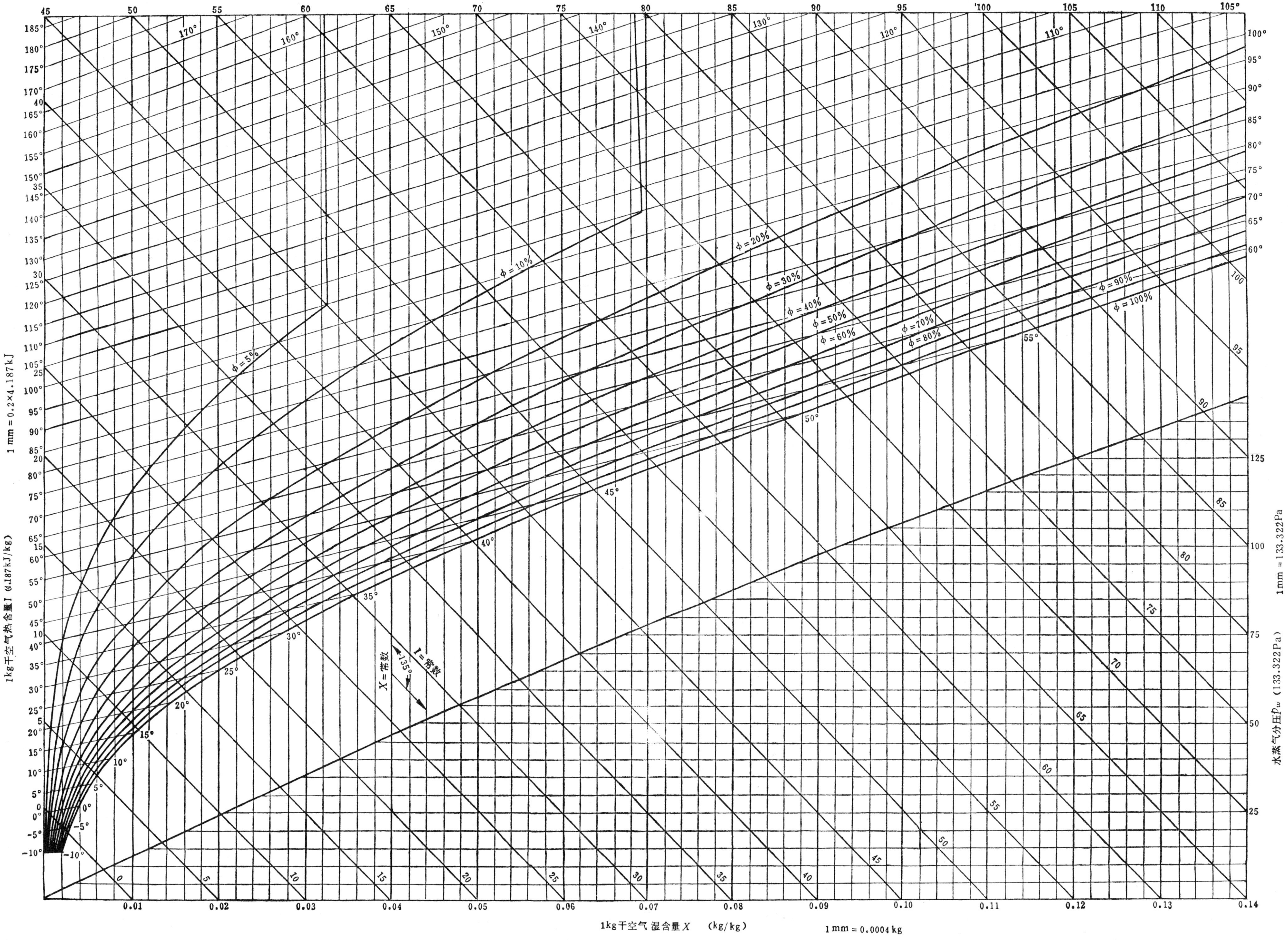

1kg干空气热含量I (4.187kJ/kg)
1 mm = 0.2×4.187kJ
1kg干空气 湿含量X　(kg/kg)
1 mm = 0.0004 kg
水蒸气分压p_w (133.322Pa)
1 mm = 133.322Pa
φ = 5%
φ = 10%
φ = 20%
φ = 30%
φ = 40%
φ = 50%
φ = 60%
φ = 70%
φ = 80%
φ = 90%
φ = 100%
X = 常数
I = 常数
135°